공조냉동기계
산업기사 필기

시대에듀

편·저·자·약·력

안준기

現 성동공업고등학교 소방시설관리과 교사
　충남대학교 사범대 기계금속공학교육과 졸업

[저서]
2022 로봇기구개발기사 한권으로 끝내기(시대에듀)

끝까지 책임진다! 시대에듀!
QR코드를 통해 도서 출간 이후 발견된 오류나 개정법령, 변경된 시험 정보, 최신기출문제, 도서 업데이트 자료 등이 있는지 확인해 보세요! 시대에듀 합격 스마트 앱을 통해서도 알려 드리고 있으니 구글 플레이나 앱 스토어에서 다운받아 사용하세요.
또한, 파본 도서인 경우에는 구입하신 곳에서 교환해 드립니다.

편집진행 윤진영·천명근 | **표지디자인** 권은경·길전홍선 | **본문디자인** 정경일·조준영

PREFACE

지구의 온도 상승으로 인하여 사계절이 뚜렷한 우리나라가 여름과 겨울만 있는 건 아닌지 착각할 만큼 날씨의 이상변화를 체감하고 있습니다. 이러한 이유로 산업현장은 물론 우리의 일상생활에서도 온도, 습도, 공기의 질에 대해 많은 생각을 하게 됩니다. 산업설비 및 대형 건물에서 냉방, 난방, 공기 청정의 중요성이 증대됨에 따라 공조냉동기계산업기사의 수요가 늘어나고 있습니다.

2030년까지 세계 냉동공조 시장의 규모는 약 394조 원에 이를 것으로 예상되며, 연평균 성장률은 4.8%로 전망됩니다. 에너지 효율적인 공조시스템에 대한 수요 증가와 각국 정부의 설치 지원 정책이 성장의 주요 동력으로 작용하고 있습니다.

한편, 미래의 냉동공조 기술은 여러 가지 혁신적인 변화를 겪을 것으로 예상됩니다. 사물인터넷(IoT)과 연결된 장치들이 온도, 습도, 공기의 질을 원격으로 조절할 수 있게 하여 에너지 효율성을 높이고 비용을 절감할 수 있습니다. 또 인공지능(AI)과 머신러닝을 활용한 예측 유지보수 기술이 도입되어 시스템 고장을 조기에 감지하여 유지보수 비용을 줄일 수 있습니다. 이와 더불어 환경에 덜 해로운 냉매로의 전환이 진행 중이며, CO_2와 암모니아와 같은 천연 냉매가 다시금 주목을 받고 있습니다.

향후에는 폐열을 회수하여 에너지 효율을 높이는 시스템이 도입되어 운영 비용을 줄일 수 있습니다. 에너지 효율성과 지속 가능성을 우선시하는 다양한 기술이 도입되고, 더 친환경적이고 효율적인 공조 시스템이 개발될 것입니다.

이상과 같은 변화들은 냉동공조 기술이 더 효율적이고 환경친화적으로 발전하는 데 크게 기여할 것으로 예상됩니다. 이에 따라 공조냉동기계산업기사 자격증 취득 수요는 계속해서 증가할 것으로 전망됩니다.

본 교재를 통해 공조냉동기계산업기사 합격에 한걸음 더 가까이 다가갈 수 있기를 기원합니다.

편저자 씀

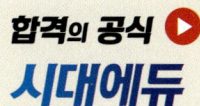

자격증 · 공무원 · 금융/보험 · 면허증 · 언어/외국어 · 검정고시/독학사 · 기업체/취업
이 시대의 모든 합격! 시대에듀에서 합격하세요!
www.youtube.com → 시대에듀 → 구독

[공조냉동기계산업기사] 필기

시험안내

개요
공조냉동기술은 단독 또는 다른 기술과 병합하여 다양한 분야에서 활용되고 있고 공조냉동기계의 종류, 규모 및 피냉각물의 종류도 매우 다양하다. 이에 따라 산업현장에서 요구되는 공조냉동기계, 설비의 기본적인 설계 및 운용을 담당할 전문인력을 배출하기 위하여 자격을 제정하였다.

진로 및 전망
❶ 주로 냉동고압가스 제조·저장·판매업체, 냉난방 및 냉동장치 제조업체, 공조냉동설비 관련 업체, 저온유통, 식품냉동업체 등으로 진출하며, 일부는 건설업체, 감리전문업체, 엔지니어링업체 등으로 진출한다. 고압가스안전관리법에 의한 냉동제조시설, 냉동제조시설의 안전관리책임자, 건설기술관리법에 의한 감리전문회사의 감리원 등으로 고용될 수 있다.

❷ 공조냉동기술은 주로 제빙, 식품저장 및 가공 분야 외에 경공업, 중화학공업 분야, 의학, 축산업, 원자력공업 및 대형 건물의 냉난방시설에 이르기까지 광범위한 산업 분야에 응용되고 있다. 특히, 생활 수준의 향상으로 냉난방설비 수요가 증가하고 있다. 이들 요인으로 숙련기능인력에 대한 수요가 증가할 전망이다. 공조냉동 분야에 대한 높은 관심은 자격 응시인원의 증가로 이어지고 있다.

시험일정

구분	필기원서접수 (인터넷)	필기시험	필기합격 (예정자)발표	실기원서접수	실기시험	최종 합격자 발표일
제1회	1월 중순	2월 초순	3월 중순	3월 하순	4월 중순	6월 중순
제2회	4월 중순	5월 초순	6월 중순	6월 하순	7월 중순	9월 중순
제3회	7월 하순	8월 초순	9월 초순	9월 하순	11월 초순	12월 하순

※ 상기 시험일정은 시행처의 사정에 따라 변경될 수 있으니, www.q-net.or.kr에서 확인하시기 바랍니다.

시험요강
❶ 시행처 : 한국산업인력공단
❷ 시험과목
　㉠ 필기 : 공기조화 설비, 냉동냉장 설비, 공조냉동 설치·운영
　㉡ 실기 : 공조냉동기계 실무
❸ 검정방법
　㉠ 필기 : 객관식 4지 택일형, 과목당 20문항(과목당 30분)
　㉡ 실기 : 복합형(작업형 2시간 30분 정도, 필답형 1시간 30분 정도)
❹ 합격기준 : 100점 만점에 60점 이상 득점자
　㉠ 필기 : 100점을 만점으로 하여 과목당 40점 이상, 전 과목 평균 60점 이상
　㉡ 실기 : 100점을 만점으로 하여 60점 이상

검정현황

필기시험

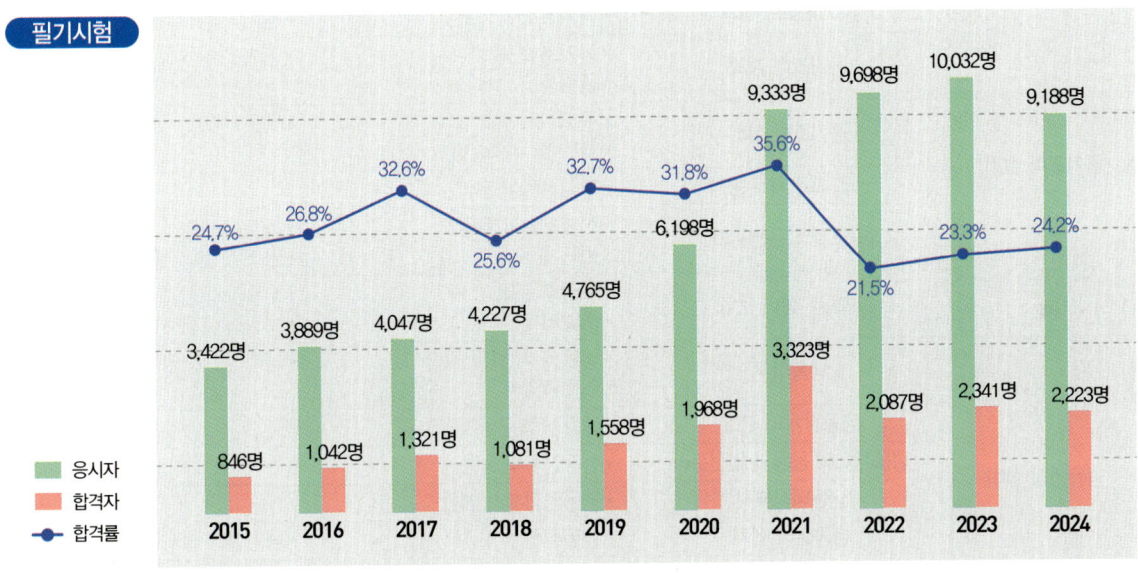

실기시험

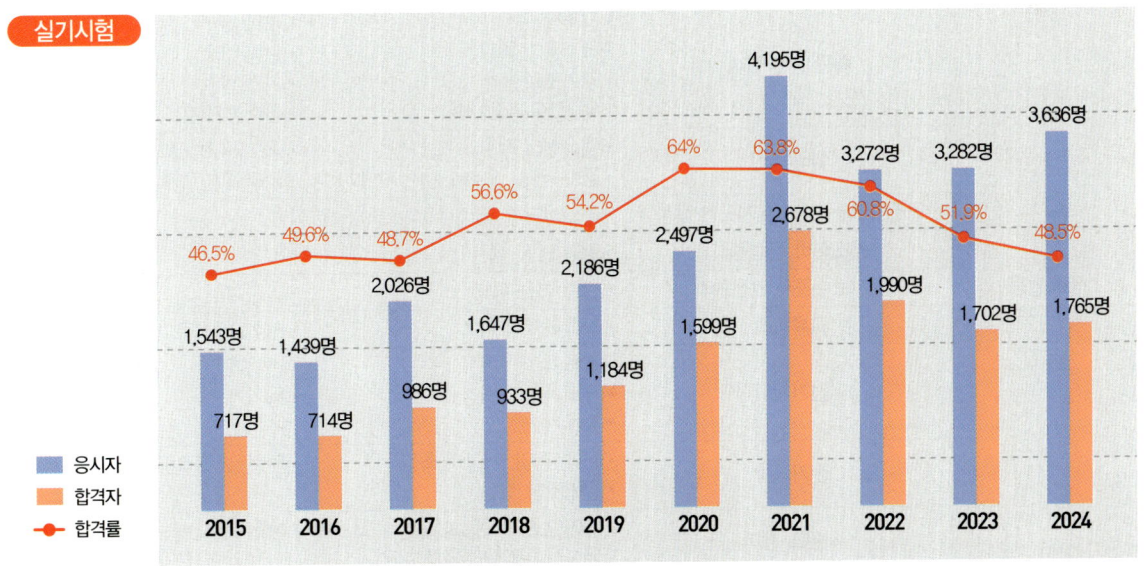

[공조냉동기계산업기사] 필기

시험안내

출제기준(필기)

필기과목명	주요항목	세부항목	
공기조화 설비	공기조화의 이론	• 공기조화의 기초	• 공기의 성질
	공기조화 계획	• 공기조화 방식 • 클린룸	• 공기조화 부하
	공기조화 설비	• 공조기기 • 덕트 및 부속설비	• 열원기기
	공조 프로세스 분석	• 부하적정성 분석	
	공조설비 운영관리	• 전열교환기 점검 • 펌프 관리	• 공조기 관리 • 공조기 필터 점검
	보일러 설비 운영	• 보일러 관리 • 보일러 점검	• 부속장치 점검 • 보일러 고장 시 조치
냉동냉장 설비	냉동이론	• 냉동의 기초 및 원리 • 기초열역학	• 냉매선도와 냉동사이클
	냉동장치의 구조	• 냉동장치 구성기기	
	냉동장치의 응용과 안전관리	• 냉동장치의 응용	
	냉동냉장부하	• 냉동냉장부하 계산	
	냉동설비 설치	• 냉동설비 설치	• 냉방설비 설치
	냉동설비 운영	• 냉동기 관리 • 냉각탑 점검	• 냉동기 부속장치 점검
공조냉동 설치·운영	배관재료 및 공작	• 배관재료	• 배관공작
	배관 관련 설비	• 급수설비 • 배수통기설비 • 공기조화설비 • 냉동 및 냉각설비	• 급탕설비 • 난방설비 • 가스설비 • 압축공기설비
	설비 적산	• 냉동설비 적산 • 급수, 급탕, 오배수설비 적산	• 공조냉난방설비 적산 • 기타설비 적산
	공조, 급배수설비 설계도면 작성	• 공조냉난방, 급배수설비 설계도면 작성	
	공조설비 점검관리	• 방음/방진 점검	
	유지보수공사 안전관리	• 관련 법규 파악	• 안전작업
	교류회로	• 교류회로의 기초	• 3상 교류회로
	전기기기	• 직류기 • 유도기 • 정류기	• 변압기 • 동기기
	전기계측	• 전류, 전압, 저항의 측정 • 절연저항 측정	• 전력 및 전력량의 측정
	시퀀스 제어	• 제어요소의 작동과 표현 • 유접점회로 및 무접점회로	• 논리회로
	제어기기 및 회로	• 제어의 개념 • 조작용 기기	• 조절기용 기기 • 검출용 기기

출제기준(실기)

실기과목명	주요항목	세부항목
공조냉동기계 실무	공조 프로세스 분석	• 습공기선도 작도하기 • 부하적정성 분석하기
	설비 적산	• 냉동설비 적산하기 • 공조냉난방설비 적산하기 • 급수, 급탕, 오배수설비 적산하기 • 기타 설비 적산하기
	공조설비 운영관리	• 공조설비 관리 계획하기 • 가습기 점검하기 • 공조기 자동제어장치 관리하기 • 전열교환기 점검하기 • 송풍기 점검하기 • 공조기 관리하기 • 펌프 관리하기
	공조설비 점검관리	• 방음/방진 점검하기 • 배관 점검하기 • 공조기 점검하기 • 공조기 필터 점검하기 • 덕트 점검하기
	냉동설비 운영	• 냉동기 관리하기 • 냉동기 부속장치 점검하기 • 냉각탑 점검하기
	보일러설비 운영	• 보일러 관리하기 • 급탕탱크 관리하기 • 증기설비 관리하기 • 부속장치 점검하기 • 보일러 가동 전 점검하기 • 보일러 가동 중 점검하기 • 보일러 가동 후 점검하기 • 보일러 고장 시 조치하기
	냉난방부하 계산	• 냉방부하 계산하기 • 난방부하 계산하기
	냉동사이클 분석	• 기본냉동사이클 분석하기 • 흡수식 등 특수냉동사이클 분석하기

[공조냉동기계산업기사] 필기

CBT 응시 요령

전면 CBT 시행에 따른
CBT 완전 정복!

"CBT 가상 체험 서비스 제공"
한국산업인력공단
(http://www.q-net.or.kr) 참고

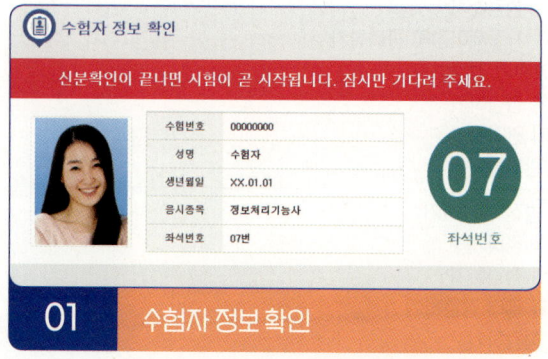

01 수험자 정보 확인

시험장 감독위원이 컴퓨터에 나온 수험자 정보와 신분증이 일치하는지를 확인하는 단계입니다. 수험번호, 성명, 생년월일, 응시종목, 좌석번호를 확인합니다.

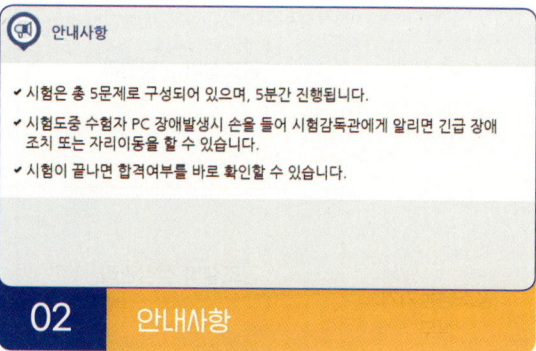

02 안내사항

시험에 관한 안내사항을 확인합니다.

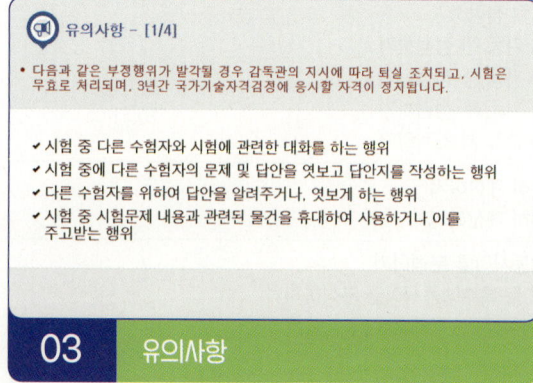

03 유의사항

부정행위에 관한 유의사항이므로 꼼꼼히 확인합니다.

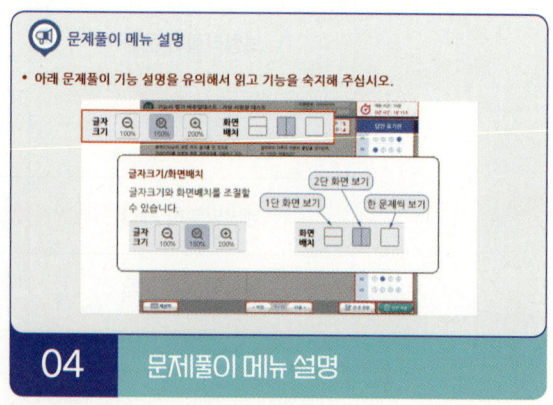

04 문제풀이 메뉴 설명

문제풀이 메뉴의 기능에 관한 설명을 유의해서 읽고 기능을 숙지해 주세요.

CBT GUIDE

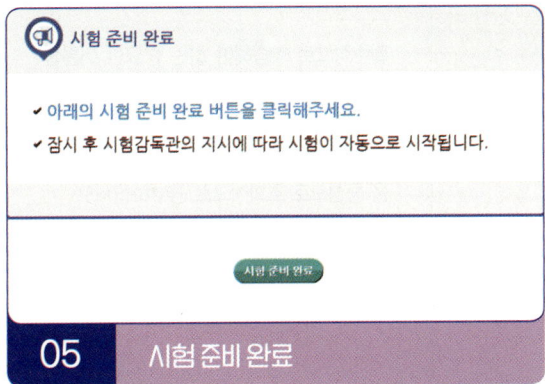

시험 안내사항 및 문제풀이 연습까지 모두 마친 수험자는 시험 준비 완료 버튼을 클릭한 후 잠시 대기합니다.

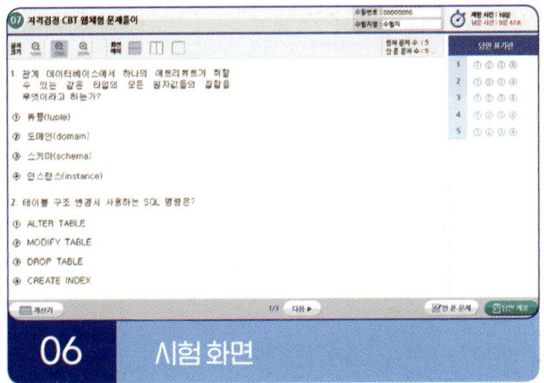

시험 화면이 뜨면 수험번호와 수험자명을 확인하고, 글자크기 및 화면배치를 조절한 후 시험을 시작합니다.

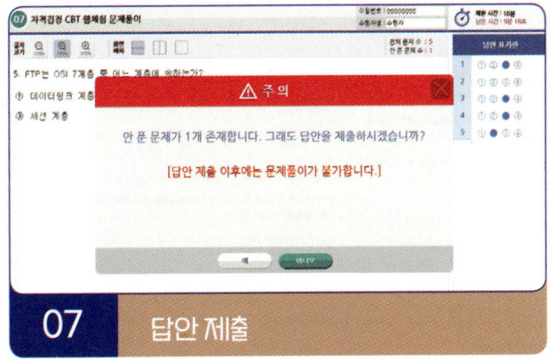

[답안 제출] 버튼을 클릭하면 답안 제출 승인 알림창이 나옵니다. 시험을 마치려면 [예] 버튼을 클릭하고 시험을 계속 진행하려면 [아니오] 버튼을 클릭하면 됩니다. 답안 제출은 실수 방지를 위해 두 번의 확인 과정을 거칩니다. [예] 버튼을 누르면 답안 제출이 완료되며 득점 및 합격여부 등을 확인할 수 있습니다.

CBT 완전 정복 Tip

내 시험에만 집중할 것
CBT 시험은 같은 고사장이라도 각기 다른 시험이 진행되고 있으니 자신의 시험에만 집중하면 됩니다.

이상이 있을 경우 조용히 손을 들 것
컴퓨터로 진행되는 시험이기 때문에 프로그램상의 문제가 있을 수 있습니다. 이때 조용히 손을 들어 감독관에게 문제점을 알리며, 큰 소리를 내는 등 다른 사람에게 피해를 주는 일이 없도록 합니다.

연습 용지를 요청할 것
응시자의 요청에 한해 연습 용지를 제공하고 있습니다. 필요시 연습 용지를 요청하며 미리 시험에 관련된 내용을 적어놓지 않도록 합니다. 연습 용지는 시험이 종료되면 회수되므로 들고 나가지 않도록 유의합니다.

답안 제출은 신중하게 할 것
답안은 제한 시간 내에 언제든 제출할 수 있지만 한 번 제출하게 되면 더 이상의 문제풀이가 불가합니다. 안 푼 문제가 있는지 또는 맞게 표기하였는지 다시 한 번 확인합니다.

[공조냉동기계산업기사] 필기

구성 및 특징

핵심이론

필수적으로 학습해야 하는 중요한 이론들을 각 과목별로 분류하여 수록하였습니다. 시험과 관계없는 두꺼운 기본서의 복잡한 이론은 이제 그만! 시험에 꼭 나오는 이론을 중심으로 효과적으로 공부하십시오.

10년간 자주 출제된 문제

출제기준을 중심으로 출제 빈도가 높은 기출문제와 필수적으로 풀어보아야 할 문제를 핵심이론당 1~2문제씩 선정했습니다. 각 문제마다 핵심을 찌르는 명쾌한 해설이 수록되어 있습니다.

FORMULA OF PASS · SDEDU.CO.KR

STRUCTURES

2018년 제1회 과년도 기출문제

제1과목 공기조화

01 덕트 내 공기가 흐를 때 정압과 동압에 관한 설명으로 틀린 것은?
① 정압은 항상 대기압 이상의 압력으로 된다.
② 정압은 공기가 정지 상태일지라도 존재한다.
③ 동압은 공기가 움직이고 있을 때만 생기는 속도압이다.
④ 덕트 내에서 공기가 흐를 때 그 동압을 측정하면 속도를 구할 수 있다.

해설
정압이란 덕트 내의 공기가 주위에 미치는 압력으로서 대기압 이상의 압력으로 되거나 이하의 압력으로 된다.

02 공기조화 방식의 특징 중 전공기식의 특징에 관한 설명으로 옳은 것은?
① 송풍 동력이 펌프 동력에 비해 크다.
② 외기 냉방을 할 수 없다.
③ 겨울철에 가습하기가 어렵다.
④ 실내에 누수의 우려가 있다.

해설
전공기식의 특징
• 송풍 동력이 커서 타 방식에 비하여 열반송 동력(펌프 동력)이 가장 크다.
• 리턴 팬을 설치하면 외기 냉방이 가능하다.
• 겨울철에 가습이 용이하다.
• 열매체가 공기이므로 실내에 누수의 우려가 없다.
• 송풍량이 충분하므로 실내공기의 오염이 적다.

03 증기난방 방식의 종류에 따른 분류 기준으로 가장 거리가 먼 것은?
① 사용 증기압력 ② 증기 배관 방식
③ 증기 공급 방향 ④ 사용 열매 종류

해설
증기난방 방식의 분류
• 사용 증기압력 : 고압식, 저압식
• 응축수 환수 방식 : 중력환수식, 기계환수식, 진공환수식
• 증기 배관 방식 : 단관식, 복관식
• 환수관의 배치 : 건식환수식, 습식환수식
• 증기 공급 방향 : 상향공급식, 하향공급식

과년도 기출문제

지금까지 출제된 과년도 기출문제를 수록하였습니다. 각 문제에는 자세한 해설이 추가되어 핵심이론만으로는 아쉬운 내용을 보충 학습하고 출제경향의 변화를 확인할 수 있습니다.

2025년 제1회 최근 기출복원문제

제1과목 공기조화 설비

01 통과풍량이 320m³/min일 때 표준 유닛형 에어필터(통과풍속 1.4m/s, 통과면적 0.30m²)의 수는 약 몇 개인가?(단, 유효면적은 80%이다)
① 13개 ② 14개
③ 15개 ④ 16개

해설
에어필터 수 = $\dfrac{Q}{A \times V \times a}$
= $\dfrac{320 \dfrac{m^3}{min} \times \dfrac{min}{60s}}{0.3m^2 \times 1.4 \dfrac{m}{60s} \times 0.8}$ = 15.87 ≒ 16개

02 다음 중 낮은 실온에서도 균등한 쾌적감을 얻을 수 있는 난방 방식은?
① 복사난방 ② 대류난방
③ 증기난방 ④ 온풍로난방

해설
복사난방 : 바닥과 천장에 매설된 배관을 통해 복사열로 난방을 하는 방식이다. 실내 상하 온도차가 작아서 실온이 균등하고, 쾌감도가 가장 우수하다.

03 다음 습공기선도에서 외기부하를 나타내고 있는 것은?

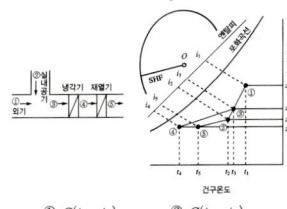

① $G(i_3 - i_4)$ ② $G(i_5 - i_4)$
③ $G(i_3 - i_2)$ ④ $G(i_2 - i_5)$

해설
습공기선도의 냉방사이클
• 외기부하 : $G(i_3 - i_2)$
• 실내부하 : $G(i_5 - i_4)$
• 냉각부하 : $G(i_3 - i_4)$
• 재열부하 : $G(i_5 - i_4)$

04 다음 중 현열로만 이루어진 냉방부하는?
① 조명에서의 발생열
② 인체에서의 발생열
③ 문틈에서의 틈새바람
④ 실내기구에서의 발생열

해설
① 조명에서의 발생열 : 현열
② 인체에서의 발생열 : 현열 + 잠열
③ 문틈에서의 틈새바람 : 현열 + 잠열
④ 실내기구에서의 발생열 : 현열 + 잠열

정답 1 ④ 2 ① 3 ③ 4 ①

최근 기출복원문제

최근에 출제된 기출문제를 복원하여 가장 최신의 출제경향을 파악하고 새롭게 출제된 문제의 유형을 익혀 처음 보는 문제들도 모두 맞힐 수 있도록 하였습니다.

이 책의 목차

[공조냉동기계산업기사] 필기

PART 01	핵심이론	
CHAPTER 01	공기조화 설비	002
CHAPTER 02	냉동냉장 설비	052
CHAPTER 03	공조냉동 설치 · 운영	095

PART 02	과년도 + 최근 기출복원문제	
2018년	과년도 기출문제	162
2019년	과년도 기출문제	218
2020년	과년도 기출문제	274
2021년	과년도 기출복원문제	313
2022년	과년도 기출복원문제	368
2023년	과년도 기출복원문제	406
2024년	과년도 기출복원문제	444
2025년	최근 기출복원문제	485

PART 01

핵심이론

CHAPTER 01 공기조화 설비
CHAPTER 02 냉동냉장 설비
CHAPTER 03 공조냉동 설치 · 운영

CHAPTER 01 공기조화 설비

[제1장] 공기조화의 이론

제1절 공기조화의 기초

핵심이론 01 공기조화의 개요

(1) 공기조화의 정의

① 주어진 실내 또는 일정한 공간의 온도, 습도, 청정도, 기류 등을 조절하여 사용 목적에 맞게 적당한 상태로 조정하는 것을 말한다.
② 공기조화 설비란 공기조화를 목적으로 사용하는 장치를 말하며, 넓은 의미로는 공기조화, 직접난방설비, 환기설비까지 포함한다.
③ 공기조화의 대표적인 기능은 여름에는 저온, 저습의 공기로 실내를 감습(냉방)하며, 겨울에는 고온, 고습의 공기를 보내 실내를 따뜻하게(난방) 하는 것이다.

(2) 공기조화의 4요소

온도, 습도, 청정도, 기류

(3) 공기조화 설비의 4대 구성요소

① **열운반장치** : 송풍기, 펌프, 덕트, 배관 등
② **열원장치** : 보일러, 냉동기 등
③ **공기조화기** : 외기와 환기의 혼합실, 필터, 냉각·가열 코일, 가습기 등
④ **자동제어장치**

10년간 자주 출제된 문제

1-1. 공기조화장치의 열운반장치가 아닌 것은?
① 펌프　　② 송풍기
③ 덕트　　④ 보일러

1-2. 공기조화에서 다루어야 할 요소가 아닌 것은?
① 습도　　② 온도
③ 순환　　④ 압력

|해설|

1-1
• 열운반장치 : 송풍기, 덕트, 펌프, 배관 등
• 열원장치 : 냉동기, 보일러, 흡수식 냉온수기, 열펌프 등

1-2
공기조화의 4요소는 온도, 습도, 청정도, 기류이다.

정답 1-1 ④　1-2 ④

핵심이론 02 보건공조 및 산업공조

(1) 보건공조
① 쾌적한 주거환경을 유지하여 보건, 위생 및 근무환경을 향상시키기 위한 공기조화이다.
② 주로 보건, 활동성, 쾌적성이 목적이며 주택, 사무소 등의 일반 건축물에 해당된다.
③ 사람을 위한 공기조화이다.

(2) 산업공조
① 산업의 제조공정 및 원료, 제품의 저장, 포장, 수송 등의 생산관리를 대상으로 한다.
② 물질의 온도, 습도의 변화 및 유지와 환경의 청정화로 품질 향상, 원가 절감, 생산성 향상을 목적으로 한다.
③ 클린룸, 냉동창고, 섬유공장 등 기계를 위한 공기조화이다.

10년간 자주 출제된 문제

2-1. 다음 공기조화에 관한 설명으로 틀린 것은?
① 공기조화란 온도, 습도조정, 청정도, 실내기류 등의 항목을 만족시키는 처리 과정이다.
② 반도체 산업, 전산실 등은 산업용 공조에 해당된다.
③ 산업용 공조는 재실자에게 쾌적한 환경을 만드는 것을 목적으로 한다.
④ 공조장치에 여유를 두어 여름에 실·내외 온도차를 작게 한다.

2-2. 공기조화의 분류에서 산업용 공기조화의 적용 범위에 해당하지 않는 것은?
① 반도체 공장에서 제품의 품질 향상을 위한 공조
② 실험실의 실험조건을 위한 공조
③ 양조장에서 술의 숙성온도를 위한 공조
④ 호텔에서 근무하는 근로자의 근무환경 개선을 위한 공조

해설

2-1
보건용 공조는 재실자에게 쾌적한 환경을 만드는 것을 목적으로 한다.

2-2
호텔에서 근무하는 근로자의 근무환경 개선은 사람을 대상으로 한 공조이므로 보건용 공기조화에 속한다.

정답 2-1 ③ 2-2 ④

핵심이론 03 환경 및 설계조건

(1) 온열환경지표(쾌적지수)

① 불쾌지수(DI ; Discomfort Index)
  ㉠ 불쾌지수는 열환경에 의한 영향만 고려한 것으로 건구온도(t)와 습구온도(t')에 의하여 구한다.
  ㉡ $DI = 0.72(t+t') + 40.6$
  ㉢ DI 86 이상 : 대부분이 불쾌감을 느낌
     DI 75 이상 : 반수 이상이 불쾌감을 느낌
     DI 70 이상 : 불쾌감을 느끼기 시작
     DI 68 이상 : 쾌적함

② 유효온도(ET ; Effective Temperature) : 체감온도라고도 하며 건구온도, 습도, 기류가 3요소이다.

③ 효과온도(OT ; Operative Temperature) : 습도의 영향이 무시되고 온도, 기류, 복사열의 영향을 종합한 온도이며 복사냉난방의 열환경지표로 주로 이용된다.

(2) 공기조화 계획

① 공기조화 계획의 순서
  ㉠ 기획 : 건물의 목적·기능·규모, 구조, 예산, 공기
  ㉡ 기본계획 : 공조 범위, 실내환경의 정도, 공조방식의 검토, 공조의 개략 예산, 자료 수집, 기계실의 위치, 덕트·배관의 레이아웃, 기본계획도, 개략사양, 예산서
  ㉢ 기본설계 : 공조방식의 검토와 결정, 열원방식의 검토와 결정, 개략부하 계산, 각 장치의 배치계획, 단열·보의 관통·방음, 건축계획과 조화, 실시계획도·개략사양서·개략예산서
  ㉣ 실시설계 : 부하 계산, 풍량 산출, 장치부하 산출, 기기 선정, 덕트 배관 설계, 제도, 사양서·실시예산서

10년간 자주 출제된 문제

3-1. 쾌감의 지표로 나타내는 불쾌지수(DI)와 관계가 있는 공기의 상태량은?
① 상대습도와 습구온도
② 현열비와 열수분비
③ 절대습도와 건구온도
④ 건구온도와 습구온도

3-2. 공기조화 계획을 진행하기 위한 순서로 옳은 것은?
① 기본계획 → 기본구상 → 실시계획 → 실시설계
② 기본구상 → 기본계획 → 실시설계 → 실시계획
③ 기본구상 → 기본계획 → 실시계획 → 실시설계
④ 기본계획 → 실시계획 → 기본구상 → 실시설계

|해설|

3-1
불쾌지수는 열환경에 의한 영향만 고려한 것으로 건구온도(t)와 습구온도(t')에 의하여 구한다.

3-2
공기조화 계획 순서 : 기본구상 → 기본계획 → 실시계획 → 실시설계

정답 3-1 ④ 3-2 ③

제2절 공기의 성질

핵심이론 01 공기의 성질

(1) 건공기와 습공기

① 건공기 : 수증기를 함유하지 않은 공기이다.
② 습공기 : 건공기에서 수증기 이외의 성분은 거의 일정한 비율을 유지하지만, 수증기는 계절과 기후에 따라 변화한다. 이와 같이 자연상태의 수증기를 함유한 공기이다.
③ 동일한 체적의 건공기와 수증기를 혼합하면 동일한 체적의 습공기가 된다.

(2) 절대습도와 상대습도

① 절대습도
  ㉠ 건조공기 1kg 속에 존재하는 수증기 중량
  ㉡ $x = 0.622\dfrac{P_w}{P-P_w} = 0.622\dfrac{P_w}{P_a}$

  여기서, x : 절대습도[kg/kg′]
  P : 대기압($P_a + P_w$)[mmHg]
  P_w : 습공기 수증기 분압[mmHg]
  P_a : 건공기 분압[mmHg]

② 상대습도
  ㉠ 대기 중에 최대 수분을 포함할 수 있는 공기를 포화공기라 하며 포화공기가 가지는 수분량에 대한 같은 온도에서 습공기가 가지는 수분량과의 비로 공기를 가열하면 상대습도는 낮아지고 냉각하면 높아진다.
  ㉡ $\phi = \dfrac{P_w}{P_s} \times 100$

  여기서, ϕ : 상대습도[%]
  P_s : 포화습공기 수증기 분압[mmHg]
  P_w : 습공기 수증기 분압[mmHg]

③ 포화도
  ㉠ 비교습도라 하며 포화습공기 절대습도(x_s)에 대한 동일 온도의 습공기 절대습도(x)와의 비
  ㉡ $y = \dfrac{x}{x_s} \times 100 = \phi\dfrac{P-P_s}{P-P_w}$

10년간 자주 출제된 문제

1-1. 건공기 중에 포함되어 있는 수증기의 중량으로 습도를 표시한 것은?

① 비교습도
② 포화도
③ 상대습도
④ 절대습도

1-2. 압력 760mmHg, 기온 15℃의 대기가 수증기 분압 9.5 mmHg를 나타낼 때 건조공기 1kg 중에 포함되어 있는 수증기의 중량은 얼마인가?

① 0.00623kg/kg
② 0.00787kg/kg
③ 0.00821kg/kg
④ 0.00931kg/kg

해설

1-1
- 절대습도 : 건조공기 1kg 속에 존재하는 수증기 중량
- 상대습도 : 대기 중에 최대 수분을 포함할 수 있는 공기를 포화공기라 하며 포화공기가 가지는 수분량에 대한 같은 온도에서 습공기가 가지는 수분량과의 비로 공기를 가열하면 상대습도는 낮아지고 냉각하면 높아진다.
- 포화도 : 비교습도라 하며 포화 습공기 절대습도(x_s)에 대한 동일 온도의 습공기 절대습도(x)와의 비를 말한다.

1-2
절대습도 : 건조공기 1kg 속에 존재하는 수증기 중량

$x = 0.622\dfrac{P_w}{P-P_w} = 0.622 \times \dfrac{9.5\text{mmHg}}{(760-9.5)\text{mmHg}}$

$= 0.00787\text{kg/kg}′$

여기서, x : 절대습도(kg/kg′)
P : 대기압($P_a + P_w$)(mmHg)
P_w : 습공기 수증기 분압(mmHg)

정답 1-1 ④ 1-2 ②

핵심이론 02 습공기의 엔탈피

(1) 건공기 엔탈피(h_a)

$h_a = C_{pa} \cdot t \,[\text{kJ/kg}]$

(2) 수증기의 엔탈피(h_v)

$h_v = \gamma + C_{pv} \cdot t \,[\text{kJ/kg}]$

(3) 습공기의 엔탈피(h_w)

① 건공기 엔탈피 + 수증기의 엔탈피

② $h_w = C_{pa} \cdot t + x(\gamma + C_{pv} \cdot t)$
   $= 1.01t + x(2,501 + 1.85t)\,[\text{kJ/kg}]$

여기서, C_{pa} : 건조공기의 정압비열
C_{pv} : 수증기의 정압비열
x : 절대습도
t : 건구온도
γ : 0℃에서 수증기 증발잠열

10년간 자주 출제된 문제

습공기선도상에 나타나 있지 않은 것은?
① 상대습도   ② 건구온도
③ 절대습도   ④ 포화도

[해설]
습공기선도상 포화도는 알 수 없다.
습공기선도 구성요소 : 건구온도, 습구온도, 노점온도, 상대습도, 절대습도, 엔탈피, 비체적, 현열비, 수증기 분압, 열수분비

정답 ④

핵심이론 03 습공기선도 및 상태변화

(1) 습공기선도

일반적으로 $h - x$ (엔탈피-절대습도)를 주로 이용한다.

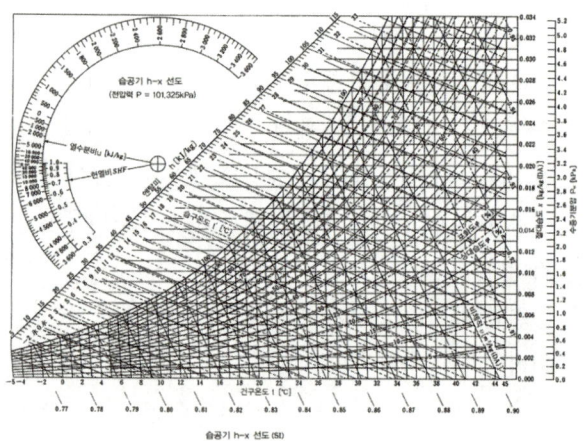

(2) 습공기선도 구성요소

① 건구온도 : 일반 온도계로 측정한 온도
② 습구온도 : 감온부를 물에 적신 헝겊으로 적셔 증발할 때 잠열에 의한 냉각온도
③ 노점온도 : 일정한 수분을 함유한 습공기의 온도를 낮추면 어떤 온도에서 포화상태가 되는 온도
④ 상대습도 : 공기 중의 수분량을 포화증기량에 대한 비율로 표시한 값

$\phi = \dfrac{P_w}{P_s} \times 100$

여기서, ϕ : 상대습도[%]
P_s : 포화습공기 수증기 분압[mmHg]
P_w : 습공기 수증기 분압[mmHg]

⑤ 절대습도 : 건공기 1kg 중에 함유된 수증기 중량

$x = \dfrac{\text{수증기 중량}}{\text{건공기 중량}} \,[\text{kg/kg}']$

⑥ 엔탈피 : 건공기와 수증기의 전열량을 말한다.

습공기의 엔탈피 : h_w
$= C_{pa} \cdot t + x(\gamma + C_{pv} \cdot t)$
$= 1.01t + x(2{,}501 + 1.85t)\,[\text{kJ/kg}]$

여기서, C_{pa} : 건조공기의 정압비열

C_{pv} : 수증기의 정압비열

x : 절대습도

t : 건구온도

γ : 0℃에서 수증기 증발잠열

⑦ 비체적 : 공기 1kg의 체적
⑧ 현열비 : 어느 실내의 취득열량 중 현열의 전열에 대한 비

$$\text{SHF} = \frac{\text{현열}}{\text{전열(현열 + 잠열)}} = \frac{q_S}{q_T} = \frac{q_S}{q_S + q_L}$$

⑨ 수증기 분압 : 습공기 중의 수증기 분압(kPa)으로 습도를 나타낸다.
⑩ 열수분비 : 공기 중의 증가 수분량에 대한 증가 열량의 비를 열수분비라 한다.

10년간 자주 출제된 문제

3-1. 습공기의 수증기 분압과 동일한 온도에서 포화공기의 수증기 분압과의 비율을 무엇이라 하는가?

① 절대습도 ② 상대습도
③ 열수분비 ④ 비교습도

3-2. 어떤 실내의 취득열량을 구했더니 감열이 40kW, 잠열이 10kW였다. 실내를 건구온도 25℃, 상대습도 50%로 유지하기 위해 취출온도차 10℃로 송풍하고자 한다. 이때 현열비(SHF)는?

① 0.6 ② 0.7
③ 0.8 ④ 0.9

3-3. 습공기를 단열가습하는 경우에 열수분비는 얼마인가?

① ∞ ② 0.5
③ 1   ④ 0

해설

3-1

- 절대습도 : 건조공기 1kg을 함유하고 있는 습공기 속의 수증기 중량
- 열수분비 : 수분량(절대습도)의 변화에 따른 전열량의 비
- 비교습도 : 습공기의 절대습도와 동일 온도에 있어서 포화공기의 절대습도와의 비

3-2

현열비(SHF) : 습공기의 전열량에 대한 현열량의 비

$$\text{SHF} = \frac{\text{현열}}{\text{전열(현열 + 잠열)}} = \frac{q_S}{q_T} = \frac{q_S}{q_S + q_L}$$

$$= \frac{40\text{kW}}{40\text{kW} + 10\text{kW}} = 0.8$$

3-3

$$\mu = \frac{\text{열량}}{\text{수분}} = \frac{h_2 - h_1}{x_2 - x_1}$$

단열의 경우, 엔탈피의 변화 $h_2 - h_1 = 0$이다.

$$\therefore \mu = \frac{0}{x_2 - x_1} = 0$$

정답 3-1 ② 3-2 ③ 3-3 ④

핵심이론 04 습공기선도에서 공기의 상태변화

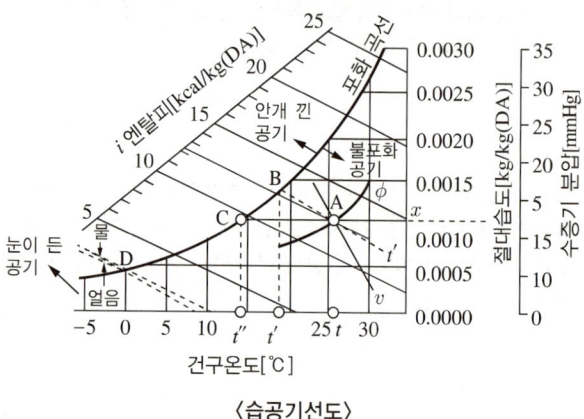

〈습공기선도〉

(1) 가열
건구온도 증가, 절대습도 일정, 상대습도 감소, 엔탈피 증가

(2) 냉각
건구온도 감소, 절대습도 일정, 상대습도 증가, 엔탈피 감소

(3) 가열가습
건구온도 증가, 절대습도 증가, 상대습도 증가, 엔탈피 증가

(4) 냉각감습
건구온도 감소, 절대습도 감소, 상대습도 감소, 엔탈피 감소

핵심이론 05 습공기의 상태변화 관계식

(1) 가열(현열)

① 현열에 의한 공기 가열

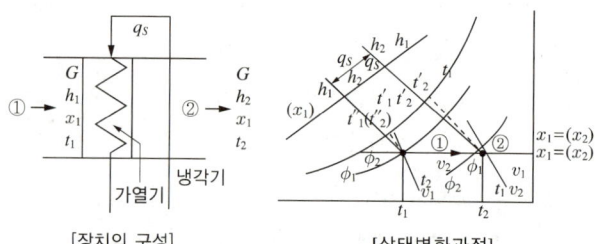

[장치의 구성] [상태변화과정]

② $q_S = G(h_2 - h_1) = GC_p(t_2 - t_1)$

여기서, q_S : 가열량[kJ/h]

G : 공기량[kg/h]

C_p : 정압비열[kJ/kg·K]

h : 엔탈피[kJ/kg]

(2) 냉각(현열)

① 현열에 의한 공기 냉각

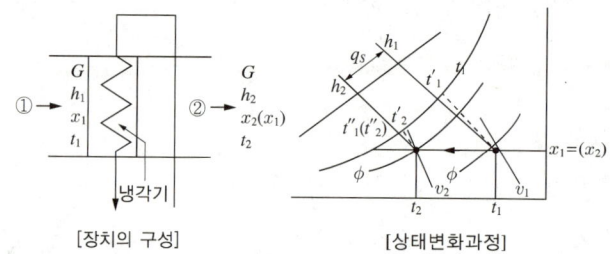

[장치의 구성] [상태변화과정]

② $q_S = G(h_1 - h_2) = GC_p(t_1 - t_2)$

여기서, q_S : 냉각열량[kJ/h]

G : 공기량[kg/h]

C_p : 정압비열[kJ/kg·K]

h : 엔탈피[kJ/kg]

(3) 가습(잠열)

① 잠열에 의한 가습

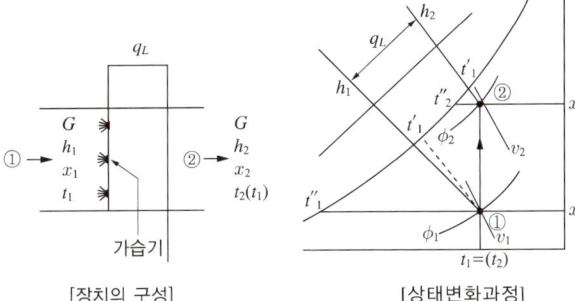

[장치의 구성]   [상태변화과정]

② 가습열량

$$q_L = G(h_2 - h_1) = 2{,}501\,G(x_2 - x_1)$$

③ 가습증기량

$$L = G(x_2 - x_1)$$

여기서, q_L : 가습열량[kJ/h]

         G : 공기량[kg/h]

         L : 가습증기량[kg/h]

         x : 절대습도[kg/kg′]

         h : 엔탈피[kJ/kg]

         γ : 물의 증발잠열[2,501kJ/kg]

④ 가습방법

  ㉠ 에어와셔에 의한 분무 가습(순환수, 온수)

  ㉡ 증기분무 가습

  ㉢ 가습팬에 의한 수증기 증발 가습

(4) 가열가습(현열 + 잠열)

① 현열과 잠열에 의한 가열가습

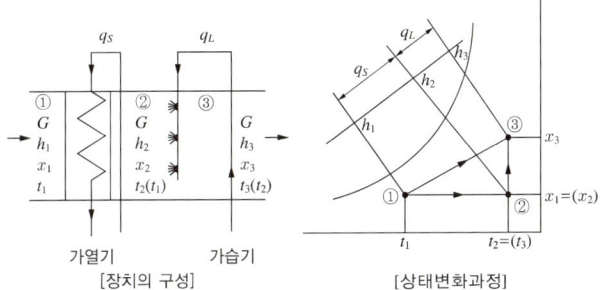

[장치의 구성]   [상태변화과정]

② 가열량(현열)

$$q_S = G(h_2 - h_1) = GC_p(t_2 - t_1)$$

③ 가습열량(잠열)

$$q_L = G(h_3 - h_2) = 2{,}501\,G(x_3 - x_2)$$

④ 가습증기량

$$L = G(x_3 - x_2)$$

⑤ 전체 가열량

$$q_T = q_S + q_L = G(h_3 - h_1)$$

여기서, q_S : 가열량[kJ/h]

         q_L : 가습열량[kJ/h]

         G : 공기량[kg/h]

         L : 가습증기량[kg/h]

         x : 절대습도[kg/kg′]

         h : 엔탈피[kJ/kg]

         γ : 물의 증발잠열[2,501kJ/kg]

(5) 냉각감습(가열가습의 반대 과정)

① 감습열량

$$q_L = G(h_3 - h_2) = 2{,}501\,G(x_3 - x_2)$$

② 응축수량

$$L = G(x_3 - x_2)$$

③ 냉각열량

$$q_S = G(h_2 - h_1) = GC_p(t_2 - t_1)$$

④ 전체 냉각량

$$q_T = q_L + q_S = G(h_3 - h_1)$$

여기서, q_S : 냉각열량[kJ/h]

         q_L : 감습열량[kJ/h]

         G : 공기량[kg/h]

         L : 응축수량[kg/h]

         x : 절대습도[kg/kg′]

         h : 엔탈피[kJ/kg]

         γ : 물의 증발잠열[2,501kJ/kg]

(6) 단열혼합

① 단열혼합 과정

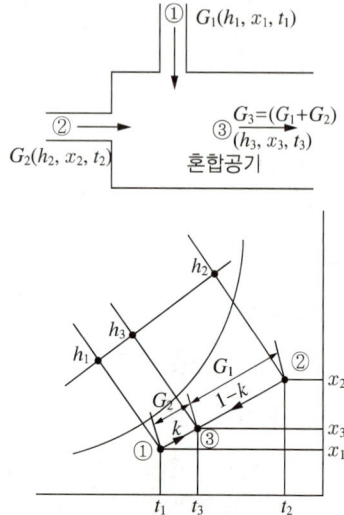

② $G_1 \cdot h_1 + G_2 \cdot h_2 = G_3 \cdot h_3$

③ $G_1 \cdot t_1 + G_2 \cdot t_2 = G_3 \cdot t_3$

④ $G_1 \cdot x_1 + G_2 \cdot x_2 = G_3 \cdot x_3$

　여기서, $G_1 + G_2 = G_3 [\text{kg/h}]$

(7) 현열비

$$\text{SHF} = \frac{\text{현열}}{\text{전열(현열 + 잠열)}} = \frac{q_S}{q_T} = \frac{q_S}{q_S + q_L}$$

(8) 열수분비

$$\mu = \frac{\text{열량}}{\text{수분}} = \frac{h_2 - h_1}{x_2 - x_1}$$

(9) 바이패스 팩터와 콘택트 팩터

① 냉각 코일에서 바이패스 팩터

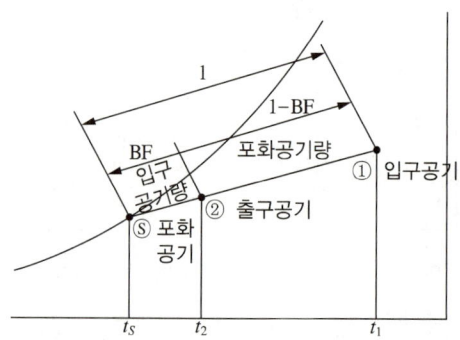

② 바이패스 팩터(BF)

　㉠ 코일에 접촉하지 않고 통과하는 공기의 비율을 말하며 이것은 비효율과 같은 의미이다.

　㉡ $\text{BF} = \dfrac{t_2 - t_s}{t_1 - t_s} = \dfrac{h_2 - h_s}{h_1 - h_s} = \dfrac{x_2 - x_s}{x_1 - x_s}$

③ 콘택트 팩터(CF = 1 − BF)

　㉠ 코일과 접촉한 후의 공기 비율을 말하며 이것은 효율과 같은 의미이다.

　㉡ $\text{CF} = \dfrac{t_1 - t_2}{t_1 - t_s} = \dfrac{h_1 - h_2}{h_1 - h_s} = \dfrac{x_1 - x_s}{x_1 - x_s}$

10년간 자주 출제된 문제

5-1. 습공기의 성질에 관한 설명 중 틀린 것은?

① 단열가습하면 절대습도와 습구온도가 높아진다.
② 건구온도가 높을수록 포화 수증기량이 많아진다.
③ 동일한 상대습도에서 건구온도가 증가할수록 절대습도 또한 증가한다.
④ 동일한 건구온도에서 절대습도가 증가할수록 상대습도 또한 증가한다.

5-2. 습공기의 상태를 나타내는 요소에 대한 다음 설명 중 맞는 것은?

① 상대습도는 공기 중에 포함된 수분의 양을 계산하는 데 사용한다.
② 수증기 분압에서 습공기가 가진 압력(대기압)은 그 혼합성분인 건공기와 수증기가 가진 분압의 합과 같다.
③ 습구온도는 주위 공기가 포화증기에 가까우면 건구온도와의 차는 커진다.
④ 엔탈피는 0℃ 건공기의 값을 593kJ/kg으로 기준하여 사용한다.

5-3. 다음과 같은 공기선도상의 상태에서 CF(Contact Factor)를 나타내고 있는 것은?

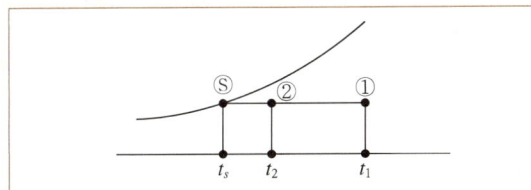

① $\dfrac{t_1 - t_2}{t_1 - t_s}$ ② $\dfrac{t_1 - t_2}{t_2 - t_s}$

③ $\dfrac{t_2 - t_s}{t_1 - t_s}$ ④ $\dfrac{t_2 - t_s}{t_1 - t_2}$

5-4. 실내의 냉방부하 중에서 현열부하는 2,326W, 잠열부하는 407W일 때 현열비는 약 얼마인가?

① 0.15 ② 0.74
③ 0.85 ④ 6.71

5-5. 온도 30℃, 절대습도 $x = 0.0271$kg/kg′인 습공기의 엔탈피 값[kJ/kg]은 약 얼마인가?

① 89.58 ② 92.88
③ 99.58 ④ 105.98

해설

5-1
습공기를 단열가습하면 엔탈피선을 따라 가습되며 습구온도는 거의 일정하고 절대습도는 증가하며 건구온도는 감소한다.

5-2
① 절대습도는 공기 중에 포함된 수분의 양을 계산하는 데 사용한다.
③ 습구온도는 주위 공기가 포화증기에 가까우면 건구온도와 같아진다.
④ 엔탈피는 0℃ 건공기의 값을 0kJ/kg으로 기준하여 사용한다.

5-3
바이패스 팩터(BF)와 콘택트 팩터(CF)

- 바이패스 팩터 $BF = \dfrac{t_2 - t_s}{t_1 - t_s}$
- 콘택트 팩터 $CF = \dfrac{t_1 - t_2}{t_1 - t_s}$

5-4
현열비 = $\dfrac{\text{현열}}{\text{현열} + \text{잠열}} = \dfrac{2,326}{2,326 + 407} = 0.85$

5-5
$$\begin{aligned}
h_w &= C_{pa} \cdot t + x(\gamma + C_{pv} \cdot t) \\
&= 1.01t + x(2,501 + 1.85t)[\text{kJ/kg}] \\
&= 1.01 \times 30 + 0.0271 \times (2,501 + 1.85 \times 30) \\
&= 99.58\text{kJ/kg}
\end{aligned}$$

여기서, C_{pa} : 건조공기의 정압비열
C_{pv} : 수증기의 정압비열
x : 절대습도
t : 건구온도
γ : 0℃에서 수증기 증발잠열

정답 5-1 ① 5-2 ② 5-3 ① 5-4 ③ 5-5 ③

제2장 공기조화 계획

제1절 공기조화 방식

1-1. 공기조화 방식의 개요 및 분류

핵심이론 01 공기조화 방식의 개요 및 분류

(1) 공기조화장치의 구성

① 열운반장치 : 송풍기, 펌프, 덕트, 배관, 취출구 등
② 열원장치 : 보일러, 냉동기 등
③ 공기조화기 : 외기와 환기의 혼합실, 필터, 냉각·가열 코일, 가습기 등
④ 자동제어장치 : 실내 조건을 유지하기 위해 공조설비를 자동으로 조절

(2) 공기조화 방식의 분류

분류	열원 방식	종류
중앙 방식	전공기 방식	정풍량 단일 덕트 방식, 2중 덕트 방식, 덕트 병용 패키지 방식, 각층 유닛 방식
	수공기 방식 (유닛 병용 방식)	덕트 병용 팬코일 유닛 방식(FCU), 유인 유닛 방식, 복사냉난방 방식
	전수 방식	팬코일 유닛 방식(FCU)
개별 방식	냉매 방식	패키지 방식, 룸쿨러 방식, 멀티 유닛 룸쿨러 방식

10년간 자주 출제된 문제

1-1. 공기조화장치의 열운반장치가 아닌 것은?
① 펌프 ② 송풍기
③ 덕트 ④ 보일러

1-2. 다음 사항 중 공조방식의 분류가 맞게 연결된 것은?
① 단일 덕트 - 전공기 방식
② 2중 덕트 방식 - 수 방식
③ 유인 유닛 방식 - 개별제어 방식
④ 팬코일 유닛 방식 - 수공기 방식

1-3. 공기조화 방식의 분류 중 전공기 방식이 아닌 것은?
① 멀티존 유닛 방식 ② 변풍량 재열식
③ 유인 유닛 방식 ④ 정풍량식

|해설|

1-1
- 열운반장치 : 송풍기, 덕트, 펌프, 배관 등
- 열원장치 : 냉동기, 보일러, 흡수식 냉온수기, 열펌프 등

1-2
② 2중 덕트 방식 : 전공기 방식
③ 유인 유닛 방식 : 수공기 방식
④ 팬코일 유닛 방식 : 전수 방식

1-3
유인 유닛 방식은 수공기 방식이다.

정답 1-1 ④ 1-2 ① 1-3 ③

핵심이론 02 공기조화 방식의 특징

(1) 전공기 방식(공기만 공급)
① 송풍 동력이 커서 타 방식에 비하여 열반송 동력(펌프 동력)이 가장 크다.
② 리턴 팬을 설치하면 외기 냉방이 가능하다.
③ 겨울철에 가습이 용이하다.
④ 열매체가 공기이므로 실내에 누수의 우려가 없다.
⑤ 송풍량이 충분하므로 실내공기의 오염이 적다.

(2) 전수 방식(냉수, 온수만 공급)
① 덕트 스페이스가 필요 없고 배관 공간만 요구되며 열반송 동력이 공기에 비해 작다.
② 공기의 공급이 없어서 실내 청정도가 떨어진다.
③ 실내 각 유닛마다 수배관으로 인하여 유지보수관리가 어렵다.
④ 바닥 유효면적이 감소하며 실내에서 누수 우려가 있고, 동력 공급 등이 필요하다.
⑤ 극간풍이 비교적 많은 주택, 여관 등에 적당하다.

(3) 수공기 방식(공기와 냉수, 온수 동시 공급)
① 전공기식과 전수식을 병용하여 서로의 단점을 보완한 방식이다.
② 덕트 스페이스가 작아도 되고, 유닛 한 대로 국소의 존을 만들 수 있다.
③ 수동으로 각 실의 온도를 쉽게 제어할 수 있고 열반송 동력이 전공기 방식에 비해 적게 든다.
④ 유닛 내의 필터가 저성능이므로 공기의 청정도는 낮은 편이다.
⑤ 실내의 배관에 의한 누수의 염려가 있고 유닛의 소음이 있다.
⑥ 건축 사무소, 병원, 호텔 등에서 외부 존은 수 방식, 내부 존은 전공기식으로 사용하는 것이 좋다.

(4) 개별 방식
① 냉동기 또는 히트펌프 등의 열원을 갖춘 패키지 유닛을 사용한다.
② 설치위치에 따라 벽걸이형, 바닥설치형, 천장매립형으로 구분한다.

10년간 자주 출제된 문제

공기조화 방식에서 수공기 방식의 특징에 대한 설명으로 틀린 것은?
① 전공기 방식에 비해 반송 동력이 많다.
② 유닛에 고성능 필터를 사용할 수가 없다.
③ 부하가 큰 방에 대해 덕트의 치수가 적어질 수 있다.
④ 사무실, 병원, 호텔 등 다실 건물에서 외부 존은 수 방식, 내부 존은 공기 방식으로 하는 경우가 많다.

|해설|
반송 동력은 전공기 방식 > 수공기 방식 > 수 방식 순이다.

정답 ①

1-2. 공기조화 방식

핵심이론 01 전공기식 공기조화 방식의 특성

(1) 단일 덕트 방식

공조기에서 조화된 냉풍 또는 온풍을 하나의 덕트를 통해 각 취출구로 송풍하는 방식이다.

① 장점
  ㉠ 덕트가 1계통이라 시설비가 적게 들고 덕트 스페이스도 적게 차지한다.
  ㉡ 냉풍과 온풍을 혼합하는 혼합상자가 필요 없으므로 소음과 진동이 적다.
  ㉢ 에너지가 절약된다.

② 단점
  ㉠ 각 실이나 존의 부하변동에 즉시 대응이 어렵다.
  ㉡ 부하특성이 다른 여러 개의 실이나 존이 있는 건물에 적용하기 곤란하다.
  ㉢ 실내부하가 감소될 경우에 송풍량을 줄이면 실내 공기의 오염이 심하다.

(2) 단일 덕트 재열 방식

덕트 내의 냉방부하가 감소된 공기를 재열기 또는 존별 재열기를 설치하여 증기 또는 온수로 송풍공기를 가열하는 방식이다.

① 장점
  ㉠ 부하특성이 다른 여러 개의 실이나 존이 있는 건물에 적합하다.
  ㉡ 설비비는 2중 덕트 방식보다 싸다.
  ㉢ 잠열부하가 많은 경우나 장마철 등의 공조에 적합하다.

② 단점
  ㉠ 재열기의 설치로 설비비 및 유지관리비가 든다.
  ㉡ 냉각기에 재열부하가 첨가된다.
  ㉢ 여름에도 보일러의 운전이 필요하다.

(3) 2중 덕트 방식

공조기에 냉각 코일과 가열 코일이 있어서 냉난방 시를 불문하고 냉·온풍을 만들 수 있으며, 각각 별개의 덕트를 통해 송풍한다. 냉난방부하에 따라 혼합상자에 취출하는 방식이다.

① 장점
  ㉠ 부하특성이 다른 다수의 실이나 존에도 적용할 수 있다.
  ㉡ 각 실이나 존의 부하변동이 생기면 즉시 냉·온풍을 혼합하여 취출하기에 적응속도가 빠르다.
  ㉢ 방의 설계변경이나 완성 후에도 용도변경에 쉽게 대처가 가능하다.

② 단점
  ㉠ 덕트가 2계통이므로 설비비가 많이 든다.
  ㉡ 혼합상자에서 소음과 진동이 생긴다.
  ㉢ 냉·온풍의 혼합으로 인한 혼합손실이 있어서 에너지 소비량이 많다.

(4) 덕트 병용 패키지 방식

각 층에 있는 패키지 공조기로 냉·온풍을 만들어 덕트를 통해 각 실로 송풍하는 방식이다.

① 장점
  ㉠ 특별한 기술이 없어도 된다.
  ㉡ 중앙기계실의 면적이 작으며, 냉동기를 설치하는 방식에 비해 설비비가 싸다.
  ㉢ 냉방 시 각 층은 독립적으로 운전이 가능하므로 에너지 절감효과가 크다.

② 단점
  ㉠ 패키지형 공조기가 각 층에 분산 배치되므로 유지관리가 번거롭다.
  ㉡ 실내 온도제어가 2위치 제어이므로 온도편차가 크고 습도제어가 불충분하다.
  ㉢ 공조기로 외기의 도입이 곤란한 것도 있다.

(5) 각층 유닛 방식

각 층마다 독립된 유닛(2차 공조기)을 설치하고 이 공조기의 냉각 코일 및 가열 코일에는 중앙기계실로부터 냉수 및 온수나 증기를 공급받는 방식이다.

① 장점
  ㉠ 외기도입 및 습도제어가 용이하다.
  ㉡ 중앙기계실의 면적을 작게 차지하고 송풍기의 동력도 적게 든다.
  ㉢ 각 층마다 부하변동에 대응할 수 있고 부분운전이 가능하다.

② 단점
  ㉠ 공조기가 각 층에 분산되므로 관리가 불편하다.
  ㉡ 각 층마다 공조기 설치장소가 필요하며, 수배관으로 인한 누수 우려가 있다.
  ㉢ 각 층의 공조기로부터 소음 및 진동이 있다.

10년간 자주 출제된 문제

1-1. 전공기 방식의 특징에 관한 설명으로 틀린 것은?
① 송풍량이 충분하므로 실내공기의 오염이 적다.
② 리턴 팬을 설치하면 외기 냉방이 가능하다.
③ 중앙집중식이므로 운전, 보수관리를 집중화할 수 있다.
④ 큰 부하의 실에 대해서도 덕트가 작게 되어 설치공간이 적다.

1-2. 에너지 손실이 가장 큰 공조방식은?
① 2중 덕트 방식   ② 각층 유닛 방식
③ 팬코일 유닛 방식   ④ 유인 유닛 방식

【해설】
1-1
전공기 방식은 열원이 공기이므로 수 방식에 비해 덕트가 크게 되어 설치공간이 크다.

1-2
2중 덕트 방식은 냉·온풍을 동시에 공급하고 리턴은 혼합하는 방식으로 에너지 손실이 크다.

정답 1-1 ④ 1-2 ①

핵심이론 02 수공기식 공기조화 방식의 특성

(1) 유인 유닛 방식

노즐이 유닛 내부에 내장되어 있어 노즐에서 취출되는 1차 공기의 유인작용에 의해 실내공기와 혼합되어 가열(냉각) 코일을 통해 실내로 공급하는 방식이다.

① 장점
  ㉠ 각 유닛마다 제어가 가능하므로 개별제어가 가능하다.
  ㉡ 고속 덕트를 사용하므로 덕트 스페이스가 작다.
  ㉢ 중앙공조기는 1차 공기만 처리하므로 소형으로 가능하다.
  ㉣ 실내부하의 종류에 따라 조닝을 쉽게 할 수 있다.

② 단점
  ㉠ 각 유닛마다 수배관이 필요하며 누수의 염려가 있다.
  ㉡ 유닛은 소음이 있고 가격이 비싸다.
  ㉢ 유닛 내에 있는 노즐이 막히기 쉽고 필터 청소를 자주 해야 한다.

(2) 복사냉난방 방식

건물의 바닥, 천장, 벽 등에 파이프 코일을 설치하여 여름에는 냉수, 겨울에는 온수를 공급하여 냉난방하는 방식이다.

① 장점
  ㉠ 현열부하가 큰 곳에 설치하는 것이 효과적이다.
  ㉡ 쾌감도가 높고 외기의 부족 현상이 적다.
  ㉢ 냉방 시에 조명부하나 일사에 의한 부하가 쉽게 처리된다.
  ㉣ 덕트 스페이스가 필요 없고 공간 이용이 용이하다.

② 단점
  ㉠ 단열시공이 필요하고 시설비가 많이 든다.
  ㉡ 냉방 시에는 패널에 결로의 우려가 있다.
  ㉢ 풍량이 적어서 풍량이 많은 곳에는 부적당하다.

10년간 자주 출제된 문제

2-1. 공기조화 방식의 분류 중 수공기 방식이 아닌 것은?
① 유인 유닛 방식
② 덕트 병용 팬코일 유닛 방식
③ 복사냉난방 방식
④ 멀티존 유닛 방식

2-2. 공기조화 방식의 특징 중 수공기 방식에 해당하는 것은?
① 환기팬을 설치하면 외기 냉방이 불가능하다.
② 유닛 한 대로 하나의 소규모 존을 구성하므로 조닝이 용이하다.
③ 덕트가 없으므로 덕트 스페이스가 필요하지 않다.
④ 냉동기를 내장하고 있으므로 일반적으로 소음과 진동이 크다.

[해설]

2-1
멀티존 유닛 방식은 전공기 방식이다.

2-2
수공기 방식은 실내에 설치된 유닛 한 대로 하나의 존을 담당하므로 조닝이 용이하다. 환기팬을 설치하면 외기 냉방도 어느 정도 가능하다.

정답 2-1 ④ 2-2 ②

핵심이론 03 전수식 공기조화 방식의 특성

팬코일 유닛 방식

공기조화실이 따로 없으며 중앙기계실에서 냉온수만을 유닛에 공급하여 냉난방하는 방식이다.

① 장점 : 개별제어가 가능하며 풍량을 조절할 수 있다.
② 단점
  ㉠ 외기 송풍량을 크게 할 수 없다.
  ㉡ 고밀도 필터 사용이 어렵다.
  ㉢ 물을 사용하기 때문에 공기 청정도가 떨어지며 습도 조절이 곤란하다.

10년간 자주 출제된 문제

공기조화 방식의 분류 중 전수식 방식으로 옳은 것은?
① 유인 유닛 방식
② 덕트 병용 팬코일 유닛 방식
③ 복사냉난방 방식
④ 팬코일 유닛 방식

[해설]

①, ②, ③은 수공기 방식이다.

정답 ④

핵심이론 04 개별식 공기조화 방식의 특성

(1) 패키지 공조방식
① 케이스 내에 냉동기, 코일, 에어필터, 송풍기, 자동제어장치를 일체화시킨 방식이다.
② 설치가 간단하며 운전 및 유지관리가 쉽다.
③ 중앙기계실이 불필요하며 설치면적도 작다.
④ 부분냉방이 용이하나 소음이 크다.

(2) 룸쿨러 방식
① 창 설치형으로 실내측에 증발기가 설치되어 공기를 냉각시키며 실외측에 압축기, 응축기, 축류팬이 있어 외기에 의해 냉매가 응축된다.
② 설치가 간단하며 운전 및 유지관리가 쉽다.
③ 냉방면적이 작다.

10년간 자주 출제된 문제

개별 공조방식의 특징으로 적당하지 않은 것은?
① 개별제어가 쉽다.
② 실내에 유닛의 설치면적을 차지한다.
③ 취급이 간단하고 운전이 용이하다.
④ 외기 냉방을 할 수 있다.

[해설]
개별 공조방식은 외기 냉방이 불가능하다.

정답 ④

1-3. 열원방식

핵심이론 01 개별식 공기조화 방식의 특징

(1) 대용량인 경우 공조기 수의 증가로 설비비가 비쌀 수 있고 실내공기의 청정도가 나쁘며 소음이 크다.

(2) 각 실마다 독립적이어서 설치, 유지보수가 용이하다.

(3) 시공이 용이하여 공기 단축효과와 개별제어가 용이하다.

(4) 배관, 덕트 스페이스가 적다. 각 실마다 유닛 설치공간이 필요하다.

(5) 외기량이 부족하다.

10년간 자주 출제된 문제

개별 공조방식의 특징이 아닌 것은?
① 외기 냉방에 용이하다.
② 실내공기 청정도가 나빠지고 소음이 크다.
③ 개별 실내 제어에 적합하다.
④ 기존 설치된 건물에 비교적 용이하게 설치할 수 있다.

[해설]
개별 공조방식은 외기를 도입할 덕트가 없어서 외기 냉방이 불가능하다.

정답 ①

핵심이론 02 중앙식 공기조화 방식의 특징

(1) 대형 건물에 적합하며 외기 냉방이 가능하다.

(2) 열원기기가 중앙기계실에 집중되어 있어 시설관리가 편리하다.

(3) 덕트가 대형이므로 덕트 스페이스가 크다.

(4) 송풍량이 많아 실내 오염은 적으나 동력이 많이 든다.

10년간 자주 출제된 문제

중앙식 공기조화 방식의 특징에 관한 설명으로 틀린 것은?
① 중앙집중식이므로 운전, 보수관리를 집중화할 수 있다.
② 대형 건물에 적합하며 외기 냉방이 가능하다.
③ 덕트가 대형이고 개별식에 비해 설치공간이 크다.
④ 송풍 동력이 적고 겨울철 가습하기가 어렵다.

[해설]
동일 부하일 때 공기량이 많아서 열매체인 냉·온풍의 운반에 필요한 팬의 소요동력이 냉·온수를 운반하는 펌프 동력보다 크고, 중앙공조기에서 겨울철 가습이 쉽다.

정답 ④

핵심이론 03 열펌프

열펌프란 냉동기의 응축기 방열을 난방열로 활용하는 것을 말한다. 여름철에는 증발기의 냉각열을 이용하고 겨울철에는 응축기의 온열을 이용하는 방식이다.

(1) 특징
① 한 개의 냉동기로 냉난방이 가능하다.
② 설치가 쉽고 운전이 간단하다.
③ 별도의 난방기기가 불필요하기 때문에 설비비가 경감된다.
④ 냉난방을 동시에 요하는 건물에 더욱 유용하며 공해가 없다.
⑤ 외기 냉방이 어렵고 습도 제어가 곤란하다.

(2) 성적계수
① 난방
$$\text{COP}_H = \frac{Q_c}{A_w} = \frac{Q_c}{Q_c - Q_e} = 1 + \text{COP}_C$$

② 냉방
$$\text{COP}_C = \frac{Q_e}{A_w} = \frac{Q_e}{Q_c - Q_e}$$

여기서, Q_c : 응축(방열)부하
Q_e : 증발부하
A_w : 압축일

10년간 자주 출제된 문제

3-1. 어느 냉동기가 0.2kW의 동력을 소모하여 시간당 5,050 kJ의 열을 저열원에서 제거한다면 이 냉동기의 성적계수는 약 얼마인가?

① 7　② 8
③ 9　④ 10

3-2. 열펌프(Heat Pump)의 성적계수를 높이기 위한 방법으로 적당하지 않은 것은?

① 응축온도를 높인다.
② 증발온도를 높인다.
③ 응축온도와 증발온도의 차를 줄인다.
④ 압축기 소요동력을 감소시킨다.

3-3. 증발온도 −15℃, 응축온도 30℃인 이상적인 냉동기의 성적계수(COP)는?

① 5.73　② 6.41
③ 6.73　④ 7.34

[해설]

3-1

성적계수 $\text{COP}_C = \dfrac{Q_e}{A_w} = \dfrac{5,050\,\frac{\text{kJ}}{\text{h}} \times \frac{1\text{kW}\cdot\text{h}}{3,600\text{kJ}}}{0.2\text{kW}} = 7$

3-2

열펌프의 성적계수는 응축온도와 증발온도의 차를 줄이면 상승하게 된다. 따라서 성적계수를 높이기 위하여 응축온도를 낮춘다.

3-3

$\text{COP} = \dfrac{T_2}{T_1 - T_2} = \dfrac{(-15+273)}{(30+273)-(-15+273)} = 5.73$

여기서, T_1 : 응축 절대온도[K], T_2 : 증발 절대온도[K]

정답 3-1 ① 3-2 ① 3-3 ①

제2절 공기조화 부하

2-1. 부하의 개요

핵심이론 01 벽체 열관류율

공조부하 계산 시 기본적인 열부하는 벽체 열관류량이며 이때 열관류율이 부하계산의 기초가 된다.

(1) 열관류율 계산(K)

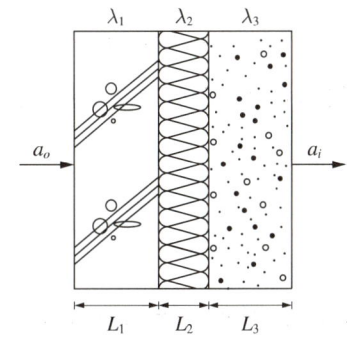

$$K = \dfrac{1}{\dfrac{1}{a_o} + \dfrac{L_1}{\lambda_1} + \dfrac{L_2}{\lambda_2} + \cdots + \dfrac{L_n}{\lambda_n} + \dfrac{1}{a_i}}\,[\text{W/m}^2\cdot\text{K}]$$

여기서, a_o : 실외공기의 열전달률[W/m²·K]
　　　　a_i : 실내공기의 열전달률[W/m²·K]
　　　　L : 단열재의 두께[m]
　　　　λ : 단열재의 열전도율[W/m·K]

(2) 열관류율(K)과 열관류저항(R)의 관계

① $R = \dfrac{1}{K}\,[\text{m}^2\cdot\text{K/W}]$

② 벽체에서 열관류율은 작을수록 유리하고 열관류저항은 클수록 유리하다.

(3) 용어 정의

① 열전달 : 고체 표면과 이에 접촉하는 유체 사이의 대류에 의한 열이동[W/m² · K]

② 열전도 : 고체 내부에서의 열이동[W/m · K]

③ 열관류 : 고체 벽을 사이에 둔 양 유체 사이의 열이동, 열전달과 열전도의 조합[W/m² · K]

④ 열복사 : 중간 매체 없이 열전자의 직접 이동에 의한 열이동

⑤ 열관류저항 : 열관류율 값의 역수[m² · K/W]

10년간 자주 출제된 문제

1-1. 열관류율을 계산하는 데 필요하지 않은 것은?
① 벽체의 두께
② 벽체의 열전도율
③ 벽체 표면의 열전달률
④ 벽체의 함수율

1-2. 열부하 계산 시 적용되는 열관류율(K)에 대한 설명 중 틀린 것은?
① 열전도와 대류 열전달이 조합된 열전달을 열관류라 한다.
② 단위는 W/m² · K이다.
③ 열관류율이 커지면 열부하는 감소한다.
④ 고체 벽을 사이에 두고 한쪽 유체에서 반대쪽 유체로 이동하는 열량의 척도로 볼 수 있다.

[해설]

1-1

$$K = \cfrac{1}{\cfrac{1}{a_o} + \cfrac{L_1}{\lambda_1} + \cfrac{L_2}{\lambda_2} + \cdots + \cfrac{L_n}{\lambda_n} + \cfrac{1}{a_i}}[W/m^2 \cdot K]$$

여기서, a_o : 실외공기의 열전달률[W/m² · K]
a_i : 실내공기의 열전달률[W/m² · K]
L : 단열재의 두께[m]
λ : 단열재의 열전도율[W/m · K]

1-2
열관류율(K)이 커지면 열부하(q)가 증가한다. $q = KA\Delta t$

정답 1-1 ④ 1-2 ③

2-2. 난방 · 냉방부하

핵심이론 01 난방부하

(1) 난방부하의 분류

부하 발생 요인	부하 형태	
	현열	잠열
벽체로부터의 취득 손실열량	○	
극간풍에 의한 손실열량	○	○
기기(덕트)로부터의 취득 손실열량	○	
외기로 인한 취득 손실열량	○	○

(2) 난방부하 계산

① 벽체로부터의 취득 손실열량(q_w)

㉠ 외벽, 창문(유리), 지붕에서의 손실열량(q_w)

$$q_w = K \cdot A \cdot Z(t_r - t_o - \triangle t_a)[W]$$

여기서, K : 열관류율[W/m² · K]
A : 전열 면적[m²]
t_r : 실내공기 온도[K]
t_o : 실외공기 온도[K]
$\triangle t_a$: 보정온도[K]
Z : 방위에 따른 부가계수

㉡ 내벽, 내부창문(유리), 천장에서의 열손실(q_w)

$$q_w = K \cdot A \cdot \triangle t[W]$$

여기서, K : 열관류율[W/m² · K]
A : 전열 면적[m²]
$\triangle t$: 온도차[K]

② 극간풍(틈새바람)에 의한 손실열량

㉠ $q_T = q_S + q_L$[kJ/h]

㉡ $q_S = GC\triangle t = (\rho Q)C\triangle t$
　　$= (1.2Q) \times 1.01 \times \triangle t$
　　$= 1.212Q\triangle t$

㉢ $q_L = \gamma G \triangle x = (\rho Q)\gamma \triangle x$
　　$= (1.2Q) \times 2{,}501 \times \triangle x$
　　$= 3{,}001.2Q\triangle x$

여기서, C : 공기의 비열[1.01kJ/kg·K]
  ρ : 공기의 밀도[1.2kg/m³]
  γ : 물의 증발잠열[2,501kJ/kg]
  $\triangle t$: 외기와 실내의 온도차[℃]
  $\triangle x$: 실내와 실외의 절대습도차[kg/kg′]
  G : 틈새바람의 중량유량[kg/h]
  Q : 틈새바람의 체적유량[m³/h]

③ 외기로 인한 취득 손실열량(q_F)
  ㉠ $q_F = q_{FS} + q_{FL}$[kJ/h]
  ㉡ $q_{FS} = GC\triangle t = (\rho Q)C\triangle t$
    $= (1.2Q) \times 1.01 \times \triangle t = 1.212Q\triangle t$
  ㉢ $q_{FL} = \gamma G\triangle x = (\rho Q)\gamma\triangle x$
    $= (1.2Q) \times 2,501 \times \triangle x = 3,001.2Q\triangle x$

여기서, C : 공기의 비열[1.01kJ/kg·K]
  ρ : 공기의 밀도[1.2kg/m³]
  γ : 물의 증발잠열[2,501kJ/kg]
  $\triangle t$: 외기와 실내의 온도차[℃]
  G : 외기의 중량유량[kg/h]
  $\triangle x$: 외기와 실내의 절대습도차[kg/kg′]
  Q : 외기의 체적유량[m³/h]

④ 기기(덕트)로부터의 취득 손실열량

  공조장치의 체임버나 덕트의 외면으로부터 손실부하와 여유 등을 총괄하여 일어나는 손실열량[kJ/h]을 말한다.

10년간 자주 출제된 문제

1-1. 난방부하를 줄일 수 있는 요인이 아닌 것은?
① 극간풍에 의한 잠열
② 태양열에 의한 복사열
③ 인체의 발생열
④ 기계의 발생열

1-2. 직접 난방부하 계산에서 고려하지 않아도 되는 부하는?
① 외기도입에 의한 열손실
② 벽체를 통한 열손실
③ 유리창을 통한 열손실
④ 틈새바람에 의한 열손실

해설

1-1
태양 복사열이나 실내 발열량(인체, 기계)은 난방부하를 감소시키나 극간풍의 현열이나 잠열은 난방부하를 증가시킨다.

1-2
직접 난방이란 외기도입을 고려하지 않으므로 외기도입에 의한 열손실을 무시한다.

정답 1-1 ① 1-2 ①

핵심이론 02 냉방부하

(1) 냉방부하의 분류

구분	부하 발생 요인		부하 형태	
			현열	잠열
실내 취득열량	벽체로부터의 취득열량		○	
	유리로부터의 취득열량	일사에 의한 취득열량(복사열량)	○	
		전도 대류에 의한 취득열량(전도열량)	○	
	극간풍에 의한 열량		○	○
	인체발생부하		○	○
	기구발생부하		○	○
기기(장치)로부터의 취득열량	송풍기에 의한 취득열량		○	
	덕트로부터의 취득열량		○	
재열부하	재열기 가열량		○	
외기부하	외기도입으로 인한 취득열량		○	○

(2) 냉방부하 계산

① 벽체로부터의 취득열량

㉠ 햇빛을 받는 외벽 지붕(q_w)

$$q_w = K \cdot A \cdot ETD [W]$$

㉡ 칸막이, 천장, 바닥으로부터의 취득열량

$$q_w = K \cdot A \cdot \triangle t [W]$$

여기서, K : 열관류율[W/m²·K]

A : 전열 면적[m²]

ETD, $\triangle t$: 온도차[K]

② 유리로부터의 취득열량

㉠ 일사에 의한 취득열량

$$q_{GR} = K_s \cdot I_{GR} \cdot A_g [W]$$

여기서, K_s : 차폐계수

A_g : 유리 면적[m²]

I_{GR} : 유리를 통과하는 일사량[W/m²]

㉡ 전도 대류에 의한 취득열량(q_{GT})

$$q_{GT} = K \cdot A \cdot \triangle t [W]$$

여기서, K : 열관류율[W/m²·K]

A_g : 유리 면적[m²]

$\triangle t$: 온도차[K]

③ 극간풍에 의한 열량

㉠ $q_T = q_S + q_L [kJ/h]$

㉡ $q_S = GC\triangle t = (\rho Q)C\triangle t$
  $= (1.2Q) \times 1.01 \times \triangle t = 1.212Q\triangle t$

㉢ $q_L = \gamma G \triangle x = (\rho Q)\gamma \triangle x$
  $= (1.2Q) \times 2,501 \times \triangle x = 3,001Q\triangle x$

여기서, C : 공기의 비열[1.01kJ/kg·K]

ρ : 공기의 밀도[1.2kg/m³]

γ : 물의 증발잠열[2,501kJ/kg]

$\triangle t$: 외기와 실내의 온도차[℃]

$\triangle x$: 실내와 실외의 절대습도차[kg/kg′]

G : 틈새바람의 중량유량[kg/h]

Q : 틈새바람의 체적유량[m³/h]

④ 인체발생부하

㉠ $q_H = q_{HS} + q_{HL} [kJ/h]$

㉡ $q_{HS} = n \cdot H_S [kJ/h]$

㉢ $q_{HL} = n \cdot H_L [kJ/h]$

여기서, q_{HS} : 인체발생 현열량[kJ/h]

q_{HL} : 인체발생 잠열량[kJ/h]

n : 인원수

H_S, H_L : 1인당 인체발생 현열량, 잠열량 [kJ/h]

⑤ 기구발생부하

㉠ 조명기구 발생부하

• 백열등

$$q_E = w \cdot f [W]$$

• 형광등

$$q_E = w \cdot f \cdot 1.2 [W]$$

여기서, w : 조명기구의 총 와트
f : 조명 점등률
1.2 : 형광등의 안정기가 실내에 있을 때 발열량의 20%를 가산한 경우

ⓒ 전동기 및 기계로부터 발생되는 열량

$$q_E = p \times f_e \times f_o \times \frac{1}{\eta} \text{[kW]}$$

여기서, p : 전동기 정격출력[kW]
f_e : 부하율
f_o : 전동기 가동률
η : 전동기 효율

ⓒ 기구로부터의 취득열량

$$q_E = q_e \times k_1 \times k_2 \text{[kJ/h]}$$

여기서, q_e : 기구의 열원용량[kJ/h]
k_1 : 기구의 사용률
k_2 : 후드가 달린 기구의 발열 중 실내로 복사되는 비율

⑥ 기기로부터의 취득열량
ⓐ 송풍기에 의한 취득열량 : 송풍 시 공기가 압축되기 때문에 일부 에너지는 열로 변환되어 급기온도를 상승시킨다.
ⓑ 덕트로부터의 취득열량 : 급기덕트에서 열취득 및 시공오차로 인한 누설 등을 고려한다.

⑦ **재열부하(q_R)** : 송풍계통에 가열기를 설치하여 송풍기의 과랭을 방지한다.

$$q_R = GC\triangle t = (\rho Q)C\triangle t = (1.2Q) \times 1.01 \times \triangle t$$
$$= 1.212Q\triangle t$$

여기서, C : 공기의 비열[1.01kJ/kg·K]
ρ : 공기의 밀도[1.2kg/m³]
$\triangle t$: 재열기 출입구의 온도차[℃]
G : 송풍의 중량유량[kg/h]
Q : 송풍의 체적유량[m³/h]

⑧ **외기부하(q_F)**
실내의 공기는 오염될 우려가 있으므로 일정량의 외기도입이 필요하다. 이때 도입되는 외기의 온도와 습도는 실내와의 차이를 이용해 조건에 맞는 공기를 만든다.

ⓐ $q_F = q_{FS} + q_{FL}$[kJ/h]
ⓑ $q_{FS} = GC\triangle t = (\rho Q)C\triangle t$
   $= (1.2Q) \times 1.01 \times \triangle t = 1.212Q\triangle t$
ⓒ $q_{FL} = \gamma G\triangle x = (\rho Q)\gamma \triangle x$
   $= (1.2Q) \times 2{,}501 \times \triangle x = 3{,}001.2Q\triangle x$

여기서, C : 공기의 비열[1.01 kJ/kg·K]
ρ : 공기의 밀도[1.2kg/m³]
γ : 물의 증발잠열[2,501kJ/kg]
$\triangle t$: 외기와 실내의 온도차[℃]
G : 외기의 중량유량[kg/h]
$\triangle x$: 외기와 실내의 절대습도차[kg/kg′]
Q : 외기의 체적유량[m³/h]

10년간 자주 출제된 문제

2-1. 겨울철 침입외기(극간풍)에 의한 잠열부하[kJ/h]는?(단, Q : 극간풍량[m³/h], $t_o - t_r$: 외기와 실내의 온도차[℃], $x_o - x_r$: 실내와 실외의 절대습도차[kg/kg′]이다)

① $q_L = 0.24 Q(x_o - x_r)$
② $q_L = 717 Q(x_o - x_r)$
③ $q_L = 539 Q(x_o - x_r)$
④ $q_L = 3,001 Q(x_o - x_r)$

2-2. 외기의 온도가 -10℃이고 실내온도가 20℃이며 벽 면적이 25m²일 때 실내의 열손실량은?(단 벽체의 열관류율은 10 W/m²·K, 방위계수는 북향으로 1.2이다)

① 7kW   ② 8kW
③ 9kW   ④ 10kW

|해설|

2-1
잠열부하 $= (\rho Q)\gamma \Delta x = (1.2Q) \times 2,501 \times \Delta x = 3,001.2 Q \Delta x$
※ $\Delta x = x_o - x_r$

2-2
$q_w = K \cdot A \cdot \Delta t \cdot R$
$= 10 \times 25 \times \{20 - (-10)\} \times 1.2$
$= 9,000W = 9kW$

여기서, K : 열관류율[W/m²·K]
A : 전열 면적[m²]
Δt : 온도차[K]
R : 방위계수

정답 2-1 ④ 2-2 ③

제3절 클린룸

핵심이론 01 클린룸의 정의 및 분류

(1) 클린룸의 정의

클린룸이란 분진 입자의 크기에 따라 분진 수를 측정하여 청정도를 등급별로 체계화한 공간을 말한다.

(2) 클린룸의 분류

① 산업용 클린룸(ICR ; Industrial Clean Room) : 공기 중의 미세먼지, 유해가스, 미생물 등의 오염물질까지도 극소로 만드는 클린룸으로 반도체 산업, 디스플레이 산업, 정밀측정, 필름 공업 분야까지 적용되며, 주로 미세먼지를 청정 대상으로 한다.

② 바이오 클린룸(BCR ; Bio Clean Room) : 미세먼지 미립자뿐만 아니라 세균, 곰팡이, 바이러스 등도 극소로 제한하는 클린룸으로 병원의 수술실 등 무균병실, 동물실험실, 제약공장, 유전공학 등에 적용되고 있다.

10년간 자주 출제된 문제

클린룸에 대한 설명 중 틀린 것은?

① 클린룸이란 분진 입자의 질량에 따라 분진 수를 측정하여 청정도를 등급별로 체계화한 공간을 말한다.
② 산업용 클린룸은 공기 중의 미세먼지, 유해가스, 미생물 등의 오염물질까지도 극소로 만드는 클린룸으로 반도체 산업, 디스플레이 산업 등에 주로 적용된다.
③ 바이오 클린룸은 실내의 세균, 곰팡이, 바이러스 등도 극소로 제한하는 클린룸으로 병원의 수술실 등에 적용되고 있다.
④ 클린룸의 청정도 등급은 Class라는 단위를 사용하는데 전통적인 미국단위와 영국단위, 한국단위, 국제단위가 있다.

|해설|

클린룸이란 분진 입자의 크기에 따라 분진 수를 측정하여 청정도를 등급별로 체계화한 공간을 말한다.

정답 ①

핵심이론 02 클린룸의 에어필터

(1) 에어필터의 포집효과
① 관성 충돌 효과
② 확산 효과
③ 차단 효과

(2) 에어필터의 기능
어떠한 유체(공기, 기름, 연료, 물 등)를 일정한 시간 내에 일정한 용량을 일정한 크기의 입자로 통과시키는 기기를 말하며, 대기 중에 존재하는 분진을 제거하여 필요에 맞는 청정한 공기를 만들어낸다.

(3) 에어필터의 종류
① **저성능 필터(Pre-Filter)** : 중량법에 의한 포집효율 85%가 사용되며 생산라인의 전처리용으로 적용
② **중성능 필터(Medium Filter)** : 비색법에 의한 효율 65~95%가 사용되며 전처리 또는 헤파필터 보호용
③ **고성능 필터(HEPA Filter)** : 계수법에 의한 포집효율 $0.3\mu m$ 기준 99.97%
④ **초고성능 필터(ULPA Filter)** : 계수법에 의한 포집효율 $0.12~0.17\mu m$ 기준 99.9999%
⑤ **전기 집진식** : 저성능 필터에서 굵은 먼지가 제거된 후 이온화부에 도달한 공기 중의 미세분진은 전기적 인력으로 흡착

10년간 자주 출제된 문제

에어필터의 분류에서 냄새 등 가스 상태의 오염물질을 제거할 수 있는 필터는 무엇인가?
① 건식필터
② 카본필터
③ 고성능 공기필터(HEPA Filter)
④ 초고성능 필터(ULPA Filter)

[해설]
카본필터는 흡착작용으로 가스 상태의 오염물질을 제거한다. 가정에서 숯을 사용하는데 카본필터가 바로 숯을 원료로 한다.

정답 ②

핵심이론 03 에어필터의 효율 측정방법

(1) 중량법
에어필터의 상류측과 하류측의 분진 중량을 측정하는 방법

(2) 비색법
필터 상류 및 하류의 분진을 각각 여과지로 채집하여 광투과량이 같도록 상·하류에 통과되는 공기량을 조절하여 계산식을 이용해 효율을 구하는 방법

(3) 계수법(DOP)
광산란식 입자계수기($0.3\mu m$ DOP)를 사용하여 필터의 상류 및 하류의 미립자에 의한 산란광에서 그 입경과 개수를 계측하는 방법으로서 고성능(HEPA) 필터의 효율을 측정한다.

10년간 자주 출제된 문제
공조장치의 공기여과기에서 에어필터 효율의 측정방법이 아닌 것은?
① 중량법
② 변색도법(비색법)
③ 집진법
④ DOP법

|해설|
에어필터의 효율측정 방법
① 중량법 : 에어필터의 상류측과 하류측의 분진 중량을 측정하는 방법
② 비색법 : 필터 상류 및 하류의 분진을 각각 여과지로 채집하여 광투과량이 같도록 상하류에 통과되는 공기량을 조절하여 계산식을 이용해 효율을 구하는 방법
④ 계수법(DOP) : 광산란식 입자계수기($0.3\mu m$ DOP)를 사용하여 필터의 상류 및 하류의 미립자에 의한 산란광에서 그 입경과 개수를 계측하는 방법으로서 고성능(HEPA) 필터의 효율을 측정한다.

정답 ③

핵심이론 04 클린룸 장치

(1) 클린룸의 부속장치
① 에어 샤워 : 입구에서 공기를 분사하여 먼지와 세균을 제거하여 청정도를 유지
② 패스 박스 : 물품 반입 시 물품만을 통과시켜 사람의 이동과 출입을 적게 하기 위한 장치
③ 헤파 박스 유닛 : 덕트 접속형으로 별도 설치된 송풍기 또는 공기조화기로부터 공기를 도입하는 장치이며 필터 박스 내부에 고성능, 최고성능 필터를 사용한다.
④ 팬 필터 유닛 : 천장에 팬(Fan)과 필터를 내장하여 공기를 정화·공급하는 역할을 하는 장치
⑤ 블로어 필터 유닛 : 팬 필터 유닛과 같은 기능을 하지만 소형 블로어(Blower)가 있어 공기를 자체 순환시키는 장치
⑥ 차압 댐퍼 : 문을 개폐할 때 각 실의 적합한 실내 압력을 유지하게 한다.
⑦ 클린 벤치 : 국부적으로 완전청정한 환경에 이르게 하는 장치
⑧ 클린 부스 : 본체의 주변에 비닐 커튼을 씌우고 상부에는 고성능 필터를 장착한 간이형 클린룸

10년간 자주 출제된 문제
클린룸의 부속장치 중 클린룸에 가지고 들어가는 물품에 부착되어 있는 먼지와 세균 등이 들어가지 못하도록 입구에서 깨끗한 공기를 분사하여 먼지와 세균을 제거하여 청정도를 유지하는 장비는 무엇인가?
① 에어 샤워
② 패스 박스
③ 팬 필터 유닛
④ 차압 댐퍼

|해설|
에어 샤워 : 입구에서 공기를 분사하여 먼지와 세균을 제거, 청정도를 유지한다.

정답 ①

[제3장] 공기조화 설비

제1절 공조기기

1-1. 송풍기 및 공기정화장치

핵심이론 01 공기조화기 장치

(1) 공기조화기(AHU) 주요 구성기기
① 급기 송풍기(SF)
② 냉각 코일(CC)
③ 가열 코일(HC)
④ 재열 코일
⑤ 가습기(AW)
⑥ 에어필터(AF)
⑦ 댐퍼류(RA, EA, OA)
⑧ 케이싱

10년간 자주 출제된 문제

중앙식 공기조화기의 구성요소라고 볼 수 없는 것은?
① 재열기
② 가습기
③ 에어필터
④ 오일필터

[해설]
오일필터는 연료계통에서 불순물을 걸러내는 여과기이다.

정답 ④

핵심이론 02 송풍기

(1) 기체를 수송하기 위한 목적으로 설치하며 그 압력에 따라 팬과 블로어로 분류하나 공기조화의 목적으로 사용되는 송풍기는 팬이 사용된다.
① 팬 : 10kPa 미만
② 블로어 : 10~100kPa 정도

(2) 송풍기의 분류
① 원심형 송풍기
　㉠ 다익형 송풍기
　㉡ 터보형 송풍기
　㉢ 리밋 로드형 송풍기
　㉣ 익형 송풍기
② 축류형 송풍기
　㉠ 베인형 송풍기
　㉡ 튜브형 송풍기
　㉢ 프로펠러형 송풍기
③ 관류식 송풍기

(3) 송풍기의 크기 및 소요동력
① 원심형 송풍기의 크기 $No = \dfrac{임펠러의\ 직경(mm)}{150mm}$

② 축류형 송풍기의 크기 $No = \dfrac{임펠러의\ 직경(mm)}{100mm}$

(4) 송풍기의 상사법칙

회전수 $N_1 \to N_2$, 송풍기의 직경 $D_1 \to D_2$

① 풍량 $Q_2 = \left(\dfrac{N_2}{N_1}\right)Q_1$, $Q_2 = \left(\dfrac{D_2}{D_1}\right)^3 Q_1$

② 정압 $P_2 = \left(\dfrac{N_2}{N_1}\right)^2 P_1$, $P_2 = \left(\dfrac{D_2}{D_1}\right)^2 P_1$

③ 동력 $L_2 = \left(\dfrac{N_2}{N_1}\right)^3 L_1$, $L_2 = \left(\dfrac{D_2}{D_1}\right)^5 L_1$

(5) 송풍기의 소요동력

소요동력(kW) $= \dfrac{Q \cdot P_t}{60 \times 1,000 \times \eta_f}$

여기서, P_t : 송풍기 전압(정압 + 동압)[Pa]
Q : 공기량[m³/min]
η_f : 송풍기 전압효율

(6) 송풍기 회전수 제어법

① 극수 변환법
② 유도전동기 2차측 저항 조정법
③ 전동기 회전수 조정법
④ 풀리 직경 변환법
⑤ 정류자 전동기에 의한 방법

(7) 풍량 제어방법

① 토출 댐퍼에 의한 제어
② 흡입 댐퍼에 의한 제어
③ 흡입 베인에 의한 제어
④ 회전수에 의한 제어
⑤ 가변 피치 제어

10년간 자주 출제된 문제

2-1. 송풍기에 관한 설명 중 틀린 것은?

① 압력이 10kPa 이하는 일반적으로 팬(Fan)이라 한다.
② 송풍기의 크기가 일정할 때 압력은 회전속도비의 2제곱에 비례하여 변화한다.
③ 회전속도가 같을 때 동력은 송풍기 임펠러 지름비의 3제곱에 비례하여 변화한다.
④ 일반적으로 원심 송풍기에 사용되는 풍량 제어방법에는 회전수 제어, 베인 제어, 댐퍼 제어 등이 있다.

2-2. 동일 송풍기에서 회전수를 2배로 했을 경우 성능의 변화량에 대하여 옳은 것은?

① 압력 2배, 풍량 4배, 동력 8배
② 압력 4배, 풍량 2배, 동력 4배
③ 압력 4배, 풍량 8배, 동력 2배
④ 압력 4배, 풍량 2배, 동력 8배

해설

2-1
회전속도가 같을 때 송풍기 동력은 임펠러 지름비의 5제곱에 비례한다.

$L_2 = \left(\dfrac{D_2}{D_1}\right)^5 L_1$

2-2

$P_2 = \left(\dfrac{N_2}{N_1}\right)^2 P_1 = 2^2 P_1 = 4$배

$Q_2 = \left(\dfrac{N_2}{N_1}\right)Q_1 = 2Q_1 = 2$배

$L_2 = \left(\dfrac{N_2}{N_1}\right)^3 L_1 = 2^3 L_1 = 8$배

정답 2-1 ② 2-2 ④

핵심이론 03 에어필터

(1) 목적
공기 중 매연, 분진, 가스 등 인체에 해로운 물질을 제거하기 위해 설치한다.

(2) 여과 방식별 종류
① **정전식 필터** : 정전기에 의해 분진을 포집하는 필터이다.
② **여과식 필터** : 유리섬유, 합성수지섬유, 부직포, 스펀지 등을 사용하여 큰 분진 입자를 포집하는 필터이다.
③ **점착식 필터** : 기름에 담근 글라스 울, 금속 울 등에 분진을 충돌시켜 분진을 포집하는 필터이다.
④ **흡착식 필터** : 흡착제를 사용하여 냄새나 유해가스를 제거하는 필터이다.

(3) 여과기 성능검사법
① **중량법** : 에어필터의 상류측과 하류측의 분진 중량을 측정하는 방법
② **비색법** : 필터 상류 및 하류의 분진을 각각 여과지로 채집하여 광투과량이 같도록 상하류에 통과되는 공기량을 조절하여 계산식을 이용해 효율을 구하는 방법
③ **계수법(DOP)** : $0.3\mu m$ 크기의 미립자들을 이용하여 필터의 입구, 출구측 미립자 농도를 비교하는 방법으로, 고성능(HEPA) 필터의 효율을 측정한다.
④ **에어필터의 설치위치**
  ㉠ 송풍기의 흡입 측 코일 앞
  ㉡ 예랭 코일과 냉각 코일 사이
  ㉢ 고성능 HEPA 필터나 ULPA 필터, 전기식 필터의 경우 송풍기의 출구

10년간 자주 출제된 문제

3-1. 공기 중의 냄새나 아황산가스 등의 유해가스 제거에 가장 적당한 필터는?
① 활성탄 필터   ② HEPA 필터
③ 전기 집진기   ④ 롤 필터

3-2. 에어필터의 포집방법 중 무기질 섬유 공간을 공기가 통과할 때 충돌, 차단, 확산에 의해 큰 분진입자를 포집하는 필터는 무엇인가?
① 정전식 필터
② 여과식 필터
③ 점착식 필터
④ 흡착식 필터

[해설]
3-1
활성탄 필터는 공기 중의 냄새나 유해가스를 제거할 수 있다.

3-2
에어필터의 방식별 종류
- 정전식 필터 : 정전기에 의해 분진을 포집하는 필터이다.
- 여과식 필터 : 유리섬유, 합성수지섬유, 부직포, 스펀지 등을 사용하여 큰 분진입자를 포집하는 필터이다.
- 점착식 필터 : 기름에 담근 글라스 울, 금속 울 등에 분진을 충돌시켜 분진을 포집하는 필터이다.
- 흡착식 필터 : 흡착제를 사용하여 냄새나 유해가스를 제거하는 필터이다.

정답 3-1 ① 3-2 ②

1-2. 공기냉각 및 가열 코일

핵심이론 01 설치목적과 배열방식에 따른 코일

(1) 설치목적에 따른 코일
① 예열 코일
② 예랭 코일
③ 가열 코일
④ 냉각 코일
⑤ 온수 코일
⑥ 증기 코일
⑦ 직접 팽창 코일

(2) 코일의 배열방식에 따른 코일
① 풀 서킷
② 더블 서킷
③ 하프 서킷

10년간 자주 출제된 문제

열교환기 중 공조기 내부에 주로 설치되는 공기가열기 또는 공기냉각기를 흐르는 냉·온수의 통로수는 코일의 배열방식에 따라 나눌 수 있다. 이 중 코일의 배열방식에 따른 종류가 아닌 것은?
① 풀 서킷
② 하프 서킷
③ 더블 서킷
④ 플로 서킷

[해설]
유량이 클 때 플로 서킷을 쓴다.

정답 ④

핵심이론 02 냉·온수 코일 선정 시 주의사항

(1) 공기와 물의 대수평균온도차를 크게 하면 코일의 열수가 적어진다.

(2) 코일 내 물의 속도는 1m/s 전후로 한다.

(3) 냉수 코일을 통과하는 풍속은 2~3m/s로 한다.

(4) 온수 코일을 통과하는 풍속은 2~3.5m/s로 한다.

(5) 코일을 통과하는 수온의 입·출구 온도차는 5℃ 전후로 한다.

(6) 물과 공기의 흐름 방향은 대향류(역류)로 하는 것이 전열효과가 커진다.

(7) 코일의 설치는 수평으로 한다.

10년간 자주 출제된 문제

냉수 코일의 설계법으로 틀린 것은?
① 공기 흐름과 냉수 흐름의 방향을 평행류로 하고 대수평균온도차를 작게 한다.
② 코일의 열수는 일반 공기냉각용에는 4~8열(列)이 많이 사용된다.
③ 냉수 속도는 일반적으로 1m/s 전후로 한다.
④ 코일의 설치는 관이 수평으로 놓이게 한다.

[해설]
- 공기 흐름과 냉수 흐름의 방향을 대향류(역류)로 할 것
- 공기와 물의 대수평균온도차(LMTD)를 크게 할 것
- 냉수 속도는 일반적으로 1m/s 전후로 할 것

정답 ①

핵심이론 03 대수평균온도차(LMTD)

(1) 대수평균온도차(LMTD)

코일 내에서 공기와 냉온수가 열교환하는 방식은 평행류, 대향류에 의해 열교환되며 온도차는 위치마다 다르므로 대수평균온도차는 코일 전체를 대표할 수 있는 온도차를 말한다.

$$\text{LMTD} = \frac{\Delta T_1 - \Delta T_2}{\ln\left(\dfrac{\Delta T_1}{\Delta T_2}\right)}$$

여기서, ΔT_1 : 공기 입구측에서 공기와 물의 온도차
ΔT_2 : 공기 출구측에서 공기와 물의 온도차

(2) 코일의 열수 계산

$$N = \frac{Q \times \dfrac{1{,}000}{3{,}600}}{K \times A \times \text{LMTD} \times C_w}$$

여기서, Q : 현열 부하량[W]
K : 열관류율[W/m² · K]
LMTD : 대수평균온도차
C_w : 습면계수

10년간 자주 출제된 문제

3-1. 응축기의 냉매 응축온도가 30℃, 냉각수의 입구수온이 25℃, 출구수온이 28℃일 때 대수평균온도차(LMTD)는?

① 2.27℃ ② 3.27℃
③ 4.27℃ ④ 5.27℃

3-2. 다음과 같은 대향류 열교환기의 대수평균온도차는?(단, t_1 : 40℃, t_2 : 10℃, t_{w1} : 4℃, t_{w2} : 8℃이다)

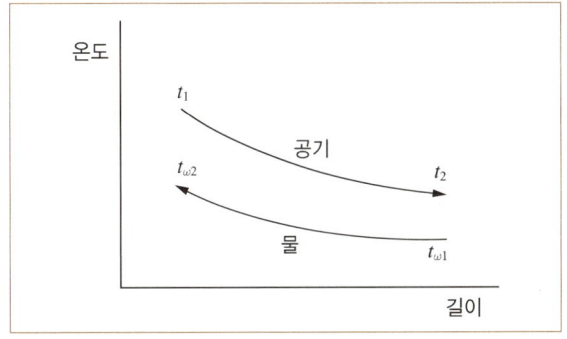

① 약 11.3℃ ② 약 13.5℃
③ 약 15.5℃ ④ 약 19.5℃

해설

3-1
대수평균온도차(LMTD)

$$\text{LMTD} = \frac{\Delta T_1 - \Delta T_2}{\ln\dfrac{\Delta T_1}{\Delta T_2}}$$

$\Delta T_1 = (30-25)℃ = 5℃$
$\Delta T_2 = (30-28)℃ = 2℃$

$$\text{LMTD} = \frac{5-2}{\ln\dfrac{5}{2}} = 3.27℃$$

3-2

$$\text{LMTD} = \frac{\Delta t_1 - \Delta t_2}{\ln\left(\dfrac{\Delta t_1}{\Delta t_2}\right)} = \frac{(40-8)-(10-4)}{\ln\left(\dfrac{40-8}{10-4}\right)} = 15.53℃$$

여기서, Δt_1 : 공기 입구측에서 공기와 물의 온도차
Δt_2 : 공기 출구측에서 공기와 물의 온도차

정답 3-1 ② 3-2 ③

1-3. 가습·감습장치

핵심이론 01 가습기 방식의 분류

(1) 수분무식(직접분사식) 가습기

공기 중에 직접 분무하는 방식이다.
① 원심식
② 초음파식
③ 분무식

(2) 증기발생식 가습기

무균의 청정실이나 정밀한 습도제어가 요구되는 경우에 사용하는 방식이다.
① 전열식
② 전극식
③ 적외선식

(3) 증기공급식 가습기

증기를 쉽게 얻을 수 있는 경우에 증기를 가습용으로 사용하는 방식으로 효율이 가장 좋다.
① 과열증기식
② 분무식

(4) 증발식(기화식) 가습기

높은 습도를 요구하는 경우에 적당한 방식이다.
① 회전식
② 모세관식
③ 적하식

(5) 에어와셔(AW)

① 체임버 내 다수의 노즐을 설치하여 다량의 물을 공기와 접촉시켜 공기를 가습하는 방식으로 냉각식에 비해 대형이고 수처리가 어렵다.

② 구조
   ㉠ 루버 : 입구 공기의 난류를 정류하여 공기 흐름을 균일하게 하는 장치
   ㉡ 분무 노즐 : 분무수를 분무하여 가습과 세정을 하는 장치
   ㉢ 플러딩 노즐 : 일리미네이터에 부착된 이물질을 제거하는 장치
   ㉣ 일리미네이터 : 기류에 물방울이 혼입되어 비산하는 것을 방지

10년간 자주 출제된 문제

다음의 가습장치 중 가습형식이 다른 하나는?
① 원심식
② 초음파식
③ 수분무식
④ 회전식

[해설]
회전식은 증발식이고 나머지는 수분무식이다.

정답 ④

핵심이론 02 감습방법

(1) 냉각 감습장치 : 냉각 코일 또는 공기세정기를 사용

(2) 압축 감습장치 : 공기를 압축하여 수분을 응축 제거하는 방법

(3) 흡수식 감습장치 : 염화리튬, 트리에틸렌글리콜 등의 액체 흡수제를 사용

(4) 흡착식 감습장치 : 실리카겔, 활성 알루미나 등의 고체 흡착제를 사용

10년간 자주 출제된 문제

흡착식 감습장치의 흡착제로 적당하지 않은 것은?
① 실리카겔
② 염화리튬
③ 활성 알루미나
④ 합성 제올라이트

[해설]
- 흡착식 감습장치 : 실리카겔, 활성 알루미나, 애드솔, 제올라이트 등의 고체 흡착제를 사용한 감습방법
- 흡수식 감습 : 염화리튬, 트리에틸렌글리콜 등의 액체 흡수제를 사용하므로 가열원이 있어야 한다.

정답 ②

제2절 열원기기

핵심이론 01 온열원 기기

(1) 난방용 보일러 종류

① **주철제 보일러** : 주철제 섹션을 조립하여 관체를 구성한 보일러로 내식성이 우수하고 수명이 길다. 또한 취급이 간편하고 분할반입이 용이하며 가격이 싸다.

② **입형 보일러** : 원통의 동체 외를 수실(물)로 하고 그 내부에 연소실을 갖춘 보일러로 협소한 장치에 설치할 수 있다. 효율이 보통이며 관내 청소가 불편하나 가격이 저렴하여 일반 주택 등 소용량에 일반적으로 사용하고 있다.

③ **노통 연관식 보일러** : 보일러 동체의 수부에 다수의 연관을 동체 축에 평행하게 설치하여 연관 내에 연소 가스를 흐르게 한 보일러로 중규모 건물에 사용되고 있다. 보유수량이 많아 부하변동에도 안전하며 설치가 간단하나 수명이 짧고 고가이다.

④ **수관식 보일러** : 작은 드럼과 다수의 수관으로 구성된 보일러로 고압에 잘 견디고 열효율이 좋다. 보유수량이 적으므로 증기 발생이 빠르며 대용량에 적합하다.

⑤ **관류형 보일러** : 한 개의 관에서 증기를 얻는 구조로 수관식 보일러와 특징이 유사한 보일러로 수관식 보일러와 특징이 유사하며 중소형 보일러로 널리 쓰인다.

(2) 보일러 선정 순서

난방부하 계산 → 방열기 용량 계산 → 배관 열손실 계산 → 상용출력 계산 → 정격출력 계산

10년간 자주 출제된 문제

1-1. 보일러의 종류에 따른 특성을 설명한 것 중 틀린 것은?
① 주철제 보일러는 분해, 조립이 용이하다.
② 노통 연관 보일러는 수질관리가 용이하다.
③ 수관 보일러는 예열시간이 짧고 효율이 좋다.
④ 관류 보일러는 보유수량이 많고 설치면적이 크다.

1-2. 노통 연관식 보일러의 장점이 아닌 것은?
① 비교적 고압의 대용량까지 제작이 가능하다.
② 효율이 높다.
③ 동일 용량의 수관식 보일러보다 가격이 싸다.
④ 부하변동에 따른 압력변동이 크다.

|해설|

1-1
관류형 보일러 : 한 개의 수관으로만 구성되어 증기 드럼이 없어서 보유수량이 적고 설치면적이 작다.

1-2
노통 연관식 보일러 : 보일러 동체의 수부에 다수의 연관을 동체축에 평행하게 설치하여 연관 내에 연소가스를 흐르게 한 보일러로 중규모 건물에 사용되고 있다. 보유수량이 많아 부하변동에도 안전하며 설치가 간단하나 수명이 짧고 고가이다.

정답 1-1 ④ 1-2 ④

핵심이론 02 냉열원 기기

(1) 증기압축기 냉동기
① **구성요소** : 압축기 → 응축기 → 팽창밸브 → 증발기
② **기능**
  ㉠ 압축기 : 증발된 냉매가스를 고압으로 압축하여 응축기로 보낸다.
  ㉡ 응축기 : 압축된 냉매가스를 냉각시켜 다시 액화한다.
  ㉢ 팽창밸브 : 고압의 냉매액은 팽창밸브를 지나며 증발이 용이한 저온저압의 액체가 된다.
  ㉣ 증발기 : 저온저압의 냉매가 주위의 열을 흡수하며 증발하여 냉동효과를 얻는다.

(2) 흡수식 냉동기
① **원리** : 냉매의 증발잠열을 이용한다. 압축기가 필요 없으며 증기나 온수에 의한 가열에 의해 압축 냉매를 얻는다.
② **구성요소** : 흡수기 → 발생기 → 응축기 → 팽창밸브 → 증발기

10년간 자주 출제된 문제

2-1. 흡수식 냉동기의 종류에 해당되지 않는 것은?
① 단효용 흡수식 냉동기
② 2중 효용 흡수식 냉동기
③ 직화식 냉온수기
④ 증기압축식 냉온수기

2-2. 공조용으로 사용되는 냉동기의 종류가 아닌 것은?
① 원심식 냉동기
② 자흡식 냉동기
③ 왕복동식 냉동기
④ 흡수식 냉동기

|해설|

2-1
증기압축식 냉온수기는 압축식으로 구분된다.

2-2
공조냉동기에는 증기압축식(원심식, 왕복동식, 스크루식, 회전식)과 흡수식 냉동기가 있다.

정답 2-1 ④ 2-2 ②

제3절 덕트 및 부속설비

3-1. 덕트

핵심이론 01 덕트

(1) 덕트의 풍속에 따라 분류
① 고속 덕트 : 풍속 15m/s 이상
② 저속 덕트 : 풍속 15m/s 이하

(2) 덕트 설계방법
① 등마찰손실법 : 단위길이당 마찰손실이 일정하게 되도록 덕트 치수를 결정하는 방법
② 정압재취득법 : 주 덕트에서 말단 또는 분기부로 갈수록 풍속이 감소한다. 이때 동압의 차만큼 정압이 상승하는데, 이것을 덕트의 압력손실에 재이용하는 방법
③ 등속법 : 덕트 내의 풍속을 일정하게 유지할 수 있도록 덕트 치수를 결정하는 방법

10년간 자주 출제된 문제

덕트의 치수 결정법에 대한 설명으로 옳은 것은?
① 등속법은 각 구간마다 압력손실이 같다.
② 등마찰손실법에서 풍량이 10,000m³/h 이상이 되면 정압재취득법으로 하기도 한다.
③ 정압재취득법은 취출구 직전의 정압이 대략 일정한 값으로 된다.
④ 등마찰손실법에서 각 구간마다 압력손실을 같게 해서는 안 된다.

|해설|

등속법은 각 구간마다 풍속이 같고, 등마찰손실법은 각 구간마다 압력손실을 같게 하며, 등마찰손실법에서 풍량이 10,000m³/h 이상이 되면 등속법으로 하기도 한다.

정답 ③

핵심이론 02 덕트 부속기기

(1) 풍량 조절 댐퍼(VD)
① 주 덕트의 주요 분기점, 송풍기 출구측에 설치되며 날개의 열림 정도에 따라 풍량을 조절 또는 폐쇄하는 역할을 한다.
② 종류
  ㉠ 단익 댐퍼 : 버터플라이 댐퍼라고 하며, 소형 덕트 개폐용이다.
  ㉡ 다익 댐퍼 : 루버 댐퍼라고 하며 대형 덕트에 사용(평형 익형은 개폐용, 대향 익형은 풍량 조절용)한다.
  ㉢ 스플릿 댐퍼 : 덕트의 분기부에서 풍량 조절에 사용한다.
  ㉣ 슬라이드 댐퍼 : 덕트 도중 홈틀을 만들어 한 장의 철판을 수직으로 삽입, 주로 개폐용으로 사용한다.
  ㉤ 클로드 댐퍼 : 댐퍼에 철판 대신 섬유질 재질을 사용하여 소음을 감소, 기류를 안정시킨다.

(2) 취출구
취출구란 실내에 공기를 공급해주는 기구를 말한다.
① 설치위치에 따른 분류
  ㉠ 천장 취출구 : 천장에 설치하여 하향으로 취출한다.
  ㉡ 벽면 취출구 : 벽면에 설치하여 수평방향으로 취출한다.
  ㉢ 라인형 취출구 : 창틀 밑이나 창 위쪽에 설치하여 상향 또는 하향으로 취출한다.
② 취출구의 흐름 방식에 따른 분류

방식	종류
천장형 취출구	아네모스탯형, 웨이형, 팬형, 라이트 트로피형, 다공판형
벽설치형 취출구	베인 격자형, 노즐형
라인형 취출구	브리즈 라인형, 캄라인형, 슬롯라인형, 다공판형
축류형 취출구	노즐형, 펑커루버형, 베인 격자형, 다공판형, 슬롯형
확산형 취출구	아네모스탯형, 팬형

(3) 흡입구
실내공기의 흡입구는 공조에서 실내공기를 환기시키는 환기용 흡입구, 공장이나 주방 등에서 오염된 공기를 부분적으로 배출시키기 위한 후드, 화재 시 연기를 배출시키기 위한 배출구 등을 말한다.
※ 종류
  • 격자형 흡입구
  • 펀칭 메탈형 흡입구
  • 머시룸형 흡입구
  • 화장실용 배기용 흡입구

10년간 자주 출제된 문제

2-1. 다음 중 축류식 취출구에 해당하는 것은?
① 팬형
② 펑커루버형
③ 머시룸형
④ 아네모스탯형

2-2. 덕트의 분기점에서 풍량을 조절하기 위하여 설치하는 댐퍼는 어느 것인가?
① 방화 댐퍼
② 스플릿 댐퍼
③ 볼륨 댐퍼
④ 터닝 베인

해설

2-1

방식	종류
천장형 취출구	아네모스탯형, 웨이형, 팬형, 라이트 트로피형, 다공판형
벽설치형 취출구	베인 격자형, 노즐형
라인형 취출구	브리즈 라인형, 캄라인형, 슬롯라인형, 다공판형
축류형 취출구	노즐형, 펑커루버형, 베인 격자형, 다공판형, 슬롯형
확산형 취출구	아네모스탯형, 팬형

2-2
- 스플릿 댐퍼 : 분기점에서 풍량을 조절한다.
- 방화 댐퍼 : 덕트를 통해 화염의 확산을 방지한다.
- 볼륨 댐퍼 : 버터플라이형, 익형
- 터닝 베인 : 직각 엘보에 설치하는 성형 가이드 베인이다.

정답 2-1 ② 2-2 ②

핵심이론 03 콜드 드래프트

콜드 드래프트(Cold Draft) : 인체는 생산된 열량보다 소비되는 열량이 많아지면 추위를 느끼게 된다. 이와 같이 소비되는 열량이 많아져 추위를 느끼게 되는 현상이다.

(1) 원인
① 인체 주위의 공기 온도가 너무 낮을 때
② 기류의 속도가 클 때
③ 습도가 낮을 때
④ 주위 벽면의 온도가 낮을 때
⑤ 동절기 창문의 극간풍이 많을 때

10년간 자주 출제된 문제

콜드 드래프트(Cold Draft) 현상이 가중되는 원인으로 가장 거리가 먼 것은?
① 인체 주위의 공기온도가 너무 낮을 때
② 인체 주위의 기류속도가 작을 때
③ 주위 공기의 습도가 낮을 때
④ 주위 벽면의 온도가 낮을 때

해설

콜드 드래프트의 원인
- 인체 주위의 공기 온도가 너무 낮을 때
- 기류의 속도가 클 때
- 습도가 낮을 때
- 주위 벽면의 온도가 낮을 때
- 동절기 창문의 극간풍이 많을 때

정답 ②

3-2. 급·환기설비

핵심이론 01 환기방식의 종류와 특징

(1) 자연환기

실내외 온도차에 의한 부력과 외기의 풍압에 의한 실내외의 압력차에 의해 이루어지는 중력환기이다.

① 특징
  ㉠ 동력이 필요 없다.
  ㉡ 일정한 환기량을 얻기가 힘들다.
  ㉢ 일정량 이상의 환기량을 기대할 수 없다.

(2) 기계환기

송풍기, 팬 등을 이용하여 실내의 공기를 환기시켜 주는 강제환기 방식이다.

① 특징
  ㉠ 기계적 에너지가 많이 필요하다.
  ㉡ 급기팬, 배기팬이 필요하고 동력이 소요된다.
  ㉢ 용도와 목적에 따라 환기량이나 실내 압력 조정이 가능하다.

10년간 자주 출제된 문제

1-1. 지하상가의 환기량 부족 원인으로 틀린 것은?
① 송풍구 및 환기구의 위치 불량
② 외기 흡입구의 위치 불량
③ 환기설비 운전시간 부족
④ 상주인원 및 이용객 감소

1-2. 자연환기에 관한 설명 중 틀린 것은?
① 주로 풍력과 건물 내외의 온도차에 의해 생긴다.
② 환기량은 급기구 및 배기구의 위치에 무관하다.
③ 환기 횟수는 1시간당의 환기량을 방의 체적으로 나눈 값이다.
④ 모니터는 공장 등에서 다량의 환기량을 얻고자 할 때 지붕 등에 설치한다.

[해설]

1-1
지하상가에서 상주인원 및 이용객이 증가할 때 환기량이 부족하게 된다.

1-2
자연환기에서 환기량은 급기구 및 배기구의 위치에 영향을 받는다.

정답 1-1 ④ 1-2 ②

핵심이론 02 환기의 종류

(1) 제1종 환기방식
① 급기팬과 배기팬을 사용하여 환기한다(강제급기+강제배기).
② 보일러실, 변전실 등
③ 실내압은 임의로 조정 가능하다.

(2) 제2종 환기방식
① 급기팬만 설치하고 배기구를 사용한다(강제급기+자연배기).
② 소규모 변전실, 창고
③ 실내압은 정압 상태이다.

(3) 제3종 환기방식
① 급기구를 사용하고 배기팬을 설치한다(자연급기+강제배기).
② 화장실, 조리장
③ 실내압은 부압 상태이다.

(4) 제4종 환기방식
① 급기구와 배기구를 사용한다(자연급기+자연배기).
② 실내압은 부압 상태이다.

10년간 자주 출제된 문제

2-1. 기계환기 중 송풍기와 배풍기를 이용하여 대규모 보일러실, 변전실 등에 적용하는 환기법은?
① 1종 환기　　② 2종 환기
③ 3종 환기　　④ 4종 환기

2-2. 환기방식 중에서 송풍기를 이용하여 실내에 공기를 공급하고 배기구나 건축물의 틈새를 통하여 자연적으로 배기하는 방법은?
① 1종 환기　　② 2종 환기
③ 3종 환기　　④ 4종 환기

해설

2-1
제1종 환기는 급기팬과 배기팬을 사용하여 환기하며 대규모 보일러실, 변전실 등에 적용한다(강제급기+강제배기).

2-2
2종 환기는 급기팬과 자연배기구를 조합하여 실내를 정압하여 외부에서 오염가스가 들어오지 못하도록 한다.

정답 2-1 ①　2-2 ②

제4장 공조 프로세스 분석

제1절 부하적정성 분석

1-1. 공조기 및 냉동기 선정

핵심이론 01 공조 프로세스

(1) 가열(현열)

① 현열에 의한 공기 가열

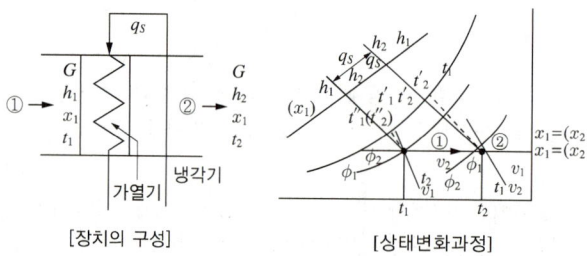

[장치의 구성]   [상태변화과정]

② $q_S = G(h_2 - h_1) = GC_p(t_2 - t_1)$

여기서, q_S : 가열량[kJ/h]

G : 공기량[kg/h]

C_p : 정압비열[kJ/kg·k]

h : 엔탈피[kJ/kg]

(2) 냉각(현열)

① 현열에 의한 공기 냉각

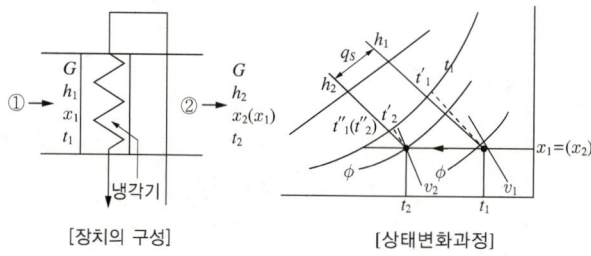

[장치의 구성]   [상태변화과정]

② $q_S = G(h_1 - h_2) = GC_p(t_1 - t_2)$

여기서, q_S : 냉각열량[kJ/h]

G : 공기량[kg/h]

C_p : 정압비열[kJ/kg·k]

h : 엔탈피[kJ/kg]

(3) 가습(잠열)

① 잠열에 의한 가습

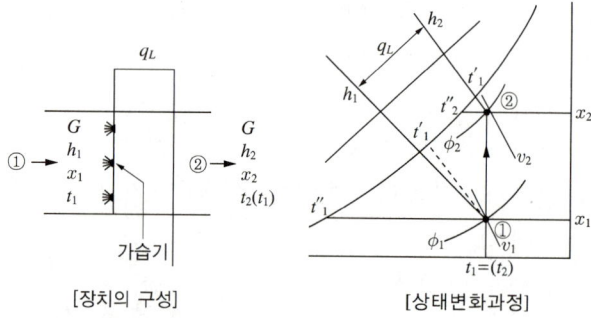

[장치의 구성]   [상태변화과정]

② 가습열량 : $q_L = G(h_2 - h_1) = 2,501\,G(x_2 - x_1)$

③ 가습증기량 : $L = G(x_2 - x_1)$

여기서, q_L : 가습열량[kJ/h]

G : 공기량[kg/h]

L : 가습증기량[kg/h]

x : 절대습도[kg/kg′]

h : 엔탈피[kJ/kg]

γ : 물의 증발잠열[2,501kJ/kg]

④ 가습방법

㉠ 에어와셔에 의한 분무 가습(순환수, 온수)

㉡ 증기분무 가습

㉢ 가습팬에 의한 수증기 증발 가습

(4) 가열가습(현열 + 잠열)

① 현열과 잠열에 의한 가열가습

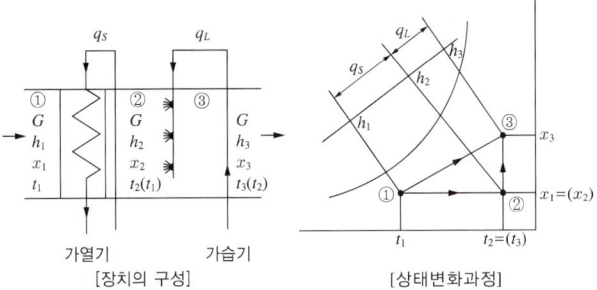

② 가열량(현열)

$$q_S = G(h_2 - h_1) = GC_p(t_2 - t_1)$$

③ 가습열량(잠열)

$$q_L = G(h_3 - h_2) = 2,501\,G(x_3 - x_2)$$

④ 가습증기량

$$L = G(x_3 - x_2)$$

⑤ 전체 가열량

$$q_T = q_S + q_L = G(h_3 - h_1)$$

여기서, q_S : 가열량[kJ/h]

q_L : 가습열량[kJ/h]

G : 공기량[kg/h]

L : 가습증기량[kg/h]

x : 절대습도[kg/kg′]

h : 엔탈피[kJ/kg]

γ : 물의 증발잠열[2,501kJ/kg]

(5) 냉각감습(가열가습의 반대 과정)

① 감습열량

$$q_L = G(h_3 - h_2) = 2,501\,G(x_3 - x_2)$$

② 응축수량

$$L = G(x_3 - x_2)$$

③ 냉각열량

$$q_S = G(h_2 - h_1) = GC_p(t_2 - t_1)$$

④ 전체 냉각량

$$q_T = q_L + q_S = G(h_3 - h_1)$$

여기서, q_S : 냉각열량[kJ/h]

q_L : 감습열량[kJ/h]

G : 공기량[kg/h]

L : 응축수량[kg/h]

x : 절대습도[kg/kg′]

h : 엔탈피[kJ/kg]

γ : 물의 증발잠열[2,501kJ/kg]

(6) 단열혼합

① 단열혼합 과정

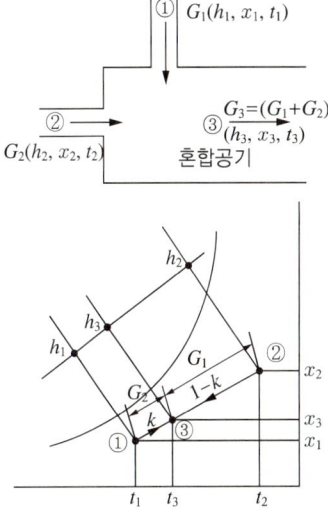

② $G_1 \cdot h_1 + G_2 \cdot h_2 = G_3 \cdot h_3$

③ $G_1 \cdot t_1 + G_2 \cdot t_2 = G_3 \cdot t_3$

④ $G_1 \cdot x_1 + G_2 \cdot x_2 = G_3 \cdot x_3$

여기서, $G_1 + G_2 = G_3$[kg/h]

(7) 현열비

$$\text{SHF} = \frac{\text{현열}}{\text{전열(현열 + 잠열)}} = \frac{q_S}{q_T} = \frac{q_S}{q_S + q_L}$$

(8) 열수분비

$$\mu = \frac{열량}{수분량} = \frac{h_2 - h_1}{x_2 - x_1}$$

(9) 바이패스 팩터와 콘택트 팩터

① 냉각 코일에서 바이팩스 팩터

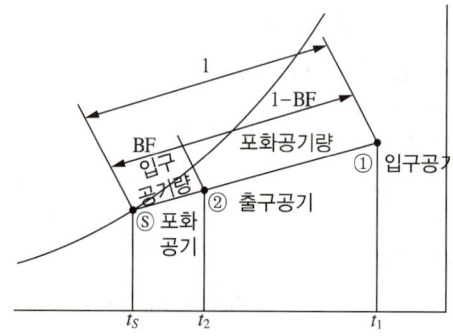

② 바이패스 팩터(BF)
  ㉠ 코일에 접촉하지 않고 통과하는 공기의 비율을 말하며 비효율과 같은 의미이다.
  ㉡ $BF = \dfrac{t_2 - t_s}{t_1 - t_s} = \dfrac{h_2 - h_s}{h_1 - h_s} = \dfrac{x_2 - x_s}{x_1 - x_s}$

③ 콘택트 팩터(CF = 1 − BF)
  ㉠ 코일과 접촉한 후의 공기 비율을 말하며 효율과 같은 의미이다.
  ㉡ $CF = \dfrac{t_1 - t_2}{t_1 - t_s} = \dfrac{h_1 - h_2}{h_1 - h_s} = \dfrac{x_1 - x_2}{x_1 - x_s}$

10년간 자주 출제된 문제

겨울철 손실열량이 20kW일 때 실내를 20℃로 유지하기 위한 송풍공기량[kg/h]은?(단, 외기온도 3℃, 송풍 공기온도 34℃)

① 2,778kg/h
② 4,960kg/h
③ 5,090kg/h
④ 5,952kg/h

[해설]

$q_S = GC_p \Delta t \rightarrow G = \dfrac{q_S}{C_p \Delta t} = \dfrac{q_S}{1.01 \Delta t}$

$G = \dfrac{q_S}{1.01 \Delta t} = \dfrac{20}{1.01(34-20)} = 1.414 \text{kg/s}$

∴ $1.414 \times 3,600 = 5,090 \text{kg/h}$

여기서, G : 공기량
q_S : 가열량
C_p : 정압비열
Δt : 송풍 공기온도차

정답 ③

[제5장] 공조설비 운영관리

제1절 전열교환기 점검

1-1. 전열교환기 종류별 특징 및 점검

핵심이론 01 전열기교환기 종류 및 특징

(1) 전열교환기 종류

① 회전식 전열교환기 : 허니콤상 로터(엘리먼트)를 회전시켜 배기 중의 전열을 도입하는 외기가 회수하도록 하는 구조이다. 이때 흡습제는 보통 염화리튬 침투판을 사용한다.

② 고정식 전열교환기 : 석면, 박판 소재 엘리먼트는 고정식이며, 흡습제로 염화리튬판 소재를 교대로 배열하고 배기와 외기가 엘리먼트 사이를 흐르면서 전열을 교환한다.

(2) 전열교환기 특징

① 고정식은 크기가 큰데다 입출구 덕트 연결이 복잡하고 설비공간이 커지나 회전부분이 없어 유지관리는 간단하다.

② 설치공간과 효율을 고려하여 회전식이 주로 사용된다.

10년간 자주 출제된 문제

다음 중 흡습성 물질이 도포된 엘리먼트를 적층시켜 원판 형태로 만든 로터와 로터를 구동하는 장치 및 케이싱으로 구성되어 있는 전열교환기의 형태는?

① 고정형 ② 정지형
③ 회전형 ④ 원판형

|해설|

- 회전형 : 흡습성 물질이 도포된 엘리먼트를 적층시켜 원판 형태로 만든 로터와 로터를 구동하는 장치 및 케이싱으로 구성되어 있다. 배기가 가진 열과 수분을 로터의 엘리먼트에 흡착시키고 이 로터를 저속으로 회전, 급기측으로 이동시켜 도입 외기가 엘리먼트를 통과하여 열과 수분을 도입, 외기에 전달한다.
- 고정형 : 직교류 플레이트핀식의 엘리먼트를 가지고 있고 칸막이판과 격판으로 구성되어 있다. 엘리먼트는 특수가공지로 되어 있으며 양측을 흐르는 급기와 배기 사이에서 열과 수분을 교환한다.

정답 ③

핵심이론 02 전열 열교환기의 구성와 원리

전열교환기는 공기 대 공기에서 공기의 현열(온도차)과 잠열(수증기)을 회수하는 것으로 열교환 엘리먼트, 케이싱 및 부속품으로 구성되며, 배기측 공기의 전열을 급기측 공기에 회수시키는 기능을 가지는 열회수장치로 에너지 절약이 주목적이다.

(1) 회전식과 고정식 등이 있다.

(2) 현열과 잠열을 동시에 교환한다.

(3) 공기 대 공기 열교환기라고도 부르며 공조설비의 외기부하를 경감시키기 위하여 설치한다.

(4) 실내로부터 배기되는 공기와 도입외기 사이를 열교환하여 현열(온도차)과 잠열(수증기)을 동시에 회수하는 방식의 열교환기이다.

(5) 배기측 공기의 전열을 급기측 공기에 회수시키는 기능을 가지는 열회수장치로 에너지 절약이 주목적이다.

10년간 자주 출제된 문제

2-1. 전열 교환기에 대한 설명으로 맞지 않은 것은?
① 전열 교환기는 공기 대 공기 열교환기라고도 한다.
② 회전식과 고정식이 있다.
③ 현열과 잠열을 동시에 교환한다.
④ 외기 냉방 시에도 매우 효과적이다.

2-2. 외기와 배기 사이에서 현열과 잠열을 동시에 회수하는 방식으로 외기도입량이 많고 운전시간이 긴 시설에서 효과가 큰 방식은 어느 것인가?
① 전열교환기 방식
② 히트파이프 방식
③ 콘덴서 리히트 방식
④ 런 어라운드 코일 방식

|해설|

2-1
전열 교환기는 외기 냉방 시에 열교환이 불필요하여 바이패스 덕트를 이용하여 전열 교환기를 우회해야 한다.

2-2
전열 열교환기의 구조와 원리
- 회전식과 고정식 등이 있다.
- 현열과 잠열을 동시에 교환한다.
- 공기 대 공기 열교환기라고도 부르며 공조설비의 외기부하를 경감시키기 위하여 설치한다.
- 실내로부터 배기되는 공기와 도입외기 사이를 열교환하여 현열(온도차)과 잠열(수증기)을 동시에 회수하는 방식의 열교환기이다.
- 배기측 공기의 전열을 급기측 공기에 회수시키는 기능을 가지는 열회수장치로 에너지 절약이 주목적이다.

정답 2-1 ④ 2-2 ①

핵심이론 03 전열교환기 효율

(1) 난방 과정

① 환기 상태로 로터에 현열과 잠열을 축적시키고 배기로 되어 나간다.
② 외기는 로터를 통해 통과되는 동안 배기가 축적시킨 현열과 잠열을 얻어 실내로 급기로 들어온다.
③ 난방 전열효율

$$\eta = \frac{h_{급기} - h_{외기}}{h_{환기} - h_{외기}}$$

(2) 냉방 과정

① 냉방 전열효율

$$\eta = \frac{h_{외기} - h_{급기}}{h_{외기} - h_{환기}}$$

10년간 자주 출제된 문제

3-1. 공기설비의 열회수장치인 전열교환기는 주로 무엇을 경감시키기 위한 장치인가?

① 실내부하 ② 외기부하
③ 조명부하 ④ 송풍기부하

3-2. 중앙 공조기의 전열교환기에서는 어떤 공기가 서로 열교환을 하는가?

① 환기와 급기 ② 외기와 배기
③ 배기와 급기 ④ 환기와 배기

〔해설〕

3-1
전열교환기는 배기되는 공기와 도입외기 사이에서 공기를 열교환시키는 공기 대 공기 교환기로 외기부하를 경감시키기 위하여 설치한다.

3-2
전열교환기 : 공기조화기에서 배기와 외기를 열교환시키는 공기 대 공기 열교환기로 회전식과 고정식이 있다.

정답 3-1 ② 3-2 ②

제2절 공조기 관리

2-1. 공조기 구성요소별 관리방법

핵심이론 01 공조기 구성요소와 점검사항

(1) 공조기 구성요소

① 케이싱
② 베이스
③ 드레인팬
④ 프레임
⑤ 송풍기
⑥ 열교환기(코일)
⑦ 가습기
⑧ 공기여과기
⑨ 댐퍼

(2) 공조기 구성요소별 점검사항

① 냉·온 코일의 정비
② 송풍기 풍량 저하
③ 드레인팬 배수 불량
④ 수격현상 발생
⑤ 배관 내 스트레이너 막힘
⑥ 이상 소음 발생
⑦ 증기 코일 능력 저하

10년간 자주 출제된 문제

1-1. 공조기의 구성요소가 아닌 것은?
① 케이싱　　② 압축기
③ 드레인팬　　④ 송풍기

1-2. 공조기 구성요소별 점검사항이 아닌 것은?
① 송풍기 풍량 저하
② 드레인팬 급수 불량
③ 배관 내 스트레이너 막힘
④ 증기 코일 능력 저하

해설

1-1
공조기의 구성요소 : 케이싱, 베이스, 드레인팬, 프레임, 송풍기, 열교환기, 가습기, 공기여과기, 댐퍼

1-2
드레인팬 배수 불량을 점검하여야 한다.

정답 1-1 ②　1-2 ②

제3절 펌프 관리

핵심이론 01 펌프 종류별 특징 및 점검

(1) 양수형 급수펌프
양정이 큰 편이다(위생용 급수펌프, 보일러 급수펌프).

(2) 순환용 급수펌프
양정이 작은 편이다(급탕 순환, 냉온수 순환).

(3) 고장 원인과 대책 수립

고장 내용	고장 원인	조치 사항
실 누수	공회전에 의한 누수	물탱크의 적정 수위 유지
	고형물질로 인한 누수	흡입 스트레이너 청결 유지
	실 선정 오류로 인한 누수	사용 확인 후 실 선정
	실 파손	설치 시 충격주의
소음	저양정으로 인한 소음	토출밸브 조작
	캐비테이션	흡입수위 조절, 기포 제거
	커플링 조립 불량	커플링 재조립, 교체
유량, 양정 부족	전기 결선 오류	MCC 패널 전기 결선 확인
	흡입 유량 부족	저수조 확인
	흡입측 스트레이너 막힘 현상	청소 작업
진동	저양정	토출밸브 조작

핵심이론 02 펌프 운전 시 유의사항

① 흡입 풋밸브 스트레이너의 설치 깊이를 검토할 것
② 흡입 배관은 부압이 형성되지 않는지 NPSH를 확인할 것
③ 흡입 배관은 펌프를 향해 1/50~1/100 상향 구배를 유지하여 공기가 정체하지 않게 할 것
④ 흡입 배관 리듀서는 편심 리듀서를 상부가 수평이 되게 설치할 것

10년간 자주 출제된 문제

2-1. 펌프 운전 시 유의사항이 아닌 것은?
① 흡입 풋밸브 스트레이너의 설치 깊이를 검토할 것
② 흡입 배관은 부압이 형성되지 않는지 NPSH를 확인할 것
③ 흡입 배관은 펌프를 향해 1/50~1/100 하향 구배를 유지하여 공기가 정체하지 않게 할 것
④ 흡입 배관 리듀서는 편심 리듀서의 상부가 수평이 되도록 설치할 것

2-2. 펌프의 고장 원인으로 틀린 것은?
① 실 누수 ② 온도
③ 소음   ④ 진동

해설

2-1
흡입 배관은 상향 구배를 유지하여 공기가 정체하지 않게 해야 한다.

2-2
펌프의 고장원인으로 실 누수, 소음, 유량, 양정 부족, 진동 등이 있다.

정답 2-1 ③ 2-2 ②

제4절 공조기 필터 점검

4-1. 필터 종류별 특성

핵심이론 01 공조기 필터 구비조건과 종류

(1) 공조기 필터 구비조건
① 먼지의 재비산이 적을 것
② 부식 및 곰팡이의 발생이 적을 것
③ 난연성일 것
④ 흡습성이 적을 것
⑤ 분진 포집률은 기준에 따를 것

(2) 공조기 필터 종류
① 패널형 공기여과기 : 가장 보편적으로 이용되며 유닛형으로 구성된 필터유닛을 프레임에 끼워 맞추는 형식으로 유닛의 세정이나 교환이 용이하다.
② 백형 공기여과기 : 패널형보다 설치 및 유지관리는 복잡한 편이나 공기누설이 적고 포집효율이 좋은 편이다.
③ 자동감기형 공기여과기 : 케이싱, 여과재 감기기구 및 제어반으로 구성되며, 전동장치에 의해 일정 속도로 자동으로 여과재를 감는다.
④ 정전식 공기집진기 : 전리부, 집진부, 케이싱 및 제어반으로 구성되며, 공기 중의 먼지를 양이온으로 대전시킨 뒤 음극판 집진부에 먼지를 부착하게 하여 제거한다.

> **10년간 자주 출제된 문제**

1-1. 공조기 필터의 구비조건으로 틀린 것은?
① 먼지의 재비산이 적을 것
② 난연성일 것
③ 흡습성이 많을 것
④ 부식 및 곰팡이의 발생이 적을 것

1-2. 공조기 필터의 종류로 틀린 것은?
① 패널형 공기여과기
② 백형 공기여과기
③ 수동감기형 공기여과기
④ 정전식 공기집진기

[해설]

1-1
공조기 필터는 흡습성이 적어야 한다.

1-2
패널형 공기여과기, 백형 공기여과기, 자동감기형 공기여과기, 정전식 공기집진기가 있다.

정답 1-1 ③ 1-2 ③

4-2. 실내공기질 기준

핵심이론 01 실내공기질 유지 및 권고 기준

다중이용시설에서 실내공기질 권고 기준에 따라 환기방식이나 에어필터를 사용하여 실내공기질을 관리한다.

오염물질 항목 다중이용시설	미세먼지 ($\mu g/m^3$)	초미세먼지 ($\mu g/m^3$)	이산화탄소 (ppm)	폼알데하이드 ($\mu g/m^3$)	총부유세균 (CFU/m^3)	일산화탄소 (ppm)
지하역사, 지하도상가, 대합실(철도역사, 여객자동차터미널, 항만시설, 공항시설), 장례식장, 영화상영관, 전시시설, 영업시설(인터넷컴퓨터게임시설제공업, 목욕장업)	100 이하	50 이하	1,000 이하	100 이하	–	10 이하
도서관, 박물관, 미술관, 대규모점포, 학원		40 이하		–	–	
의료기관, 산후조리원, 노인요양시설, 어린이집, 실내 어린이 놀이시설	75 이하	35 이하		80 이하	800 이하	
실내주차장	200 이하	–		100 이하	–	25 이하
실내체육시설, 실내공연장, 업무시설, 둘 이상의 용도에 사용되는 건축물	200 이하	–	–	–	–	–

> **10년간 자주 출제된 문제**

오염물질 이산화탄소는 몇 ppm 이하일 때 환기방식이나 에어필터를 사용하여 실내공기질을 관리하는가?
① 0.1
② 50
③ 1,000
④ 800

[해설]

실내주차장, 의료기관, 노인요양시설, 지하역사, 지하도 상가, 철도역사의 대합실, 미술관 및 박물관 등 다중이용시설에서 1,000ppm 이하일 경우에 실내공기질을 관리한다.

정답 ③

[제6장] 보일러 설비 운영

핵심이론 01 보일러의 구성요소 및 종류

(1) 보일러의 3대 요소
① 보일러
② 연소장치
③ 부속장치

(2) 보일러의 종류
① 원통형 보일러
   ㉠ 입형 보일러 : 입형 횡관식, 입형 연관식, 입형 횡연관 보일러식
   ㉡ 횡형 보일러
   - 노통 보일러 : 보일러 동체 내에 노통을 설치한 내분식 보일러
   - 연관 보일러 : 보일러 동체에 노통(파형)과 연관을 조합하여 설치한 내분식 보일러
   - 노통 연관식 보일러 : 지름이 큰 동체를 몸체로 하여 그 내부에 노통과 연관을 동체 축에 평행하게 설치하고, 노통을 지나온 연소가스가 연관을 통해 연도로 빠져 나가도록 한 보일러
② 수관식 보일러 : 상부 드럼과 하부 드럼 사이에 작은 구경의 많은 수관을 설치한 구조로, 관 내부에 물이 흐르고 관 외부를 연소가스로 가열해 증기를 발생시키는 보일러
   ㉠ 자연순환식 보일러
   ㉡ 강제순환식 보일러
   ㉢ 관류 보일러
③ 주철제 보일러 : 주철을 주조 성형하며 한 개의 섹션을 각각 만들어 보일러 용량에 맞춰 5~18개의 섹션을 조립하여 사용하는 저압 보일러
   ㉠ 주철제 증기보일러
   ㉡ 주철제 온수보일러

10년간 자주 출제된 문제

1-1. 보일러의 종류 중 원통형 보일러의 분류에 해당되지 않는 것은?
① 폐열 보일러
② 입형 보일러
③ 노통 보일러
④ 연관 보일러

1-2. 보일러 동체 내부의 중앙 하부에 파형 노통이 길이 방향으로 장착되며 이 노통의 하부 좌우에 연관들을 갖춘 보일러는?
① 노통 보일러
② 노통 연관 보일러
③ 연관 보일러
④ 수관 보일러

해설

1-1
특수 보일러 : 폐열 보일러, 간접 가열 보일러, 특수 액체 보일러

1-2
- 노통 보일러 : 보일러 동체 내에 노통을 설치한 내분식 보일러
- 노통 연관 보일러 : 보일러 동체의 수부에 다수의 연관을 동체 축에 평행하게 설치하여 연관 내에 연소가스를 흐르게 한 보일러
- 연관 보일러 : 보일러 동체에 노통(파형)과 연관을 조합하여 설치한 내분식 보일러
- 수관 보일러 : 작은 드럼과 다수의 수관으로 구성된 보일러

정답 1-1 ① 1-2 ②

핵심이론 02 보일러 부속장치 종류

(1) 안전장치
① 안전밸브
② 릴리프밸브
③ 방폭문
④ 저수위경보장치
⑤ 화염검출기
⑥ 압력제한장치

(2) 송기장치
① 비수방지관
② 기수분리기
③ 주증기밸브
④ 증기헤더
⑤ 축열기
⑥ 증기트랩
⑦ 감압밸브
⑧ 신축조인트

(3) 분출장치
① 분출관
② 분출밸브
③ 분출콕

(4) 폐열회수장치
① 과열기
② 재열기
③ 절탄기
④ 공기예열기

(5) 급수장치
① 급수펌프
② 인젝터
③ 급수탱크

10년간 자주 출제된 문제

다음 중 보일러 부속품으로 가장 거리가 먼 것은?
① 압력계
② 수면계
③ 고저수위경보장치
④ 차압계

[해설]
차압계는 공조기에서 필터 오염에 따른 차압을 측정하여 필터 교체 시기를 알 수 있는 계기이다.

정답 ④

핵심이론 03 보일러 점검

(1) 점화 전 점검
① 물을 반복 배출하면서 수위가 정상으로 복귀하는지 확인한다.
② 드레인밸브를 통하여 하부의 고인물을 배출시킨다.
③ 보일러의 배기가스 출구 댐퍼가 열렸는지 확인한다.
④ 압력계 등 부속설비의 상태를 확인한다.

(2) 점화 시 점검
① 보일러 연소실 내 미연소가스를 충분히 배출한 후 점화한다.
② 소화 후 미연가스가 배출되지만 1차 점화, 2차 점화를 하여 실패 원인을 찾아낸다.
③ 반복적인 점화 시도는 가스 폭발의 원인이 되니 주의한다.

(3) 점화 후 점검
① 수위감지장치 및 급수장치를 확인한다.
② 배기가스 온도 상한 스위치를 확인한다.
③ 안전밸브를 확인한다.
④ 압력차단장치를 확인한다.
⑤ 발생증기를 송기한다.

10년간 자주 출제된 문제

다음 중 보일러 시운전 시 점화 후 점검사항에서 가장 거리가 먼 것은?
① 보일러수가 일정 수량 이상 드레인되면 수위감지장치의 수위 감지로 급수펌프의 작동 여부를 확인한다.
② 안전밸브는 간이 테스트를 실시하여 정상작동 여부를 확인한다.
③ 보일러 점화 후 설정된 고압에서 압력차단장치 작동으로 자동으로 소화되고, 저압에서 점화되는지 확인한다.
④ 증기헤더의 모든 증기밸브가 완전히 개방되어 있는지 확인한다.

해설
증기 공급 존을 확인하여 증기헤더의 필요한 증기밸브를 서서히 열고 사용하지 않는 밸브는 잠겨 있는지 확인한다.

정답 ④

CHAPTER 02 냉동냉장 설비

[제1장] 냉동이론

제1절 냉동의 기초 및 원리

1-1. 기초 및 냉동원리

핵심이론 01 단위 및 용어

(1) 힘의 SI 단위(N)

① 힘 = 질량 × 가속도
② $1N = 1kg \times 1m/s^2$
③ $1kgf = 1kg \times 9.8m/s^2$
④ $1kgf = 9.8N$

(2) 에너지의 SI 단위

① 일 = 힘 × 거리(J)
② $1J = 1N \times 1m$
③ $1kgf \cdot m = 1kgf \times 1m$
④ $1kgf \cdot m = 9.8J$
⑤ 에너지 단위 환산표

	kgf·m	kcal
1kgf·m	1	0.002342(1/427)
1kcal	427	1
1J	0.102(1/9.8)	0.000239(1/4,184)

⑥ 동력의 열량 환산
  ㉠ $1kW = 102kg \cdot m/s = 860kcal/h$
  ㉡ $1PS = 75kg \cdot m/s = 632kcal/h$
  ㉢ $1HP = 76kg \cdot m/s = 641kcal/h$

(3) 동력의 SI 단위(kW)

① 동력 = 일 / 시간
② $1kW = 1kJ/s = 1,000W = 1,000J/s = 102kgf \cdot m/s$
③ $1kW = 1kJ/s = 3,600kJ/h$
④ $1W = 1J/s = 3,600J/h$

(4) 물리량의 SI 단위

① 밀도(ρ)
  ㉠ 단위체적당 질량
  ㉡ 밀도$(\rho) = \dfrac{질량}{체적}[kg/m^3]$, $\rho = \dfrac{m}{V}[kg/m^3]$

② 비체적(v)
  ㉠ 단위질량당 체적
  ㉡ 비체적$(v) = \dfrac{체적}{질량}[m^3/kg] = \dfrac{1}{\rho}$, $v = \dfrac{V}{G}[m^3/kg]$

③ 비중량(γ)
  ㉠ 단위질량당 체적
  ㉡ 비중량$(\gamma) = \dfrac{중량}{체적}[N/m^3] = \rho g = \rho(9.8m/s^2)$, $r = \dfrac{G}{V} = \dfrac{1}{v}[kgf/m^3]$

④ 비중(S)
  ㉠ 대기압하에서 어떤 물질의 밀도(또는 비중량)와 4℃ 물의 밀도(또는 비중량)와의 비

ⓛ 비중$(S) = \dfrac{\rho}{\rho_w} = \dfrac{r}{r_w}$

여기서, ρ_w : 물의 밀도(1,000kg/m³)

r_w : 물의 비중량(9,800N/m³)

⑤ 비열(C)

㉠ 물질 1kg을 1K 변화시키는 데 필요한 열량

㉡ 비열(C) = kJ/kg · K

㉢ 기체의 경우 비열
  - 정압비열(C_p) : 압력을 일정하게 유지하고 가열할 때의 비열
  - 정적비열(C_v) : 체적을 일정하게 유지하고 가열할 때의 비열

㉣ 비열비 : 정적비열에 대한 정압비열의 비

$k = \dfrac{C_p}{C_v} > 1$, $C_p - C_v = R$, $C_p > C_v$, $k > 1$

⑥ 열용량

㉠ 물체의 온도를 1K 변화시키는 데 필요한 열량 [kJ/K]

㉡ 열용량 = 비열 × 질량

⑦ 온도

㉠ 섭씨(Celsius) : 표준 대기압(1atm) 상태에서 물의 빙점을 0℃, 비등점을 100℃로 하여 100등분한 것을 1℃로 한 온도

㉡ 화씨(Fahrenheit) : 표준 대기압(1atm) 상태에서 물의 빙점을 32°F, 비등점을 212°F로 하여 180등분한 것을 1°F로 한 온도

㉢ 섭씨와 화씨와의 관계
  - $x℃ = \dfrac{5}{9}(y°F - 32)$
  - $y°F = \dfrac{9}{5}x℃ + 32$

㉣ 절대온도 : -273.15℃를 기준으로 한 온도
  - K(캘빈온도) = $x℃ + 273.15$
  - R(랭킨온도) = $y°F + 459.67$

⑧ 압력 : 단위면적당 수직으로 작용하는 힘을 의미한다.

㉠ 표준 대기압(atm)

1atm = 1.0332kg/cm² = 760mmHg
 = 1.01325bar = 1,013.25mbar
 = 101,325N/m² = 101,325Pa
 = 101.325kPa

㉡ 공학기압(at)

1at = 1kgf/cm² = 735.6mmHg = 10mAq
 = 14.2PSI

㉢ 절대압력

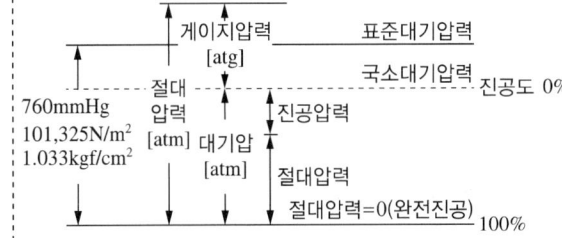

- 절대압력(Absolute Pressure) : 완전 진공상태를 기준으로 한 압력
  - 절대압력 = 대기압력 + 게이지(계기) 압력
   = 대기압력 - 진공압력
- 게이지 압력 : 대기압보다 높은 압력
- 진공압력 : 대기압보다 낮은 압력

⑨ 냉동톤 : 단위시간당 냉각하는 열량[kcal/h]으로 RT(Refrigeration Ton)를 사용한다.

㉠ 1RT
  - 24시간 동안 0℃의 물 1톤을 0℃의 얼음으로 만들 때 제거해야 할 기본적인 열량이다.
  - 1RT = $\dfrac{1,000 \times 333.6}{24}$ = 13,900kJ/h

   = $\dfrac{13,900}{3,600}$ kJ/s = 3.86kW

ⓒ 1USRT
- 24시간 동안 32°F의 물 2000lb을 32°F의 얼음으로 만들 때 제거해야 할 이론적인 열량이다.
- USRT = 12,660kJ/h = 3.52kW

ⓒ 제빙톤
- 24시간 동안 25℃의 물 1톤을 −9℃의 얼음으로 만드는 데 제거해야 할 열량(열손실 20%를 가산한다)

- 1제빙톤 = 131,016kcal/24h = $\dfrac{131,016}{24 \times 3,320}$

   $= 1.65\text{RT}$

   $= \dfrac{456,460}{24 \times 3,600} \times 1.2$

   $= 6.34\text{kW}$

- 결빙시간$(h) = \dfrac{0.56 \times t^2}{-(t_b)}$

  여기서, t : 얼음 두께[cm]

  t_b : 브라인 온도[℃]

- 결빙시간은 얼음 두께의 2제곱에 비례한다.

⑩ 현열과 잠열

ⓐ q_S(현열) $= GC\Delta t$ [kJ]

ⓑ q_L(잠열) $= \gamma G$ [kJ]

ⓒ q_T(전열) $= q_S + q_L$ [kJ]

여기서, C : 비열[kJ/kg·K]

γ : 증발잠열[kJ/kg]

Δt : 온도차[℃]

G : 질량[kg]

10년간 자주 출제된 문제

1-1. 냉동장치의 고압측 게이지 압력이 1.23MPa을 가리키고 있다. 이때 절대압력[MPa]은 얼마인가?(단, 대기압은 0.1MPa이다)

① 0.12　② 0.75
③ 1.02　④ 1.33

1-2. 진공압력 200mmHg를 절대압력으로 환산하면 약 얼마인가?(단 대기압은 101.3kPa이다)

① 52kPa　② 74.6kPa
③ 84.2kPa　④ 94.8kPa

1-3. 냉동 관련 용어의 설명 중 잘못된 것은?

① 제빙톤 : 4시간 동안 25℃의 물 1톤을 −9℃의 얼음으로 만드는 데 제거해야 할 열량
② 동결점 : 물질 내에 존재하는 수분이 얼기 시작하는 온도
③ 냉동톤 : 24시간 동안 0℃의 물 1톤을 −10℃의 얼음으로 만들 때 제거해야 할 기본적인 열량
④ 결빙시간 : 얼음을 얼리는 데 소요되는 시간

|해설|

1-1
절대압력 = 대기압 + 게이지압력 = 1.23 + 0.1 = 1.33

1-2
절대압력 = 대기압 − 진공압력 = $101.3 - 101.3 \times \dfrac{200}{760} = 74.6$

1-3
냉동톤 : 24시간 동안 0℃의 물 1톤을 0℃의 얼음으로 만들 때 제거해야 할 기본적인 열량이며, 1RT = 3.86kW이다.

정답 1-1 ④　1-2 ②　1-3 ③

핵심이론 02 냉동의 원리

(1) 냉동의 정의
물질(고체, 액체, 기체)이 상태변화를 하기 위해서는 주위(고온)로부터 열을 공급받아야만 가능하다. 이때 주위는 열을 잃어 온도가 낮아지게 되는데 이러한 효과를 냉동이라 한다.

(2) 냉동방법
① **자연냉동법** : 상태변화에 따른 흡열작용을 이용한 방법
  ㉠ 고체의 융해열을 이용한 방법 : 0℃의 얼음 1kg당 79.68kcal/kg의 열 흡수
  ㉡ 고체의 승화열을 이용한 방법 : -78.5℃의 드라이아이스는 137kcal/kg의 열 흡수
  ㉢ 액체의 증발열을 이용한 방법 : -196℃의 액화질소가 증발할 때 48kcal/kg의 열 흡수(-20℃까지 열을 흡수하면 90kcal/kg)
  ㉣ 기한제를 이용하는 방법 : 서로 다른 물질을 혼합하여 더 낮은 온도를 얻는 방법

② **기계냉동법** : 전력, 증기, 연료 등의 에너지를 이용하여 냉동을 연속적으로 행하는 방법
  ㉠ 증기압축식 냉동법 : 압축, 응축, 팽창, 증발과정을 반복하여 냉매인 액화가스의 증발잠열에 의해 피냉각 물질로부터 열을 흡수하는 방법으로 가장 많이 사용된다.
  ㉡ 흡수식 냉동법 : 기계적 일(압축일)을 사용하지 않고 재생기, 응축기, 팽창밸브, 증발기, 흡수기, 펌프로 구성된 형태로 냉매와 흡수제를 사용한다.
  ㉢ 증기분사 냉동법 : 스팀 이젝터를 이용하여 증기를 분사하면 부압이 형성되어 증발현상에 의해 물은 증발열을 빼앗겨 냉각된다.
  ㉣ 공기압축식 냉동법 : 공기를 압축한 후 팽창시키면 공기가 냉각되는 것을 이용하는 것으로 항공기와 같이 자연적으로 공기를 압축할 수 있는 경우에 사용된다.
  ㉤ 열전 냉동법 : 서로 상이한 금속을 링 모양으로 접촉시키고 이곳에 전류를 흐르게 하면 한쪽 접합점은 열을 흡수하고, 다른 접합점은 열을 방출하는 특성(펠티에 효과)을 이용한 냉동법이다.

10년간 자주 출제된 문제

2-1. 증기분사식 냉동기의 특징으로 옳지 않은 것은?
① 회전부가 없어 조용하고 기밀이 잘 유지된다.
② 물을 냉매로 이용한 것이다.
③ 증발기에서 증발된 냉매는 디퓨저를 통해 감압되어 복수기로 유입된다.
④ 한 개의 이젝터에 여러 개의 노즐을 설치한다.

2-2. 증기분사식 냉동장치에서 사용되는 냉매는?
① 프레온   ② 물
③ 암모니아   ④ 염화칼슘

|해설|
2-1
증기분사식 냉동기에서는 증발기에서 증발된 냉매는 디퓨저를 통해 가압되어 복수기로 유입된다.
2-2
증기분사식 냉동장치에서 사용되는 냉매는 물이다.

정답 2-1 ③ 2-2 ②

1-2. 냉매

핵심이론 01 냉매

(1) 냉매의 정의

냉동장치를 순환하면서 현열 또는 잠열 형태로 열을 흡수 및 방출하면서 피냉각물로부터 열을 제거하는 유체를 말한다.

① 1차 냉매 : 잠열 형태로 열을 운반하는 유체
② 2차 냉매 : 현열 상태로 열을 운반하는 유체

(2) 냉매의 구비조건

① 물리적 조건
  ㉠ 대기압 이상의 압력에서 증발하고 저압에서도 쉽게 액화할 수 있을 것
  ㉡ 응고점이 낮을 것
  ㉢ 증발잠열이 크고 비열이 작을 것
  ㉣ 임계온도가 높아 상온에서 쉽게 액화할 수 있을 것
  ㉤ 윤활유 또는 수분 등과 작용하여 냉동작용에 영향을 미치는 일이 없을 것
  ㉥ 인화성 및 폭발성이 없을 것
  ㉦ 전기적인 절연내력이 커서 절연물을 침식시키지 말 것
  ㉧ 패킹 재료를 침식시키지 말 것
    • NH_3 : 인조고무를 침식시키므로 천연고무, 석면을 사용
    • Freon : 천연고무를 침식시키므로 인조고무를 사용
  ㉨ 점도가 적고 전열작용이 양호하며 표면장력이 적을 것

② 생물학적 특성
  ㉠ 인체에 해가 없고 누설 시 냉장품 손상이 없을 것
  ㉡ 악취가 없을 것

③ 경제적 특성
  ㉠ 가격이 저렴할 것
  ㉡ 동일 냉동능력에 대해 소요동력이 적을 것
  ㉢ 동일 냉동능력에 대해 압축할 냉매가스 체적이 적을 것

10년간 자주 출제된 문제

냉매의 구비조건으로 틀린 것은?

① 전기저항이 클 것
② 불활성이고 부식성이 없을 것
③ 응축압력이 가급적 낮을 것
④ 증기의 비체적이 클 것

|해설|

냉매가스의 비체적이 작을 것

정답 ④

핵심이론 02 냉매의 성질

(1) 냉매의 성질

① NH₃(R-717)
 ㉠ 수분과 잘 용해한다(800~900배).
 ㉡ 독성, 가연성, 폭발성이 있다.
 ㉢ 전열이 양호하며 오일과 용해하지 않는다.
 ㉣ 동 및 동합금을 부식시킨다.
 ㉤ 증발잠열이 냉매 중 가장 크기 때문에 냉동능력이 크고 동일 냉동능력에 대해 냉매 순환량이 적다.
 ㉥ 비열비($k = \dfrac{C_p}{C_v} = 1.313$)가 커서 토출가스 온도가 높으므로 워터재킷(Water Jacket)을 설치한다.
 ㉦ 패킹 재료는 천연고무, 석면을 사용한다.
 ㉧ 전기적 절연내력이 작으며 유분리기를 반드시 설치한다.

② 프레온(Freon)
 ㉠ 비독성이며 악취가 없고 불연성이다.
 ㉡ 수분과 분리되므로 장치 내에 드라이어를 설치한다.
 ㉢ 전기적인 절연내력이 크다(밀폐형 냉동기 사용).
 ㉣ 800℃의 고열에 접촉시키면 맹독성 가스인 포스겐(COCl₂)을 발생한다.
 ㉤ 마그네슘(Mg) 및 마그네슘을 2% 이상 함유하고 있는 Al 합금을 부식시킨다.
 ㉥ 허용최고 토출가스 온도가 낮아 윤활유 탄화의 우려가 거의 없다.
 ㉦ 전열이 불량하므로 핀(Fin)을 부착한다.

10년간 자주 출제된 문제

다음 중 암모니아 냉매의 특성이 아닌 것은?
① 수분을 함유한 암모니아는 구리와 그 합금을 부식시킨다.
② 대규모 냉동장치에 널리 사용되고 있다.
③ 초저온을 요하는 냉동에 사용된다.
④ 독성이 강하고 강한 자극성을 가지고 있다.

|해설|
암모니아는 표준대기압에서 증발온도가 -33.3℃, 응고점이 -77.7℃로 초저온을 요하는 냉동에 부적합하다.

정답 ③

1-3. 여러가지 냉매 및 냉동유

핵심이론 01 신냉매 및 천연냉매

(1) 천연냉매
① 무기화합물 : 암모니아, 물, 이산화탄소, 이산화황 등
② 탄화수소 : 프로판, 이소부탄, 메탄, 에탄

(2) 신냉매(대체냉매)
① CFC : 오존파괴지수가 높아서 폐지(R-11, R-12)
② HCFC : 지구온난화지수가 높아서 폐지(R-22, R-123)
③ HFC : 주류 냉매이나 R-134a, R-410a, R-147 등의 금지를 검토 중
④ HFO : 현대 대체냉매 후보

(3) 공기 혼합냉매
서로 다른 두 가지 프레온계 냉매를 일정 비율로 혼합하면 서로 결점이 보완되는 독립된 냉매가 되는데 이러한 냉매를 공기 혼합냉매라 한다.
① R-500 냉매 : R-12 + R-152($CCl_2F_2 + C_2H_4F_2$)
② R-501 냉매 : R-12 + R-22($CCl_2F_2 + CHClF_2$)
③ R-502 냉매 : R-115 + R-22($C_2ClF_5 + CHClF_2$)
④ R-503 냉매 : R-23 + R-13($CHF_3 + CClF_3$)
⑤ R-504 냉매 : R-32 + R-115($CH_2F_2 + C_2ClF_5$)

10년간 자주 출제된 문제

HFC 냉매의 구성 원소가 아닌 것은?
① 염소 ② 불소
③ 수소 ④ 탄소

[해설]
분자 중에 염소를 포함하고 있지 않아서 오존층을 파괴하지 않는다. 그러나 지구온난화계수는 높다.

정답 ①

핵심이론 02 브라인

증발기에서 증발하는 냉매의 냉동력에 의해 냉각된 후 다시 피냉각 물질을 냉각하는 데 쓰이는 2차 냉매로서 일종의 부동액이다.

(1) 브라인의 구비조건
① 열용량(비열)이 클 것
② 점도가 작을 것
③ 열전도율이 클 것
④ 불연성에 불활성일 것
⑤ 인화점이 높고 응고점이 낮을 것
⑥ 가격이 싸고 구입이 용이할 것
⑦ 냉매 누설 시 냉장품 손실이 적을 것

(2) 브라인의 종류
① 무기질 브라인
 ㉠ 염화칼슘
 ㉡ 염화마그네슘
 ㉢ 염화칼슘
② 유기질 브라인
 ㉠ 에틸렌글리콜
 ㉡ 프로필렌글리콜
 ㉢ 에틸알콜
③ 무기질 브라인과 유기질 브라인의 비교

무기질 브라인	유기질 브라인
탄소가 포함되지 않은 브라인	탄소가 포함된 브라인
부식성이 강하다.	부식성이 적다.
가격이 싸다.	가격이 비싸다.

10년간 자주 출제된 문제

브라인에 필요한 성질 중 틀린 것은?
① 비열과 열전도율이 작고 열전달에 대한 특성이 없을 것
② 점성이 적고 순환펌프의 동력 소비가 적을 것
③ 동결점이 낮을 것
④ 냉동장치의 구성부분을 부식시키지 않을 것

[해설]
브라인은 비열 및 열전도율이 크고 열전달 특성이 우수해야 한다.

정답 ①

핵심이론 03 냉동유

(1) 냉동유의 역할
① 마찰저항 및 마모방지
② 밀봉작용
③ 방청작용

(2) 냉동유의 구비조건
① 응고점이 낮을 것
② 인화점이 높을 것
③ 적정한 유동성이 있을 것
④ 전기절연성이 높을 것
⑤ 냉매와 화학반응을 일으키지 않을 것

10년간 자주 출제된 문제

냉동장치에서 윤활의 목적으로 가장 거리가 먼 것은?
① 마모방지
② 기밀작용
③ 열의 축적
④ 마찰동력 손실방지

[해설]
마찰저항 및 마모방지, 밀봉작용, 방청작용, 냉각작용

정답 ③

제2절 냉매선도와 냉동사이클

2-1. 몰리에르 선도와 상변화

핵심이론 01 몰리에르 선도

(1) $P-h$ 선도

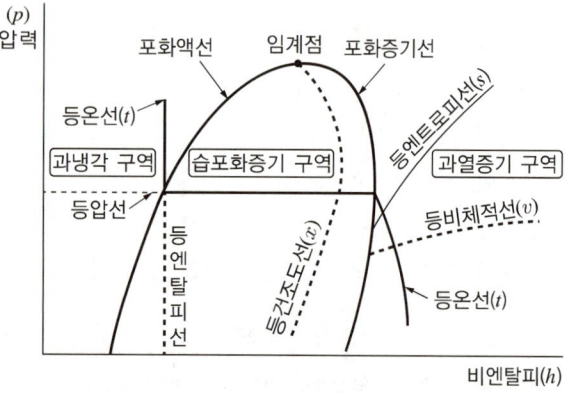

(2) 몰리에르 선도의 6대 구성요소

① 등압선(P : Pa(kg/cm²abs))
  ㉠ 횡축과 나란한 선
  ㉡ 증발압력과 응축압력을 알 수 있다.
  ㉢ 압축비를 구할 수 있다.

② 등엔탈피선(h : kJ/kg(kcal/kg))
  ㉠ 종축으로 나란한 선
  ㉡ 냉매 1kg의 엔탈피를 구할 수 있다.

③ 등온선(t : ℃)
  ㉠ 과냉각 구역에서는 P에 나란하고 습증기 구역에서는 엔탈피(h)에 평행하며, 과열증기 구역에서는 건조포화 상태 선상에서 오른쪽으로 약간 구부러지며 하향한다.
  ㉡ 이 선상의 온도는 모두 같다.

④ 등비체적선(v = m³/kg)
  ㉠ 습증기 구역과 과열증기 구역에서만 존재하는 선으로 수평선에서 오른쪽으로 비스듬히 올라간 선이다.

  ㉡ 압축기로 흡입되는 냉매 1kg의 체적을 구할 때 쓰인다.

⑤ 등건조도선(x)
  ㉠ 포화액선과 포화증기선 사이를 10등분하여 표시한 선이다.
  ㉡ 포화액의 건조도는 0이며 건조포화증기의 건조도는 1이다.

⑥ 등엔트로피선(S : kJ/kg·K(kcal/kg·K))
  ㉠ 과열증기 구역에만 존재하며 엔트로피가 일정한 선으로 왼쪽 아래에서 오른쪽으로 상향한 곡선
  ㉡ 단열변화이므로 등엔트로피선을 따라 압축된다.

(3) 몰리에르 선도 각부 명칭

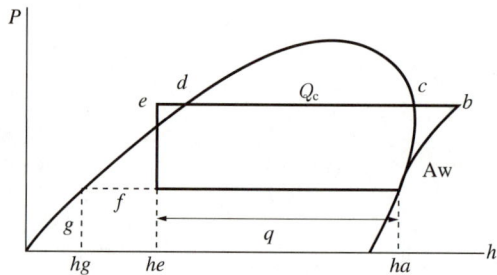

① 압축과정(a-b) : 냉동기 냉매의 순환 및 응축기의 응축을 돕기 위해 고온고압의 냉매가스를 압축기측으로 보낸다.

② 응축과정(b-e) : 압축기에서 보내온 고온고압의 냉매가스를 냉각시켜 고온고압의 냉매액으로 만들어 팽창밸브로 보낸다.

③ 팽창과정(e-f) : 고온고압의 냉매액을 교축시켜 온도와 압력을 낮추는 과정으로 저온저압의 액체(습증기)로 변한다.

④ 증발과정(f-a) : 저온저압의 액체를 증발시켜 저온저압의 증발잠열을 기체 냉매로 변화시키고 압축기로 순환시킨다.

㉠ 플래시 가스 : 냉동장치에서 증발기로 유입되기 전 팽창밸브에서 교축현상으로 인하여 일부의 냉매가 증발기로 흡입되기 전에 증발하여 잉여증기로 남게 된다. 이를 플래시 가스라고 한다.

㉡ 냉동장치에서 플래시 가스의 발생 원인
- 냉매 순환량에 비하여 액관의 직경이 작을 때
- 증발기와 응축기 사이의 액관의 입상 높이가 매우 클 때
- 여과기(스트레이너)나 필터 등이 막혀 있을 때
- 액관 냉매액의 과냉도가 작을 때

10년간 자주 출제된 문제

플래시 가스(Flash Gas)는 무엇을 말하는가?

① 냉매 조절 오리피스를 통과할 때 즉시 증발하여 기화하는 냉매이다.
② 압축기로부터 응축기에 새로 들어오는 냉매이다.
③ 증발기에서 증발하여 기화하는 새로운 냉매이다.
④ 압축기에서 응축기에 들어오자마자 응축하는 냉매이다.

|해설|

플래시 가스 : 냉동장치에서 증발기로 유입되기 전 팽창밸브에서 교축현상으로 인하여 일부의 냉매가 증발기로 흡입되기 전에 증발하여 잉여증기로 남게 된다. 이를 플래시 가스라고 한다.

정답 ①

핵심이론 02 상변화

(1) 냉동사이클의 변화와 몰리에르 선도

① 흡입증기에 따른 압축사이클의 종류

㉠ 건포화압축
- 압축기에 흡입되는 냉매가 증발기에서 증발을 완료하여 건조포화증기 상태로 압축하는 사이클
- 이론적 냉동사이클이며 실제로 건압축은 불가능하다.
- $q = h_a - h_d$

㉡ 습압축
- 부하가 감소하거나 냉매 순환량이 증가하게 되면 냉매가 모두 증발하지 못하고 증발기 출구에 액이 남아 압축기에 흡입되는 상태
- 습압축 시 장치에 미치는 영향
  - 액압축의 위험 발생(리퀴드백의 원인)
  - 냉동능력 감소
  - 성적계수 감소
- $q = h_{a'} - h_{d'}$

㉢ 과열압축
- 부하가 증가하거나 냉매 순환량이 감소하면 증발기 출구에 이르기 전 냉매가 이미 증발이 완료되고, 계속 열을 흡수하여 동일한 증발압력 상태에서 온도만 상승된 과열증기 상태로 압축기에 흡입되는 상태
- 습압축을 방지할 목적으로 압축기에 흡입되는 증기를 열교환기로 과열압축시키는 사이클
- 과열압축 시 장치에 미치는 영향
  - 토출가스 온도 상승
  - 체적효율 감소
  - 냉매 순환량 감소
  - 소요동력 증대
  - 실린더 과열
  - 윤활유 열화 탄화

② 응축온도의 변화
  ㉠ 증발압력이 일정하고 응축온도가 변화할 경우에 대한 사이클의 변화를 말한다.
  ㉡ 응축기의 냉각능력이 좋아져 응축온도(압력)가 내려가면 증발기의 냉동효과는 증가하고 압축기의 일량은 감소한다.
  ㉢ 이로 인해 압축비가 감소하고 냉동기의 효율은 증가하게 된다. 응축압력은 가능한 한 낮게 하는 것이 좋다.
  ㉣ 응축온도(압력)가 상승했을 때 장치에 미치는 영향
    • 압축비의 증대
    • 토출가스 온도 상승
    • 냉동효과 감소
    • 성적계수 감소
    • 소요동력 증대
    • 냉매 순환량 감소
    • 실린더 과열
    • 피스톤 압출량 감소

③ 증발온도(증발압력)의 변화
  ㉠ 응축온도가 일정하고 증발온도가 변화할 경우에 대한 사이클의 변화를 말한다.
  ㉡ 피냉각 물질의 온도가 상승하면 그에 비례해 증발온도 역시 상승하고 증발압력은 높아진다.
  ㉢ 이에 냉동효과는 증가하고 압축일량은 감소해 압축비가 감소되고 냉동기 효율은 증가하게 된다.
  ㉣ 증발온도(압력)가 높을수록 냉동기 효율은 좋아진다.
  ㉤ 증발온도(압력)가 감소했을 때 장치에 미치는 영향
    • 압축비의 증대
    • 토출가스 온도 상승
    • 냉동효과 감소
    • 성적계수 감소
    • 소요동력 증대
    • 냉매 순환량 감소
    • 실린더 과열
    • 피스톤 압출량 감소

④ 과냉각의 변화
  ㉠ 응축온도와 증발온도가 일정하고 압축기 흡입가스가 건조포화증기이고, 응축기 출구의 냉매액 상태가 변화했을 경우에 대한 사이클의 변화이다.
  ㉡ 응축기의 냉각능력이 증가하여 응축기 출구의 냉매액 온도가 저하하면, 과냉각도로 인해 냉동효과가 증가하여 성적계수가 증대하는 것을 알 수 있다.

10년간 자주 출제된 문제

냉동효과에 대한 설명으로 옳은 것은?
① 증발기에서 단위 중량의 냉매가 흡수하는 열량
② 응축기에서 단위 중량의 냉매가 방출하는 열량
③ 압축일을 열량의 단위로 환산한 것
④ 압축기 출·입구 냉매의 엔탈피 차

|해설|
냉동효과는 냉매 1kg이 증발기에서 흡수하는 열량이다.

정답 ①

2-2. 냉동사이클

핵심이론 01 역카르노 사이클 – 이상적 냉동사이클

(1) 역카르노 사이클 과정

두 개의 등온선과 두 개의 단열선으로 구성되어 카르노 사이클의 역방향으로 행하는 사이클이다.

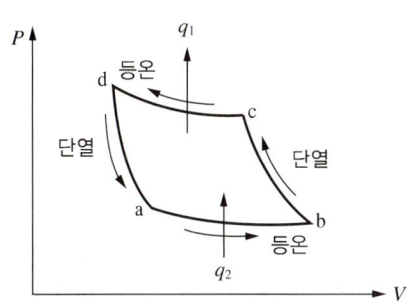

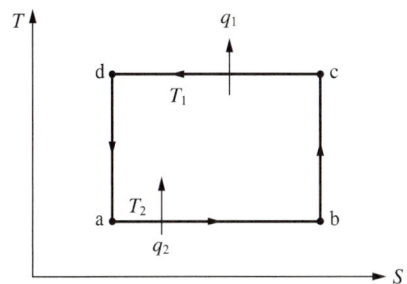

① a → b : 등온팽창(증발기)
② b → c : 단열압축(압축기)
③ c → d : 등온압축(응축기)
④ d → a : 단열팽창(팽창밸브)

(2) 열과 일의 관계식

$q_1 = q_2 + A_w$

(3) 성적계수

① 냉동기 성적계수

$$\mathrm{COP}_C = \frac{T_L}{T_H - T_L}$$

② 히트펌프 성적계수

$$\mathrm{COP}_H = \frac{T_H}{T_H - T_L}$$

10년간 자주 출제된 문제

역카르노 사이클에서 고열원을 T_H, 저열원을 T_L이라 할 때 성능계수를 나타내는 식으로 옳은 것은?

① $\dfrac{T_H}{T_H - T_L}$ ② $\dfrac{T_L}{T_H - T_L}$

③ $\dfrac{T_H - T_L}{T_H}$ ④ $\dfrac{T_H - T_L}{T_L}$

|해설|

역카르노 사이클의 성능계수 $\mathrm{COP}_C = \dfrac{T_L}{T_H - T_L}$

정답 ②

핵심이론 02 카르노 사이클

(1) 카르노 사이클 과정
두 개의 등온과정과 두 개의 단열과정으로 구성되며 고열원에서 저열원으로 열을 이동시켜 일을 발생시킨다.

(2) 열과 일의 관계식
$q_1 = q_2 + A_w$

(3) 열효율
$\eta = \dfrac{T_H - T_L}{T_H}$

10년간 자주 출제된 문제

카르노 사이클과 관련 없는 상태변화는?
① 등온팽창 ② 등온압축
③ 단열압축 ④ 등적팽창

[해설]

카르노 사이클 : 등온과정 두 개와 단열과정 두 개로 구성되어 있으며 이상적인 열기관 사이클이다. 카르노 사이클의 가역과정은 등온팽창–단열팽창–등온압축–단열압축으로 구성되어 있다.

정답 ④

핵심이론 03 증기압축 냉동사이클

(1) 1단 압축 냉동사이클

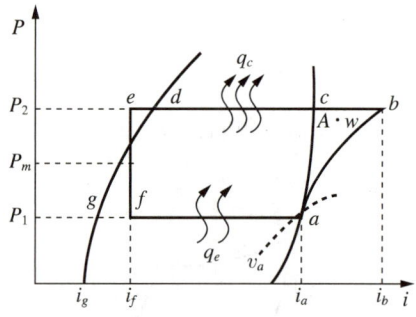

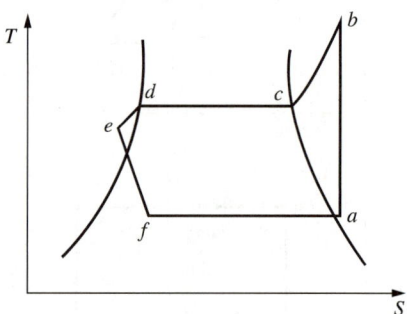

① 냉동효과
$q_e = h_a - h_f = q_c - A_w \,[\text{kJ/kg}]$

② 압축일의 열당량
$A_w = h_b - h_a = q_c - q_e \,[\text{kJ/kg}]$

③ 응축기 발열량
$q_c = h_b - h_e = q_e + A_w$

④ 이론 성적계수
　㉠ 냉동기 성적계수
$$\text{COP}_C = \dfrac{q_e}{A_w} = \dfrac{q_e}{q_c - q_e} = \dfrac{h_a - h_f}{h_b - h_a}$$
　㉡ 히트펌프 성적계수
$$\text{COP}_H = \dfrac{q_c}{A_w} = \dfrac{q_c}{q_c - q_e} = \dfrac{h_b - h_f}{h_b - h_a}$$

⑤ 압축비
$m = \dfrac{P_H}{P_L} = \dfrac{응축압력}{증발압력} = \dfrac{고압}{저압}$

㉠ 압축비가 높아지는 이유
- 고압(응축압력)의 증가
- 저압(증발압력)의 감소

㉡ 압축비가 클 때 장치에 미치는 영향
- 압축비의 증대
- 토출가스 온도 상승
- 냉동효과 감소
- 성적계수 감소
- 소요동력 증대
- 냉매 순환량 감소
- 실린더 과열
- 피스톤 압출량 감소

⑥ 냉매 순환량

$$G = \frac{V}{v}\eta_v [\text{kg/h}]$$

여기서, V : 피스톤 토출량(냉매 흡입량)[m^3/h]
v : 비체적[m^3/kg]
η_v : 압축기 체적효율

⑦ 냉동능력

$$Q_e = G \times q_e = G(h_a - h_f)[\text{kW}]$$

⑧ 소요동력

$$A_w = G(h_b - h_a)$$

⑨ 응축부하

$$Q_c = G \times q_c = G(h_b - h_f)[\text{kW}]$$

(2) 2단 압축 사이클

한 대의 압축기로 저온을 얻는 경우 압축비 상승으로 실린더 과열, 체적효율 감소 등의 우려가 있기 때문에 두 대 이상의 압축기를 사용한다.

① 중간압력

$$P_m = \sqrt{P_1 \times P_2}$$

② 2단 압축 채용기준
㉠ 증발온도에 의한 2단 압축
- 암모니아 : $-35℃$ 이하
- 프레온 : $-50℃$ 이하

㉡ 압축비에 의한 2단 압축

$$\frac{P_H}{P_L} > 6 \text{일 때}$$

(3) 2단 압축 1단 팽창 사이클

응축기를 나온 액냉매 중의 일부 냉매가 저압 압축기에서 나오는 토출가스와 증발기로 가는 나머지 냉매를 과냉각시키기 위해 중간냉각기에서 증발하여 팽창밸브로 보내지는 액의 온도를 낮추어 냉동효과를 증대시킨다.

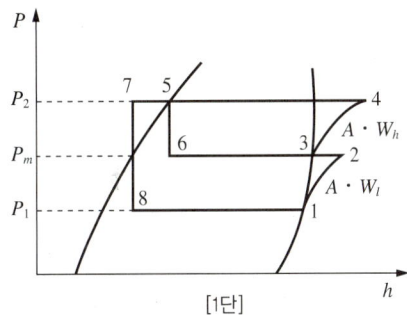

[1단]

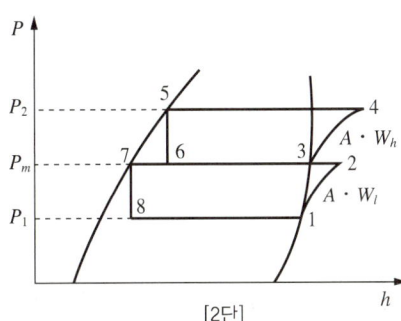

[2단]

① 냉동효과

$$q_e = h_1 - h_8 = h_1 - h_7 [\text{kJ/kg}]$$

여기서, h_1 : 증발기 출구 엔탈피[kJ/kg]
h_8 : 증발기 입구 엔탈피[kJ/kg]
h_7 : 팽창밸브 입구 엔탈피[kJ/kg]

② 소요일량

$$A_w = A_{w1} + A_{w2} = (h_2 - h_1) + (h_4 - h_3)$$

③ 성적계수

$$\text{COP} = \frac{q_e}{A_w} = \frac{h_1 - h_8}{(h_2 - h_1) + (h_4 - h_3)}$$

④ 응축기 발열량

$$q_c = h_4 - h_7$$

여기서, h_4 : 응축기 출구 엔탈피[kJ/kg]

h_7 : 응축기 출구 엔탈피[kJ/kg]

(4) 2단 압축 2단 팽창 사이클

응축기에서 액화한 고압의 냉매를 제1팽창밸브를 거쳐서 전부 중간냉각기로 보내어 중간압력까지 압력을 저하시킨 후 중간냉각기에서 분리된 포화액을 제2팽창밸브를 지나 증발압력까지 감압하여 증발기로 보내는 방식이다.

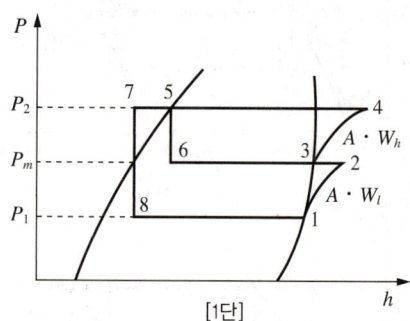

[1단]

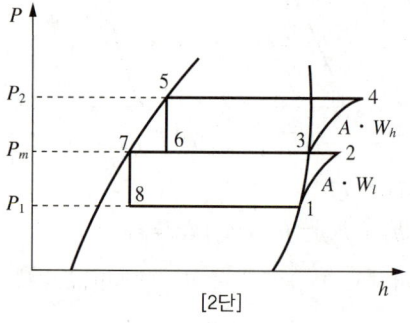

[2단]

① 냉동효과

$$q_e = h_1 - h_8 = h_1 - h_7 [\text{kJ/kg}]$$

여기서, h_1 : 증발기 출구 엔탈피[kJ/kg]

h_8 : 증발기 입구 엔탈피[kJ/kg]

h_7 : 팽창밸브 입구 엔탈피[kJ/kg]

② 소요일량

$$A_w = A_{w1} + A_{w2} = (h_2 - h_1) + (h_4 - h_3)$$

③ 성적계수

$$\text{COP} = \frac{q_e}{A_w} = \frac{h_1 - h_8}{(h_2 - h_1) + (h_4 - h_3)}$$

④ 응축기 발열량

$$q_c = h_4 - h_5$$

여기서, h_4 : 응축기 출구 엔탈피[kJ/kg]

h_5 : 응축기 출구 엔탈피[kJ/kg]

⑤ 중간냉각기의 기능

㉠ 저압 압축기 토출가스 온도를 감소시킨다.

㉡ 증발기에 공급되는 냉매액을 과냉각시켜 냉동효과를 증가시킨다.

㉢ 고압 압축기에 흡입되는 냉매가스와 액을 분리시킨다.

10년간 자주 출제된 문제

3-1. 다음의 몰리에르 선도는 어떤 냉동장치를 나타낸 것인가?

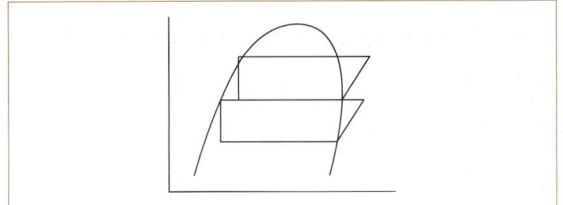

① 1단 압축 1단 팽창 냉동시스템
② 1단 압축 2단 팽창 냉동시스템
③ 2단 압축 1단 팽창 냉동시스템
④ 2단 압축 2단 팽창 냉동시스템

3-2. 1단 압축 1단 팽창 냉동장치에서 흡입증기가 어느 상태일 때 성적계수가 제일 큰가?

① 습증기   ② 과열증기
③ 과냉각액   ④ 건포화증기

[해설]

3-1
2단 압축 2단 팽창 냉동시스템 : 응축기에서 액화한 고압의 냉매를 제1팽창밸브를 거쳐 전부 중간냉각기로 보내어 중간압력까지 압력을 저하시킨 후 다시 중간냉각기에서 분리된 포화액을 제2팽창밸브를 지나 증발압력까지 감압하여 증발기로 보내는 방식이다.

3-2
성적계수에서 냉동효과가 클수록, 압축일량이 작을수록 성적계수는 커진다. 냉동효과는 압축기 흡입증기의 엔탈피 - 증발기 입구 엔탈피이므로 압축기 흡입증기의 엔탈피가 클수록 냉동효과가 커진다. 압축기 흡입증기가 과열증기일 때 냉동효과가 가장 크게 되고 성적계수도 가장 크게 된다.

정답 3-1 ④ 3-2 ②

제3절 기초열역학

핵심이론 01 기체의 상태변화

(1) 등온과정

① 기체를 압축 또는 팽창 시 온도가 일정한 것을 나타내며 이론적인 변화에 해당한다.
② 압축 시 실린더 주위를 냉각하면서 압축에 수반되는 가스의 온도 상승을 완전히 방지, 압축 전후에 있어서 가스의 온도를 같게 하는 압축이다.
③ $PV^n = C$(일정) → $n=1$이면, $PV = C$(일정)으로 나타낼 수 있다.

$$P_1 V_1 = P_2 V_2 \rightarrow \frac{P_2}{P_1} = \frac{V_1}{V_2}$$

여기서, P_1 : 압축 전 압력
P_2 : 압축 후 압력
V_1 : 압축 전 체적
V_2 : 압축 후 체적

(2) 단열과정

① 기체의 상태변화 중 기체에 대한 열의 출입이 없는 상태로 단열과정이라 하며 냉동기의 압축과정은 이론적으로 단열변화에 가장 가깝다고 할 수 있다.
② 압축 시 실린더를 완전히 단열하여 가스의 압축 중 열이 외부로 방출되지 못하게 하여 압축한다(단열압축은 압축 후 가스의 온도 상승, 소요 일량, 압력 상승이 가장 크며 이상적이다).
③ $PV^K = C$(일정) → $K = \dfrac{C_p}{C_v} > 1$로 나타낸다.

여기서, K : 비열비
C_p : 기체 정압비열
C_v : 기체 정적비열

(3) 폴리트로픽 과정

① 가장 실제적인 압축과정, 등온과정과 단열과정의 중간 형태로 열량, 온도 상승, 압력 상승도 중간 형태인 압축방식이다.
② $PV^n = C$(일정) → $1 < n < k$로 나타낸다.
 여기서, k : 비열비
$$n = k (단열변화)$$
$$n = 1 (등온변화)$$
$$n = 0 (정압변화)$$
$$n = \infty (정적변화)$$

10년간 자주 출제된 문제

폴리트로픽 변화의 일반식 $PV^n = C$(상수)에 대한 설명으로 옳은 것은?

① $n = k$일 때(등온변화)
② $n = 1$일 때(정적변화)
③ $n = \infty$일 때(단열변화)
④ $n = 0$일 때(정압변화)

[해설]
$n = k$(단열변화), $n = 1$(등온변화), $n = 0$(정압변화), $n = \infty$(정적변화)

정답 ④

핵심이론 02 열역학 법칙

(1) 열역학 제0법칙

온도가 서로 다른 물체를 접촉시키면 높은 온도를 지닌 물체의 온도는 내려가고 낮은 온도의 물체는 온도가 올라가서 두 물체의 온도차가 없게 되어 열평형이 이루어지는 현상이다.

(2) 열역학 제1법칙

기계적인 일은 열로 변할 수 있고 반대로 열도 기계적 일로 변환이 가능하다는 법칙

① 내부에너지
 ㉠ 그 물체 내에 보유하고 있는 에너지(열량 = 내부에너지 증가량 + 기계적 일량)
 ㉡ $Q = U + W$ [J/kg]

② 엔탈피
 ㉠ 유체가 가진 열에너지와 일에너지를 합한 열역학적 총에너지를 말한다.
 ㉡ $H = U + PV$ [kJ]

(3) 열역학 제2법칙(에너지 흐름의 법칙)

① 일은 쉽게 열로 변화되지만 열은 일로 변할 때 그보다 더 낮은 저온체를 필요로 한다.
② 어떤 기관이든 100% 효율을 가지는 기관은 지구상에 존재하지 않는다.
③ 엔트로피
 ㉠ 어떤 단위중량당의 물체가 가지고 있는 열량에 그 유체의 그때 절대온도로 나눈 값이다.
 ㉡ 엔트로피 $\Delta s = \dfrac{\Delta Q}{T}$

(4) 열역학 제3법칙

열적 평형 상태에 있는 '모든 결정성 고체의 엔트로피는 절대 0℃에서 0이 된다'라고 하는 법칙, 즉 어떤 상태에서도 절대 0℃(-273℃)에 이르게 할 수 없다는 법칙이다.

(5) 열역학의 일반관계식

① 자유에너지

$$F = U - TS$$

② 비자유에너지

$$f = u - Ts$$

③ Gibbs의 함수

$$G = H - TS$$

④ 비Gibbs의 함수

$$g = h - Ts$$

> **10년간 자주 출제된 문제**

다음 중 열역학 제2법칙에 관해 정의한 것은?

① 열은 에너지의 하나로서 일을 열로 변환하거나 또는 열을 일로 변환시킬 수 있다.
② 온도계의 원리를 제공한다.
③ 절대 0℃에서의 엔트로피값을 제공한다.
④ 열은 스스로 고온물체로부터 저온물체로 이동되나 그 과정은 비가역이다.

[해설]
① 열역학 제1법칙
② 열역학 제0법칙
③ 열역학 제3법칙

정답 ④

[제2장] 냉동장치의 구조

제1절 냉동장치 구성기기

1-1. 압축기

핵심이론 01 압축기의 종류

(1) 압축방법에 의한 종류

① 체적식
  ㉠ 왕복식 : 크랭크 축에 연결되어 있는 피스톤의 왕복운동에 의해 압축되는 형식
  ㉡ 회전식 : 실린더 내 회전자의 회전에 의해 압축하는 형식
  ㉢ 스크루식 : 두 개의 스크루가 서로 맞물려 회전하면서 압축하는 형식
② 원심식 : 터보 압축기라고 하며 임펠러의 고속회전에 의해 압축하는 형식

(2) 구조에 의한 분류

① 개방식 : 압축기와 전동기가 분리된 구조(전동기 직결식, 벨트 구동식)
② 밀폐식 : 완전밀폐된 용기 내 압축기와 전동기가 동일 축에 연결된 구조로 소형 프레온 냉동장치에 이용되는 방식
③ 반밀폐식 : 압축기와 전동기가 하나의 용기 내에 존재하나 분해 조립이 가능한 구조

(3) 왕복식 압축기

① 특징
  ㉠ 동적 밸런스를 고려하여 4, 6, 8, 10기통 등 짝수로 배열하며 진동이 크다.
  ㉡ 가볍고 설치면적이 작다(소형, 경량).
  ㉢ 부품의 공동화로 생산성이 높아 가격을 절감할 수 있다.
  ㉣ 고속운전으로 체적효율이 좋지 못하다.
  ㉤ 윤활유 소모량이 많다.
② 용량 제어의 목적
  ㉠ 경제적 운전을 도모한다.
  ㉡ 무부하 및 경부하 운전이 가능하다.
  ㉢ 일정한 증발온도를 유지한다.
  ㉣ 기계적 수명 연장
③ 용량 제어방법
  ㉠ 회전수 가감법
  ㉡ 클리어런스 증대법
  ㉢ 바이패스법
  ㉣ 언로더 장치에 의한 방법
④ 피스톤 압출량
  $$Q = \frac{\pi D^2}{4} \cdot L \cdot N \cdot Z \cdot 60 \, [\text{m}^3/\text{h}]$$
  여기서, D : 실린더 지름[m]
  L : 피스톤 행정[m]
  N : 분당 회전수[rpm]
  Z : 기통 수

(4) 스크루 압축기

① 흡입 및 토출밸브가 없으며 고장이 적다.
② 고속회전하므로 소음이 크다.
③ 설치면적이 작고 중·대용량에 적합하다.
④ 운전유지비가 많이 들고 고장 시 고도의 기술이 필요하다.
⑤ 체적효율 증대를 위해 오일이 공급되므로 대형 유분리기가 필요하다.

(5) 회전식 압축기

① 부품 수가 적어 구조가 간단하다.
② 연속 압축으로 고진공을 얻을 수 있어 진공펌프로도 많이 사용한다.
③ 진동 및 소음이 적다.
④ 가공 시 고정밀성을 요한다.
⑤ 흡입밸브는 없으며 토출측에 체크밸브가 설치된다.
⑥ 냉매 압출량 $Q = \dfrac{\pi(D^2 - d^2)}{4} t \cdot N \cdot 60 [m^3/h]$

여기서, D : 실린더 안지름[m]
d : 피스톤 바깥지름[m]
N : 분당 회전수[rpm]
t : 피스톤의 두께[m]

(6) 원심 압축기

① 임펠러의 고속회전에 의해 냉매가 압축하는 방식이다.
② 동적 밸런스가 용이하고 진동이 적은 반면 소음이 크다.
③ 마찰부분이 없어 고장이 적고 보수가 용이하다.
④ 연속압축으로 기체의 맥동이 없다.

10년간 자주 출제된 문제

1-1. 밀폐형 압축기에 대한 설명으로 옳은 것은?
① 회전수 변경이 불가능하다.
② 외부와 관통으로 누설이 발생한다.
③ 전동기 이외의 구동원으로 작동이 가능하다.
④ 구동방법에 따라 직결 구동과 벨트 구동방법으로 구분한다.

1-2. 압축기 직경이 100mm, 행정이 850mm, 회전수가 2,000rpm, 기통 수가 4일 때 피스톤 배출량[m³/h]은?
① 3,204.4
② 3,316.2
③ 3,458.8
④ 3,567.1

해설

1-1
밀폐형 압축기는 압축기와 전동기가 용접에 의해 완전히 밀폐된 용기 내에 들어 있으며, 냉매의 입·출입관과 전기단자만이 노출되어 있는 구조로서 회전수 변경은 불가능하다.

1-2
피스톤 배출량(Q)

$Q = \dfrac{\pi D^2}{4} \times L \times N \times z \times 60$

$= \dfrac{\pi \times 0.1^2}{4} m^2 \times 0.85m \times 2,000rpm \times 4 \times 60$

$= 3,204.4 m^3/h$

여기서, D : 압축기 직경, L : 행정, N : 회전수, z : 기통 수

정답 1-1 ① 1-2 ①

핵심이론 02 윤활유

(1) 윤활의 목적
① 마찰로 인한 동력 손실 방지
② 기계 수명 연장
③ 마찰부 열흡수(냉각)
④ 기계효율 증대
⑤ 패킹제 보호 및 소음방지
⑥ 가스 누설 방지

(2) 윤활유의 구비조건
① 인화점이 높을 것
② 응고점이 낮을 것
③ 절연내력이 크고 불순물이 적을 것
④ 냉매와 화학적으로 안정할 것
⑤ 점도가 적당할 것

(3) 윤활방법
① **비말급유식** : 크랭크 축에 부착되어 있는 밸런스 웨이트나 오일 디퍼를 이용하는 방법으로 소형 냉동기에 이용된다.
② **강제급유식** : 오일펌프 방식으로 중·대형에 이용된다.
　㉠ 유압이 상승하는 원인
　　• 유압 조정밸브의 불량
　　• 오일의 과충전
　　• 유순환 회로가 막혔을 때
　　• 유온이 너무 낮을 때(점도 증가)
　㉡ 유압이 낮아지는 원인
　　• 유량 부족
　　• 오일 중에 냉매 혼입(윤활유의 점도 저하)
　　• 유압 조정밸브의 불량(열린 상태)
　　• 여과기가 막혔을 때

10년간 자주 출제된 문제

냉동기에 사용하는 윤활유의 구비조건으로 틀린 것은?
① 불순물이 함유되어 있지 않을 것
② 전기 절연내력이 클 것
③ 응고점이 낮을 것
④ 인화점이 낮을 것

해설
윤활유는 인화점이 높아야 한다.

정답 ④

1-2. 응축기

핵심이론 01 응축기의 종류

(1) 입형 셸 앤 튜브식 응축기
① 대형 암모니아 냉동장치에 주로 사용한다.
② 구조가 간단하고 설치면적이 작다.
③ 운전 중 냉각관 청소가 용이하고 과부하 처리는 용이하지만 과냉각이 잘 안 된다.
④ 냉각수 소비량이 크다.
⑤ 튜브 내 스월이 부착되어 냉각수를 선회시켜 흐르게 한다.
⑥ 냉각관 부식이 크다.
⑦ 실내외 어느 곳이든 설치가 가능하고 운전 중에 청소 및 보수를 할 수 있다.

(2) 횡형 셸 앤 튜브식 응축기
① 입구 및 출구에는 각각의 수실이 있다.
② 프레온 및 암모니아 냉동장치의 소형에서 대형까지 다양하게 사용된다.
③ 셸 내에 냉매, 튜브 내에 냉각수가 역류되어 흐른다.
④ 수액기 역할을 하기 때문에 별도의 수액기를 필요로 하지 않는다.
⑤ 냉각관 청소가 곤란하고 청소 시 운전을 정지해야 한다.
⑥ 과부하 운전이 곤란하고 냉각관이 잘 부식된다.
⑦ 냉각수 소비량이 비교적 적다.

(3) 7통로식
① 셸 내로 냉매가, 7튜브 내로 냉각수가 흐른다.
② 암모니아 냉동장치에 사용한다.
③ 능력에 따라 적당한 대수를 조절할 수 있고 호환성이 있다.
④ 설치면적이 작아도 된다.
⑤ 전열이 양호하다.
⑥ 구조가 복잡하고 설치비가 싸다.
⑦ 대용량에 부적합하다.

(4) 2중관식 응축기
① 프레온 및 암모니아 냉동장치에 사용된다.
② 전열이 양호하며 과냉각이 양호하다.
③ 부식 발견이 어렵고 청소가 곤란하다.
④ 냉매는 위에서 아래로, 냉각수는 아래에서 위로 흐른다.

(5) 셸 앤 코일 응축기
① 소용량 프레온 냉동장치에 사용된다.
② 소형·경량화할 수 있으며 제작 및 설비비가 적다.
③ 냉각관의 청소가 곤란하다.
④ 냉각관 내에는 냉각수가, 셸 내에는 냉매가 흐른다.

(6) 대기식 응축기
① 암모니아 중·대형 냉동장치에 사용된다.
② 응축 냉매액은 냉각관 중간부를 통해 수액기로 공급된다.
③ 수질이 나쁜 곳에서도 사용 가능하다.
④ 브리더형이 많이 사용되며 액화 냉매는 관의 도중에서 빼낸다.
⑤ 겨울에는 공랭식으로 사용된다.
⑥ 대용량으로 가격이 고가이고 설치장소가 넓어야 한다.
⑦ 냉각관이 부식되기 쉽다.

(7) 증발식 응축기
① 주로 암모니아 냉동장치에 사용된다.
② 냉각수 증발잠열에 의해 냉매가 응축된다.
③ 냉각수량이 가장 적게 든다.
④ 별도의 냉각탑을 사용하는 경우보다 설비비가 적으나 냉매 배관이 길어지며 다량의 냉매를 충전해야 한다.
⑤ 외기 습구온도 영향을 받으며 압력손실이 크다.

(8) 공랭식 응축기

① 관 내 냉매와 관 외부에 공기가 접촉하여 응축한다.
② 주로 소형 프레온 냉동장치에 사용한다.
③ 자연대류식과 강제대류식으로 구분한다.
④ 냉각수를 사용하지 않으므로 배관, 펌프, 배수시설이 불필요하다.
⑤ 설치가 간단하고 부식이 잘 되지 않는다.
⑥ 공기는 냉각수에 비해 전열이 불량하여 플레이트 핀 튜브를 사용한다.
⑦ 송풍 형식에 따라 자연대류식과 강제대류식으로 구분된다.

(9) 냉각탑(쿨링 타워)

① 역할 : 응축기에서 열을 흡수하여 높아진 냉각수를 물의 증발잠열을 이용하여 냉각 후 다시 사용할 수 있도록 재생하는 기능
② 특징
  ㉠ 냉각수량 절감(냉각수 회수율 : 95%)
  ㉡ 외기 습구온도의 영향이 크다(습구온도가 낮을수록 증발 능력은 증가한다).
③ 냉각탑 능력 산정
  $Q_c = GC\Delta t$
  여기서, Q_c : 냉각탑 능력[kJ/h]
    G : 냉각수량[L/h]
    C : 비열[kJ/kg · K]
    Δt : 쿨링 레인지
④ 냉각탑 용어
  ㉠ 쿨링 레인지 = 냉각수 입구온도 – 냉각수 출구온도
  ㉡ 쿨링 어프로치 = 냉각수 출구온도 – 입구공기의 습구온도
  ㉢ 일리미네이터 : 냉각탑 상부에 위치하며 냉각수가 대기로 비산되는 것을 방지한다.

10년간 자주 출제된 문제

1-1. 수랭식 응축기를 사용하는 냉동장치에서 응축압력이 표준압력보다 높게 되는 원인으로 가장 거리가 먼 것은?
① 공기 또는 불응축 가스의 혼입
② 응축수 입구온도의 저하
③ 냉각수량의 부족
④ 응축기의 냉각관에 스케일 부착

1-2. 입형 셸 앤 튜브식 응축기의 설명으로 맞는 것은?
① 설치면적이 큰 데 비해 응축 용량이 작다.
② 냉각수 소비량이 비교적 적고 설치장소가 부족한 경우에 설치한다.
③ 냉각수의 배분이 불균등하고 유량을 많이 함유하므로 과부하를 처리할 수 없다.
④ 설치면적이 작고 운전 중에도 냉각관 청소가 용이하다.

해설

1-1
응축압력의 상승 원인
- 불응축 가스가 혼입되었을 경우
- 냉매가 과충전되었을 경우
- 응축기 냉각관에 물때, 유막, 스케일 등이 형성되었을 경우
- 수랭식의 경우 냉각수량이 부족하여 냉각수 온도가 상승 시
- 공랭식의 경우 송풍량 부족 및 외기온도 상승 시

1-2
입형 셸 앤 튜브식 응축기의 특징
- 대형 암모니아 냉동장치에 주로 사용한다.
- 구조가 간단하고 설치면적이 작다.
- 운전 중 냉각관 청소가 용이하고 과부하 처리는 용이하지만 과냉각이 잘 안 된다.
- 냉각수 소비량이 크다.
- 튜브 내 스월이 부착되어 냉각수를 선회시켜 흐르게 한다.
- 냉각관 부식이 크다.
- 실내외 어느 곳이든지 설치가 가능하고 운전 중에 청소 및 보수를 할 수 있다.

정답 1-1 ② 1-2 ④

핵심이론 02 응축부하

냉매와 압축기가 증발기에서 흡수한 열량을 공기 또는 물을 이용해 단위시간당 제거하는 열량

(1) 응축기 발열량

$q_c = h_b - h_e$ [kJ/kg]

여기서, h_b : 응축기 입구에서 냉매증기 엔탈피[kJ/kg]

h_e : 응축기 출구에서 냉매액 엔탈피[kJ/kg]

(2) 응축부하

$Q_c = G \cdot q_c = Q_e + A_w$

여기서, G : 냉매 순환량[kg/s]

Q_e : 냉동능력[kW]

A_w : 압축일[kW]

(3) 응축기의 전열작용

① 수랭식 응축기

$Q_c = KA \triangle t_m$

여기서, K : 열관류율[kW/m²K]

A : 전열면적[m²]

$\triangle t_m$: 평균온도차[℃]

㉠ 대수평균온도

$$\triangle t_m = \frac{\triangle t_1 - \triangle t_2}{\ln\left(\frac{\triangle t_1}{\triangle t_2}\right)}$$

여기서, $\triangle t_1$: 응축온도 - 냉각수 입구온도

$\triangle t_2$: 응축온도 - 냉각수 출구온도

㉡ 산술평균 온도

$$\triangle t_m = t_r - \frac{\triangle t_1 + \triangle t_2}{2}$$

㉢ 응축온도

$$Q_c = KA \triangle t_m = KA\left(t_r - \frac{t_{w1} + t_{w2}}{2}\right)$$

→ 응축온도 $t_r = \dfrac{Q_c}{KA} + \dfrac{t_{w1} + t_{w2}}{2}$

(4) 응축압력의 상승 원인

① 응축기의 냉각수온 및 냉각공기의 온도가 높을 경우
② 냉각수량이 부족할 경우
③ 증발부하가 클 경우
④ 냉각관에 유막 및 스케일이 생성되었을 경우
⑤ 냉매를 너무 과충전했을 경우
⑥ 냉각관에 유막 및 스케일이 생성되었을 경우
⑦ 불응축 가스가 혼입되었을 경우

10년간 자주 출제된 문제

2-1. 응축압력이 현저하게 상승한 원인으로 옳은 것은?

① 냉각면적이 용량에 비해 크다.
② 응축부하가 크게 감소하였다.
③ 수랭식일 경우 냉각수량이 증가하였다.
④ 유분리기의 기능이 불량하고 응축기에 물때가 많이 부착되었다.

2-2. 냉동능력이 41,700kJ/h인 냉동기에서 냉매를 압축할 때 3.2kW의 동력이 소모되었다. 응축기의 발열량은 몇 kJ/h인가?

① 37,240
② 49,280
③ 53,220
④ 58,640

|해설|

2-1
응축압력의 상승 원인
① 냉각면적이 용량에 비해 적을 때
② 응축부하가 크게 증대했을 때
③ 수랭식일 경우 냉각수량이 감소할 때

2-2
응축기 발열량 $Q_1 = Q_2 + A_w = 41,700 + 3.2 \times 3,600 = 53,220$

정답 2-1 ④ 2-2 ③

1-3. 증발기

핵심이론 01 냉매 상태에 따른 분류

(1) 건식 증발기

① 냉매액을 증발기 상부에서 하부로 공급하며 공기 냉각용으로 많이 사용된다.
② 증발기 내 냉매액은 25%, 냉매가스는 75% 존재한다.
③ 증발기 내 냉매액이 적어 전열이 불량하며 액분리기를 필요로 하지 않는다.
④ 주로 프레온 냉동장치에 사용된다.

(2) 반만액식 증발기

① 냉매액을 증발기 하부에서 상부로 공급하며 전열은 건식에 비해 양호하다.
② 증발기 내 냉매액은 50%, 냉매가스는 50% 존재한다.

(3) 만액식 증발기

① 냉매액은 증발기 하부에서 상부로 공급하며 액체 냉각용 증발기로 많이 사용된다.
② 증발기 내 냉매액은 75%, 냉매가스는 25% 존재한다.
③ 냉각관이 냉매에 잠겨 있어 전열이 양호하며 오일 체류 염려가 있어 유분리장치가 필요하다.
④ 브라인 냉각용으로 많이 사용되며 냉매량이 많이 든다.
⑤ 리퀴드백을 방지하기 위해 액분리기를 설치한다.

(4) 액순환식 증발기

① 증발기에 액펌프를 사용, 증발하는 냉매량의 4~6배 정도 액을 강제 순환시키기 때문에 타 증발기에 비해 전열이 양호하다.
② 냉매액을 강제 순환시키기 때문에 증발기에 오일이 고일 염려가 없다.
③ 설비가 복잡하며 대용량에 적용된다.

10년간 자주 출제된 문제

1-1. 건식 증발기의 종류에 해당되지 않는 것은?
① 셸 코일식 냉각기
② 핀 코일식 냉각기
③ 보데로 냉각기
④ 플레이트 냉각기

1-2. 만액식 증발기의 특징으로 가장 거리가 먼 것은?
① 전열작용이 건식보다 나쁘다.
② 증발기 내에 액을 가득 채우기 위해 액면 제어장치가 필요하다.
③ 액과 증기를 분리시키기 위해 액분리기를 설치한다.
④ 증발기 내에 오일이 고일 염려가 있으므로 프레온의 경우 유회수장치가 필요하다.

해설

1-1
- 셸 코일식 냉각기 : 음료수를 냉각하는 액체 냉각용 증발기이며, 건식 증발기로 사용된다. 셸 상부에 브라인 입구관이 있고 셸 하부에 브라인 출구관이 있는 구조이다.
- 보데로 냉각기 : 물 또는 우유를 냉각하는 증발기로 암모니아는 만액식 증발기, 프레온은 반만액식 증발기로 사용된다.

1-2
만액식 증발기는 액이 75%이고, 건식 증발기는 액이 25%이므로 건식 증발기보다 만액식 증발기의 전열이 더 양호하다.

정답 1-1 ③ 1-2 ①

핵심이론 02 액냉각용 증발기의 종류

(1) 만액식 셸 앤 튜브식 증발기(만액식 원통 다관식 증발기)

횡형 셸 앤 튜브식 응축기와 거의 같은 구조이며 셸 내에 냉매가 흐르고 튜브 내에 브라인이 흐른다.

① 암모니아 냉각기의 특징
  ㉠ 냉각용, 제빙용, 브라인의 냉각, 냉방의 냉수용에 사용된다.
  ㉡ 열전달률이 양호하다.
  ㉢ 냉각액의 동결로 냉각관 파손의 우려가 있다.

② 프레온 냉각기의 특징
  ㉠ 유회수장치가 필요하다.
  ㉡ 냉매측에 핀을 부착하여 전열률을 상승시켰다.
  ㉢ 열교환기를 설치하여 냉매의 과냉각 및 리퀴드백을 방지한다.
  ㉣ 물, 브라인의 냉각기로 사용된다.

(2) 건식 셸 앤 튜브식 증발기(건식 원통 다관식 증발기)

① 오일이 장치 내에 고이는 일이 없어 유회수장치 및 유분리기의 설치 필요성이 없다.
② 만액식에 비해 소요 냉매량이 적다.
③ 온도 조절식 자동팽창밸브가 사용된다.
④ 원통 내에 물 또는 브라인이 순환되므로 동파의 우려가 적다.

(3) 셸 앤 코일식 증발기(원통 코일식 증발기)

① 주로 음료수 냉각장치로 사용한다.
② 프레온용으로 건식 증발기이다.
③ 냉매량이 적고 자동팽창밸브를 사용할 수 있다.
④ 열전달률은 만액식의 경우보다 나쁘다.

(4) 탱크형 전달기

① 주로 암모니아용 제빙장치에 사용된다.
② 만액식이다.
③ 브라인이 동결하여도 파손되지 않는다.
④ 브라인의 유속이 떨어지면 냉동능력이 급감한다.

(5) 보데로 증발기

① 물, 우유 등의 냉각에 사용된다.
② 냉각액이 동결되어도 장치가 파손되지 않는다.
③ 용량에 비해 구조가 크다.
④ 냉각관의 청소가 쉽다.

10년간 자주 출제된 문제

프레온 냉동장치에서 유분리기를 설치하는 경우가 아닌 것은?
① 만액식 증발기를 사용하는 장치의 경우
② 증발온도가 높은 냉동장치의 경우
③ 토출가스 배관이 긴 경우
④ 토출가스에 다량의 오일이 섞여나가는 경우

|해설|

프레온 냉동장치에서 유분리기를 설치하는 경우
- 만액식 증발기를 사용하는 장치의 경우
- 증발온도가 낮은 저온 냉동장치의 경우
- 토출가스 배관이 긴 경우

정답 ②

핵심이론 03 공기냉각용 증발기

(1) 핀튜브식 증발기
① 냉각관에는 나관이 사용된다.
② 제상이 쉽고 구조가 간단하다.
③ 공기냉각용에는 표면적이 적기 때문에 관이 길어져 압력강하를 유발한다.
④ 열전달률이 나쁘다.

(2) 판형 증발기
① 주로 프레온용 건식 증발기로 사용된다.
② 알루미늄판 등을 이용하므로 전열성능은 좋으나 재질이 약하다.
③ 알루미늄판의 경우 누설 시 에폭시 등 화학 접착제로 밀봉한다.

(3) 캐스케이드 증발기
① 암모니아용으로 벽 코일 및 동결 선반에 이용한다.
② 액 냉매를 공급하고 가스를 분리하는 형식이다.
③ 증발관에 냉매가 균일하게 분배되어 전열이 양호하다.
④ 구조가 복잡하고 다량의 냉매 액이 필요하며 헤더에서 액이 되돌아오기 쉽다.
⑤ 최하부 냉각관의 액 레벨을 일정하게 유지하기 위해 플로트밸브를 사용한다.

(4) 멀티피드 멀티석션 증발기
캐스케이드 증발기와 동일한 형식으로 암모니아를 냉매로 사용하며 공기 동결실의 동결 선반에 이용된다.

10년간 자주 출제된 문제

증발기의 분류 중 액체 냉각용 증발기로 가장 거리가 먼 것은?
① 탱크형 증발기
② 보데로형 증발기
③ 나관 코일식 증발기
④ 만액식 셸 앤 튜브식 증발기

해설
- 액체 냉각용 증발기 : 만액식 셸 앤 튜브식 증발기, 건식, 셸 앤 증발기, 셸 앤 코일형 증발기, 보데로 증발기, 탱크형 증발기 등
- 기체 냉각용 증발기 : 나관 코일식 증발기, 캐스케이드 증발기, 멀티피드 멀티석션 증발기, 핀튜브식 증발기 등

정답 ③

1-4. 팽창밸브

핵심이론 01 팽창밸브의 종류

(1) 수동식 팽창밸브
① 부하변동에 따라 수동조작에 의해 냉매량을 공급할 수 있다.
② 암모니아 냉동장치에 주로 사용된다.
③ 바이패스용으로 이용된다.
④ 미세한 침변(Needle Valve)으로 되어 있다.

(2) 정압식 팽창밸브
① 벨로즈에 의해 증발압력을 항상 일정하게 유지한다.
② 소용량 프레온 냉동장치에 적합하여 부하변동에 따라 유량 제어가 곤란하다.
③ 냉수 및 브라인 동결 방지용으로 사용된다.

(3) 모세관식
① 모세관을 이용하여 팽창작용을 행한다.
② 가정용 냉동기 및 창문형 에어컨 등 소형 냉동기에 사용된다.
③ 유량 조절밸브가 없어 냉매 충전량이 정확해야 한다.
④ 건조기와 스트레이너가 반드시 필요하다.

(4) 온도식 자동팽창밸브(TEV)
① 냉동 부하변동에 따라 냉매량이 자동 조절되는 구조이다.
② 흡입증기 과열도를 일정하게 유지한다.
③ 증발기 출구에 감온통이 부착되어 있으며 증발기 출구온도 상승 시 유량을 증가시킨다.
④ 소·중형의 건식 증발기를 사용하는 곳에 이용한다.
　㉠ 감온통 내 충전 냉매방식
　　• 가스 충전식 : 충전 냉매가 장치 내 냉매와 동일한 경우로 감온통은 밸브의 온도보다 낮은 부분에 장착한다.
　　• 액 충전식 : 충전 냉매는 장치 내 냉매와 동일하며 과열도에 민감하므로 압축기 가동 시 부하가 장시간 걸린다.
　　• 크로스 충전식 : 장치 내 냉매와 다른 냉매액 또는 가스가 충전되어 있는 경우로 가동 시 리퀴드백을 방지할 수 있으며 저온 냉동장치에 적합하다.

(5) 파일럿 온도식 자동팽창밸브
① 대용량 만액식 증발기에 사용된다.
② TEV(온도식 자동팽창밸브)의 개도량에 비례하여 주팽창밸브가 열린다.

(6) 플로트밸브
① 저압 측 플로트밸브
　㉠ 만액식 증발기의 팽창밸브로 사용된다.
　㉡ 증발기 내 냉매 액면을 검출하여 팽창밸브가 개도되는 방식으로 증발기 냉매액을 일정하게 유지한다.
　㉢ 암모니아와 프레온에 관계없이 사용된다.
② 고압 측 플로트밸브
　㉠ 고압측 냉매 액면에 의해 작동된다.
　㉡ 고압측 수액기 액면이 높아지면 플로트가 상승하면서 밸브가 열려 증발기로 냉매액을 공급한다.
　㉢ 만액식 증발기에 적당하다.
　㉣ 플로트실 상부에 불응축 가스가 존재할 염려가 있으며 부하변동이 적은 터보 냉동기에 사용된다.
③ 전자팽창밸브
　㉠ 전기적인 조작에 의해서 밸브를 자동적으로 조정한다.
　㉡ 조절기에 의해서 폭넓은 제어가 가능하다.
　㉢ 전자밸브 앞에는 여과기를 설치한다.
　㉣ 온도 센서로 검출된 과열도의 신호를 조절기에서 처리하여 밸브를 개폐한다.

10년간 자주 출제된 문제

1-1. 팽창기구 중 모세관의 특징에 대한 설명으로 맞는 것은?
① 모세관 저항이 설계치보다 작게 되면 증발기의 열교환효율이 증가한다.
② 냉동부하에 따른 냉매의 유량 조절이 쉽다.
③ 압축기를 가동할 때 기동동력이 적게 소요된다.
④ 냉동부하가 큰 경우 증발기 출구 과열도가 낮게 된다.

1-2. 정압식 팽창밸브에 대한 설명 중 옳은 것은?
① 증발압력을 일정하게 유지하기 위해 사용한다.
② 부하변동에 따른 유량 제어를 용이하게 할 수 있다.
③ 주로 대용량에 사용되며 증발부하가 큰 곳에 사용한다.
④ 증발기 내 압력이 높아지면 밸브가 열리고 낮아지면 닫힌다.

|해설|

1-1
모세관의 특징
① 모세관 저항이 설계치보다 작게 되면 증발기의 열교환효율이 감소한다.
② 모세관은 조절장치가 없어 냉동부하에 따른 냉매의 유량 조절이 어렵다.
④ 냉동부하가 큰 경우 증발기 출구 과열도가 크게 된다.

1-2
증발압력을 항상 일정하게 하는 작용을 하는 팽창밸브로 증발온도가 일정한 냉장고와 같은 부하변동이 적은 소용량에 적합하다.

정답 1-1 ③ 1-2 ①

1-5. 장치 부속기기 및 제어기기

핵심이론 01 부속기기

(1) 유분리기

응축기와 증발기에 오일이 유입될 경우 전열을 방해하여 냉동장치에 악영향을 초래하므로 압축기에서 토출되는 냉매가스와 윤활유를 분리시키는 장치이다.

① 설치위치 : 압축기와 응축기 사이에 설치한다.
② 유분리기를 설치하는 경우
　㉠ 암모니아 냉동장치는 반드시 설치한다.
　㉡ 프레온 냉동장치는 다음의 조건하에서 설치한다.
　　• 만액식(반만액식) 증발기를 사용할 경우
　　• 증발온도가 낮은 저온장치인 경우
　　• 토출배관이 길어지는 경우
　　• 토출가스에 다량의 오일이 장치 내로 유출되는 경우

(2) 수액기

응축기에서 응축 액화된 냉매액을 팽창밸브로 보내기 전에 일시 저장하는 고압용기이다.

① 설치위치 : 응축기 하부에 설치하며 응축기 상부와 수액기 상부에 균압관을 설치한다.
② 수액기의 크기
　㉠ 암모니아 : 냉매 충전량의 1/2를 회수할 수 있는 크기
　㉡ 프레온 : 냉매 충전량의 전량을 회수할 수 있는 크기

(3) 투시경

① 설치위치 : 응축기 → 수액기 → 사이드글라스 → 드라이어 → 전자밸브 → 팽창밸브

② 역할
　㉠ 수분 혼입 확인
　　• 녹색 : 건조
　　• 황색 : 수분 다량 혼입
　㉡ 냉매량 확인 : 기포 발생 유무로 확인한다.

(4) 여과기
냉동장치 중에 혼입된 이물질 또는 금속 부스러기를 제거하는 장치이다.
① 냉동장치의 여과기 설치위치
　㉠ 압축기 흡입측
　㉡ 팽창밸브 직전(고압 액관)
　㉢ 오일펌프 출구, 크랭크 케이스 저유통
　㉣ 드라이어 내부
② 규격
　㉠ 액관 필터 : 80~100mesh
　㉡ 가스관 필터 : 40mesh

(5) 드라이어(제습기, 건조기)
프레온 냉동장치의 냉매에 혼입된 수분을 제거하기 위한 부속장치이다.
① 드라이어의 특징
　㉠ 드라이어는 냉매 액관에 설치한다.
　㉡ 암모니아 냉매에는 사용하지 않는다.
　㉢ 드라이어나 필터드라이어 속에 제습제가 봉입되어 있다.
② 제습제의 종류
　㉠ 실리카겔 : 소형 냉동장치에 사용
　㉡ 활성 알루미나 : 대형 냉동장치에 사용
　㉢ 소바비이드
　㉣ 몰리큘라시브

③ 드라이어의 설치위치
　㉠ 액관에서 응축기나 수액기 가까운 곳에 설치한다.
　㉡ 수액기 → 투시경 → 드라이어 → 솔레노이드밸브 → 팽창밸브

(6) 액분리기(어큐뮬레이터)
암모니아 만액식 증발기 또는 부하변동이 심한 냉동장치에서 압축기로 흡입되는 냉매가스 중의 냉매액을 분리시켜 액압축을 방지하며 압축기를 보호하는 장치이다.
① 설치위치 : 증발기와 압축기 사이의 흡입 배관에 설치하며 증발기보다 높은 위치에 설치한다.
② 냉매액 회수방법 : 고압 수액기로 회수하는 방법, 증발기로 회수하는 방법, 압축기로 소량씩 회수하는 방법이 있다.

(7) 열교환기
① 고온고압의 냉매액을 과냉시킨다.
　㉠ 플래시 가스 발생량 감소
　㉡ 냉동효과 증대
② 저온저압의 흡입가스를 과열한다.
　㉠ 액압축 방지
　㉡ 압축기 소요동력 감소
　㉢ 성적계수 향상

10년간 자주 출제된 문제

1-1. 액분리기(Accumulator)에서 분리된 냉매의 처리방법이 아닌 것은?

① 가열시켜 액을 증발시킨 후 응축기로 순환시킨다.
② 증발기로 재순환시킨다.
③ 가열시켜 액을 증발시킨 후 압축기로 순환시킨다.
④ 고압측 수액기로 회수한다.

1-2. 암모니아 냉동기에서 유분리기의 설치위치로 가장 적당한 곳은?

① 압축기와 응축기 사이
② 응축기와 팽창밸브 사이
③ 증발기와 압축기 사이
④ 팽창밸브와 증발기 사이

|해설|

1-1
액분리기에서 분리된 냉매의 처리방법
- 액분리기에서 증발시켜 증발기로 재순환시키는 방법
- 냉매액을 가열시켜 증발시킨 후 압축기로 순환시키는 방법
- 액회수장치에 의해 고압측 수액기로 회수하는 방법

1-2
유분리기 설치위치
- NH_3 냉동기 : 압축기와 응축기 사이의 3/4 지점
- Freon 냉동기 : 압축기와 응축기 사이의 1/4 지점

정답 1-1 ② 1-2 ①

핵심이론 02 자동제어기기

(1) 증발압력 조정밸브
① 증발압력이 일정 압력 이하가 되는 것을 방지
② 설치위치 : 증발기와 압축기 사이의 흡입관에 설치
③ 용도 : 냉수나 브라인 냉각 시 동결 방지용

(2) 흡입압력 조정밸브
① 흡입압력이 일정 압력 이상이 되었을 때 과부하에 의한 압축기용 전동기 소손을 방지하기 위하여 설치
② 설치위치 : 증발기와 압축기 사이의 흡입관에 설치
③ 설치하는 경우
　㉠ 흡입압력 변동이 심한 경우
　㉡ 압축기가 높은 흡입압력으로 기동할 경우
　㉢ 저전압에서 높은 흡입압력으로 기동할 경우

(3) 전자밸브
① 전기적인 조작에 의하여 밸브가 자동적으로 개폐되며 냉매와 브라인의 흐름 제어에 사용된다.
② 리퀴드백을 방지하여 냉동장치를 보호한다.
③ 전자밸브는 불연속 제어에 속하여 2위치 제어이다.

(4) 절수밸브
① 수랭식 응축기의 부하변동에 대하여 냉각수량을 제어하는 장치
② 응축압력을 항상 일정하게 유지하고 냉각수를 절약하기 위해서 설치

(5) 온도조절기
① 온도변화를 검출하여 전기적인 접점을 On/Off하는 스위치
② 종류 : 바이메탈식, 감온통식, 전기저항식

10년간 자주 출제된 문제

2-1. 냉수나 브라인의 동결 방지용으로 사용하는 것은?
① 고압 차단장치
② 차압 제어장치
③ 증발압력 제어장치
④ 유압 보호스위치

2-2. 다음 냉동기기에 관한 설명 중 옳은 것은?
① 온도 자동팽창밸브는 증발기의 온도를 일정하게 유지·제어한다.
② 흡입압력 조정밸브는 압축기의 흡입압력이 설정치 이상이 되지 않도록 제어한다.
③ 전자밸브를 설치할 경우 흐름 방향을 생각할 필요가 없다.
④ 고압측 플로트밸브는 냉매액의 속도로써 제어한다.

|해설|

2-1
증발압력 조정밸브는 증발압력이 설정 압력 이하로 저하되는 것을 방지하여 냉수나 브라인의 동결 방지용으로 사용된다.

2-2
① 온도 자동팽창밸브는 증발기 출구의 냉매가스 과열도를 일정하게 유지·제어한다.
③ 전자밸브를 설치할 경우 흐름 방향에 주의하여 설치해야 한다.
④ 고압측 플로트밸브는 고압측의 액면 위치에 의해 제어한다.

정답 2-1 ③　2-2 ②

핵심이론 03 안전장치

(1) 고압 차단 압력스위치

① 고압이 일정 압력 이상이 되면 압축기용 전동기 전원을 차단하여 고압으로 인한 냉동장치의 파손을 방지한다.
② 작동압력 : 고압 + 4kgf/cm^2
③ 설치위치 : 압축기 토출밸브 직후와 스톱밸브 사이에 설치한다.

(2) 저압 차단 압력스위치

① 저압이 일정 압력 이하가 되면 전기적 접점이 떨어져 압축기용 전동기 전원을 차단하여 압축기를 정지시킨다.
② 설치위치 : 압축기 흡입관상에 설치한다.

(3) 유압 보호스위치

압축기에서 유압이 일정 압력 이하가 되어 일정 시간(60~90초) 이내에 정상압력에 도달하지 못하면 전동기 전원을 차단하여 압축기를 정지시킨다.

10년간 자주 출제된 문제

다음 중 고압 차단스위치가 하는 역할은?
① 유압의 이상고압을 자동으로 감소시킨다.
② 수액기 내의 이상고압을 자동으로 감소시킨다.
③ 증발기 내의 이상고압을 자동으로 감소시킨다.
④ 압력이 이상고압이 되었을 때 압축기를 정지시킨다.

|해설|
고압압력이 설정된 압력이 되면 압축기를 정지시켜서 압력상승을 방지한다.

정답 ④

제3장 냉동장치의 응용과 안전관리

제1절 냉동장치의 응용

핵심이론 01 제빙 및 동결장치

(1) 제빙

① 제빙에 필요한 냉동능력
  ㉠ 온도 t의 원료수를 0℃까지 냉각하는 데 필요한 열량
  ㉡ 물의 빙결잠열 : 333.6kg/kg
  ㉢ 브라인 온도 t_b℃ 가까이까지 냉각하는 데 필요한 열량
  ㉣ 제빙장치의 외부에서 침입하는 열량 : 얼음 1kg을 제조할 때 냉각해야 할 정미의 냉동부하
  $q_o = C_w(t_w - 0) + r + C_i(0 - t_i)$[kJ/kg]
  여기서, C_w : 물의 비열[4.2kJ/kgK]
         r : 얼음 응고잠열[333.6kJ/kg]
         C_i : 얼음 비열[2.1kJ/kgK]

② 결빙시간(h)
  $$h = \frac{0.56t^2}{-(t_b)}$$
  여기서, t : 얼음 두께[cm]
         t_b : 브라인 온도[℃]

③ 자동제빙기의 종류
  ㉠ 플레이크 아이스 제빙기
  ㉡ 튜브 아이스 제빙기
  ㉢ 플레이트 아이스 제빙기

(2) 동결장치

① 동결방법
  ㉠ 냉각방식에 의한 분류
    • 공기식 : 자연대류식, 강제대류식(반송풍식 포함)
    • 접촉식 : 수평식, 버티컬식
    • 브라인식 : 침지식, 스프레이식
  ㉡ 피동결물의 반송방법에 의한 분류
    • 배치(Batch)식 : 급속동결식, 브라인 침지식, 접촉식
    • 연속터널식 : 부동식, 랙식, 컨베이어식, 네트식, 나선식
    • 1회전 드럼식 : 행거식

② 동결에 관한 용어
  ㉠ IQF(Individually Quick Freezing) : 개체 동결의 약칭으로 일반적으로 컨베이어식 연속동결법 등이 해당한다.
  ㉡ 동결점 : 물질 내에 존재하는 수분이 동결을 시작하는 온도
  ㉢ 공정점 : 액상의 물질이 동결에 의해서 완전히 고체로 될 때의 온도
  ㉣ 동결률 : 동결점에서 공정점에 이르기까지 수분 또는 액체의 동결 비율
  동결률 $r = 1 - (t_f - t_b)$
  여기서, t_f : 동결점[℃]
         t_b : 제품의 온도[℃]
  ㉤ 최대 빙결정 생성대 : 동결하는 경우 가장 많은 얼음 결정이 생성되는 제품의 온도범위를 말한다.
  ㉥ 급속 동결, 완만 동결
    • 급속 동결 : 최대 빙결정 생성대의 통과시간이 25~35분 이내
    • 완만 동결 : 최대 빙결정 생성대의 통과시간이 35분 초과

③ 동결장치의 종류
  ㉠ 공기식 동결장치
    • 공기식(자연대류식) 동결장치 : 방열한 실내의 천장이나 벽에 설치된 증발관에 의해서 식품을 동결시키는 장치

- 반송풍식 동결장치 : 자연대류식 천장 또는 선반 끝에 송풍기를 부착하여 강제적으로 공기를 순환 또는 교반시킨다.
- 송풍식 동결장치 : 방열한 실내벽에 증발기를 설치하여 냉풍을 순환시켜 대차 또는 팰릿에 놓인 물체를 동결하는 방식
- 유동식 동결장치 : 작은 입자의 식품 동결에 사용되며 트레이의 아래쪽에 부착된 팬을 사용하여 −35℃ 이하의 냉풍을 위 방향으로 순환시키면서 동결하는 방식이다.
- 컨베이어 연속동결장치 : 모양을 가지런히 한 식품을 컨베이어 벨트를 사용하여 연속적으로 동결처리할 수 있는 장치이다.

ⓒ 액체 침지식 동결장치
- 주로 어류의 동결에 사용되며 염화칼슘 브라인 중에 식품을 직접 침지시켜 동결하는 방법
- 공기 동결에 비해 전열작용이 우수하고 장치가 간단하여 대량 동결에 적합하다.

ⓒ 접촉식 동결장치 : 동결판을 상하 또는 수직으로 배열하여 판 사이에 피동결물을 접촉·압착시킴으로써 동결시간을 단축시키는 방식이다.

ⓓ 초저온 동결장치 : −77.33℃ 이하의 동결매체를 사용하는 방식으로 동결매로는 액화질소와 액화탄산가스가 사용된다.

④ 동결부하

$$Q = GC_1(t_1 - t_0) + Gr + GC_2(t_0 - t_2)[kJ/kg]$$

여기서, G : 동결물질의 질량[kg]

C_1, C_2 : 동결 전후의 동결물질 비열[kJ/kgK]

r : 동결잠열[kJ/kg]

t_1 : 동결물질의 초기온도[℃]

t_2 : 과냉각 온도[℃]

t_0 : 동결온도[℃]

10년간 자주 출제된 문제

1-1. 제빙장치에서 브라인의 온도가 −10℃이고 얼음의 두께가 20cm인 관빙의 결빙 소요시간은 얼마인가?(단 결빙계수는 0.56이다)

① 25.4 시간　② 22.4 시간
③ 20.4 시간　④ 18.4 시간

1-2. 동결속도에 따라 동결방법을 구분하면 급속 동결과 완만 동결로 구분할 수 있는 기준은 무엇인가?

① 동결두께
② 동결온도
③ 최대 빙결정 생성대의 통과시간
④ 동결장치의 구조

1-3. 저온장치 중 얇은 금속판에 브라인이나 냉매를 통하게 하여 금속판의 외면에 식품을 부착시켜 동결하는 장치는 무엇인가?

① 반송풍 동결장치
② 접촉식 동결장치
③ 송풍 동결장치
④ 터널식 공기 동결장치

해설

1-1

결빙시간(h) = $\dfrac{0.56 t^2}{-(t_b)} = \dfrac{0.56 \times 20^2}{-(-10)} = 22.4$시간

1-2

- 급속 동결 : 최대 빙결정 생성대의 통과시간이 25~35분 이내
- 완만 동결 : 최대 빙결정 생성대의 통과시간이 35분 초과

1-3

접촉식 동결장치 : 동결판을 상하 또는 수직으로 배열하여 판 사이에 피동결물을 접촉·압착시킴으로써 동결시간을 단축하는 방식이다.

정답 1-1 ②　1-2 ③　1-3 ②

핵심이론 02 열펌프

냉동기는 증발기에서 부하로부터 열을 흡수하여 냉방을 하지만 열펌프는 응축기의 응축열을 난방에 이용하는 형태로 저열원에서 열을 흡수하여 고온의 장소에 열을 공급하는 장치이다.

(1) 특징
① 한 개의 냉동기로 냉난방이 가능하다.
② 설치가 쉽고 운전이 간단하다.
③ 별도의 난방기기가 불필요하기 때문에 설비비가 경감된다.
④ 냉난방을 동시에 요하는 건물에 더욱 유용하며 공해가 없다.
⑤ 외기 냉방이 어렵고 습도 제어가 곤란하다.

(2) 열펌프 열원의 구비조건
열원으로 일반적으로 사용하고 있는 것은 공기, 물, 지열, 태양열, 미이용 에너지 활용, 도시 여열이나 배열 등이 있다.
① 구입이 용이할 것
② 온도가 높을 것
③ 양이 풍부할 것
④ 시간적으로 온도 및 양이 변화가 없을 것
⑤ 여름철에는 응축기로부터 방열을 제거하는 냉각원으로 사용할 수 있을 것

(3) 열펌프의 성능계수

냉동기 성적계수 $COP_r = \dfrac{Q_e}{A_w} = \dfrac{Q_e}{Q_c - Q_e}$

열펌프 성적계수 $COP_H = \dfrac{Q_c}{A_w} = \dfrac{Q_c}{Q_c - Q_e}$
$= COP_r + 1$

(4) 열원에 따른 열펌프의 종류
① 물-공기 열펌프
② 태양열 이용 열펌프
③ 하천수 이용 열펌프
④ 지중열 이용 열펌프
⑤ 폐열 열펌프
⑥ 가스엔진 히트펌프

10년간 자주 출제된 문제

2-1. 열원에 따른 열펌프의 종류가 아닌 것은?
① 물-공기 열펌프
② 태양열 이용 열펌프
③ 현열 이용 열펌프
④ 지중열 이용 열펌프

2-2. 지열을 이용하는 열펌프의 종류에 해당되지 않은 것은?
① 지하수 이용 열펌프
② 폐수 이용 열펌프
③ 지표수 이용 열펌프
④ 지중열 이용 열펌프

|해설|

2-1, 2-2
열펌프의 열원에는 물-공기, 태양열, 지중열, 지하수, 해수 등을 이용한다.

정답 2-1 ③ 2-2 ②

핵심이론 03 흡수식 냉동장치

(1) 흡수식 냉동장치

① 증기압축식 냉동기와 마찬가지로 냉매를 이용한 냉동사이클의 원리는 동일하다.
② 압축식 냉동기는 기계적 에너지를 사용하지만 흡수식 냉동기는 열에너지를 사용한다.
③ 실용화되고 있는 냉매와 흡수제의 조합은 물-LiBr, 암모니아-물의 두 종류이다.

(2) 흡수식 냉동장치의 특징

① 구동 부분이 없어 소음과 진동이 적다.
② 물을 냉매로 사용하면 CFC와 같은 오존을 파괴할 문제가 없다.
③ 증기나 가스를 구동원으로 사용하기 때문에 전력설비가 적다.
④ 자동제어가 용이하고 운전비가 절감된다.
⑤ 결정사고의 우려가 있다.
⑥ 증기압축식에 비하여 설치면적, 높이, 중량이 크다.
⑦ 배출 열량이 커서 냉각탑 및 그 부속설비의 용량은 증기압축식의 두 배 전후가 필요하다.
⑧ 증기압축 시에 비하여 예랭시간이 길다.
⑨ 용량 제어범위가 넓고 부분부하에 운전특성이 우수하다.

10년간 자주 출제된 문제

3-1. 흡수식 냉동기의 특징에 대한 설명으로 틀린 것은?

① 부분부하에 대한 대응성이 좋다.
② 용량 제어의 범위가 넓어 폭넓은 용량 제어가 가능하다.
③ 초기운전 시 정격 성능을 발휘할 때까지 도달 속도가 느리다.
④ 압축식 냉동기에 비해 소음과 진동이 크다.

3-2. 흡수식 냉동기에 관한 설명으로 옳은 것은?

① 초저온용으로 사용된다.
② 비교적 소용량보다는 대용량에 적합하다.
③ 열교환기를 설치하여도 효율은 변함없다.
④ 물-LiBr식에서는 물이 흡수제가 된다.

|해설|

3-1
흡수식 냉동기는 압축기가 없기 때문에 압축식 냉동기에 비해 소음과 진동이 적다.

3-2
- 물-LiBr식에서는 물이 냉매이고 LiBr(브롬화리튬)은 흡수제이다.
- 냉매로 물을 사용하기 때문에 초저온용으로 사용할 수 없다.
- 열교환기의 수가 많을수록 효율은 상승한다. 따라서 열교환기가 한 개인 단중 효용 흡수식 냉동기보다 열교환기가 두 개인 2중 효용 흡수식 냉동기의 효율이 좋다.
- 흡수식 냉동기는 공기조화용의 대용량에 적합하다.

정답 3-1 ④ 3-2 ②

제4장 냉동냉장부하

제1절 냉동냉장부하 계산

1-1. 냉동냉장부하

핵심이론 01 동결부하 인자와 동결부하 계산

(1) 냉각저장과 동결저장

① 냉각저장 : 식품을 동결점 이상에서 얼리지 않는 범위의 저온, 즉 빙결점 부근(-2~-3℃)의 온도대에서 미동결 상태로 저장하는 것을 말한다.

② 동결저장 : 식품의 온도를 -18℃ 또는 그 이하로 유지하여 식품의 품질을 유지할 수 있는 동결 상태로 저장하는 것을 말한다.

(2) 동결부하

식품을 동결온도까지 냉각하는 데 필요한 열량 + 식품을 동결하는 데 필요한 열량 + 동결한 식품을 동결 최종온도까지 내리는 데 필요한 열량

$$Q = GC_1(t_1 - t_f) + G\gamma + GC_2(t_f - t_3)[\text{kJ/kg}]$$

여기서, G : 식품의 질량[kg]

C_1, C_2 : 식품의 동결 전후 비열[kJ/kgK]

γ : 동결잠열[kJ/kg]

t_1 : 식품의 초기온도[℃]

t_3 : 식품의 최종온도[℃]

t_f : 식품의 동결온도[℃]

10년간 자주 출제된 문제

1kg의 돼지고기를 20℃에서 -15℃까지 동결시킬 경우 동결부하[kJ]는?(단, 돼지고기의 동결잠열은 234.5kJ/kg, 동결 전 비열은 3.25kJ/kg·K, 동결 후 비열은 1.76kJ/kg·k, 돼지고기의 동결점은 -2℃로 한다)

① 285.5 ② 315.4
③ 328.9 ④ 376.3

[해설]

20℃에서 -2℃까지 냉각부하

$$1\text{kg} \times 3.25 \frac{\text{kJ}}{\text{kg} \cdot \text{K}}(20-(-2)) = 71.5\text{kJ}$$

동결 시 잠열 부하

$$1\text{kg} \times 234.5 \frac{\text{kJ}}{\text{kg} \cdot \text{K}} = 234.5\text{kJ}$$

-2℃에서 -15℃까지 동결시킬 경우 동결부하

$$1\text{kg} \times 1.76 \frac{\text{kJ}}{\text{kg} \cdot \text{K}} \times (-2-(-15)) = 22.88\text{kJ}$$

1kg에 대한 전 동결부하는 71.5 + 234.5 + 22.88 = 328.88kJ이다.

정답 ③

핵심이론 02 냉동냉장의 부하 인자와 냉동냉장의 부하 계산

(1) 냉동냉장의 부하 인자
① 주위의 구조체로부터의 침입열량
② 입고품의 냉각열량
③ 환기에 의한 침입열량
④ 청과물의 호흡열에 의한 열량
⑤ 저장고 내 발생 열량

(2) 냉동냉장의 부하 계산
① 주위 구조체로부터의 침입열량

$$Q_1 = KA(t_1 - t_2)$$

여기서, K : 열통과율[W/m²K]
　　　　A : 면적[m²]
　　　　t_1 : 외기[℃]
　　　　t_2 : 저장실 온도[℃]

② 입고품의 냉각열량
　㉠ 저장 시

$$Q_2 = GC_p(t_3 - t_4) \times 10^3 / (24 \times 3{,}600)$$

　㉡ 냉각 시

$$Q_2 = GC_p(t_3 - t_4) \times 10^3 / (t \times 3{,}600)$$

여기서, G : 냉장고 내부 전체 용적[m³] × 유효 용적비[0.9] × 1m³당 수용량[kg]
　　　　C_p : 저장품의 비열[kJ/kgK]
　　　　t_3 : 저장품의 초기온도[℃]
　　　　t_4 : 저장품의 목표온도[℃]
　　　　t : 냉각시간[h], 저장 시 24[h]

③ 환기에 의한 침입열량
　㉠ 저장 시

$$Q_3 = \rho(nV)(h_a - h_r) \times 10^3 / (24 \times 3{,}600)$$

　㉡ 냉각 시

$$Q_3 = \rho(nV)(h_a - h_r) \times 10^3 / (t \times 3{,}600)$$

여기서, ρ : 공기의 밀도[1.2kg/m³]
　　　　n : 환기 횟수
　　　　V : 저장실의 유효용적[m³]
　　　　h_a : 외기 엔탈피[kJ/kg]
　　　　h_r : 저장실 공기 엔탈피[kJ/kg]
　　　　t : 냉각시간[h], 저장 시 24[h]

④ 청과물의 호흡열에 의한 열량

$$Q_4 = G \cdot n \cdot q$$

여기서, G : 1회 입고량[kg]
　　　　n : 입고 횟수
　　　　q : 주요 농산물의 호흡열량[W/kg]

⑤ 저장고 내 발생 열량
　㉠ $Q_5 = P \cdot n \cdot t_f / t$
　㉡ $Q_5 = P \cdot n \cdot t_f / 24$

여기서, P : 동력 혹은 열량
　　　　n : 수량
　　　　t_f : 가동시간
　　　　t : 냉각시간[h], 저장 시 24[h]

10년간 자주 출제된 문제

냉동냉장의 부하 인자로 틀린 것은?
① 주위의 구조체로부터의 침입열량
② 입고품의 냉각열량
③ 배기에 의한 침입열량
④ 청과물의 호흡열에 의한 열량

|해설|

냉동냉장의 부하 인자
• 주위 구조체로부터의 침입열량
• 입고품의 냉각열량
• 환기에 의한 침입열량
• 청과물의 호흡열에 의한 열량
• 저장고 내 발생 열량

정답 ③

[제5장] 냉동설비 설치

핵심이론 01 냉동설비 설치

(1) 기기의 기초
① 기초와 기계와의 공진을 방지하기 위해 기초 고유진동수와 기계의 진동수가 20% 이상 차이 나도록 해야 한다.
② 기초의 질량은 그 위에 올려지는 기기의 질량보다 크게 한다.

(2) 기기의 설치
① 압축기나 콘덴싱 유닛을 설치할 경우 수평으로 설치한다.
② 방진 가대의 기초 위에 설치된 압축기 가까이에 있는 배관은 가요성 배관으로 한다.
③ 응축기, 수액기 등은 수평으로 설치한다.
④ 천장형 유닛 쿨러는 팬의 회전에 의해 진동하지 않도록 한다.
⑤ 유닛 쿨러 지지용 앵커볼트는 충분한 크기로 철근 또는 철골에 용접한다.
⑥ 저온 때문에 냉장실 바닥의 토양이 빙결하여 바닥면이 솟아오를 수 있다.

핵심이론 02 냉방설비 방식 및 설치

(1) 냉방설비의 설치
냉방설비 설치 대상 및 설비규모 건축물의 설비기준 등에 관한 규정에 의거하여 다음에 해당하는 건축물에 중앙집중냉방설비를 설치할 때에는 해당 건축물에 소요되는 주간 최대 냉방부하의 60% 이상을 수용할 수 있는 용량의 축랭식 또는 가스를 이용한 중앙집중 냉방방식으로 설치하여야 한다.
① 연면적의 합계가 3,000m^2 이상인 업무시설, 판매시설, 연구소
② 연면적의 합계가 2,000m^2 이상인 숙박시설, 기숙사, 유스호스텔, 병원
③ 연면적의 합계가 1,000m^2 이상인 일반목욕장, 특수목욕장 또는 실내수영장
④ 연면적의 합계가 10,000m^2 이상인 건축물로서 중앙집중식 공기조화 설비 또는 냉난방설비를 설치하는 건축물

(2) 냉방설비의 축열률
① **빙축열실 냉방설비** : 심야시간에 얼음을 제조하여 축열조에 저장하였다가 기타 시간에 이를 녹여 냉방에 이용하는 잠열 이용 냉방설비
② **수축열식 냉방설비** : 심야시간에 물을 냉각시켜 축열조에 저장하였다가 기타 시간에 이를 냉방에 이용하는 현열 이용 냉방설비
③ **잠열축열식 냉방설비** : 포접화합물이나 공용염 등의 상변화 물질을 심야시간에 냉각시켜 동결한 후 기타 시간에 이를 녹여 냉방에 이용하는 잠열 이용 냉방설비
④ **축열률** : $\dfrac{\text{이용 가능한 냉열량[kW]}}{\text{기타 시간에 필요한 냉방열량[kW]}} \times 100[\%]$

[제6장] 냉동설비 운영

제1절 냉동기 관리

1-1. 냉동기 유지보수

핵심이론 01 냉동설비 설치

(1) 냉동기 종류별 관리

① 왕복동식 냉동기 관리
  ㉠ 표준 정기점검 : 밸브 기구와 언로더 기구가 내장되어 있으므로 일일 압축기 본체 점검 시 밸브 소음과 언로더 작동 상태를 추가하여 점검한다. 기타 분해 점검 시의 일반적인 주의 사항 및 분해, 부품 측정 작업은 스크루 압축기와 같다.
  ㉡ 압축기 주요 부품 점검항목
    • 모터 회전자
    • 실린더 라이너
    • 피스톤
    • 피스톤 핀
    • 메인 메탈
    • 크랭크 샤프트
    • 언로드 스핀들
    • 오일펌프

② 터보 냉동기 관리
  ㉠ 안정된 운전 유지 : 터보 냉동기의 에너지 절감과 안정을 위하여 적어도 1일에 2회 이상 운전 상태를 감시하고 이상 또는 이상 징후를 발견하면 신속히 조치한다.
  ㉡ 터보 냉동기의 정기점검 항목
    • 압축기   • 전동기
    • 증발기   • 응축기
    • 추기장치

  ㉢ 효율적인 운전관리
    • 증발 온도를 높게 유지하기 위하여 필요 이상으로 냉수 출구온도를 낮게 하지 않고, 증발기 튜브의 오염에 따라 전열 능력이 떨어지지 않았는지, 냉매 충진량은 적정한지를 확인한다.
    • 냉각수 온도를 냉동기에서 필요로 하는 온도범위 내로 될 수 있는 대로 낮게 하거나 응축기 튜브의 오염에 따라 전열 능력이 떨어지지 않았는지, 공기 등 불응축 가스의 축적은 없는지를 일상 점검을 통하여 기록한다.

③ 스크루 냉동기 관리
  ㉠ 냉동장치의 운전 중 점검이 필요한 개소 및 정상적으로 운전하고 있는 스크루 냉동기의 점검 개소를 정하여 정상 상태의 기준과 이상 상태의 판정 기준을 명확히 한다.
  ㉡ 운전일지를 만들어 정기적으로 운전 상태를 기록, 보존한다.
  ㉢ 점검항목
    • 압축기 본체   • 윤활유
    • 유면   • 냉매 누설
    • 오일필터 점검 • 모터 베어링

10년간 자주 출제된 문제

압축기 주요 부품 점검항목에 해당하지 않는 것은?
① 실린더 라이너
② 피스톤
③ 크랭크 샤프트
④ 열펌프

[해설]
압축기 주요 부품 점검항목 : 모터 회전자, 실린더 라이너, 피스톤, 피스톤 핀, 메인 메탈, 크랭크 샤프트, 언로드 스핀들, 오일펌프

정답 ④

제2절 냉동기 부속장치 점검

핵심이론 01 냉동기·부속장치 유지보수

(1) 부속기기의 역할

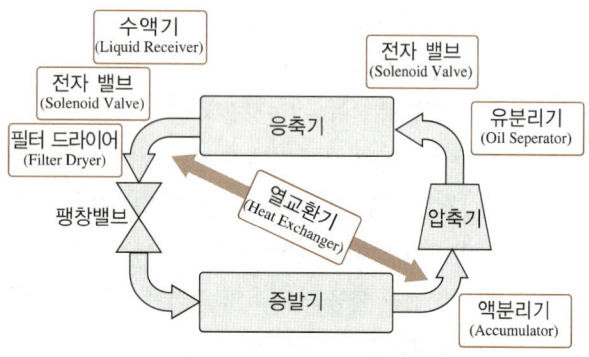

(2) 부속기기의 위치 파악 및 점검
① 액분리기와 수액기의 용도와 위치를 확인한다.
   ㉠ 액분리기 위치는 압축기 전에 설치한다.
   ㉡ 수액기 위치는 팽창밸브에 들어가기 전에 설치한다.
② 윤활유 점검기준을 확인한다.
   ㉠ 오일 체임버 내의 유면을 점검하여 적정한 유면 위치인지를 확인한다.
   ㉡ 오일 체임버 내의 윤활유가 심각하게 오염되었다고 판단되면 윤활유의 표본을 채취하여 병에 담아 조사한다.
   ㉢ 표본을 채취한 뒤 윤활유 속의 냉매를 완전히 증발시키기 위하여 몇 시간 정도 뚜껑을 열어 놓은 상태로 방치한다.
   ㉣ 윤활유를 분석하기 전에 밀봉된 병을 일주일 정도 가만히 세워 두며, 간단한 분석으로는 윤활유의 색깔, 냄새, 점도를 확인하여 비교, 검토한다.

10년간 자주 출제된 문제

냉동기 수액기의 설치위치로 올바른 것은?
① 압축기 전
② 응축기 전
③ 팽창밸브 전
④ 증발기 전

|해설|
수액기 위치는 팽창밸브에 들어가기 전에 설치한다.

정답 ③

제3절 냉각탑 점검

3-1. 냉각탑 점검

핵심이론 01 냉각탑 운전 점검 및 조치사항

(1) 냉각탑 운전 전 점검방법

① 청소점검
  ㉠ 냉각수 분지(Basin) 내에 있는 먼지나 이물질을 확인 후 이를 제거한다.
  ㉡ 냉각수 흡입탱크(Suction Tank)와 집수조 스크린(Sump Screen)의 침전물을 제거한다.
  ㉢ 상부 수조와 노즐에 막힌 것이 없는지 확인한다.
  ㉣ 루버, 일리미네이터 등의 기타 부분에 이물질 또는 스케일을 제거한다.

② 급수 시스템 작동점검
  ㉠ 순환수 펌프를 작동한다.
  ㉡ 순환수와 양을 단계적으로 증가시켜 설계치의 순환 수량에 맞춘다.
  ㉢ 연속운전에 들어가기 전에 계속적으로 냉각탑에 물을 순환시킨다.
  ㉣ 플로트밸브가 있는 경우에는 밸브를 조절한다.

③ 구동부 운전점검
  ㉠ 드라이브 샤프트(Drive Shaft)의 얼라인먼트(Alignment)를 점검한다.
  ㉡ 모든 부분의 볼트와 너트의 조임 상태를 점검한다.
  ㉢ 팬과 드라이브 어셈블리(Drive Assemblies)의 조임 상태를 점검한다.
  ㉣ 감속장치(Speed Reducer)의 오일은 슬러지(Sludge)와 수분을 제거한 후에 점검한다.
  ㉤ 팬은 손으로 돌려보아 원활히 회전되는지를 확인하고 팬의 끝부분과 실린더와의 간격을 확인한다.

(2) 냉각탑 운전 중 주요 점검사항

① 초기운전 시 점검사항
  ㉠ 급수 시 점검
    • 운전 수위에 도달할 때까지 냉각 수조와 순환수 시스템에 물을 채운다.
    • 순환수 펌프를 가동한다.
    • 순환 수량을 단계적으로 증가시켜 워터해머(Water Hammer, 맥동현상)를 방지한다.
  ㉡ 팬 구동
    • 냉각탑 주변이나 흡입구 및 토출구 부근에 이상이 없는지를 확인한 후 팬을 구동한다.
    • 모터 마력을 계산하기 위하여 볼트와 암페어(Ampere)를 측정할 때에는 감속장치의 오일이 작동온도에 도달하면 30분 정도 가동한 후에 측정한다.
    • 모터 명판에 표기된 정격 전류치 범위 내에서 운전하는지를 확인한다.
    • 설계온도로 설계 수량이 순환될 때 팬 피치(Pitch)를 정격 마력에 맞춘다.

② 운전 중 점검 및 조치사항
  ㉠ 살수장치 점검
    • 노즐에서는 균등하게 물의 분배가 이루어져야 한다.
    • 순환수량은 설계치에 근접하여야 하며 노즐의 압력은 일정하여야 한다.
    • 저압은 배관의 과도한 손실 또는 펌프 용량이 불충분하다는 것을 의미하므로 주의 깊게 살펴야 한다.
    • 고압은 노즐이 막혀 있거나 과도한 펌프 작동을 나타내며, 만약 순환수량이 많이 감소하면 적절한 압력과 분사를 유지하기 위하여 노즐의 크기를 변경하는 것이 바람직하다.

ⓒ 냉각수 집수조의 점검
- 집수조(Sump)의 적당한 깊이는 공기가 배관으로 유입되는 것을 방지하여 펌프를 보호한다.
- 증발손실과 배출수로 인하여 집수조의 수위가 낮아질 수 있는데, 이때 보충수로 수위가 일정하게 유지되는지 확인한다.

ⓒ 팬 구동장치 점검
- 2속 전동기(Two Speed Motor)의 사용 시 고속 또는 저속으로 rpm을 변환할 때에는 최소한 20초 정도 구동한 후 변환시킨다.
- 팬이 역방향으로 회전할 때 회전 방향을 변경시킬 경우 팬이 완전히 정지한 후 교정하여 시동한다.

10년간 자주 출제된 문제

냉각탑 운전 전 급수시스템 점검사항이 아닌 것은?
① 모든 부분의 볼트와 너트의 조임 상태를 점검한다.
② 플로트밸브가 있는 경우에는 밸브를 조절한다.
③ 연속운전에 들어가기 전에 계속적으로 냉각탑에 물을 순환시킨다.
④ 순환수의 양을 단계적으로 증가시켜 설계치의 순환 수량에 맞춘다.

|해설|
①은 구동부 점검사항이다.

정답 ①

핵심이론 02 수질관리

(1) 냉각수 순환의 확인
① 냉각수 유속은 냉각수 펌프에서부터 확인한다.
② 펌프의 정상작동 후 펌프 입·출구의 압력차와 함께 소음, 진동, 펌프의 전류 암페어를 점검한 후 냉각탑으로 이동한다.
③ 냉각탑에서 살수기 등으로 펌핑(Pumping)된 냉각수가 적절히 분사되는지, 또한 이때 분사되는 물의 분배가 적절한지 확인하여 막힌 곳을 살핀다.

(2) 냉각수 살균제
① 냉각수 시스템을 청결하게 유지하여 레지오넬라, 점부식을 일으키는 황산염 환원 박테리아 또는 레지오넬라 등의 서식환경을 최소화하는 방법이 경제적이다.
② 열교환 성능을 저해하는 슬라임 박테리아를 제거하고 기생하는 이끼를 제거하기 위해 살균제가 사용된다.
  ㉠ 산화성 살균제
  ㉡ 비산화성 살균제
  ㉢ 안정화된 브롬계통의 살균제

10년간 자주 출제된 문제

냉각수의 살균제 종류로 틀린 것은?
① 환원성 살균제
② 산화성 살균제
③ 비산화성 살균제
④ 안정화된 브롬계통 살균제

|해설|
냉각수 시스템을 청결하게 유지하기 위한 살균제의 종류에는 산화성 살균제, 비산화성 살균제, 안정화된 브롬계통 살균제가 있다.

정답 ①

CHAPTER 03 공조냉동 설치·운영

[제1장] 배관 재료 및 공작

제1절 배관 재료

1-1. 관의 종류와 용도

핵심이론 01 관의 종류와 용도

(1) 강관
① 강관은 일반적으로 건축물, 공장, 선박 등의 급수, 급탕, 냉난방, 증기, 가스 배관 외에 산업설비에서의 압축 공기관, 유압 배관 등 각종 수송관으로 또는 일반 배관용으로 광범위하게 사용된다.
② 강관의 특징
  ㉠ 연관, 주철관에 비해 가볍고 인장강도가 크다.
  ㉡ 관의 접합방법이 용이하다.
  ㉢ 내충격성 및 굴요성이 크다.
  ㉣ 주철관에 비해 내압성이 양호하다.

(2) 주철관
① 순철에 탄소가 일부 함유되어 있는 것으로 수도용 급수관, 가스 공급관, 공업용 배관 등에 사용된다.
② 주철관의 특징
  ㉠ 내구력이 크다.
  ㉡ 내식성이 커 지하 매설 배관에 적합하다.
  ㉢ 다른 배관에 비해 압축강도가 크나 인장강도는 약하다.
  ㉣ 취성이 강해 크랙의 우려가 있다.

(3) 스테인리스 강관
① 내식성이 커서 상수도, 기계설비 등에 이용도가 증대하고 있다.
② 스테인리스 강관의 특징
  ㉠ 내식성이 우수하고 위생적이다.
  ㉡ 강관에 비해 기계적 성질이 우수하다.
  ㉢ 두께가 얇아 가벼우므로 운반 및 시공이 용이하다.
  ㉣ 저온에 대한 충격성이 크고 추운 곳에도 배관이 가능하다.

(4) 동관
① 판, 봉, 관 등으로 제조되어 전기재료, 열교환기, 급수관, 급탕관 등에 널리 사용되고 있다.
② 동관의 특징
  ㉠ 전기 및 열전도율이 좋아 열교환용으로 우수하다.
  ㉡ 전·연성이 풍부하여 가공이 용이하고 동파의 우려가 적다.
  ㉢ 내식성 및 알칼리에 강하고 산성에 약하다.
  ㉣ 무게가 가볍고 마찰저항이 적다.

(5) 연관
납관이라 하며 용도에 따라 1종(화학공업용), 2종(일반용), 3종(가스용)으로 나뉜다.

(6) 알루미늄관
은백색을 띠는 관으로 구리 다음으로 전기 및 열전도성이 양호하며 전·연성이 풍부하여 가공이 용이하다.

(7) 플라스틱관

① 석유, 석탄, 천연가스 등으로부터 얻어지는 에틸렌, 프로필렌, 아세틸렌, 벤젠 등을 원료로 만들었다.
② 플라스틱관의 종류
  ㉠ 경질염화비닐관(PVC)
  ㉡ 폴리에틸렌관(PE)
  ㉢ 폴리부틸렌관(PB)
  ㉣ 가교화 폴리에틸렌관(XL)

10년간 자주 출제된 문제

1-1. 주철관의 특징에 대한 설명으로 틀린 것은?
① 충격에 강하고 내구성이 크다.
② 내식성, 내열성이 있다.
③ 다른 배관재에 비하여 열팽창계수가 크다.
④ 소음을 흡수하는 성질이 있으므로 옥내배수용으로 적합하다.

1-2. 강관의 재질상으로 분류한 것이 아닌 것은?
① 탄소 강관
② 합금 강관
③ 스테인리스강관
④ 전기용접 강관

|해설|

1-1
주철관은 내구력이 크나 외압이나 충격에는 약하다.

1-2
전기용접 강관은 제조방법에 따른 분류에 해당한다.

정답 1-1 ① 1-2 ④

핵심이론 02 스케줄 번호(Schedule No.)

관의 두께를 표시한다.

(1) SI 단위

$$\text{Sch} = 1{,}000\left(\frac{P}{S}\right)$$

여기서, P : 최고사용압력[MPa]
  S : 배관허용응력[MPa]

(2) 공학단위

$$\text{Sch} = 10\left(\frac{P}{S}\right)$$

여기서, P : 최고사용압력[kg/cm^2]
  S : 배관허용응력[kg/mm^2]

10년간 자주 출제된 문제

스케줄 번호는 다음 중 무엇을 나타내기 위함인가?
① 관의 바깥지름
② 관의 안지름
③ 관의 두께
④ 관의 길이

|해설|
스케줄 번호는 관의 두께를 표시하며 번호가 클수록 관의 두께가 두껍다.

정답 ③

1-2. 관이음 부속 및 재료 등

핵심이론 01 이음 부속 사용 목적에 따른 분류

(1) 관의 방향을 바꿀 때

엘보, 벤드 등

(2) 관을 도중에 분기할 때

티, 와이, 크로스 등

(3) 동일 지름의 관을 직선 연결할 때

소켓, 유니언, 플랜지, 니플(부속 연결) 등

(4) 지름이 다른 관을 연결할 때

리듀서(이경 소켓), 이경 엘보, 이경 티, 부싱 등

(5) 관의 끝을 막을 때

캡, 막힘 플랜지, 플러그 등

(6) 관을 분해, 수리, 교체할 때

유니언, 플랜지 등

10년간 자주 출제된 문제

관 연결용 부속을 사용처별로 잘못 나열한 것은?

① 관 끝을 막을 때 : 리듀서, 부싱, 캡
② 배관의 방향을 바꿀 때 : 엘보, 벤드
③ 관을 도중에 분기할 때 : 티, 와이, 크로스
④ 동경관을 직선 연결할 때 : 소켓, 유니언, 니플

|해설|

리듀서와 부싱은 지름이 다른 관을 연결할 때 사용한다.

정답 ①

핵심이론 02 각종 이음 부속류 형태

엘보   45° 엘보   이경 엘보   티

이경티   이경티   이경티   편심 이경티

삼방 이경티   크로스   소켓   이경 소켓

캡   부싱   로크 너트   플러그   니플

이경 니플   유니언   플랜지   플랜지

벤드   45° 벤드   크로스형 리턴 벤드   오픈형 리턴 벤드

10년간 자주 출제된 문제

2-1. 배관 부속 중 분기관을 낼 때 사용되는 것은?

① 벤드　　② 엘보
③ 티　　　④ 유니언

2-2. 관경이 다른 강관을 직선으로 연결할 때 사용되는 배관 부속품은?

① 티　　　② 리듀서
③ 소켓　　④ 니플

|해설|

2-1

티는 분기관을 낸다.

2-2

리듀서는 관경이 다른 관과 관을 연결하며 니플은 관경이 같은 부속과 부속을 연결한다.

정답 2-1 ③　2-2 ②

1-3. 관 지지장치

핵심이론 01 배관 지지장치

(1) 행거

① 천장 배관 등의 하중을 위에서 달아매어 받치는 지지기구이다.

② 행거의 종류
  ㉠ 리지드 행거 : I 빔에 턴버클을 이용하여 지지한 것으로 상하 방향에 변위가 없는 곳에 사용한다.
  ㉡ 스프링 행거 : 턴버클 대신 스프링을 사용한다.
  ㉢ 콘스턴트 행거 : 배관의 상하 이동에 관계없이 관 지지력이 일정하다.

(2) 서포트

① 바닥 배관 등의 하중을 밑에서 위로 떠받치는 지지기구이다.

② 서포트 종류 : 파이프 슈, 리지드 서포트, 스프링 서포트, 롤러 서포트

(3) 레스트레인트

① 열팽창에 의한 배관의 상하좌우 이동을 구속 또는 제한하는 기구이다.

② 레스트레인트의 종류
  ㉠ 앵커 : 관의 이동 및 회전을 방지하기 위해 지지점에 완전 고정하는 장치이다.
  ㉡ 스토퍼 : 배관의 일정한 방향과 회전만 구속하고 다른 방향은 자유롭게 이동하는 장치이다.
  ㉢ 가이드 : 배관의 곡관 부분이나 신축 조인트 부분에 설치하는 것으로 회전을 제한하거나 축 방향의 이동을 허용하며 직각 방향으로 구속하는 장치이다.

(4) 브레이스

펌프, 압축기 등에서 발생하는 기계의 진동, 서징, 수격작용 등에 의한 진동, 충격 등을 완화하는 완충기이다.

10년간 자주 출제된 문제

1-1. 배관의 이동 및 회전을 방지하기 위하여 지지점의 위치에 완전히 고정하는 장치는?

① 앵커　　　　② 행거
③ 서포트　　　④ 브레이스

1-2. 배관이 응력을 받아서 휘어지는 것을 방지하고 팽창 시 움직임을 바르게 유도하는 장치이며 배관의 굽힘 장소나 신축 이음 부분에 설치하여 관의 회전을 방지하는 역할을 하는 것은?

① 가이드　　　② 롤러 서포트
③ 리지드　　　④ 파이프 슈

|해설|

1-1
앵커는 관의 이동 및 회전을 방지하기 위해 지지점에 완전 고정하는 장치이다.

1-2
가이드는 배관의 곡관 부분이나 신축 조인트 부분에 설치하는 것으로 회전을 제한하거나 축 방향의 이동을 허용하며 직각 방향으로 구속하는 장치이다.

정답 1-1 ①　1-2 ①

1-4. 보온·보랭 재료 및 기타 배관용 재료

핵심이론 01 보온·보랭재(단열재)

(1) 보온재의 구비조건

① 열전도율이 적을 것
② 안전사용 온도범위에 적합할 것
③ 부피, 비중이 작을 것
④ 불연성이고 내흡습성이 클 것
⑤ 다공질이며 기공이 균일할 것
⑥ 물리·화학적 강도가 크고 시공이 용이할 것

(2) 보온재의 분류

① 유기질 보온재 : 펠트, 코르크, 텍스류, 기포성 수지
② 무기질 보온재 : 석면, 암면, 규조토, 규산칼슘, 유리섬유, 세라믹 파이버

> 10년간 자주 출제된 문제

1-1. 보온재의 구비조건이 아닌 것은?
① 열전도도가 작고 방습성이 클 것
② 인화성이 우수할 것
③ 내압강도가 클 것
④ 사용 온도범위가 클 것

1-2. 유기질 보온재로 냉수, 냉매 배관, 냉각기 등의 보랭용으로 사용되는 것은?
① 암면
② 글라스울
③ 규조토
④ 코르크

|해설|

1-1
인화성이란 불이 잘 붙는 것을 말하는데 보온재는 불연성이어야 해서 불이 잘 붙으면 안 된다.

1-2
- 유기질 보온재 : 펠트, 코르크, 텍스류, 기포성 수지
- 무기질 보온재 : 석면, 암면, 규조토, 규산칼슘, 유리섬유, 세라믹 파이버

정답 1-1 ② 1-2 ④

핵심이론 02 패킹

(1) 나사용 패킹의 종류

페인트, 일산화연, 액상 합성수지

(2) 플랜지 패킹의 종류

고무 패킹, 석면 조인트 시트, 합성수지 패킹, 금속 패킹, 오일실 패킹

(3) 그랜드 패킹의 종류

석면 각형 패킹, 석면 야안 패킹, 아마존 패킹, 몰드 패킹

> 10년간 자주 출제된 문제

그랜드 패킹의 종류에 해당하지 않은 것은?
① 아마존 패킹
② 몰드 패킹
③ 석면 각형 패킹
④ 페인트

|해설|

그랜드 패킹의 종류 : 석면 각형 패킹, 석면 야안 패킹, 아마존 패킹, 몰드 패킹

정답 ④

핵심이론 03 밸브류

(1) 제수밸브
유체의 유량을 조절, 흐름을 단속, 방향을 전환, 압력 등을 조절하는 데 사용하다.
① 게이트밸브 : 개폐용으로 유체의 흐름을 차단(개폐)하는 대표적인 밸브
② 체크밸브 : 유체를 한쪽으로만 흐르게 하여 역류를 방지하는 역류 방지 밸브
③ 버터플라이밸브 : 나비밸브라 하며 원통형 몸체 속에 밸브 봉을 축으로 하여 원형 평판이 회전함으로써 밸브가 개폐된다.
④ 니들밸브 : 디스크의 형상이 원뿔 모양으로 유체가 통과하는 단면적이 극히 적어 고압, 소유량의 조절에 적합하다.

(2) 조정밸브
① 감압밸브 : 고압의 압력을 저압으로 일정하게 유지하여 주는 밸브
② 안전밸브 : 고압의 유체를 취급하는 고압용기나 배관 등에서 규정 압력 이상으로 되면 자동적으로 밸브가 열려 파손을 방지하는 밸브
③ 공기빼기밸브 : 배관이나 기기 중의 공기를 제거할 목적으로 사용되며 배관의 최상단에 설치한다.
④ 온도조절밸브 : 열교환기나 급탕탱크, 가열기기 등의 내부온도를 감지하여 일정한 온도로 유지시키기 위하여 증기나 온수 공급량을 자동적으로 조절하여 주는 자동밸브

(3) 여과기
배관에 설치되는 각종 조절밸브, 증기트랩, 펌프 등의 앞에 설치하여 유체 속에 섞여 있는 이물질을 제거, 밸브 및 기기의 파손을 방지하는 기구로 Y형, U형, V형이 있다.

10년간 자주 출제된 문제

체크밸브의 종류에 대한 설명으로 틀린 것은?
① 레버형
② 리프트형
③ 스윙형
④ 풋형

|해설|
체크밸브는 스윙형, 리프트형, 풋형이 있다.

정답 ①

제2절 배관 공작

2-1. 배관용 공구 및 시공

핵심이론 01 배관용 공구 및 시공

(1) 배관용 공구의 종류

① 파이프 바이스
② 수평 바이스
③ 파이프 커터
④ 파이프 렌치
⑤ 파이프 리머
⑥ 수동식 나사 절삭기
⑦ 동력용 나사 절삭기
⑧ 관절단용 공구
  ㉠ 쇠톱
  ㉡ 기계톱
  ㉢ 고속 숫돌 절단기
  ㉣ 띠톱기계
  ㉤ 가스 절단기

(2) 강관 벤딩용 공구의 종류

① 램식 : 유압 이용
② 로터리식 : 관에 심봉을 넣어 벤딩
③ 수동 롤러식 : 32A 이하의 관 벤딩

(3) 동관용 공구의 종류

① 토치램프 : 납땜, 벤딩, 동관 접합 등을 위한 가열용 공구
② 플레어링 툴 : 20mm 이하의 동관 끝을 나팔형으로 만들어 압축 접합하는 공구
③ 익스팬더(확관기) : 동관 끝을 넓히는 공구
④ 튜브커터 : 동관 절단용 공구
⑤ 리머 : 튜브커터로 동관 절단 후 내면에 생긴 거스러미를 제거하는 공구
⑥ 티뽑기 : 동관 직관에서 분기관을 만들 때 사용하는 공구

10년간 자주 출제된 문제

1-1. 강관 공작용 공구가 아닌 것은?
① 나사 절삭기　　② 파이프 커터
③ 파이프 리머　　④ 익스팬더

1-2. 동관작업과 관계가 없는 공구는?
① 사이징 툴　　② 익스팬더
③ 플레어링 툴 세트　　④ 오스타

|해설|

1-1
익스팬더는 동관의 확관용 공구로 소켓 부속 없이 동관을 직접 확관하여 삽입 이음하는 데 이용한다.

1-2
오스타는 수동, 자동이 있으며 강관의 나사 절삭 기계이다.

정답 1-1 ①　1-2 ④

2-2. 관 이음방법

핵심이론 01 관종별 이음방법

(1) 강관 이음

① 나사 이음 : 배관에 수나사를 내어 부속 등과 같은 암나사와 결합하는 것
② 용접 이음
  ㉠ 나사 이음보다 이음부의 강도가 크고 누수의 우려가 적다.
  ㉡ 두께의 불균일한 부분이 없어 유체의 압력손실이 적다.
  ㉢ 부속 사용으로 인한 돌기부가 없어 보온공사가 용이하다.
  ㉣ 배관 중량이 적고 재료비 및 유지비, 보수비가 절약된다.
  ㉤ 작업의 공정 수가 감소하고, 배관상의 공간효율이 좋다.
③ 플랜지 이음
  ㉠ 관의 보수·점검을 위하여 관의 해체 및 교환이 필요한 곳에 사용한다.
  ㉡ 관 끝에 용접 이음 또는 나사 이음을 하고 양 플랜지 사이에 패킹을 넣고 볼트로 결합한다.

(2) 주철관 이음

① 소켓 이음
② 노허브 이음
③ 플랜지이음
④ 기계식 이음 : 볼트 체결
⑤ 타이튼 이음 : 고무링 이용
⑥ 빅토릭 이음 : 고무링과 칼라 이용

(3) 동관 이음

① 납땜 이음
② 플레어 이음 : 동관 끝부분을 플레어 공구로 나팔 모양으로 넓히고 체결하는 방법
③ 플랜지 이음

(4) 연(납)관 이음

① 플라스턴 이음
② 살올림 납땜 이음
③ 용접 이음

(5) 스테인리스 강관 이음

① 나사 이음
② 용접 이음
③ 플랜지 이음
④ 프레스 이음
⑤ MR 조인트 이음쇠

(6) 신축 이음

① 루프형 신축 이음
② 슬리브형 신축 이음
③ 벨로즈형 신축 이음
④ 스위블형 신축 이음
⑤ 볼조인트형 신축 이음
⑥ 플렉시블 이음

10년간 자주 출제된 문제

1-1. 동관의 이음으로 적합하지 않은 것은?
① 납땜 이음　② 플레어 이음
③ 플랜지 이음　④ 타이튼 이음

1-2. 강관의 이음방법이 아닌 것은?
① 나사 이음　② 용접 이음
③ 플랜지 이음　④ 코터 이음

|해설|

1-1
타이튼 이음(주철관 이음)은 원형의 고무링으로 주철관을 접합한다.

1-2
강관 이음법에는 나사 이음, 플랜지 이음, 용접 이음, 빅토릭 이음 등이 있다.

정답 1-1 ④　1-2 ④

제2장 배관 관련 설비

제1절 급수설비

핵심이론 01 급수설비의 개요

(1) 급수설비

수원으로부터 위수하여 도수, 정수, 송수, 배수 등의 과정을 거쳐 소비자에게 물을 공급하는 전 과정을 말하며 좁은 의미로는 배수관으로부터 사용처까지의 배관설비를 급수설비라 한다.

(2) 수원의 종류

① 상수 : 보통 지표수를 정수처리하여 공급하며 음료, 목욕, 공업용수 등에 쓰인다.
② 정수 : 일반적으로 철분 등을 많이 함유하고 있어 경도가 높은 변기 세척, 소화용수, 냉각수 등에 쓰인다.

10년간 자주 출제된 문제

급수설비에 사용하는 수원 중 정수로 쓰이는 용도가 아닌 것은?

① 변기 세척　　② 소화용수
③ 공업용수　　　④ 냉각수

|해설|
정수는 일반적으로 철분 등을 많이 함유하고 있어 경도가 높은 변기 세척, 소화용수, 냉각수 등에 쓰인다.

정답 ③

핵심이론 02 급수설비 배관

(1) 교차 연결(크로스커넥션)

급수 계통에 오수가 유입되어 오염되도록 배관된 것을 크로스커넥션이라 한다. 이를 방지하기 위해 역류방지밸브나 플러시밸브에서와 같이 진공 방지기를 설치한다.

(2) 수질 오염방지

오염방지의 기본은 충분한 토수구 공간(3cm 이상)을 확보하는 것이다. 그러나 공간을 확보하기 힘들면 역류방지밸브나 플러시밸브에서와 같이 진공 방지기를 설치하게 된다.

(3) 급수 배관 설계 시 유의 사항

① 배관 구배는 적절히 잘 잡아서 물이 정체되지 않도록 직선 배관을 하도록 한다.
② 스톱밸브를 적절히 달아서 국부적 단수로 처리하고 수량 및 수압을 조정할 수 있도록 한다.
③ 수격작용이 생기지 않도록 배관 설계를 해야 한다.
④ 바닥 또는 벽을 관통하는 배관은 슬리브 배관을 한다.
⑤ 부식하기 쉬운 곳은 방식 도장을 한다.
⑥ 겨울과 여름철에 대비하여 방동 및 방로 피복을 해야 한다.
⑦ 상수도 배관 계통은 물이 오염되지 않도록 하고 물탱크 등에서는 수질오염이 일어나지 않도록 해야 한다.
⑧ 초고층 건물은 과대한 급수압이 걸리지 않도록 적절히 조닝을 한다.
⑨ 음료용 급수관과 기타 배관을 교차 연결해서는 안 된다.

(4) 수격작용

① 수격작용 원인
  ㉠ 유속의 급정지 시에 충격압에 의해 발생한다.
  ㉡ 관경이 적을 때
  ㉢ 수압 과대, 유속이 클 때
  ㉣ 밸브의 급조작 시
  ㉤ 플러시밸브나 콕 사용 시

② 방지대책
  ㉠ 공기실(에어체임버)을 설치한다.
  ㉡ 관경을 확대하고 수압을 줄인다.
  ㉢ 밸브 조작을 서서히 한다.
  ㉣ 버터플라이밸브를 사용한다.

10년간 자주 출제된 문제

2-1. 급수관에서 수격현상이 일어나는 원인은 무엇인가?
① 직선 배관일 때
② 관경이 확대되었을 때
③ 관내 유수가 급정지할 때
④ 다른 관과 분기가 있을 때

2-2. 급수설비에서 물이 오염되기 쉬운 배관은?
① 상향식 배관
② 하향식 배관
③ 크로스커넥션 배관
④ 조닝 배관

2-3. 급수설비에서 수격작용 방지를 위하여 설치하는 것은?
① 에어체임버
② 앵글밸브
③ 서포트
④ 볼탭

[해설]

2-1
관내 유속이 갑자기 변화할 때 수격작용이 발생한다.

2-2
크로스커넥션 배관이란 급수 배관에서 오접이거나 압력차가 발생할 수 있는 배관으로 물이 오염될 가능성이 있는 배관이다.

2-3
에어체임버는 수격작용 방지설비이다.

정답 2-1 ③ 2-2 ③ 2-3 ①

제2절 급탕설비

핵심이론 01 급탕 방식

(1) 개별식

① 주택이나 이용소 등 소규모 건축물에서 사용 장소에 급탕기를 설치하여 간단히 온수를 얻을 수 있다.
② 순간온수기, 저탕형 탕비기, 기수 혼합식이 있다.
③ 배관의 열손실이 적다.
④ 급탕 개소가 적을 경우 시설비가 저렴하다.
⑤ 가열기 열효율이 낮다.
⑥ 최근 가스연료의 공급과 급탕기 효율 증대 및 제어효율 증대로 보급이 확대되고 있다.

(2) 중앙식

① 중앙기계실에서 보일러에 의해 가열된 온수를 배관을 통해 각 사용소에 공급하는 방식이다.
② 직접가열식과 간접가열식이 있다.
③ 연료비가 적게 든다.
④ 대규모이므로 열효율이 좋다.
⑤ 건설비는 비싸지만 경상비는 저렴하다.
⑥ 대규모인 경우 개별식보다 경제적이다.
⑦ 호텔, 병원, 아파트 등과 같이 급탕 개소가 많은 대규모 건축물에 적합하다.

(3) 직접가열식

① 온수보일러에서 가열된 온수를 저탕조에 저장하여 급탕관에 의해 각 기구에 공급한다.
② 난방보일러 이외에 별도의 보일러가 필요하다.
③ 대규모 건물에는 부적합하다.
④ 냉수가 보일러에 직접 공급되므로 보일러 온도변화가 심하고 수명이 짧다.
⑤ 간접가열식에 비해 열효율은 좋다.

⑥ 보일러에 스케일이 많이 형성되어 과열 위험과 전열효율이 감소한다.
⑦ 간접가열식에 비해 열효율은 좋다.

(4) 간접가열식
① 증기보일러에서 공급된 증기로 열교환기에서 냉수를 가열하여 온수를 공급한다.
② 난방보일러로 동시에 급탕이 가능하다.
③ 건물 높이에 따른 수압이 보일러에 작용하지 않으므로 저압 보일러로도 가능하다.
④ 대규모 설비에 적합하다.
⑤ 스케일 형성이 적고 보일러 수명이 길다.

10년간 자주 출제된 문제

1-1. 개별식 급탕방법의 장점이 아닌 것은?
① 배관의 길이가 짧아 열손실이 적다.
② 사용이 쉽고 시설이 편리하다.
③ 대규모 설비이기 때문에 급탕비가 적게 든다.
④ 필요한 즉시 높은 온도의 물을 쓸 수 있고 설비비가 싸다.

1-2. 중앙식 급탕방법의 장점으로 옳은 것은?
① 배관의 길이가 짧아 열손실이 적다.
② 탕비장치가 대규모이므로 열효율이 좋다.
③ 건물 완성 후에도 급탕 개소의 증설이 비교적 쉽다.
④ 설비규모가 작기 때문에 초기 설비비가 적게 든다.

|해설|
1-1
개별식 급탕설비는 소규모 건축물에 설치한다.

1-2
중앙식 급탕설비는 배관 길이가 길어서 열손실이 많고, 장치가 대규모이므로 열효율이 좋다.

정답 1-1 ③ 1-2 ②

핵심이론 02 급탕설비 배관

(1) 급탕 배관법

단관식	상향식
	하향식
복관식 (2관식, 순환식)	상향식
	하향식
	리버스리턴 방식
	상·하 혼용식

① 단관식
  ㉠ 주택 등의 소규모 설비에 적합하다.
  ㉡ 처음에는 찬물이 나온다.
  ㉢ 시설비가 싸다.
  ㉣ 보일러에서 탕전까지는 15m 이내가 되게 한다.
  ㉤ 급탕관만 있고 환탕관은 없다.

② 복관식(2관식, 순환식)
  ㉠ 수전을 열면 즉시 온수가 나온다.
  ㉡ 시설비가 비싸다.
  ㉢ 아파트 등의 중·대규모에 적합하다.

③ 상향식 : 저탕조로부터 급탕 수평 주관을 배관하고 여기에 수직관을 세워 상향으로 공급한다.

④ 하향식 : 급탕 주관을 건물 최고층까지 끌어올린 후 수직관을 아래로 내려 하향으로 공급한다.

⑤ 리버스리턴 방식(역환수식) : 하향식의 경우 각 층의 온도차를 줄이기 위하여 층마다 순환 배관 길이를 같게 하도록 환탕관을 역환수시켜 배관한다. 이는 각 층의 온수 순환을 균등하게 할 목적으로 쓰인다.

⑥ 상·하 혼용식 : 건물의 일부는 상향식, 일부는 하향식으로 배관하는 경우

10년간 자주 출제된 문제

2-1. 급탕 주관에서 멀리 떨어진 급탕전에서 처음에 냉탕이 나오는 경우가 있는 것은?

① 2관식 상향공급식
② 단관식 상향공급식
③ 2관식 하향공급식
④ 순환식 혼합식

2-2. 순환식(2관식) 급탕 배관의 장점은?

① 연료비가 적게 든다.
② 항시 온수를 사용할 수 있다.
③ 보일러의 압력이 낮아도 된다.
④ 배관이 간단하다.

[해설]

2-1
단관식 배관은 탕의 순환이 안 되므로 처음에 찬물이 나온다.

2-2
급탕 배관에서 복관식을 적용하는 이유는 배관 내에서 탕이 순환하여 항시 급탕 사용이 가능하도록 하기 위함이다.

정답 2-1 ② **2-2** ②

제3절 배수통기설비

3-1. 배수통기설비의 개요

핵심이론 01 배수설비

(1) 배수설비

건물에서 발생한 각종 오수 및 잡배수를 신속히 밖으로 배출시키는 배관이다.

① 옥외 배수설비 : 건물의 외벽으로부터 1m 외부 경계선 밖의 부지 내 배수설비를 말하며, 경계선으로부터 공공하수관, 정화조까지의 배수설비를 말한다.

② 옥내 배수설비 : 건물 외벽 1m 경계선으로부터 내부 배수설비를 말한다.

(2) 배수 접속방식에 의한 분류

① 직접배수 : 각 기구에서 배수를 배수관에 직접 접속시키는 것으로 세면기, 대변기, 욕조, 싱크대 등이 여기에 속하며 배수관의 악취 유입을 막기 위해 트랩이 설치된다.

② 간접배수 : 배수를 배수관에 직접 접속시키지 않고 공간을 두고 배수하는 것으로, 냉장고, 세탁기, 음료기 등의 배수, 식품 저장용기의 배수 등이 여기에 속한다.

(3) 트랩

① 목적 : 위생기구에서 배수된 오수의 악취가 실내로 들어오지 못하도록 막기 위함이다.

② 트랩 종류

  ㉠ 비사이펀 트랩

    • 드럼 : 싱크대 배수 트랩으로 사용된다. 다량의 물이 고이게 한 것으로 봉수 보호가 잘 된다.
    • 벨 : 화장실 등의 바닥 배수 트랩에 이용된다.
    • 그리스 : 주방 배수 중의 지방분 제거에 이용된다.

- 가솔린 : 차고, 세차장 등에서의 배수 중 휘발성 기름 제거용이다.
- 샌드 : 모래 제거용이다.
- 헤어 : 머리카락 제거용이다.
- 플라스터 : 석고 등의 부스러기 제거용이다.
- 런드리 : 세탁기의 섬유 조각 제거용이다.

ⓒ 사이펀 트랩
- S, P : 세면기, 소변기, 대변기 등에 사용하며 S트랩은 바닥 횡지관에 접속시키며 사이펀 작용에 의한 봉수 파괴가 쉽고 P트랩은 입관에 접속 시 이용된다.
- U : 가옥 배수 본관과 공공하수관 연결 부위에 설치하여 공공하수관의 악취가 옥내에 유입되는 것을 막는다.

③ 트랩의 구비조건
ⓐ 구조가 간단할 것
ⓑ 자체의 유수로 세정하고 오물이 정체하지 않을 것
ⓒ 봉수가 파괴되지 않는 구조일 것
ⓓ 내식성, 내구성 재료로 만들어질 것

10년간 자주 출제된 문제

1-1. 하수관 또는 오수탱크로부터 유해가스나 녹내가 침입하는 것을 방지하는 장치는?

① 통기관 ② 볼탭
③ 체크밸브 ④ 트랩

1-2. 배수관에 U자 트랩을 설치하는 이유는?

① 배수관의 흐름을 좋게 하기 위해서
② 통기작용을 돕기 위해서
③ 배수 속도를 높이기 위해서
④ 유독가스 침입을 방지하기 위해서

[해설]

1-1
하수관에서 설치하는 배수 트랩은 유해가스의 실내 침입을 방지한다.

1-2
U자 트랩은 가옥 배수 본관과 공공하수관 연결 부위에 설치하여 공공하수관의 악취가 옥내에 유입되는 것을 막는다.

정답 1-1 ④ 1-2 ④

핵심이론 02 통기설비

(1) 통기관 설치 목적
① 트랩의 봉수 보호
② 원활한 배수 흐름과 압력 변동 방지
③ 배수관 환기 및 청결 유지

(2) 통기 방식의 종류
① 각개 통기관
② 회로 통기관
③ 도피 통기관
④ 신정 통기관
⑤ 습윤 통기관
⑥ 결합 통기관

10년간 자주 출제된 문제

2-1. 다음 중 배수관 통기방식에서 통기효과가 가장 큰 것은?
① 각개 통기 방식
② 회로 통기 방식
③ 환상 통기 방식
④ 신정 통기 방식

2-2. 배수계통에 설치된 통기관의 역할과 거리가 먼 것은?
① 사이펀 작용에 의한 트랩의 봉수 유실을 방지한다.
② 배수관 내를 대기압과 같게 하며 배수 흐름을 원활히 한다.
③ 배수관 내로 신선한 공기를 유통시켜 관 내를 청결히 한다.
④ 하수관이나 배수관으로부터 유해가스의 옥내 유입을 방지한다.

[해설]

2-1
각개 통기 방식이 통기효과가 우수하다.

2-2
통기관은 트랩의 봉수를 보호하며 유해가스 유입 방지는 트랩의 기능이다.

정답 2-1 ① 2-2 ④

3-2. 배수통기설비 배관

핵심이론 01 배수통기관의 관경

(1) 배수 관경
① 배수관의 최소 관경은 32mm로 한다.
② 잡배수관으로서 고형물을 포함하여 배수하는 관의 최소 관경은 50mm로 한다.
③ 매설 배수 관경은 50mm 이상으로 한다.
④ 배수 수평 지관의 관경은 이에 연결하는 위생기구 트랩의 최대 구경 이상으로 한다.
⑤ 배수 수직관의 관경은 이에 연결하는 배수 수평 지관의 최대 관경 이상으로 한다.
⑥ 배수가 흐르는 방향으로 관경을 축소시키지 않는다.
⑦ 기구 배수 단위의 누계에 의해 결정한다.

(2) 통기관의 관경
① 통기관의 관경은 통기관의 길이와 그 통기관에 접속되는 기구 배수 부하 단위의 합계로 결정한다.
② 전체 길이의 20%를 수평 주관으로 설치할 수 있다.
③ 모든 통기관은 그와 접속하는 배수 관경의 1/2 이상을 유지해야 한다.
④ 각개 통기관 : 32A 이상
⑤ 환상 통기관, 도피 통기관 : 40A 이상
⑥ 결합 통기관 : 50A 이상

10년간 자주 출제된 문제

배수관 설치기준에 대한 내용 중 틀린 것은?
① 배수관의 최소 관경은 20mm 이상으로 한다.
② 지중에 매설하는 배수관의 관경은 50mm 이상이 좋다.
③ 배수관의 배수 유하 방향으로 관경을 축소해서는 안 된다.
④ 기구 배수관의 관경은 이것에 접속하는 위생기구의 트랩 구경 이상으로 한다.

[해설]
배수관의 최소 관경은 32mm 이상으로 한다.

정답 ①

제4절 난방설비

핵심이론 01 난방설비의 개요

(1) 난방설비의 분류

개별난방	직접난방, 복사난방	열펌프, 온풍로, 개별 보일러
중앙난방	직접난방	증기난방, 온수난방
	간접난방	온풍난방
	복사난방	복사난방

(2) 난방방식별 특징

① 직접난방 : 증기, 온수난방 등으로 방열기에 열매를 공급하여 실내공기를 직접 가열하여 난방(온도 조절 가능, 습도 조절 불가능)
② 간접난방 : 일정 장소에서 외부 공기를 가열하여 덕트를 통해 실내에 공급하여 난방
③ 복사난방 : 실내의 벽 및 바닥, 천장에 코일파이프를 배관하여 열매 공급(쾌감도가 좋음)
④ 지역난방 : 다량의 고압증기 또는 고온수를 이용하여 어느 한 일정 지역에 공급하는 방식

(3) 난방방식 비교

① 쾌감도 : 복사난방 > 온수난방 > 증기난방
② 열용량 : 복사난방 > 온수난방 > 증기난방
③ 설비비 : 복사난방 > 온수난방 > 증기난방
④ 제어성 : 온수난방은 비례제어성이 있지만 증기난방은 On-Off 제어만 가능

(4) 증기난방

① 장점
  ㉠ 잠열을 이용하므로 열의 운반능력이 크다.
  ㉡ 예열시간이 짧고 증기 순환이 빠르다.
  ㉢ 설비비가 비싸다.
  ㉣ 방열면적과 관경이 작아도 된다.

② 단점
  ㉠ 쾌감도가 나쁘다.
  ㉡ 스팀 소음(스팀 해머)이 많이 난다.
  ㉢ 부하변동에 대응이 곤란하다.
  ㉣ 보일러 취급 시 기술자가 필요하다.

③ 상당방열면적(EDR) : 보일러의 능력을 방열기 방열면적으로 환산한 것

$$\text{EDR} = \frac{G_e \times 2,257}{3,600 \times 0.756} = \frac{\text{발열량[kW]}}{0.756}$$

(5) 온수난방

① 장점
  ㉠ 부하변동에 따라 온수온도와 수량을 조절할 수 있다.
  ㉡ 난방을 정지하여도 여열이 오래간다.
  ㉢ 방열기 표면 온도가 낮아 쾌감도가 좋다.

② 단점
  ㉠ 예열시간이 길어 임대 사무실 등에 부적합하다.
  ㉡ 방열면적과 관경이 커져서 설비비가 비싸다.
  ㉢ 한랭지에서 난방 정지 시 동결 우려가 있다.
  ㉣ 대규모 빌딩에서는 수압 때문에 주철제 온수 보일러인 경우, 수두를 50m로 제한하고 있다.
  ㉤ 예열시간이 길어 간헐난방에 부적합하다.

(6) 복사난방

① 장점
  ㉠ 실내온도 분포가 균등하여 쾌감도가 좋다.
  ㉡ 방을 개방 상태로 하여도 난방효과가 좋은 편이다.
  ㉢ 바닥 이용도가 높다.
  ㉣ 실온이 낮기 때문에 열손실이 적다.
  ㉤ 천장이 높은 실에도 난방효과가 좋다.

② 단점
    ㉠ 열용량이 크기 때문에 예열시간이 길다.
    ㉡ 코일 매입 시공이 어려워 설비비가 고가이다.
    ㉢ 고장 시 발견이 어렵고 수리가 곤란하다.
    ㉣ 열손실을 막기 위해 단열층이 필요하다.

10년간 자주 출제된 문제

1-1. 증기난방에 비해 온수난방의 특징으로 틀린 것은?
① 예열시간이 길지만 가열 후 냉각시간도 길다.
② 공기 중의 먼지가 늘어 생기는 나쁜 냄새가 적어 실내 쾌적도가 높다.
③ 보일러 취급이 비교적 쉽고 안전하여 주택 등에 적합하다.
④ 난방부하 변동에 따른 온도 조절이 어렵다.

1-2. 다음 보기에서 설명하는 난방방식은?

- 공기의 대류를 이용한 방식이다.
- 설비비가 비교적 작다.
- 예열시간이 짧고 연료비가 작다.
- 실내 상·하의 온도차가 크다.
- 소음이 생기기 쉽다.

① 지역난방　　　② 온수난방
③ 온풍난방　　　④ 복사난방

|해설|

1-1
온수난방은 증기난방에 비하여 열용량(시스템 전체 보유 수량이 큼)이 크므로 예열시간과 여열시간이 길지만 부하변동 시 온도 조절이 가능하다.

1-2
온풍난방은 팬을 이용한 공기의 강제 대류 작용으로 난방하는 방식이다.

정답 1-1 ④　1-2 ③

핵심이론 02 난방설비 배관

(1) 증기난방 배관

① 배관법 : 한 개 관에서 증기 공급과 응축수 환수가 병행되는 단관식(선상향 구배)과 증기관과 응축수관이 두 개로 구성된 복관식이 있으며 복관식에서는 증기관 말단에 증기트랩이 설치되고 증기트랩은 응축수만을 통과시킨다.

② 냉각 레그 : 증기 주관에서부터 관말 트랩에 이르는 냉각 레그는 완전한 응축수를 트랩에 보내는 관계로 보온 피복을 하지 않으며 또 냉각 면적을 넓히기 위해 그 길이도 1.5m 이상으로 한다.

③ 하트포드 배관 : 증기 보일러 내의 수면이 안전수위 이하로 내려가지 않도록 하는 밸런스관

④ 리프트 피팅 : 진공환수식 난방 배관 장치에 있어서 부득이 방열기보다 높은 곳에 환수관을 배관하지 않으면 안 될 때 또는 환수주관보다 높은 위치에 진공펌프를 설치할 때에는 리프트 이음을 사용하면 환수관의 응축수를 끌어올릴 수 있다. 이 수직관은 주관보다 한 치수 가느다란 관으로 하는 것이 보통이다. 저층의 응축수를 끌어올릴 수 있는 배관으로 흡상 높이는 1.5m 이내이고, 또 2단, 3단 직렬 연속으로 접속할 수 있다.

(2) 온수난방 배관

① 온수 순환방식에 의한 분류
    ㉠ 중력환수식 : 온도차에 의한 밀도차를 이용하여 온수를 순환시키는 방식(자연순환방식)
    ㉡ 기계환수식 : 온수 순환을 순환펌프를 이용하는 방식

② 배관방식에 의한 분류
    ㉠ 단관식 : 온수 공급과 환수가 한 개 관으로 구성
    ㉡ 복관식 : 공급관과 환수관이 독립적으로 구성

③ 표준방열량
  ㉠ 증기난방 : 756W/m² [650kcal/h]
  ㉡ 온수난방 : 523W/m² [450kcal/h]
④ 상당방열면적
  ㉠ 증기난방 EDR = 손실열량[kW] / 0.756
  ㉡ 온수난방 EDR = 손실열량[kW] / 0.523

10년간 자주 출제된 문제

2-1. 리프트 피팅과 관계없는 것은?

① 빨아올리는 높이는 1.5m 이내
② 방열기보다 높은 곳에 환수관을 설치
③ 환수주관보다 높은 곳에 진공펌프를 설치
④ 리프트관은 환수주관보다 한 치수 큰 관을 사용

2-2. 방열기의 입구온도 70℃, 출구온도 55℃, 방열계수 6.8 W/m²K, 실내온도가 18℃일 때 이 방열기의 방열량[W/m²]은 얼마인가?

① 102.6   ② 203.6
③ 302.6   ④ 406.6

[해설]

2-1
진공환수식 증기난방에서 방열기가 환수관보다 낮을 때 사용하며 리프트관은 환수주관보다 지름이 한 치수(1~2계단) 작은 관을 사용한다.

2-2
방열계수란 열매(온수)온도와 실내온도 1℃당 방열량으로,

온수 평균온도(t) = $\frac{70+55}{2}$ = 62.5℃

온수와 실내온도차 = 62.5 − 18 = 44.5℃

방열기 방열량(q) = 6.8 × 44.5 = 302.6W/m²

정답 2-1 ④ **2-2** ③

제5절 공기조화 설비

핵심이론 01 공기조화 설비 배관 개요

(1) 공기조화 설비 배관

① 냉·온수 배관 횡주관은 위쪽 또는 아래쪽 구배 배관으로 하고 구배는 1/250 이상으로 한다.
② 입상 분기는 횡주관의 상부로부터 뽑아내어 공기가 쉽게 빠지도록 한다.
③ 입하 분기는 하부로부터 뽑아내어 배수가 용이하도록 한다.
④ 설계도서에 나타난 장소 및 H형 배관이 되는 부분에는 자동 또는 수동의 공기빼기밸브를 설치하거나 또는 개방형 팽창탱크로 배기할 수 있는 배관으로 한다.
⑤ 설계도서에 나타난 장소 및 드레인이 잔류할 우려가 있는 개소에는 드레인밸브를 설치하여 간접 배수한다.
⑥ 배관의 온도변화에 따른 신축을 고려한다.

(2) 증기배관

① 횡주관에서 관경이 다른 경우 편심 이경 이음을 사용하고, 드레인이 잔류하지 않도록 한다.
② 횡주관의 구배는 순구배에서 1/250 이상으로 하고, 역구배의 경우에는 관경을 한 사이즈 크게 하고, 1/80 이상의 구배로 한다.
③ 환수관은 반드시 1/250 이상의 순구배로 한다.
④ 배관에는 온도변화에 따른 신축을 고려한다.
⑤ 저압 진공환수관을 고소에 세워 올리는 개소에는 리프트 피팅을 설치한다.
⑥ 고압 환수에서 환수주관이 트랩보다 상부에 있는 경우에는 체크밸브를 설치한다.
⑦ 일반적으로 저압증기, 환수용에는 게이트밸브를 사용하고 고압용은 볼밸브를 사용한다.

⑧ 감암밸브장치의 안전밸브 압력은 상용의 1.15~1.2배로 한다.

> **10년간 자주 출제된 문제**
>
> **공기조화 설비 배관에 관한 설명으로 틀린 것은?**
> ① 진동·소음이 건물 구조체에 전달될 우려가 있는 곳은 방진 지지를 한다.
> ② 배관은 관의 신축을 고려하여 시공한다.
> ③ 엘리베이터 샤프트 내에는 유체를 통과시킬 목적으로 배관을 하지 않는다.
> ④ 증기관이나 응축수관의 수평 배관에 설치하는 글로브밸브는 밸브 축을 수직으로 한다.
>
> **|해설|**
> 증기관이나 응축수관의 수평 배관에는 응축수가 체류하지 않도록 글로브밸브를 설치하지 않는 것이 원칙이며 수평 배관에서 글로브밸브를 설치할 때는 응축수가 통과하도록 밸브 축을 수평으로 설치한다.
>
> **정답** ④

핵심이론 02 공기조화 설비 배관

(1) 신축 이음
① 배관의 신축을 흡수하는 이음쇠의 종류 : 슬리브형, 벨로즈형, 신축 곡관, 스위블 조인트, 볼조인트

(2) 증기주관의 관말 트랩 배관
증기주관에서부터 트랩에 이르는 냉각 레그는 완전한 응축수를 트랩에 보내는 관계로 보온 피복을 하지 않으며, 또 냉각 면적을 넓히기 위해 그 길이도 1.5m 이상으로 한다.

(3) 보일러 주변의 배관(하트포드 배관)
저압 증기난방 장치에 있어서 보일러 내의 수면이 안전 수위 이하로 가는 것을 막기 위하여 밸런스관을 달고 안전 저수면보다 높은 위치에서 환수관을 접속하는 방법

(4) 리프트 피팅 배관
진공환수식 난방장치에 있어서 방열기보다 높은 곳에 환수관을 배관하지 않으면 안 될 때나 환수주관보다 높은 위치에 진공펌프를 설치할 때는 리프트 이음을 사용하면 환수관의 응축수를 끌어올릴 수 있다.

(5) 방열기 주변 배관
① 열팽창에 의한 배관의 신축이 방열기에 미치지 않도록 스위블 이음으로 한다.
② 증기의 유입과 응축수의 유출이 잘 되게 배관 구배를 정한다.
③ 방열기의 방열작용이 잘 되도록 배관해야 하며 진공환수식을 제외하고는 공기빼기밸브를 부착해야 한다.
④ 방열기는 적당한 경사를 주어 응축수 유출이 용이하게 이루어지게 하며 적당한 크기의 트랩을 단다.

(6) 배관 부속설비

① **증기트랩** : 공기관 내에 생긴 응축수만을 보일러에 환수시키기 위해 설치한다.
　㉠ 종류 : 방열기 트랩, 버킷 트랩, 플로트 트랩, 충동식 트랩
② **관말 트랩 배관** : 증기주관에서 발생하는 응축수를 제거하기 위해 설치한다.
③ **스위블 조인트** : 방열기 주변 배관 시 배관의 신축이 방열기에 영향을 주지 않도록 배관한다.
④ **감압밸브** : 증기압을 감압시켜 사용하고자 할 때(벨로즈형, 다이어프램형, 피스톤형)

(7) 팽창탱크

온수난방은 온도차에 따른 물의 팽창을 흡수하기 위한 팽창탱크가 필요하며 개방식과 밀폐식이 있지만 최근에는 주로 밀폐형을 적용한다.

개방형 팽창탱크는 밀폐식 팽창탱크에 비하여 설치가 쉽고 설치비가 저렴하나 설치위치가 시스템의 최상부로 주로 옥상 기계실에 설치하기 때문에 유지관리가 어려워 최근에는 밀폐형 팽창탱크를 지하 기계실에 설치하여 운전하는 경우가 많다.

10년간 자주 출제된 문제

2-1. 개방형 팽창탱크에 설치되는 부속기기가 아닌 것은?
① 안전밸브　　② 배기관
③ 팽창관　　　④ 안전관

2-2. 밀폐형 팽창탱크의 장점이 아닌 것은?
① 공기 침입 우려가 없다.
② 설비 부식 우려가 적다.
③ 개방에 따른 열손실이 없다.
④ 구조가 간단하고 설비비가 저렴하다.

해설

2-1
개방형 팽창탱크는 대기압에 노출되어 있으므로 안전밸브는 불필요하며 안전밸브는 밀폐식 팽창탱크나 보일러의 부속기구이다.

2-2
밀폐형 팽창탱크는 개방식에 비하여 구조가 복잡하고 가스 공급관 등 부속설비가 많아 설비비가 비싸다.

정답 2-1 ①　2-2 ④

제6절 가스설비

핵심이론 01 가스설비의 개요

(1) 가스연료의 특성

① 연소 시 재나 매연이 생기지 않는다.
② 무공해 연료이다.
③ 중량비 열량이 크다.
④ 보일러 등의 부식이 적다.
⑤ 폭발 위험이 있다.
⑥ 무색무취이므로 누설 시 감지가 어려워 위험하다.

(2) LPG

① 석유 중에 액화하기 쉬운 프로판, 부탄 등을 액화한 것이다.
② 공기보다 무거워서 누설 시 위험성이 크다.
③ 누설 시 무색무취이므로 부취제를 첨가한다.
④ 표준 상태에서는 1kg이 차지하는 부피가 510L 정도이다.

(3) 도시가스(LNG)

① 천연가스(LNG)와 액화석유가스(LPG), 나프타, 석탄가스 등을 제조 혼합하였다.
② 메탄을 주성분(99.6%)으로 한다.
③ 공기보다 가벼워 창문으로 배기 가능하며 밑바닥에 고이는 LPG보다 안전하다.
④ 무공해, 무독성으로 열량이 높은 편이다.
⑤ 누설감지기는 LPG 바닥 30m, LNG 천장 30m 이내에 설치한다.

(4) 도시가스 공급방식

가스 공급방식	공급압력	특징
저압 공급방식	0.1MPa 이하	홀더 압력을 이용해서 저압 배관만으로 공급하므로 공급계통이 간단하고 공급구역이 좁으며 공급량이 적은 경우에 적합하다.
중앙 공급방식	0.1~1MPa 이하	공장에서 중압으로 송출하여 정압기에 의해 저압으로 정압시켜 수요가에 공급하는 방식으로 가스 공급량이 많거나 공급구역이 넓어 저압 공급으로는 배관비가 많아지는 경우 채택된다.
고압 공급방식	1MPa 초과	공장에서 고압으로 보내서 고압 및 중압의 공급 배관과 저압의 공급용 지관을 조합하여 공급하는 방식을 말한다.
개별 방식	냉매 방식	패키지 방식, 룸쿨러 방식, 멀티 유닛 룸쿨러 방식

10년간 자주 출제된 문제

도시가스 공급방식에 속하지 않은 것은?

① 저압 공급방식
② 중앙 공급방식
③ 고압 공급방식
④ 초압 공급방식

[해설]

- 저압 공급방식 : 0.1MPa 이하
- 중앙 공급방식 : 0.1~1MPa 이하
- 고압 공급방식 : 1MPa 초과

정답 ④

핵심이론 02 가스설비 배관

(1) 배관 설계
① 가스기구 배치
② 사용량 추정
③ 가스미터 용량 및 위치 결정
④ 배관 경로 결정
⑤ 배관 길이 및 사용량에 의해 배관 구경 결정

(2) 가스 사용량 표시
① 도시가스 : m^3/h
② LPG : kg/h, m^3/h

(3) 가스계량 시 설치기준
① 전기계량기, 전기개폐기, 전기안전기와는 60cm 이상 이격시킬 것
② 굴뚝, 콘센트와는 30cm 이상 이격시킬 것
③ 저압전선과는 15cm 이상 이격시킬 것
④ 계량기는 화기와 2m 이상 우회거리를 둘 것

(4) 가스계량기(가스미터)

가스계량기 (가스미터)	실측식	건식계량기(막식, 회전식)
		습식계량기(루츠미터)
	추측식	터빈, 임펠러식
		벤투리식
		오리피스식
		와류식

10년간 자주 출제된 문제

가스미터 부착상의 유의점으로 잘못된 것은?
① 온도, 습도가 급변하는 장소는 피한다.
② 부식성 약품이나 가스가 미터기에 닿지 않도록 한다.
③ 인접 전기설비와는 충분한 거리를 유지한다.
④ 가능하면 미관상 건물의 주요 구조부를 관통한다.

[해설]
가스미터는 건물의 구조부를 관통하여 설치하지 않고 눈에 잘 보이는 곳에 부착한다.

정답 ④

제7절 냉동 및 냉각설비

핵심이론 01 냉동설비의 배관 및 개요

(1) 냉매 배관공사 시 주의사항

① 이중 입상관을 설치할 때에는 단관 입상 시의 단면적과 동일하거나 다소 큰 단면적의 배관경으로 한다.
② 사이즈가 작은 관은 최소 부하 시에 냉동유가 회수되도록 유속을 확보할 수 있는 크기로 정한다.
③ 사이즈가 작은 관과 큰 관의 사이는 되도록 좁게 하고 U벤드를 사용한 트랩을 설치한다.
④ 증발식 응축기에서 고압 수액기로 연결되는 수평관에 대하여는 1/50 이상의 하향 기울기를 주어야 한다.
⑤ 냉매 배관에 사용되는 모든 밸브류는 설치 전에 작동이 확실한가를 확인하고 가능한 한 상부에서 조작할 수 있도록 설치한다.
⑥ 배관공사 및 내부 청소가 끝나면 냉매 배관 검사기준에 따라 소정의 기밀 및 진공시험을 실시한다.
⑦ 두 개의 관이 분기되거나 합병되는 곳에는 가능하면 Y이음이 되도록 배관해야 한다.
⑧ 저압부 냉매 배관의 행거는 배관의 지지 철물과 열전달을 차단할 수 있는 단열용 행거를 사용해야 한다.

(2) 냉매 배관 작업순서

배관 설계 - 배관 가공 - 실내외기 접속 - 공기빼기 - 가스 누설검사 - 냉매 추가 충전

10년간 자주 출제된 문제

1-1. 냉매 배관 시 주의사항으로 틀린 것은?
① 배관의 굽힘 반지름은 크게 한다.
② 불응축 가스의 침입이 잘 되어야 한다.
③ 냉매에 의한 관의 부식이 없어야 한다.
④ 냉매 압력에 충분히 견디는 강도를 가져야 한다.

1-2. 냉매 배관 시공 시 유의 사항으로 틀린 것은?
① 배관 재료는 각각의 용도, 냉매 종류, 온도 등에 의해 선택한다.
② 온도변화에 의한 배관의 신축을 고려한다.
③ 배관 중에 불필요하게 오일이 체류되지 않도록 한다.
④ 관경은 가급적 작게 하여 플래시 가스의 발생을 줄인다.

|해설|

1-1
냉매 배관에는 불응축 가스의 침입이 없어야 한다. 불응축 가스 유입 시 응축이 불량해지고 응축압력이 높아진다.

1-2
냉매 배관은 관경이 가급적 커야 압력손실에 의한 플래시 가스의 발생을 줄일 수 있다.

정답 1-1 ② 1-2 ④

핵심이론 02 냉각설비의 배관 및 개요

(1) 공조용 냉각탑의 종류와 특징
① 종류 : 개방형, 대향류 사각형, 직교류형, 압입 송풍기형, 밀폐형

(2) 냉각탑 설치장소 선정 시 유의사항
① 냉각탑 공기 흡입에 영향을 주지 않는 곳
② 냉각탑 흡입구측에 습구온도가 상승하지 않는 곳
③ 송풍기 토출측에 장애물이 없는 곳
④ 기온이 낮고 통풍이 잘 되는 곳
⑤ 온풍이 배출되는 배기구와 멀리 떨어져 있는 곳

(3) 냉각탑 배관 시 유의사항
① 냉각수 펌프가 냉각탑 수조의 운전 수위 이하에 설치되어 있는 것을 확인한 후에 배관 시공을 할 것
② 냉각탑 입구 배관에는 수량 조절용 밸브를 설치할 것
③ 반드시 오버플로 또는 드레인 배관을 시행할 것
④ 냉각탑 운전 수위보다 높은 위치의 배관, 특히 수평 배관은 짧게 할 것
⑤ 두 대 이상을 병렬로 운전할 경우 수위를 동일하게 유지하기 위해 균압관을 설치할 것

10년간 자주 출제된 문제

2-1. 냉각탑에서 냉각수는 수직 하향 방향이고 공기는 수평 방향인 형식은?
① 평행류형
② 직교류형
③ 혼합형
④ 대향류형

2-2. 냉각탑 설치에 관한 설명 중 틀린 것은?
① 바람에 의한 물방울의 비산에 주의한다.
② 냉각탑은 통풍이 잘 되는 곳에 설치한다.
③ 고열 배기의 영향을 받지 않는 곳에 설치한다.
④ 탑에서 배출되는 공기가 다시 탑 안으로 흡입되도록 설치한다.

[해설]

2-1
냉각탑은 물과 공기의 접촉 형태에 따라 대향류형과 직교류형, 평행류형으로 나뉘는데 냉각수와 공기가 서로 직각으로 접촉하면(냉각수는 수직, 공기는 수평) 직교류형 냉각탑이다.

2-2
냉각탑 냉각 원리는 유입되는 공기에 의해 증발잠열로 냉각되는데 유입 공기의 습도가 높으면 증발속도가 감소하므로 건조한 신선 공기가 유입되도록 한다. 따라서 냉각탑에서 배출되는 습한 공기는 냉각탑에 다시 유입되지 않도록 냉각탑 외부로 방출시킨다. 그러므로 대부분의 냉각탑은 환기가 잘 되는 옥상에 설치한다.

정답 2-1 ② 2-2 ④

제8절 압축공기 설비

핵심이론 01 압축공기 설비 및 유틸리티 개요

(1) 공기 압축기 종류

양변위식 (용적형)	왕복식	피스톤식
		다이어프램식
	회전식	스크루식(무급유식, 급유식)
		벤터(로터식)
동적형	원심식	터보식, 축류형
		기타(유체분사식)

(2) 공기 압축과 제습 설비
① 공기를 압축하면 공기 중의 수증기가 응축하여 응축수가 발생하는데 이를 제거하는 제습설비가 쓰인다.
② 제습장치의 종류 : 압축제습, 냉각제습, 제습제(흡착제, 흡수제)

(3) 압축기 설치 시 유의점
① 계절 및 주·야간에 따른 급격한 온도변화가 없을 것
② 옥외에 설치하여 눈, 비, 강풍, 직사광선, 흡입 공기의 오염 등에 노출되지 않도록 할 것
③ 진동 및 충격이 없을 것

10년간 자주 출제된 문제

1-1. 공기 압축설비에 대한 설명 중 틀린 것은?
① 압축기 설치 시 계절 및 주·야간에 따른 급격한 온도변화가 없는 곳에 설치할 것
② 기계의 중량과 운전 중량에 대한 충분한 내구력을 갖출 것
③ 기초의 고유진동수가 기계의 가진력과 공진하도록 설치할 것
④ 진동이 건물에 영향을 주지 않도록 유의하고 절연시킬 것

1-2. 압축공기 설비에서 양변위식 공기 압축기에 속하지 않는 것은?
① 피스톤식
② 다이어프램식
③ 터보식
④ 스크루식

|해설|

1-1
기초의 고유진동수가 기계의 가진력과 공진하는 범위를 피하여 설치해야 한다.

1-2
터보식은 동적형에 속한다.

정답 1-1 ③ 1-2 ③

제3장 설비 적산

제1절 냉동설비 적산

핵심이론 01 냉동설비 자재

(1) 적산과 견적의 정의
① 적산은 공사 목적물의 완성에 소요되는 기기나 재료의 수량을 산출하는 것이다.
② 견적은 적산으로 산출된 수량에 단가를 곱하여 공사 금액을 산출하는 것이다.

(2) 적산의 효과
① 본격적인 시공에 필요한 재료량, 구입 단가, 작업 인원, 노임 단가에 의한 실행 예산을 편성하고 집행할 수 있는 기준이 되므로 합리적인 시공 관리가 가능하다.
② 예산 계획과 인력 수급 계획에 의한 공정 계획을 작성하고, 그 계획에 따라 자재 구입, 노무 인력 투입 시기를 정할 수 있으므로 효율적인 경영이 가능하다.
③ 실행 예산과 실제 집행된 내용을 비교·분석하여 차기 사업에 대한 분석 자료로 활용할 수 있다.

(3) 공사비 구성
① 공사비 계산은 순공사원가(재료비+노무비+경비)에 일반 관리비와 이윤을 합한 총원가에 손해보험료와 부가가치세의 합으로 한다.
② 경비는 공사를 진행하는 과정에 필요한 재료비와 노무비를 제외한 일반적인 필요비용으로 전력비, 운반비, 보험료, 안전관리비 등이 포함된다.
③ 일반관리비는 공사에 직접 투입되지는 않지만 기업의 유지관리를 위한 활동 부분에서 발생하는 비용으로 임직원의 급료, 사무용품비, 통신비, 건물 임차료 등이 포함된다.
④ 이윤은 기업 활동의 목적으로서 순공사원가의 노무비, 경비(기술료와 외주 가공비는 제외)와 일반관리비 합계액의 15% 이내로 계상한다.
⑤ 총원가는 순공사원가에 일반관리비와 이윤의 합으로 구성된다.
⑥ 손해보험료는 손해보험 요율로 계상한다.
⑦ 부가가치세는 부가가치세법에 의해 총원가의 10%로 계상한다.
⑧ 총공사비는 총원가에 손해보험료와 부가가치세를 합한 금액으로 구성된다.

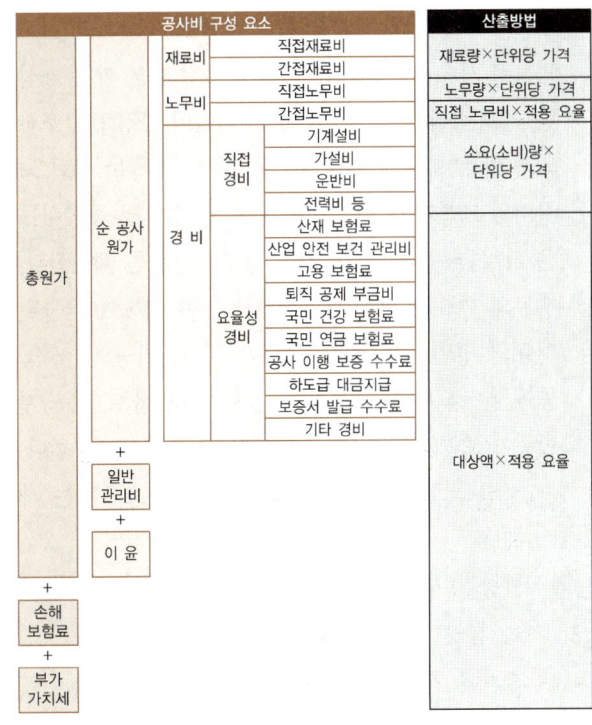

(4) 재료비 구성

재료비 산출은 설계도서를 바탕으로 공사를 진행하기 위해 필요한 재료와 장비의 비용을 산출하는 것을 말한다.

① 직접재료비는 공사를 진행하기 위해 직접 필요한 재료를 말하며 공사 목적물의 실체를 형성하는 품목비이다. 각기 산출하기 곤란하거나 상품적 가치가 미미한 재료에 대해서는 잡품 및 소모품비로 분류하여 주요 자재비의 2~5%를 계상한다. 그 밖에 직접적으로 산출이 곤란한 소모품비의 적용 요율은 표준 품셈에 제시된 규정을 따른다.

② 간접재료비는 공사 목적물의 실제를 구성하지는 않지만 공사를 위해 반드시 필요한 재료 또는 공구류 등의 소모성 물품의 품목비이다. 일반적으로 사용되는 공구나 시험용 계측기기류 등 소모품이 아니지만 지속적으로 사용하는 품목은 직접 노무비의 3%까지 계상한다. 동력에 의해 구동되며 기계 경비 산정표에 포함되지 않는 특수 공구나 검사용 계측기기류는 직접 노무비의 1.5%까지 계상한다. 일반적 기계 및 중장비들은 기계 경비 산정표에 의해 정해진 손료를 계산한다.

③ 재료의 할증은 시방서 및 설계도서에 의하여 산출된 재료의 정미량에 재료의 운반, 절단, 가공 및 시공 중에 발생되는 손실량을 가산해주는 비율로, 품셈에 할증이 포함되어 있지 아니한 경우에 한하여 적용한다.
   ㉠ 정미량(절대 소요량) : 공사에 실제 소요되는 자재량
   ㉡ 할증량(시공 손실량) : 시공 중에 발생하는 손실을 감안하여 추가한 자재량
   ㉢ 총소요 자재량 : 정미량 + 할증량

(5) 물량 산출

① 수평 방향에서 수직으로
② 시공 순서대로
③ 내부에서 외부로
④ 단위에서 전체로
⑤ 큰 곳에서 작은 곳으로

10년간 자주 출제된 문제

다음 그림 속 강관의 규격에 맞는 수량으로 알맞게 짝지은 것은?(부가가치세는 제외한다)

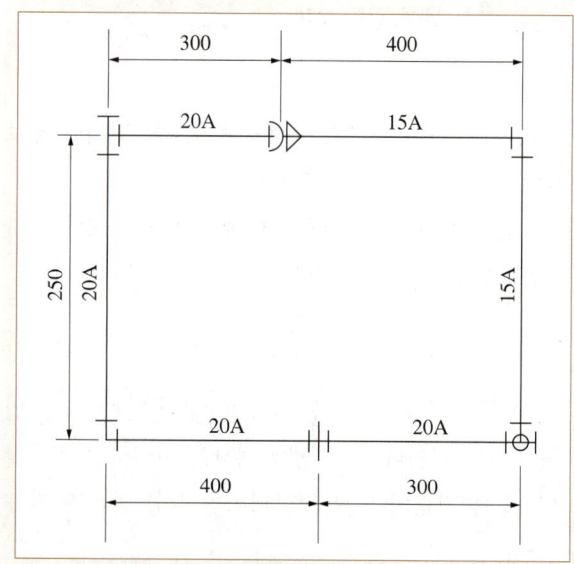

① 20mm 수량 : 1.2, 15mm 수량 : 1
② 20mm 수량 : 1, 15mm 수량 : 0.65
③ 20mm 수량 : 1.25, 15mm 수량 : 0.9
④ 20mm 수량 : 1.5, 15mm 수량 : 0.9

[해설]

품명	규격	단위	수량				계
강관	20mm	m	0.25 + 0.3 + 0.25 + 0.3 + 0.4				1.5
	15mm	m	0.4 + 0.25 + 0.25				0.9
부속류	20mm	개	엘보	티	리듀서	유니언	
			3	2	1	1	
	15mm	개	2				

정답 ④

핵심이론 02 노무비 산출

(1) 직접노무비
공사 목적물의 제작, 조립 및 설치에 직접 종사하는 노무 인력에게 지급하는 급료, 제 수당, 상여금 및 퇴직 급여 충당금 등을 합한 금액이다.

(2) 간접노무비
작업에 직접적으로 종사하지는 않으나 현장에서 업무를 수행하고 있는 현장 기사, 자재 담당, 경리 담당, 경비 등 현장을 운영하는 데 필요한 사무소 직원의 급료, 제 수당, 상여금 및 퇴직 급여 충당금 등을 합한 금액이다.

(3) 표준 품셈
사람이나 기계가 어떤 물체를 창조하기 위하여 소요되는 재료와 노력을 단위당 수량으로 표시하는 것이다.
※ 어떤 공사 단위를 생산함에 있어 과거의 공사 실적 및 각종 통계 자료를 바탕으로 설정된 표준적인 재료의 소요량 또는 소요 노무 공수를 나타낸다.

(4) 품의 할증
정부 제정의 표준 품셈을 기준으로 적용하지만 공사의 난이도에 따라 품을 할증해준다.
① 표준 품셈에 적용된 할증률을 우선 적용한다.
② 특수 지역에서 작업 능률의 현저한 저하를 가져올 때는 20%까지 가산할 수 있다.
③ 공사 현장의 지역별 할증률을 가산할 수 있다. 도서 지역, 공항 및 도로 개설이 불가능한 지역에서는 작업 할증을 50%까지 가산할 수 있다.
④ 고층 특수 건물 공사에서 고소 작업 및 지하층 작업, 기타의 능률 저하를 고려하여 표준 품셈에서 각 공종별 할증이 감안되지 않은 사항에 대하여 할증할 수 있다.
⑤ PERT/CPM 공정 계획에 의한 공기 산출 결과 주간작업 이외에 야간작업을 할 경우나, 공사 성질상 부득이하게 야간작업을 하여야 할 경우에는 작업능률 저하를 감안하여 25%까지 가산할 수 있다.
⑥ 그 밖에 위험한 환경에서의 작업과 유해 내용물 취급 등의 작업에서는 표준 품셈에서 각 공종별 할증이 감안되지 않은 사항에 대하여 할증할 수 있다.

(5) 입찰 및 낙찰
① 입찰 : 필요에 의해서 냉동설비 공사를 하고자 할 때 발주자(건축주)가 시공자(건설업자)를 정하기 위하여 사업 개요를 설명한 후 시공자가 공사를 맡아 할 의사 표시로 공사 금액을 명시하여 발주자에게 제출하는 것을 입찰이라고 한다.
   ㉠ 일반경쟁 입찰 : 공사 개요를 관보, 전자 게시판 등을 통하여 모든 시공업자에게 널리 공시하고 입찰에 부치는 방법으로, 가장 공정하고 시장 자유 경쟁 원리에 합치되는 방법이지만 낙찰업체의 시공 능력 및 신용도를 파악할 수 없는 단점이 있다.
   ㉡ 제한경쟁 입찰 : 중소 기업체의 영업권을 확보해 줄 목적으로 공사 금액에 따른 입찰 참여에서 대기업을 제한하거나, 지방자치단체에서 시행하는 공사에 한해 해당 지역에 본사를 둔 업체에 입찰 우선권을 주는 방법이다.
   ㉢ 지명경쟁 입찰 : 시공업체의 기술 수준, 자산 등 제반 업무 능력을 평가하여 우수 시공업체로 지정하고, 이렇게 지정된 시공업체만 자유 경쟁하게 하는 방법으로 일반경쟁 입찰의 단점을 보완할 수 있다.
   ㉣ 수의계약 : 특정 업체를 지정하여 공사를 계약하는 형식으로 절차를 간단히 하여 신속하게 처리할 수 있는 장점이 있는 반면, 정실에 치우쳐 공정성을 해치는 단점이 있다.

② 낙찰 : 발주자는 시공자가 제출한 공사 금액을 확인하고 적절한 금액을 제시한 시공자를 선택해서 통보하는 것을 낙찰이라고 한다.
- ㉠ 최저가 낙찰제 : 입찰에 응한 업체 중에서 가장 낮은 가격을 제시한 시공업체를 선정하는 방법으로 발주자 입장에서 경제적으로 유리하나, 과다경쟁으로 공사 원가 이하의 금액으로 낙찰될 경우 부실공사로 이어질 수 있다.
- ㉡ 제한적 최저가 낙찰제 : 공사 예정 가격의 일정률로 범위를 정해 놓고 그 범위 안에서 최저가를 선택하는 방법으로, 일반적 최저가 낙찰제의 단점을 보완할 수 있다.
- ㉢ 제한적 평균가 낙찰제 : 입찰 금액의 일정 표본을 평균하여 평균가 이하이면서 평균가에 가장 근접하는 금액을 선정하는 방법으로, 공공기관 발주 공사에 많이 적용된다.

10년간 자주 출제된 문제

냉동창고의 수량산출에 의한 재료비, 직접노무비가 아래와 같을 때 제 경비율을 참조하여 이윤과 총공사금액을 구하시오.

> 재료비 : 200,000,000원
> 노무비 : 직접노무비 = 80,000,000원
>   간접노무비 = 직접노무비 × 15%
> 경비 : 30,000,000원
> 일반관리비 : 순공사원가 × 5.5%
> 이윤은 관련 항목의 15%로 한다.

① 이윤 = 17,710,000, 총공사금액 = 322,000,000
② 이윤 = 20,956,500, 총공사금액 = 322,000,000
③ 이윤 = 17,710,000, 총공사금액 = 360,666,500
④ 이윤 = 20,956,500, 총공사금액 = 360,666,500

해설

- 이윤 = (노무비 + 경비 + 일반관리비)
  - 일반관리비 = 순공사원가(재료비 + 노무비 + 경비) × 5.5%
  - 순공사원가 = (200,000,000 + 80,000,000 × 1.15
              + 30,000,000)
              = 322,000,000
  - 일반관리비 = 322,000,000 × 0.055 = 17,710,000
  - 이윤 = (노무비 + 경비 + 일반관리비)
        = (80,000,000 × 1.15 + 30,000,000 + 17,710,000)
              × 0.15
        = 20,956,500원
- 총공사원가 = 순공사비 + 일반관리비 + 이윤
            = 322,000,000 + 17,710,000 + 20,956,500
            = 360,666,500원

정답 ④

[제4장] 공조·급배수설비 설계도면 작성

제1절 공조·냉난방·급배수설비 설계도면 작성

핵심이론 01 공조·급배수설비 설계도면 작성

(1) 공조·급배수설비 설계도면

공조·급배수설비 설계도면에는 건설할 공조 공간의 규모, 요구 온도, 건물 층수, 배치 계획 등에 따라 건축설계도면의 바탕 위에 설비 설계도면을 작성한다.

(2) 평면도, 계통도, 상세도, 제작도의 정의

① 평면도 : 평면도는 건축물을 바닥층 위에서 수평으로 절단하여 그 절단면을 위에서 본 형상을 그리는 것이다. 모든 도면의 가장 기본이 되는 것으로 도면에서 가장 중요하다.

② 계통도 : 기기나 설비의 주된 구성요소를 나타내는 것으로, 주된 기기 사이의 배관과 덕트를 선이나 화살표 등으로 연결하여 설비 전체의 구성을 나타내는 도면이다.

③ 상세도 : 공조·급배수설비 중 복잡한 기계실의 기기 및 배관과 덕트를 상세하게 나타내는 도면을 그리는 것으로, 복잡한 설비의 경우 여러 장의 상세 도면이 필요하다.

④ 제작도 : 제작도는 열원기기, 공기조화기 등의 제작을 위한 도면을 말한다.

10년간 자주 출제된 문제

기기나 설비의 주된 구성요소를 나타내는 것으로, 주된 기기 사이의 배관과 덕트를 선이나 화살표 등으로 연결하여 설비 전체의 구성을 나타내는 도면은?

① 평면도
② 계통도
③ 상세도
④ 제작도

|해설|

계통도 : 기기나 설비의 주된 구성요소를 나타내는 것으로, 주된 기기 사이의 배관과 덕트를 선이나 화살표 등으로 연결하여 설비 전체의 구성을 나타내는 도면이다.

정답 ②

핵심이론 02 공조·냉난방·급배수설비 설계도면 작성

(1) 공조·냉난방·급배수설비의 범례(Legend) 작성

(2) 공조실 평면도 작성
① 공조실에 배치되는 공조·급배수기기를 부하계산서에 맞게 선정한다.
② 공조·급배수기기의 개략적인 설치 장소를 결정한다.
③ 배관, 덕트 및 부속설비의 설치를 고려하여 공조·급배수기기의 위치를 결정한다.
④ 기기를 정확한 위치에 배치한다.
⑤ 각종 밸브류와 바닥 배수구(FD)의 위치를 정한다.
⑥ 바이패스 배관이 설치되는 개소를 결정한다.
⑦ 각종 기기 연결용 배관과 부속품을 배치한다.
⑧ 냉·온수 공급관(HCS)의 크기를 결정하여 기기와 연결하고 배관의 크기를 기입한다.
⑨ 냉·온수 환수관(HCR)의 크기를 결정하여 기기와 연결하고 배관의 크기를 기입한다.
⑩ 결로수 배수관(CD)의 크기를 결정하여 기기와 연결하고 배관의 크기를 기입한다.
⑪ 필요시 단열 두께를 기입하고 배관의 흐름 방향을 표시한다.
⑫ 밸브류를 기입한 후 기타 기기의 형식과 크기, 번호를 기입한다.
⑬ 치수 기입을 포함한 기타 세부 사항을 기입하여 도면을 완성한다.
⑭ 검토하여 이상이 있으면 보완한다.
⑮ CAD 시스템을 이용하여 평면도를 그린다.

(3) 기계실 평면도 작성
① 기계실에 설치되는 탱크, 펌프, 히터 등 기기의 대수, 개략적인 설치장소를 결정한다.
② 배관의 설치를 고려하여 기기의 정확한 위치를 결정한다.
③ 기기들을 정확한 위치에 배치한다.
④ 각종 밸브류와 펌프, 히터의 위치를 정한다.
⑤ 바이패스 배관이 설치되는 개소를 결정한다.
⑥ 각종 기기 연결용 배관과 부속품을 배치한다.
⑦ 지열 공급관(GSHPS)의 크기를 결정하여 기기와 연결하고 배관의 크기를 기입한다.
⑧ 온수관과 냉수관, 펌핑관, 시수관 등의 크기를 결정하여 기기와 연결하고 배관의 크기를 기입한다.
⑨ 필요시 단열 두께를 기입하고 배관의 흐름 방향을 표시한다.
⑩ 밸브류와 펌프류, 기타 기기의 형식과 크기를 기입한다.
⑪ 기타 세부 사항을 기입하여 도면을 완성한다.
⑫ 검토하여 이상이 있으면 보완한다.
⑬ CAD 시스템을 이용하여 평면도를 그린다.

(4) 공조 덕트 및 공조 배관 평면도 작성
① 건축물의 평면도를 보고 공조 덕트가 필요한 곳을 선정한다.
② 방의 크기 및 부하계산서를 고려하여 공조 덕트의 용량을 정한다.
③ 배관의 설치를 고려하여 공조 덕트의 정확한 위치를 결정한 후 배치한다.
④ 공조실에서부터 취출구까지의 덕트 길이를 계산한다.
⑤ 배관의 크기를 결정하여 배관과 부속품을 선정한다.
⑥ 공조실에서 실내 공조기기까지 배관을 연결하고 배관의 크기를 기입한다.
⑦ 기타 기기의 형식과 크기를 기입한다.
⑧ 기타 세부 사항을 기입하여 도면을 완성한다.
⑨ 검토하여 이상이 있으면 보완한다.
⑩ CAD 시스템을 이용하여 평면도를 그린다.
⑪ 설계도면 작성을 위한 필요시 "장비 상세도"는 제작사의 도면을 접수하여 첨부한다.

(5) 공조·급배수설비 설계도면의 장비 일람표 작성

① 각 기기의 번호, 명칭, 형식, 성능, 크기 및 부속품을 기입한다.
② 전동기 또는 부속기기의 전압, 전기 용량이나 기동 방식을 기입한다.
③ 대수, 설치장소 등을 기입한다.

> **10년간 자주 출제된 문제**
>
> **공조 배관 도면에서 표기할 사항으로 가장 거리가 먼 것은?**
> ① 배관의 종류
> ② 관경
> ③ 유체의 흐름 방향
> ④ 배관 작용 압력
>
> **[해설]**
> **공조 배관 도면의 표기사항** : 배관의 종류, 관경, 유체의 흐름 방향, 입상관 종류, 설치 장비 기호 및 수량, 신축접수
>
> **정답** ④

제5장 공조설비 점검관리

핵심이론 01 방음·방진 점검

(1) 일반적인 방음·방진 점검관리

① 현황조사 및 분석
  ㉠ 발생 원인과 피해지점의 소음진동 문제로 인한 인과관계를 밝혀내야 함
  ㉡ 발생원의 정상가동 시 소음진동 영향을 측정, 평가
  ㉢ 기준 만족을 위한 방음·방진 목표 레벨을 설정

② 방음·방진 대책
  ㉠ 발생원에서 대책 찾기
  ㉡ 전달경로에서 대책 찾기
  ㉢ 피해지점에서 대책 찾기

③ 방음·방진 유지관리
  ㉠ 지속적인 관리를 통해 성능이 유지될 수 있도록 주기적인 점검이 필요
  ㉡ 추가적인 보완이 필요한 경우에는 이에 대응하는 대책이 필요
  ㉢ 피해자의 감성평가 수반 : 피해의 정도를 물리적인 수치만으로 해결이 어려운 경우가 있으므로 감성평가가 필요한 경우 병행처리가 필요

10년간 자주 출제된 문제

방음 및 방진 대책으로 가장 거리가 먼 것은?
① 발생원에서 대책 찾기
② 피해지점에서 대책 찾기
③ 전달경로에서 대책 찾기
④ 원격감시장소에서 대책 찾기

|해설|

방음·방진 대책
- 발생원에서 대책 찾기
- 전달경로에서 대책 찾기
- 피해지점에서 대책 찾기

정답 ④

제6장 유지보수공사 안전관리

제1절 관련 법규 파악

핵심이론 01 고압가스안전관리법(냉동)

(1) 용기의 안전점검기준 등(시행규칙 제23조)

① 고압가스제조자는 법 제13조제2항에 따라 용기의 안전점검을 하여야 한다.

② 고압가스제조자는 ①의 점검 결과 부적합한 용기를 발견하였을 때는 점검기준에 맞게 수선·보수를 하는 등 용기를 안전하게 유지·관리하여야 한다.

③ 고압가스제조자 및 고압가스판매자는 법 제13조제4항 별표 18에 따른 기준에 따라 용기를 안전하게 유지·관리하여야 한다.

④ 고압가스제조자 또는 고압가스판매자가 용기에 가연성가스 또는 독성가스를 충전하거나 용기에 충전된 가연성가스 또는 독성가스를 판매하는 경우에는 법 제13조제5항에 따라 그 충전·판매 기록을 작성(전산보조기억장치에 입력하는 경우를 포함한다)하여야 한다. 다만, 이동수단에 고정 설치된 용기에 고압가스를 충전하는 경우에는 그러하지 아니하다.

⑤ 고압가스제조자 및 고압가스판매자는 ④의 본문에 따른 고압가스 충전·판매 기록(전산보조기억장치에 입력한 경우에는 그 입력된 자료를 말한다)을 5년간 보존하여야 한다.

(2) 시설·용기의 안전유지(제13조)

① 고압가스제조자가 고압가스를 용기에 충전하려면 산업통상자원부령으로 정하는 바에 따라 미리 용기의 안전을 점검한 후 점검기준에 맞는 용기에 충전하여야 한다.

② 고압가스제조자나 고압가스판매자는 산업통상자원부령으로 정하는 바에 따라 용기를 안전하게 유지·관리하여야 한다.

③ 고압가스제조자가 용기에 고압가스를 충전하거나, 고압가스판매자가 용기에 충전된 고압가스를 판매하는 때에는 산업통상자원부령으로 정하는 바에 따라 그 충전·판매 기록을 작성·보존하여야 한다.

핵심이론 02 기계설비법

(1) 기계설비 유지관리기준의 고시(제16조)
① 국토교통부장관은 건축물 등에 설치된 기계설비의 유지관리 및 점검을 위하여 필요한 유지관리기준을 정하여 고시하여야 한다.
② ①에 따른 유지관리기준의 내용, 방법, 절차 등은 국토교통부령으로 정한다.

(2) 기계설비 유지관리기준의 내용 및 방법 등(시행규칙 제7조)
① 법 제16조제1항에 따른 기계설비의 유지관리 및 점검을 위하여 필요한 유지관리기준에는 다음의 사항이 반영되어야 한다.
  ㉠ 기계설비 유지관리 및 점검에 대한 계획 수립
  ㉡ 기계설비 유지관리 및 점검 참여자의 자격, 역할 및 업무내용
  ㉢ 기계설비 유지관리 및 점검의 종류, 항목, 방법 및 주기
  ㉣ 기계설비 유지관리 및 점검의 기록 및 문서 보존 방법
  ㉤ 그 밖에 유지관리기준의 관리, 운영, 조사, 연구 및 개선업무에 관한 사항
② 국토교통부장관은 유지관리기준을 정하려는 경우에는 관계 중앙행정기관, 지방자치단체의 장 또는 기계설비산업 관련 단체 및 기관의 장에게 유지관리기준 관련 자료 등의 제출을 요청할 수 있다.
③ 국토교통부장관은 유지관리기준을 정하기 위한 업무를 효율적으로 수행하기 위하여 국내외 관련 자료의 수집, 조사 및 연구 등을 실시할 수 있다. 다만, 전문성이 요구되는 시험·조사·연구가 필요한 경우 그 업무의 일부를 관련 전문연구기관 등에 의뢰할 수 있다.

(3) 기계설비 유지관리에 대한 점검 및 확인 등(17조)
① 대통령령으로 정하는 일정 규모 이상의 건축물 등에 설치된 기계설비의 소유자 또는 관리자(관리주체)는 유지관리기준을 준수하여야 한다.
② 관리주체는 유지관리기준에 따라 기계설비의 유지관리에 필요한 성능을 점검하고 그 점검기록을 작성하여야 한다. 이 경우 관리주체는 제21조제2항에 따른 기계설비성능점검업자에게 성능점검 및 점검기록의 작성을 대행하게 할 수 있다.
③ 관리주체는 ②에 따라 작성한 점검기록을 대통령령으로 정하는 기간 동안 보존하여야 하며, 특별자치시장·특별자치도지사·시장·군수·구청장이 그 점검기록의 제출을 요청하는 경우 이에 따라야 한다.

(4) 기계설비 유지관리에 대한 점검 및 확인 등(시행령 제14조)
① 법 제17조제1항에서 "대통령령으로 정하는 일정 규모 이상의 건축물 등"이란 다음의 건축물, 시설물 등(이하 건축물 등)을 말한다.
  ㉠ 건축법 제2조제2항에 따라 구분된 용도별 건축물 중 연면적 10,000m² 이상의 건축물(같은 항 제2호 및 제18호에 따른 공동주택 및 창고시설은 제외한다)
  ㉡ 건축법 제2조제2항제2호에 따른 공동주택 중 다음의 어느 하나에 해당하는 공동주택
    • 500세대 이상의 공동주택
    • 300세대 이상으로서 중앙집중식 난방방식(지역난방방식을 포함한다)의 공동주택
  ㉢ 다음의 건축물 등 중 해당 건축물 등의 규모를 고려하여 국토교통부장관이 정하여 고시하는 건축물 등
    • 시설물의 안전 및 유지관리에 관한 특별법 제2조 제1호에 따른 시설물

- 학교시설사업 촉진법 제2조제1호에 따른 학교시설
- 실내공기질 관리법 제3조제1항제1호에 따른 지하역사 및 같은 항 제2호에 따른 지하도상가
- 중앙행정기관의 장, 지방자치단체의 장 및 그 밖에 국토교통부장관이 정하는 자가 소유하거나 관리하는 건축물 등

② 법 제17조제3항에서 "대통령령으로 정하는 기간"이란 10년을 말한다.

제2절 안전작업

핵심이론 01 산업안전보건법

(1) 공조냉동 안전관리시설 및 기술기준

① 냉동 제조시설과 화기와의 조치 : 압축기, 유분리기, 응축기 및 수액기와 이들 사이의 배관은 인화성 또는 발화성 물질을 두는 곳이나 화기를 취급하는 곳에 인접하여 설치하지 않도록 한다.

㉠ 화기
- 냉매가스로 독성가스 또는 가연성가스를 사용하지 않는다.
- 연소장치 또는 가열장치가 최대 연소상태 또는 가열상태에 있어서 케이스 내부온도가 최고온도에서 운전했을 때 냉매설비 고압부의 표면온도가 60℃ 이하이고 저압부의 표면온도가 40℃ 이하인 것. 단, 열 영향을 받았을 때 냉매설비의 평행압력이 당해 냉매설비의 설계압력 이하인 때에는 관계가 없다.
- 냉매가스의 액배관 내에는 액봉을 일으킬 우려가 없고, 설계온도가 높은 부분에 직접 접촉하지 않는 구조의 것. 단 부득이 접촉하는 경우가 있어 열의 영향을 최대로 받았을 때에 당해 냉매설비의 압력이 그 설계압력의 이하인 때에는 관계가 없다.
- 냉매가스의 액배관 이외의 부분은 온도가 140℃를 초과하는 화기설비와 접촉하지 않는 구조로 되어 있어야 한다.
- 냉매설비와 연소장치 또는 가열장치가 동시에 운전되었을 때 어느 부분의 운전에 지장을 일으킬 우려가 있을 경우에는 동시운전을 할 수 없도록 된 구조일 것
- 직접 팽창식 공기냉각기 인근에 공기 가열용 전열기를 부착시키는 경우에는 송풍기가 운전되지

않으면 전열기에 전기가 통하지 않는 구조로 하고, 온도 과열방지장치를 설치할 것
- 연소장치는 점화 전에 가열로 내에 남아 있는 잔류 가연성가스를 Free-Purge하는 구조일 것. 다만, 노 내의 환기가 충분하게 되고 가연성가스가 체류할 우려가 없는 경우에는 관계가 없다.
- 버너 부근에 설치되어 역화할 경우에는 화염이 닿거나 이상상태가 발생할 경우 고온의 열 영향을 받을 우려가 있는 부분에는 냉매설비가 없거나 화염 또는 열 영향을 받지 않게 보호된 것
- 연소장치를 내장하는 냉매설비에는 안전밸브, 파열판 또는 용전(溶栓)을 유효한 위치에 설치하여 가스 방출관을 접속할 수 있는 구조로 하거나, 가스 방출관을 실외의 안전한 장소로 할 것

② 화력의 구분
㉠ 화기설비의 구분 및 화기의 크기 기준
- 대형 화기설비
  - 전열면적이 $14m^2$를 초과하는 온수 보일러
  - 정격 열출력이 5,000,000kcal/h를 넘는 화기설비
- 중형 화기설비
  - 전열면적이 $8m^2$를 넘고 $14m^2$ 이하인 온수 보일러
  - 정격 열출력이 3,000,000kcal/h를 넘고 5,000,000kcal/h 이하인 화기설비
- 소형 화기설비
  - 전열면적이 $8m^2$ 이하인 온수 보일러
  - 정격 열출력이 3,000,000kcal/h 이하인 화기설비

③ 화기와의 거리 : 냉매설비는 화기가 없는 장소에 설치하는 것을 원칙으로 한다. 화기설비의 구분에 따른 거리를 유지하였을 경우에는 화기가 없는 것으로 본다. 그러나 이 경우 화기설비 연소장치의 화구방향(역화가 있을 경우 열 영향을 말함)에는 냉매설비를 설치하지 아니 한다.

④ 내화 방열벽 및 온도상승 방지조치의 구조
㉠ 내화 방열벽
- 두께 1.5mm 이상의 철판
- 강제 골조의 양면에 두께가 0.6mm 이상인 철판을 대고 20mm 이상의 공간을 만들 것
- 두께가 10mm 이상인 경질 불연재료로 강도가 큰 구조일 것
㉡ 내화 방열벽에 출입구를 만드는 경우 각종 방화문 또는 동등 이상의 내화구조를 갖는 자동방지문일 것
㉢ 온도상승 방지조치의 구조는 내구성이 있는 불연재료에 의해서 간격이 없이 피복하고, 화기의 열 영향을 경감하는 것으로 하여 그 표면온도가 화기가 없는 경우의 온도(일반적으로 주위온도)보다 10℃ 이상 상승하지 않는 구조의 것을 말한다.

(2) 경계표시

① 경계표지의 부착위치는 냉동 제조시설이 설치되어 있는 장소의 출입구 등에 외부로부터 보기 쉬운 곳에 게시할 것. 다만, 냉동시설 중 단체설비로 되어 있는 것(유닛형 냉동장치 등) 또는 이동식 냉동장치에 있어서는 그 설비의 보기 쉬운 곳에 게시할 수 있다.
② 경계표지는 고압가스안전관리법의 적용을 받고 있는 시설임을 제3자가 명확히 식별할 수 있는 크기의 표시여야 한다.
③ 경계표지는 다음과 같은 사항을 명기하여야 한다.
㉠ 냉동을 위한 고압가스 제조시설이라는 것을 나타낼 것
㉡ 출입금지를 나타낼 것
㉢ 화기엄금을 나타낼 것
㉣ 피난장소로 유도표시할 것
㉤ 주의표시를 나타낼 것

(3) 냉매가스가 체류하지 않는 구조

① 시설기준

ㄱ) 당해 기계실에는 냉동능력 1톤당 0.05m² 의 비율로 계산한 면적의 통풍구(창 또는 문)를 설치하도록 하고 그 통풍구는 직접 외기에 접하도록 한다.

ㄴ) 당해 냉동설비의 냉동능력에 대한 통풍구를 갖지 아니한 경우에는 그 부족한 통풍구 면적분에 대하여 냉동능력 1톤당 2m³/min 이상의 환기능력을 갖는 기계적 통풍장치를 설치할 것. 이 경우 기계적 통풍장치는 당해 기계실 내부 및 외부에서 시동 및 정지가 가능한 구조일 것

② 기계적인 강제통풍장치를 할 경우

ㄱ) 독성 냉매가스 흡수용액 또는 2차 냉매를 사용하는 경우에는 냉동능력 1톤당 2m³/min 이상의 환기능력을 가지는 기계적인 환기장치를 갖출 것

ㄴ) 환기장치는 배기를 원칙으로 하며 강제적으로 소정의 가스량이 배기되는 능력을 갖는 것일 것

ㄷ) 기계실에는 실외와 통하는 공기 출입구를 높은 위치에 설치하고 배기풍량에 충분한 면적으로 할 것

ㄹ) 환기장치는 외부에서 조작할 수 있어야 하며 실외에 설치한 스위치는 방폭구조 또는 빗물이나 눈 등으로부터 보호되도록 보호캡을 설치할 것

ㅁ) 배기덕트의 흡입구는 누설된 가스가 유효하게 흡입될 수 있는 위치에 설치할 것

ㅂ) 배기 또는 급기덕트는 불연재료로 만들고 단독으로 이용되도록 하되 그 내면은 통풍에 지장이 없도록 한다.

ㅅ) 덕트의 최소 면적은 배기량에 상응하는 충분한 크기를 갖는 것이어야 한다.

ㅇ) 배기덕트가 내화구조의 벽, 천장 또는 바닥을 관통하는 경우에는 관통 부분에 방화 댐퍼를 부착한 것이어야 한다.

ㅈ) 배기덕트의 배기구는 지면보다 2m 이상의 높이에 설치하고 화재에 항상 안전한 위치에 설치하여야 한다.

ㅊ) 다음의 경우 기계적인 환기장치를 해야 한다.
- 개구부 외측 주변에 타 건물의 통풍구가 있거나 왕래가 빈번한 도로 등이 있어 가스의 배출이 적합하지 않을 때(특히, 냉매가 독성일 경우)
- 통풍구의 외측 주변 가까운 곳에 건물 등이 있는 경우
- 넓은 건물 내의 중간에 냉동시설이 설치되어 있는 경우 등으로 작업장으로 누설된 가스가 확산될 우려가 있는 경우
- 지하실 등 통풍구부의 외측이 직접 외기와 통하고 있지 않는 경우
- 해풍 등에 의한 바람이 불었을 때 통풍구로부터 역풍이 예상되는 경우 등과 같이 자연환기가 충분하지 않거나 부적합한 경우는 기계적 환기장치를 설치할 것

10년간 자주 출제된 문제

경계표지에서 명기해야 할 것이 아닌 것은?
① 출입유도를 나타낼 것
② 화기엄금을 나타낼 것
③ 피난장소로 유도표시할 것
④ 냉동을 위한 고압가스 제조시설이라는 것을 나타낼 것

해설

경계표지에서 명기해야 할 사항
- 냉동을 위한 고압가스 제조시설이라는 것을 나타낼 것
- 출입금지를 나타낼 것
- 화기엄금을 나타낼 것
- 피난장소로 유도표시할 것
- 주의표시를 나타낼 것

정답 ①

제7장 교류회로

제1절 교류회로의 기초

핵심이론 01 정현파 교류

(1) 최댓값

① 교류의 순싯값 중에서 $\frac{\pi}{2}$, $\frac{3\pi}{2}$ 일 때의 값

② 최댓값
$I_m[\text{A}]$, $V_m[\text{V}]$

(2) 순싯값

교류의 파형을 식으로 표현할 때의 호칭으로 교류가 순간순간 임의적으로 변하는 값이다.

① 전압의 순싯값
$v = V_m \sin(\omega t + \theta)[\text{V}]$

② 전류의 순싯값
$i = I_m \sin(\omega t + \theta)[\text{A}]$

여기서, ω : 각속도
θ : 위상차

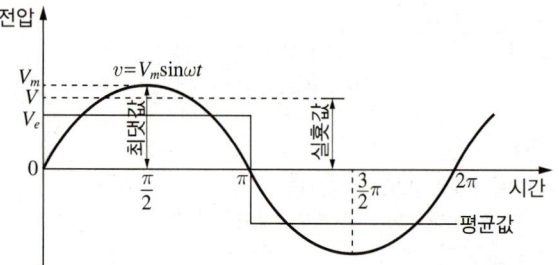

10년간 자주 출제된 문제

1-1. $v = 200\sin\left(120\pi t + \frac{\pi}{3}\right)$V인 전압의 순싯값에서 주파수는 몇 Hz인가?

① 50
② 55
③ 60
④ 65

1-2. 정현파 전압 $v = 50\sin\left(628t - \frac{\pi}{6}\right)$V인 파형의 주파수는 얼마인가?

① 30
② 50
③ 60
④ 100

해설

1-1
- 순싯값 $v = V_m \sin(\omega t + \theta)$
  여기서, V_m : 최댓값, ω : 각속도, θ : 위상차
- 각속도 $\omega = 2\pi f$, $\omega = 120\pi \rightarrow f = 60\text{Hz}$

1-2
- 순싯값(순시전압) $v = V_m \sin(\omega t - \theta)$
- 최댓값(최대전압) $V_m = 50\text{V}$
- 각속도 $\omega = 2\pi f = 628 \text{rad/s} \rightarrow f = \frac{\omega}{2\pi} = \frac{628}{2\pi} = 99.9\text{Hz}$

정답 1-1 ③ 1-2 ④

핵심이론 02 주기와 주파수

(1) 주기와 주파수

① 주기
  ㉠ 똑같은 변화가 반복될 때 1회의 변화에 소요되는 시간
  ㉡ $T = \dfrac{1}{f}$ [sec]

② 주파수
  ㉠ 1초 동안의 진동수
  ㉡ $f = \dfrac{1}{T}$ [Hz]

③ 각속도(또는 각 주파수)
  $\omega = 2\pi f = \dfrac{2\pi}{T}$ [rad/sec]

④ 회전수
  $N = \dfrac{120f}{P}$ [rpm]

10년간 자주 출제된 문제

2-1. $v = 141\sin\left(377t - \dfrac{\pi}{6}\right)$ V인 전압의 주파수는 약 몇 Hz인가?

① 50 ② 60
③ 100 ④ 377

2-2. 60Hz, 6극인 교류 발전기의 회전수는 몇 rpm인가?

① 1,200 ② 1,500
③ 1,800 ④ 3,600

해설

2-1
$\omega = 2\pi f$ [rad/sec]에서 $f = \dfrac{\omega}{2\pi} = \dfrac{377}{2\pi} = 60\text{Hz}$

2-2
회전수 $N = \dfrac{120f}{P} = \dfrac{120 \times 60}{6} = 1,200\text{rpm}$

정답 2-1 ② 2-2 ①

핵심이론 03 위상과 위상차

(1) 위상차

주파수는 같고 위상이 다른 두 정현파의 시간적인 차

① 위상 : 반복되는 파형의 한 주기에서 첫 시작점의 각도 또는 어느 한 순간의 위치
  $\theta = \omega t$

② $v_1 = V_m \sin(\omega t + \theta_1)$, $v_2 = V_m \sin(\omega t + \theta_2)$
  ㉠ $\theta_1 > \theta_2$인 경우 : v_1은 v_2보다 위상이 앞선다.
  ㉡ $\theta_1 = \theta_2$인 경우 : v_1은 v_2와 동상이다.
  ㉢ $\theta_1 < \theta_2$인 경우 : v_1은 v_2보다 위상이 뒤진다.

10년간 자주 출제된 문제

주파수가 50Hz인 교류의 위상차가 $\dfrac{\pi}{3}$rad이다. 이 위상차를 시간으로 나타내면 몇 sec인가?

① $\dfrac{1}{60}$ ② $\dfrac{1}{120}$
③ $\dfrac{1}{300}$ ④ $\dfrac{1}{720}$

해설

위상 $\theta = \omega t = 2\pi f t$ [rad]에서 $t = \dfrac{\theta}{2\pi f} = \dfrac{\dfrac{\pi}{3}}{2\pi \times 50} = \dfrac{1}{300}\text{sec}$

정답 ③

핵심이론 04 실횻값과 평균값

(1) 실횻값(교류의 크기를 숫자로 표현할 때 호칭 : I)

① 어떤 저항에 순시전류인 교류를 흘릴 때 그 교류와 열작용을 나타내는 직류값으로 표현되는 교류의 값이다.

② 실횻값 $I = \sqrt{\dfrac{1}{T}\int_0^T i^2 dt} = \sqrt{\dfrac{1}{T}\int_0^T I_m^2 \sin^2 \omega t\, dt}$

실효전류 $I = \dfrac{I_m}{\sqrt{2}} = 0.707 I_m [A]$

실효전압 $V = \dfrac{V_m}{\sqrt{2}} = 0.707 V_m [V]$

(2) 평균값(교류의 직류성분 I_a)

① 교류의 순싯값이 정류과정을 통해 변화된 직류성분을 평균값이라고 한다.

② 보통 반파의 평균값으로 표시한다.

③ 평균값 $I_a = \dfrac{1}{\frac{T}{2}}\int_0^{\frac{T}{2}} i\, dt = \dfrac{1}{\frac{T}{2}}\int_0^{\frac{T}{2}} I_m \sin\omega t\, dt$

평균전류 $I_a = \dfrac{2}{\pi} I_m = 0.637 I_m [A]$

평균전압 $V_a = \dfrac{2}{\pi} V_m = 0.637 V_m [V]$

(3) 정현파의 최댓값과 실횻값 및 평균값의 관계

전류 : $I_m(최댓값) = \sqrt{2}\, I(실횻값) = \dfrac{\pi}{2} I_a [A]$

전압 : $V_m(최댓값) = \sqrt{2}\, V(실횻값) = \dfrac{\pi}{2} V_a [V]$

10년간 자주 출제된 문제

4-1. 정현파 전압의 평균값이 119V이면 최댓값은 약 몇 V인가?

① 119 ② 187
③ 238 ④ 357

4-2. 정현파 교류에서 최댓값은 실횻값의 몇 배인가?

① $\sqrt{2}$ ② $\sqrt{3}$
③ 2 ④ 3

|해설|

4-1

최댓값 $V_m = \sqrt{2}\, V = \dfrac{\pi}{2} V_a = \dfrac{\pi}{2} \times 119 = 186.9\text{V}$

4-2

전류 : $I_m(최댓값) = \sqrt{2}\, I(실횻값)$
전압 : $V_m(최댓값) = \sqrt{2}\, V(실횻값)$

정답 4-1 ② 4-2 ①

제2절 3상 교류회로

핵심이론 01 3상 교류의 성질 및 접속

(1) $R-L-C$ 회로 정수의 특성

① R 저항[Ω]
  ㉠ 전류
  $$I = \frac{V}{A}[A]$$
  ㉡ 전류와 전압은 동상이다.

② L 인덕턴스[H]
  ㉠ 전류
  $$-jI = -j\frac{V}{X_L} = -j\frac{V}{2\pi f L}$$
  ㉡ 유도 리액턴스
  $$jX_L = j\omega L = j2\pi f L[\Omega]$$
  ㉢ 전류의 위상이 전압보다 90° 뒤진다(지상전류).

③ C 커패시턴스[F]
  ㉠ 전류
  $$+jI = j\frac{V}{X_C} = j2\pi f CV[A]$$
  ㉡ 용량 리액턴스
  $$-jX_C = -j\frac{1}{\omega c} = -j\frac{1}{2\pi f C}[\Omega]$$
  ㉢ 전류의 위상이 전압보다 90° 앞선다(진상전류).

④ 리액턴스
  ㉠ 교류회로에서 L[H]과 C[F]의 단위를 [Ω]로 환산한 저항 성분으로 표현된 값
  ㉡ 저항과는 달리 허수부로 취급한다.

⑤ 병렬, 직렬공진 주파수
  $$f = \frac{1}{2\pi\sqrt{LC}}$$

10년간 자주 출제된 문제

100V, 60Hz의 교류전압을 어느 콘덴서에 가하니 2A의 전류가 흘렀다. 이 콘덴서의 정전용량은 약 몇 μF인가?

① 26.5
② 36
③ 53
④ 63.6

|해설|

용량성 리액턴스 $X_c = \dfrac{1}{2\pi f C} = \dfrac{V}{I}$

정전용량 $C = \dfrac{I}{2\pi f V} = \dfrac{2A}{2\pi \times 60Hz \times 100V} = 5.31 \times 10^{-5}F$
$= 53.1\mu F$

정답 ③

핵심이론 02 3상 교류전력(유효전력, 무효전력, 피상전력) 및 역률

(1) 교류전력

① 피상전력

$$P_a = IV = \sqrt{P^2 + P_r^2} = \sqrt{유효전력^2 + 무효전력^2}$$

② 유효(소비)전력

$$P = IV\cos\theta \,[\text{W}]$$

③ 무효전력

$$P_r = IV\sin\theta \,[\text{Var}]$$

④ 역률

$$\cos\theta = \frac{P}{\sqrt{P^2 + P_r^2}}$$

(2) 3상 교류회로

① 발전기나 변압기 및 전동기를 세 개의 상으로 분할하여 3상 교류 전기기기를 만드는데 3상의 각 상간 위상차를 120°로 하여 각 상의 크기 및 주파수를 동일하게 하는 교류를 대칭 3상 교류라고 한다.

② 3상 Y결선과 3상 △결선의 특징

종류 구분	Y결선	△결선
선간전압과 상전압의 관계	$V_L = \sqrt{3}\,V_P\,[\text{V}]$	$V_L = V_P\,[\text{V}]$
선전류와 상전류의 관계	$I_L = I_P = \dfrac{V_L}{\sqrt{3}\,Z}\,[\text{A}]$	$I_L = \sqrt{3}\,I_P = \dfrac{\sqrt{3}\,V_L}{Z}\,[\text{A}]$
소비전력	$P = \sqrt{3}\,V_L I_L \cos\theta\,[\text{W}]$	$P = \sqrt{3}\,V_L I_L \cos\theta\eta\,[\text{W}]$

여기서, V_L : 선간전압, V_P : 상전압, I_L : 선전류, I_P : 상전류, Z : 임피던스, P : 소비전력, $\cos\theta$: 역률, η : 효율

③ 평형 3상인 경우 등가변환된 임피던스는 △결선일 때가 Y결선인 경우보다 3배 크다.

$$Z_\triangle = 3Z_Y$$

10년간 자주 출제된 문제

2-1. 3상 유도전동기의 출력이 5마력, 전압 220V, 효율 80%, 역률 90%일 때 전동기에 흐르는 전류는 약 몇 A인가?

① 11.6 ② 13.6
③ 15.6 ④ 17.6

2-2. 교류회로의 역률은?

① $\dfrac{무효전력}{피상전력}$ ② $\dfrac{유효전력}{피상전력}$

③ $\dfrac{무효전력}{유효전력}$ ④ $\dfrac{유효전력}{무효전력}$

해설

2-1

3상 유도기 출력 $P = \sqrt{3}\,VI\cos\theta\eta$

3상 전류 $I = \dfrac{P}{\sqrt{3}\,V\eta\cos\theta} = \dfrac{5 \times 746\text{W}}{\sqrt{3} \times 220\text{V} \times 0.8 \times 0.9} = 13.6\text{A}$

※ 마력을 표기할 시에 1HP = 746kW와 1PS = 735kW가 있는데 1HP가 정답값에 근접하게 나온다.

2-2

역률 $\cos\theta = \dfrac{P}{\sqrt{P^2 + P_r^2}} = \dfrac{P}{P_a} = \dfrac{유효전력}{피상전력}$

정답 2-1 ② 2-2 ②

[제8장] 전기기기

제1절 직류기

핵심이론 01 직류전동기의 종류

(1) 직류전동기의 종류 및 특성 용도

① 타여자 전동기
  ㉠ 특성 : 부하변화에 의한 속도의 감소가 매우 작은 정속도 전동기이다. 세밀하고 광범위한 속도제어를 할 수 있다.
  ㉡ 용도 : 대형 압연기, 엘리베이터

② 분권전동기
  ㉠ 특성 : 계자 조정에 의해 광범위한 속도제어를 할 수 있으며 정속도 전동기이다. 토크는 부하전류에 비례하고 기동 토크는 크지 않다.
  ㉡ 용도 : 공작기계, 펌프, 제철용 압연기, 권상기, 제지기

③ 직권전동기
  ㉠ 특성 : 가변속도 전동기로서 기동 토크가 상당히 크다. 기동이 빈번하고 토크 변동이 큰 곳에 사용된다.
  ㉡ 용도 : 전차, 기중기

④ 복권전동
  ㉠ 가동 복권전동기와 차동 복권전동기가 있다.
  ㉡ 용도 : 크레인, 엘리베이터, 공작기계, 공기압축기

10년간 자주 출제된 문제

직류 분권전동기의 용도에 적합하지 않은 것은?
① 압연기   ② 제지기
③ 송풍기   ④ 기중기

|해설|
- 분권전동기의 용도 : 공작기계, 선박용 펌프, 제철용 압연기, 권상기, 제지기
- 직권전동기의 용도 : 부하변동이 심한 전동차, 기중기, 크레인

정답 ④

핵심이론 02 직류전동기의 출력, 토크, 속도

(1) 토크, 출력, 속도

① 토크

㉠ $T = \dfrac{Pz}{2\pi a} I_a \phi \, [\text{N} \cdot \text{m}]$

여기서, T : 토크, P : 극수, z : 전기자 도체 수
a : 병렬수, I_a : 전기자 전류
ϕ : 자속[Wb]

㉡ $T = \dfrac{P_m}{w} = \dfrac{60 \times E_c I_a}{2\pi N} \, [\text{N} \cdot \text{m}]$

여기서, P_m : 출력, E_c : 역기전력
I_a : 전기자 전류, N : 회전수[rpm]

② 역기전력과 출력

㉠ 역기전력

$E_c = V - I_a R_a \, [\text{V}]$

㉡ 출력

$P_m = E_c I_a \, [\text{W}]$

여기서, P_m : 출력, E_c : 역기전력
I_a : 전기자 전류, V : 단자전압

③ 속도변동률

$\varepsilon = \dfrac{N_o - N_n}{N_n} \times 100\%$

여기서, N_o : 무부하속도, N_n : 정격속도

④ 규약효율

$\eta = \dfrac{\text{입력} - \text{손실}}{\text{입력}} \times 100\%$

> **10년간 자주 출제된 문제**

100V, 10A, 전기자저항 1Ω, 회전수 1,800rpm인 직류전동기의 역기전력은 몇 V인가?

① 80 ② 90
③ 100 ④ 110

|해설|

역기전력 $E_c = V - I_a R_a = 100\text{V} - 10\text{A} \cdot 1\Omega = 90\text{V}$

정답 ②

핵심이론 03 직류전동기의 속도제어법

(1) 속도제어법

① 계자제어법 : 저항기로 계자전류를 변화하여 자속을 변화시키는 방법으로 정출력 가변속도 방식이다.
② 직렬저항법 : 전자권선과 직렬로 접속한 직렬저항을 가감하여 속도를 제어하는 방법으로 정토크 가변속도 방식이다.
③ 전압제어법

㉠ 워드 레오나드 방식 : 광범위 속도 조정이 가능하며 위상제어를 이용하여 속도를 제어하는 방식
㉡ 일그너 방식 : 직류전동기 대신 유도전동기를 사용하는 방식

(2) 전동기 속도제어

① 분권전동기 : 계자제어법, 전압제어법, 직렬저항제어법
② 직권전동기 : 계자제어법, 저항제어법, 전압제어법
③ 복권전동기 : 계자제어법

(3) 역전

전기자 권선과 계자권선 중 하나만을 반대로 연결하면 된다. 일반적으로 전기자 권선의 연결을 반대로 한다.

> **10년간 자주 출제된 문제**

직류전동기의 속도제어법으로 틀린 것은?

① 저항제어 ② 계자제어
③ 전압제어 ④ 주파수 제어

|해설|

- 전압제어 : 전기자에 가해지는 단자전압을 변화시켜 속도를 제어하는 방법으로 광범위한 속도제어가 가능하고 워드 레오나드 방식, 일그너 방식, 직·병렬 제어가 있다.
- 계자제어 : 계자조정기의 저항을 가감하여 자속을 변화시켜 속도를 제어하는 방법으로 정출력 가변속도의 용도에 적합하다.
- 저항제어 : 전기자회로에 직렬로 저항을 접속시켜 속도를 제어하는 방법이다.

정답 ④

제2절 변압기

핵심이론 01 변압기의 구조와 원리

(1) 변압기 이론

① 1차측, 2차측 유도기전력

㉠ $E_1 = \sqrt{2}\pi f N_1 \phi_m = 4.44 f N_1 \phi_m$ [V]

㉡ $E_2 = \sqrt{2}\pi f N_2 \phi_m = 4.44 f N_2 \phi_m$ [V]

여기서, $E_{1,2}$: 1차측, 2차측 유도기전력
f : 주파수
$N_{1,2}$: 1차, 2차 권수
ϕ_m : 최대 자속

② 권선비

$\alpha = \dfrac{N_1}{N_2} = \dfrac{E_1}{E_2} = \dfrac{I_2}{I_1} = \sqrt{\dfrac{Z_1}{Z_2}}$

여기서, $E_{1,2}$: 1차측, 2차측 유도기전력
$N_{1,2}$: 1차, 2차 권수
$Z_{1,2}$: 1차, 2차 임피던스
$I_{1,2}$: 1차, 2차 전류

③ 전압변동률

$\varepsilon = \dfrac{V_{2o} - V_{2n}}{V_{2n}} \times 100\%$

여기서, V_{2o} : 2차 무부하 전압
V_{2n} : 2차 정격 전압

④ 임피던스 전압강하율

$Z = \dfrac{V_s}{V_{1n}} \times 100\% = \dfrac{I_{1n}}{I_s} \times 100\%$

여기서, V_s : 2차 정격전압
V_{1n} : 1차 정격전압
I_{1n} : 1차 정격전류
I_s : 단락전류

10년간 자주 출제된 문제

1-1. 임피던스 강하가 4%인 어느 변압기가 운전 중 단락되었다면 그 단락전류는 정격전류의 몇 배가 되는가?

① 10 ② 20
③ 25 ④ 30

1-2. 240V, 60Hz 전압원을 사용하여 16V 전구가 점등할 수 있도록 변압기를 사용하였다. 1차측의 권선 수가 360회라고 할 때 2차측에 필요한 권선 수는?

① 8회 ② 12회
③ 16회 ④ 24회

해설

1-1
임피던스 강하율

$Z = \dfrac{I_N}{I_S} \times 100[\%] \rightarrow I_S = \dfrac{I_N}{Z} \times 100 \Rightarrow \dfrac{I_N}{4\%} \times 100\% = 25 I_N$

여기서, Z : 임피던스, I_S : 단락전류, I_N : 정격전류

1-2

$\alpha = \dfrac{N_1}{N_2} = \dfrac{E_1}{E_2} = \dfrac{I_2}{I_1} = \sqrt{\dfrac{Z_1}{Z_2}}$

$N_2 = N_1 \dfrac{E_2}{E_1} = 360 \times \dfrac{16}{240} = 24$

여기서, $E_{1,2}$: 1차측, 2차측 유도기전력
$N_{1,2}$: 1차, 2차 권수
$Z_{1,2}$: 1차, 2차 임피던스
$I_{1,2}$: 1차, 2차 전류

정답 1-1 ③ 1-2 ④

핵심이론 02 변압기의 특성 및 변압기의 접속

(1) 변압기의 결선법

① Y-Y결선
  ㉠ 전압이 비교적 낮고 전류가 많이 흐르는 선로에 적당하다.
  ㉡ 제3고조파 전압이 발생하여 통신선에 유도장애를 일으킨다.
  ㉢ 중성점을 접지할 수 있다.
  ㉣ V-V 결선으로 변경이 불가능하다.
  ㉤ 상전류와 선전류는 같으므로 선전압은 상전압의 $\sqrt{3}$ 배이다.

② Δ-Δ결선
  ㉠ 세 대의 단상변압기를 결선하여 사용할 때 한 대가 고장 났을 경우에 V-V결선으로 변경이 가능하다.
  ㉡ 고조파 전류가 발생하지 않으며 중성점을 접지할 수 없다.
  ㉢ 선간전압과 상전압이 같으므로 선전류는 상전류의 $\sqrt{3}$ 배이다.

③ Δ-Y결선
  ㉠ Y결선의 중성점으로 접지할 수 없다.
  ㉡ Δ결선이 사용되므로 제3고조파에 의한 유도장애를 방지할 수 있다.

④ V-V결선
  ㉠ 변압기 세 대로 Δ결선 운전 중 변압기 한 대 고장으로 두 대만을 이용하여 3상 전원을 공급할 수 있는 결선이다.
  ㉡ V결선의 출력은 변압기 한 대 용량의 $\sqrt{3}$ 배이다.
  ㉢ V결선의 출력비는 57.7%, 이용률은 86.6%이다.

10년간 자주 출제된 문제

2-1. 변압기는 어떤 작용을 이용한 전기기계인가?
① 정전유도작용
② 전자유도작용
③ 전류의 발열작용
④ 전류의 화학작용

2-2. 한 대의 용량이 P[kVA]인 변압기 두 대를 가지고 V결선으로 했을 경우의 용량은 어떻게 나타낼 수 있는가?
① P
② $\sqrt{3}P$
③ $2P$
④ $3P$

|해설|

2-1
변압기는 전자유도작용에 의해 1차측 코일에 교류전압을 가하면 권수에 비례하여 2차측 코일에 유도기전력이 발생한다.

2-2
V결선의 출력은 변압기 한 대 용량의 $\sqrt{3}$ 배이다.

정답 2-1 ② 2-2 ②

제3절 유도기

핵심이론 01 유도전동기의 종류 및 용도

(1) 유도전동기의 종류

① 농형 유도전동기 : 회전자가 구리 또는 알루미늄 막대를 단락고리로 단락한 것을 비뚤어진 홈 속에 넣은 구조이다.

② 권선형 유도전동기 : 회전자가 반개형으로 고정자가 만드는 자극과 같은 수의 자극이 되도록 3상 파권 Y결선을 한다.

(2) 유도전동기의 슬립과 속도

① 슬립

$$s = \frac{N_s - N}{N_s} \times 100\%$$

㉠ $s=1$: 회전자 속도가 0이므로 정지되어 있거나 기동상태

㉡ $s=0$: 회전자 속도 = 동기속도이므로 무부하 운전 상태거나 정상속도

② 동기속도

$$N_s = \frac{120f}{P} \text{ [rpm]}$$

③ 회전자 속도

$$N = (1-s)N_s = \frac{120f}{P} \text{ [rpm]}$$

여기서, s : 슬립

N_s : 동기속도

N : 회전자 속도

f : 주파수

P : 극수

(3) 유도전동기의 특성 및 속도제어

① 농형 유도전동기

주파수 변환법, 극수 변환법, 전압제어법

② 권선형 유도전동기

2차 저항제어법(슬립제어), 2차 여자법, 종속법

10년간 자주 출제된 문제

1-1. 60Hz, 6극 3상 유도전동기의 전 부하에 있어서의 회전수가 1,164rpm이다. 슬립은 약 몇 %인가?

① 2　　② 3
③ 5　　④ 7

1-2. 권선형 유도전동기의 회전자 입력이 10kW일 때 슬립이 4%였다면 출력은 몇 kW인가?

① 4　　② 8
③ 9.6　　④ 10.4

1-3. 유도전동기의 속도제어 방법이 아닌 것은?

① 극수 변환　　② 주파수 제어
③ 전기자 전압제어　　④ 2차 저항제어

1-4. 유도전동기의 속도 제어에 필요한 요소가 아닌 것은?

① 슬립　　② 주파수
③ 극수　　④ 리액터

|해설|

1-1

동기속도 $N_s = \frac{120f}{P} = \frac{120 \times 60}{6} = 1,200 \text{rpm}$

슬립 $s = \frac{N_s - N}{N_s} \times 100\% = \frac{1,200 - 1,164}{1,200} \times 100\% = 3\%$

1-2

출력 $P = (1-s)P_2$에서 $P = (1-0.04) \times 10\text{kW} = 9.6\text{kW}$

1-3, 1-4

- 농형 유도전동기 : 주파수 변환법, 극수 변환법, 전압제어법
- 권선형 유도전동기 : 2차 저항제어법(슬립제어), 2차 여자법, 종속법

정답 1-1 ②　1-2 ③　1-3 ③　1-4 ③

핵심이론 02 유도전동기의 역운전

(1) 유도전동기의 역회전
3상 유도전동기의 회전 방향을 반대로 바꾸기 위해서는 3선 중 임의의 2선의 접속을 바꿔야 한다.

(2) 유도전동기의 제동법
역상제동, 발전제동, 회생제동

(3) 유도전동기의 손실
① 고정손 : 철손, 마찰손, 풍손
② 가변손 : 동손, 표류부하손

(4) 단상 유도전동기의 기동 토크 순
반발 기동형 > 반발 유도형 > 콘덴서 기동형 > 분상 기동형 > 셰이딩 코일형

10년간 자주 출제된 문제

다음 중 기동 토크가 가장 큰 단상 유도전동기는?
① 분상 기동형
② 반발 기동형
③ 셰이딩 코일형
④ 콘덴서 기동형

|해설|
단상 유도전동기의 기동 토크 크기 : 반발 기동형 > 반발 유도형 > 콘덴서 기동형 > 분상 기동형 > 셰이딩 코일형

정답 ②

제4절 동기기

핵심이론 01 구조와 원리

(1) 동기발전기의 종류
① 회전계자형 : 전기자를 고정자로 두고, 계자를 회전자로 한 것으로 대부분의 교류발전기로 사용되고 있다.
② 회전전기자형 : 계자를 고정자로 두고, 전기자를 회전자로 한 것으로 소용량의 특수한 경우 외에는 거의 사용되지 않는다.
③ 유도자형 : 전기자와 계자를 모두 고정자로 두고, 유도자를 회전자로 한 것으로 고주파 발전기에 사용된다.

(2) 동기발전기를 회전계자형으로 하는 이유
① 전기자 권선은 전압이 높아 고정자로 두는 것이 절연하기 용이하다.
② 전기자 권선에서 발생한 고전압을 슬립링 없이 간단하게 외부로 인가 가능하다.
③ 계자극은 기계적으로 튼튼하게 만드는 데 용이하다.
④ 계자회로에는 직류전압이 인가되므로 전기적으로 안전하다.

(3) 동기 발전기의 결선
동기발전기는 3상 교류발전기로서 3상 전기자의 결선을 Y결선으로 채용하고 있다.
① 중성점을 이용하여 지락 계전기 등을 동작시키는 데 용이하다.
② 선간전압이 상전압의 $\sqrt{3}$ 배이므로 고전압 송전에 용이하다.
③ 상전압이 선간전압의 $\frac{1}{\sqrt{3}}$ 배이므로 같은 선간전압의 결선에 비해 절연이 쉽다.
④ 고조파 순환전류 통로가 없어 3고조파가 선간전압에 나타나지 않는다.

10년간 자주 출제된 문제

동기발전기의 종류에 해당하지 않은 것은?
① 회전계자형   ② 회전전기자형
③ 유도자형   ④ 유도전기자형

[해설]
① 회전계자형 : 전기자를 고정자로 두고, 계자를 회전자로 한 것으로 대부분의 교류발전기로 사용되고 있다.
② 회전전기자형 : 계자를 고정자로 두고, 전기자를 회전자로 한 것으로 소용량의 특수한 경우 외에는 거의 사용되지 않는다.
③ 유도자형 : 전기자와 계자를 모두 고정자로 두고, 유도자를 회전자로 한 것으로 고주파 발전기에 사용된다.

정답 ④

핵심이론 02 특성 및 용도

(1) 동기기의 전기자 권선법

① 단절권의 특징
  ㉠ 권선이 절약되고 코일 길이가 단축되어 기기가 축소된다.
  ㉡ 고조파가 제거되고 기전력의 파형이 좋아진다.
  ㉢ 유도기전력이 감소하고 발전기의 출력이 감소한다.

② 분포권의 특징
  ㉠ 누설 리액턴스가 감소한다.
  ㉡ 고조파가 제거되고 기전력의 파형이 좋아진다.
  ㉢ 슬롯 내부와 전기자 권선의 열방산에 효과적이다.
  ㉣ 유기기전력이 감소하고 발전기의 출력이 감소한다.

③ 단절권과 분포권의 공통점
  ㉠ 고조파가 제거되고 기전력의 파형이 좋아진다.
  ㉡ 유도기전력이 감소하고 출력이 감소한다.

(2) 동기기의 전기자 반작용

① 동기발전기의 전기자 반작용
  ㉠ 교차자화작용 : 전기자 전류와 기전력은 위상이 서로 같아진다.
  ㉡ 증가작용 : 전기자 전류의 위상이 기전력의 위상보다 90° 앞선다.
  ㉢ 감자작용 : 전기자 전류의 위상이 기전력의 위상보다 90° 뒤진다.

② 동기전동기의 전기자 반작용
  ㉠ 교차자화작용 : 전기자 전류와 기전력은 위상이 서로 같아진다.
  ㉡ 증가작용 : 전기자 전류의 위상이 기전력의 위상보다 90° 뒤진다.
  ㉢ 감자작용 : 전기자 전류의 위상이 기전력의 위상보다 90° 앞선다.

(3) 동기전동기의 특징

① 장점
- ㉠ 여자전류에 관계없이 일정한 속도로 운전할 수 있다.
- ㉡ 진상 및 지상으로 역률 조정이 쉽고 역률을 1로 운전할 수 있다.
- ㉢ 전부하 효율이 좋다.
- ㉣ 공극이 넓어 기계적으로 견고하다.

② 단점
- ㉠ 속도 조정이 어렵다.
- ㉡ 난조가 발생하기 쉽다.
- ㉢ 기동 토크가 작다.
- ㉣ 직류여자기가 필요하다.

(4) 동기발전기의 병렬운전 조건

① 발전기 기전력의 크기가 같을 것
② 발전기 기전력의 위상이 같을 것
③ 발전기 기전력의 주파수가 같을 것
④ 발전기 기전력의 파형이 같을 것
⑤ 발전기 기전력의 상회전 방향이 같을 것

10년간 자주 출제된 문제

2-1. 3상 동기발전기를 병렬운전하는 경우 틀린 것은?
① 기전력 파형의 일치 여부
② 상회전 방향의 동일 여부
③ 회전수의 동일 여부
④ 기전력 주파수의 동일 여부

2-2. 동기전동기의 특징이 아닌 것은?
① 정속도 전동기이다.
② 저속도에서 효율이 좋다.
③ 난조가 일어나기 쉽다.
④ 기동 토크가 크다.

|해설|

2-1
동기발전기의 병렬운전 조건
- 발전기 기전력의 크기가 같을 것
- 발전기 기전력의 위상이 같을 것
- 발전기 기전력의 주파수가 같을 것
- 발전기 기전력의 파형이 같을 것
- 발전기 기전력의 상회전 방향이 같을 것

2-2
동기전동기는 기동 토크가 매우 작다.

정답 2-1 ③ 2-2 ④

핵심이론 03 손실, 효율, 정격 등

(1) 동기기의 기본 이론

① 동기속도

$$N_s = \frac{120f}{P} \text{rpm}$$

여기서, s : 슬립
N_s : 동기속도
f : 주파수
P : 극수

② 단락비

$$k_s = \frac{100}{\%Z_s} = \frac{I_s}{I_n}$$

③ 단락전류

$$I_s = \frac{100}{\%Z_s} I_n [\text{A}]$$

④ 정격전류

$$I_n = \frac{P_n}{\sqrt{3}\,V} [\text{A}]$$

여기서, k_s : 단락비
$\%Z_s$: 동기 임피던스
I_s : 단락전류
I_n : 정격전류
P_n : 정격용량
V : 정격전압

10년간 자주 출제된 문제

3-1. 동기속도가 3,600rpm인 동기발전기의 극수는 얼마인가?(단 주파수는 60Hz이다)
① 2극 ② 4극
③ 6극 ④ 8극

3-2. 임피던스 강하가 10%인 어느 변압기가 운전 중 단락되었다면 그 단락전류는 정격전류의 몇 배가 되는가?
① 10 ② 20
③ 30 ④ 40

[해설]

3-1
동기속도 $N_s = \frac{120f}{P}$ [rpm]에서 $P = \frac{120f}{N_s}$
$P = \frac{120 \times 60}{3,600} = 2$

3-2
단락전류 $I_s = \frac{100}{\%z} I_n = \frac{100}{10} I_n = 10 I_n$
여기서, I_n = 정격전류

정답 3-1 ① 3-2 ①

제9장 전기계측

제1절 전류, 전압, 저항의 측정

핵심이론 01 전류계, 전압계, 절연저항계, 멀티미터 사용법 및 전류, 전압, 저항 측정

(1) 전압계와 전류계

① 전압계
  ㉠ 전압계는 측정하려는 단자에 병렬로 접속하는 계기로 내부저항은 크게 설계해야 한다.
  ㉡ 전압계의 측정범위를 확대하기 위해서는 전압계와 직렬로 배율기를 설치해야 한다.

② 전류계
  ㉠ 전류계는 측정하려는 단자에 직렬로 접속하는 계기로 내부저항은 작게 설계해야 한다.
  ㉡ 전류계의 측정범위를 확대하기 위해서는 전류계와 병렬로 분류기를 설치해야 한다.

(2) 배율기와 분류기

① 배율기
  ㉠ 전압계의 측정범위를 넓히기 위하여 전압계와 직렬로 접속하는 저항기
  ㉡ 배율
  $$m : \frac{V_0}{V_v} = 1 + \frac{r_m}{r_v}$$
  ㉢ 배율기 저항
  $$r_m = (m-1)r_v [\Omega]$$
  여기서, m : 배율
  V_0 : 피측정 전압
  V_v : 전압계의 최대눈금
  r_m : 배율기 저항
  r_v : 전압계의 내부저항

② 분류기
  ㉠ 전류계의 측정범위를 넓히기 위하여 전류계와 병렬로 접속하는 저항기
  ㉡ 배율
  $$m : \frac{I_0}{I_v} = 1 + \frac{r_a}{r_m}$$
  ㉢ 분류기 저항 $r_m = \dfrac{r_a}{m-1}[\Omega]$
  여기서, m : 배율
  I_0 : 피측정 전류
  I_v : 전류계의 최대눈금
  r_m : 분류기 저항
  r_a : 전류계의 내부저항

10년간 자주 출제된 문제

다음 분류기의 배율은?(단, R_s : 분류기의 저항, R_a : 전류계의 저항)

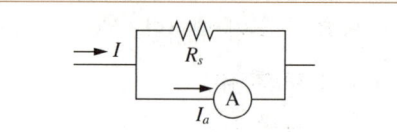

① $\dfrac{R_s}{R_a}$ ② $1 + \dfrac{R_s}{R_a}$

③ $1 + \dfrac{R_a}{R_s}$ ④ $\dfrac{R_a}{R_s}$

|해설|

분류기의 배율
- 분류기 : 전류의 측정범위를 높이기 위해 전류계와 병렬로 접속하는 저항
  $V = $ 일정 $\rightarrow I_s R_s = I(R_a + R_s)$
- 배율
  $$\frac{I_s}{I} = \frac{R_a + R_s}{R_s} = 1 + \frac{R_a}{R_s}$$

정답 ③

제2절 전력 및 전력량의 측정

핵심이론 01 전력계 사용법 및 전력 측정

(1) 3전압계법

전압계 세 대의 지싯값으로 단상 부하의 역률과 전력을 구할 수 있는 방법

① 역률

$$\cos\theta = \frac{V_3^2 - V_1^2 - V_2^2}{2V_1 V_2}$$

② 부하전력

$$P = \frac{1}{2R}(V_3^2 - V_1^2 - V_2^2)[\text{W}]$$

(2) 2전력계법

전력계 두 대의 지싯값으로 3상 부하의 전력과 역률을 구할 수 있는 방법

① 3상 소비전력

$$P = P_1 + P_2 = \sqrt{3}\, VI\cos\theta\,[\text{W}]$$

② 3상 피상전력

$$P_a = 2\sqrt{P_1^2 + P_2^2 - P_1 P_2} = \sqrt{3}\, VI\,[\text{VA}]$$

③ 역률

$$\cos\theta = \frac{P_1 + P_2}{2\sqrt{P_1^2 + P_2^2 - P_1 P_2}}$$

여기서, P : 소비전력
P_a : 피상전력
$P_{1,2}$: 전력계 지싯값
V : 전압
I : 전류
$\cos\theta$: 역률

10년간 자주 출제된 문제

그림과 같은 평형 3상 회로에서 전력계의 지시가 100W일 때 3상 전력은 몇 W인가?(단, 부하의 역률은 100%로 한다)

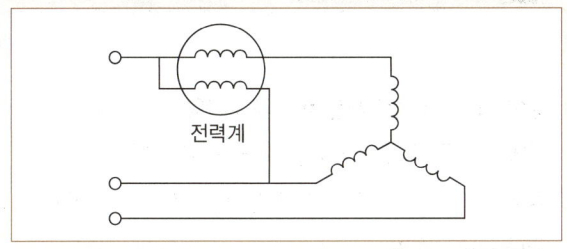

① $100\sqrt{2}$ ② $100\sqrt{3}$
③ 200 ④ 300

|해설|

공식
- 1전력계법 : $3P$
- 2전력계법 : $P_1 + P_2$
- 3전력계법 : $P_1 + P_2 + P_3$

위 문제는 2상의 선에 전력계를 설치하였으므로 2전력계법을 이용한다.
2전력계법 : $P_1 + P_2 = 100 + 100 = 200\text{W}$

정답 ③

제3절 절연저항 측정

핵심이론 01 계측기의 종류

(1) 계측기의 종류 및 측정방법

① 멀티 테스터(회로시험기) : 직류전압, 직류전류, 교류전압, 교류전류, 저항을 측정할 수 있는 계기
② 검류계 : 미소한 전류나 전압의 유무를 검출하는 데 사용되는 계기
③ 절연저항계 : 절연저항을 측정하여 전기기기 및 전로의 누전 여부를 알 수 있는 계기
④ 인코더 : 회전하는 각도를 디지털량으로 출력하는 검출기
⑤ 콜라우시 브리지법 : 축전지의 내부저항을 측정하는 방법
⑥ 영위법 : 측정하고자 하는 양을 표준량과 서로 평형을 이루도록 조절하여 측정량을 구하는 방법

10년간 자주 출제된 문제

절연저항을 측정하는 데 사용되는 것은?
① 후크온 미터
② 회로시험기
③ 메거
④ 휘트스톤 브리지

|해설|

절연저항계를 메거라고 하며 옥내 배선이나 스위치 및 콘센트 등의 절연저항을 측정할 경우에는 모든 스위치를 열어 무부하 상태에서 측정한다.

정답 ③

제10장 시퀀스 제어

제1절 제어요소의 작동과 표현

핵심이론 01 시퀀스 제어계의 기본구성

(1) 명령처리에 따른 분류
① 시간제어 : 가정용 세탁기, 교통신호기, 네온사인 점등·소등용
② 순서제어 : 컨베이어 장치, 공작기계, 자동조립기계
③ 조건제어 : 불량품 처리, 엘리베이터 제어

(2) 제어장치에 따른 분류
① 유접점 제어 : 릴레이 또는 마그넷 등의 소자 사용
② 무접점 제어 : 트랜지스터, 다이오드 등의 반도체 소자 사용
③ PLC : 논리연산이 주된 기능이며 수치연산 기능, 데이터 처리 기능, 프로그램 제어 기능을 조합하여 공정을 제어하는 방식

10년간 자주 출제된 문제

되먹임 제어의 종류에 속하지 않는 것은?
① 순서제어　② 정치제어
③ 추치제어　④ 프로그램 제어

[해설]
피드백 제어(되먹임 제어) : 제어계의 출력값이 목푯값과 비교하여 일치하지 않을 경우 다시 출력값을 입력으로 피드백시켜 오차를 수정하도록 귀환경로를 갖는 제어로서 정치제어, 추치제어, 프로그램 제어, 비율제어 등이 있다.

정답 ①

핵심이론 02 시퀀스 제어의 제어요소 및 특징

(1) 시퀀스 제어의 제어요소
① 접점
　㉠ a접점 : 평상시에 열려 있으며 동작할 때 닫히는 접점
　㉡ b접점 : 평상시에 닫혀 있으며 동작할 때 열리는 접점
② 수동 스위치
　㉠ 단로 스위치 : 수동으로 On, Off시키는 스위치로 일반 전등용 스위치
　㉡ 3로 스위치 : 수동으로 On, Off시키는 스위치로 2개소에서 점멸할 수 있는 스위치
　㉢ 누름버튼 스위치 : 수동으로 조작한 후 손을 떼면 자동으로 복구되는 스위치
③ 검출 스위치
　㉠ 외부에서 입력되는 임의 상태 또는 변화된 값을 검출하여 동작하는 스위치
　㉡ 리밋 스위치, 액면 스위치, 광전 스위치, 센서 등

(2) 특징
① 구성하기 쉽고 시스템의 구성비가 낮다.
② 개루프 제어계로서 유지 및 보수가 간단하다.
③ 자체 판단능력이 없기 때문에 원하는 출력을 얻기 위해서는 보정이 필요하다.
④ 조합 논리회로 및 시간 지연요소나 제어용 계전기가 사용되며 제어결과에 따라 조작이 자동적으로 이행된다.

10년간 자주 출제된 문제

출력이 입력에 전혀 영향을 주지 못하는 제어는?
① 프로그램 제어
② 피드백 제어
③ 시퀀스 제어
④ 폐회로 제어

|해설|
시퀀스 제어 : 미리 정해진 순서에 따라 제어의 각 단계를 순차적으로 제어하는 방식이다. 출력은 입력에 영향을 주지 못하므로 자체 판단능력이 없다.

정답 ③

제2절 논리회로

핵심이론 01 불대수

(1) 불대수 정리

① 입력과 동일한 출력이 나오는 불대수 연산식
$A + A = A,\ A \cdot A = A,\ A + 0 = A,\ A \cdot 1 = A$

② 입력에 관계없이 출력이 항상 1과 0인 불대수 연산식
$A + 1 = 1,\ A \cdot 0 = 0$

③ 하나의 입력이 서로 다른 동작을 하는 경우의 불대수 연산식
$A + \overline{A} = 1,\ A \cdot \overline{A} = 0$

(2) 드모르간 정리

① $\overline{A + B} = \overline{A} \cdot \overline{B}$
② $\overline{A \cdot B} = \overline{A} + \overline{B}$

10년간 자주 출제된 문제

1-1. 다음 중 다른 값을 나타내는 논리식은?
① $XY + Y$
② $\overline{X}Y + XY$
③ $(Y + X + \overline{X})Y$
④ $X(\overline{Y} + X + Y)$

1-2. 논리식 A(A+B)를 간단히 하면?
① A
② B
③ AB
④ A+B

|해설|
1-1
① $XY + Y = Y(X + 1) = Y$
② $\overline{X}Y + XY = Y(\overline{X} + X) = Y$
③ $(Y + X + \overline{X})Y = (Y + 1)Y = Y$
④ $X(\overline{Y} + X + Y) = X(1 + X) = X$

1-2
$A(A + B) = AA + AB = A + AB = A(1 + B) = A$

정답 1-1 ④ 1-2 ①

핵심이론 02 논리회로

(1) 시퀀스 제어의 논리회로

① AND 회로 : 직렬회로

　㉠ 두 개의 입력신호가 동시에 작동될 때에만 출력 신호가 1이 되는 회로

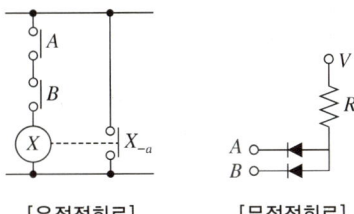

[유접점회로]　　[무접점회로]

　㉡ 논리식 : $X = A \cdot B$

입력		출력
A	B	X
0	0	0
1	0	0
0	1	0
1	1	1

② OR 회로 : 병렬회로

　㉠ 두 개의 입력신호 중에 한 개만 작동되어도 출력 신호가 1이 되는 논리회로

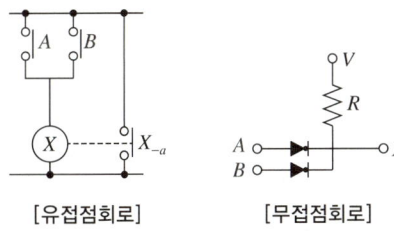

[유접점회로]　　[무접점회로]

　㉡ 논리식 : $X = A + B$

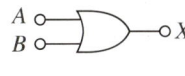

입력		출력
A	B	X
0	0	0
1	0	1
0	1	1
1	1	1

③ NOT 회로 : 부정회로

　㉠ 출력신호는 입력신호의 반대로 작동되는 회로

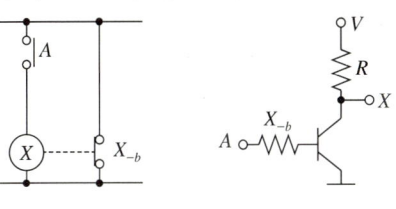

[유접점회로]　　[무접점회로]

　㉡ 논리식 : $X = \overline{A}$

입력	출력
A	X
0	1
1	0

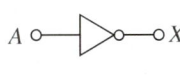

④ NAND 회로

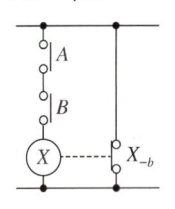

[유접점회로]

　㉠ AND 회로와 NOT 회로를 조합시킨 회로

　㉡ 논리식 : $X = \overline{A \cdot B} = \overline{A} + \overline{B}$

입력		출력
A	B	X
0	0	1
1	0	1
0	1	1
1	1	0

⑤ NOR 회로

㉠ OR 회로와 NOT 회로를 조합시킨 회로로 OR 회로를 반전시킨 논리회로

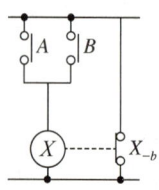

[유접점회로]

㉡ 논리식 : $X = \overline{A+B} = \overline{A} \cdot \overline{B}$

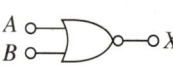

입력		출력
A	B	X
0	0	1
1	0	0
0	1	0
1	1	0

⑥ 배타적 OR 회로(Exclusive OR 회로)

㉠ 입력신호가 서로 다를 때 출력이 1이 되는 논리회로

㉡ 논리식 : $X = A \cdot \overline{B} + \overline{A} \cdot B = A \oplus B$

입력		출력
A	B	X
0	0	0
1	0	1
0	1	1
1	1	0

10년간 자주 출제된 문제

2-1. 그림과 같은 논리회로의 출력 Y는?

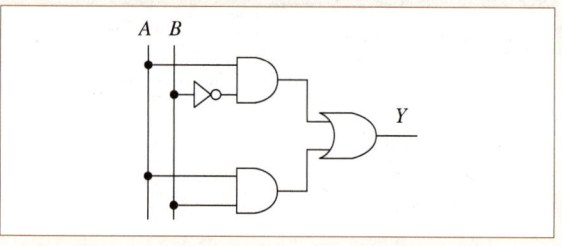

① $Y = AB + A\overline{B}$
② $Y = \overline{A}B + AB$
③ $Y = \overline{A}B + A\overline{B}$
④ $Y = \overline{AB} + A\overline{B}$

2-2. 그림과 같은 계전기 접점회로의 논리식은?

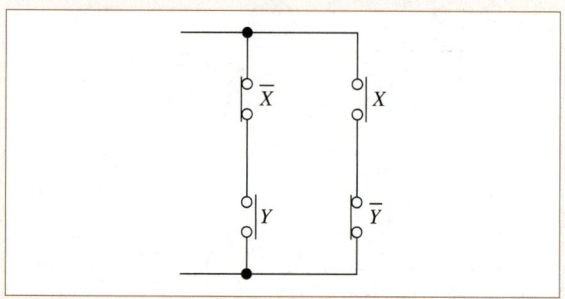

① $X + Y$
② $\overline{X}Y + X\overline{Y}$
③ $\overline{X}(X + Y)$
④ $(\overline{X} + Y)(X + \overline{Y})$

|해설|

2-1
- AND 회로 논리식 $Y = A \cdot B$

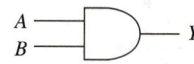

- OR 회로 논리식 $Y = A + B$

- NOT 회로 논리식 $Y = \overline{A}$

2-2
- 직렬(AND) 회로의 논리식 : $X \cdot Y$
- 병렬(OR) 회로의 논리식 : $X + Y$
- 계전기 접점회로의 논리식 : $\overline{X}Y + X\overline{Y}$

정답 2-1 ① **2-2** ②

제11장 제어기기 및 회로

제1절 제어의 개념

1-1. 제어의 정의 및 필요성

핵심이론 01 제어의 정의와 구성

(1) 제어란?
목푯값을 설정하여 제어량이 목푯값에 도달할 수 있도록 행해지는 일련의 모든 과정을 말한다.

(2) 제어계의 구성

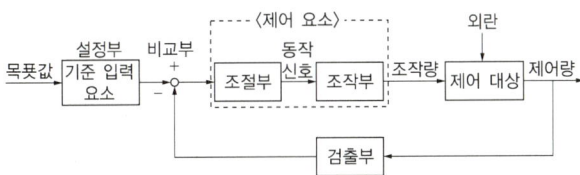

① **목푯값** : 궤환제어계에 속하지 않는 신호로서 외부에서 제어량이 그 값에 맞도록 제어계에 직접 가해지는 입력신호를 말한다.
② **설정부** : 목푯값을 기준입력신호로 바꾸는 역할을 하는 요소로서 목푯값을 직접 사용하기 곤란할 때, 주되먹임 요소와 비교하여 사용하는 것을 말한다.
③ **기준입력신호** : 목푯값에 비례한 신호로 제어계를 동작시키는 기준으로 직접 제어계에 가해지는 신호를 말한다.
④ **동작신호** : 기준입력신호에서 궤환신호의 제어량을 뺀 값으로 제어계 동작 결정의 기초가 되는 동작신호를 말한다. 또한 제어요소의 입력신호이기도 하다.
⑤ **제어요소** : 조절부와 조작부로 이루어져 있으며 동작신호를 조작량으로 변환하는 장치이다.
⑥ **조작량** : 제어장치 또는 제어요소가 제어대상에 가하는 제어신호로 제어장치 또는 제어요소의 출력임과 동시에 제어대상의 입력신호이다.
⑦ **제어대상** : 제어장치에 속하지 않는 부분 또는 기계장치, 프로세스 및 시스템 등에서 제어되는 전체 또는 부분으로서 제어량을 발생시키는 장치이다.
⑧ **외란** : 목푯값 또는 기준입력신호 이외의 외부입력으로 제어량의 변화를 일으키며 인위적으로 제어할 수 없는 값을 말한다.
⑨ **제어량** : 제어하려는 물리량으로 제어계의 출력신호이다.
⑩ **검출부** : 제어량을 검출하여 피드백 신호를 통해 비교부에 전달한 후 다시 조절부와 조작부를 거쳐 조작량을 변화시키기 위한 장치이다.

10년간 자주 출제된 문제

제어계에서 제어량이 원하는 값을 갖도록 외부에서 주어지는 값은?

① 동작신호　　② 조작량
③ 목푯값　　　④ 궤환량

|해설|
③ 목푯값 : 제어의 출력이 소정의 값을 만족하도록 목표를 세운 외부에서 주어진 값
① 동작신호 : 주피드백량과 기준입력을 비교하여 얻어진 편차량 신호를 말하는 것으로 조절부의 입력이 되는 신호이다.
② 조작량 : 제어요소가 제어대상에 주는 양
④ 궤환량 : 궤환이란 출력신호의 일부를 입력측으로 되돌리는 것이며 궤환량은 동작신호를 얻기 위해 기준입력과 비교되는 양이다.

정답 ③

핵심이론 02 피드백 제어계와 시퀀스 제어계의 특징

(1) 피드백 제어계의 특징
① 폐회로로 구성되어 있으며 정량적인 제어명령에 의하여 제어한다.
② 입력과 출력을 비교할 수 있는 비교부를 반드시 필요로 한다.
③ 제어계의 특성을 향상시켜 목푯값에 정확히 도달할 수 있다.
④ 제어량에 변화를 주는 외란의 영향은 받지만 그 외란으로부터 영향을 제거할 수 있다.
⑤ 외부 조건의 변화에 대한 영향을 줄일 수 있다.
⑥ 정확성, 대역폭, 감대폭이 증가한다.
⑦ 구조가 복잡하고 설치비가 많이 들며 제어기 부품들의 성능이 나쁘면 큰 영향을 받는다.
⑧ 입력과 출력 사이의 오차가 감소하여 입력 대 출력비의 전체 이득 및 감도가 감소한다.
⑨ 발진을 일으키며 불안정한 상태로 될 우려가 있다.

(2) 시퀀스 제어계의 특징
① 미리 정해진 순서 또는 일정 논리에 의해 정해진 순서에 따라 제어의 각 단계를 순차적으로 진행하는 제어이다.
② 구성하기 쉽고 시스템의 구성비가 낮다.
③ 개루프 제어계로서 유지 및 보수가 간단하다.
④ 자체 판단능력이 없기 때문에 원하는 출력을 얻기 위해서는 보정이 필요하다.
⑤ 조합 논리회로 및 시간 지연요소나 제어용 계전기가 사용되며 제어결과에 따라 조작이 자동적으로 이행된다.

10년간 자주 출제된 문제

2-1. 계전기를 이용한 시퀀스 제어에 관한 사항으로 옳지 않은 것은?
① 인터로크 회로 구성이 가능하다.
② 자기유지회로 구성이 가능하다.
③ 순차적으로 연산하는 직렬처리 방식이다.
④ 제어결과에 따라 조작이 자동적으로 이행된다.

2-2. 목푯값이 정해져 있으며, 입·출력을 비교하여 신호전달 경로가 반드시 폐루프를 이루고 있는 제어는?
① 조건제어　　　　② 시퀀스 제어
③ 피드백 제어　　　④ 프로그램 제어

|해설|
2-1
계전기를 이용한 시퀀스 제어는 여러 회로가 전기적인 신호에 의해 동시에 동작하는 병렬처리 방식이다.

2-2
피드백 제어(폐루프 회로) : 제어계의 출력값이 목푯값과 비교하여 일치하지 않을 경우 다시 출력값을 입력으로 피드백시켜 제어량과 목푯값이 일치할 때까지 오차를 줄여나가는 자동제어방식을 말한다.

정답 2-1 ③ 2-2 ③

1-2. 자동제어의 분류

핵심이론 01 제어계의 분류

(1) 목푯값에 따른 분류

① **정치제어** : 목푯값이 시간에 관계없이 항상 일정한 경우로 정전압장치, 일정 속도제어, 연속식 압연기 등에 해당하는 제어이다.

② **추치제어** : 출력의 변동을 조정하는 동시에 목푯값에 정확히 추종하도록 설계한 제어이다.

   ㉠ 추종제어 : 제어량에 의한 분류 중 서보기구에 해당하는 값을 제어(비행기 추적 레이더, 유도미사일)

   ㉡ 프로그램 제어 : 목푯값이 미리 정해진 시간적 변화를 하는 경우 제어량을 변화시키는 제어로 무인 운전시스템이 이에 해당(무인 엘리베이터, 무인 자판기, 무인열차)

   ㉢ 비율제어 : 목푯값이 다른 양과 일정한 비율 관계로 변화하는 제어(보일러의 자동연소제어)

(2) 제어량에 따른 분류

① **서보기구 제어** : 기계적인 변위를 제어량으로 해서 목푯값의 임의의 변화에 항상 추종되도록 하는 추종 제어인 경우이다. 위치, 방향, 자세, 각도, 거리 등을 제어한다.

② **프로세스 제어** : 공정제어라고도 하며 제어량이 피드백 제어계로 주로 정치제어인 경우이다. 온도, 압력, 유량, 액면, 습도, 밀도, 농도 등을 제어한다.

③ **자동조정 제어** : 전압, 전류, 주파수 등의 양을 주로 제어하는 것으로 응답속도가 빨라야 하는 것이 특징이며, 정전압장치나 발전기 및 조속기의 제어 등에 활용하는 제어이다.

(3) 동작에 따른 분류

① 연속 동작에 의한 분류

   ㉠ 비례 동작(P 제어)
- 오프셋(잔류편차, 정상편차, 정상오차)이 발생, 속응성이 나쁘다.
- $G(s) = K$
  여기서, $G(s)$: 전달함수
  K : 비례감도

   ㉡ 미분 동작(D 제어)
- 오차가 커지는 것을 미연에 방지하는 제어
- $G(s) = T_d s$
  여기서, $G(s)$: 전달함수
  T_d : 미분시간

   ㉢ 비례미분제어(PD 제어)
- 비례 동작과 미분 동작이 결합된 제어기로 미분 동작의 특성을 지니고 있으며 진동을 억제하여 속응성을 개선할 뿐만 아니라 진상 보상요소를 지니고 있다.
- $G(s) = K(1 + T_d s)$
  여기서, $G(s)$: 전달함수
  K : 비례감도
  T_d : 미분시간

   ㉣ 적분 동작(I 제어)
- 오차 발생시간과 오차의 크기로 둘러싸인 면적에 비례하여 동작하는 제어로 물탱크에 일정 유량의 물을 공급하여 수위를 올려주는 역할을 한다.
- $G(s) = \dfrac{1}{T_i s}$
  여기서, $G(s)$: 전달함수
  T_i : 적분시간

ⓜ 비례적분 동작(PI 제어)
- 비례 동작과 적분 동작이 결합된 제어기로 적분 동작의 특성을 지니고 있으며 정상특성이 개선되어 잔류편차와 사이클링이 없을 뿐만 아니라 지상 보상요소를 지니고 있다.
- $G(s) = K\left(1 + \dfrac{1}{T_i s}\right)$

  여기서, $G(s)$: 전달함수
  T_i : 적분시간
  K : 비례감도

ⓗ 비례미적분 동작(PID 동작)
- 비례 동작과 미적분 동작이 결합된 제어기로서 오버슈트를 감소시키고 정정시간을 적게 하여 정상편차와 응답속도를 동시에 개선하는 가장 안정한 제어 특성이다.
- $G(s) = K\left(1 + T_d s + \dfrac{1}{T_i s}\right)$

  여기서, $G(s)$: 전달함수
  T_i : 적분시간
  K : 비례감도
  T_d : 미분시간

② 불연속 동작에 의한 분류
ⓐ 2위치 제어
- 2위치 동작은 불연속 제어로서 제어량이 설정값에서 벗어나면 조작부를 닫아 운전을 정지시키고 반대로 조작부를 열어 운전을 기동시키는 On-Off 제어이다.
- 2위치 동작은 사이클링 현상과 오프셋이 발생하므로 동작의 틈새가 가장 많다.

ⓑ 샘플링 제어

(4) 라플라스 변환

① 주요 함수의 라플라스 변환

시간함수	라플라스 변환함수	비고
$u(t)$	$\dfrac{1}{s}$	$f(t) \to F(s)$
$e^{-at}u(t)$	$\dfrac{1}{s+a}$	$f(t-a) \to e^{-as}F(s)$
$\sin wt$	$\dfrac{w}{s^2+w^2}$	
$\cos wt$	$\dfrac{s}{s^2+w^2}$	

② 전달함수
ⓐ 모든 초깃값을 0으로 하였을 때 출력신호의 라플라스 변환과 입력신호의 라플라스 변환의 비
ⓑ 블록선도의 전달함수

$$G(s) = \dfrac{C}{R} = \dfrac{\text{패스 경로}}{1-\text{피드백 경로}}$$

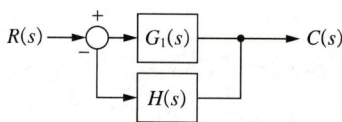

패스 경로의 전달함수 : $G_1(s)$

첫 번째 피드백 경로 함수 : $-G_1(s)H(s)$

$$G(s) = \dfrac{G_1(s)}{1 + H(s)G_1(s)}$$

10년간 자주 출제된 문제

1-1. 그림과 같은 신호흐름선도의 선형방정식은?

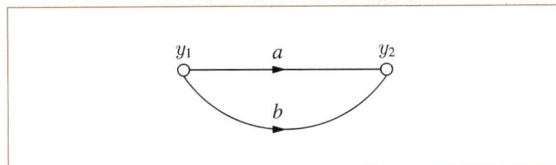

① $y_2 = (a+2b)y_1$
② $y_2 = (a+b)y_1$
③ $y_2 = (2a+b)y_1$
④ $y_2 = 2(a+b)y_1$

1-2. 피드백 제어계에서 제어요소에 대한 설명 중 옳은 것은?
① 목푯값에 비례하는 신호를 발생하는 요소이다.
② 조절부와 검출부로 구성되어 있다.
③ 동작신호를 조작량으로 변환시키는 요소이다.
④ 조절부와 비교부로 구성되어 있다.

1-3. 제어량을 어떤 일정한 목푯값으로 유지하는 것을 목적으로 하는 제어는?
① 추종제어
② 비율제어
③ 정치제어
④ 프로그램 제어

｜해설｜

1-1
- 전달함수 $G(s) = \dfrac{C}{R} = \dfrac{\text{패스 경로}}{1 - \text{피드백 경로}}$
- 패스 경로의 전달함수 : $a + b$
- 피드백 경로 : 0

$$G(s) = \frac{C}{R} = \frac{y_2}{y_1} = \frac{a+b}{1-0}$$

$y_2 = y_1(a+b)$

1-2
- 제어요소 : 동작신호를 조작량으로 변환시키는 요소로 조절부와 조작부로 구성된다.
- 조절부 : 동작신호를 만드는 부분으로 기준입력신호와 검출부의 신호를 합하여 제어계가 소요작용을 하는 데 필요한 신호를 만들어 조작부에 보내는 장치
- 조작부 : 조절부에서 받은 신호를 조작량으로 변환하여 제어대상에 보내는 장치

1-3
③ 정치제어 : 목푯값이 시간적으로 변화하지 않는 일정한 제어로 프로세서 제어와 자동조정이 있다.
① 추종제어 : 목푯값이 시간에 따라서 변하며 목푯값에 정확히 추종하는 제어로 서보기구 등이 속한다.
② 비율제어 : 목푯값이 다른 양과 일정한 비율 관계를 갖는 상태량을 제어하는 것으로 보일러 자동연소장치 등이 속한다.
④ 프로그램 제어 : 목푯값이 시간적으로 미리 정해진 대로 변화하고 제어량을 추종시키는 제어로 열처리 노의 온도제어, 무인열차 운전 등이 속한다.

정답 1-1 ② 1-2 ③ 1-3 ③

제2절　조절기용 기기

핵심이론 01　조절기용 기기의 종류 및 특징

(1) 불연속 조절기

① 2위치 동작 조절기 : 냉동기의 전자밸브, 전기로의 온도제어에 적용

(2) 연속 조절기

① 비례 동작(P 제어)
  ㉠ 오프셋(잔류편차, 정상편차, 정상오차)가 발생, 사이클링 현상 방지
  ㉡ $G(s) = K$

② 비례적분 동작(PI 제어) : 지상 보상요소
  ㉠ 잔류편차를 제거, 정상특성을 개선
  ㉡ $G(s) = K\left(1 + \dfrac{1}{T_i s}\right)$

  여기서, $G(s)$: 전달함수
  　　　　T_i : 적분시간
  　　　　K : 비례감도

③ 비례미분제어(PD 제어) : 진상 보상요소
  ㉠ 정상편차는 존재, 속응성 개선
  ㉡ $G(s) = K(1 + T_d s)$

  여기서, $G(s)$: 전달함수
  　　　　K : 비례감도
  　　　　T_d : 미분시간

④ 비례미적분 동작(PID 동작) : 지상 보상요소, 진상 보상요소
  ㉠ 정상편차와 속응성 개선
  ㉡ $G(s) = K\left(1 + T_d s + \dfrac{1}{T_i s}\right)$

10년간 자주 출제된 문제

1-1. PI 제어 동작은 프로세스 제어계의 정상특성 개선에 흔히 사용된다. 이것에 대응하는 보상요소는?

① 동상 보상요소　② 지상 보상요소
③ 진상 보상요소　④ 지상 및 진상 보상요소

1-2. 입력으로 단위계단함수 $u(t)$를 가했을 때 출력이 그림과 같은 동작은?

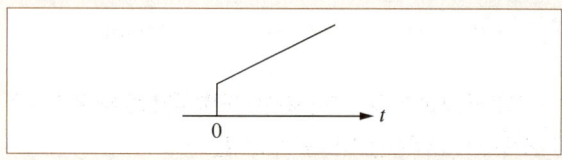

① P 동작　② PD 동작
③ PI 동작　④ 2위치 동작

|해설|

1-1, 1-2

비례적분 동작(PI 제어) : 비례 동작(수평선)과 적분 동작(기울기선)이 결합된 제어기로 적분 동작의 특성을 지니고 있으며 정상특성이 개선되어 잔류편차와 사이클링이 없을 뿐만 아니라 지상 보상요소를 지니고 있다.

$G(s) = K\left(1 + \dfrac{1}{T_i s}\right)$

여기서, $G(s)$: 전달함수, T_i : 적분시간, K : 비례감도

정답 1-1 ②　1-2 ③

제3절 조작용 기기

핵심이론 01 조작용 기기의 종류 및 특징

(1) 조작기기의 분류 및 특징

직접 제어대상에 작용하는 장치이고 응답이 빠르며 조작력이 큰 것이 요구된다.

① 조작기기의 종류

전기계	기계계
• 전동밸브 • 전자밸브 • 2상 서보전동기 • 직류 서보전동기 • 펄스 전동기	• 다이어프램 밸브 • 클러치 • 밸브 포지셔너 • 유압식 조작기

② 조작기기의 특징

구분	전기식	공기식	유압식
적응성	대단히 넓고 특성의 변경이 쉽다.	PID 동작을 만들기 쉽다.	관성이 적고 대출력을 얻기가 쉽다.
전송	장거리 전송이 가능하고 지연이 적다.	장거리가 되면 지연이 크게 된다.	지연은 적으나 배관에 장거리는 어렵다.
안전성	방폭형이 필요하다.	안전하다.	인화성이 있다.
속응성	늦다.	장거리에서는 어렵다.	빠르다.
부피, 무게에 대한 출력	감속장치가 필요하고 출력은 작다.	출력이 크지 않다.	저속이고 큰 출력을 얻을 수 있다.

10년간 자주 출제된 문제

1-1. 제어기기 중 전기식 조작기기에 대한 설명으로 옳지 않은 것은?

① 장거리 전송이 가능하고 늦음이 적다.
② 감속장치가 필요하고 출력은 작다.
③ PID 동작이 간단히 실현된다.
④ 많은 종류의 제어에 적용되어 용도가 넓다.

1-2. 저속이지만 큰 출력을 얻을 수 있고 속응성이 빠른 조작기기는?

① 유압식 조작기기
② 공기압식 조작기기
③ 전기식 조작기기
④ 기계식 조작기기

|해설|

1-2
유압식은 저속이고 큰 출력을 얻을 수 있다.

정답 1-1 ③ 1-2 ①

제4절 검출용 기기

핵심이론 01 검출용 기기의 종류 및 특징

(1) 검출기의 종류

제어	검출기	비고
자동조정용	• 전압검출기 • 속도검출기	자기증폭기, 전자관 및 트랜지스터 증폭기 스피더, 주파수 검출기
서보기구용	• 전위차 • 차동변압기 • 싱크로 • 마이크로신	• 권선계 저항을 이용하여 변위, 변각을 측정 • 변위를 자기 저항의 불균형으로 변형 • 변각을 검출 • 변각을 검출
공정제어용	압력 검출	• 기계식 압력계 : 부르동관, 벨로즈, 다이어프램 • 전기식 압력 : 스트레인 게이지, 피라니 진공계, 전리 진공계
	유량 검출	• 교축식 유량계 • 면적식 유량계 • 전자 유량계
	액면 검출	• 차압식 액면계 • 오리피스, 플로 노즐, 벤투리관 • 플로트식 액면계
	온도 검출	• 열전 온도계 • 저항 온도계 • 바이메탈 온도계 • 방사 온도계 • 광 온도계 • 압력형 온도계
	가스 성분 검출	• 열전도식 가스 성분계 • 연소식 가스 성분계 • 자기 산소계 • 적외선 가스 성분계
	습도 검출	• 전기식 건습구 습도계 • 광전관식 노점 습도계
	액체 성분 검출	• pH계 • 액체 농도계

10년간 자주 출제된 문제

1-1. 공정제어용 검출기가 아닌 것은?
① 싱크로
② 유량계
③ 온도계
④ 습도계

1-2. 압력을 감지하는 데 가장 널리 사용되는 것은?
① 마이크로폰
② 스트레인 게이지
③ 회전자기 부호기
④ 전위차계

|해설|

1-1
싱크로는 서보기구용이다.

1-2
압력계의 종류
• 기계식 압력 : 부르동관, 벨로즈, 다이어프램
• 전기식 압력계 : 스트레인 게이지, 피라니 진공계, 전리 진공계

정답 **1-1** ① **1-2** ②

PART 02

과년도+최근 기출복원문제

2018~2020년　　과년도 기출문제
2021~2024년　　과년도 기출복원문제
2025년　　　　　최근 기출복원문제

2018년 제1회 과년도 기출문제

제1과목 공기조화

01 덕트 내 공기가 흐를 때 정압과 동압에 관한 설명으로 틀린 것은?

① 정압은 항상 대기압 이상의 압력으로 된다.
② 정압은 공기가 정지 상태일지라도 존재한다.
③ 동압은 공기가 움직이고 있을 때만 생기는 속도압이다.
④ 덕트 내에서 공기가 흐를 때 그 동압을 측정하면 속도를 구할 수 있다.

해설
정압이란 덕트 내의 공기가 주위에 미치는 압력으로서 대기압 이상의 압력으로 되거나 이하의 압력으로 된다.

02 공기조화 방식의 특징 중 전공기식의 특징에 관한 설명으로 옳은 것은?

① 송풍 동력이 펌프 동력에 비해 크다.
② 외기 냉방을 할 수 없다.
③ 겨울철에 가습하기가 어렵다.
④ 실내에 누수의 우려가 있다.

해설
전공기식의 특징
• 송풍 동력이 커서 타 방식에 비하여 열반송 동력(펌프 동력)이 가장 크다.
• 리턴 팬을 설치하면 외기 냉방이 가능하다.
• 겨울철에 가습이 용이하다.
• 열매체가 공기이므로 실내에 누수의 우려가 없다.
• 송풍량이 충분하므로 실내공기의 오염이 적다.

03 증기난방 방식의 종류에 따른 분류 기준으로 가장 거리가 먼 것은?

① 사용 증기압력
② 증기 배관 방식
③ 증기 공급 방향
④ 사용 열매 종류

해설
증기난방 방식의 분류
• 사용 증기압력 : 고압식, 저압식
• 응축수 환수 방식 : 중력환수식, 기계환수식, 진공환수식
• 증기 배관 방식 : 단관식, 복관식
• 환수관의 배치 : 건식환수식, 습식환수식
• 증기 공급 방향 : 상향공급식, 하향공급식

04 공조용 저속 덕트를 등마찰법으로 설계할 때 사용하는 단위마찰저항으로 가장 적당한 것은?

① 0.007~0.015Pa/m
② 0.7~1.5Pa/m
③ 7~15Pa/m
④ 70~150Pa/m

해설
마찰저항
• 고속 덕트 : 9.8Pa/m
• 저속 덕트 : 0.7~2Pa/m 이하

05 저속 덕트와 고속 덕트를 구분하는 주덕트 내의 풍속으로 적당한 것은?

① 8m/s
② 15m/s
③ 25m/s
④ 45m/s

해설
저속 덕트와 고속 덕트의 구분
• 고속 덕트 : 풍속 15m/s 이상
• 저속 덕트 : 풍속 15m/s 이하

정답 1① 2① 3④ 4② 5②

06 다음 냉방부하 종류 중 현열부하만 이용하여 계산하는 것은?

① 극간풍에 의한 열량
② 인체의 발생열량
③ 기구의 발생열량
④ 송풍기에 의한 취득열량

해설
송풍기에 의한 취득열량은 현열(기계열)이다.
현열부하와 잠열부하를 모두 포함하는 부하
- 극간풍에 의한 열량
- 인체의 발생열량
- 비등기 등 실내기구의 발생열량
- 외기부하

07 고온수 난방 배관에 관한 설명으로 옳은 것은?

① 장치의 열용량이 작아 예열시간이 짧다.
② 대량의 열량 공급은 용이하지만 배관의 지름은 저온수 난방보다 크게 된다.
③ 관내 압력이 높기 때문에 관 내면의 부식문제가 증기난방에 비해 심하다.
④ 공급과 환수의 온도차를 크게 할 수 있으므로 열수송량이 크다.

해설
고온수 난방의 특징
- 장치의 열용량이 크고 예열시간이 길기 때문에 연료소비량이 많다.
- 물의 증발을 방지하기 위하여 밀폐식 팽창탱크를 설치한다.
- 고온수는 지역난방의 열분배 계통에 이용되므로 대량의 열공급은 용이하며 저온수 난방보다 배관의 지름을 작게 할 수 있다.
- 고온수 난방은 증기난방에 비해 기기의 고장이나 관 내면의 부식문제가 적다.
- 공급과 환수의 온도차를 크게 할 수 있으므로 열수송량이 크다.

08 공기조화 방식의 열매체에 의한 분류 중 냉매 방식의 특징에 대한 설명으로 틀린 것은?

① 유닛에 냉동기를 내장하므로 국소적인 운전이 자유롭게 된다.
② 온도조절기를 내장하고 있어 개별제어가 가능하다.
③ 대형의 공조실을 필요로 한다.
④ 취급이 간단하고 대형의 것도 쉽게 운전할 수 있다.

해설
패키지 방식(냉매 방식)의 특징
- 압축기, 응축기, 팽창밸브, 공기여과기, 송풍기, 전동기, 제어장치 등을 케이싱에 조립하여 하나의 유닛으로 만든 것이다.
- 유닛에 냉동기가 내장되어 있어 국소적인 운전이 자유롭게 된다.
- 각 실에 유닛을 직접 설치하므로 대형의 공조실을 필요로 하지 않는다.
- 온도조절기가 설치되어 있어 개별제어가 가능하다.

09 일반적인 덕트 설비를 설계할 때 덕트 설계순서로 옳은 것은?

① 덕트 계획 → 덕트 치수 및 저항 산출 → 흡입·취출구 위치 결정 → 송풍량 산출 → 덕트 경로 결정 → 송풍기 선정
② 덕트 계획 → 덕트 경로 결정 → 덕트 치수 및 저항 산출 → 송풍량 산출 → 흡입·취출구 위치 결정 → 송풍기 선정
③ 덕트 계획 → 송풍량 산출 → 흡입·취출구 위치 결정 → 덕트 경로 결정 → 덕트 치수 및 저항 산출 → 송풍기 선정
④ 덕트 계획 → 흡입·취출구 위치 결정 → 덕트 치수 및 저항 산출 → 덕트 경로 결정 → 송풍량 산출 → 송풍기 선정

해설
덕트 설계순서 : 덕트 계획 → 송풍량 산출 → 흡입·취출구 위치 결정 → 덕트 경로 결정 → 덕트 치수 및 저항 산출 → 송풍기 선정

정답 6 ④ 7 ④ 8 ③ 9 ③

10 건구온도 10℃, 상대습도 60%인 습공기를 30℃로 가열하였다. 이때의 습공기 상대습도는?(단, 10℃의 포화수증기압은 9.2mmHg이고, 30℃의 포화수증기압은 23.75mmHg이다)

① 17% ② 20%
③ 23% ④ 27%

해설
건구온도 10℃, 상대습도 60%일 때 습공기 수증기 분압
$$P_w = \frac{\phi \times P_s(10)}{100} = \frac{60 \times 9.2\text{mmHg}}{100} = 5.52\text{mmHg}$$
건구온도 10℃와 30℃일 때의 습공기 수증기 분압(P_w)은 같으므로 아래와 같이 구할 수 있다.
$$\phi = \frac{P_w}{P_s(30)} \times 100\%$$
$$\phi = \frac{5.52}{23.75} \times 100\% = 23.2\%$$
여기서, ϕ : 상대습도(%)
P_s : 포화습공기 수증기 분압(mmHg)
P_w : 습공기 수증기 분압(mmHg)

11 온도가 20℃, 절대압력이 1MPa인 공기의 밀도(kg/m³)는?(단, 공기는 이상기체이며, 기체상수(R)는 0.287kJ/kg·K이다)

① 9.55 ② 11.89
③ 13.78 ④ 15.89

해설
• 이상기체 상태방정식 $PV = mRT$
• 밀도 $\rho = \dfrac{m}{V} = \dfrac{P}{RT} = \dfrac{1 \times 10^6 \dfrac{\text{N}}{\text{m}^2}}{287 \dfrac{\text{N} \cdot \text{m}}{\text{kg} \cdot \text{K}} \times (20+273)\text{K}}$
$= 11.89\text{kg/m}^3$
여기서, P : 절대압력(N/m²)
R : 기체상수(N·m/kg·K)
T : 절대온도(K = ℃ + 273)
※ 단위환산 : 1MPa = 1×10^6Pa = 1×10^6N/m²
0.287kJ = 287J = 287N·m

12 겨울철에 난방을 하는 건물의 배기열을 효과적으로 회수하는 방법이 아닌 것은?

① 전열교환기 방법
② 현열교환기 방법
③ 열펌프 방법
④ 축열조 방법

해설
축열조 방법 : 값싼 심야전기를 이용하여 심야에 냉동기를 운전, 빙축열(얼음) 또는 수축열(냉수)을 생산하고 그 열을 축열조에 보관하였다가 낮 피크부하 시 사용하는 방법이다. 이 방법은 냉동방법의 일종으로서 난방 시에는 사용되지 않는다.

13 보일러에서 물이 끓어 증발할 때 보일러수가 물방울 또는 거품으로 되어 증기에 섞여 보일러 밖으로 분출되어 나오는 장해의 종류는?

① 스케일 장해
② 부식 장해
③ 캐리오버 장해
④ 슬러지 장해

해설
③ 캐리오버 장해 : 보일러 동체 내에서 물이 끓어 증발할 때 보일러수가 물방울 또는 거품으로 되어 증기에 섞여 보일러 밖으로 분출되어 나오는 장해이다.
① 스케일 장해 : 보일러수 중의 용해 고형물로부터 생성되어 관벽, 드럼, 기타 전열면에 부착하여 굳어진 것으로 열전도가 저하되어 열효율이 낮아진다.
④ 슬러지 장해 : 보일러수 중의 용해 고형물이 부착되지 않고 드럼, 헤더 등의 밑바닥에 침전되어 있는 연질의 침전물이 나오는 장해이다.

14 송풍 공기량을 Q(m³/s), 외기 및 실내온도를 각각 t_o, t_r(℃)이라 할 때 침입외기에 의한 손실열량 중 현열부하(kW)를 구하는 공식은?(단, 공기의 정압비열은 1.0kJ/kg·K, 밀도는 1.2kg/m³이다)

① $1.0 \times Q \times (t_o - t_r)$
② $1.2 \times Q \times (t_o - t_r)$
③ $597.5 \times Q \times (t_o - t_r)$
④ $717 \times Q \times (t_o - t_r)$

해설
- 현열부하 $= (\rho Q)C\Delta t = (1.2Q) \times 1.0 \times \Delta t = 1.2Q(t_o - t_r)$
- 잠열부하 $= (\rho Q)\gamma \Delta x = (1.2Q) \times 2,501 \times \Delta x$
  $= 3,001.2Q(x_o - x_r)$

여기서, 공기의 밀도 ρ = 1.2kg/m³
공기의 비열 C = 1.0kJ/kg·K
물의 증발잠열 γ = 2,501kJ/kg
Δt = 실내외 온도차
Δx = 절대습도차

15 증기난방의 장점이 아닌 것은?

① 방열기가 소형이 되므로 비용이 적게 든다.
② 열의 운반능력이 크다.
③ 예열시간이 온수난방에 비해 짧고 증기 순환이 빠르다.
④ 소음(Steam Hammering)을 일으키지 않는다.

해설
증기난방은 스팀 해머링을 일으켜 소음이 발생되므로 스팀 사일런서를 설치한다.

16 전열교환기에 대한 설명으로 틀린 것은?

① 회전식과 고정식 등이 있다.
② 현열과 잠열을 동시에 교환한다.
③ 전열교환기는 공기 대 공기 열교환기라고도 한다.
④ 동계에 실내로부터 배기되는 고온·다습공기와 한냉·건조한 외기와의 열교환을 통해 엔탈피 감소효과를 가져온다.

해설
전열교환기는 배기되는 공기와 도입외기 사이에 공기를 열교환시키는 공기 대 공기 열교환기이다. 따라서 실내로부터 배기되는 고온의 공기와 저온의 외기공기를 열교환시켜 실내로 도입되는 공기의 엔탈피 상승효과를 가져온다.

17 가변풍량 방식에 대한 설명으로 옳은 것은?

① 실내온도제어는 부하변동에 따른 송풍온도를 변화시켜 제어한다.
② 부분부하 시 송풍기 제어에 의하여 송풍기 동력을 절감할 수 있다.
③ 동시사용률을 적용할 수 없으므로 설비용량을 줄일 수 없다.
④ 시운전 시 취출구의 풍량 조절이 복잡하다.

해설
가변풍량 방식은 동시사용률을 적용하여 기기용량을 결정할 수 있으므로 설비용량을 줄일 수 있다.

정답 14 ② 15 ④ 16 ④ 17 ②

18 증기 트랩(Steam Trap)에 대한 설명으로 옳은 것은?

① 고압의 증기를 만들기 위해 가열하는 장치
② 증기가 환수관으로 유입되는 것을 방지하기 위해 설치한 밸브
③ 증기가 역류하는 것을 방지하기 위해 만든 자동밸브
④ 간헐운전을 하기 위해 고압의 증기를 막는 자동밸브

해설
증기 트랩 : 방열기의 환수측 또는 증기 배관의 최말단 등에 부착하여 응축수만을 분리 배출하여 환수시키는 장치로 수격작용, 부식 및 증기 누설을 방지하여 난방기기의 효율을 높인다.

19 에어 핸들링 유닛(Air Handling Unit)의 구성요소가 아닌 것은?

① 공기여과기
② 송풍기
③ 공기냉각기
④ 압축기

해설
에어 핸들링 유닛의 구성요소 : 공기냉각기(쿨링 코일), 공기가열기(히팅 코일), 공기여과기(에어필터), 가습기, 송풍기 등으로 구성되어 있다.

20 공기조화기(AHU)의 냉·온수 코일 선정에 대한 설명으로 틀린 것은?

① 코일의 통과풍속은 약 2.5m/s를 기준으로 한다.
② 코일 내 유속은 1.0m/s 전후로 하는 것이 적당하다.
③ 공기의 흐름 방향과 냉온수의 흐름 방향은 평행류보다 대향류로 하는 것이 전열효과가 크다.
④ 코일의 통풍저항을 크게 할수록 좋다.

해설
코일의 통풍저항이 클 경우 코일을 통과하는 공기의 양이 줄어들어 코일의 전열효율이 감소하게 되고 공기조화기 효율 역시 감소한다.

제2과목 냉동공학

21 증기분사식 냉동장치에서 사용되는 냉매는?

① 프레온
② 물
③ 암모니아
④ 염화칼슘

해설
증기분사식 냉동장치는 이젝터와 같은 노즐을 사용하며, 이 노즐을 통해 증기를 고속 분사시키면서 주위의 가스를 빨아들여 진공시킨다. 이때 증발기 내의 물 또는 식염수는 저압 아래에서 증발됨으로써 그 증발잠열에 의해 냉매(물)가 냉각되고 이를 이용해 냉동하는 방식이다.

22 핫가스(Hot Gas) 제상을 하는 소형 냉동장치에서 핫가스의 흐름을 제어하는 것은?

① 캐필러리 튜브(모세관)
② 자동팽창밸브(AEV)
③ 솔레노이드밸브(전자밸브)
④ 증발압력조정밸브

해설
핫가스 제상은 타이머를 사용하여 제상시간을 설정하고, 설정시간에 도달하면 제상용 전자밸브가 열려 핫가스(압축기와 응축기 사이의 가스)를 증발기에 흐르도록 한다.

23 냉동장치의 액관 중 발생하는 플래시 가스의 발생 원인으로 가장 거리가 먼 것은?

① 액관의 입상 높이가 매우 작을 때
② 냉매 순환량에 비하여 액관의 관경이 너무 작을 때
③ 배관에 설치된 스트레이너, 필터 등이 막혀 있을 때
④ 액관이 직사광선에 노출될 때

해설
냉동장치에서 플래시 가스의 발생 원인
• 냉매 순환량에 비하여 액관의 직경이 작을 때
• 증발기와 응축기 사이 액관의 입상 높이가 매우 클 때
• 여과기(스트레이너)나 필터 등이 막혀 있을 때
• 액관 냉매액의 과냉도가 작을 때

24 다음 상태변화에 대한 설명으로 옳은 것은?

① 단열변화에서 엔트로피는 증가한다.
② 등적변화에서 가해진 열량은 엔탈피 증가에 사용된다.
③ 등압변화에서 가해진 열량은 엔탈피 증가에 사용된다.
④ 등온변화에서 절대일은 0이다.

해설
① 단열변화는 열의 출입이 없고 마찰 등의 내부열 발생이 없는 변화로 엔트로피는 일정하다.
② 등적변화에서 가해진 열량은 내부에너지 증가에 사용된다.
④ 등온변화에서 절대일은 외부에서 가해진 열량과 같으므로 0보다 크다.

25 압축기의 체적효율에 대한 설명으로 틀린 것은?

① 압축기의 압축비가 클수록 커진다.
② 틈새가 작을수록 커진다.
③ 실제로 압축기에 흡입되는 냉매증기의 체적과 피스톤이 배출한 체적과의 비를 나타낸다.
④ 비열비 값이 작을수록 적게 된다.

해설
압축비와 체적효율은 반비례하므로 압축비가 클수록 체적효율은 작게 된다.
체적효율 $\eta_v = 1 - \varepsilon(a^{\frac{1}{k}} - 1)$
여기서, ε : 간극비, a : 압축비, k : 비열비이다.

26 10kg의 산소가 체적 5에서 11m³로 변화하였다. 이 변화가 일정 압력하에 이루어졌다면 엔트로피의 변화(kcal/kg·K)는?(단, 산소는 완전가스로 보고, 정압비열은 0.221kcal/kg·K로 한다)

① 1.55 ② 1.74
③ 1.95 ④ 2.05

해설
등압과정에서의 엔트로피 변화
$\triangle S = GC_p \ln\left(\dfrac{V_2}{V_1}\right) = 10\text{kg} \times 0.221 \dfrac{\text{kcal}}{\text{kg}\cdot\text{K}} \times \ln\dfrac{11\text{m}^3}{5\text{m}^3}$
$= 1.742 \text{kcal/kg}\cdot\text{K}$

27 냉동사이클에서 응축온도를 일정하게 하고 압축기 흡입가스의 상태를 건포화증기로 할 때 증발온도를 상승시키면 어떤 결과가 나타나는가?

① 압축비 증가 ② 성적계수 감소
③ 냉동효과 증가 ④ 압축일량 증가

해설
응축온도가 일정한 상태로 증발온도를 상승시키면 나타나는 냉동 사이클 현상
• 압축비 감소로 토출가스 온도 역시 감소한다.
• 압축일량 및 동력소비량이 감소한다.
• 플래시 가스 발생량이 감소해서 냉동효과가 증가한다.
• 냉동장치의 성적계수가 증가한다.

[정답] 23 ① 24 ③ 25 ① 26 ② 27 ③

28 냉동효과에 관한 설명으로 옳은 것은?

① 냉동효과란 응축기에서 방출하는 열량을 의미한다.
② 냉동효과는 압축기의 출구 엔탈피와 증발기의 입구 엔탈피 차를 이용하여 구할 수 있다.
③ 냉동효과는 팽창밸브 직전의 냉매 액온도가 높을수록 크며, 또 증발기에서 나오는 냉매증기의 온도가 낮을수록 크다.
④ 냉동효과를 크게 하려면 냉매의 과냉각도를 증가시키는 방법을 취하면 된다.

해설
① 냉동효과란 증발기에서 흡수하는 열량을 의미한다.
② 냉동효과는 증발기의 출구(압축기의 입구) 엔탈피와 증발기의 입구(팽창밸브 직후) 엔탈피 차를 이용하여 구할 수 있다.
③ 냉동효과는 팽창밸브 직전의 냉매액 온도가 낮을수록 크며, 또 증발기에서 나오는 냉매증기의 온도가 높을수록 크다.

29 조건을 참고하여 산출한 이론 냉동사이클의 성적계수는?

(ㄱ) 증발기 입구 냉매엔탈피 : 250kJ/kg
(ㄴ) 증발기 출구 냉매엔탈피 : 390kJ/kg
(ㄷ) 압축기 입구 냉매엔탈피 : 390kJ/kg
(ㄹ) 압축기 출구 냉매엔탈피 : 440kJ/kg

① 2.5 ② 2.8
③ 3.2 ④ 3.8

해설
성적계수 $COP = \dfrac{Q}{A_w} = \dfrac{(390-250)\text{kJ/kg}}{(440-390)\text{kJ/kg}} = 2.8$

30 몰리에르($P-h$) 선도에 나타나 있지 않은 것은?

① 엔트로피 ② 온도
③ 비체적   ④ 비열

해설
몰리에르 선도의 구성 : 압력, 엔탈피, 온도, 비체적, 엔트로피, 건조도

31 다음과 같은 냉동기의 냉동능력(RT)은?(단, 응축기 냉각수 입구온도 18℃, 응축기 냉각수 출구온도 23℃, 응축기 냉각수 수량 1,500L/min, 압축기 주전동기 축마력 80PS, 1RT 3,320kcal/h이다)

① 135 ② 120
③ 150 ④ 125

해설
• 응축기의 방열량
$Q_c = GC\Delta t$
$= 1,500\dfrac{\text{kg}}{\text{min}} \times 60\dfrac{\text{min}}{\text{h}} \times 1\dfrac{\text{kcal}}{\text{kg}\cdot\text{℃}} \times (23-18)\text{℃}$
$= 450,000\text{kcal/h}$
※ 물 1L = 1kg
• 압축기의 열량(1PS = 632kcal/h)
$A_w = 80 \times 632 = 50,560\text{kcal/h}$
• 증발기의 흡수열량($Q_e = Q_c - A_w$)
$Q_e = 450,000 - 50,560 = 399,440\text{kcal/h}$
• 냉동기의 냉동능력(1RT = 3,320kcal/h)
$\dfrac{Q_e}{3,320} = \dfrac{399,440}{3,320} = 120.31\text{RT}$
※ 냉동능력이란 단위시간 내에 증발기가 제거할 수 있는 열량을 나타내며 냉동톤의 열량은 흡수열량을 나타낸다.

32 다음 그림은 어떤 사이클인가?(단, P = 압력, h = 엔탈피, T = 온도, S = 엔트로피이다)

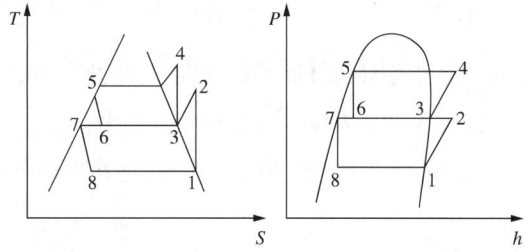

① 2단 압축 1단 팽창 사이클
② 2단 압축 2단 팽창 사이클
③ 1단 압축 1단 팽창 사이클
④ 1단 압축 2단 팽창 사이클

해설
문제의 그림에서 1-2구간의 저단 압축과 3-4구간의 고단 압축으로 이루어져 있고, 5-6구간과 7-8구간의 팽창과정으로 이루어져 있다. 따라서 2단 압축 2단 팽창 사이클이다.

33 냉동장치 내 불응축 가스가 존재하고 있는 것이 판단되었다. 혼입 원인으로 가장 거리가 먼 것은?

① 냉매 충전 전에 장치 내를 진공건조시키기 위하여 상온에서 진공 750mmHg까지 몇 시간 동안 진공펌프를 운전하였기 때문이다.
② 냉매와 윤활유의 충전작업이 불량했기 때문이다.
③ 냉매와 윤활유가 분해하기 때문이다.
④ 팽창밸브에서 수분이 동결하고 흡입가스 압력이 대기압 이하가 되기 때문이다.

해설
냉매 충전 전에 장치 내를 진공건조시키기 위하여 상온에서 진공 750mmHg까지 몇 시간 동안 진공펌프를 운전하면 냉동장치 및 배관 내의 수분을 완전히 제거되어 불응축 가스가 발생하지 않는다.

불응축 가스 발생 원인
- 냉매와 윤활유의 충전작업 불량으로 공기가 장치 내로 혼입된 경우
- 냉매와 윤활유가 분해하여 가스 상태로 존재할 경우
- 팽창밸브에 수분이 동결하고 흡입가스 압력이 대기압보다 낮은 상태에서 장치에 누설부가 발생하여 공기가 장치 내로 혼입된 경우

34 냉매의 구비조건으로 틀린 것은?

① 임계온도는 높고 응고점은 낮아야 한다.
② 증발잠열과 기체의 비열은 작아야 한다.
③ 장치를 침식하지 않으며 절연내력이 커야 한다.
④ 점도와 표면장력은 작아야 한다.

해설
증발잠열은 크고 액체의 비열은 작아야 한다. 증발잠열이 클수록 냉동효과가 증대하며 액체의 비열은 작을수록 쉽게 증발시킬 수 있다.

35 조건을 참고하여 산출한 흡수식 냉동기의 성적계수는?

(ㄱ) 응축기 냉각열량 : 20,000kJ/h
(ㄴ) 흡수기 냉각열량 : 25,000kJ/h
(ㄷ) 재생기 가열량 : 21,000kJ/h
(ㄹ) 증발기 냉동열량 : 24,000kJ/h

① 0.88   ② 1.14
③ 1.34   ④ 1.52

해설
흡수식 냉동기의 성적계수는 압축기의 열량 대신 재생기(발생기)의 열량을 대입하여 구한다.
$$COP = \frac{Q_e}{A_w} = \frac{24,000 kJ/h}{21,000 kJ/h} = 1.14$$

36 중간냉각기에 대한 설명으로 틀린 것은?

① 다단압축 냉동장치에서 저단측 압축기 압축압력(중간압력)의 포화온도까지 냉각하기 위하여 사용한다.
② 고단측 압축기로 유입되는 냉매증기의 온도를 낮추는 역할도 한다.
③ 중간냉각기의 종류에는 플래시형, 액냉각형, 직접팽창형이 있다.
④ 2단 압축 1단 팽창 냉동장치에는 플래시형 중간냉각방식이 이용되고 있다.

해설
중간냉각기 종류
- 플래시형 : 2단 압축 2단 팽창
- 액냉각형 : 2단 압축 1단 팽창
- 직접팽창형 : 2단 압축 1단 팽창

정답 33 ① 34 ② 35 ② 36 ④

37 수랭식 냉동장치에서 단수되거나 순환수량이 적어질 때 경고장치 보호를 위해 작동하는 스위치는?

① 고압 스위치 ② 저압 스위치
③ 유압 스위치 ④ 플로(Flow) 스위치

해설
단수 릴레이의 종류 : 단압식, 수류식(플로 스위치), 차압식
① 저압 차단식 스위치(LPS) : 흡입압력(저압)이 일정 압력 이하가 되면 전기적 접점이 떨어져 압축기용 전동기 전원을 차단하여 압축기를 정지시킨다.
② 고압 차단식 스위치(HPS) : 토출압력(고압)이 일정 압력 이상이 되면 압축기용 전동기 전원을 차단하여 고압으로 인한 냉동장치의 파손을 방지한다.
③ 유압 보호 스위치(OPS) : 유압이 일정 압력 이하가 되어 일정 시간(60~90초) 이내에 정상압력에 도달하지 못하면 전동기 전원을 차단하여 압축기를 정지시킨다.

38 어떤 냉매의 액이 30℃의 포화온도에서 팽창밸브로 공급되어 증발기로부터 5℃의 포화증기가 되어 나올 때 1냉동톤당 냉매의 양(kg/h)은?(단, 5℃의 엔탈피는 140.83kcal/kg, 30℃의 엔탈피는 107.65 kcal/kg이다)

① 100.1 ② 50.6
③ 10.8   ④ 5.3

해설
냉매 순환량 $G = \dfrac{Q_e}{\Delta h} = \dfrac{3,320\dfrac{\text{kcal}}{\text{h}}}{(140.83-107.65)\dfrac{\text{kcal}}{\text{kg}}} = 100.1\text{kg/h}$

여기서, Q_e : 냉동능력(1냉동톤 = 3,320kcal/h)
Δh : 엔탈피 차

39 냉동장치의 안전장치 중 압축기로의 흡입압력이 소정의 압력 이상이 되었을 경우 과부하에 의한 압축기용 전동기의 위험을 방지하기 위하여 설치되는 기기는?

① 증발압력 조정밸브(EPR)
② 흡입압력 조정밸브(SPR)
③ 고압 스위치
④ 저압 스위치

해설
① 증발압력 조정밸브(EPR) : 증발기와 압축기 사이의 흡입관에 설치하여 증발압력이 일정 압력 이하가 되는 것을 방지한다.
③ 고압 차단스위치(HPS) : 토출압력(고압)이 일정 압력 이상이 되면 압축기용 전동기 전원을 차단하여 고압으로 인한 냉동장치의 파손을 방지한다.
④ 저압 차단스위치(LPS) : 흡입압력(저압)이 일정 압력 이하가 되면 전기적 접점이 떨어져 압축기용 전동기 전원을 차단하여 압축기를 정지시킨다.

40 공기냉동기의 온도가 압축기 입구에서 -10℃, 압축기 출구에서 110℃, 팽창밸브 입구에서 10℃, 팽창밸브 출구에서 -60℃일 때 압축기의 소요일량(kcal/kg)은?(단, 공기비열은 0.24kcal/kg·℃)

① 12 ② 14
③ 16 ④ 18

해설
압축기의 소요일량(kcal/kg)
$A_w = Q_c - Q_e$
$Q_c = C\Delta t = 0.24 \times (110-(-10)) = 28.8\text{kcal/kg}$
$Q_e = C\Delta t = 0.24 \times (10-(-60)) = 16.8\text{kcal/kg}$
$\therefore A_w = 28.8 - 16.8 = 12\text{kcal/kg}$

여기서, A_w : 압축기 소요일량
Q_c : 응축기 방출일량
Q_e : 증발기 흡수일량

※ 1kg당 열량이므로 공식에서 질량(G)이 빠진다.

37 ④ 38 ① 39 ② 40 ①

제3과목 배관일반

41 가스 배관에서 가스 공급을 중단시키지 않고 분해·점검할 수 있는 것은?

① 바이패스관 ② 가스미터
③ 부스터 ④ 수취기

해설
바이패스관은 가스 배관에서 가스 공급을 중단시키지 않고 장치 또는 부속기기를 분해 및 점검하기 위한 배관이다.

42 급탕설비에 사용되는 저탕조에서 필요한 부속품으로 가장 거리가 먼 것은?

① 안전밸브 ② 수위계
③ 압력계 ④ 온도계

해설
저탕조에는 안전밸브, 온도계, 압력계 자동공기빼기밸브, 전기방식용 전원장치 등의 부품을 설치하고 일정 시간 대량의 온수를 공급하기 위해 온수를 저장 및 가열하는 탱크이므로 거의 만수 상태로 유지되며 수위계를 설치하지 않는다.

43 열전도도가 비교적 크고 내식성과 굴곡성이 뛰어난 장점이 있어 열교환기용 관으로 널리 사용되는 관은?

① 강관 ② 플라스틱관
③ 주철관 ④ 동관

해설
동관의 특징
- 열전도도가 좋다.
- 내식성이 우수하며 알칼리에 강하고 산성에 약하다.
- 가볍고 마찰저항은 작으나 충격에 약하다.
- 전연성이 풍부하여 가공이 용이하다.
- 열교환기용 관이나 급수용으로 널리 사용된다.

44 급탕 배관 계통에서 배관 중 총 손실열량이 15,000 kcal/h이고, 급탕온도가 70℃, 환수온도가 60℃일 때 순환수량(kg/min)은?

① 1,500 ② 100
③ 25 ④ 5

해설
순환수량 $G = \dfrac{Q}{C\Delta t} = \dfrac{15{,}000\frac{\text{kcal}}{\text{h}} \times \frac{1\text{h}}{60\text{min}}}{1\frac{\text{kcal}}{\text{kg}\cdot\text{℃}} \times (70-60)\text{℃}} = 25\text{kg/min}$

45 옥내 노출 배관 보온재 외피 시공 시 미관과 내구성을 고려하였을 때 적합한 재료는?

① 면포 ② 아연도금강판
③ 비닐 테이프 ④ 방수 마포

해설
옥내 노출 배관을 보온재로 시공한 후 미관과 내구성을 고려할 경우 외피를 아연도금강판으로 시공한다.

정답 41 ① 42 ② 43 ④ 44 ③ 45 ②

46 유기질 보온재의 종류가 아닌 것은?

① 석면
② 펠트
③ 코르크
④ 기포성 수지

해설
- 유기질 보온재 : 펠트, 코르크, 기포성 수지
- 무기질 보온재 : 탄산마그네슘, 석면, 암면, 규조토, 유리섬유, 규산칼슘

47 배관 설계 시 유의사항으로 틀린 것은?

① 가능한 동일 직경의 배관은 짧고 곧게 배관한다.
② 관로의 색깔로 유체의 종류를 나타낸다.
③ 관로가 너무 길어서 압력손실이 생기지 않도록 한다.
④ 곡관을 사용할 때는 관 굽힘 곡률 반경을 작게 한다.

해설
유체의 마찰저항을 작게 하기 위하여 곡관을 사용할 때는 관 굽힘 곡률 반경을 크게 한다.

48 이온화에 의한 금속부식에서 이온화 경향이 가장 작은 금속은?

① Mg
② Sn
③ Pb
④ Al

해설
금속의 이온화 경향이 큰 순서 : K > Ca > Mg > Al > Zn > Fe > Ni > Sn > Pb > H > Cu > Hg > Ag > Pt > Au

49 도시가스 배관을 지하에 매설하는 중압 이상인 배관(a)과 지상에 설치하는 배관(b)의 표면 색상으로 옳은 것은?

① (a) 적색, (b) 회색
② (a) 백색, (b) 적색
③ (a) 적색, (b) 황색
④ (a) 백색, (b) 황색

해설
도시가스 배관의 표면 색상
- 지상 배관 : 황색
- 지하 배관 저압 : 황색
- 지하 배관 중압 : 적색

50 냉매 배관 시공 시 주의사항으로 틀린 것은?

① 배관 재료는 각각의 용도, 냉매 종류, 온도를 고려하여 선택한다.
② 배관 곡관부의 곡률 반지름은 가능한 한 크게 한다.
③ 배관이 고온의 장소를 통과할 때는 단열조치한다.
④ 기기 상호 간 배관 길이는 되도록 길게 하고 관경은 크게 한다.

해설
냉매 배관 시공 시 냉매의 마찰손실을 줄이기 위하여 기기 상호 간 배관 길이는 되도록 짧게 한다.

51 온수난방 배관 시공 시 배관의 구배에 관한 설명으로 틀린 것은?

① 배관의 구배는 1/250 이상으로 한다.
② 단관 중력환수식의 온수 주관은 하향 구배를 준다.
③ 상향 복관환수식에서는 온수 공급관, 복귀관 모두 하향 구배를 준다.
④ 강제순환식은 배관의 구배를 자유롭게 한다.

해설
복관 중력순환식 상향 공급식에서 온수 공급관은 상향 구배, 복귀관은 하향 구배를 준다.

52 다음 냉동 기호가 의미하는 밸브는 무엇인가?

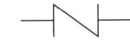

① 체크밸브
② 글로브밸브
③ 슬루스밸브
④ 앵글밸브

해설
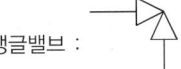

53 기밀성, 수밀성이 뛰어나고 견고한 배관 접속방법은?

① 플랜지 접합
② 나사 접합
③ 소켓 접합
④ 용접 접합

해설
용접 이음의 특징
• 접합부의 강도가 강하며 누수 염려가 적다.
• 가공이 용이하며 공정이 단축된다.
• 관내 돌출부가 없어 마찰손실이 적다.
• 보온 피복이 용이하다.
• 부속이 적게 들어 재료비가 절감된다.

54 송풍기의 토출측과 흡입측에 설치하여 송풍기의 진동이 덕트나 장치에 전달되는 것을 방지하기 위한 접속법은?

① 크로스커넥션(Cross Connection)
② 캔버스커넥션(Canvas Connection)
③ 서브스테이션(Sub Station)
④ 하트포드(Hartford) 접속법

해설
캔버스 이음 : 송풍기의 토출측과 흡입측에 설치하여 송풍기의 진동이 덕트 및 장치에 전달되는 것을 방지하기 위해 설치한다.

55 관의 끝을 나팔 모양으로 넓혀 이음쇠의 테이퍼면에 밀착시키고 너트로 체결하는 이음으로, 배관의 분해·결합이 필요한 경우에 이용하는 이음방법은?

① 빅토릭 이음(Victoric Joint)
② 그립식 이음(Grip Type Joint)
③ 플레어 이음(Flare Joint)
④ 랩 조인트(Lap Joint)

해설
플레어 이음 : 압축 이음이라고도 하며 동관 배관 시 기계의 점검, 보수 등을 위해 분해할 필요가 있을 때 이용하며, 관 끝을 나팔관 모양으로 넓혀 플레어 너트로 접합한다.

56 냉동장치에서 증발기가 응축기보다 아래에 있을 때 압축기 정지 시 증발기로의 냉매 흐름을 방지하기 위해 설치하는 것은?

① 역구배 루프 배관 ② 트랜처
③ 균압 배관 ④ 안전밸브

해설
역구배 루프 배관 : 증발기가 응축기보다 낮은 위치에 설치된 경우 압축기 정지 시 냉매가 증발기 쪽으로 역류할 수 있다. 이를 방지하기 위해 역구배 루프 배관을 설치한다(역구배 루프 배관은 증발기 상부보다 150mm 이상 입상시켜 설치한다).

57 증기난방 배관방법에서 리프트 피팅을 사용할 때 1단의 흡상고 높이는 얼마 이내로 해야 하는가?

① 4m 이내 ② 3m 이내
③ 2.5m 이내 ④ 1.5m 이내

해설
진공환수식 증기난방
- 환수주관의 말단이나 보일러 앞에 진공펌프를 설치하여 응축수를 환수시키는 방식이다.
- 환수주관보다 높은 위치에 진공펌프가 있거나 방열기보다 높은 곳에 환수주관을 배관하는 경우 리프트 피팅을 한다.
- 리프트 피팅의 1단 흡상고 높이는 1.5m이다.

58 각 종류별 통기 관경의 기준으로 틀린 것은?

① 건물의 배수 탱크에 설치하는 통기관의 관경은 50mm 이상으로 한다.
② 각개 통기관의 관경은 그것이 접속되는 배수관 관경의 1 이상으로 한다.
③ 루프 통기관의 관경은 배수 수평 지관과 통기 수직관 중 작은 쪽 관경의 1/2 이상으로 한다.
④ 신정 통기관의 관경은 배수 수직관의 관경보다 작게 해야 한다.

해설
신정 통기관은 배수 수직관 상부에서 관경을 축소하지 않고 연장하여 대기 중에 개방하는 통기관으로서 배수 수직관과 동일한 관경으로 한다.

59 증기 배관에서 증기와 응축수의 흐름 방향이 동일할 때 증기관의 구배는?(단, 특수한 경우를 제외)

① 1/50 이상의 순구배
② 1/50 이상의 역구배
③ 1/250 이상의 순구배
④ 1/250 이상의 역구배

해설
증기난방 배관 기울기(구배)
- 증기 배관에서 증기와 응축수의 흐름 방향이 동일한 경우(순류관) 순구배 1/250 이상
- 증기 배관에서 증기와 응축수의 흐름 방향이 반대방향인 경우(역류관) 역구배 1/50 이상

60 중앙식 급탕법에 대한 설명으로 틀린 것은?

① 급탕 장소가 많은 대규모 건물에 적당하다.
② 직접가열식은 저탕조와 보일러가 직결되어 있다.
③ 기수혼합식은 저압 증기로 온수를 얻는 방법으로 사용 장소에 제한을 받지 않는다.
④ 간접가열식은 특수한 내압용 보일러를 사용할 필요가 없다.

해설
기수혼합식은 탱크 내부에 직접 증기를 불어 넣어 물을 가열하는 방식으로 사용 증기압력이 0.1~0.4MPa로 고압증기를 사용하기 때문에 사용 장소에 제한이 따른다. 주로 공장이나 병원의 욕조용으로 사용된다.

정답 56 ① 57 ④ 58 ④ 59 ③ 60 ③

제4과목 전기제어공학

61 15cm의 거리에 두 개의 도체구가 놓여 있고 이 도체구의 전하가 각각 +0.2μC, -0.4μC이라 할 때 -0.4μC의 전하를 접지하면 어떤 힘이 나타나겠는가?

① 반발력이 나타난다.
② 흡인력이 나타난다.
③ 접지되어 힘은 0이 된다.
④ 흡인력과 반발력이 반복된다.

해설
기본적으로 전하는 전위가 높은 곳에서 낮은 곳으로 흐르게 된다. -0.4μC의 도체구를 접지하면 전하는 0이 된다. 하지만 옆에 있는 0.2μC의 전하를 가진 도체구에 의해 서로 당기려는 흡인력이 발생하게 된다.

62 컴퓨터 제어의 아날로그 신호를 디지털 신호로 변환 시, 아날로그 신호의 최댓값을 변환하는 과정에서 아날로그 신호의 최댓값을 M, 변환기의 비트(bit)수를 3이라 하면 양자화 오차의 최댓값은 얼마인가?

① M   ② M/6
③ M/7   ④ M/8

해설
양자화 오차의 최댓값 $e_m = \dfrac{M}{2^n} = \dfrac{M}{2^3} = \dfrac{M}{8}$
여기서, M : 최댓값, n : bit수

63 피드백 제어에서 반드시 필요한 장치는?

① 구동장치
② 안정도를 좋게 하는 장치
③ 입력과 출력을 비교하는 장치
④ 응답속도를 빠르게 하는 장치

해설
피드백 제어는 반드시 검출부가 필요하므로 입력과 출력을 비교하는 장치가 필수적이다.

64 $v = 200\sin(120\pi t + \dfrac{\pi}{3})$V인 전압의 순싯값에서 주파수는 몇 Hz인가?

① 50   ② 55
③ 60   ④ 65

해설
• 순싯값 $v = V_m \sin(\omega t + \theta)$
여기서, V_m : 최댓값, ω : 각속도, θ : 위상차
• 각속도 $\omega = 2\pi f$, $\omega = 120\pi$ → $f = 60\mathrm{Hz}$

65 제어량의 온도, 유량 및 액면 등과 같은 일반 공업량일 때의 제어는?

① 자동조정
② 자력제어
③ 프로세서 제어
④ 프로그램 제어

해설
제어량에 따른 분류
• 프로세스 제어 : 온도, 압력, 유량, 액위, 농도, 습도 등 공업 공정의 상태량을 제어
• 자동조정 : 전압, 전류, 회전수, 주파수, 토크 등 전기적인 상태량을 제어
• 서보기구 : 위치, 방위, 각도 등의 상태량을 제어

정답 61 ② 62 ④ 63 ③ 64 ③ 65 ③

66 다음 그림에 대한 키르히호프 법칙의 전류 관계식으로 옳은 것은?

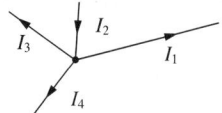

① $I_1 = I_2 - I_3 + I_4$
② $I_1 = I_2 + I_3 + I_4$
③ $I_1 = I_2 - I_3 - I_4$
④ $I_1 = -I_2 - I_3 + I_4$

해설

키르히호프의 제1법칙 : 회로 내의 어느 점에 흘러들어온 전류(+)와 흘러나간 전류(−)의 합은 0이 된다.
∴ $I_2 = I_1 + I_3 + I_4$ → $I_1 = I_2 - I_3 - I_4$

67 그림과 같은 전체 주파수 전달함수는?(단, A가 무한히 크다)

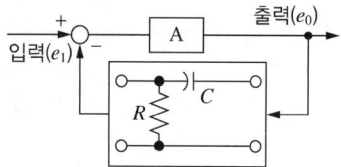

① $1 + j\omega R$
② $1 + \dfrac{1}{j\omega CR}$
③ $\dfrac{1}{1 + j\omega CR}$
④ $\dfrac{1}{1 - j\omega CR}$

해설

• 검출부(G)의 전달함수 $e_o = \dfrac{i}{j\omega C} + Ri = \left(\dfrac{1}{j\omega C} + R\right)i$

$e_i = Ri$

∴ $\dfrac{e_i}{e_o} = \dfrac{Ri}{\left(\dfrac{1}{j\omega C} + R\right)i} = \dfrac{R}{\left(\dfrac{1}{j\omega C} + R\right)}$ → $G = \dfrac{j\omega RC}{1 + j\omega RC}$

• 전체 전달함수 $G(j\omega) = \dfrac{e_o}{e_i} = \dfrac{\text{패스 경로}}{1 - \text{피드백 경로}}$

• 패스 경로의 전달함수 : A
• 첫 번째 피드백 경로 함수 : $-GA$

$G(j\omega) = \dfrac{e_o}{e_i} = \dfrac{A}{1 + GA} = \dfrac{A}{1 + \dfrac{j\omega CR}{1 + j\omega CR}A}$

분모와 분자에 $\dfrac{1}{A}$ 를 곱하면

$\dfrac{A}{1 + \dfrac{j\omega CR}{1 + j\omega CR}A} = \dfrac{1}{\dfrac{1}{A} + \dfrac{j\omega CR}{1 + j\omega CR}}$

A가 무한이 크므로 $\dfrac{1}{A} ≒ 0$이 된다.

$G(j\omega) = \dfrac{1}{\dfrac{j\omega CR}{1 + j\omega CR}} = \dfrac{1 + j\omega CR}{j\omega CR} = 1 + \dfrac{1}{j\omega CR}$

68 그림의 전달함수를 계산하면?

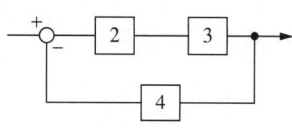

① 0.15
② 0.22
③ 0.24
④ 0.44

해설

• 전달함수 $G(s) = \dfrac{C}{R} = \dfrac{\text{패스 경로}}{1 - \text{피드백 경로}}$

• 패스 경로의 전달함수 : 2×3
• 피드백 경로 함수 : $-2 \times 3 \times 4$

$G(s) = \dfrac{C}{R} = \dfrac{2 \times 3}{1 - (-2 \times 3 \times 4)} = 0.24$

69 미분요소에 해당하는 것은?(단, K는 비례상수이다)

① $G(s) = K$
② $G(s) = Ks$
③ $G(s) = K/s$
④ $G(s) = K/(Ts+1)$

해설
- 비례요소 : $G(s) = K$
- 미분요소 : $G(s) = Ks$
- 적분요소 : $G(s) = K/s$
- 1차 지연요소 : $G(s) = K/(Ts+1)$

70 그림과 같은 신호흐름선도에서 X2/X1를 구하면?

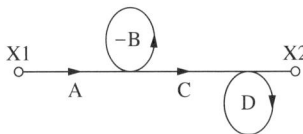

① $\dfrac{AC}{(1+B)(1+D)}$
② $\dfrac{AC}{(1-B)(1+D)}$
③ $\dfrac{AC}{(1-B)(1-D)}$
④ $\dfrac{AC}{(1+B)(1-D)}$

해설
- 전달함수(메이슨의 이득공식) $G = \dfrac{\sum G_i \cdot \Delta i}{\Delta}$

  G_i : I 번째 패스 경로
  $\triangle_i$: 1-패스 경로와 비접촉인 피드백+⋯
  Δ : 1-(피드백 경로)+(2개가 서로 비접촉인 피드백 경로)
  -(3개가 서로 비접촉인 피드백 경로)⋯
- 풀이
  $G_i : AC$
  $\Delta : 1-(-B+D)+(-BD)$
  $G = \dfrac{AC}{(1+B)(1-D)}$

71 그림에서 전류계의 측정범위를 10배로 하기 위한 전류계의 내부저항 $r(\Omega)$과 분류기 저항 $R(\Omega)$과의 관계는?

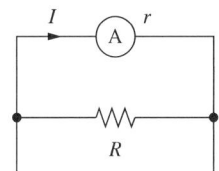

① $r = 9R$
② $r = R/9$
③ $r = 10R$
④ $r = R/10$

해설
병렬회로는 전압이 일정하므로
$V = IR \rightarrow I_s \dfrac{r \cdot R}{r+R} = Ir$
$\dfrac{I_s}{I} = \dfrac{r+R}{R}$, $10 = \dfrac{r+R}{R}$ → 전류계의 저항 $r = 9R$

72 온도보상용으로 사용되는 것은?

① SCR ② 다이액
③ 다이오드 ④ 서미스터

해설
서미스터 : 온도가 상승하면 저항값이 현저하게 작아지는 특성을 이용하여 트랜지스터 회로의 온도보상, 온도측정 및 제어, 통신기기 등의 온도보상용 자동제어에 사용된다.
① SCR : PNPN 4층 구조로 되어 있으며 애노드(A), 캐소드(K), 게이트(G)의 3단자 단방향성 사이리스터로서 순방향 대전류 스위칭 소자이다.
② 다이액 : NPNP형의 5층 구조로 되어 있으며 4층 다이오드 두 개를 역병렬로 접속한 소자로서 트리거 회로, 과전압 보호회로에 사용된다.
③ 다이오드 : 전압을 인가하면 순방향으로만 전류를 통과시키고 역방향으로 전류가 흐르지 않도록 한다.

73 $G(s) = 1/1+5s$일 때 절점주파수 ω(rad/sec)를 구하면?

① 0.1　② 0.2
③ 0.25　④ 0.4

해설

전달함수 $G(s) = \dfrac{1}{1+5s} \to \dfrac{1}{1+j5\omega}$이다.

절점주파수는 실수와 허수가 같을 때의 값이므로 분모 $1+j5\omega$에서 $1=5\omega \to \omega = \dfrac{1}{5} = 0.2$이다.

74 목푯값이 시간적으로 변하지 않는 일정한 제어는?

① 정치제어　② 추종제어
③ 비율제어　④ 프로그램 제어

해설

- 정치제어 : 목푯값이 시간에 따라 일정한 상태량을 제어하는 방식(프로세스 제어, 자동조정제어, 온도제어 등)
- 추치제어 : 목푯값이 임의의 변화에 대하여 추종하도록 구성된 제어로 목푯값이 시간에 따라 변화되는 상태량을 제어한다.

추치제어의 종류
- 추종제어 : 목푯값이 임의로 변화하는 경우의 제어(서보기구)
- 프로그램 제어 : 목푯값의 변화량이 미리 정해진 프로그램에 의하여 상태량을 제어한다.
- 비율제어 : 목푯값이 다른 양과 일정한 비율관계를 갖는 상태량을 제어한다.

75 제벡 효과(Seebeck Effect)를 이용한 센서에 해당하는 것은?

① 저항변화용　② 용량변화용
③ 전압변화용　④ 인덕턴스 변화용

해설

제벡 효과 : 서로 다른 두 금속을 접합하고 그 접합점에 온도차를 주면 전압이 발생하는 현상이다. 이때 발생하는 전압을 열기전력이라 하며 열전온도계에 응용된다.

76 폐루프 제어계에서 제어요소가 제어대상에 주는 양은?

① 조작량　② 제어량
③ 검출량　④ 측정량

해설

- 조작량 : 제어요소가 제어대상에 주는 양
- 제어량 : 제어대상에 대한 전체량 가운데 제어하고자 하는 목적의 양

77 그림과 같은 유접점 회로를 간단히 한 회로는?

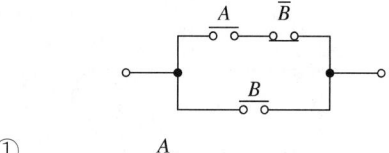

①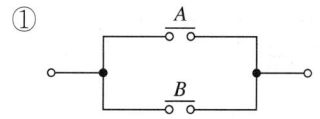

②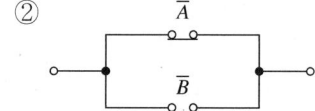

③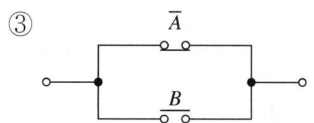

④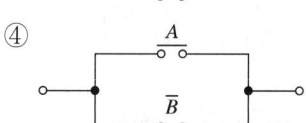

해설

유접점 회로의 값을 간단히 하면
$(A \cdot \overline{B}) + B \to (A+B) \cdot (\overline{B}+B) \to (A+B) \cdot 1 \to A+B$ 가 된다.

① $A+B$　② $\overline{A}+\overline{B}$
③ $\overline{A}+B$　④ $A+\overline{B}$

73 ②　74 ①　75 ③　76 ①　77 ①

78 3상 유도전동기의 출력이 15kW, 선간전압이 220V, 효율이 80%, 역률이 85%일 때, 이 전동기에 유입되는 선전류는 약 몇 A인가?

① 33.4　　② 45.6
③ 57.9　　④ 69.4

해설
- 3상 유도전동기 출력 $P = \sqrt{3}\,VI\cos\theta$
- 선전류
$$I = \frac{P}{\sqrt{3}\,V\cos\theta\,\eta} = \frac{15 \times 10^3 \text{W}}{\sqrt{3} \times 220\text{V} \times 0.85 \times 0.8} = 57.89\text{A}$$

80 직류기에서 전기자 반작용에 관한 설명으로 틀린 것은?

① 주자속이 감소한다.
② 전기자 기자력이 증대된다.
③ 정기적 중성축이 이동한다.
④ 자속의 분포가 한쪽으로 기울어진다.

해설
전기자 반작용 : 전기자 전류에 의한 기자력이 주자속의 분포에 영향을 주는 작용이다.
전기자 반작용에 나타나는 현상
- 전기적 중성축이 이동한다.
- 주자속을 감소시켜 유도전압을 감소시킨다.
- 코일이 자극의 중성축에 있을 때에도 전압을 유도시켜 브러시 사이에 불꽃이 발생한다.

79 단위계단함수 $u(t)$의 그래프는?

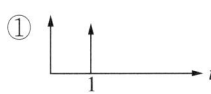

해설
0에서 출발하여 0이 1이 되는 함수로 $u(t)$가 된다.
$$u(t) = \begin{cases} 0, & t < 0 \\ 1, & t \geq 0 \end{cases}$$

정답 78 ③　79 ②　80 ②

2018년 제2회 과년도 기출문제

제1과목 공기조화

01 난방부하의 변동에 따른 온도 조절이 쉽고 열용량이 커서 실내의 쾌감도가 좋으며, 공급온도를 변화시킬 수 있고 방열기 밸브로 방열량을 조절할 수 있는 난방방식은?

① 온수난방방식
② 증기난방방식
③ 온풍난방방식
④ 냉매난방방식

해설
온수난방의 특징
• 장점
 - 온도 조절이 용이하다.
 - 증기난방에 비해 쾌감도가 좋다.
 - 열용량이 커서 동결 우려가 적다.
 - 취급이 용이하며 안전하다.
 - 화상의 위험이 적다.
• 단점
 - 열용량이 커서 예열시간이 길다.
 - 수두에 제한을 받는다.
 - 방열면적과 관 지름이 크다.
 - 설비비가 비싸다.

02 개방식 팽창탱크에 반드시 필요한 요소가 아닌 것은?

① 압력계
② 수면계
③ 안전관
④ 팽창관

해설
압력계는 밀폐형 팽창탱크에 사용된다.
개방식 팽창탱크 구성 : 팽창관, 급수관, 오버플로관, 배기관, 방출관(안전관)

03 단효용 흡수식 냉동기의 능력이 감소하는 원인이 아닌 것은?

① 냉수 출구온도가 낮아질수록 심하게 감소한다.
② 압축비가 작을수록 감소한다.
③ 사용 증기압이 낮아질수록 감소한다.
④ 냉각수 입구온도가 높아질수록 감소한다.

해설
단효용 흡수식 냉동기는 압축기를 사용하지 않으므로 압축비와 관계없다.
※ 원래 압축비가 클수록 냉동기의 능력은 감소한다.

04 습공기선도상에 표시되지 않는 것은?

① 비체적
② 비열
③ 노점온도
④ 엔탈피

해설
습공기선도에는 건구온도, 습구온도, 노점온도, 상대습도, 절대습도, 엔탈피, 비체적이 표시되어 있다.

05 공기의 가습방법으로 틀린 것은?

① 에어와셔에 의한 방법
② 얼음을 분무하는 방법
③ 증기를 분무하는 방법
④ 가습팬에 의한 방법

해설
가습방법
• 에어와셔에 의한 분무 가습(순환수, 온수)
• 증기분무 가습
• 가습팬에 의한 수증기 증발 가습

정답 1① 2① 3② 4② 5②

06 냉동기를 구동시키기 위하여 여름에도 보일러를 가동하는 열원방식은?

① 터보냉동기 방식
② 흡수식냉동기 방식
③ 빙축열 방식
④ 열병합발전 방식

해설
증기의 잠열과 현열을 동시에 이용하는 냉동장치로 증기압축식 냉동기와 달리 압축기가 필요 없는 방식이다. 압축기 대신 버너를 사용하여 냉매와 흡수제의 용해 및 유리 작용을 위한 열에너지를 이용해 냉동하는 방식으로 냉방 시에도 보일러(발생기)를 가동시켜야 한다.

07 일정한 건구온도에서 습공기의 성질 변화에 대한 설명으로 틀린 것은?

① 비체적은 절대습도가 높아질수록 증가한다.
② 절대습도가 높아질수록 노점온도는 높아진다.
③ 상대습도가 높아지면 절대습도는 높아진다.
④ 상대습도가 높아지면 엔탈피는 감소한다.

해설
일정한 건구온도에서 상대습도가 높아지면 엔탈피는 증가한다.

08 복사난방에 관한 설명으로 옳은 것은?

① 고온식 복사난방은 강판제 패널의 표면온도를 100℃ 이상으로 유지하는 방법이다.
② 파이프 코일의 매설 깊이는 균등한 온도분포를 위해 코일 외경과 동일하게 한다.
③ 온수의 공급 및 환수 온도차는 가열면의 균일한 온도분포를 위해 10℃ 이상으로 한다.
④ 방이 개방 상태에서도 난방효과가 있으나 동일 방열량에 대해 손실량이 비교적 크다.

해설
복사난방
- 고온식 복사난방은 강판제 패널에 관을 설치하고 150~200℃의 온수 또는 증기를 공급하여 패널의 가열 표면온도를 100℃ 이상으로 유지한다.
- 파이프 코일의 매설 깊이는 균등한 온도분포를 위해 코일 외경의 1.5~2배 정도로 한다.
- 온수의 공급 및 환수 온도차는 가열면의 균일한 온도분포를 위해 5~6℃ 내외로 한다.
- 방이 개방 상태에서도 난방효과가 있고 건물의 축열을 이용하므로 열손실이 적다.

09 A 상태에서 B 상태로 가는 냉방과정에서 현열비는?

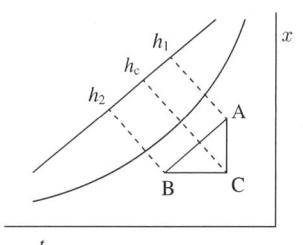

① $\dfrac{h_1 - h_2}{h_1 - h_c}$
② $\dfrac{h_1 - h_c}{h_1 - h_2}$
③ $\dfrac{h_1 - h_c}{h_c - h_2}$
④ $\dfrac{h_c - h_2}{h_1 - h_2}$

해설
현열비
$$\dfrac{\text{현열}}{\text{전열(현열 + 잠열)}} = \dfrac{q_S}{q_T} = \dfrac{q_S}{q_S + q_L} = \dfrac{h_c - h_2}{h_1 - h_2}$$

10 방열기의 종류로 가장 거리가 먼 것은?

① 주철제 방열기   ② 강판제 방열기
③ 컨벡터   ④ 응축기

해설
응축기는 냉동장치 4대 구성요소로 고온의 열을 방출하는 열교환기이다. 방열기의 종류에 속하지 않는다.

11 지하주차장 환기설비에서 천장부에 설치되어 있는 고속 노즐로부터 취출되는 공기의 유인효과를 이용하여 오염공기를 국부적으로 희석시키는 방식은?

① 제트팬 방식   ② 고속 덕트 방식
③ 무덕트 환기 방식 ④ 고속 노즐 방식

해설
고속 노즐 방식 : 지하주차장 환기설비에서 천장부에 설치되어 있는 고속 노즐로부터 취출되는 공기의 유인효과를 이용하여 오염공기를 국부적으로 희석시키는 방식이다.
① 제트팬 방식 : 중형 축류팬으로부터 취출된 공기의 유인효과를 이용하여 급기팬으로부터 공급된 외기를 주차장 전역으로 이송시켜 오염가스를 희석시킨 후 배기팬으로부터 배출하는 방식이다.

12 다음 난방부하에 대한 설명에서 ( )에 적당한 용어로 옳은 것은?

> 겨울철에는 실내의 일정한 온도 및 습도를 유지하기 위하여 실내에서 손실된 (㉠)이나 부족한 (㉡)을 보충하여야 한다.

① ㉠ 수분량, ㉡ 공기량
② ㉠ 열량, ㉡ 공기량
③ ㉠ 공기량, ㉡ 열량
④ ㉠ 열량, ㉡ 수분량

해설
난방부하는 실내의 온도와 습도를 유지하기 위하여 실내에서 손실된 열량을 보충하고, 건조한 실내를 가습하기 위하여 수분량을 보충하여야 한다.

13 인접실, 복도, 상층, 하층이 공조되지 않는 일반 사무실의 남측 내벽(A)의 손실열량(kcal/h)은?(단, 설계조건은 실내온도 20℃, 실외온도 0℃, 내벽 열통과율(K) 1.6kcal/m²·h·℃로 한다)

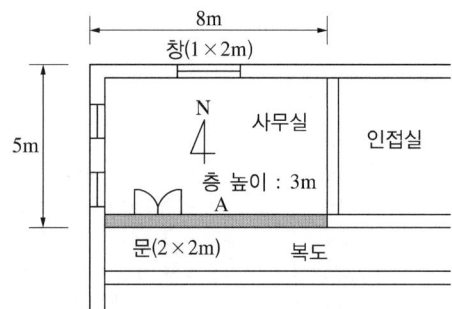

① 320   ② 872
③ 1,193   ④ 2,937

해설
$Q = KA\triangle t = KA(t_r - t_i)$

- 남측 내벽의 실면적(남측 전체 내벽 - 창문 면적)
  $A = (8 \times 3m) - (2 \times 2m) = 20m^2$
  남측 내벽과 창문 면적은 열통과율이 같다고 봐야 한다.
  $\triangle t$: 복도와 사무실 사이의 온도

- 공조되지 않은 복도의 온도 $t_i = \dfrac{t_r + t_o}{2} = \dfrac{20℃ + 0℃}{2} = 10℃$

  여기서, t_r : 실내온도
  t_o : 실외온도
  t_i : 복도의 온도(실내·외 온도의 평균)

$Q = 1.6 \dfrac{kcal}{m^2 \cdot ℃ \cdot h} \times 20m^2 \times (20-10)℃ = 320 kcal/h$

14 고성능의 필터를 측정하는 방법으로 일정한 크기(0.3μm)의 시험입자를 사용하여 먼지의 수를 계측하는 시험법은?

① 중량법
② TETD/TA법
③ 비색법
④ 계수(DOP)법

해설
여과기(필터) 효율 측정방법
• 중량법 : 에어필터의 상류측과 하류측의 분진 중량을 측정하는 방법
• 비색법 : 필터 상류 및 하류의 분진을 각각 여과지로 채집하여 광투과량이 같도록 상·하류에 통과되는 공기량을 조절하여 계산식을 이용해 효율을 구하는 방법
• 계수법(DOP) : 광산란식 입자계수기(0.3μmDOP)를 사용하여 필터의 상류 및 하류의 미립자에 의한 산란광에서 그 입경과 개수를 계측하는 방법으로 고성능(HEPA) 필터의 효율을 측정한다.

15 천장이나 벽면에 설치하고 기류 방향을 자유롭게 조정할 수 있는 취출구는?

① 펑커루버형 취출구
② 베인형 취출구
③ 팬형 취출구
④ 아네모스탯형 취출구

해설
펑커루버형 취출구는 취출 기류의 방향을 자유롭게 조정할 수 있으며 공장이나 주방 등의 국소냉방에 사용된다.

16 개방식 냉각탑 설계 시 유의사항으로 옳은 것은?

① 압축식 내동기 1RT당 냉각열량은 3.26kW로 한다.
② 쿨링 어프로치는 일반적으로 10℃로 한다.
③ 압축식 냉동기 1RT당 수량은 외기 습구온도가 27℃일 때 8L/min 정도로 한다.
④ 흡수식 냉동기를 사용할 때 열량은 일반적으로 압축식 냉동기의 약 1.7~2.0배 정도로 한다.

해설
① 압축식 내동기 1RT당 냉각열량은 3.86kW(3,320kcal/h)로 한다.
② 쿨링 어프로치는 냉각수 출구수온(32℃)과 외기공기의 습구온도(27℃) 차이이며, 일반적으로 5℃로 한다.
③ 압축식 냉동기 1RT당 수량은 외기 습구온도가 27℃일 때 약 13~15L/min이다.

17 어떤 실내의 취득열량을 구했더니 감열이 40kW, 잠열이 10kW였다. 실내를 건구온도 25℃, 상대습도 50%로 유지하기 위해 취출온도차 10℃로 송풍하고자 한다. 이때 현열비(SHF)는?

① 0.6 ② 0.7
③ 0.8 ④ 0.9

해설
현열비(SHF) : 습공기의 전열량에 대한 현열량의 비

$$SHF = \frac{현열}{전열(현열+잠열)} = \frac{q_S}{q_T} = \frac{q_S}{q_S+q_L}$$
$$= \frac{40kW}{40kW+10kW} = 0.8$$

18 수관 보일러의 종류가 아닌 것은?

① 노통연관식 보일러
② 관류 보일러
③ 자연순환식 보일러
④ 강제순환식 보일러

해설
노통연관식 보일러는 보일러 동체에 노통과 연관을 조합하여 설치한 내분식 보일러로 연통형 보일러이다.

19 온수난방 배관 시 유의사항으로 틀린 것은?

① 배관의 최저점에는 필요에 따라 배관 중의 물을 완전히 배수할 수 있도록 배수 밸브를 설치한다.
② 배관 내 발생하는 기포를 배출시킬 수 있는 장치를 한다.
③ 팽창관 도중에는 밸브를 설치하지 않는다.
④ 증기 배관과는 달리 신축 이음을 설치하지 않는다.

해설
신축 이음은 증기 배관, 온수 배관 관계없이 모두 설치해야 한다.

20 실내 취득열량 중 현열이 35kW일 때, 실내온도를 26℃로 유지하기 위해 12.5℃의 공기를 송풍하고자 한다. 송풍량(m³/min)은?(단, 공기의 비열은 1.0kJ/kg·℃, 공기의 밀도는 1.2kg/m³로 한다)

① 129.6   ② 154.3
③ 308.6   ④ 617.2

해설
현열부하(Q_s)
$(\rho Q)C\Delta t = (1.2Q) \times 1 \times \Delta t = 1.2Q\Delta t$

$Q = \dfrac{Q_s}{\rho C \Delta t} = \dfrac{35\dfrac{kJ}{s}}{1.2\dfrac{kg}{m^3} \times 1\dfrac{kJ}{kg \cdot ℃} \times (26-12.5)℃}$

$= 2.16 m^3/s = 2.16\dfrac{m^3}{s} \times \dfrac{60s}{1min}$

$= 129.6 m^3/min$

제2과목 냉동공학

21 다음 중 공비혼합냉매는 무엇인가?

① R401A   ② R501
③ R717   ④ R600

해설
공비혼합냉매 : 서로 다른 두 가지의 순수물질을 혼합하여도 증발과 응축과정 중에 기체와 액체의 성분비가 변하지 않고 온도가 변하지 않는 혼합냉매이다. R500번대로 표기한다.

22 냉동장치의 냉동능력이 3RT이고, 이때 압축기의 소요동력이 3.7kW였다면 응축기에서 제거하여야 할 열량(kcal/h)은?

① 9,860   ② 13,142
③ 18,250   ④ 25,500

해설
- 냉동기의 냉능력(Q_e)
  1RT = 3,320kcal/h이므로 $Q_e = 3 \times 3,320 = 9,960$kcal/h
- 압축기의 소요동력
  1kW = 860kcal이므로 $A_w = 3.7 \times 860 = 3,182$kcal/h
- 응축기의 발열량($Q_c = Q_e + A_w$)
  $Q_c = 9,960 + 3,182 = 13,142$kcal/h

23 압축기의 보호를 위한 안전장치로 바르게 나열된 것은?

① 가용전, 고압 스위치, 유압 보호스위치
② 고압 스위치, 안전밸브, 가용전
③ 안전밸브, 안전두, 유압 보호스위치
④ 안전밸브, 가용전, 유압 보호스위치

해설
압축기 보호를 위한 안전장치 : 안전두, 고압 차단스위치, 안전밸브, 유압 보호스위치, 저압 차단스위치, 흡입압력 조정밸브, 가용전은 주로 응축기 및 수액기의 안전장치로 사용된다.

24 다음 그림에서 냉동효과(kcal/kg)는 얼마인가?

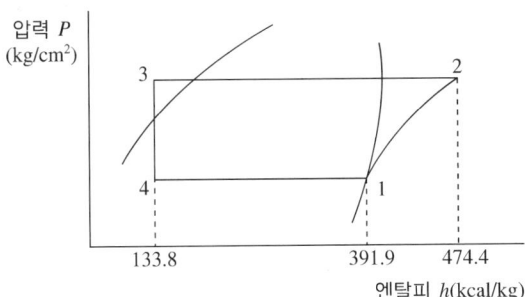

① 340.6 ② 258.1
③ 82.5   ④ 3.13

해설
- 냉동효과 : 증발기에서 냉매 1kg이 외부로부터 흡수할 수 있는 열량(증발기 출구 엔탈피 − 증발기 입구 엔탈피)
  $q_e = h_1 - h_4 = 391.9 - 133.8 = 258.1 \text{kcal/kg}$
- 압축일량 : 저압 냉매증기 1kg을 압축기에 흡입하여 응축압력까지 압축하는 일의 열당량(압축기 출구 엔탈피 − 압축기 입구 엔탈피)
  $A_w = h_2 - h_1 = 474.4 - 391.9 = 82.5 \text{kcal/kg}$
- 응축발열량 : 압축기의 토출증기 1kg을 제거할 수 있는 응축기 제거 열량(응축기 입구 엔탈피 − 응축기 출구 엔탈피)
  $q_c = h_2 - h_4 = A_w + q_e = 474.4 - 133.8 = 340.6 \text{kcal/kg}$
- 성적계수 $COP = \dfrac{q_e}{A_w} = \dfrac{258.1 \text{kcal/kg}}{82.5 \text{kcal/kg}} = 3.13$

25 암모니아 냉동장치에서 압축기의 토출압력이 높아지는 이유로 틀린 것은?

① 장치 내 냉매 충전량이 부족하다.
② 공기가 장치에 혼입되었다.
③ 순환 냉각수 양이 부족하다.
④ 토출 배관 중의 패쇄밸브가 지나치게 조여져 있다.

해설
장치 내 냉매 충전량이 부족한 경우에는 토출압력 및 장치 전체의 압력이 낮아지는 원인이 된다.

26 냉동장치의 액분리기에 대한 설명으로 바르게 짝지어진 것은?

㉠ 증발기와 압축기 흡입측 배관 사이에 설치한다.
㉡ 기동 시 증발기 내의 액이 교란되는 것을 방지한다.
㉢ 냉동부하의 변동이 심한 장치에는 사용하지 않는다.
㉣ 냉매액이 증발기로 유입되는 것을 방지하기 위해 사용한다.

① ㉠, ㉡   ② ㉢, ㉣
③ ㉠, ㉢   ④ ㉡, ㉢

해설
액분리기(Accumulator)
- 암모니아 만액식 증발기 또는 부하변동이 심한 냉동장치에서 압축기로 흡입되는 냉매가스 중의 냉매액을 분리시켜 액압축을 방지하는 장치이다.
- 증발기와 압축기 흡입측 배관 사이에 설치한다.
- 기동 시 증발기 내의 액이 교란되는 것을 방지한다.
- 냉동부하의 변동이 심한 장치에 사용한다.
- 냉매액이 압축기로 유입되는 것을 방지하기 위해 사용한다.

27 냉동장치의 운전에 관한 유의사항으로 틀린 것은?

① 운전 휴지기간에는 냉매를 회수하고, 저압측의 압력은 대기압보다 낮은 상태로 유지한다.
② 운전 정지 중에는 오일 리턴 밸브를 차단시킨다.
③ 장시간 정지 후 시동 시에는 누설 여부를 점검 후 기동시킨다.
④ 압축기를 기동시키기 전에 냉각수 펌프를 기동시킨다.

해설
냉동장치의 운전 휴지기간에는 냉매를 펌프다운시켜 응축기나 수액기에 냉매를 회수하고, 저압측 압력은 대기압보다 약간 높은 상태로 유지한다.

28 브라인 냉각장치에서 브라인의 부식방지 처리법이 아닌 것은?

① 공기와 접촉시키는 순환방식 채택
② 브라인의 pH를 7.5~8.2 정도로 유지
③ $CaCl_2$ 방청제 첨가
④ NaCl 방청제 첨가

해설
브라인의 부식방지 처리법
- 브라인의 pH는 약 7.5~8.2의 약알칼리성으로 유지한다.
- 브라인에 공기를 접촉시키면 부식이 촉진되기에 공기와 접촉하지 않는 액순환방식(밀폐형)을 채택한다.
- 방식아연판을 사용한다.
- 염화칼슘($CaCl_2$) 수용액에 방청제를 첨가한다.
- 염화나트륨(NaCl) 수용액에 방청제를 첨가한다.

29 표준 냉동사이클에 대한 설명으로 옳은 것은?

① 응축기에서 버리는 열량은 증발기에서 취하는 열량과 같다.
② 증기를 압축기에서 단열압축하면 압력과 온도가 높아진다.
③ 팽창밸브에서 팽창하는 냉매는 압력이 감소함과 동시에 열을 방출한다.
④ 증발기 내에서의 냉매 증발온도는 그 압력에 대한 포화온도보다 낮다.

해설
① 응축기에서 버리는 열량은 증발기에서 취하는 열량과 압축기에서 압축하는 데 소요되는 일량의 합이다.
 $q_c = A_w + q_e$
③ 팽창밸브에서 팽창하는 냉매는 압력이 감소과 동시에 열의 출입이 없다.
④ 증발기 내에서의 냉매 증발온도는 그 압력에 대한 포화온도와 같다.

30 밀폐계에서 10kg의 공기가 팽창 중 400kJ의 열을 받아서 150kJ의 내부에너지가 증가하였다. 이 과정에서 계가 한 일(kJ)은?

① 550　　② 250
③ 40　　④ 15

해설
열량 $dQ = dU + W$
$W = dQ - dU = 400 - 150 = 250kJ$

31 증기압축식 냉동장치에서 응축기의 역할로 옳은 것은?

① 대기 중으로 열을 방출하여 고압의 기체를 액화시킨다.
② 저온, 저압의 냉매 기체를 고온, 고압의 기체로 만든다.
③ 대기로부터 열을 흡수하여 열에너지를 저장한다.
④ 고온, 고압의 냉매 기체를 저온, 저압의 기체로 만든다.

해설
응축기는 압축기에서 토출된 고압의 기체를 공기 또는 물과 열교환시켜 대기 중으로 열을 방출하여 액화시키는 장치이다.

32 액분리기(Accumulator)에서 분리된 냉매의 처리방법이 아닌 것은?

① 가열시켜 액을 증발시킨 후 응축기로 순환시킨다.
② 증발기로 재순환시킨다.
③ 가열시켜 액을 증발시킨 후 압축기로 순환시킨다.
④ 고압측 수액기로 회수한다.

해설
액분리기에서 분리된 냉매의 처리방법
• 액분리기에서 증발시켜 증발기로 재순환시키는 방법
• 냉매액을 가열시켜 증발시킨 후 압축기로 순환시키는 방법
• 액회수장치에 의해 고압측 수액기로 회수하는 방법

33 4마력(PS)기관이 1분간 하는 일의 열당량(kcal)은?

① 0.042
② 0.42
③ 4.2
④ 42.1

해설
$4PS = \dfrac{4 \times 632}{60} = 42.1 kcal/min$

마력 : 1PS = 632kcal/h

34 2단 압축식 냉동장치에서 증발압력부터 중간압력까지 압력을 높이는 압축기를 무엇이라고 하는가?

① 부스터
② 에코노마이저
③ 터보
④ 루트

해설
부스터 압축기 : 2단 압축식 냉동장치에서 증발압력(저압)으로부터 중간압력까지 압축하기 위한 저단측 압축기이다.

35 엔트로피에 관한 설명으로 틀린 것은?

① 엔트로피는 자연현상의 비가역성을 나타내는 척도가 된다.
② 엔트로피를 구할 때 적분경로는 반드시 가역 변화여야 한다.
③ 열기관이 가역 사이클이면 엔트로피는 일정하다.
④ 열기관이 비가역 사이클이면 엔트로피는 감소한다.

해설
엔트로피 : 엔트로피는 비가역 상태에서 항상 증가하는 방향으로 흐른다.

비가역 사이클의 엔트로피 변화량 $\triangle s = \int_{1}^{2} \dfrac{\delta q}{T} > 0$

36 R-22 냉매의 압력과 온도를 측정하였더니 압력이 15.8kg/cm²abs, 온도가 30℃였다. 이 냉매의 상태는 어떤 상태인가?(단, R-22 냉매의 온도가 30℃일 때 포화압력은 12.25kg/cm²abs이다)

① 포화 상태
② 과열 상태인 증기
③ 과냉 상태인 액체
④ 응고 상태인 고체

해설
몰리에르 선도에서 R-22 냉매의 온도가 30℃이고, 측정압력이 15.8kg/cm²abs이면 포화압력 12.25kg/cm²abs보다 높기 때문에 과냉 상태의 액체 상태이다.

37 프레온 냉매를 사용하는 수랭식 응축기의 순환수량이 20L/min이며 냉각수 입·출구 온도차가 5.5℃였다면 이 응축기의 방출열량(kcal/h)은?

① 110
② 6,000
③ 6,600
④ 700

해설

응축기의 발열량
$Q_c = GC\Delta t$
$= 20\dfrac{\text{kg}}{\text{min}} \times 1\dfrac{\text{kcal}}{\text{kg} \cdot ℃} \times 5.5℃ = 110\text{kcal/min}$

분(min)을 시(h)로 변환
$110\dfrac{\text{kcal}}{\text{min}} \times \dfrac{60\text{min}}{\text{h}} = 6,600\text{kcal/h}$

※ 물 1L = 1kg

38 스크롤 압축기의 특징에 대한 설명으로 틀린 것은?

① 부품 수가 적고 고속회전이 가능하다.
② 소요 토크의 영향으로 토출가스의 압력변동이 심하다.
③ 진동 소음이 적다.
④ 스크롤의 설계에 의해 압축비가 결정되는 특징이 있다.

해설

스크롤 압축기 : 스크롤 압축기는 토크 변동이 적고 흡입밸브와 토출밸브가 없어서 압축하는 동안 냉매가스의 흐름이 지속적으로 유지되므로 토출가스의 압력변동이 적다.

39 암모니아 냉동장치에서 팽창밸브 직전 냉매액의 온도가 25℃이고, 압축기 흡입가스가 -15℃인 건조포화증기이다. 냉동능력 15RT가 요구될 때 필요냉매 순환량(kg/h)은?(단, 냉매 순환량 1kg당 냉동효과는 269kcal이다)

① 168
② 172
③ 185
④ 212

해설

냉매 순환량(G)
1RT = 3,320kcal/h 이므로
$G = \dfrac{Q_e}{q_e} = \dfrac{15 \times 3,320\dfrac{\text{kcal}}{\text{h}}}{269\dfrac{\text{kcal}}{\text{kg}}} = 185\text{kg/h}$

여기서, Q_e : 냉동능력, q_e : 냉매 순환량 1kg당 냉동효과

40 냉동장치의 압력 스위치에 대한 설명으로 틀린 것은?

① 고압스위치는 이상고압이 될 때 냉동장치를 정지시키는 안전장치이다.
② 저압스위치는 냉동장치의 저압측 압력이 지나치게 저하하였을 때 전기회로를 차단하는 안전장치이다.
③ 고저압스위치는 고압스위치와 저압스위치를 조합하여 고압측이 일정 압력 이상이 되거나 저압측이 일정 압력보다 낮으면 압축기를 정지시키는 스위치이다.
④ 유압스위치는 윤활유 압력이 어떤 원인으로 일정 압력 이상으로 된 경우 압축기의 훼손을 방지하기 위하여 설치하는 보조장치이다.

해설

유압 보호스위치(OPS) : 압축기에서 유압이 일정 압력 이하가 되어 일정 시간(60~90초) 이내에 정상압력에 도달하지 못하면 전동기 전원을 차단하여 압축기를 정지시키는 안정장치이다.

제3과목 배관일반

41 온수난방 배관 시공 시 유의사항에 관한 설명으로 틀린 것은?

① 배관은 1/250 이상의 일정 기울기로 하고 최고부에 공기빼기밸브를 부착한다.
② 고장 수리용으로 배관의 최저부에 배수밸브를 부착한다.
③ 횡주 배관 중에 사용하는 리듀서는 되도록 편심 리듀서를 사용한다.
④ 횡주관의 관말에는 관말 트랩을 부착한다.

해설
- 관말 트랩 : 증기난방 배관 시공에 사용하는 부속장치이다.
- 증기 트랩 : 관내의 응축수 및 공기를 증기와 분리시키고 자동적으로 응축수를 배출하는 장치로 배관 내 수격작용 및 관의 부식을 방지한다.

42 관의 보랭 시공의 주된 목적은?

① 물의 동결방지 ② 방열방지
③ 결로방지 ④ 인화방지

해설
- 보랭 : 냉매 및 냉각수관 등에 시행하는 단열로 불필요한 열취득 및 결로(배관에 물이 맺히는 현상)를 방지하기 위해 시공한다.
- 보온 : 증기 및 온수관 등에 시행하는 단열로 관표면의 방사손실을 방지하고 고온 배관에 의한 화상을 방지할 수 있다.

43 다음은 횡형 셸 튜브 타입 응축기의 구조도이다. 열전달 효율을 고려하여 냉매가스의 입구측 배관은 어느 곳에 연결하여야 하는가?

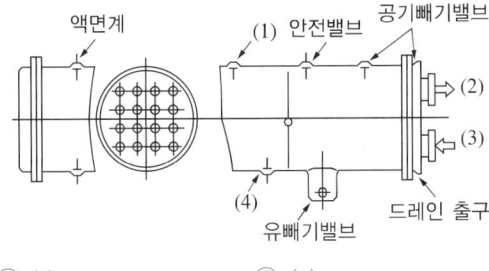

① (1) ② (2)
③ (3) ④ (4)

해설
4횡형 셸 앤 튜브식 응축기의 구조
(1) 냉매가스 입구측 배관
(2) 냉각수 출구측 배관
(3) 냉각수 입구측 배관
(4) 냉매가스 출구측 배관

44 플로트 트랩의 장점이 아닌 것은?

① 다량·소량의 응축수 모두 처리 가능하다.
② 넓은 범위의 압력에서 작동한다.
③ 견고하고 증기해머에 강하다.
④ 자동 에어벤트가 있어 공기배출 능력이 우수하다.

해설
플로트 트랩의 특징
- 플로트는 마모가 잘 되기 때문에 증기의 누설이 쉽고 부자(볼)와 레버가 수격작용(증기해머)에 쉽게 파손될 우려가 있다.
- 겨울철 응축수 잔류로 동파의 위험성이 있다.
- 자동 에어벤트가 있어 공기 배출 능력이 우수하다.
- 플로트의 부력에 의해 작동하며 다량·소량의 응축수 모두 처리 가능하다.

정답 41 ④ 42 ③ 43 ① 44 ③

45 증기난방과 비교하여 온수난방의 특징에 대한 설명으로 틀린 것은?

① 온수난방은 부하변동에 대응한 온도 조절이 쉽다.
② 온수난방은 예열하는 데 많은 시간이 걸리지만 잘 식지 않는다.
③ 연료소비량이 적다.
④ 온수난방의 설비비가 저가인 점이 있으나 취급이 어렵다.

해설
증기난방에 비하여 온수난방은 방열면적이 커야 하므로 관경이 굵어야 한다. 따라서 설비비가 비싼 점이 있으나 보일러 취급이 쉽다.

46 펌프 주변 배관 설치 시 유의사항으로 틀린 것은?

① 흡입관은 되도록 길게 하고 굴곡 부분은 적게 한다.
② 펌프에 접속하는 배관의 하중이 직접 펌프로 전달되지 않도록 한다.
③ 배관의 하단부에는 드레인밸브를 설치한다.
④ 흡입측에는 스트레이너를 설치한다.

해설
펌프의 흡입관은 마찰저항을 줄이기 위하여 되도록 짧게 하고 굴곡 부분은 적게 한다.

47 저온 배관용 탄소강관의 기호는?

① STBH
② STHA
③ SPLT
④ STLT

해설
③ SPLT : 저온 배관용 탄소강관
① STBH : 보일러 및 열교환기용 탄소강관
② STHA : 보일러, 열교환기용 합금강관
④ STLT : 저온 열교환기용 강관

48 증기난방 방식에서 응축수 환수방법에 따른 분류가 아닌 것은?

① 중력환수식
② 진공환수식
③ 정압환수식
④ 기계환수식

해설
증기난방 설비 응축수 환수방식
- 중력환수식 : 응축수 자체의 중력에 의한 환수방식
- 기계환수식 : 방열기에서 응축수 탱크까지는 중력환수, 탱크에서 보일러까지는 펌프를 이용하는 강제순환방식
- 진공환수식 : 방열기의 설치장소에 제한을 받지 않는 환수방식으로 증기와 응축수를 진공펌프로 흡입순환시키는 방식

49 급수관의 관 지름 결정 시 유의사항으로 틀린 것은?

① 관 길이가 길면 마찰손실도 커진다.
② 마찰손실은 유량, 유속과 관계가 있다.
③ 가는 관을 여러 개 쓰는 것이 굵은 관을 쓰는 것보다 마찰손실이 적다.
④ 마찰손실은 고저차가 크면 클수록 손실도 커진다.

해설
마찰손실과 관경은 반비례하므로 관경이 가늘수록 마찰손실이 크다.

마찰손실 $h = \lambda \times \dfrac{l}{d} \times \dfrac{v^2}{2g}$

여기서, λ : 마찰저항계수, l : 관의 길이(m), d : 관경(m), v : 유속(m/s), g : 중력가속도(m²/s)

50 증기난방 설비 시공 시 수평 주관으로부터 분기 입상시키는 경우 관의 신축을 고려하여 두 개 이상의 엘보를 이용하여 설치하는 신축 이음은?

① 스위블 이음
② 슬리브 이음
③ 벨로스 이음
④ 플렉시블 이음

해설
① 스위블 이음 : 두 개 이상의 엘보를 사용, 이음부의 나사회전을 이용하여 신축을 흡수하는 이음으로서 증기난방 설비 시공 시 수평 주관으로부터 분기 입상시키는 경우 또는 방열기 주변 배관에 설치한다.
② 슬리브 이음 : 관의 팽창과 수축은 본체 속을 슬라이드하는 슬리브 파이프에 의해 신축을 흡수하는 이음이다.
③ 벨로스 이음 : 파형 주름관에 의해 신축을 흡수하는 이음으로서 패킹 대신 벨로스로 관내 유체의 누설을 방지한다.
④ 플렉시블 이음 : 배관에 설치하여 열팽창 등의 외부에 의한 변형을 흡수하며 방진 또는 방음의 역할을 한다.

51 음용수 배관과 음용수 이외의 배관이 접속되어 서로 혼합을 일으켜 음용수가 오염될 가능성이 큰 배관 접속방법은?

① 하트포드 이음
② 리버스리턴 이음
③ 크로스 이음
④ 역류방지 이음

해설
크로스 이음 : 급수계통에 오수가 유입되어 급수가 오염될 가능성이 큰 배관 접속방법이다. 음용수 배관과 음용수 이외의 배관이 접속되는 경우 배출된 물이 역류하여 음용수가 오염될 수 있으므로 음용수 배관은 크로스 이음을 피해야 한다.

52 급수관의 지름을 결정할 때 급수 본관인 경우 관내의 유속은 일반적으로 어느 정도로 하는 것이 가장 적절한가?

① 1~2m/s
② 3~6m/s
③ 10~15m/s
④ 20~30m/s

해설
급수관 관경 결정 시 관내에서 발생하는 수격작용을 방지하기 위하여 유속을 1~2m/s 이하로 제한한다.

53 암모니아 냉매 배관에 사용하기 가장 적합한 것은?

① 알루미늄 합금관
② 동관
③ 아연관
④ 강관

해설
암모니아 냉매는 동 및 동합금을 부식시키므로 압력 배관용 탄소강관(SPPS)을 사용한다.

54 다음 그림 기호가 나타내는 밸브는?

① 증발압력 조정밸브
② 유압 조정밸브
③ 용량 조정밸브
④ 흡입압력 조정밸브

해설
① 증발압력 조정밸브 : EPR
③ 용량 조정밸브 : KVC
④ 흡입압력 조정밸브 : SPR

정답 50 ① 51 ③ 52 ① 53 ④ 54 ②

55 중압 가스용 지중 매설관 배관 재료로 가장 적합한 것은?

① 경질염화비닐관
② PE 피복 강관
③ 동합금관
④ 이음매 없는 피복 황동관

해설
중압 가스용 지중 매설관은 PE(폴리에틸렌) 피복 강관으로 하고, 최고 사용압력이 저압인 경우 황색, 중압 이상인 경우 적색으로 표시해야 한다.

56 보온재의 구비조건으로 틀린 것은?

① 열전도율이 클 것
② 불연성일 것
③ 내식성 및 내열성이 있을 것
④ 비중이 적고 흡습성이 적을 것

해설
보온재의 구비조건
- 열전달률이 작을 것
- 물리적·화학적 강도가 클 것
- 흡수성이 적고 가공이 용이할 것
- 불연성일 것
- 사용온도에 있어서 내구성이 있고 변질되지 않을 것
- 부피·비중이 작을 것

57 동합금 납땜 관 이음쇠와 강관의 이종관 접합 시 한 개의 동합금 납땜 관 이음쇠로 90° 방향 전환을 위한 부속의 접합부 기호 및 종류로 옳은 것은?

① C×F 90° 엘보
② C×M 90° 엘보
③ F×F 90° 엘보
④ C×M 어댑터

해설
이음쇠 끝부분의 내경에 동합금을 넣어 납땜을 하는 이음쇠는 C, 90℃ 방향 전환을 위한 이음쇠는 엘보, 강관의 끝부분은 수나사로 되어 있으므로 이음쇠 끝부분이 암나사로 가공된 이음쇠 F를 사용해야 한다.

동합금 관 이음쇠 기호
- C : 이음쇠 끝부분의 내경에 동관이 들어갈 수 있도록 된 용접용 이음쇠
- F : 이음쇠 끝부분이 암나사로 가공된 나사 이음용 이음쇠
- M : 이음쇠 끝부분이 수나사로 가공된 나사 이음용 이음쇠
- Ftg : 이음쇠 끝부분의 외경에 동관이 들어갈 수 있도록 된 용접용 이음쇠

58 냉동 배관 재료로서 갖추어야 할 조건으로 틀린 것은?

① 저온에서 강도가 커야 한다.
② 내식성이 커야 한다.
③ 관내 마찰저항이 커야 한다.
④ 가공 및 시공성이 좋아야 한다.

해설
냉동 배관은 냉매가 잘 흐르도록 관내 마찰저항이 작아야 한다.

55 ② 56 ① 57 ① 58 ③

59 공장에서 제조 정제된 가스를 저장하여 가스 품질을 균일하게 유지하면서 제조량과 수요량을 조절하는 장치는?

① 정압기 ② 가스홀더
③ 가스미터 ④ 압송기

해설
가스홀더란 제조된 가스의 품질(성분, 열량, 연소성 등)을 일정하게 유지하고, 가스 사용의 시간적 변화에 따른 원활한 가스 공급을 위하여 공급량을 확보함으로써 공급의 안전성을 기하기 위한 압력저장탱크이다.

60 흡수식 냉동기 주변 배관에 관한 설명으로 틀린 것은?

① 증기조절밸브와 감압밸브장치는 가능한 한 냉동기 가까이에 설치한다.
② 공급 주관의 응축수가 냉동기 내에 유입되도록 한다.
③ 증기관에는 신축 이음 등을 설치하여 배관의 신축으로 발생하는 응력이 냉동기에 전달되지 않도록 한다.
④ 증기 드레인 제어방식은 진공펌프로 냉동기 내의 드레인을 직접 압출하도록 한다.

해설
흡수식 냉동기에서 발생하는 냉매와 흡수제의 비등점을 이용하여 두 물질을 분리한다. 이때 발생기에 공급되는 열원은 증기이므로 공급 주관에는 증기만 냉동기 내에 유입되도록 한다.

제4과목 전기제어공학

61 되먹임 제어의 종류에 속하지 않는 것은?

① 순서제어
② 정치제어
③ 추치제어
④ 프로그램 제어

해설
피드백 제어(되먹임 제어)는 제어계의 출력값이 목푯값과 비교하여 일치하지 않을 경우 다시 출력값을 입력으로 피드백시켜 오차를 수정하도록 귀환 경로를 갖는 제어로 정치제어, 추치제어, 프로그램 제어, 비율제어 등이 있다.

62 직류전동기의 속도 제어방법 중 속도 제어의 범위가 가장 광범위하며 운전효율이 양호한 것으로 워드 레오나드 방식과 정지 레오나드 방식이 있는 제어법은?

① 저항제어법
② 전압제어법
③ 계자제어법
④ 2차 여자제어법

해설
직류전동기의 속도 제어방법
- 전압제어: 전기자에 가해지는 단자전압을 변화시켜 속도를 제어하는 방법으로 광범위한 속도 제어가 가능하고 워드 레오나드 방식, 일그너 방식, 직·병렬 제어가 있다.
- 계자제어: 계자조정기의 저항을 가감하여 자속을 변화시켜 속도를 제어하는 방법으로 정출력 가변속도의 용도에 적합하다.
- 저항제어: 전기자회로에 직렬로 저항을 접속시켜 속도를 제어하는 방법이다.

63 제어량은 회전수, 전압, 주파수 등이 있으며 이 목표치를 장기간 일정하게 유지시키는 것은?

① 서보기구
② 자동조정
③ 추치제어
④ 프로세스 제어

해설
제어량에 따른 분류
- 서보기구 : 위치, 방위, 각도 등의 상태량을 제어
- 자동조정 : 전압, 전류, 회전수, 주파수, 토크 등 전기적인 상태량을 제어
- 프로세스 제어 : 온도, 압력, 유량, 액위, 농도, 습도 등 공업공정의 상태량을 제어

64 어떤 제어계의 임펄스 응답이 $\sin\omega t$일 때 계의 전달함수는?

① $\dfrac{\omega}{s+\omega}$ ② $\dfrac{\omega^2}{s+\omega}$

③ $\dfrac{s}{s+\omega^2}$ ④ $\dfrac{\omega}{s^2+\omega^2}$

해설
$$F(s) = \int_0^\infty \sin\omega t \cdot e^{-st}dt$$
$$= \int_0^\infty \frac{1}{2j}(e^{j\omega t}-e^{-(s+j\omega)}\cdot e^{-st}dt$$
$$= \frac{1}{2j}\int_0^\infty (e^{-(s-j\omega)t}-\int_0^\infty e^{-(s+j\omega)t}dt)$$
$$= \frac{1}{2j}\left(\frac{1}{s-j\omega}-\frac{1}{s+j\omega}\right) = \frac{\omega}{s^2+\omega^2}$$

65 그림과 같은 논리회로의 출력 Y는?

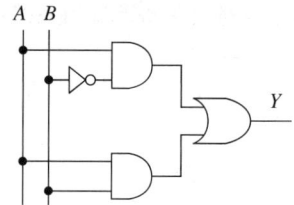

① $Y = AB + A\overline{B}$
② $Y = \overline{A}B + AB$
③ $Y = \overline{A}B + A\overline{B}$
④ $Y = \overline{A}\,\overline{B} + A\overline{B}$

해설
- AND 회로 논리식 $Y = A \cdot B$

- OR 회로 논리식 $Y = A + B$

- NOT 회로 논리식 $Y = \overline{A}$

66 제어계의 응답 속응성을 개선하기 위한 제어동작은?

① D 동작   ② I 동작
③ PD 동작   ④ PI 동작

해설
- PI(비례적분) 동작 : 비례동작에서 발생한 잔류편차를 제거하여 지상 보상요소에 대응되므로 정상특성을 개선한다.
- PD(비례미분) 동작 : 정상편차는 존재하나 진상 보상요소에 대응되므로 응답 속응성을 개선한다.
- PID(비례적분미분) 동작 : PI 동작과 PD 동작의 결점을 보완하기 위해 결합한 형태로 적분동작에서 잔류편차를 제거하고, 미분동작으로 응답을 신속히 하여 안정화시킨 동작

67 $s^2 + 2\delta\omega_n s + \omega_n^2 = 0$인 계가 무제동 진동을 할 경우 δ의 값은?

① $\delta = 0$ ② $\delta < 1$
③ $\delta = 1$ ④ $\delta > 1$

해설
제동비
- $\delta = 1$: 임계제동
- $\delta > 1$: 과제동
- $\delta < 1$: 부족제동
- $\delta = 0$: 무제동

68 그림과 같은 RL 직렬회로에 구형파 전압을 인가했을 때 전류 i를 나타내는 식은?

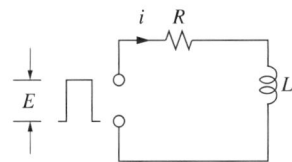

① $i = \dfrac{E}{R} e^{-\frac{R}{L}t}$

② $i = ERe^{-\frac{R}{L}t}$

③ $i = \dfrac{E}{R}(1 - e^{-\frac{L}{R}t})$

④ $i = \dfrac{E}{R}(1 - e^{-\frac{R}{L}t})$

해설
$i = \dfrac{E}{R}(1 - e^{-\frac{R}{L}t})$의 유도과정은 RL 회로에서 전류(i)의 값을 구하기 위한 유도과정이니 최종 공식인 $i = \dfrac{E}{R}(1 - e^{-\frac{R}{L}t})$을 암기하는 것이 다른 관련 문제를 풀기에 더 수월하다. 즉 RL 회로에서의 전류(i) 값은 $i = \dfrac{E}{R}(1 - e^{-\frac{R}{L}t})$으로 풀이하게 된다.

69 배리스터의 주된 용도는?

① 온도 측정용
② 전압 증폭용
③ 출력전류 조절용
④ 서지전압에 대한 회로 보호용

해설
배리스터란 인가전압이 높을 때 저항값이 비대칭적으로 급격하게 감소하여 전류가 급격히 증가한다. 따라서 비직선적인 전압과 전류의 특성을 갖는 2단자 반도체 소자로서 서지전압에 대한 회로 보호용으로 사용된다.

70 어떤 제어계의 단위계단입력에 대한 출력응답이 $c(t) = 1 - e^{-t}$로 되었을 때 지연시간 $T_d(s)$는?

① 0.693   ② 0.346
③ 0.278   ④ 1.386

해설
지연시간이란 응답이 최종 목푯값의 50%에 도달하는 데 걸리는 시간이다. 따라서 $c(t) = 0.5$이다.
시간 t는 지연시간 T_d이므로 $c(t) = 1 - e^{-T_d}$에서 $0.5 = 1 - e^{-T_d}$가 된다.
$e^{-T_d} = 0.5 \to \dfrac{1}{2} = \dfrac{1}{e^{T_d}} \to e^{T_d} = 2$
$\log_e e^{T_d} = \log_e 2 \to T_d = \log_e 2 = \ln 2 = 0.693$

71 전자회로에서 온도보상용으로 많이 사용되고 있는 소자는?

① 저항   ② 코일
③ 콘덴서   ④ 서미스터

해설
서미스터는 온도가 상승하면 저항값이 현저하게 작아지는 특성을 이용하여 트랜지스터 회로의 온도보상, 온도측정 및 제어, 통신기기 등의 온도보상용 자동제어에 사용된다.

72 열처리 노의 온도제어는 어떤 제어에 속하는가?

① 자동조정
② 비율제어
③ 프로그램 제어
④ 프로세스 제어

해설
③ 프로그램 제어 : 목푯값이 시간적으로 미리 정해진 대로 변화하고 제어량을 추종시키는 제어로 열처리 노의 온도제어, 무인열차 운전에 사용된다.
② 비율제어 : 목푯값이 다른 양과 일정한 비율관계를 가지고 변화하는 경우의 제어로 보일러 자동연소장치에 사용된다.
④ 프로세스 제어 : 온도, 압력, 유량, 액위, 농도, 습도 등 공업공정의 상태량을 제어한다.

74 피드백 제어계의 구성요소 중 동작신호에 해당되는 것은?

① 목푯값과 제어량의 차
② 기준입력과 궤환신호의 차
③ 제어량에 영향을 주는 외적 신호
④ 제어요소가 제어대상에 주는 신호

해설
동작신호란 기준입력과 주 피드백 신호와의 차이로서 제어동작을 일으키는 신호편차라 한다.

73 일정 전압의 직류전원에 저항을 접속하고 전류를 흘릴 때, 전륫값을 50% 증가시키기 위한 저항값은?

① $0.6R$
② $0.67R$
③ $0.82R$
④ $1.2R$

해설
일정한 전압에 저항을 접속하고 있으므로 $V=V_1$이고, 옴의 법칙을 적용하면 $IR=I_1R_1$이다.
최종전류 $IR=1.5IR_1$일 때 최종저항 $R_1=\dfrac{I}{1.5I}R=0.67R$

75 동기속도가 3,600rpm인 동기발전기의 극수는 얼마인가?(단, 주파수는 60Hz이다)

① 2극
② 4극
③ 6극
④ 8극

해설
동기속도 $N_s=\dfrac{120f}{P}$에서
극수 $P=\dfrac{120f}{N_s}=\dfrac{120\times 60\text{Hz}}{3,600\text{rpm}}=2$극

76 다음 블록선도 중 비례적분 제어기를 나타낸 블록선도는?

①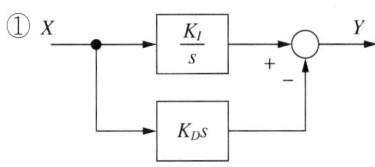

②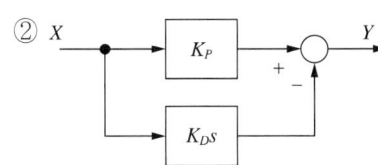

③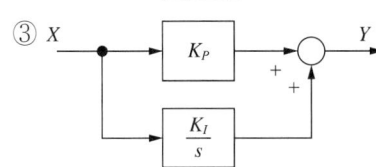

④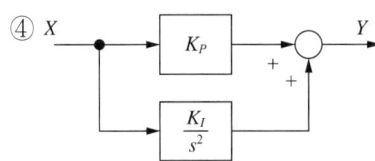

해설

- 비례적분 제어기의 전달함수 $G(s) : K_P + \dfrac{K_I}{s}$
- 출력 $Y = \left(K_P + \dfrac{K_I}{s}\right)X \rightarrow G(s) = \dfrac{Y}{X} = K_P + \dfrac{K_I}{s}$

77 전류 $I = 3t^2 + 6t$를 어떤 전선에 5초 동안 통과시켰을 때 전기량은 몇 C인가?

① 140 ② 160
③ 180 ④ 200

해설

t초 동안의 전기량 $q = \displaystyle\int_{t_1}^{t_2} I dt$

$q = \displaystyle\int_0^5 (3t^2 + 6t)dt = (5^3 + 3 \times 5^2) - (0^3 + 3 \times 0^2) = 200\text{C}$

78 그림과 같은 신호흐름선도에서 C/R를 구하면?

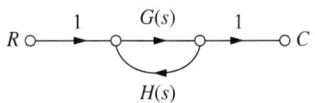

① $\dfrac{G(s)H(s)}{1 - G(s)H(s)}$

② $\dfrac{G(s)}{1 + G(s)H(s)}$

③ $\dfrac{G(s)H(s)}{1 + G(s)H(s)}$

④ $\dfrac{G(s)}{1 - G(s)H(s)}$

해설

- 전달함수 $G(s) = \dfrac{C}{R} = \dfrac{\text{패스 경로}}{1 - \text{피드백 경로}}$
- 패스 경로의 전달함수 : $G(s)$
- 피드백 경로 함수 : $-G(s)H(s)$

$G(s) = \dfrac{C}{R} = \dfrac{G(s)}{1 - G(s)H(s)}$

정답 76 ③ 77 ④ 78 ④

79 다음 블록선도의 입력과 출력이 일치하기 위해서 A에 들어갈 전달함수는?

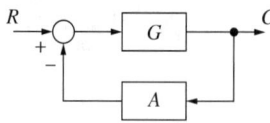

① $1+G/G$
② $G/G+1$
③ $G-1/G$
④ $G/G-1$

해설

- 전달함수 $G(s) = \dfrac{C}{R} = \dfrac{\text{패스 경로}}{1-\text{피드백 경로}} = 1(C=R\text{이기 때문})$
- 패스 경로의 전달함수 : G
- 피드백 경로 함수 : $-AG$

$G(s) = \dfrac{C}{R} = \dfrac{G}{1+AG} = 1$ 이다.

$1 = G - GA = G(1-A) \rightarrow \therefore A = 1 - \dfrac{1}{G} = \dfrac{G-1}{G}$

80 어떤 제어계의 입력이 단위 임펄스이고 출력 $c(t) = te^{-3t}$였다. 이 계의 전달함수 $G(s)$는?

① $1/(s+3)^2$
② $t/(s+3)^2$
③ $s/(s+3)^2$
④ $1/(s+2)(s+1)$

해설

단위 임펄스함수란 폭 e, 높이가 $\dfrac{1}{e}$ 이고, 면적이 1인 파형이며 $\delta(t)$로 표시한다. 단위 임펄스함수를 라플라스 변환하면 다음과 같다.

$F(s) = \mathcal{L} \lim_{e \to 0}\delta(t) = \lim_{e \to 0}\int_0^\infty \delta(t)e^{-st}dt$

$= \lim_{e \to 0}\dfrac{1}{e}\int_0^\infty u(t) - u(t-e)e^{-st}dt = 1$

단위 램프함수 $f(t) = t$를 라플라스 변환화면 다음과 같다.

$F(s) = \lim_{e \to 0}\int_0^\infty t \cdot e^{-st}dt = 0 + \dfrac{1}{s}\int_0^\infty e^{-st}dt$

$\rightarrow \dfrac{1}{s^2}[e^{-s\infty} - e^0] \rightarrow \dfrac{1}{s^2}$

지수함수 $f(t) = e^{-at}$를 라플라스 변환하면 다음과 같다.

따라서 $F(s) = \int_0^\infty e^{-at} \cdot e^{-st}dt = \int_0^\infty e^{-(s+a)}dt$

$= \dfrac{1}{s+a}[e^{-(s+a)\infty} - e^{-(s+a)0}] \rightarrow \dfrac{1}{s+a}$

$F(s) = e^{-3t} = \dfrac{1}{s+3}$ 이다.

출력을 라플라스 변환하면

$F(s) = \mathcal{L}[c(t)] = \mathcal{L}[te^{-3t}] = \dfrac{1}{s^2}\Big|_{s = \frac{1}{s+3}} = \dfrac{1}{(s+3)^2}$ 이므로

전달함수 $G(s) = \dfrac{\frac{1}{(s+3)^2}}{1} = \dfrac{1}{(s+3)^2}$

제1과목　공기조화

01 공기조화기 부하를 바르게 나타낸 것은?

① 실내부하 + 외기부하 + 덕트 통과 열부하 + 송풍기 부하
② 실내부하 + 외기부하 + 덕트 통과 열부하 + 배관 통과 열부하
③ 실내부하 + 외기부하 + 송풍기 부하 + 펌프부하
④ 실내부하 + 외기부하 + 재열부하 + 냉동기 부하

해설
공기조화기(냉각 코일) 부하
- 공기조화기 부하 = 실내부하 + 외기부하 + 덕트 통과 열부하 + 송풍기 부하
- 냉동기 부하 = 공기조화기 부하 + 펌프 부하 + 배관 통과 열부하

02 압력 760mmHg, 기온 15℃의 대기가 수증기 분압 9.5mmHg를 나타낼 때 건조공기 1kg 중에 포함되어 있는 수증기의 중량은 얼마인가?

① 0.00623kg/kg
② 0.00787kg/kg
③ 0.00821kg/kg
④ 0.00931kg/kg

해설
절대습도 : 건조공기 1kg 속에 존재하는 수증기 중량
$$x = 0.622 \frac{P_w}{P - P_w} = 0.622 \times \frac{9.5\text{mmHg}}{(760-9.5)\text{mmHg}}$$
$$= 0.00787\,\text{kg/kg}'$$
여기서, x : 절대습도(kg/kg′)
　　　　P : 대기압(mmHg)
　　　　P_w : 습공기 수증기 분압(mmHg)

03 8,000W의 열을 발산하는 기계실의 온도를 외기 냉방하여 26℃로 유지하기 위해 필요한 외기도입량(m³/h)은?(단, 밀도는 1.2kg/m³, 공기 정압비열은 1.01kJ/kg · ℃, 외기온도는 11℃이다)

① 600.06
② 1,584.16
③ 1,851.85
④ 2,160.22

해설
$q_{FS} = (\rho Q)C\Delta t = (1.2Q) \times 1.01 \times \Delta t = 1.212Q\Delta t$

$$Q = \frac{q_{FS}}{1.212\Delta t} = \frac{8\,\frac{\text{kJ}}{\text{s}}}{1.212\,\frac{\text{kJ}}{\text{m}^3 \cdot \text{℃}} \times (26-11)\text{℃}} = 0.44\,\text{m}^3/\text{s}$$

초(s)를 시(h)로 변환
$0.44\,\frac{\text{m}^3}{\text{s}} \times \frac{3,600\text{s}}{1\text{h}} = 1,584\,\text{m}^3/\text{h}$

04 증기난방에 대한 설명으로 옳은 것은?

① 부하의 변동에 따라 방열량을 조절하기가 쉽다.
② 소규모 난방에 적당하며 연료비가 적게 든다.
③ 방열면적이 작으며 단시간 내에 실내온도를 올릴 수 있다.
④ 장거리 열수송이 용이하며 배관의 소음 발생이 작다.

해설
증기난방
- 장점
  - 잠열을 이용하므로 열의 운반능력이 크다.
  - 예열시간이 짧고 증기 순환이 빠르다.
  - 설비비가 싸다.
  - 방열면적과 관경이 작아도 된다.
- 단점
  - 쾌감도가 나쁘다.
  - 스팀 소음(스팀해머)이 많이 난다.
  - 부하변동에 대하여 대응이 곤란하다.
  - 보일러 취급 시 기술자를 요구한다.

05 공기조화 방식의 분류 중 전공기 방식에 해당되지 않는 것은?

① 팬코일 유닛 방식
② 정풍량 단일 덕트 방식
③ 2중 덕트 방식
④ 변풍량 단일 덕트 방식

해설
공기조화 방식의 분류

분류	열원 방식	종류
중앙 방식	전공기 방식	정풍량 단일 덕트 방식, 2중 덕트 방식, 덕트 병용 패키지 방식, 각층 유닛 방식
	수공기 방식 (유닛 병용 방식)	덕트 병용 팬코일 유닛 방식, 유인 유닛 방식, 복사냉난방 방식
	전수 방식	팬코일 유닛 방식
개별 방식	냉매 방식	패키지 유닛 방식, 룸쿨러 방식, 멀티 유닛 룸쿨러 방식

07 극간풍을 방지하는 방법으로 적합하지 않은 것은?

① 실내를 가압하여 외부보다 압력을 높게 유지한다.
② 건축의 건물 기밀성을 유지한다.
③ 이중문 또는 회전문을 설치한다.
④ 실내외 온도차를 크게 한다.

해설
극간풍을 방지하는 방법
• 회전문을 설치한다.
• 이중문을 충분한 간격으로 설치한다.
• 이중문의 중간에 컨벡터를 설치한다.
• 에어커튼을 설치한다.
• 실내를 가압하여 외부보다 압력을 높게 유지한다.
• 기밀성을 유지한다.

06 일반적인 취출구의 종류가 아닌 것은?

① 라이트-트로퍼(Light-troffer)형
② 아네모스탯(Annemostat)형
③ 머시룸(Mushroom)형
④ 웨이(Way)형

해설
머시룸형은 흡입구로서 바닥면의 오염된 공기를 흡입한다.

08 실내 환경기준 항목이 아닌 것은?

① 부유분진의 양
② 상대습도
③ 탄산가스 함유량
④ 메탄가스 함유량

해설
실내 환경기준

항목	실내 환경기준
부유분진량	0.15mg/m²
일산화탄소의 함유율	10ppm(0.001%) 이하
탄산가스의 함유율	1,000ppm(0.1%) 이하
온도	17℃ 이상, 28℃ 이하
상대습도	40% 이상, 70% 이하
기류	0.5m/s 이하

정답 5 ① 6 ③ 7 ④ 8 ④

09 덕트를 설계할 때 주의사항으로 틀린 것은?

① 덕트를 축소할 때 각도는 30° 이하로 되게 한다.
② 저속 덕트 내의 풍속은 15m/s 이하로 한다.
③ 장방형 덕트의 종횡비는 4 : 1 이상 되게 한다.
④ 덕트를 확대할 때 확대각도는 15° 이하로 되게 한다.

해설
덕트 설계 시 종횡비(아스펙트비)는 장변과 단변의 비로 2 : 1을 표준으로 하고, 가능한 한 4 : 1 이하로 하는 것이 바람직하다.

10 상당방열면적을 계산하는 식에서 q_0는 무엇을 뜻하는가?

$$EDR = \frac{H_r}{q_0}$$

① 상당증발량
② 보일러 효율
③ 방열기의 표준방열량
④ 방열기의 전 방열량

해설
상당방열면적 $EDR = \frac{H_r}{q_0}(m^2)$

여기서, H_r : 난방부하(전 방열량)(kcal/h)
q_0 : 표준방열량(kcal/m²·h)

11 중앙 공조기의 전열교환기에서는 어떤 공기가 서로 열교환을 하는가?

① 환기와 급기   ② 외기와 배기
③ 배기와 급기   ④ 환기와 배기

해설
전열교환기 : 공기조화기에서 배기와 외기를 열교환시키는 공기 대 공기 열교환기로 회전식과 고정식이 있다.

12 실내 발생열에 대한 설명으로 틀린 것은?

① 벽이나 유리창을 통해 들어오는 전도열은 현열뿐이다.
② 여름철 실내에서 인체로부터 발생하는 열은 잠열뿐이다.
③ 실내의 기구로부터 발생하는 열은 잠열과 현열이다.
④ 건축물의 틈새로부터 침입하는 공기가 갖고 들어오는 열은 잠열과 현열이다.

해설
실내 발생열
• 인체에서의 발생열 : 현열 + 잠열
• 문틈에서의 틈새바람 : 현열 + 잠열
• 외기도입 열량 : 현열 + 잠열
• 유리를 통한 복사열 : 현열

13 공기여과기의 성능을 표시하는 용어 중 가장 거리가 먼 것은?

① 제거효율   ② 압력손실
③ 집진용량   ④ 소재의 종류

해설
공기여과기의 성능 표시 : 제거효율(포집률), 필터 전·후의 압력손실, 분진 집진용량(포집용량), 면속도 등

정답 9 ③ 10 ③ 11 ② 12 ② 13 ④

14 환기의 목적이 아닌 것은?

① 실내공기 정화 ② 열 제거
③ 소음 제거   ④ 수증기 제거

해설
환기의 목적
- 실내공기 정화
- 열 및 습기 제거
- 냄새 및 유독가스 제거

15 공조기 내에 흐르는 냉·온수 코일의 유량이 많아서 코일 내 유속이 너무 빠를 때 사용하기 가장 적절한 코일은?

① 풀서킷 코일(Full Circuit Coil)
② 더블서킷 코일(Double Circuit Coil)
③ 하프서킷 코일(Half Circuit Coil)
④ 슬로서킷 코일(Slow Circuit Coil)

해설
- 더블서킷 코일 : 유량이 많아 코일 내 유속이 빠를 때 사용된다.
- 풀서킷 코일, 하프서킷 코일 : 유량이 적어 코일 내 유속이 작을 때 사용된다.

16 날개 격자형 취출구에 대한 설명으로 틀린 것은?

① 유니버설형은 날개를 움직일 수 있는 것이다.
② 레지스터란 풍량 조절 셔터가 있는 것이다.
③ 수직 날개형은 실의 폭이 넓은 방에 적합하다.
④ 수평 날개형 그릴이라고도 한다.

해설
날개(베인) 격자형 취출구
- 레지스터 : 그릴 뒤에 풍량 조절을 위한 셔터가 부착된 것
- 유니버설(가동 베인) : 날개 각도를 조정할 수 있는 것
- 그릴(고정 베인) : 날개가 고정되고 셔터가 없는 것
- 수평 날개형과 그릴은 관련이 없다.

17 송풍기의 회전수 변환에 의한 풍량 제어방법에 대한 설명으로 틀린 것은?

① 극수를 변환한다.
② 유도전동기의 2차측 저항을 조정한다.
③ 전동기에 의한 회전수에 변화를 준다.
④ 송풍기 흡입측에 있는 댐퍼를 조인다.

해설
송풍기 회전수 제어법
- 극수 변환법
- 유도전동기 2차측 저항 조정법
- 전동기 회전수 조정법
- 풀리 직경 변환법
- 정류자전동기에 의한 방법

18 현열비를 바르게 표시한 것은?

① 현열량 / 전열량
② 잠열량 / 전열량
③ 잠열량 / 현열량
④ 현열량 / 잠열량

해설
현열비(SHF) : 습공기의 전열량에 대한 현열량의 비

$$SHF = \frac{현열량(전열량 - 잠열량)}{전열량(현열량 + 잠열량)} = \frac{q_S}{q_T} = \frac{q_T - q_L}{q_S + q_L}$$

19 어떤 실내의 전체 취득열량이 9kW, 잠열량이 2.5 kW이다. 이때 실내를 26℃, 50%(RH)로 유지시키기 위해 취출온도차를 10℃로 일정하게 하여 송풍한다면 실내 현열비는 얼마인가?

① 0.28　　② 0.68
③ 0.72　　④ 0.88

해설
현열비(SHF) : 습공기의 전열량에 대한 현열량의 비
$$SHF = \frac{현열량(전열량 - 잠열량)}{전열량(현열량 + 잠열량)} = \frac{(9-2.5)kW}{9kW} = 0.72$$

20 온수난방 설비와 관계가 없는 것은?

① 리버스 리턴 배관
② 하트포드 배관 접속
③ 순환펌프
④ 팽창탱크

해설
하트포드 배관 접속법 : 저압 증기난방의 습식환수방식에 있어 보일러의 수위가 환수관의 접속부로의 누설로 인한 저수위사고가 일어날 것을 방지하기 위해 증기관과 환수관 사이에 표준수면에서 50mm 아래에 균형관(밸런스관)을 설치한 방식이다.

제2과목　냉동공학

21 2차 냉매인 브라인이 갖추어야 할 성질에 대한 설명으로 틀린 것은?

① 열용량이 적어야 한다.
② 열전도율이 커야 한다.
③ 동결점이 낮아야 한다.
④ 부식성이 없어야 한다.

해설
브라인의 구비조건
• 열용량(비열)이 클 것
• 점도가 작을 것
• 열전도율이 클 것
• 불연성이 불활성일 것
• 인화점이 높고 응고점이 낮을 것
• 가격이 싸고 구입이 용이할 것
• 냉매 누설 시 냉장품 손실이 적을 것

22 냉동장치의 운전 중에 냉매가 부족할 때 일어나는 현상에 대한 설명으로 틀린 것은?

① 고압이 낮아진다.
② 냉동능력이 저하한다.
③ 흡입관에 서리가 부착되지 않는다.
④ 저압이 높아진다.

해설
냉동장치 내부의 냉매가 부족할 때의 현상
• 흡입압력 및 토출압력이 감소한다.
• 냉동능력이 감소한다.
• 흡입가스가 과열된다.
• 토출가스 온도가 상승한다.

정답　19 ③　20 ②　21 ①　22 ④

23 히트파이프의 특징에 관한 설명으로 틀린 것은?

① 등온성이 풍부하고 온도 상승이 빠르다.
② 사용온도 영역에 제한이 없으며 압력손실이 크다.
③ 구조가 간단하고 소형 경량이다.
④ 증발부, 응축부, 단열부로 구성되어 있다.

해설
히트파이프 : 밀봉된 용기와 위크 구조체 및 증기공간에 의하여 구성되며, 길이 방향으로는 증발부, 응축부, 단열부로 구분되는데 한쪽을 가열하면 작동 유체는 증발하면서 잠열을 흡수하고 증발된 증기는 저온으로 이동하여 응축되면서 열교환하는 기기

24 다음 조건으로 운전되고 있는 수랭 응축기가 있다. 냉매와 냉각수와의 평균 온도차는?

- 냉각수 입구온도 : 16℃
- 냉각수량 : 200L/min
- 냉각수 출구온도 : 24℃
- 응축기 냉각면적 : 20m²
- 응축기 열통과율 : 3,349.6kJ/m² · h · ℃

① 4℃ ② 5℃
③ 6℃ ④ 7℃

해설
- 응축기 방열량 $Q_c = KA\Delta t_m = GC\Delta t$
- 평균 온도차 $\Delta t_m = \dfrac{GC\Delta t}{KA}$

$$= \dfrac{\left(200\dfrac{\text{kg}}{\text{min}} \times \dfrac{60\text{min}}{1\text{h}}\right) \times 4.184\dfrac{\text{kJ}}{\text{kg}\cdot\text{℃}} \times (24-16)\text{℃}}{3,349.6\dfrac{\text{kJ}}{\text{m}^2\cdot\text{h}\cdot\text{℃}} \times 20\text{m}^2} = 6\text{℃}$$

※ 물 1L = 1kg
물의 비열(C) = 1kcal/kg · ℃ = 4.184kJ/kg · ℃

25 냉동장치 내 불응축 가스에 관한 설명으로 옳은 것은?

① 불응축 가스가 많아지면 응축압력이 높아지고 냉동능력은 감소한다.
② 불응축 가스는 응축기에 잔류하므로 압축기의 토출가스 온도에는 영향이 없다.
③ 장치에 윤활유를 보충할 때에 공기가 흡입되어도 윤활유에 용해되므로 불응축 가스는 생기지 않는다.
④ 불응축 가스가 장치 내에 침입해도 냉매와 혼합되므로 응축압력은 불변한다.

해설
② 불응축 가스는 응축기에 잔류하므로 압축기의 토출가스 온도를 증가시킨다.
③ 장치에 윤활유를 보충할 때에 공기가 흡입되어 불응축 가스가 되며 응축기 내부 전열을 방해하여 응축능력을 감소시킨다.
④ 불응축 가스가 장치 내에 침입하면 응축압력이 증가하고 압축비를 상승시켜 토출가스 온도 상승, 윤활유 탄화열화, 냉동능력 감소 등 악영향을 끼친다.

26 얼음 제조설비에서 깨끗한 얼음을 만들기 위해 빙관내로 공기를 송입, 물을 교반시키는 교반장치의 송풍압력(kPa)은 어느 정도인가?

① 2.5~8.5 ② 19.6~34.3
③ 62.8~86.8 ④ 101.3~132.7

해설
깨끗하고 투명한 얼음을 만들기 위해 교반장치의 송풍압력은 19.6~34.3kPa 정도로 한다.

23 ② 24 ③ 25 ① 26 ②

27 냉동사이클이 −10℃와 60℃ 사이에서 역카르노 사이클로 작동될 때 성적계수는?

① 2.21   ② 2.84
③ 3.76   ④ 4.75

해설
성적계수 $COP = \dfrac{Q_c}{A_w} = \dfrac{T_L}{T_H - T_L}$
$= \dfrac{(-10+273)}{(60+273)-(-10+273)} = 3.757$

28 증기압축식 사이클과 흡수식 냉동사이클에 관한 비교 설명으로 옳은 것은?

① 증기압축식 사이클은 흡수식에 비해 축동력이 적게 소요된다.
② 흡수식 냉동사이클은 열구동 사이클이다.
③ 흡수식은 증기압축식 압축기를 흡수기와 펌프가 대신한다.
④ 흡수식의 성능은 원리상 증기압축식에 비해 우수하다.

해설
① 증기압축식 사이클은 압축기가 설치되므로 흡수식에 비해 축동력이 크게 소요된다.
③ 흡수식은 증기압축식 압축기를 흡수기와 발생기(재생기)가 대신한다.
④ 흡수식의 성능은 원리상 증기압축식에 비해 나쁘다.

29 밀폐된 용기의 부압작용에 의하여 진공을 만들어 냉동작용을 하는 것은?

① 증기분사 냉동기
② 왕복동 냉동기
③ 스크루 냉동기
④ 공기압축 냉동기

해설
증기분사 냉동기는 스팀 이젝터의 분사력을 이용하여 증발기 내의 압력을 진공으로 저하시켜 수분을 증발하고 나머지 물은 증발열을 빼앗겨 냉각된 냉수를 사용한다.

30 저온용 냉동기에 사용되는 보조적인 압축기로서 저온을 얻을 목적으로 사용되는 것은?

① 회전 압축기(Rotary Compressor)
② 부스터(Booster)
③ 밀폐식 압축기(Hermetic Compressor)
④ 터보 압축기(Turbo Compressor)

해설
부스터란 2단 압축식 냉동장치에서 저압으로부터 중간 압력까지 압축하기 위한 저단측 압축기로 저온용 냉동기에 사용된다.

정답 27 ③ 28 ② 29 ① 30 ②

31 무기질 브라인이 아닌 것은?

① 염화칼슘
② 염화마그네슘
③ 염화나트륨
④ 트리클로로에틸렌

해설
- 무기질 브라인의 종류 : 염화칼슘, 염화마그네슘, 염화나트륨
- 유기질 브라인의 종류 : 에틸렌글리콜, 프로필렌글리콜, 에틸알코올

32 $P-V$(압력-체적)선도에서 1에서 2까지 단열압축하였을 때 압축일량(절대일)은 어느 면적으로 표현되는가?

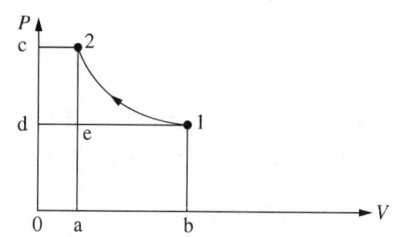

① 면적 12cd1
② 면적 1d0b1
③ 면적 12ab1
④ 면적 aed0a

해설
1에서 2까지 단열압축 시 압력이 상승하고 체적이 감소하므로 압축일량(절대일)은 면적 12ab1이다.
※ 공업일의 경우에는 면적 12cd1이다.

33 응축부하 계산법이 아닌 것은?

① 냉매 순환량×응축기 입·출구 엔탈피차
② 냉각수량×냉각수 비열×응축기 냉각수 입·출구 온도차
③ 냉매 순환량×냉동효과
④ 증발부하 + 압축일량

해설
③은 증발기 부하(냉동능력)를 나타내며 냉동효과는 증발기 입·출구 엔탈피차이다.
① $Q_c = G\Delta h$
② $Q_c = GC\Delta t$
④ $Q_c = Q_e + A_w$

34 할라이드 토치로 누설을 탐지할 때 소량의 누설이 있는 곳에서 토치의 불꽃 색깔은 어떻게 변화하는가?

① 보라색
② 파란색
③ 노란색
④ 녹색

해설
프레온 냉매 누설 시 할라이드 토치의 불꽃 색깔 변화
- 청색 : 누설이 없는 경우
- 녹색 : 소량 누설일 경우
- 자색 : 다량 누설일 경우
- 꺼짐 : 과잉 누설일 경우

35 28℃의 원수 9톤을 4시간에 5℃까지 냉각하는 수냉각장치의 냉동능력은?(단, 1RT는 13,900kJ/h로 한다)

① 12.5RT ② 15.6RT
③ 17.1RT ④ 20.7RT

해설

냉동능력 $Q_e = GC\Delta t$

$$= \frac{9,000\text{kg}}{4\text{h}} \times 4.184 \frac{\text{kJ}}{\text{kg}\cdot℃} \times (28-5)℃$$

$$= 216,522\text{kJ/h}$$

냉동톤(RT) $= \frac{216,522\text{kJ/h}}{13,900\text{kJ/h}} = 15.57\text{RT}$

※ 1t = 1,000kg
물의 비열(C) = 1kcal/kg·℃ = 4.184kJ/kg·℃

36 냉동장치에서 교축작용(Throttling)을 하는 부속기기는 어느 것인가?

① 다이아프램 밸브
② 솔레노이드 밸브
③ 아이솔레이트 밸브
④ 팽창밸브

해설

교축작용
- 단면적이 아주 작은 오리피스 내를 유체가 통과하면서 단열팽창작용을 한다.
- 냉동장치에서 냉매액이 팽창밸브를 통과하면서 교축작용이 발생한다.
- 오리피스를 통과하는 냉매는 유속이 증가되므로 압력이 강하하고 비체적이 증가한다.
- 압력과 온도는 감소하고 엔탈피는 일정하다.

37 탱크식 증발기에 관한 설명으로 틀린 것은?

① 제빙용 대형 브라인이나 물의 냉각장치로 사용된다.
② 냉각관의 모양에 따라 헤링본식, 수직관식, 패럴렐식이 있다.
③ 물건을 진열하는 선반 대용으로 쓰기도 한다.
④ 증발기는 피냉각액 탱크 내의 칸막이 속에 설치되며 피냉각액은 이 속을 교반기에 의해 통과한다.

해설

탱크식 증발기
- 암모니아 만액식 증발기로 헤드 사이에 다수의 냉각관을 붙여 사용하며 제빙용으로 사용된다.
- 선반 대용으로 사용할 수 없다. 선반 대용으로 사용 가능한 공기 냉각용 증발기로는 캐스케이드 증발기와 멀티피드 멀티석션 증발기가 있다.

38 기준 냉동사이클로 운전할 때 단위질량당 냉동효과가 큰 냉매 순으로 나열한 것은?

① R11 > R12 > R22
② R12 > R11 > R22
③ R22 > R12 > R11
④ R22 > R11 > R12

해설

기준 냉동사이클에서의 냉동효과 : R22(40.15kcal/kg) > R11(38.6kcal/kg) > R12(29.52kcal/kg)

정답 35 ② 36 ④ 37 ③ 38 ④

39 증발잠열을 이용하므로 물의 소비량이 적고 실외 설치가 가능하며, 송풍기 및 순환펌프의 동력을 필요로 하는 응축기는?

① 입형 셸 앤 튜브식 응축기
② 횡형 셸 앤 튜브식 응축기
③ 증발식 응축기
④ 공랭식 응축기

해설
증발식 응축기의 특징
- 물의 증발잠열을 이용하여 냉매를 응축시키는 것으로 물의 소비량이 적다.
- 실외에 설치하며 냉각탑을 별도로 설치하지 않는다.
- 구조가 복잡하고 송풍기 및 순환펌프의 동력이 필요하다.
- 대기의 습구온도에 영향을 많이 받는다.

40 유량 100L/min의 물을 15℃에서 9℃로 냉각하는 수냉각기가 있다. 이 냉동장치의 냉동효과가 168 kJ/kg일 경우 냉매 순환량(kg/h)은?(단, 물의 비열은 4.2kJ/kg·K로 한다)

① 700   ② 800
③ 900   ④ 1,000

해설
- 냉동능력
$Q_e = G_w C \Delta t$
$= \left(100\dfrac{\text{kg}}{\text{min}} \times 60\dfrac{\text{min}}{\text{h}}\right) \times 4.2\dfrac{\text{kJ}}{\text{kg}\cdot\text{K}} \times (288-282)\text{K}$
$= 151{,}200\text{kJ/h}$

- 냉매 순환량 $G = \dfrac{Q_e}{q} = \dfrac{151{,}200\,\text{kJ/h}}{168\,\text{kJ/kg}} = 900\text{kg/h}$

여기서, Q : 냉동능력(kJ/h), G : 냉매 순환량(kg/h),
G_w : 냉각유량(kg/h), q : 냉동효과(kJ/kg)

※ 냉매 순환량과 냉각유량이 단위와 기호가 같지만 냉각유량과 냉매 순환량은 다르다.

제3과목 배관일반

41 냉매 배관 중 토출측 배관 시공에 관한 설명으로 틀린 것은?

① 응축기가 압축기보다 2.5m 이상 높은 곳에 있을 때에는 트랩을 설치한다.
② 수직관이 너무 높으면 2m마다 트랩을 한 개씩 설치한다.
③ 토출관의 합류는 Y이음으로 한다.
④ 수평관은 모두 끝 내림 구배로 배관한다.

해설
토출측 배관의 트랩 설치
- 토출관의 입상이 2.5m 이상, 10m 이하의 입상 배관일 경우 윤활유의 역류를 방지하기 위하여 입상이 시작되는 곳에 트랩을 설치한다.
- 토출관의 입상 배관이 10m 이상일 경우 10m마다 중간 트랩을 설치한다.

42 일정 흐름 방향에 대한 역류방지 밸브는?

① 글로브밸브   ② 게이트밸브
③ 체크밸브   ④ 앵글밸브

해설
③ 체크밸브는 유체를 한쪽 방향으로만 흐르게 하는 역류방지 밸브이다.
① 글로브밸브는 유량 조절용으로 사용된다.
② 게이트밸브는 유체의 흐름을 단속하는 용도로 사용된다.
④ 앵글밸브는 유체의 흐름 방향을 직각으로 바꿀 때 사용된다.

43 스트레이너의 종류에 속하지 않는 것은?

① Y형   ② X형
③ U형   ④ V형

해설
스트레이너의 종류
- Y형 : 본체의 입구와 출구는 일직선상에 있으며 압력손실이 작다.
- U형 : 유체의 흐름이 직각 방향으로 바뀌므로 Y형 여과기보다 유체에 대한 저항이 크고 주로 오일 배관에 많이 사용된다.
- V형 : 유체가 스트레이너 속을 직선적으로 흐르므로 Y형이나 U형에 비해 유속에 대한 저항이 적다.

44 한쪽은 커플링으로 이음쇠 내에 동관이 들어갈 수 있도록 되어 있고 다른 한쪽은 수나사가 있어 강부속과 연결할 수 있도록 되어 있는 동관용 이음쇠는?

① 커플링 C×C   ② 어댑터 C×M
③ 어댑터 Ftg×M   ④ 어댑터 C×F

해설
동합금 관 이음쇠 기호
- C : 이음쇠 끝부분의 내경에 동관이 들어갈 수 있도록 된 용접용 이음쇠
- F : 이음쇠 끝부분이 암나사로 가공된 나사 이음용 이음쇠
- M : 이음쇠 끝부분이 수나사로 가공된 나사 이음용 이음쇠
- Ftg : 이음쇠 끝부분의 외경에 동관이 들어갈 수 있도록 된 용접용 이음쇠

45 프레온 냉매 배관에 관한 설명으로 틀린 것은?

① 주로 동관을 사용하나 강관도 사용된다.
② 증발기와 압축기가 같은 위치인 경우 흡입관을 수직으로 세운 다음 압축기를 향해 선단 하향 구배로 배관한다.
③ 동관의 접속은 플레어 이음 또는 용접 이음 등이 있다.
④ 관의 굽힘 반경을 작게 한다.

해설
냉매 배관의 곡관부는 최대한 적게 하고 굽힘 반경을 크게 한다.

46 일반적으로 관의 지름이 크고 관의 수리를 위해 분해할 필요가 있는 경우에 사용되는 파이프 이음에 속하는 것은?

① 신축 이음
② 엘보 이음
③ 턱걸이 이음
④ 플랜지 이음

해설
관의 분해 점검 시 사용되는 접합방법
- 대구경(65A 이상) : 플랜지 접합
- 소구경(50A 미만) : 유니언 접합

47 배관 내의 침식에 영향을 미치는 요소로 가장 거리가 먼 것은?

① 물의 속도
② 사용시간
③ 배관계의 소음
④ 물속의 부유물질

해설
배관 내의 침식에 영향을 미치는 요소
- 물의 속도가 빠를수록 층류에서 난류로 바뀌며 침식이 빠르게 진행된다.
- 사용시간이 길수록 침식이 늘어난다.
- 물속의 부유물이 많을수록 물의 흐름을 방해하거나 관내에 부착되어 스케일이 발생한다.

[정답] 43 ② 44 ② 45 ④ 46 ④ 47 ③

48 맞대기 용접의 홈 형상이 아닌 것은?

① V형 ② U형
③ X형 ④ Z형

해설
맞대기 용접의 홈 형상 : V형, U형, X형, H형, I형, K형, J형

49 배수 배관의 시공상 주의점으로 틀린 것은?

① 배수를 가능한 한 빨리 옥외 하수관으로 유출할 수 있을 것
② 옥외 하수관에서 하수가스나 벌레 등이 건물 안으로 침입하는 것을 방지할 것
③ 배수관 및 통기관은 내구성이 풍부할 것
④ 한랭지에서는 배수, 통기관 모두 피복을 하지 않을 것

해설
한랭지 배관 시 관내 유체의 동결을 방지하기 위해 배수, 통기관 모두 보온(피복)을 해야 한다.

50 프레온 냉동장치 흡입관이 횡주관일 때 적정 구배는 얼마인가?

① 1/100 ② 1/200
③ 1/300 ④ 1/400

해설
프레온 냉동장치 흡입관이 횡주관일 때 냉매가 흐르는 방향으로 1/200의 하향 구배로 한다.

51 급탕 배관 내의 압력이 0.7kgf/cm² 이면 수주로 몇 m와 같은가?

① 0.7 ② 1.7
③ 7   ④ 70

해설
$1kgf/cm^2 = 10mH_2O$
$0.7 \times 10 = 7mH_2O$

52 배수설비에 대한 설명으로 틀린 것은?

① 오수란 대소변기, 비데 등에서 나오는 배수이다.
② 잡배수란 세면기, 싱크대, 욕조 등에서 나오는 배수이다.
③ 특수배수는 그대로 방류하거나 오수와 함께 정화하여 방류시키는 배수이다.
④ 우수는 옥상이나 부지 내에 내리는 빗물의 배수이다.

해설
특수배수 : 병원, 공장, 실험실 등과 같은 곳에서 특수한 물질이 배수되는 것으로 별도의 배수처리시설을 설치해 정화 후 하수도로 방류하여야 한다.

53 열역학식 트랩에 해당되는 것은?

① 디스크형 트랩
② 벨로스식 트랩
③ 버킷 트랩
④ 바이메탈식 트랩

해설
- 열역학식 트랩 : 오리피스 트랩, 디스크 트랩
- 온도조절식 트랩 : 벨로스식 트랩, 다이어프램식 트랩, 바이메탈식 트랩
- 기계식 트랩 : 플로트 트랩, 버킷 트랩

54 소켓식 이음을 나타내는 기호는?

① ———|———
② ———|⊦———
③ ———)———
④ ———⊦|———

해설
③ 소켓식 이음
① 나사 이음
② 플랜지 이음
④ 유니언 이음

55 가스 배관 설비에서 정압기의 종류가 아닌 것은?

① 피셔(Fisher)식 정압기
② 오리피스(Orifice)식 정압기
③ 레이놀즈(Reynolds)식 정압기
④ AFV(Axial Flow Valve)식 정압기

해설
정압기의 종류 : 피셔식, 레이놀즈식, AFV식, KRF식

56 일반적으로 프레온 냉매 배관용으로 사용하기 가장 적절한 배관 재료는?

① 아연도금탄소강 강관
② 배관용 탄소강 강관
③ 동관
④ 스테인리스 강관

해설
동관 : 열전도도가 크고 내식성·굴곡성이 뛰어나 열교환기용과 프레온 냉매 배관용으로 널리 사용된다.

정답 53 ① 54 ③ 55 ② 56 ③

57 가스 배관의 관 지름을 결정하는 요소와 가장 거리가 먼 것은?

① 가스 발열량
② 가스관의 길이
③ 허용 압력손실
④ 가스 비중

해설
가스 배관의 관 지름 결정 시 가스의 발열량은 관계없다.

저압 가스 배관의 관 지름 $D = \left(\dfrac{Q^2 SL}{K^2 H}\right)^{\frac{1}{5}}$ cm

여기서, Q : 유량, S : 가스 비중, L : 가스관의 길이,
K : 유량계수, H : 압력손실

58 급수 배관의 마찰손실수두와 가장 거리가 먼 것은?

① 관의 길이   ② 관의 직경
③ 관의 두께   ④ 유속

해설
배관의 마찰손실은 관 두께와 관계없다.

마찰손실 $h = \lambda \times \dfrac{l}{d} \times \dfrac{v^2}{2g}$

여기서, λ : 마찰저항계수, l : 관의 길이(m), d : 관경(m),
v : 유속(m/s), g : 중력가속도(m²/s)

59 가스 배관을 실내에 노출하여 설치할 때의 기준으로 틀린 것은?

① 배관은 환기가 잘 되는 곳으로 노출하여 시공할 것
② 배관은 환기가 잘 되지 않는 천장·벽·공동구 등에는 설치하지 아니할 것
③ 배관의 이음매(용접이음매 제외)와 전기계량기와는 60cm 이상 거리를 유지할 것
④ 배관 이음부와 단열조치를 하지 않은 굴뚝과의 거리는 5cm 이상의 거리를 유지할 것

해설
가스 배관의 이음부와 유지거리(사용자 공급관의 경우)
- 가스계량기와 전기계량기 및 전기개폐기와의 거리는 60cm 이상의 거리를 유지할 것(도시가스 내관 동일)
- 배관 이음부와 굴뚝, 전기점멸기 및 전기접속기와의 거리는 30cm 이상의 거리를 유지할 것(도시가스 내관 : 15cm 이상)
- 배관의 이음부와 절연조치를 하지 않은 전선 및 단열조치하지 않은 굴뚝과의 거리는 15cm 이상의 거리를 유지할 것(도시가스 내관 동일)
- 절연전선은 10cm의 거리를 유지할 것(도시가스 내관 동일)

60 중앙급탕방식에서 경제성, 안정성을 고려한 적정 급탕온도(℃)는 얼마인가?

① 40   ② 60
③ 80   ④ 100

해설
- 중앙급탕방식의 적정 급탕온도 : 60℃
- 국소급탕방식의 적정 급탕온도 : 심야전력용 온수기(85℃), 가스순간온수기(45℃)

제4과목 전기제어공학

61 유도전동기의 회전력에 관한 설명으로 옳은 것은?

① 단자전압에 비례한다.
② 단자전압과는 무관하다.
③ 단자전압의 2승에 비례한다.
④ 단자전압의 3승에 비례한다.

해설

- 유도전동기의 회전력 $T = K_0 \left(\dfrac{V}{f_1}\right)^2 \cdot f$

 유도전동기의 회전력(토크)은 단자전압과 주파수 비의 2승에 비례하고 슬립주파수에 비례한다.
 여기서, T : 회전력, K_0 : 상수, f_1 : 단자전압 주파수,
 f : 슬립 주파수, V : 단자전압

62 정현파 전압 $v = 50\sin\left(628t - \dfrac{\pi}{6}\right)$V인 파형의 주파수는 얼마인가?

① 30　② 50
③ 60　④ 100

해설

- 순싯값(순시전압) $v = V_m \sin(\omega t - \theta)$
- 최댓값(최대전압) $V_m = 50\text{V}$
- 각속도 $\omega = 2\pi f = 628 \text{rad/s} \rightarrow f = \dfrac{\omega}{2\pi} = \dfrac{628}{2\pi} = 99.9\text{Hz}$

63 피드백 제어계의 특징으로 옳은 것은?

① 정확성이 떨어진다.
② 감대폭이 감소한다.
③ 계의 특성변화에 대한 입력 대 출력비의 감도가 감소한다.
④ 발진이 전혀 없고 항상 안정한 상태로 되어 가는 경향이 있다.

해설

피드백 제어계의 특징
- 입력과 출력을 비교하는 장치가 반드시 있어야 한다.
- 정확성이 증가한다.
- 계의 특성변화에 대한 입력 대 출력비의 감도가 감소한다.
- 감대폭이 증가한다.
- 발진을 일으키고 불안정한 상태로 되어 가는 경향이 있다.

64 스캔타임(Scan Time)에 대한 설명으로 맞는 것은?

① PLC 입력 모듈에서 한 개 신호가 입력되는 시간
② PLC 출력 모듈에서 한 개 출력이 실행되는 시간
③ PLC에 의해 제어되는 시스템의 1회 실행시간
④ PLC에 입력된 프로그램을 1회 연산하는 시간

해설

스캔타임이란 사용자가 PLC에 입력된 프로그램을 1회 연산하는 데 걸리는 시간이다.

정답 61 ③ 62 ④ 63 ③ 64 ④

65 2진수 0010111101011001₍₂₎을 16진수로 변환하면?

① 3F59　　② 2G6A
③ 2F59　　④ 3G6A

해설
2진수를 4자리로 묶어서 10진수로 변환한 후 16진수로 변환한다.

10진수	2진수	16진수	10진수	2진수	16진수
0	0000	0	8	1000	8
1	0001	1	9	1001	9
2	0010	2	10	1010	A
3	0011	3	11	1011	B
4	0100	4	12	1100	C
5	0101	5	13	1101	D
6	0110	6	14	1110	E
7	0111	7	15	1111	F

0010 / 1111 / 0101 / 1001₍₂₎
$0010_{(2)} = 1 \times 2^1 = 2_{(10)} \to 2_{(16)}$
$1111_{(2)} = 1 \times 2^3 + 1 \times 2^2 + 1 \times 2^1 + 1 \times 2^0 = 15_{(10)} \to F_{(16)}$
$0101_{(2)} = 1 \times 2^2 + 1 \times 2^0 = 5_{(10)} \to 5_{(16)}$
$1001_{(2)} = 1 \times 2^3 + 1 \times 2^0 = 9_{(10)} \to 9_{(16)}$
0010 / 1111 / 0101 / 1001₍₂₎
2진수를 16진수로 변환하면 2F59이다.

66 교류전기에서 실횻값은?

① 최댓값 / 2
② 최댓값 / $\sqrt{3}$
③ 최댓값 / $\sqrt{2}$
④ 최댓값 / 3

해설
최댓값 = 실횻값 × $\sqrt{2}$ → 실횻값 = $\dfrac{최댓값}{\sqrt{2}}$

67 자기평형성이 없는 보일러 드럼의 액위 제어에 적합한 제어동작은?

① P 동작　　② I 동작
③ PI 동작　　④ PD 동작

해설
비례 동작(P 동작)이란 입력이 변하면 출력이 대응량만큼 비례하여 변화하는 동작이다. 보일러 드럼의 수위(액위)를 검출하여 급수량을 제어하는 동작은 P 동작이 적합하다.

68 농형 유도전동기의 기동법이 아닌 것은?

① 전전압기동법　　② 기동보상기법
③ Y-△ 기동법　　④ 2차 저항법

해설
- 농형 유도전동기의 기동법 : 전전압기동법, 기동보상법, Y-△ 기동법, 리액터 기동법
- 권선형 유도전동기 기동법 : 2차 저항법

69 블록선도에서 등가 합성전달함수는?

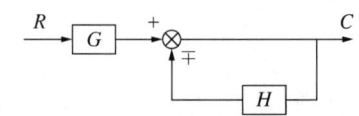

① $\dfrac{1}{1 \pm GH}$　　② $\dfrac{G}{1 \pm H}$
③ $\dfrac{G}{1 \pm GH}$　　④ $\dfrac{1}{1 \pm H}$

해설
- 전달함수 $G(s) = \dfrac{C}{R} = \dfrac{패스\ 경로}{1 - 피드백\ 경로}$
- 패스 경로의 전달함수 : G
- 첫 번째 피드백 경로 함수 : $\mp H$

$G(s) = \dfrac{C}{R} = \dfrac{G}{1 - (\mp H)} = \dfrac{G}{1 \pm H}$

70 검출용 스위치에 해당하지 않는 것은?

① 리밋 스위치　② 광전 스위치
③ 온도 스위치　④ 복귀형 스위치

> **해설**
> • 검출용 스위치 : 리밋 스위치, 광전 스위치, 온도 스위치, 압력 스위치, 근접 스위치, 마이크로 스위치
> • 조작용 스위치 : 누름버튼 스위치, 유지형 스위치, 로터리 스위치, 캠 스위치

71 논리식 $A(A+B)$를 간단히 하면?

① A　② B
③ AB　④ $A+B$

> **해설**
> $A(A+B) = AA + AB = A + AB = A(1+B) = A$

72 그림과 같은 논리회로는?

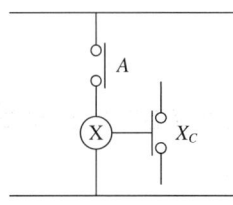

① OR 회로　② AND 회로
③ NOT 회로　④ NAND 회로

> **해설**
> 위 회로에서 스위치 A를 동작시키면 계전기 X가 여자되어 출력 X_C는 열리게 된다. 즉 A가 동작하면 X_C는 오프되는 회로로 NOT 회로를 뜻한다.

73 어떤 계기에 장시간 전류를 통전한 후 전원을 Off 시켜도 지침이 0으로 되지 않았다. 그 원인에 해당되는 것은?

① 정전계 영향
② 스프링의 피로도
③ 외부자계 영향
④ 자기가열 영향

> **해설**
> 스프링 제어장치는 스프링의 변형을 이용하여 피측정물을 측정하는 장치로서 측정 시 지침이 지싯값까지 움직였다가 피측정물을 제거할 경우 지침이 원위치 0으로 되돌아간다. 하지만 스프링의 피로도에 의하여 스프링이 피로한계에 도달하게 되면 피측정물을 제거하여도 지침은 0으로 되돌아가지 않는다.

74 그림과 같은 회로에 전압 200(V)를 가할 때 30(Ω)의 저항에 흐르는 전류는 몇 A인가?

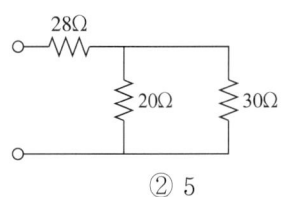

① 2　② 5
③ 3　④ 10

> **해설**
> • 병렬로 연결된 저항의 합성저항을 먼저 구한다.
> $R = \dfrac{20 \times 30}{20+30} = 12\Omega$
> • 직렬로 연결된 저항의 합성저항을 구한다.
> $R = 28 + 12 = 40\Omega$
> • 회로에 흐르는 전전류를 구한다.
> $I = \dfrac{V}{R} = \dfrac{200}{40} = 5A$
> • 저항을 병렬로 연결한 경우 전압이 일정하므로 전체 전압과 30Ω에 걸리는 전압은 같다.
> $V = V_{30} \rightarrow IR = I_{30}R_{30}$
> $I \times \dfrac{20 \times 30}{20+30} = I_{30}R_{30} \rightarrow I_{30} = \dfrac{20}{20+30} \times 5A = 2A$

75 PI 제어동작은 프로세스 제어계의 정상특성 개선에 흔히 사용된다. 이것에 대응하는 보상요소는?

① 동상 보상요소
② 지상 보상요소
③ 진상 보상요소
④ 지상 및 진상 보상요소

> 해설
> - 비례적분 동작 : 비례 동작에서 발생한 잔류편차를 제거하여 지상 보상요소에 대응되므로 정상특성을 개선한다.
> - 비례미분 동작 : 정상편차는 존재하나 진상 보상요소에 대응되므로 응답 속응성을 개선한다.
> - 비례적분미분 동작 : PI 동작과 PD 동작의 결점을 보완하기 위해 결합한 형태로 적분동작에서 잔류편차를 제거하고, 미분동작으로 응답을 신속히 하여 안정화시킨 동작

76 내부 장치 또는 공간을 물질로 포위시켜 외부 자계의 영향을 차폐시키는 방식을 자기차폐라 한다. 다음 중 자기차폐에 가장 좋은 물질은?

① 강자성체 중에서 비투자율이 큰 물질
② 강자성체 중에서 비투자율이 작은 물질
③ 비투자율이 1보다 작은 역자성체
④ 비투자율과 관계없이 두께에만 관계되므로 되도록 두꺼운 물질

> 해설
> 자기차폐 : 자계 중에 있는 일정 공간을 강자성체 중에서 비투자율이 큰 물질로 감싸면 내부의 자계는 외부보다 작아져 외부 자계의 영향을 거의 받지 않는 현상

77 그림과 같은 시스템의 등가 합성전달함수는?

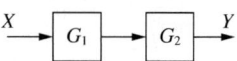

① $G_1 + G_2$
② $G_1 \cdot G_2$
③ $G_1 - G_2$
④ $\dfrac{1}{G_1 \cdot G_2}$

> 해설
> - 전달함수 $G(s) = \dfrac{Y}{X} = \dfrac{\text{패스 경로}}{1 - \text{피드백 경로}}$
> - 패스 경로의 전달함수 : $G_1 G_2$
> - 첫 번째 피드백 경로 함수 : 0
>
> $G(s) = \dfrac{Y}{X} = \dfrac{G_1 G_2}{1}$

78 자동제어의 조절기기 중 불연속 동작인 것은?

① 2위치 동작
② 비례제어 동작
③ 적분제어 동작
④ 미분제어 동작

> 해설
> - 불연속 동작 : 2위치 동작(On-off 동작)
> - 연속 동작 : 비례(P)제어, 적분(I)제어, 미분(D)제어

79 그림과 같은 회로에서 저항 R_2에 흐르는 전류 I_2(A)는?

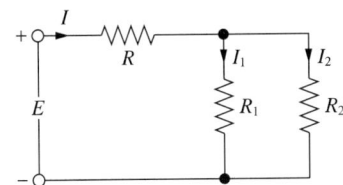

① $\dfrac{I \cdot (R_1 + R_2)}{R_1}$

② $\dfrac{I \cdot (R_1 + R_2)}{R_2}$

③ $\dfrac{I \cdot R_2}{R_1 + R_2}$

④ $\dfrac{I \cdot R_1}{R_1 + R_2}$

해설
전류분배의 법칙
$I_2 = \dfrac{R_1}{R_1 + R_2} I$

80 다음의 블록선도와 등가인 블록선도는?

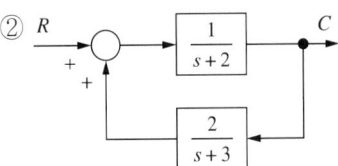

① R → $\dfrac{1}{s+2}$ → $\dfrac{2}{s+3}$ → C

②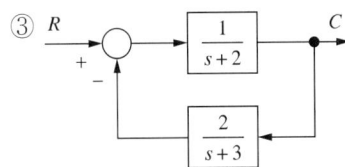

③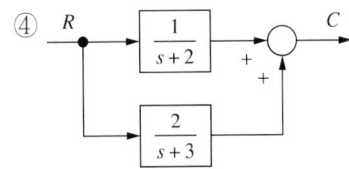

④ R → $\dfrac{1}{s+2}$ → (+) → C, 그리고 $\dfrac{2}{s+3}$ → (+)

해설
- 블록선도 전달함수 $G(s) = \dfrac{C}{R} = \dfrac{\text{패스 경로}}{1 - \text{피드백 경로}}$
- 패스 경로의 전달함수 : $\left(\dfrac{3s+7}{s+2}\right)\left(\dfrac{1}{s+3}\right) = \dfrac{3s+7}{(s+2)(s+3)}$
- 첫 번째 피드백 경로 함수 : 0

$G(s) = \dfrac{C}{R} = \dfrac{3s+7}{(s+2)(s+3)}$

① $G(s) = \dfrac{C}{R} = \dfrac{2}{(s+2)(s+3)}$

② $G(s) = \dfrac{C}{R} = \dfrac{\dfrac{1}{s+2}}{1 - \dfrac{2}{(s+2)(s+3)}} = \dfrac{\dfrac{1}{s+2}}{\dfrac{(s+1)(s+4)}{(s+2)(s+3)}}$

$= \dfrac{s+3}{(s+1)(s+4)}$

③ $G(s) = \dfrac{C}{R} = \dfrac{\dfrac{1}{s+2}}{1 + \dfrac{2}{\left(\dfrac{1}{s+2}\right)\left(\dfrac{1}{s+3}\right)}}$

$= \dfrac{(s+2)(s+3)}{(s+2)(s^2+5s+8)} = \dfrac{s+3}{s^2+5s+8}$

④ $G(s) = \dfrac{C}{R} = \left(\dfrac{1}{s+2}\right) + \left(\dfrac{1}{s+3}\right) = \dfrac{3s+7}{(s+2)(s+3)}$

정답 79 ④ 80 ④

2019년 제1회 과년도 기출문제

제1과목 공기조화

01 원심송풍기에서 사용되는 풍량 제어방법 중 풍량과 소요동력과의 관계에서 가장 효과적인 제어방법은?

① 회전수 제어
② 베인 제어
③ 댐퍼 제어
④ 스크롤 댐퍼 제어

해설
원심송풍기의 풍량 제어방법 중 풍량과 소요동력과의 관계에서 회전수 제어가 가장 효과적(동력손실이 적음)이다.
손풍기 동력손실이 작은 제어 순서 : 회전수 제어 < 베인 제어 < 스크롤 댐퍼 제어 < 댐퍼 제어

소요동력 $L_2 = L_1 \left(\dfrac{N_2}{N_1}\right)^3$

N_1 : 변경 전 회전수
N_2 : 변경 후 회전수
L_1 : 변경 전 소요동력
L_2 : 변경 후 소요동력

02 제올라이트(Zeolite)를 이용한 제습방법은 어느 것인가?

① 냉각식   ② 흡착식
③ 흡수식   ④ 압축식

해설
• 제올라이트 : 미세 다공성 알루미늄 규산염 광물로 주로 흡착제나 촉매로 활용된다.
• 흡착식 제습 : 고체 흡착제(실리카겔, 활성 알루미나, 애드솔, 제올라이트 등)를 사용하는 제습방법이다.

03 습공기선도상에 나타나 있지 않은 것은?

① 상대습도   ② 건구온도
③ 절대습도   ④ 포화도

해설
습공기선도상 포화도는 알 수 없다.
습공기선도 구성요소 : 건구온도, 습구온도, 노점온도, 상대습도, 절대습도, 엔탈피, 비체적, 현열비, 수증기 분압, 열수분비

04 난방부하는 어떤 기기의 용량을 결정하는 데 기초가 되는가?

① 공조장치의 공기냉각기
② 공조장치의 공기가열기
③ 공조장치의 수액기
④ 열원설비의 냉각탑

해설
난방부하
• 실내온도를 적당 수준으로 유지하기 위해 외부로 손실된 열량에 대한 공급 열량을 말한다.
• 난방부하는 공조장치의 공기가열기(가열코일) 용량을 결정하는 데 기초가 된다.
• 공기가열기의 용량(난방부하) = 송풍기 용량 + 외기부하
• 송풍기 용량 = 실내 손실부하 + 장치 내 손실부하

05 난방방식과 열매체의 연결이 틀린 것은?

① 개별 스토브 - 공기
② 온풍난방 - 공기
③ 가열 코일 난방 - 공기
④ 저온 복사난방 - 공기

해설
저온 복사난방 : 복사난방의 한 종류로 천장, 바닥, 벽 등에 패널을 매설하는 방식으로 패널 내부에는 관 코일이 들어 있으며 관 코일 내부에는 30~45℃가량의 온수가 순환하며 실내를 간접적으로 예열하는 방식이다. 실내의 쾌감도가 좋지만 설비비가 고가이며 내부 수리가 불편하다.

06 기류 및 주위 벽면에서의 복사열은 무시하고 온도와 습도만으로 쾌적도를 나타내는 지표를 무엇이라 하는가?

① 쾌적건강지표   ② 불쾌지수
③ 유효온도지수   ④ 청정지표

해설
불쾌지수(DI)
• 온도와 습도만으로 나타내는 지수로 불쾌감을 느끼는 정도를 나타낸다.
• 기온이 높고 습도가 높을수록 불쾌지수는 높아진다.
• 불쾌지수 DI = 0.72(건구온도 + 습구온도) + 40.6

07 실내 냉방부하 중에서 현열부하 2,500kcal/h, 잠열부하 500kcal/h일 때 현열비는?

① 0.2   ② 0.83
③ 1   ④ 1.2

해설
현열비(SHF) : 습공기의 전열량에 대한 현열량의 비

$$SHF = \frac{현열}{전열(현열 + 잠열)} = \frac{q_S}{q_T} = \frac{q_S}{q_S + q_L} = \frac{2,500}{2,500 + 500}$$

= 0.83

08 극간풍의 풍량을 계산하는 방법으로 틀린 것은?

① 환기 횟수에 의한 방법
② 극간 길이에 의한 방법
③ 창 면적에 의한 방법
④ 재실 인원수에 의한 방법

해설
극간풍량 산정법
• 환기 횟수에 의한 방법
• 극간 길이(창문 틈새 길이)에 의한 방법
• 창 면적에 의한 방법
• 이용 빈도수에 의한 방법

09 그림에서 공기조화기를 통과하는 유입공기가 냉각 코일을 지날 때의 상태를 나타낸 것은?

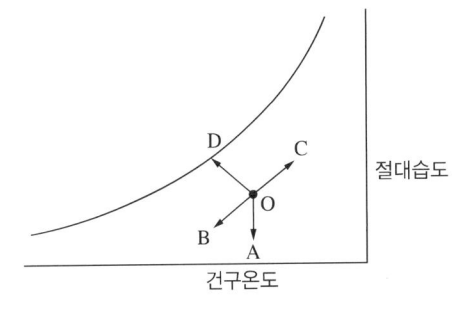

① OA   ② OB
③ OC   ④ OD

해설
② OB : 냉각감습(냉각 코일) - 엔탈피 저하, 건구온도 저하, 절대습도 감소
① OA : 감습(제습) - 엔탈피 저하, 건구온도 일정, 절대습도 감소
③ OC : 가열가습(증기 분무 가습) - 엔탈피 상승, 건구온도 상승, 절대습도 상승
④ OD : 단열가습(순환수 분무 가습) - 엔탈피 일정, 건구온도 저하, 절대습도 상승

정답 5 ④ 6 ② 7 ② 8 ④ 9 ②

10 복사난방의 특징에 대한 설명으로 틀린 것은?

① 외기온도 변화에 따라 실내의 온도 및 습도 조절이 쉽다.
② 방열기가 불필요하므로 가구 배치가 용이하다.
③ 실내의 온도 분포가 균등하다.
④ 복사열에 의한 난방이므로 쾌감도가 크다.

해설
복사난방 : 코일을 벽, 천장 등에 매입시켜 복사열을 내는 코일식과 반사판을 이용하여 직접 복사열을 만드는 패널식 두 가지가 있다.
• 장점
 – 실내온도 분포가 균등하여 쾌감도가 좋다.
 – 방을 개방 상태로 하여도 난방효과가 좋은 편이다.
 – 방열기를 설치하지 않으므로 바닥 이용도가 높다.
 – 실온이 낮기 때문에 열손실이 적다.
 – 천장이 높은 실에서도 난방효과가 좋다.
• 단점
 – 열용량이 크기 때문에 예열시간이 길다.
 – 코일 매입 시공이 어려워 설비비가 고가이다.
 – 고장 시 발견이 어렵고 수리가 곤란하다.
 – 열손실을 막기 위해 단열층이 필요하다.
 – 건축물의 축열을 이용하기 때문에 외기온도 변화에 따른 실내의 온도 및 습도 조절이 어렵다.
• 난방효율이 좋은 순서 : 복사난방 > 온수난방 > 증기난방 > 온풍난방

11 공기조화 방식에서 수공기 방식의 특징에 대한 설명으로 틀린 것은?

① 전공기 방식에 비해 반송 동력이 많다.
② 유닛에 고성능 필터를 사용할 수가 없다.
③ 부하가 큰 방에 대해 덕트의 치수가 적어질 수 있다.
④ 사무실, 병원, 호텔 등 다실 건물에서 외부 존은 수방식, 내부 존은 공기 방식으로 하는 경우가 많다.

해설
반송 동력은 전공기 > 수공기 방식 > 수 방식 순이다.
수공기 방식의 장단점
• 장점
 – 덕트 스페이스가 작아도 된다.
 – 유닛 한 대로 국소의 존을 만들 수 있다.
 – 수동으로 각 실의 온도를 쉽게 제어할 수 있다.
 – 열 운반동력이 전공기 방식에 비해 적게 든다.
• 단점
 – 유닛 내의 필터가 저성능(전공기 방식에 비해)이므로 공기 청정도는 낮은 편이다.
 – 실내의 수배관에 의한 누수 염려가 있다.
 – 유닛의 소음이 있다.
 – 유닛의 설치 스페이스가 필요하다.

12 히트펌프 방식의 열원에 해당되지 않는 것은?

① 수 열원
② 마찰 열원
③ 공기 열원
④ 태양 열원

해설
히트펌프 방식의 열원 : 지열, 지하수, 공기, 태양 열원 등을 사용한다.

정답 10 ① 11 ① 12 ②

13 송풍기의 법칙 중 틀린 것은?(단, 각각의 값은 아래 표와 같다)

Q_1(m³/h)	초기풍량	N_1(rpm)	초기회전수
Q_2(m³/h)	변화풍량	N_2(rpm)	변화회전수
P_1(mmAq)	초기정압	d_1(mm)	초기 날개 직경
P_2(mmAq)	변화정압	d_2(mm)	변화 날개 직경

① $Q_2 = (N_2/N_1) \times Q_1$
② $Q_2 = (d_2/d_1)^3 \times Q_1$
③ $P_2 = (N_2/N_1)^3 \times P_1$
④ $P_2 = (d_2/d_1)^2 \times P_1$

해설
송풍기의 상사법칙
- 풍량 $Q_2 = \left(\dfrac{N_2}{N_1}\right)Q_1$, $Q_2 = \left(\dfrac{D_2}{D_1}\right)^3 Q_1$
- 정압 $P_2 = \left(\dfrac{N_2}{N_1}\right)^2 P_1$, $P_2 = \left(\dfrac{D_2}{D_1}\right)^2 P_1$
- 동력 $L_2 = \left(\dfrac{N_2}{N_1}\right)^3 L_1$, $L_2 = \left(\dfrac{D_2}{D_1}\right)^5 L_1$

14 냉수 코일 설계 시 유의사항으로 옳은 것은?
① 대수평균온도차(MTD)를 크게 하면 코일의 열수가 많아진다.
② 냉수의 속도는 2m/s 이상으로 하는 것이 바람직하다.
③ 코일을 통과하는 풍속은 2~3m/s가 경제적이다.
④ 물의 온도 상승은 일반적으로 15℃ 전후로 한다.

해설
냉수 코일 설계 시 유의사항
- 공기와 물의 대수평균온도차를 크게 하면 코일의 열수가 적어진다.
- 냉수의 속도는 1m/s 전후로 한다.
- 코일을 통과하는 풍속은 2~3m/s로 한다.
- 냉수의 입·출구 온도차는 5℃ 전후로 한다.
- 물과 공기의 흐름 방향은 대항류(역류)로 한다.
- 코일의 설치는 수평으로 한다.

15 다음 그림의 난방 설계도에서 컨벡터(Convector)의 표시 중 F가 가진 의미는?

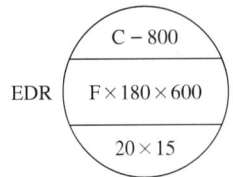

① 케이싱 길이　② 높이
③ 형식　④ 방열면적

해설
- 캐비닛 히터(컨벡터)의 도시법

- 주형 방열기의 도시법

16 공기조화 냉방부하 계산 시 잠열을 고려하지 않아도 되는 경우는?
① 인체에서의 발생열
② 문틈에서의 틈새바람
③ 외기의 도입으로 인한 열량
④ 유리를 통과하는 복사열

해설
냉방부하
- 인체에서의 발생열 : 현열 + 잠열
- 문틈에서의 틈새바람 : 현열 + 잠열
- 외기도입 열량 : 현열 + 잠열
- 유리를 통한 복사열 : 현열

17 공기 중 분진의 미립자 제거뿐만 아니라 세균, 곰팡이, 바이러스 등까지 극소로 제한시킨 시설로서 병원의 수술실, 식품가공, 제액공장 등의 특정한 공정이나 유전자 관련 산업 등에 응용되는 설비는?

① 세정실　　　　② 산업용 클린룸(ICR)
③ 바이오 클린룸(BCR)　④ 칼로리미터

해설
바이오 클린룸(BCR)이란 공기 중 분진의 미립자뿐만 아니라 유해가스, 오염된 미생물(세균, 바이러스 등)까지 제거시킨 시설로 병원의 수술실, 식품가공 및 제약공장에 응용되는 설비이다.
산업용 클린룸(ICR) : 전자공업, 정밀기계공업, 필름공업 등에 응용되고 공기 중 부유하는 분진 등을 제어대상으로 사용된다.

18 실내온도 25℃, 실내 절대습도 0.0165kg/kg의 조건에서 틈새바람에 의한 침입외기량이 200L/s일 때 현열부하와 잠열부하는?(단, 실외온도 35℃, 실외 절대습도 0.0321kg/kg, 공기의 비열 1.01kJ/kg·K, 물의 증발잠열 2,501kJ/kg이다)

① 현열부하 2.424kW, 잠열부하 7.803kW
② 현열부하 2.424kW, 잠열부하 9.364kW
③ 현열부하 2.828kW, 잠열부하 7.803kW
④ 현열부하 2.828kW, 잠열부하 9.364kW

해설
• 현열부하
$q_S = (\rho Q) C \Delta t = (1.2Q) \times 1.01 \times \Delta t$
$= 1.212 Q \Delta t$
$= 1.212 \dfrac{\text{kJ}}{\text{m}^3 \cdot \text{K}} \times 0.2 \dfrac{\text{m}^3}{\text{s}} \times \{(273+35)-(273+25)\text{K}\}$
$= 2.424 \text{kJ/s} = 2.424 \text{kW}$

• 잠열부하
$q_L = (\rho Q) \gamma \Delta x = (1.2Q) \times 2{,}501 \times \Delta x$
$= 3{,}001.2 Q \Delta x$
$= 3{,}001.2 \dfrac{\text{kJ}}{\text{m}^3} \times 0.2 \dfrac{\text{m}^3}{\text{s}} \times (0.0321 - 0.0165) \dfrac{\text{kg}}{\text{kg}}$
$= 9.364 \text{kJ/s} = 9.364 \text{kW}$

여기서, C : 공기의 비열, ρ : 공기의 밀도
γ : 물의 증발잠열, Δt : 실내외 온도차
Δx : 절대습도차
※ 1kJ/s = 1kW, 1L/s = 1×10−3m³/s

19 건구온도 30℃, 상대습도 60%인 습공기에서 건공기의 분압(mmHg)은?(단, 대기압 760mmHg, 포화수증기압 27.65mmHg이다)

① 27.65　　　　② 376.21
③ 743.41　　　④ 700.97

해설
상대습도(ϕ) 공식
$\phi = \dfrac{P_w}{P_s} \times 100 \rightarrow P_w = \dfrac{\phi}{100} \times P_s$
$\therefore P_w = \dfrac{60}{100} \times 27.65 = 16.59 \text{mmHg}$

대기압(P) 공식
$P = P_a + P_w$
$760 = P_a + 16.59$
$\therefore P_a = 743.41 \text{mmHg}$

여기서, P_w : 습공기 수증기 분압(mmHg)
　　　　P_s : 포화습공기 수증기 분압(mmHg)
　　　　P_a : 건공기 분압(mmHg)

20 보일러의 열효율을 향상시키기 위한 장치가 아닌 것은?

① 저수위 차단기
② 재열기
③ 절탄기
④ 과열기

해설
폐열회수장치란 보일러의 열효율을 향상시키기 위한 장치로 공기예열기, 절탄기, 과열기, 재열기가 있다.

제2과목 냉동공학

21 단위에 대한 설명으로 틀린 것은?

① 열의 일당량은 427kg·m/kcal이다.
② 1kcal는 약 4.2kJ이다.
③ 1kWh는 760kcal이다.
④ ℃ = 5(℉ - 32) / 9이다.

해설
1kW = 860kcal/h, 1kWh = 860kcal
- 일의 열당량 = $\dfrac{1}{427}$ = kcal/kg·m
- 열의 일당량 = 427kg·m/kcal

22 냉동기 윤활유의 구비조건으로 틀린 것은?

① 저온에서 응고하지 않고 왁스를 석출하지 않을 것
② 인화점이 낮고 고온에서 열화하지 않을 것
③ 냉매에 의하여 윤활유가 용해되지 않을 것
④ 전기 절연도가 클 것

해설
냉동기 윤활유는 응고점이 낮고 인화점이 높아야 한다.

23 냉동사이클에서 응축기의 냉매액 압력이 감소하면 증발온도는 어떻게 되는가?

① 감소한다.
② 증가한다.
③ 변화하지 않는다.
④ 증가하다 감소한다.

해설
압축비(응축압력/증발압력)가 일정할 경우, 응축기의 냉매액 압력이 감소하면 증발압력 역시 감소하여 증발온도는 감소한다.

24 아래 선도와 같은 암모니아 냉동기의 이론성적계수(㉠)와 성적계수(㉡)는 얼마인가?(단, 팽창밸브 직전의 액온도는 32℃이고, 흡입가스는 건포화증기이며, 압축효율은 0.85, 기계효율은 0.91로 한다)

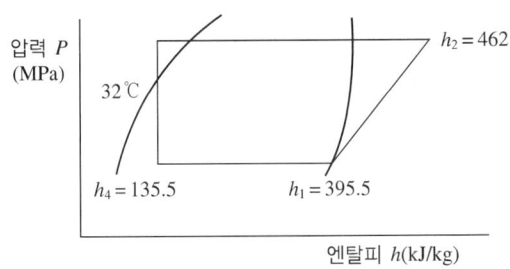

① ㉠ 3.9, ㉡ 3.0
② ㉠ 3.9, ㉡ 2.1
③ ㉠ 4.9, ㉡ 3.8
④ ㉠ 4.9, ㉡ 2.6

해설
- 이론 성적계수 $COP_1 = \dfrac{q}{A_w} = \dfrac{h_1 - h_4}{h_2 - h_1} = \dfrac{395.5 - 135.5}{462 - 395.5}$
  $= 3.9$
- 실제 성적계수 $COP_2 = COP_1 \times \eta_c \times \eta_m$
  $= 3.9 \times 0.85 \times 0.91 = 3.0$

여기서, η_c : 압축효율, η_m : 기계효율

25 축열시스템의 종류가 아닌 것은?

① 가스축열 방식
② 수축열 방식
③ 빙축열 방식
④ 잠열축열 방식

해설
축열시스템의 종류
- 현열축열 : 수축열, 고체 축열
- 잠열축열 : 빙축열, 화학 축열

정답 21 ③ 22 ② 23 ① 24 ① 25 ①

26 항공기 재료의 내한(耐寒)성능을 시험하기 위한 냉동장치를 설치하려고 한다. 가장 적합한 냉동기는?

① 왕복동식 냉동기　② 원심식 냉동기
③ 전자식 냉동기　　④ 흡수식 냉동기

해설
항공기 재료의 내한 성능시험을 위해서는 초저온 상태를 유지해야 하므로 왕복동식 압축기를 사용한다.

27 몰리에르 선도상에서 압력이 증대함에 따라 포화액선과 건조포화증기선이 만나는 일치점을 무엇이라 하는가?

① 한계점　② 임계점
③ 상사점　④ 비등점

해설
임계점 : 포화액선과 건포화증기선이 만나는 점으로 압력이 증가할수록 잠열은 감소하는데 잠열이 0(kcal/kg)이 되는 지점을 말한다.

28 냉동방법의 종류로 틀린 것은?

① 얼음의 융해잠열 이용방법
② 드라이아이스의 승화열 이용방법
③ 액체질소의 증발열 이용방법
④ 기계식 냉동기의 압축열 이용방법

해설
기계식 냉동방법에는 압축기체의 팽창을 이용하는 방법(교축팽창을 이용하는 방법, 단열팽창을 이용하는 방법)과 증발잠열을 이용하는 방법(증기압축식 냉동방법, 흡수식 냉동방법, 증기분사식 냉동방법)이 있다.
자연적인 냉동방법 : 얼음의 융해잠열, 드라이아이스의 승화열, 액체질소의 증발열 이용방법이 있다.

29 저온의 냉장실에서 운전 중 냉각기에 적상(성애)이 생길 경우 이것을 살수로 제상하고자 할 때 주의사항으로 틀린 것은?

① 냉각기용 송풍기는 정지 후 살수 제상을 행한다.
② 제상수의 온도는 50~60℃ 정도의 물을 사용한다.
③ 살수하기 전에 냉각(증발)기로 유입되는 냉매액을 차단한다.
④ 분사 노즐은 항상 깨끗이 청소한다.

해설
제상수의 온도는 10~25℃ 정도의 물을 사용한다.

30 압축기의 구조에 관한 설명으로 틀린 것은?

① 반밀폐형은 고정식이므로 분해가 곤란하다.
② 개방형에는 벨트 구동식과 직결 구동식이 있다.
③ 밀폐형은 전동기와 압축기가 한 하우징 속에 있다.
④ 기통 배열에 따라 입형, 횡형, 다기통형으로 구분된다.

해설
반밀폐형 압축기는 밀폐형 압축기와 개방형 압축기의 장단점을 개선한 혼합형 압축기이며, 볼트너트로 조립되어 있는 형식으로 고장 시 분해조립이 가능하다.

26 ①　27 ②　28 ④　29 ②　30 ①

31 증기압축 이론 냉동사이클에 대한 설명으로 틀린 것은?

① 압축기에서의 압축과정은 단열과정이다.
② 응축기에서의 응축과정은 등압, 등엔탈피 과정이다.
③ 증발기에서의 증발과정은 등압, 등온과정이다.
④ 팽창밸브에서의 팽창과정은 교축과정이다.

해설
응축기에서의 응축과정은 등압 상태에서 열을 방출하므로 엔탈피는 감소한다.

32 냉매가 구비해야 할 조건으로 틀린 것은?

① 임계온도가 높고 응고온도가 낮을 것
② 같은 냉동능력에 대하여 소요동력이 적을 것
③ 전기절연성이 낮을 것
④ 저온에서도 대기압 이상의 압력으로 증발하고 상온에서 비교적 저압으로 액화할 것

해설
냉매의 전기절연성이 클수록 좋다.

33 열에 대한 설명으로 틀린 것은?

① 열전도는 물질 내에서 열이 전달되는 것이기 때문에 공기 중에서는 열전도가 일어나지 않는다.
② 열이 온도차에 의하여 이동되는 현상을 열전달이라 한다.
③ 고온 물체와 저온 물체 사이에서는 복사에 의해서도 열이 전달된다.
④ 온도가 다른 유체가 고체 벽을 사이에 두고 있을 때 온도가 높은 유체에서 온도가 낮은 유체로 열이 이동되는 현상을 열통과라고 한다.

해설
열전도는 입자 간의 상호작용에 의해 에너지가 많은 입자에서 에너지가 적은 입자로 에너지가 전달되는 것이다. 고체의 경우 격자 내부분자의 진동과 자유전자의 에너지 전달에 의한 것이고, 액체나 기체의 경우에는 분자들의 운동에너지가 증가되어 주위의 다른 분자들과 충돌과 확산에 의한 것이다. 따라서 공기 중에서도 열전도가 일어난다.

34 수산물의 단기 저장을 위한 냉각방법으로 적합하지 않은 것은?

① 빙온 냉각
② 염수 냉각
③ 송풍 냉각
④ 침지 냉각

해설
빙온 냉각, 염수 냉각, 송풍 냉각, 진공 냉각, 냉수 냉각 등이 수산물의 단기 저장 시 적절한 냉각방법이다.
침지 냉각 : 브라인을 넣은 냉각 탱크에 수산물을 넣어 급속 동결하는 방법으로 수산물의 장기 저장을 위한 냉각방법이다.

35 2원 냉동사이클에서 중간 열교환기인 캐스케이드 열교환기는 무엇으로 구성되어 있는가?

① 저온측 냉동기의 응축기와 고온측 냉동기의 증발기
② 저온측 냉동기의 증발기와 고온측 냉동기의 응축기
③ 저온측 냉동기의 응축기와 고온측 냉동기의 응축기
④ 저온측 냉동기의 증발기와 고온측 냉동기의 증발기

해설

캐스케이드 콘덴서 : 2원 냉동사이클의 저온 냉매는 상온에서 응축되지 않으므로 저온측 냉동기의 응축기와 고온측 냉동기의 증발기를 열교환시켜 냉매를 응축시키게 되는데 이때 사용되는 열교환기를 캐스케이드 콘덴서라고 한다.

36 흡수식 냉동기의 구성품 중 왕복동 냉동기의 압축기와 같은 역할을 하는 것은?

① 발생기
② 증발기
③ 응축기
④ 순환펌프

해설

흡수식 냉동기는 증발기, 흡수기, 용액펌프, 열교환기, 발생기, 응축기로 구성되어 있다.
발생기(재생기) : 고온의 열을 이용하여 냉매(물)와 흡수제(브롬화리튬)를 분리시키고 냉매는 응축기로, 흡수제는 흡수기로 공급하는 장치이다. 따라서 증기압축식 냉동기의 압축기 역할을 한다.

37 아래 조건을 갖는 수랭식 응축기의 전열면적(m^2)은 얼마인가?(단, 응축기 입구 냉매가스의 엔탈피는 430kcal/kg, 응축기 출구 냉매액의 엔탈피는 145kcal/kg, 냉매 순환량은 150kg/h, 응축온도는 38℃, 냉각수 평균온도는 32℃, 응축기의 열관류율은 850kcal/m^2·h·℃이다)

① 7.96
② 8.38
③ 8.90
④ 10.05

해설

응축부하 $Q = G \cdot \Delta h = K \cdot A \cdot \Delta t_m$

$$A = \frac{G \cdot (h_b - h_c)}{K \cdot \Delta t_m} = \frac{150\frac{\text{kg}}{\text{h}} \times (430-145)\frac{\text{kcal}}{\text{kg}}}{850\frac{\text{kcal}}{\text{m}^2 \cdot \text{h} \cdot ℃} \times 6℃} = 8.38\text{m}^2$$

Δt_m = 응축온도 − 냉각수 평균온도
        = 38 − 32 = 6℃

여기서, Q : 한 시간 동안에 통과한 열량(응축부하, kcal/h)
G : 냉매 순환량(kg/h)
h_b : 응축기 입구 냉매 엔탈피(kcal/kg)
h_c : 응축기 출구 냉매 엔탈피(kcal/kg)
A : 전열면적(m^2)
K : 열관류율(kcal/m^2·h·℃)
Δt_m : 산술평균 온도차(℃)

38 어떤 냉동장치의 계기압력이 저압은 60mmHg, 고압은 673kPa이었다면 이때의 압축비는 얼마인가?

① 5.8
② 6.0
③ 7.4
④ 8.3

해설

압축비 $P_C = \frac{P_H}{P_L} = \frac{\text{고압(절대압력)}}{\text{저압(절대압력)}} = \frac{\text{응축압력(절대압력)}}{\text{증발압력(절대압력)}}$

$= \frac{774}{93} = 8.3$

P_H : 673kPa + 101kPa = 774kPa

P_L : 101kPa − $\frac{60\text{mmHg}}{760\text{mmHg}} \times$ 101kPa = 93kPa

※ 대기압보다 높은 압력은 게이지 압력, 대기압보다 낮은 압력은 진공압력이라 한다.
절대압력 = 대기압력 + 게이지(계기) 압력
        = 대기압력 − 진공압력

39 압축기 실린더 직경 110mm, 행정 80mm, 회전수 900rpm, 기통수가 8기통인 암모니아 냉동장치의 냉동능력(RT)은 얼마인가?(단, 냉동능력은 $R=\dfrac{V}{C}$로 산출하며 여기서 R은 냉동능력(RT), V는 피스톤 토출량(m^3/h), C는 정수로 8.4이다)

① 39.1
② 47.7
③ 85.3
④ 234.0

해설

- 피스톤 토출량 $V = \dfrac{\pi D^2}{4} \cdot L \cdot N \cdot R \cdot 60$

$$= \dfrac{\pi (0.11\text{m})^2}{4} \times 0.08\text{m} \times 900\text{rpm} \times 8 \times 60$$

$$= 328.4\text{m}^3/\text{h}$$

여기서, V : 피스톤 토출량(m^3/h), D : 피스톤 지름(m),
L : 피스톤 행정/길이(m), N : 기통 수,
R : 분당 회전수(rpm)

- 냉동능력 $R = \dfrac{V}{C} = \dfrac{328.4}{8.4} = 39.1\text{RT}$

40 30냉동톤의 브라인 쿨러에서 입구온도가 -15℃일 때 브라인 유량이 매분 0.6m^3이면 출구온도(℃)는 얼마인가?(단, 브라인의 비중은 1.27, 비열은 0.669 kcal/kg·℃이고, 1냉동톤은 3,320kcal/h이다)

① -11.7℃
② -15.4℃
③ -20.4℃
④ -18.3℃

해설

- 냉동능력 $Q_c = G \cdot C \cdot \Delta t = (\rho Q) \cdot C \cdot (t_1 - t_2)$
- 질량 유량 $G = (\rho Q) = (s\rho_w Q)$

$$= 1.27 \times 1,000 \dfrac{\text{kg}}{\text{m}^3} \times \left(0.6 \dfrac{\text{m}^3}{\text{min}} \times \dfrac{60\text{min}}{\text{h}}\right)$$

$$= 45,720 \text{kg/h}$$

- 출구온도 $t_2 = t_1 - \dfrac{Q_c}{G \cdot C}$

$$= -15℃ - \dfrac{30 \times 3,320 \dfrac{\text{kcal}}{\text{h}}}{45,720 \dfrac{\text{kg}}{\text{h}} \times 0.669 \dfrac{\text{kcal}}{\text{kg} \cdot ℃}}$$

$$= -18.26℃$$

여기서, s : 비중 $= \dfrac{\rho}{\rho_w} = \dfrac{\text{물질의 밀도}}{\text{물의 밀도}}$
t_1 : 브라인 입구온도
t_2 : 브라인 출구온도

제3과목 배관일반

41 주철관의 소켓 이음 시 코킹 작업을 하는 주된 목적으로 가장 적합한 것은?

① 누수 방지
② 경도 방지
③ 인장강도 증가
④ 내진성 증가

해설

코킹 작업 : 주철관 소켓 이음 시 소켓 틈새에 얀을 삽입하여 납을 넣고 틈새를 없애는 작업으로 얀의 이탈 및 누수를 방지할 수 있다.

42 보온재에 관한 설명으로 틀린 것은?

① 무기질 보온 재료는 함면, 유리면 등이 사용된다.
② 탄산마그네슘은 250℃ 이하의 파이프 보온용으로 사용된다.
③ 광명단은 밀착력이 강한 유기질 보온재이다.
④ 우모 펠트는 곡면 시공에 매우 편리하다.

해설

광명단 도료 : 연단을 아마인유와 배합한 것으로 밀착력 및 풍화에 강해 녹을 방지하기 위해 페인트 밑칠용으로 사용하는 도료이지 보온재가 아니다.

43 염화비닐관 이음법의 종류가 아닌 것은?

① 플랜지 이음
② 인서트 이음
③ 테이퍼 코어 이음
④ 열간 이음

해설
인서트 이음은 인서트 소켓을 이용하여 호칭지름 50mm 이하의 폴리에틸렌관을 이음하는 방법이다.
염화비닐관(PVC)의 이음 종류 : 냉간 이음, 열간 이음, 고무링 이음, 기계적 이음(플랜지, 테이퍼 코어, 테이퍼 조인트, 나사)

44 배관의 지지 목적이 아닌 것은?

① 배관의 중량 지지 및 고정
② 신축의 제한 지지
③ 진동 및 충격 방지
④ 부식 방지

해설
배관의 지지 목적
- 배관의 중량 지지 및 고정으로 처짐을 방지한다.
- 열에 의한 관의 신축을 제한하고 구배를 조절하기 위하여 지지한다.
- 충격과 진동에 견딜 수 있도록 하기 위해 지지한다.

45 옥상탱크식 급수방식의 배관 계통 순서로 옳은 것은?

① 저수탱크 → 양수펌프 → 옥상탱크 → 양수관 → 급수관 → 수도꼭지
② 저수탱크 → 양수관 → 양수펌프 → 급수관 → 옥상탱크 → 수도꼭지
③ 저수탱크 → 양수관 → 급수관 → 양수펌프 → 옥상탱크 → 수도꼭지
④ 저수탱크 → 양수펌프 → 양수관 → 옥상탱크 → 급수관 → 수도꼭지

해설
옥상탱크식 급수방식 : 수도 본관(상수도)에서 급수를 저수탱크에 저장한 다음 양수펌프로 옥상에 설치된 옥상탱크(고가탱크)로 송수하여 급수관을 통해 각층의 급수전에 중력으로 하향 급수하는 방식이다.

46 트랩의 봉수 파괴 원인이 아닌 것은?

① 증발작용
② 모세관 작용
③ 사이펀 작용
④ 배수작용

해설
트랩의 봉수는 트랩 내부에 고이는 물로 배관 내 악취 및 유해가스를 차단한다.
트랩의 봉수 파괴 원인 : 봉수의 자연증발(증발작용), 모세관 현상, 자기 사이펀 작용, 유도 사이펀 작용(관내 압력 감소로 발생되는 흡인작용), 역압에 의한 분출(토출작용), 관성에 의한 배출이 있다.

47 가스용접에서 아세틸렌과 산소의 비가 1 : 0.85~0.95인 불꽃은 무슨 불꽃인가?

① 탄화불꽃
② 기화불꽃
③ 산화불꽃
④ 표준불꽃

해설
아세틸렌과 산소의 혼합비에 따른 불꽃 종류

종류	아세틸렌 : 산소
탄화불꽃	1 : 0.85~0.95
중성불꽃(표준 불꽃)	1 : 1.04~1.14
산화불꽃(산소 과잉)	1 : 1.15~1.70

정답 43 ② 44 ④ 45 ④ 46 ④ 47 ①

48 배관의 도중에 설치하여 유체 속에 혼입된 토사나 이물질 등을 제거하기 위해 설치하는 배관 부품은?

① 트랩 ② 유니언
③ 스트레이너 ④ 플랜지

해설
스트레이너(여과기) : 증기, 물, 기름 등 배관 내의 유체에 혼입된 토사나 이물질을 제거하기 위하여 설치하며 Y형, U형, V형이 있다.
① 배수트랩 : 하수관 및 옥내 배수관에서 발생한 유해가스나 악취 및 벌레가 위생기구를 통하여 실내로 역류하는 것을 방지하기 위하여 설치한다.
②, ④ 유니언, 플랜지 : 관을 분해하거나 교체가 필요할 때 사용하는 이음쇠이다.

49 냉매 배관 중 토출관을 의미하는 것은?

① 압축기에서 응축기까지의 배관
② 응축기에서 팽창밸브까지의 배관
③ 증발기에서 압축기까지의 배관
④ 응축기에서 증발기까지의 배관

해설
• 토출관 : 압축기에서 응축기까지의 배관
• 고압 액관 : 응축기에서 팽창밸브까지의 배관
• 흡입관 : 증발기에서 압축기까지의 배관
• 저압 액관 : 팽창밸브에서 증발기까지의 배관

50 급수설비에서 수격작용 방지를 위하여 설치하는 것은?

① 에어체임버(Air Chamber)
② 앵글밸브(Angle Valve)
③ 서포트(Support)
④ 볼탭(Ball Tap)

해설
수격작용은 밸브류 및 기타 수전 등의 급격한 개폐 시 내부 유체의 압력변화로 인해 소음과 진동이 발생하는 현상으로 급수설비에서 수격작용을 방지하기 위하여 에어체임버(공기실)나 워터해머 어레스터를 설치한다.

51 급탕 배관에 대한 설명으로 틀린 것은?

① 배관이 길 경우에는 필요한 곳에 공기빼기밸브를 설치한다.
② 벽 관통 부분 배관에는 슬리브를 끼운다.
③ 상향식 배관에서는 공급관을 앞내림 구배로 한다.
④ 배관 중간에 신축 이음을 설치한다.

해설
급탕 배관의 구배
• 상향식 배관 : 급탕관은 상향(앞올림), 복귀관은 하향(앞내림) 구배로 한다.
• 하향식 배관 : 급탕관, 복귀관 모두 하향(앞내림) 구배로 한다.
• 중력순환식 : 1/150
• 강제순환식 : 1/200

52 호칭지름 20A의 관을 그림과 같이 나사 이음할 때 중심 간의 길이가 200mm라 하면 강관의 실제 소요되는 절단길이(mm)는?(단, 이음쇠 중심에서 단면까지의 길이는 32mm, 나사가 물리는 최소의 길이는 13mm이다)

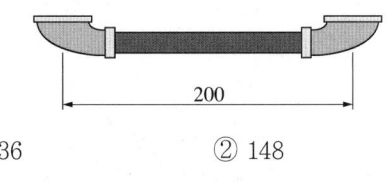

① 136
② 148
③ 162
④ 200

해설
나사 이음 시 강관의 실제 소요되는 절단 길이
$l = L - 2(A-a) = 200\text{mm} - 2 \times (32-13)\text{mm} = 162\text{mm}$
여기서, L : 배관 중심 간의 길이
A : 이음쇠 중심에서 단면까지의 거리
a : 나사가 물리는 최소 길이

53 펌프 주위의 배관도이다. 각 부품의 명칭으로 틀린 것은?

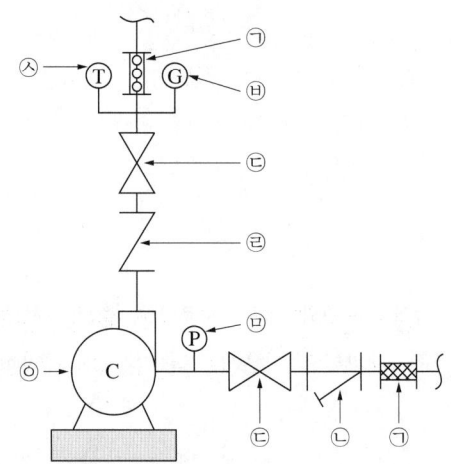

① ㉠ : 플렉시블 조인트
② ㉡ : 스트레이너
③ ㉣ : 글로브밸브
④ ㉧ : 온도계

해설
㉠ : 플렉시블 조인트   ㉡ : 스트레이너
㉢ : 게이트밸브   ㉣ : 역류방지 밸브(체크밸브)
㉤ : 압력계   ㉧ : 온도계

54 급배수 배관 시험방법 중 물 대신 압축공기를 관 속에 압입하여 이음매에서 공기가 새는 것을 조사하는 방식은?

① 수압시험
② 기압시험
③ 진공시험
④ 통기시험

해설
기압시험 : 물 대신 압축공기, 탄산가스, 질소가스를 관 속에 압입시켜 이음매에서 새는 것을 조사하는 시험방법이다. 비눗물을 붓에 묻혀 이음매에 발라 기포 발생 유무에 따라 누설 여부를 판정한다.

55 동관 접합방법의 종류가 아닌 것은?

① 빅토리 접합
② 플레어 접합
③ 플랜지 접합
④ 납땜 접합

해설
빅토리 접합은 주철관 접합방법으로서 U자형의 고무링과 주철제 칼라로 눌러 접합하는 방법이다.
동관 접합(이음)방법 : 플레어, 용접(납땜), 플랜지 접합 등

56 저압 증기난방 장치에서 증기관과 환수관 사이에 설치하는 균형관은 표준 수면에서 몇 mm 아래에 설치하는가?

① 20mm   ② 50mm
③ 80mm   ④ 100mm

해설
하트포드 접속법 : 저압 증기난방의 습식환수방식에 있어 보일러의 수위가 환수관의 접속부 누설로 인한 저수위 사고가 일어나는 것을 방지하기 위해 증기관과 환수관 사이에 표준 수면에서 50mm 아래에 균형관을 설치한 방식

57 급탕 배관에의 구배에 대한 설명으로 옳은 것은?

① 중력순환식은 1/250 이상의 구배를 준다.
② 강제순환식은 구배를 주지 않는다.
③ 하향식 공급 방식에서는 급탕관 및 복귀관은 모두 선하향 구배로 한다.
④ 상향 공급식 배관의 반탕관은 상향 구배로 한다.

해설
급탕 배관의 구배
• 상향식 배관 : 급탕관은 상향(앞올림), 복귀관은 하향(앞내림) 구배로 한다.
• 하향식 배관 : 급탕관, 복귀관 모두 하향(앞내림) 구배로 한다.
• 중력순환식 : 1/150
• 강제순환식 : 1/200

58 온도에 따른 팽창 및 수축이 가장 큰 배관 재료는?

① 강관   ② 동관
③ 염화비닐관   ④ 콘크리트관

해설
염화비닐관(PVC)의 특징
• 관내 마찰손실이 적다.
• 약품에 대한 내식성이 우수하다.
• 저온 및 고온에서 강도가 약하지만 가볍고 강인하다.
• 전기의 부도체이나 열팽창계수가 높아 충격 및 열에 약해 60℃ 이상의 고온 및 -10℃ 이하의 저온에는 사용할 수 없다.
• 급수관, 배수관, 통기관, 전선관, 약액 수송관 등 폭넓게 사용되고 있다.

59 중앙식 급탕설비에서 직접가열식 방법에 대한 설명으로 옳은 것은?

① 열효율상으로는 경제적이지만 보일러 내부에 스케일이 생길 우려가 크다.
② 탱크 속에 직접 증기를 분사하여 물을 가열하는 방식이다.
③ 탱크는 저장과 가열을 동시에 하므로 탱크 히터 또는 스토리지 탱크로 부른다.
④ 가열 코일이 필요하다.

해설
중앙식 급탕설비에서 직접가열식 방법의 특징
• 온수보일러에서 가열된 온수를 저탕조에 저장하여 급탕하는 방식이다.
• 대규모 급탕설비에는 압력문제로 인하여 부적당하다.
• 냉수가 저탕조를 거쳐 보일러에 직접 급수되므로 보일러 본체와의 온도차가 커서 열응력이 커진다.
• 보일러 내부에 스케일이 생길 우려가 크고 전열효율이 낮다.

60 고층 건물이나 기구 수가 많은 건물에서 입상관까지의 거리가 긴 경우 루프 통기의 효과를 높이기 위해 설치된 통기관은?

① 도피 통기관   ② 반송 통기관
③ 공용 통기관   ④ 신정 통기관

해설
도피 통기관
• 루프 통기관의 효과를 높이기 위해 설치한다.
• 최하류 기구 배수관과 배수 수직관 사이에 설치한다.
• 기구 트랩에 발생되는 배압이나 그것에 의한 봉수의 유실을 막는다.
신정 통기관 : 배수 수직관 상부를 그대로 연장시켜 대기 중에 개방시킨다.

정답 56 ② 57 ③ 58 ③ 59 ① 60 ①

제4과목 전기제어공학

61 그림과 같은 피드백회로 전달함수 $\dfrac{C(s)}{R(s)}$는?

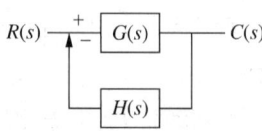

① $\dfrac{1}{1+G(s)H(s)}$

② $1-\dfrac{1}{G(s)H(s)}$

③ $\dfrac{G(s)}{1-G(s)H(s)}$

④ $\dfrac{G(s)}{1+G(s)H(s)}$

해설

- 전달함수 $G(s) = \dfrac{C}{R} = \dfrac{\text{패스 경로}}{1 - \text{피드백 경로}}$
- 패스 경로의 전달함수 : $G(s)$
- 피드백 경로 함수 : $-G(s)H(s)$

$G(s) = \dfrac{C}{R} = \dfrac{G(s)}{1-(-G(s)H(s))} = \dfrac{G(s)}{1+G(s)H(s)}$

62 위치 감지용으로 적합한 장치는?

① 전위차계
② 회전자기 부호기
③ 스트레인 게이지
④ 마이크로폰

해설

전위차계는 변위를 전압으로 변환시켜 주는 검출기로 서보기구용으로 적합한 장치이다.

63 제어계에서 동작신호를 조작량으로 변화시키는 것은?

① 제어량
② 제어요소
③ 궤환요소
④ 기준입력요소

해설

② 제어요소 : 동작신호를 조작량으로 변환시키는 요소
① 제어량 : 제어대상에 대한 전체량 가운데 제어하고자 하는 목적의 양
③ 궤환(피드백)신호 : 전송계에서 출력의 일부를 입력측으로 되돌려서 가하는 신호
④ 기준입력신호 : 목푯값과 피드백 신호를 비교하기 위하여 주 피드백 신호와 같은 종류의 신호로 목푯값을 변화시켜 제어계의 폐쇄 루프에 입력하는 신호

64 다음 블록선도를 수식으로 표현한 것 중 옳은 것은?

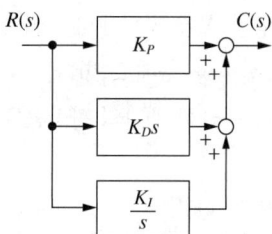

① $K_P R + K_D \dfrac{dR}{dt} + K_I \displaystyle\int_0^T R\,dt$

② $K_D R + K_P \displaystyle\int_0^T R\,dt + K_I \dfrac{dR}{dt}$

③ $K_I R + K_D \displaystyle\int_0^T R\,dt + K_P \dfrac{dR}{dt}$

④ $K_P R + \dfrac{1}{K_D} \displaystyle\int_0^T R\,dt + K_I \dfrac{dR}{dt}$

해설

PID 동작(비례적분미분) : PI 동작과 PD 동작의 결점을 보완하기 위해 결합한 형태로 적분동작에서 잔류편차를 제거하고, 미분동작으로 응답을 신속히 하여 안정화시킨 동작

라플라스 변환

- 비례제어 : $C(t) : KR(t) \rightarrow C(s) = K_P R(s)$
- 미분제어 : $C(t) : K\dfrac{dR(t)}{dt} \rightarrow C(s) = K_D s R(s)$
- 적분제어 : $C(t) : K\displaystyle\int_0^T R(t)dt \rightarrow C(s) = \dfrac{K_I}{s} R(s)$

블록선도의 출력을 시간의 함수로 표현한다.

$C(s) : K_P R(s) + K_D s R(s) + \dfrac{K_I}{s} R(s)$

$\to C(t) = K_P R + K_D \dfrac{dR}{dt} + K_I \displaystyle\int_0^T R\, dt$

65. 그림과 같은 Y결선 회로와 등가인 △결선 회로의 Z_{ab}, Z_{bc}, Z_{ca} 값은?

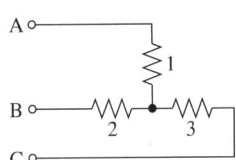

① $Z_{ab} = \dfrac{11}{3}$, $Z_{bc} = 11$, $Z_{ca} = \dfrac{11}{2}$

② $Z_{ab} = \dfrac{7}{3}$, $Z_{bc} = 7$, $Z_{ca} = \dfrac{11}{2}$

③ $Z_{ab} = 11$, $Z_{bc} = \dfrac{11}{2}$, $Z_{ca} = \dfrac{11}{3}$

④ $Z_{ab} = 7$, $Z_{bc} = \dfrac{7}{2}$, $Z_{ca} = \dfrac{7}{3}$

해설

Y결선을 △결선으로 변환할 경우 임피던스

$Z_{ab} = \dfrac{Z_a Z_b + Z_b Z_c + Z_c Z_a}{Z_c}$

$\to Z_{ab} = \dfrac{1 \times 2 + 2 \times 3 + 3 \times 1}{3} = \dfrac{11}{3}$

$Z_{bc} = \dfrac{Z_a Z_b + Z_b Z_c + Z_c Z_a}{Z_a}$

$\to Z_{bc} = \dfrac{1 \times 2 + 2 \times 3 + 3 \times 1}{1} = 11$

$Z_{ca} = \dfrac{Z_a Z_b + Z_b Z_c + Z_c Z_a}{Z_b}$

$\to Z_{ca} = \dfrac{1 \times 2 + 2 \times 3 + 3 \times 1}{2} = \dfrac{11}{2}$

66. 자동제어의 기본 요소로서 전기식 조작기기에 속하는 것은?

① 다이어프램
② 벨로스
③ 펄스전동기
④ 파일럿 밸브

해설

조작기기의 종류

- 기계식 : 스프링, 다이어프램, 벨로스, 파일럿 밸브, 유압식 조작기기 등
- 전기식 : 전자밸브, 전동밸브, 2상 서보전동기, 직류 서보전동기, 펄스전동기 등

67. 직류전동기의 속도 제어방법이 아닌 것은?

① 전압제어
② 계자제어
③ 저항제어
④ 슬립제어

해설

① 전압제어 : 전기자에 가해지는 단자전압을 변화시켜 속도를 제어하는 방법으로 광범위한 속도제어가 가능하고 워드 레오나드 방식, 일그너 방식, 직·병렬 제어가 있다.
② 계자제어 : 계자조정기의 저항을 가감하여 자속을 변화시켜 속도를 제어하는 방법으로 정출력 가변속도의 용도에 적합하다.
③ 저항제어 : 전기자회로에 직렬로 저항을 접속시켜 속도를 제어하는 방법이다.

68 부궤환(Negative Feedback) 증폭기의 장점은?

① 안정도의 증가   ② 증폭도의 증가
③ 전력의 절약   ④ 능률의 증대

해설
부궤환 증폭기는 출력의 일부를 역상으로 입력에 되돌려 비교함으로써 출력을 제어할 수 있게 한 증폭기이다. 전압이득의 감도를 낮춤으로써 안정도가 증가한다.

69 그림과 같은 신호흐름선도에서 C/R의 값은?

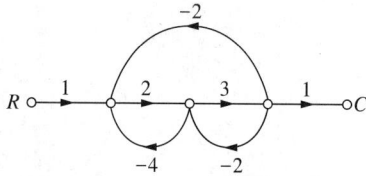

① 6/21   ② -6/21
③ 6/27   ④ -6/27

해설
- 전달함수 $G(s) = \dfrac{C}{R} = \dfrac{\text{패스 경로}}{1 - \text{피드백 경로}}$
- 패스 경로의 전달함수 : $1 \cdot 2 \cdot 3 \cdot 1 = 6$
- 피드백 경로 함수 : $(2 \cdot 3 \cdot -2) + (2 \cdot -4) + (3 \cdot -2) = -26$

$G(s) = \dfrac{C}{R} = \dfrac{6}{1-(-26)} = \dfrac{6}{27}$

70 피드백 제어계의 안정도와 직접적인 관련이 없는 것은?

① 이득 여유   ② 위상 여유
③ 주파수 특성 ④ 제동비

해설
피드백 제어계의 안정조건 : 제어계의 주파수 특성은 제어계가 주파수별로 감쇠시키거나 증폭시키는 특성을 말하는데 피드백 제어계의 안정도와 직접적인 관련은 없다.

71 저항 R_1과 R_2가 병렬로 접속되어 있을 때, R_1에 흐르는 전류가 3A이면 R_2에 흐르는 전류는 몇 A인가?

① 1.0   ② 1.5
③ 2.0   ④ 2.5

해설
병렬저항 연결 시 전류값 $I_1 = \dfrac{R_2}{R_1 + R_2}I = 3A$,

$I_2 = \dfrac{R_1}{R_1 + R_2}I$

여기서 $I = I_1 + I_2$이다.

※ 해당 문제에서는 저항 R_1, 저항 R_2 값이 누락되어 전류의 값을 알 수 없다.

72 다음 분류기의 배율은?(단, R_s : 분류기의 저항, R_a : 전류계의 저항)

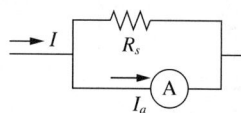

① $\dfrac{R_s}{R_a}$ ② $1 + \dfrac{R_s}{R_a}$

③ $1 + \dfrac{R_a}{R_s}$ ④ $\dfrac{R_a}{R_s}$

해설
분류기 : 전류의 측정범위를 높이기 위해 전류계와 병렬로 접속하는 저항

분류기의 배율 $V = $ 일정 $\rightarrow I_s R_s = I(R_a + R_s)$

배율 $\dfrac{I_s}{I} = \dfrac{R_a + R_s}{R_s} = 1 + \dfrac{R_a}{R_s}$

73 그림과 같은 제어에 해당하는 것은?

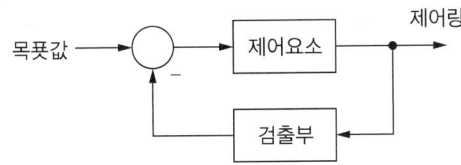

① 개방 제어
② 개루프 제어
③ 시퀀스 제어
④ 폐루프 제어

해설
폐루프 제어 : 피드백 제어로서 제어계의 출력값이 목푯값과 비교하여 일치하지 않을 경우에는 다시 출력값을 입력으로 피드백시켜 오차를 수정하도록 귀환경로를 갖는 제어이다. 입력과 출력을 비교하는 장치인 검출부가 반드시 있어야 한다.

74 그림과 같이 교류의 전압을 직류용 가동 코일형 계기를 사용하여 측정하였다. 전압계의 눈금은 몇 V인가?(단, 교류전압 R의 값은 충분히 크다고 한다)

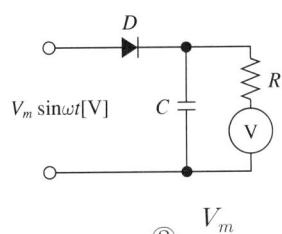

① V_m
② $\dfrac{V_m}{\sqrt{2}}$
③ $\dfrac{\sqrt{2}}{V_m}$
④ $\dfrac{V_m}{2\sqrt{2}}$

해설
위 회로는 반파정류 회로이다. 전압계의 내부저항이 충분히 크므로 전압계 유입전류는 0이 된다. 즉 방전은 없고 다이오드를 통과한 전류는 커패시터에 충전만 되므로 일정 시간이 흐른 뒤 전압은 $V = V_m$ (C와 R의 병렬접속) 상태가 된다. 그러므로 전압계의 눈금은 교류전압의 최댓값인 V_m이 된다.

75 평행위치에서 목푯값과 현재 수위와의 차이를 잔류편차(Offset)라 한다. 다음 중 잔류편차가 있는 제어계는?

① 비례 동작(P 동작)
② 비례미분 동작(PD 동작)
③ 비례적분 동작(PI 동작)
④ 비례적분미분 동작(PID 동작)

해설
① 비례 동작(P 동작) : 설정값과 제어 결과와의 편차 크기에 비례하여 조작부를 제어하는 동작
② 비례미분 동작(PD 동작) : 정상편차는 존재하나 진상 보상요소에 대응되므로 응답속도를 빠르게 할 수 있다.
③ 비례적분 동작(PI 동작) : 잔류편차가 남는 비례 동작의 단점을 보완하기 위해 비례 동작에 적분 동작을 조합한 동작
④ 비례적분미분 동작(PID 동작) : PI 동작과 PD 동작의 결점을 보완하기 위해 결합한 형태로 적분 동작에서 잔류편차를 제거하고 미분 동작으로 응답을 신속히 하여 안정화시킨 동작
※ 한국산업인력공단에서는 확정답안을 ①, ②번으로 발표하였으나 저자의 의견에 따라 ①번을 정답으로 처리하였음

76 자동제어계에서 과도응답 중 지연시간을 옳게 정의한 것은?

① 목푯값의 50%에 도달하는 시간
② 목푯값이 허용오차 범위에 들어갈 때까지의 시간
③ 최대 오버슈트가 일어나는 시간
④ 목푯값의 10~90%까지 도달하는 시간

해설
지연시간 : 응답이 목푯값의 50%에 도달하는 데 걸리는 시간을 말한다.

77 제어량이 온도, 압력, 유량, 액위, 농도 등과 같은 일반 공업량일 때의 제어는?

① 추종제어
② 시퀀스 제어
③ 프로그래밍 제어
④ 프로세스 제어

해설
제어량에 따른 분류
- 프로세스 제어 : 온도, 압력, 유량, 액위, 농도, 습도 등 공업공정의 상태량을 제어
- 자동조정 : 전압, 전류, 회전수, 주파수, 토크 등 전기적인 상태량을 제어
- 서보기구 : 위치, 방위, 각도 등의 상태량을 제어

78 어떤 도체의 단면을 1시간에 7,200C의 전기량이 이동했다고 하면 전류는 몇 A인가?

① 1 ② 2
③ 3 ④ 4

해설
$Q = I \cdot t$
전류 $I = \dfrac{Q}{t} = \dfrac{7,200\text{C}}{3,600\text{sec}} = 2\text{A}$

79 어떤 계의 임펄스 응답이 e^{-2t}이다. 이 제어계의 전달함수 $G(s)$는?

① $\dfrac{1}{s}$ ② $\dfrac{1}{s+1}$
③ $\dfrac{1}{s+2}$ ④ $s+2$

해설
라플라스 변환식

시간함수	라플라스 변환함수	비고
$u(t)$	$\dfrac{1}{s}$	
$e^{-at}u(t)$	$\dfrac{1}{s+a}$	$f(t) \to F(s)$
$\sin\omega t$	$\dfrac{\omega}{s^2+\omega^2}$	$f(t-a) \to e^{-as}F(s)$
$\cos\omega t$	$\dfrac{s}{s^2+\omega^2}$	

80 시퀀스 제어에 관한 설명 중 틀린 것은?

① 시간 지연요소가 사용된다.
② 조합 논리회로도 사용된다.
③ 기계적 계전기 접점이 사용된다.
④ 전체 시스템의 접점들이 일시에 동작한다.

해설
시퀀스 제어는 미리 정해진 순서에 따라 각 단계별로 제어하는 제어방식으로 전체 시스템에 연결된 접점들은 순차적으로 동작한다.

2019년 제2회 과년도 기출문제

제1과목 공기조화

01 직접난방 방식이 아닌 것은?
① 증기난방
② 온수난방
③ 복사난방
④ 온풍난방

해설
난방 방식의 분류
- 직접난방 방식 : 난방 공간에 방열기나 복사패널 등 난방기기를 설치하고 증기, 온수 등의 열매체를 공급하여 실내를 난방하는 방식으로 증기난방, 온수난방, 복사난방이 있다.
- 간접난방 방식 : 방열기를 두지 않고 열원장치로 가열된 덕트 등을 통해 실로 보내어 난방하는 방식으로 온풍난방, 공조방식이 있다.

02 건축물의 출입문으로부터 극간풍의 영향을 방지하는 방법으로 틀린 것은?
① 회전문을 설치한다.
② 이중문을 충분한 간격으로 설치한다.
③ 출입문에 블라인드를 설치한다.
④ 에어커튼을 설치한다.

해설
극간풍이란 외기 공기가 유리창이나 출입문의 틈새로부터 들어오는 바람이다. 블라인드는 햇빛을 차단하여 일사열량을 막아주지만 극간풍과는 관련이 없다.
극간풍을 방지하는 방법
- 회전문을 설치한다.
- 이중문을 충분한 간격으로 설치한다.
- 이중문의 중간에 컨벡터를 설치한다.
- 에어커튼을 설치한다.
- 실내를 가압하여 외부보다 압력을 높게 유지한다.
- 건축의 기밀성을 유지한다.

03 유리를 투과한 일사에 의한 취득열량과 가장 거리가 먼 것은?
① 유리창 면적
② 일사량
③ 환기 횟수
④ 차폐계수

해설
환기 횟수는 극간풍에 의한 취득열량에서 극간풍량을 산출할 때 이용된다.

04 공조방식 중 송풍온도를 일정하게 유지하고 부하변동에 따라서 송풍량을 변화시킴으로써 실온을 제어하는 방식은?
① 멀티 존 유닛 방식
② 이중 덕트 방식
③ 가변풍량 방식
④ 패키지 유닛 방식

해설
가변풍량 방식(VAV) : 송풍온도를 일정하게 하고 부하변동에 따라 송풍량을 변화시켜 취출량을 조절하여 실온을 제어하는 공조방식이다.

05 냉방부하 계산 시 상당 외기온도차를 이용하는 경우는?
① 유리창의 취득열량
② 내벽의 취득열량
③ 침입외기 취득열량
④ 외벽의 취득열량

해설
상당 외기온도차 : 일사의 영향을 받는 외벽 및 지붕의 냉방부하를 계산할 때 사용된다.

정답 1 ④ 2 ③ 3 ③ 4 ③ 5 ④

06 송풍기 회전수를 높일 때 일어나는 현상으로 틀린 것은?

① 정압 감소 ② 동압 증가
③ 소음 증가 ④ 송풍기 동력 증가

해설
정압은 회전수 변화의 제곱에 비례하므로 회전수를 높이면 정압이 증가한다.
송풍기의 상사법칙

- 풍량 $Q_2 = \left(\dfrac{N_2}{N_1}\right)Q_1$, $Q_2 = \left(\dfrac{D_2}{D_1}\right)^3 Q_1$
- 정압 $P_2 = \left(\dfrac{N_2}{N_1}\right)^2 P_1$, $P_2 = \left(\dfrac{D_2}{D_1}\right)^2 P_1$
- 동압 $L_2 = \left(\dfrac{N_2}{N_1}\right)^3 L_1$, $L_2 = \left(\dfrac{D_2}{D_1}\right)^5 L_1$

07 냉방부하의 종류 중 현열만 존재하는 것은?

① 외기의 도입으로 인한 취득열
② 유리를 통과하는 전도열
③ 문틈에서의 틈새바람
④ 인체에서의 발생열

해설
냉방부하
- 외기부하 : 현열 + 잠열
- 유리의 전도열 : 현열
- 틈새바람(극간풍) : 현열 + 잠열
- 인체의 발생열 : 현열 + 잠열

08 주로 소형 공조기에 사용되며, 증기 또는 전기가열기로 가열한 온수 수면에서 발생하는 증기로 가습하는 방식은?

① 초음파형 ② 원심형
③ 노즐형 ④ 가습팬형

해설
가습팬형(전열식) 가습기 : 가습팬 내부의 물을 증기 또는 전기가열기로 가열한 온수 수면에서 발생한 증기로 가습하는 방식으로 주로 소형 공조기에 많이 사용된다.

09 31℃의 외기와 25℃의 환기를 1 : 2의 비율로 혼합하고 바이패스 팩터가 0.16인 코일로 냉각 제습할 때 코일 출구온도(℃)는?(단, 코일의 표면온도는 14℃이다)

① 14 ② 16
③ 27 ④ 29

해설
혼합공기온도 $t_3 = \dfrac{G_1 t_1 + G_2 t_2}{G_1 + G_2} = \dfrac{(1 \times 31) + (2 \times 25)}{1 + 2} = 27℃$

냉각 코일 출구온도의 경우 바이팩스 팩터를 이용하여 풀이한다.

$BF = \dfrac{코일출구온도 - 코일표면온도}{혼합공기온도 - 코일표면온도}$

$0.16 = \dfrac{t - 14}{27 - 14}$

∴ $t = 16℃$

10 습공기 5,000m³/h를 바이패스 팩터 0.2인 냉각 코일에 의해 냉각시킬 때 냉각 코일의 냉각열량(kW)은?(단, 코일 입구 공기의 엔탈피는 64.5kJ/kg, 밀도는 1.2kg/m³, 냉각 코일 표면온도는 10℃이며, 10℃의 포화습공기 엔탈피는 30kJ/kg이다)

① 38 ② 46
③ 138 ④ 165

해설
코일 출구 공기의 엔탈피(h_2)

$BF = \dfrac{h_2 - h_s}{h_1 - h_s}$, $0.2 = \dfrac{h_2 - 30}{64.5 - 30}$

∴ $h_2 = 36.9\text{kJ/kg}$

여기서, h_s : 포화습공기의 엔탈피
h_1 : 코일 입구 공기의 엔탈피

냉각 코일 열량
$Q_c = \rho Q(h_1 - h_2)$
$= 1.2 \dfrac{\text{kg}}{\text{m}^3} \times \left(5,000 \dfrac{\text{m}^3}{\text{h}} \times \dfrac{\text{h}}{3,600\text{s}}\right) \times (64.5 - 36.9) \dfrac{\text{kJ}}{\text{kg}}$
$= 46\text{kJ/s} = 46\text{kW}$

여기서, ρ : 밀도
※ 1kJ/s = 1kW

11 냉방부하에 관한 설명으로 옳은 것은?

① 조명에서 발생하는 열량은 잠열로서 외기부하에 해당된다.
② 상당 외기온도차는 방위, 시각 및 벽체 재료 등에 따라 값이 정해진다.
③ 유리창을 통해 들어오는 부하는 태양복사열만 계산한다.
④ 극간풍에 의한 부하는 실내·외 온도차에 의한 현열만을 계산한다.

해설
① 조명에서 발생하는 열량은 현열로 실내부하에 해당된다.
③ 유리창을 통해 들어오는 부하는 유리창의 전도열, 대류열, 태양복사열로 계산한다.
④ 극간풍에 의한 부하는 실내외 온도차에 의한 현열과 실내외 절대습도차에 의한 잠열로 계산한다.

12 저속 덕트와 고속 덕트의 분류기준이 되는 풍속은?

① 10m/s   ② 15m/s
③ 20m/s   ④ 30m/s

해설
저속 덕트와 고속 덕트의 구분
• 저속 덕트 : 풍속 15m/s 이하
• 고속 덕트 : 풍속 15m/s 이상

13 20℃ 습공기의 대기압이 100kPa이고 수증기의 분압이 1.5kPa이라면 주어진 습공기의 절대습도(kg/kg′)는?

① 0.0095   ② 0.0112
③ 0.0129   ④ 0.0133

해설
절대습도 : 건조공기 1kg 속에 존재하는 수증기 중량
$$x = 0.622 \frac{P_w}{P - P_w} = 0.622 \times \frac{1.5\text{kPa}}{(100-1.5)\text{kPa}} = 0.00947\text{kg/kg}'$$
여기서, x : 절대습도(kg/kg′)
P : 대기압($P_a + P_w$)(mmHg)
P_w : 습공기 수증기 분압(mmHg)

14 다음 송풍기 풍량 제어법 중 축동력이 가장 많이 소요되는 것은?(단, 모든 조건은 동일하다)

① 회전수 제어
② 흡입베인 제어
③ 흡입댐퍼 제어
④ 토출댐퍼 제어

해설
송풍기 풍량 제어에 따른 소요동력이 큰 순서 : 토출댐퍼 제어 > 흡입댐퍼 제어 > 흡인베인 제어 > 회전수 제어

15 에어와셔(공기세정기) 속의 플러딩 노즐(Flooding Nozzle)의 역할은?

① 균일한 공기 흐름 유지
② 분무수의 분무
③ 일리미네이터 청소
④ 물방울의 기류에 혼입 방지

해설
에어와셔(공기세정기)의 구조
• 루버 : 입구 공기의 난류를 정류하여 공기 흐름을 균일하게 하는 장치
• 분무 노즐 : 분무수를 분무하여 가습과 세정을 하는 장치
• 플러딩 노즐 : 일리미네이터에 부착된 이물질을 제거하는 장치
• 일리미네이터 : 기류에 물방울이 혼입되어 비산하는 것을 방지

16 덕트 계통의 열손실(취득)과 직접적인 관계로 가장 거리가 먼 것은?

① 덕트 주위 온도
② 덕트 가공 정도
③ 덕트 주위 소음
④ 덕트 속 공기 압력

해설
덕트 계통 열손실의 직접적인 원인은 덕트 주위 온도, 덕트의 가공 정도(덕트의 길이, 면적 등), 덕트 속 공기 압력, 덕트 내 마찰손실 등과 관련이 있으며 덕트 주위 소음과는 무관하다.

17 지역난방의 특징에 관한 설명으로 틀린 것은?

① 연료비는 절감되나 열효율이 낮고 인건비가 증가한다.
② 개별 건물의 보일러실 및 굴뚝이 불필요하므로 건물 이용의 효용이 높다.
③ 설비의 합리화로 대기오염이 적다.
④ 대규모 열원기기를 이용하므로 에너지를 효율적으로 이용할 수 있다.

해설
지역난방은 일정 지역에 대량의 열을 공급하기 위한 보일러 설비의 대형화로 열효율이 높고 인건비가 절감된다.
지역난방의 장점
• 열효율이 좋고 연료비가 절감된다.
• 각 건물에 보일러실, 연돌이 필요 없으므로 건물의 유효면적이 증대된다.
• 설비의 고도화에 따른 도시 매연이 감소된다.

18 대향류의 냉수 코일 설계 시 일반적인 조건으로 틀린 것은?

① 냉수 입·출구 온도차는 일반적으로 5~10℃로 한다.
② 관내 물의 속도는 5~15m/s로 한다.
③ 냉수 온도는 5~15℃로 한다.
④ 코일 통과풍속은 2~3m/s로 한다.

해설
관내 물의 속도는 1m/s 전후로 한다.
냉수 코일의 설계방법
• 공기와 물의 흐름은 대향류(역류)로 한다.
• 공기와 물의 대수평균온도차를 크게 한다.
• 냉수 속도는 일반적으로 1m/s 전후로 한다.
• 코일의 통과 풍속은 2~3m/s 정도로 한다.
• 냉수의 입·출구 온도차를 5℃ 전후로 한다.
• 코일은 수평으로 설치한다.

19 공기조화시스템에서 난방을 할 때 보일러에 있는 온수를 목적지인 사용처로 보냈다가 다시 사용하기 위해 되돌아오는 관을 무엇이라고 하는가?

① 온수공급관　　② 온수환수관
③ 냉수공급관　　④ 냉수환수관

해설
• 온수환수관 : 보일러에서 만든 온수를 사용처에서 사용하고 다시 사용하기 위해 되돌아오는 관
• 온수공급관 : 보일러에서 만든 온수를 사용처에 공급하는 관

20 흡착식 감습장치의 흡착제로 적당하지 않은 것은?

① 실리카겔　　② 염화리튬
③ 활성 알루미나　　④ 합성 제올라이트

해설
• 흡착식 감습장치 : 실리카겔, 활성 알루미나, 애드솔, 제올라이트 등의 고체 흡착제를 사용한 감습방법
• 흡수식 감습 : 염화리튬, 트리에틸렌글리콜 등의 액체 흡수제를 사용하므로 가열원이 있어야 한다.

16 ③　17 ①　18 ②　19 ②　20 ②

제2과목 냉동공학

21 흡입관 내를 흐르는 냉매증기의 압력 강하가 커지는 경우는?

① 관이 굵고 흡입관 길이가 짧은 경우
② 냉매증기의 비체적이 큰 경우
③ 냉매의 유량이 적은 경우
④ 냉매의 유속이 빠른 경우

해설
흡입관에서 냉매증기의 압력 강하가 커지는 경우
- 관이 가늘고 흡입관 길이가 긴 경우
- 냉매증기의 비체적이 작은 경우
- 냉매의 유량이 많은 경우
- 냉매의 유속이 빠른 경우

22 냉동장치의 압축기와 관계가 없는 효율은?

① 소음효율   ② 압축효율
③ 기계효율   ④ 체적효율

해설
압축기와 관계된 효율 : 압축효율(η_c), 기계효율(η_m), 체적효율(η_v)

23 냉동사이클 중 P-h 선도(압력-엔탈피 선도)로 구할 수 없는 것은?

① 냉동능력   ② 성적계수
③ 냉매 순환량   ④ 마찰계수

해설
P-h 선도(몰리에르 선도)로 냉동능력, 성적계수, 냉매 순환량, 압축기 토출가스 온도, 응축기 발열량, 압축일량, 플래시 가스 발생량, 압축비, 건조도 등을 구할 수 있다. 마찰계수는 계산할 수 없다.

24 이상기체의 압력이 0.5MPa, 온도가 150℃, 비체적이 0.4m³/kg일 때 가스 상수(J/kg·K)는 얼마인가?

① 11.3   ② 47.28
③ 113   ④ 472.8

해설
이상기체 상태방정식
$PV = mRT$

밀도 $R = \dfrac{PV}{mT} = \dfrac{Pv}{T} = \dfrac{\left(0.5 \times 10^6 \dfrac{\text{N}}{\text{m}^2}\right) \times 0.4 \dfrac{\text{m}^3}{\text{kg}}}{(150+273)\text{K}}$

$= 472.8\text{N} \cdot \text{m/kg} \cdot \text{k}$
$= 472.8\text{J/kg} \cdot \text{K}$

※ 1MPa = 10^6N/m²
　 1N·m = 1J
　 T = (℃ + 273)K

25 가용전에 대한 설명으로 옳은 것은?

① 저압 차단스위치를 의미한다.
② 압축기 토출측에 설치한다.
③ 수랭 응축기 냉각수 출구측에 설치한다.
④ 응축기 또는 고압수액기의 액배관에 설치한다.

해설
가용전(Fusible Plug) : 응축기나 수액기 상부에 설치하는 안전장치로 토출가스 온도의 영향을 받지 않는 곳에 설치한다. 냉동설비의 화재 발생 시 가용전 내의 용융합금이 녹아 사고를 미연에 방지한다.

26 냉매가 구비해야 할 조건으로 틀린 것은?

① 증발잠열이 클 것
② 응고점이 낮을 것
③ 전기저항이 클 것
④ 증기의 비열비가 클 것

해설
냉매증기는 비열비가 작아야 한다. 비열비가 크면 압축 후 토출가스 온도가 높아져 윤활유가 열화되거나 탄화현상이 발생해서 실린더가 과열되는 원인이 된다. NH_3의 경우 비열비가 커서 토출가스 온도가 높으므로 워터재킷을 이용해 실린더를 냉각시킨다.

27 몰리에르 선도에서 건도(x)에 관한 설명으로 옳은 것은?

① 몰리에르 선도의 포화액선상 건도는 1이다.
② 액체 70%, 증기 30%인 냉매의 건도는 0.7이다.
③ 건도는 습포화증기 구역 내에서만 존재한다.
④ 건도는 과열증기 중 증기에 대한 포화액체의 양을 말한다.

해설
건도
• 습포화증기 구역 내에서만 존재하고 습포화증기 중 액체에 대한 포화증기의 양을 말한다.
• 몰리에르 선도에서 포화액선상 건도는 0이고, 건조포화증기 선도상 건도는 1이다.
• 건도가 0.7이라는 것은 습포화증기 중에서 액체가 30%이고 증기가 70%이다.

28 몰리에르 선도에 대한 설명으로 틀린 것은?

① 과열구역에서 등엔탈피선으로 등온선과 거의 직교한다.
② 습증기 구역에서 등온선과 등압선은 평행하다.
③ 포화액체와 포화증기의 상태가 동일한 점을 임계점이라고 한다.
④ 등비체적선은 과열증기 구역에서도 존재한다.

해설
몰리에르 선도 구성
• 등엔탈피선 : 등압선과 직교하며 습증기 구역에서 등온선과 직교한다.
• 등압선 : 등엔탈피선과 직교하며 습증기 구역에서 등온선과 평행하다.
• 등비체적선 : 습증기 구역과 과열증기 구역에 존재한다.

29 팽창밸브 직후 냉매의 건도가 0.2이다. 이 냉매의 증발열이 1,884kJ/kg이라 할 때 냉동효과(kJ/kg)는 얼마인가?

① 376.8   ② 1,324.6
③ 1,507.2 ④ 1,804.3

해설
• 건조도(x) = $\dfrac{\text{플래시 가스 열량}}{\text{증발잠열}}$

  $0.2 = \dfrac{\text{플래시 가스 열량}}{1,884}$

  ∴ 플래시 가스 열량 = 376.8kJ/kg
• 냉동효과(q) = 증발잠열 − 플래시 가스 열량
  = 1,884 − 376.8
  = 1,507.2kJ/kg

30 평판을 통해서 표면으로 확산에 의해서 전달되는 열유속(Heat Flux)이 0.4kW/m²이다. 이 표면과 20℃ 공기 흐름과의 대류전열계수가 0.01kW/m²·℃인 경우 평판의 표면온도(℃)는?

① 45　　　　② 50
③ 55　　　　④ 60

해설

$Q = K \cdot A \cdot \Delta t = K \cdot A \cdot \Delta(t_1 - t_2)$

$t_2 = \dfrac{Q}{K \cdot A} + t_2 = \dfrac{0.4 \, \dfrac{kW}{m^2}}{0.01 \, \dfrac{kW}{m^2 \cdot ℃}} + 20℃ = 60℃$

여기서, Q : 열 유속(kW/m²)
　　　　A : 전열면적(m²)
　　　　K : 전열계수(kW/m²·℃)
　　　　t_1 : 공기온도(℃)
　　　　t_2 : 표면온도(℃)

※ 면적에 대한 언급이 없으므로 단위면적 m²으로 간주한다.

31 이상적인 냉동사이클과 비교한 실제 냉동사이클에 대한 설명으로 틀린 것은?

① 냉매가 관내를 흐를 때 마찰에 의한 압력손실이 발생한다.
② 외부와 다소의 열출입이 있다.
③ 냉매가 압축기의 밸브를 지날 때 약간의 교축작용이 이루어진다.
④ 압축기 입구에서의 냉매 상태 값은 증발기 출구와 동일하다.

해설

실제 냉동사이클에서는 압축기 입구의 냉매 상태 값은 흡입관의 압력손실 및 외부의 열취득에 의해 엔탈피가 약간 증가하게 되어 증발기 출구와는 다른 값을 가진다.

32 흡수식 냉동기의 특징에 대한 설명으로 틀린 것은?

① 용량 제어의 범위가 넓어 폭넓은 용량 제어가 가능하다.
② 터보 냉동기에 비하여 소음과 진동이 크다.
③ 부분부하에 대한 대응성이 좋다.
④ 회전부가 적어 기계적인 마모가 적고 보수관리가 용이하다.

해설

흡수식 냉동기는 압축기가 없으므로 터보 냉동기에 비하여 소음과 진동이 적다.

흡수식 냉동기의 특징
• 압축식 냉동기에 비해 소음과 진동이 적다.
• 용량 제어 범위가 넓어 폭넓은 용량 제어가 가능하다.
• 부분부하에 대한 대응성이 좋다.
• 기기 내부가 진공에 가까우므로 파열의 위험성이 적다.
• 흡수식 냉동기 한 대로 냉방과 난방을 겸할 수 있다.
• 일반적으로 증기압축식 냉동기보다 성능계수가 낮다.

33 액분리기에 대한 설명으로 옳은 것은?

① 장치를 순환하고 남는 여분의 냉매를 저장하기 위해 설치하는 용기를 말한다.
② 액분리기는 흡입관 중의 가스와 액의 혼합물로부터 액을 분리하는 역할을 한다.
③ 액분리기는 암모니아 냉동장치에는 사용하지 않는다.
④ 팽창밸브와 증발기 사이에 설치하여 냉각효율을 상승시킨다.

해설

액분리기
• 암모니아 만액식 증발기 또는 부하변동이 심한 냉동장치에서 압축기로 흡입되는 냉매가스 중의 냉매액을 분리시켜 액압축을 방지하는 장치이다.
• 증발기와 압축기 흡입측 배관 사이에 설치한다.
• 기동 시 증발기 내의 액이 교란되는 것을 방지한다.
• 냉동부하의 변동이 심한 장치에 사용한다.
• 냉매액이 압축기로 유입되는 것을 방지하기 위해 설치한다.

정답　30 ④　31 ④　32 ②　33 ②

34 암모니아의 증발잠열은 −15℃에서 1,310.4kJ/kg 이지만 실제로 냉동능력은 1,126.2kJ/kg으로 작아진다. 차이가 생기는 이유로 가장 적절한 것은?

① 체적효율 때문이다.
② 전열면의 효율 때문이다.
③ 실제 값과 이론 값의 차이 때문이다.
④ 교축팽창 시 발생하는 플래시 가스 때문이다.

> **해설**
> 냉매의 증발잠열 = 냉동효과(냉동능력) + 플래시 가스 발생량
> • 냉매의 증발잠열이 1,310.4kJ/kg이고 실제 냉동능력이 1,126.2 kJ/kg이므로 플래시 가스 발생량이 184.2kJ/kg이다. 따라서 교축팽창 시에 플래시 가스 발생으로 인하여 실제 냉동능력이 감소하였다.
> • 냉동장치에서 증발기로 유입되기 전 팽창밸브에서 교축현상으로 인하여 일부의 냉매가 증발기로 흡입되기 전에 증발하여 잉여증기로 남게 된다. 이를 플래시 가스라고 한다.

35 냉동장치의 운전 중 저압이 낮아질 때 일어나는 현상이 아닌 것은?

① 흡입가스 과열 및 압축비 증대
② 증발온도 저하 및 냉동능력 증대
③ 흡입가스의 비체적 증가
④ 성적계수 저하 및 냉매 순환량 감소

> **해설**
> 냉동장치의 운전 중 저압이 낮아지면 증발온도가 저하하고 냉동효과는 감소하게 된다. 이로 인해 냉동능력도 감소한다.
> 저압이 낮아질 때 냉동장치에 일어나는 현상
> • 압축비 증대로 인하여 압축일량이 증대한다.
> • 흡입가스가 과열되어 압축 후 토출가스 온도가 상승한다.
> • 증발온도가 저하되어 냉동능력이 감소한다.
> • 흡입가스와 비체적이 증가하여 냉매 순환량이 감소한다.
> • 플래시 가스 발생량이 증가하여 성적계수가 저하한다.

36 냉동장치 내에 불응축 가스가 혼입되었을 때 냉동장치의 운전에 미치는 영향으로 가장 거리가 먼 것은?

① 열교환 작용을 방해하므로 응축압력이 낮게 된다.
② 냉동능력이 감소한다.
③ 소비전력이 증가한다.
④ 실린더가 과열되고 윤활유가 열화 및 탄화된다.

> **해설**
> 불응축 가스 혼입 시 장치에 미치는 영향
> • 토출가스 온도 상승
> • 응축능력 감소
> • 응축압력 상승
> • 소요동력 증대
> • 압축비 증대
> • 실린더 과열로 인한 윤활유 열화 및 탄화
> • 냉매와 냉각관의 열전달 저하
> • 성적계수 감소 및 냉동능력 감소

37 냉동장치에서 플래시 가스가 발생하지 않도록 하기 위한 방지대책으로 틀린 것은?

① 액관의 직경이 충분한 크기를 갖고 있도록 한다.
② 증발기의 위치를 응축기와 비교해서 너무 높게 설치하지 않는다.
③ 여과기나 필터의 점검 청소를 실시한다.
④ 액관 냉매액의 과냉도를 줄인다.

> **해설**
> 플래시 가스를 줄이기 위해 열교환기를 설치하여 과냉각시키기도 한다.
> 냉동장치에서 플래시 가스의 발생 원인
> • 냉매 순환량에 비하여 액관의 직경이 작을 때
> • 증발기와 응축기 사이 액관의 입상 높이가 매우 클 때
> • 여과기(스트레이너)나 필터 등이 막혀 있을 때
> • 액관 냉매액의 과냉도가 작을 때

38 고압가스 안전관리법에 적용되지 않는 것은?

① 스크루 냉동기
② 고속 다기통 냉동기
③ 회전 용적형 냉동기
④ 열전 모듈 냉각기

해설
열전 모듈 냉각기 : 열전 소자에 방열판과 팬을 부착한 형태로 구성되어 있으며 냉매를 사용하지 않는 친환경적인 냉각기이므로 고압가스 안전관리법에 적용되지 않는다.

39 -20℃ 암모니아 포화액의 엔탈피가 314kJ/kg이며, 동일 온도에서 건조포화증기의 엔탈피가 1,687 kJ/kg이다. 이 냉매액이 팽창밸브를 통과하여 증발기에 유입될 때의 냉매의 엔탈피가 670kJ/kg이었다면 중량비로 약 몇 %가 액체 상태인가?

① 16
② 26
③ 74
④ 84

해설
액체의 중량비(습도)

- 건조도 $= \dfrac{h - h_f}{h_g - h_f}$
- 습도 = 1 - 건조도

$= 1 - \dfrac{h - h_f}{h_g - h_f} = 1 - \dfrac{670 - 314}{1,687 - 314} = 0.74 = 74\%$

여기서, h : 증발기 입구 엔탈피
h_f : 포화액의 엔탈피
h_g : 건조포화 증기의 엔탈피

40 증발식 응축기에 관한 설명으로 옳은 것은?

① 증발식 응축기의 냉각수는 보충할 필요가 없다.
② 증발식 응축기는 물의 현열을 이용하여 냉각하는 것이다.
③ 내부에 냉매가 통하는 나관이 있고, 그 위에 노즐을 이용하여 물을 산포하는 형식이다.
④ 압력 강하가 작으므로 고압측 배관에 적당하다.

해설
증발식 응축기
- 증발식 응축기의 냉각수는 사용 중 일부 증발되는 소비량과 비산 수량, 드레인 수량 등을 보충해야 한다.
- 증발식 응축기는 물의 잠열을 이용하여 냉각하므로 냉각수의 소비량이 적다.
- 별도의 냉각탑을 설치하지 않고 옥외에 설치하므로 배관이 길어지고 압력 강하가 커진다.
- 대기의 습구온도에 영향을 많이 받는다.

제3과목 배관일반

41 물은 가열하면 팽창하여 급탕탱크 등 밀폐가열장치 내의 압력이 상승한다. 이 압력을 도피시킬 목적으로 설치하는 관은?

① 배기관
② 팽창관
③ 오버플로관
④ 압축 공기관

해설
팽창관
- 보일러에서 발생한 온수의 체적 팽창을 팽창탱크로 도피시키는 관이다.
- 팽창관에서는 절대로 밸브를 설치해서는 안 된다.
- 팽창관은 가열장치(보일러)와 고가(보충수) 탱크를 연결하는 관이다.

42 도시가스를 공급하는 배관의 종류가 아닌 것은?

① 공급관　　② 본관
③ 내관　　　④ 주관

해설
도시가스 공급 배관의 종류
- 공급관 : 정압기에서 가스 사용자가 소유하거나 점유하고 있는 토지의 경계까지 이르는 배관을 나타낸다.
- 본관 : 도시가스 제조사업소 부지의 경계에서 정압기까지 이르는 배관을 나타낸다.
- 내관 : 가스 사용자가 소유하거나 점유하고 있는 토지의 경계에서 연소기까지 이르는 배관을 나타낸다.

43 가스 배관에서 가스가 누설될 경우 중독 및 폭발사고를 미연에 방지하기 위하여 조금만 누설되어도 냄새로 충분히 감지할 수 있도록 설치하는 장치는?

① 부스터 설비　　② 정압기
③ 부취설비　　　④ 가스홀더

해설
부취설비 : 도시가스는 무색, 무취의 가연성 가스로 누설 시 냄새로 확인할 수 없으므로 부취제(향료)를 첨가하여 누설 시 쉽게 냄새로 감지할 수 있도록 하는 설비이다. 종류에는 메르캅탄, 환상 황화물, 이황화물이 있다.

44 배관용 패킹 재료를 선택할 때 고려해야 할 사항으로 가장 거리가 먼 것은?

① 재료의 탄력성　　② 진동 유무
③ 유체의 압력　　　④ 재료의 부식성

해설
패킹 재료를 선택할 때 고려해야 할 사항
- 관내 유체의 물리적 성질 : 유체의 온도, 압력, 점도, 밀도 등을 고려
- 관내 유체의 화학적 성질 : 재료의 부식성, 휘발성, 인화성 등을 고려
- 기계적 성질 : 교체의 용이성, 진동 유무, 내·외압에 견디는 정도 등을 고려

45 급수방식 중 고가탱크 방식의 특징에 대한 설명으로 틀린 것은?

① 다른 방식에 비해 오염 가능성이 적다.
② 저수량을 확보하여 일정 시간 동안 급수가 가능하다.
③ 사용자의 수도꼭지에서 항상 일정한 수압을 유지한다.
④ 대규모 급수설비에 적합하다.

해설
고가(옥상)탱크식 급수방식의 특징
- 급수를 고가탱크에 저장하여 급수를 사용하므로 수질의 오염 가능성이 크다.
- 저수량을 언제나 확보할 수 있으므로 단수가 되지 않는다.
- 항상 일정한 수압으로 급수할 수 있고 대규모 설비에 적합하다.
- 수압의 과대 등에 따른 밸브나 배관 부속품의 파손이 적다.

46 동관의 분류 중 가장 두꺼운 것은?

① K형　　② L형
③ M형　　④ N형

해설
동관의 분류
- 재질별 분류 : 연질(O), 반연질(OL), 반경질(1/2H), 경질
- 두께별 분류 : K > L > M
- 사용 소재별 분류 : 인탈산 동관, 타프피치 동관, 무산소 동관, 동합금관

정답　42 ④　43 ③　44 ①　45 ①　46 ①

47 루프형 신축 이음쇠의 특징에 대한 설명으로 틀린 것은?

① 설치공간을 많이 차지한다.
② 신축에 따른 자체 응력이 생긴다.
③ 고온, 고압의 옥외 배관에 많이 사용된다.
④ 장시간 사용 시 패킹의 마모로 누수의 원인이 된다.

해설
패킹의 마모로 누수의 원인이 되는 이음쇠는 슬리브형 신축 이음쇠이다.
루프형 신축 이음쇠
- 관을 구부려 관 자체의 가요성을 이용하여 신축을 흡수하는 이음이다.
- 고압에 잘 견디며 고온·고압의 옥외 배관에 사용된다.
- 설치공간을 많이 차지한다.

48 고압 배관과 저압 배관 사이에 설치하여 고압측 압력을 필요한 압력으로 낮추어 저압측 압력을 일정하게 유지시키는 밸브는?

① 체크밸브 ② 게이트밸브
③ 안전밸브 ④ 감압밸브

해설
감압밸브 : 주증기 밸브와 증기 헤더 사이에 설치하여 보일러에서 발생된 고압의 증기를 감압시켜 2차측(사용측) 증기압력을 저압으로 낮추어 일정하게 유지시켜 주는 밸브이다.
① 체크밸브 : 유체를 한쪽 방향으로만 흐르게 하는 역류방지용 밸브이다.
② 게이트밸브 : 유체의 흐름을 단속하는 용도로 사용되는 밸브이다.
③ 안전밸브 : 냉동기의 압축기, 응축기 및 수액기 또는 보일러 압력용기 등에 설치하여 내부 압력이 상승할 경우 외부로 방출시켜 장치의 파손을 방지하는 밸브이다.

49 건물 1층의 바닥면을 기준으로 배관의 높이를 표시할 때 사용하는 기호는?

① EL ② GL
③ FL ④ UL

해설
- EL : 배관의 높이를 관의 중심으로 표시한 것
- GL : 포장된 지면을 기준으로 하여 배관장치의 높이를 표시한 것
- FL : 각층 또는 1층 바닥을 기준하여 높이를 표시한 것
- TOP : 관 바깥지름의 윗면을 기준으로 표시한 것
- BOP : 지름이 서로 다른 관의 높이 표시방법으로 관 바깥지름의 아랫면까지의 높이를 기준으로 표시한 것

50 냉매 액관 시공 시 유의사항으로 틀린 것은?

① 긴 입상 액관의 경우 압력의 감소가 크므로 충분한 과냉각이 필요하다.
② 배관 도중에 다른 열원으로부터 열을 받지 않도록 한다.
③ 액관 배관은 가능한 한 길게 한다.
④ 액 냉매가 관내에서 증발하는 것을 방지하도록 한다.

해설
냉매 액관은 응축기에서 증발기까지의 구간을 말하는데 냉매 액관의 배관이 길 경우 플래시 가스가 발생하므로 가능한 한 배관의 길이는 짧게 하도록 한다.

51 증기난방 설비 시공 시 보온을 필요로 하는 배관은 어느 것인가?

① 관말 증기 트랩장치의 냉각관
② 방열기 주위 배관
③ 증기공급관
④ 환수관

해설
증기난방 설비 시공 시 보온을 필요로 하지 않는 배관
• 관말 증기 트랩장치에서 냉각관
• 방열기 주위 배관
• 환수관
• 난방하고 있는 실내에 노출된 배관(단, 하향 급기하는 증기주관은 보온한다)

52 가스 배관의 설치방법에 관한 설명으로 틀린 것은?

① 최단거리로 할 것
② 구부러지거나 오르내림을 적게 할 것
③ 가능한 한 은폐하거나 매설할 것
④ 가능한 한 옥외에 설치할 것

해설
가스 배관은 유지관리를 위해 노출 배관으로 시공하는 것을 원칙으로 한다.
가스 배관 설치방법
• 직선 및 최단거리로 설치할 것
• 옥외, 노출 배관으로 할 것
• 구부림 및 오르내림이 적을 것

53 엘보를 용접 이음으로 나타낸 기호는?

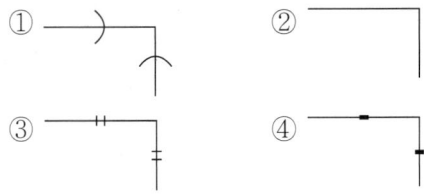

해설
④ 용접 이음
① 턱걸이 이음(주철관 소켓 이음)
② 기호 없음
③ 플랜지 이음

54 두 가지 종류의 물질을 혼합하면 단독으로 사용할 때보다 더 낮은 융해온도를 얻을 수 있는 혼합제를 무엇이라고 하는가?

① 부취제
② 기한제
③ 브라인
④ 에멀션

해설
기한제 : 두 종류의 물질을 혼합하면 단독으로 사용할 때보다 더 낮은 온도를 얻을 수 있는 혼합제이다. 얼음과 소금, 희염산, 염화칼슘, 탄산칼슘 등을 혼합하여 사용한다.

55 배관의 호칭 중 스케줄 번호는 무엇을 기준으로 하여 부여하는가?

① 관의 안지름
② 관의 바깥지름
③ 관의 두께
④ 관의 길이

해설
스케줄 번호 : 관의 두께를 기준으로 부여하는 번호로 압력 배관용 탄소강관(SPPS), 고압 배관용 탄소강관(SPPH), 고온 배관용 탄소강관(SPHT), 저온 배관용 탄소강관(SPLT), 배관용 합금강관(SPA) 등이 있다.

스케줄 번호 $Sch.No = 10 \times \dfrac{P}{\sigma}$

여기서 P는 사용압력(kgf/cm^2), σ는 허용응력(kgf/mm^2)이다.

56 온수난방에서 역귀환 방식을 채택하는 가장 큰 이유는?

① 순환펌프를 설치하기 위해
② 배관의 길이를 축소하기 위해
③ 열손실과 발생 소음을 줄이기 위해
④ 건물 내 각 실의 온도를 균일하게 하기 위해

해설
역귀환 방식 : 공급관과 환수관의 왕복 배관 길이를 같게 한다. 따라서 유량을 균등하게 분배하여 각 실의 온도를 균일하게 한다.

57 냉·온수 헤더에 설치하는 부속품이 아닌 것은?

① 압력계   ② 드레인관
③ 트랩장치 ④ 급수관

해설
트랩장치는 증기 공급이 끝나는 방열기 환수관이나 증기 배관의 말단에 설치한다.
• 증기 트랩 : 방열기의 환수측 또는 증기 배관의 최말단 등에 부착하여 응축수만을 분리 배출하여 환수시키는 장치로 수격작용, 부식 및 증기 누설을 방지하여 난방기기의 효율을 높인다.
• 배수 트랩 : 배수계통의 일부에 물을 고이게 하여 하수가스의 역류를 방지(악취 방지)하고 해충의 침입을 방지한다.

58 냉각탑에서 냉각수는 수직 하향 방향이고 공기는 수평 방향인 형식은?

① 평행류형   ② 직교류형
③ 혼합형   ④ 대향류형

해설
냉각탑의 공기 흐름에 따른 분류
• 직교류형 : 충전부에서 냉각수는 수직 하향 방향이고 공기는 수평 방향인 형식이다.
• 대향류형 : 충전부에서 냉각수는 수직 하향 방향이고 공기는 수직 상향 방향인 형식이다.
• 혼합형 : 대향류형과 직교류형이 동일 냉각탑에 조합된 형식이다.

59 급수 배관에서 수격작용 발생 개소로 가장 거리가 먼 것은?

① 관내 유속이 빠른 곳
② 구배가 완만한 곳
③ 급격히 개폐되는 밸브
④ 굴곡 개소가 있는 곳

해설
수격작용이 발생하는 개소
• 관내의 유속이 빠른 곳
• 펌프를 급정지하거나 급격히 개폐되는 밸브
• 굴곡 개소가 있는 곳
• 관 지름이 급격하게 축소되는 곳

60 급수설비에 설치되어 물이 오염되기 쉬운 형태의 배관은?

① 상향식 배관
② 하향식 배관
③ 조닝 배관
④ 크로스커넥션 배관

해설
크로스커넥션 : 음용수 배관과 음용수 이외의 배관이 접속되는 것으로 배출된 음용수 이외의 물이 역류하여 음용수가 오염되기 쉬우므로 역류방지기를 설치해야 한다.

정답 56 ④ 57 ③ 58 ② 59 ② 60 ④

제4과목 전기제어공학

61 제어된 제어대상의 양, 즉 제어계의 출력을 무엇이라고 하는가?

① 목푯값
② 조작량
③ 동작신호
④ 제어량

해설
① 목푯값 : 외부에서 사용자가 제어량에 대한 희망 값을 갖도록 주어지는 값이다.
② 조작량 : 제어요소가 제어대상에 주는 양이다.
③ 동작신호 : 제어대상에서 제어된 출력의 양이다.

62 플로차트를 작성할 때 다음 기호의 의미는?

① 단자
② 처리
③ 입출력
④ 결합자

해설
플로차트의 기호

기호	의미	기호	의미
⬭	시작과 끝	▭	카드 입력
⬡	준비	▱	수동 입력
▭	처리	◇	판단
▱	입출력	○	연결자

63 피드백 제어계 중 물체의 위치, 방위, 자세 등의 기계적 변위를 제어량으로 하는 것은?

① 서보기구
② 프로세스 제어
③ 자동조정
④ 프로그램 제어

해설
서보기구 : 목푯값의 임의의 변화에 항상 추종하도록 구성된 제어계로 레이더, 미사일 추적장치 등이 있다.
※ 서보기구는 기계적인 변위인 물체의 위치, 방향, 각도, 방위, 자세, 거리 등을 제어한다.

64 발전기의 유기기전력 방향과 관계가 있는 법칙은?

① 플레밍의 왼손법칙
② 플레밍의 오른손법칙
③ 패러데이의 법칙
④ 암페어의 법칙

해설
플레밍의 오른손법칙 : 자기장 속에서 도선이 운동할 때 발생하는 유도기전력의 방향을 결정하는 법칙으로 교류발전기의 원리를 해석하는 데 적용한다.

65 시퀀스 제어에 관한 설명 중 틀린 것은?

① 조합 논리회로로 사용된다.
② 미리 정해진 순서에 의해 제어된다.
③ 입력과 출력을 비교하는 장치가 필수적이다.
④ 일정한 논리에 의해 제어된다.

해설
시퀀스 제어 : 미리 정해진 순서에 따라 제어의 각 단계를 순차적으로 제어하는 방식이다. 출력은 입력에 영향을 주지 못하므로 자체 판단능력이 없다.
※ 입력과 출력을 비교하는 장치인 검출부가 필요한 제어는 폐루프 제어이다.

66 100mH의 자기 인덕턴스를 가진 코일에 10A의 전류가 통과할 때 축적되는 에너지는 몇 J인가?

① 1
② 5
③ 50
④ 1,000

해설

자기에너지 $W = \frac{1}{2}LI^2 = \frac{1}{2}(100 \times 10^{-3}\text{H})(10\text{A})^2 = 5\text{J}$

※ 자기 인덕턴스 $L = 100\text{mH} = 100 \times 10^{-3}\text{H}$
　전류 $I = 10\text{A}$

67 평형 3상 Y결선에서 상전압 V_P와 선간전압 V_L과의 관계는?

① $V_L = V_P$
② $V_L = \sqrt{3}\,V_P$
③ $V_L = \frac{1}{\sqrt{3}}V_P$
④ $V_L = 3V_P$

해설

평형 3상 Y결선
• 선간전압 = 상전압 × $\sqrt{3}$ → $V_L = \sqrt{3}\,V_P$
• 선간전류 = 상전류 → $I_L = I_P$

평형 3상 △결선
• 선간전압 = 상전압 → $V_L = V_P$
• 선간전류 = 상전류 × $\sqrt{3}$ → $I_L = \sqrt{3}\,I_P$

68 전원 전압을 일정 전압 이내로 유지하기 위해서 사용되는 소자는?

① 정전류 다이오드
② 브리지 다이오드
③ 제너 다이오드
④ 터널 다이오드

해설

제너 다이오드는 역방향의 전압이 어떤 값에 도달하면 큰 전류가 흘러 전압이 일정하게 되는 효과를 이용하여 정전압 조정 회로에 사용된다.

69 목푯값이 미리 정해진 변화를 할 때의 제어로 열처리 노의 온도제어, 무인운전 열차 등이 속하는 제어는?

① 추종제어
② 프로그램 제어
③ 비율제어
④ 정치제어

해설

② 프로그램 제어 : 목푯값이 시간적으로 미리 정해진 대로 변화하고 제어량을 추종시키는 제어로 열처리 노의 온도제어, 무인열차 운전 등이 속한다.
① 추종제어 : 목푯값이 시간에 따라서 변하며 목푯값에 정확히 추종하는 제어로서 서보기구 등이 속한다.
③ 비율제어 : 목푯값이 다른 양과 일정한 비율관계를 갖는 상태량을 제어하는 것으로 보일러 자동연소장치 등이 속한다.
④ 정치제어 : 목푯값이 시간적으로 변화하지 않는 일정한 제어로서 프로세서 제어와 자동조정이 있다.

70 그림과 같이 블록선도를 접속하였을 때 ㉠에 해당하는 것은?

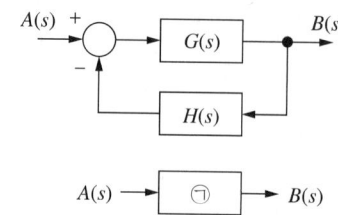

① $G(s)+H(s)$
② $G(s)-H(s)$
③ $\dfrac{G(s)}{1+G(s)\cdot H(s)}$
④ $\dfrac{H(s)}{1+G(s)\cdot H(s)}$

해설
- 전달함수 $G(s)=\dfrac{C}{R}=\dfrac{\text{패스 경로}}{1-\text{피드백 경로}}$
- 패스 경로의 전달함수 : $G(s)$
- 피드백 경로 : $-G(s)H(s)$
$G(s)=\dfrac{C}{R}=\dfrac{G(s)}{1+G(s)H(s)}$

71 3상 유도전동기의 회전 방향을 바꾸기 위한 방법으로 옳은 것은?

① △-Y결선으로 변경한다.
② 회전자를 수동으로 역회전시켜 기동한다.
③ 3선을 차례대로 바꾸어 연결한다.
④ 3상 전원 중 2선의 접속을 바꾼다.

해설
3상 유도전동기의 회전 방향을 바꾸려면 전원의 3선 중 2선의 접속을 바꾸면 된다.

72 60Hz, 100V의 교류전압이 200Ω의 전구에 인가될 때 소비되는 전력은 몇 W인가?

① 50 ② 100
③ 150 ④ 200

해설
전력 $P=VI=I^2R=\dfrac{V^2}{R}$
$P=\dfrac{100^2}{200}=50\text{W}$

73 그림과 같은 계전기 접점회로의 논리식은?

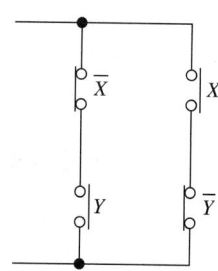

① $X+Y$
② $\overline{X}Y+X\overline{Y}$
③ $\overline{X}(X+Y)$
④ $(\overline{X}+Y)(X+\overline{Y})$

해설
- 직렬(AND)회로의 논리식 : $X\cdot Y$
- 병렬(OR)회로의 논리식 : $X+Y$
- 계전기 접점회로의 논리식 : $\overline{X}Y+X\overline{Y}$

74 특성방정식 $s^2 + 2s + 2 = 0$을 갖는 2차계에서의 감쇠율 δ(Damping Ratio)은?

① $\sqrt{2}$ ② $\dfrac{1}{\sqrt{2}}$

③ $\dfrac{1}{2}$ ④ $\dfrac{1}{2}$

해설
2차 특성방정식의 표준공식 $s^2 + 2\delta\omega_n s + \omega_n^2 = 0$
여기서, δ : 감쇠율, ω_n : 고유진동수
$s^2 + 2\delta\omega_n s + \omega_n^2 = s^2 + 2s + s$
$\omega_n^2 = 2 \to \omega_n = \sqrt{2}$
$2\delta\omega_n s = 2s \to 2\sqrt{2}\,\delta = 2s$
∴ $\delta = \dfrac{2s}{2\sqrt{2}\,s} = \dfrac{1}{\sqrt{2}}$

75 $F(s) = \dfrac{3s+10}{s^3 + 2s^2 + 5s}$ 일 때 $f(t)$의 최종치는?

① 0 ② 1
③ 2 ④ 8

해설
$\lim\limits_{t \to \infty} f(t) = \lim\limits_{s \to 0} sF(s) = \lim\limits_{s \to 0} s \cdot \dfrac{3s+10}{s^3 + 2s^2 + 5s}$
$\lim\limits_{s \to 0} s \cdot \dfrac{3s+10}{s^3 + 2s^2 + 5s} = \lim\limits_{s \to 0} s \cdot \dfrac{3s+10}{s(s^2 + 2s + 5)} = \dfrac{10}{5} = 2$

76 8Ω, 12Ω, 20Ω, 30Ω의 4개 저항을 병렬로 접속할 때 합성저항은 약 몇 Ω인가?

① 2.0 ② 2.35
③ 3.43 ④ 3.8

해설
병렬접속 시 합성저항
$R = \dfrac{1}{\dfrac{1}{R_1} + \dfrac{1}{R_2} + \dfrac{1}{R_3} + \dfrac{1}{R_4}} = \dfrac{1}{\dfrac{1}{8} + \dfrac{1}{12} + \dfrac{1}{20} + \dfrac{1}{30}} = 3.43\,\Omega$

77 그림과 같은 병렬공진회로에서 전류 I가 전압 E보다 앞서는 관계로 옳은 것은?

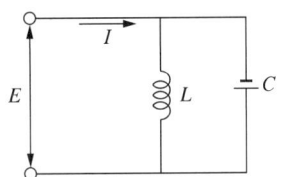

① $F < \dfrac{1}{2\pi\sqrt{LC}}$

② $F > \dfrac{1}{2\pi\sqrt{LC}}$

③ $F = \dfrac{1}{2\pi\sqrt{LC}}$

④ $F = \dfrac{1}{\sqrt{2\pi LC}}$

해설
LC 병렬공진회로 : 전류 I가 전압 V보다 앞서는 회로로서
$\dfrac{1}{\omega L} < \omega C$이다.
$\dfrac{1}{2\pi f L} < 2\pi f C \to f > \dfrac{1}{2\pi\sqrt{LC}}$

78 유도전동기의 역률을 개선하기 위하여 일반적으로 많이 사용되는 방법은?

① 조상기 병렬접속
② 콘덴서 병렬접속
③ 조상기 직렬접속
④ 콘덴서 직렬접속

해설
유도전동기에 콘덴서를 병렬로 연결하면 역률을 개선시킬 수 있다.
역률 : 전력을 얼마나 효율적으로 사용하는지를 나타내는 지표

정답 74 ② 75 ③ 76 ③ 77 ② 78 ②

79 $T_1 > T_2 > 0$일 때 $G(s) = \dfrac{1+T_2s}{1+T_1s}$의 벡터 궤적은?

①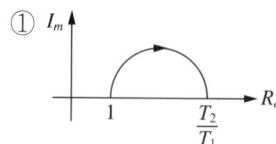

②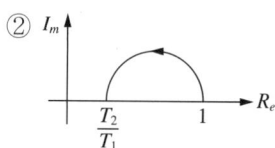

③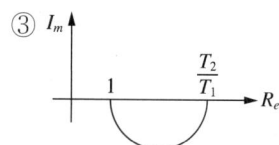

④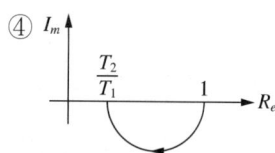

해설

전달함수에서 주파수 전달함수로 변환

$G(s) = \dfrac{1+T_2S}{1+T_1S} \rightarrow G(j\omega) = \dfrac{1+j\omega T_2}{1+j\omega T_1}$

$\omega = 0$일 때 $|G(j\omega)| = 1$이다.

$\omega = \infty$일 때 $|G(j\omega)| = \dfrac{T_2}{T_1}$이므로

$T_1 > T_2$에서 $|G(j\omega)| = \dfrac{T_2}{T_1} < 1$이다.

위상 각도는 −값을 갖는 벡터 궤적이다.

80 다음 블록선도 중에서 비례미분제어기는?

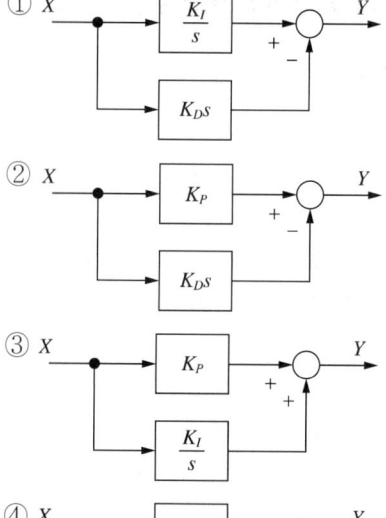

해설

전달함수
- 비례제어기 : $Y = XK_P$
- 미분제어기 : $Y = K_D sX$
- 적분제어기 : $Y = K_I \dfrac{1}{s^2} X$
- 비례미분제어기 : $Y = XK_P + K_D sX = X(K_P + K_D s)$

$\therefore \dfrac{Y}{X} = K_P + K_D s$

문제에서 답은 $\dfrac{Y}{X} = K_P - K_D s$로 나오나 부호에 관계없이 비례제어와 미분제어의 조합을 봐야 한다.

블록선도의 출력을 시간의 함수로 표현한다.

$C(s) : K_P R(s) + K_D s R(s) + \dfrac{K_I}{s} R(s)$

$\rightarrow C(t) = K_P R + K_D \dfrac{dR}{dt} + K_I \int_0^T R dt$

79 ④ 80 ②

2019년 제3회 과년도 기출문제

제1과목 공기조화

01 콘크리트로 된 외벽의 실내측에 내장재를 부착했을 때 내장재의 실내측 표면에 결로가 일어나지 않도록 하기 위한 내장두께 L_2(mm)는 최소 얼마여야 하는가?(단, 외기온도 −5℃, 실내온도 20℃, 실내공기의 노점온도 12℃, 콘크리트의 벽두께 100 mm, 콘크리트의 열전도율 0.0016kW/m·K, 내장재의 열전도율 0.00017kW/m·K, 실외측 열전달률 0.023kW/m²·K, 실내측 열전달률 0.009 kW/m²·K이다.)

여기서, t_o : 외기온도 268K
t_r : 실내온도 293K
t_d : 실내공기의 노점온도 285K
L_1 : 콘크리트 벽 두께 100mm
λ_1 : 콘크리트 열전도율 0.0016kW/m·K
λ_2 : 내장재 열전도율 0.00017kW/m·K
α_0 : 실외측 열전달률 0.023kW/m²·K
α_1 : 실내측 열전달률 0.009kW/m²·K

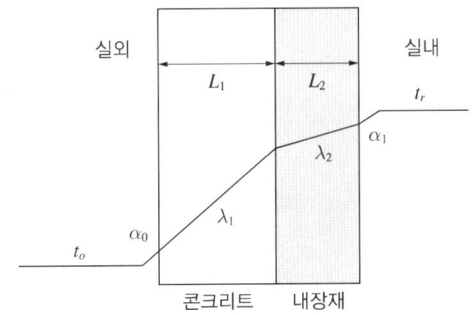

① 19.7　　② 22.1
③ 25.3　　④ 37.2

해설
결로는 열전달 열량과 열통과 열량이 같을 때 발생하지 않는다.
$K(t_r - t_o) = \alpha_1(t_r - t_d)$ 이므로

열통과율 $K = \dfrac{\alpha_1(t_r - t_d)}{t_r - t_o} = \dfrac{0.009\dfrac{\text{kW}}{\text{m}^2\cdot\text{K}} \times (293-285)\text{K}}{(293-268)\text{K}}$
$= 2.88 \times 10^{-3} \text{kW/m}^2\cdot\text{K}$

결로방지를 위한 단열재의 두께 $\dfrac{1}{K} = \dfrac{1}{\alpha_0} + \dfrac{L_1}{\lambda_1} + \dfrac{L_2}{\lambda_2} + \dfrac{1}{\alpha_1}$

$\dfrac{1}{0.00288} = \dfrac{1}{0.023} + \dfrac{0.1}{0.0016} + \dfrac{L_2}{0.00017} + \dfrac{1}{0.009}$

∴ $L_2 = 0.0221\text{m} = 22.1\text{mm}$

02 지하철에 적용할 기계환기 방식의 기능으로 틀린 것은?

① 피스톤효과로 유발된 열차풍으로 환기효과를 높인다.
② 화재 시 배연기능을 달성한다.
③ 터널 내의 고온 공기를 외부로 배출한다.
④ 터널 내의 잔류 열을 배출하고 신선외기를 도입하여 토양의 발열효과를 상승시킨다.

해설
지하철 내에 기계환기 방식을 도입하면 터널 내의 고온 공기를 배출하고 신선한 외기를 도입함으로써 토양(지중)의 발열효과를 감소시킨다.

정답　1 ②　2 ④

03 90℃ 고온수 25kg을 100℃의 건조포화액으로 가열하는 데 필요한 열량(kJ)은?(단, 물의 비열은 4.2kJ/kg · K이다)

① 42
② 250
③ 525
④ 1,050

해설

$Q = G \cdot C(t_2 - t_1) = 25\text{kg} \times 4.2 \dfrac{\text{kJ}}{\text{kg} \cdot \text{K}} \times (373 - 363)\text{K}$
$= 1,050\text{kJ}$

04 셸 앤 튜브 열교환기에서 유체의 흐름에 의해 생기는 진동의 원인으로 가장 거리가 먼 것은?

① 층류 흐름
② 음향 진동
③ 소용돌이 흐름
④ 병류의 와류 형성

해설
층류 흐름과 난류 흐름
• 층류 흐름 : 유체 입자들이 질서정연하게 유체의 층과 층이 미끄러지면서 흐르는 흐름
• 난류 흐름 : 유체 입자들이 유체의 층 사이에서 불규칙하게 난동(와류)을 일으키는 흐름

05 열원 방식의 분류는 일반열원 방식과 특수열원 방식으로 구분할 수 있다. 다음 중 일반열원 방식으로 가장 거리가 먼 것은?

① 빙축열 방식
② 흡수식 냉동기 + 보일러
③ 전동 냉동기 + 보일러
④ 흡수식 냉온수 발생기

해설
일반열원 방식
• 흡수식 냉동기 + 보일러
• 흡수식 냉온수 발생기
• 전동 냉동기 + 보일러
• 히트펌프
특수열원 방식
• 전열교환 방식(열회수 방식)
• 빙축열(얼음) 방식
• 태양열 이용 방식
• 열병합발전 방식
• 지역냉난방 방식

06 공기조화 계획을 진행하기 위한 순서로 옳은 것은?

① 기본계획 → 기본구상 → 실시계획 → 실시설계
② 기본구상 → 기본계획 → 실시설계 → 실시계획
③ 기본구상 → 기본계획 → 실시계획 → 실시설계
④ 기본계획 → 실시계획 → 기본구상 → 실시설계

해설
공기조화 계획 순서 : 기본구상 → 기본계획 → 실시계획 → 실시설계

07 흡습성 물질이 도포된 엘리먼트를 적층시켜 원판 형태로 만든 로터와 로터를 구동하는 장치 및 케이싱으로 구성되어 있는 전열교환기의 형태는?

① 고정형   ② 정지형
③ 회전형   ④ 원판형

해설
전열교환기의 형태
- 회전형 : 흡습성 물질이 도포된 엘리먼트를 적층시켜 원판 형태로 만든 로터와 로터를 구동하는 장치 및 케이싱으로 구성되어 있으며, 배기가 가진 열과 수분을 로터의 엘리먼트에 흡착시키고 이 로터를 저속으로 회전시키면서 급기측으로 이동시켜 도입외기가 엘리먼트를 통과하여 열과 수분을 도입, 외기에 전달한다.
- 고정형 : 직교류 플레이트핀식의 엘리먼트를 가지고 있고 칸막이판과 격판으로 구성되어 있다. 엘리먼트는 특수가공지로 되어 있으며 양측을 흐르는 급기와 배기 사이에서 열과 수분을 교환한다.

08 지역난방의 특징에 대한 설명으로 틀린 것은?

① 광범위한 지역의 대규모 난방에 적합하며 열매는 고온수 또는 고압증기를 사용한다.
② 소비처에서 24시간 연속난방과 연속급탕이 가능하다.
③ 대규모화에 따라 고효율 운전 및 폐열을 이용하는 등 에너지 취득이 경제적이다.
④ 순환펌프 용량이 크며 열 수송 배관에서의 열손실이 작다.

해설
지역난방은 일정 지역에 대량의 열을 공급하기 위한 보일러설비의 대형화로 대규모 난방을 실시하므로 배관 길이가 길어 열수송 배관에서의 열손실이 크다.
지역난방의 장점
- 열효율이 좋고 연료비가 절감된다.
- 각 건물에 보일러실, 연돌이 필요 없으므로 건물의 유효면적이 증대된다.
- 설비의 고도화에 따른 도시 매연이 감소된다.

09 증기 트랩에 대한 설명으로 틀린 것은?

① 바이메탈 트랩은 내부에 열팽창계수가 다른 두 개의 금속이 접합된 바이메탈로 구성되며, 워터해머에 안전하고 과열증기에도 사용 가능하다.
② 벨로스 트랩은 금속제 벨로스 속에 휘발성 액체가 봉입되어 있어 주위에 증기가 있으면 팽창되고, 증기가 응축되면 온도에 의해 수축하는 원리를 이용한 트랩이다.
③ 플로트 트랩은 응축수의 온도차를 이용하여 플로트가 상하로 움직이며 밸브를 개폐한다.
④ 버킷 트랩은 응축수의 부력을 이용하여 밸브를 개폐하며 상향식과 하향식이 있다.

해설
플로트 트랩은 증기와 응축수의 비중차를 이용하여 플로트가 상하로 움직여 밸브를 개폐하는 트랩으로 저압, 중압($4kgf/cm^2$ 이하)의 공기가열기나 열교환기에 사용되며 에어벤트가 내장되어 있다. 응축수 온도차에 의해 작동되는 트랩은 열동식 트랩이다.

10 복사난방에 대한 설명으로 틀린 것은?

① 다른 방식에 비해 쾌감도가 높다.
② 시설비가 적게 든다.
③ 실내에 유닛이 노출되지 않는다.
④ 열용량이 크기 때문에 방열량 조절에 시간이 다소 걸린다.

해설
바닥이나 천장에 매설 배관으로 시공해야 하기 때문에 시설비가 많이 든다.
복사난방
- 장점
  - 실내온도 분포가 균등하여 쾌감도가 좋다.
  - 방을 개방 상태로 하여도 난방효과가 좋은 편이다.
  - 바닥 이용도가 높다.
  - 실온이 낮기 때문에 열손실이 적다.
  - 천장이 높은 실에서도 난방효과가 좋다.
- 단점
  - 열용량이 크기 때문에 예열시간이 길다.
  - 코일 매입 시공이 어려워 설비비가 고가이다.
  - 고장 시 발견이 어렵고 수리가 곤란하다.
  - 열손실을 막기 위해 단열층이 필요하다.

정답 7 ③ 8 ④ 9 ③ 10 ②

11 주로 대형 덕트에서 덕트의 찌그러짐을 방지하기 위하여 덕트의 옆면 철판에 주름을 잡아주는 것을 무엇이라고 하는가?

① 다이아몬드 브레이크
② 가이드 베인
③ 보강 앵글
④ 시임

해설
다이아몬드 브레이커 : 대형 덕트에 덕트의 찌그러짐을 방지하기 위해 덕트의 옆면 철판에 주름을 잡아주는 것으로 장변 450mm 이상의 덕트에 사용된다.

12 냉방부하 계산 시 유리창을 통한 취득열부하를 줄이는 방법으로 가장 적절한 것은?

① 얇은 유리를 사용한다.
② 투명 유리를 사용한다.
③ 흡수율이 큰 재질의 유리를 사용한다.
④ 반사율이 큰 재질의 유리를 사용한다.

해설
유리창을 통한 취득열 부하를 줄이는 법
• 얇은 유리보다는 두꺼운 유리, 2중 유리를 사용한다.
• 투명 유리보다는 차폐계수가 큰 유리를 사용한다.
• 열을 흡수하는 흡수율이 작은 재질의 유리를 사용한다.
• 열을 반사하는 반사율이 큰 재질의 유리를 사용한다.

13 수공기 공기조화 방식에 해당하는 것은?

① 2중 덕트 방식
② 패키지 유닛 방식
③ 복사냉난방 방식
④ 정풍량 단일 덕트 방식

해설
공기조화 방식의 분류

분류	열원 방식	종류
중앙 방식	전공기 방식	정풍량 단일 덕트 방식, 2중 덕트 방식, 덕트 병용 패키지 방식, 각층 유닛 방식
	수공기 방식 (유닛 병용 방식)	덕트 병용 팬코일 유닛 방식, 유인 유닛 방식, 복사냉난방 방식
	전수 방식	팬코일 유닛 방식
개별 방식	냉매 방식	패키지 유닛 방식, 룸쿨러 방식, 멀티 유닛 룸쿨러 방식

14 두께 150mm, 면적 10m²인 콘크리트 내벽의 외부 온도가 30℃, 내부온도가 20℃일 때 8시간 동안 전달되는 열량(kJ)은?(단, 콘크리트 내벽의 열전도율은 1.5W/m·K이다)

① 1,350
② 8,350
③ 13,200
④ 28,800

해설

열량 $Q = \dfrac{\lambda}{l} \times A \times \Delta t = \dfrac{1.5 \dfrac{W}{m \cdot K}}{0.15m} \times 10m^2 \times (303-293)K$

$= 1,000W = 1kW = 1kJ/s$

$1\dfrac{kJ}{s} \times \dfrac{3,600s}{1h} \times 8h = 28,800kJ$

여기서, Q : 열전달량(W/m²)
λ : 열전도율(W/m·K)
l : 두께(m)
A : 면적(m²)
Δt : 온도차(K)

15 습공기의 상태변화에 관한 설명으로 옳은 것은?

① 습공기를 가습하면 상대습도가 내려간다.
② 습공기를 냉각감습하면 엔탈피는 증가한다.
③ 습공기를 가열하면 절대습도는 변하지 않는다.
④ 습공기를 노점온도 이하로 냉각하면 절대습도는 내려가고 상대습도는 일정하다.

해설
① 습공기를 가습하면 상대습도가 올라간다.
② 습공기를 냉각감습하면 엔탈피는 감소한다.
④ 습공기를 노점온도 이하로 냉각하면 절대습도는 내려가고 상대습도는 상승한다.

16 공기조화의 조닝 계획 시 부하 패턴이 일정하고 사용시간대가 동일하며 중간기 외기 냉방, 소음방지, CO_2 등의 실내환경을 고려해야 하는 곳은?

① 로비　　　② 체육관
③ 사무실　　④ 식당 및 주방

해설
용도별 조닝(Zoning)
• 로비 : 굴뚝효과에 따른 외기 침입량이 크고 조명부하가 크며 유리가 많다.
• 사무실 : 부하 패턴이 일정하고 사용시간대가 동일하며 소음방지, 취기, CO_2 제거를 고려해야 한다.
• 식당 및 주방 : 재실 인원 증감에 따른 부하변동이 심하고 잠열의 발생이 크다. 냄새 유출 방지와 배기량 확보를 고려해야 한다.
• 회의실 : 사용시간대가 다르다. 개별제어, 재실 인원의 증감이 심하다.
• 복리후생실 : 실별 제어, 잠열부하가 크다. 환기에 유의해야 하고 오염공기 제거 대책을 고려해야 한다.

17 냉·난방 설계 시 열부하에 관한 설명으로 옳은 것은?

① 인체에 대한 냉방부하는 현열만이다.
② 인체에 대한 난방부하는 현열과 잠열이다.
③ 조명에 대한 냉방부하는 현열만이다.
④ 조명에 대한 난방부하는 현열과 잠열이다.

해설
냉방 열부하 설계 시
• 인체에 대한 냉방부하 : 현열과 잠열
• 조명에 대한 냉방부하 : 현열
※ 난방 열부하 설계 시에는 인체 및 조명에 대해 고려하지 않는다.

18 덕트에 설치하는 가이드 베인에 대한 설명으로 틀린 것은?

① 보통 곡률 반지름이 덕트 장변의 1.5배 이내일 때 설치한다.
② 덕트를 작은 곡률로 구부릴 때 통풍저항을 줄이기 위해 설치한다.
③ 곡관부의 내측보다 외측에 설치하는 것이 좋다.
④ 곡관부의 기류를 세분하여 생기는 와류의 크기를 적게 한다.

해설
가이드 베인은 덕트의 곡관부에 설치하며, 공기의 기류를 정류하여 통풍저항을 줄이기 위하여 덕트의 내측에 설치한다.

정답　15 ③　16 ③　17 ③　18 ③

19 다음 난방 방식 중 자연환기가 많이 일어나도 비교적 난방효율이 좋은 것은?

① 온수난방 ② 증기난방
③ 온풍난방 ④ 복사난방

해설
복사난방 : 코일을 벽, 천장 등에 매입시켜 복사열을 내는 코일식과 반사판을 이용하여 직접 복사열을 만드는 패널식 두 가지가 있다.
- 장점
  - 실내온도 분포가 균등하여 쾌감도가 좋다.
  - 방을 개방 상태로 하여도 난방효과가 좋은 편이다.
  - 바닥 이용도가 높다.
  - 실온이 낮기 때문에 열손실이 적다.
  - 천장이 높은 실에서도 난방효과가 좋다.
- 단점
  - 열용량이 크기 때문에 예열시간이 길다.
  - 코일 매입 시공이 어려워 설비비가 고가이다.
  - 고장 시 발견이 어렵고 수리가 곤란하다.
  - 열손실을 막기 위해 단열층이 필요하다.
- 난방효율 : 복사난방 > 온수난방 > 증기난방 > 온풍난방

20 보일러의 급수장치에 대한 설명으로 옳은 것은?

① 보일러 급수의 경도가 낮으면 관내 스케일이 부착되기 쉬우므로 가급적 경도가 높은 물을 급수로 사용한다.
② 보일러 내 물의 광물질이 농축되는 것을 방지하기 위하여 때때로 관수를 배출하여 소량씩 물을 바꾸어 넣는다.
③ 수질에 의한 영향을 받기 쉬운 보일러에서는 경수장치를 사용한다.
④ 증기보일러에서는 보일러 내 수위를 일정하게 유지할 필요는 없다.

해설
① 보일러 급수의 경도가 높으면 관내에 스케일이 부착되기 쉬우므로 가급적 경도가 낮은 물을 급수로 사용한다.
③ 수질에 의한 영향을 받기 쉬운 보일러에서는 연수장치를 사용한다.
④ 증기보일러에서 고수위일 경우 캐리오버 또는 프라이밍의 원인이 되고, 저수위일 경우 보일러 과열의 원인이 되므로 보일러 내 수위를 표준 수위로 유지한다.

제2과목 냉동공학

21 냉동효과가 1,088kJ/kg인 냉동사이클에서 1냉동톤당 압축기 흡입증기의 체적(m^3/h)은?(단, 압축기 입구의 비체적은 0.5087m^3/kg이고, 1냉동톤은 3.9kW이다)

① 15.5   ② 6.56
③ 0.258 ④ 0.002

해설
냉동능력 $Q = G \times q = \left(\dfrac{V}{v} \times \eta_v\right) \times q$

$V = \dfrac{Q}{q} \times v = \dfrac{3.9 \dfrac{kJ}{s}}{1,088 \dfrac{kJ}{kg}} \times 0.5087 \dfrac{m^3}{kg} = 0.001823 m^3/s$

초(s)를 시(h)로 변환

$V = 0.001823 \dfrac{m^3}{s} \times \dfrac{3,600s}{h} = 6.56 m^3/h$

여기서, Q : 냉동능력(kJ/h)
G : 냉매 순환량(kg/h)
V : 흡입증기 체적(m^3/h)
v : 비체적(m^3/kg)
η_v : 체적효율
q : 냉동효과(kJ/kg)

※ 체적효율은 조건이 주어지지 않았으므로 1 또는 생략한다.

22 다음 중 오존파괴지수(ODP)가 가장 낮은 냉매는?

① R11   ② R12
③ R22   ④ R134a

해설
냉매별 오존층 파괴지수
R-11 : 1.0, R-12 : 1.0, R-22 : 0.05, R-134a : 0
※ 프레온 냉매 중에서 염소(Cl)의 수가 적을수록 오존파괴지수가 낮다.

23 프레온 냉동기의 흡입 배관에 이중 입상관을 설치하는 주된 목적은?

① 흡입가스의 과열을 방지하기 위하여
② 냉매액의 흡입을 방지하기 위하여
③ 오일의 회수를 용이하게 하기 위하여
④ 흡입관에서의 압력 강하를 보상하기 위하여

해설
증발기의 오일을 압축기로 좀 더 용이하게 회수하기 위해 이중 입상관을 설치한다.

24 냉동장치를 장기간 운전하지 않을 경우의 조치방법으로 틀린 것은?

① 냉매의 누설이 없도록 밸브의 패킹을 잘 잠근다.
② 저압측의 냉매는 가능한 한 수액기로 회수한다.
③ 저압측의 냉매를 다른 용기로 회수하고 그 대신 공기를 넣어둔다.
④ 압축기의 워터재킷을 위한 물은 완전히 뺀다.

해설
냉동장치를 장기간 유지하지 않을 경우 저압측의 냉매를 다른 용기로 회수하고 그 대신 공기를 넣어두면 공기 중의 수분으로 인하여 장치의 부식이 촉진되고 운전 시 수분으로 인하여 전열이 불량하게 된다. 프레온 냉동장치의 경우 팽창밸브가 막히는 원인이 된다.

25 열 및 열펌프에 관한 설명으로 옳은 것은?

① 일의 열당량은 $\dfrac{1\text{kcal}}{427\text{kgf}\cdot\text{m}}$ 이다. 이것은 427 kgf·m의 일이 열로 변할 때, 1kcal의 열량이 되는 것이다.
② 응축온도가 일정하고 증발온도가 내려가면 일반적으로 토출가스 온도가 높아지기 때문에 열펌프의 능력이 상승된다.
③ 비열 2.1kJ/kg·℃, 비중량 1.2kg/L인 액체 2L를 온도 1℃ 상승시키기 위해서는 2.27kJ의 열량을 필요로 한다.
④ 냉매에 대해서 열의 출입이 없는 과정을 등온압축이라 한다.

해설
② 응축온도(T_H)가 일정하고 증발온도(T_L)가 내려가면 열펌프의 능력(성적계수)은 감소한다. 즉 열펌프의 성적계수 $COP = \dfrac{T_H}{T_H - T_L}$ 에서 응축온도와 증발온도의 차($T_H - T_L$)가 커지기 때문이다.
③ $Q = G \cdot C \cdot \Delta t = 2\text{L} \times 1.2\text{kg/L} \times 2.1\text{kJ/kg}\cdot\text{℃} \times 1\text{℃}$
$= 5.04\text{kJ}$
④ 냉매에 대해서 열의 출입이 없는 과정을 단열압축과정, 등엔트로피 과정이라 한다.

26 냉매에 대한 설명으로 틀린 것은?

① R-21은 화학식으로 $CHCl_2F$이고, $CClF_2-ClF_2$는 R-113이다.
② 냉매의 구비조건으로 응고점이 낮아야 한다.
③ 냉매의 구비조건으로 증발열과 열전도율이 커야 한다.
④ R-500은 R-12와 R-152를 합한 공비 혼합냉매라 한다.

해설
냉매분자식
- R-21 : $CHCl_2F$
- R-113 : $C_2Cl_3F_3$
- R-114 : $CCl_2F_4(CClF_2 + ClF_3)$

27 압축기의 설치 목적에 대한 설명으로 옳은 것은?

① 엔탈피 감소로 비체적을 증가시키기 위해
② 상온에서 응축 액화를 용이하게 하기 위한 목적으로 압력을 상승시키기 위해
③ 수랭식 및 공랭식 응축기의 사용을 위해
④ 압축 시 임계온도 상승으로 상온에서 응축 액화를 용이하게 하기 위해

> **해설**
> 압축기의 설치 목적 : 압축기는 냉동장치 내부의 냉매를 순환시키고 냉매가스의 압력과 온도를 높여 응축 액화를 용이하게 하기 위해 설치한다.

28 냉동장치에서 액봉이 쉽게 발생되는 부분으로 가장 거리가 먼 것은?

① 액펌프 방식의 펌프 출구와 증발기 사이의 배관
② 2단 압축 냉동장치의 중간냉각기에서 과냉각된 액관
③ 압축기에서 응축기로의 배관
④ 수액기에서 증발기로의 배관

> **해설**
> 압축기와 응축기 사이의 배관은 고온·고압의 기체관이며, 냉매가스가 흐르므로 액봉이 발생하지 않는다.
> 액봉 : 주위의 온도가 상승함에 따라 냉매액이 체적팽창하여 이상 고압이 발생하는 현상. 액봉이 발생하는 곳에는 압력을 도피할 수 있는 파열판, 안전밸브, 압력도피장치 등의 안전장치를 설치해야 한다.

29 어떤 냉동기로 1시간당 얼음 1톤을 제조하는 데 37kW의 동력을 필요로 한다. 이때 사용하는 물의 온도는 10℃이며 얼음은 −10℃였다. 이 냉동기의 성적계수는?(단, 융해열은 335kJ/kg이고 물의 비열은 4.19kJ/kg·K, 얼음의 비열은 2.09kJ/kg·K이다)

① 2.0 ② 3.0
③ 4.0 ④ 5.0

> **해설**
> 냉동능력
> 10℃ 물 → 0℃ 물 → 0℃ 얼음 → −10℃ 얼음의 변화 과정에서 생기는 열량(㉠+㉡+㉢)을 더한다.
> ㉠ 현열 $q_S = GC\Delta t$
> $= \left(1,000\dfrac{\text{kg}}{\text{h}} \times \dfrac{1\text{h}}{3,600\text{s}}\right) \times 4.19\dfrac{\text{kJ}}{\text{kg}\cdot\text{K}} \times (283-273)\text{K}$
> $= 11.64\text{kJ/s} = 11.64\text{kW}$
> ㉡ 잠열 $q_L = G \times \gamma = \left(1,000\dfrac{\text{kg}}{\text{h}} \times \dfrac{1\text{h}}{3,600\text{s}}\right) \times 335\dfrac{\text{kJ}}{\text{kg}}$
> $= 93.06\text{kJ/s} = 93.06\text{kW}$
> ㉢ 현열 $q_S = GC\Delta t$
> $= \left(1,000\dfrac{\text{kg}}{\text{h}} \times \dfrac{1\text{h}}{3,600\text{s}}\right) \times 2.09\dfrac{\text{kJ}}{\text{kg}\cdot\text{K}} \times (273-263)\text{K}$
> $= 5.81\text{kJ/s} = 5.81\text{kW}$
> 냉동능력 $Q = 11.64+93.06+5.81 = 110.51\text{kW}$
> 성적계수
> $\text{COP} = \dfrac{Q}{A_w} = \dfrac{110.51\text{kW}}{37\text{kW}} = 2.99$

30 증발온도(압력)가 감소할 때 장치에 발생되는 현상으로 가장 거리가 먼 것은?(단, 응축온도는 일정)

① 성적계수(COP) 감소
② 토출가스 온도 상승
③ 냉매 순환량 증가
④ 냉동효과 감소

> **해설**
> 증발온도(압력)가 감소할 때 장치에 미치는 영향
> • 성적계수 감소   • 토출가스 온도 상승
> • 냉매 순환량 감소   • 냉동효과 감소
> • 윤활유 열화·탄화   • 체적효율 감소

27 ② 28 ③ 29 ② 30 ③

31 냉동장치의 운전 상태 점검 시 확인해야 할 사항으로 가장 거리가 먼 것은?

① 윤활유의 상태
② 운전 소음 상태
③ 냉동장치 각 부의 온도 상태
④ 냉동장치 전원의 주파수 변동 상태

해설
냉동장치의 운전점검 확인 사항
- 냉매의 상태
- 윤활유의 상태
- 운전 소음 상태
- 냉동장치 각 부의 온도
- 냉각수 온도 또는 냉각공기 온도
- 팽창밸브의 개도
- 압축기용 전동기의 전압 및 전류

32 줄-톰슨 효과와 관련이 가장 깊은 냉동방법은?

① 압축기체의 팽창에 의한 냉동법
② 감열에 의한 냉동법
③ 흡수식 냉동법
④ 2원 냉동법

해설
줄-톰슨 효과 : 압축된 기체를 단열팽창시키면 온도와 압력이 내려가는 현상으로 공기를 액화시킬 때나 냉매의 냉각에 응용된다. 압축기체의 팽창에 의한 냉동법에는 교축팽창, 단열팽창에 의한 냉동법이 있다.

33 표준 냉동사이클에서 냉매액이 팽창밸브를 지날 때 냉매의 온도, 압력, 엔탈피의 상태변화를 올바르게 나타낸 것은?

① 온도 : 일정, 압력 : 감소, 엔탈피 : 일정
② 온도 : 일정, 압력 : 감소, 엔탈피 : 감소
③ 온도 : 감소, 압력 : 일정, 엔탈피 : 일정
④ 온도 : 감소, 압력 : 감소, 엔탈피 : 일정

해설
표준 냉동사이클에서 냉매의 상태변화

장치명	온도	압력	엔탈피
압축기	상승	상승	상승
응축기	감소	일정	감소
팽창밸브	감소	감소	일정
증발기	일정	일정	상승

34 흡수식 냉동기의 특징에 대한 설명으로 틀린 것은?

① 부분부하에 대한 대응성이 좋다.
② 용량 제어의 범위가 넓어 폭넓은 용량 제어가 가능하다.
③ 초기운전 시 정격 성능을 발휘할 때까지의 도달 속도가 느리다.
④ 압축 시 냉동기에 비해 소음과 진동이 크다.

해설
흡수식 냉동기는 압축기가 없으므로 압축식 냉동기나 터보 냉동기에 비해 소음과 진동이 작다.
흡수식 냉동기의 특징
- 압축식 냉동기에 비해 소음과 진동이 작다.
- 용량 제어범위가 넓어 폭넓은 용량 제어가 가능하다.
- 부분부하에 대한 대응성이 좋다.
- 기기 내부가 진공에 가까우므로 파열의 위험성이 적다.
- 흡수식 냉동기 한 대로 냉방과 난방을 겸할 수 있다.
- 일반적으로 증기압축식 냉동기보다 성능계수가 낮다.
- 냉각수 배관, 펌프, 냉각탑의 용량이 커져 보조기기의 설비비가 증가한다.

35 압축기의 클리어런스가 클 경우 상태변화에 대한 설명으로 틀린 것은?

① 냉동능력이 감소한다.
② 체적효율이 저하한다.
③ 압축기가 과열한다.
④ 토출가스의 온도가 감소한다.

해설
압축기의 클리어런스가 클 경우
• 체적효율이 감소되어 토출가스의 온도가 상승한다.
• 압축기가 과열되어 윤활유 열화 및 탄화현상이 발생한다.
• 압축기 소요동력이 증가하고 냉동능력이 저하된다.

36 브라인의 구비조건으로 틀린 것은?

① 비열이 크고 동결온도가 낮을 것
② 불연성이며 불활성일 것
③ 열전도율이 클 것
④ 점성이 클 것

해설
브라인은 피냉각 물체의 열을 흡수하는 작동 유체로서 점성이 작거나 적당해야 한다.
브라인의 구비조건
• 열용량(비열)이 클 것
• 점도가 작을 것
• 열전도율이 클 것
• 불연성에 불활성일 것
• 인화점이 높고 응고점이 낮을 것
• 가격이 싸고 구입이 용이할 것
• 냉매 누설 시 냉장품 손실이 적을 것

37 증발온도 −15℃, 응축온도 30℃인 이상적인 냉동기의 성적계수(COP)는?

① 5.73   ② 6.41
③ 6.73   ④ 7.34

해설
$$\mathrm{COP} = \frac{T_2}{T_1 - T_2} = \frac{(-15+273)\mathrm{K}}{(30+273)\mathrm{K} - (-15+273)\mathrm{K}} = 5.73$$
여기서, T_1 : 응축 절대온도(K)
　　　　T_2 : 증발 절대온도(K)

38 열전달에 대한 설명으로 틀린 것은?

① 열전도는 물체 내에서 온도가 높은 쪽에서 낮은 쪽으로 열이 이동하는 현상이다.
② 대류는 유체의 열이 유체와 함께 이동하는 현상이다.
③ 복사는 떨어져 있는 두 물체 사이의 전열현상이다.
④ 전열에서는 전도, 대류, 복사가 각각 단독으로 일어나는 경우가 많다.

해설
전열은 열의 이동으로 전도, 대류, 복사가 복합적으로 일어난다.

39 암모니아 냉동기에서 유분리기의 설치 위치로 가장 적당한 곳은?

① 압축기와 응축기 사이
② 응축기와 팽창밸브 사이
③ 증발기와 압축기 사이
④ 팽창밸브와 증발기 사이

해설
유분리기 설치 위치
• NH_3 냉동기 : 압축기와 응축기 사이의 3/4 지점
• 프레온 냉동기 : 압축기와 응축기 사이의 1/4 지점

40 다음과 같은 조건에서 작동하는 냉동장치의 냉매 순환량(kg/h)은?(단, 1RT는 3.9kW이다)

• 냉동능력 : 5RT
• 증발기 입구 냉매 엔탈피 : 240kJ/kg
• 증발기 출구 냉매 엔탈피 : 400kJ/kg

① 325.2
② 438.8
③ 512.8
④ 617.3

해설
냉매 순환량(G)
$Q = G \times q = G \times (h_{출구} - h_{입구})$

$G = \dfrac{Q}{q} = \dfrac{5 \times 3.9 \dfrac{kJ}{s}}{(400-240)\dfrac{kJ}{kg}} = 0.121875 \, kg/s$

$= 0.121875 \dfrac{kg}{s} \times \dfrac{3,600s}{1h}$

$= 438.75 \, kg/h$

여기서, Q : 냉동능력(kJ/h), G : 냉매 순환량(kg/h), q : 냉동효과(kJ/kg), h : 엔탈피(kJ/kg)
※ 1kW = 1kJ/s

제3과목 배관일반

41 냉매 배관 설계 시 유의사항으로 틀린 것은?

① 2중 입상관 사용 시 트랩을 크게 한다.
② 과도한 압력 강하를 방지한다.
③ 압축기로 액체 냉매의 유입을 방지한다.
④ 압축기를 떠난 윤활유가 일정 비율로 다시 압축기로 되돌아오게 한다.

해설
2중 입상관은 사용 시 트랩을 되도록 작게 하여 압축기 유면 변동을 억제해야 한다.

42 고가탱크식 급수설비에서 급수경로를 바르게 나타낸 것은?

① 수도 본관 → 저수조 → 옥상탱크 → 양수관 → 급수관
② 수도 본관 → 저수조 → 양수관 → 옥상탱크 → 급수관
③ 저수조 → 옥상탱크 → 수도 본관 → 양수관 → 급수관
④ 저수조 → 옥상탱크 → 양수관 → 수도 본관 → 급수관

해설
고가(옥상) 탱크식 급수방식 : 수도본관(상수도)에서 급수를 저수탱크에 저장한 다음 양수펌프로 옥상에 설치된 옥상탱크(고가탱크)로 송수하여 급수관을 통해 각 층의 급수전에 중력으로 하향 급수하는 방식이다.

정답 39 ① 40 ② 41 ① 42 ②

43 건물의 급수량 산정기준과 가장 거리가 먼 것은?

① 건물의 높이 및 층수
② 건물의 사용 인원수
③ 설치될 기구의 수량
④ 건물의 유효면적

해설
건물의 급수량 산정방법
- 건물의 사용 인원수(급수인원)에 의한 방법
- 설치될 기구의 수량(급수기구)에 의한 방법
- 건물 유효면적에 의한 방법

44 통기관의 종류가 아닌 것은?

① 각개 통기관
② 루프 통기관
③ 신정 통기관
④ 분해 통기관

해설
통기관의 종류 : 각개 통기관, 루프(회로) 통기관, 신정 통기관, 도피 통기관, 결합 통기관, 습윤 통기관, 공용 통기관이 있다.

45 제조소 및 공급소 밖의 도시가스 배관 설비 기준으로 옳은 것은?

① 철도부지에 매설하는 경우에는 배관의 외면으로부터 궤도 중심까지 3m 이상 거리를 유지해야 한다.
② 철도부지에 매설하는 경우 지표면으로부터 배관 외면까지의 깊이를 1.2m 이상 유지해야 한다.
③ 하천구역을 횡단하는 배관의 매설은 배관의 외면과 계획하상높이와의 거리를 2m 이상 유지해야 한다.
④ 수로 밑을 횡단하는 배관의 매설은 1.5m 이상, 기타 좁은 수로인 경우 0.8m 이상 깊게 매설해야 한다.

해설
① 철도부지에 매설하는 경우에는 배관의 외면으로부터 궤도 중심까지 4m 이상 거리를 유지해야 한다.
③ 하천구역을 횡단하는 배관의 매설은 배관의 외면과 계획하상높이와의 거리를 4m 이상 유지해야 한다.
④ 수로 밑을 횡단하는 배관의 매설은 원칙적으로 2.5m 이상, 기타 좁은 수로인 경우 원칙적으로 1.2m 이상 깊게 매설해야 한다.

46 펌프에서 캐비테이션 방지대책으로 틀린 것은?

① 흡입 양정을 짧게 한다.
② 양흡입 펌프를 단흡입 펌프로 바꾼다.
③ 펌프의 회전수를 낮춘다.
④ 배관의 굽힘을 적게 한다.

해설
단흡입 펌프를 양흡입 펌프로 바꾼다.

47 간접배수관의 관경이 25A일 때 배수구 공간으로 최소 몇 mm가 가장 적절한가?

① 50   ② 100
③ 150   ④ 200

해설
배수구 공간

간접 배수관의 관경	배수구 공간
25A 이하	최소 50
30~50A	최소 100
65A 이상	최소 150

48 증기난방 배관 시공법에 관한 설명으로 틀린 것은?

① 증기주관에서 가지관을 분기할 때는 증기주관에서 생성된 응축수가 가지관으로 들어가지 않도록 상향 분기한다.
② 증기주관에서 가지관을 분기하는 경우에는 배관의 신축을 고려하여 세 개 이상의 엘보를 사용한 스위블 이음으로 한다.
③ 증기주관 말단에는 관말 트랩을 설치한다.
④ 증기관이나 환수관이 보 또는 출입문 등 장애물과 교차할 때는 장애물을 관통하여 배관한다.

해설
증기관이나 환수관이 보 또는 출입문 등 장애물과 교차할 때는 루프형 배관을 설치하여 상부는 공기, 하부는 응축수가 흐르도록 시공한다.

49 공기조화 설비의 구성과 가장 거리가 먼 것은?

① 냉동기 설비
② 보일러 실내기 설비
③ 위생기구 설비
④ 송풍기, 공조기 설비

해설
위생기구 설비는 급수 및 급탕설비에 해당한다.
공기조화 설비 구성
• 열운반장치 : 송풍기, 펌프, 덕트, 배관 등
• 열원장치 : 보일러, 냉동기 등
• 공기조화기 : 필터, 냉각·가열코일, 가습기 등
• 자동제어장치

50 암모니아 냉동설비의 배관으로 사용하기에 가장 부적절한 배관은?

① 이음매 없는 동관
② 저온 배관용 강관
③ 배관용 탄소강 강관
④ 배관용 스테인리스 강관

해설
암모니아 냉매는 아연, 동 및 동합금을 부식시키므로 강관을 사용한다.

정답 47 ① 48 ④ 49 ③ 50 ①

51 건물의 시간당 최대 예상 급탕량이 2,000kg/h일 때 도시가스를 사용하는 급탕용 보일러에서 필요한 가스 소모량(kg/h)은?(단, 급탕온도 60℃, 급수온도 20℃, 도시가스 발열량 15,000kcal/kg, 보일러 효율 95%이며, 열손실 및 예열부하는 무시한다)

① 5.6 ② 6.6
③ 7.6 ④ 8.6

해설

보일러의 효율 $\eta = \dfrac{Q}{G_f \cdot H} \times 100\% = \dfrac{G \cdot C \cdot \Delta t}{G_f \cdot H} \times 100\%$

$0.95 = \dfrac{2,000\dfrac{\text{kg}}{\text{h}} \times 1\dfrac{\text{kcal}}{\text{kg} \cdot \text{℃}} \times (60-20)\text{℃}}{G_f \times 15,000\dfrac{\text{kcal}}{\text{kg}}}$

∴ $G_f = 5.61\text{kg/h}$

여기서, η : 보일러 효율, Q : 정격출력(kcal/h),
G : 급탕량(kg/h), H : 연료의 발열량(kcal/kg),
G_f : 가스 소모량(kg/h)

52 다음 특징은 어떤 포집기에 대한 설명인가?

> 영업용(호텔, 레스토랑) 주방 등의 배수 중 함유되어 있는 지방분을 포집하여 제거한다.

① 드럼 포집기 ② 오일 포집기
③ 그리스 포집기 ④ 플라스터 포집기

해설

포집기란 배수 중에 포함되어 있는 유해하거나 위험한 물질, 배수관으로 유입되어서는 안 될 물질 또는 재사용할 수 있는 물질을 유효하게 저지·분리·수거하고, 나머지 배수만을 자연유하에 흘려보낼 수 있도록 구조를 갖춘 장치이다.
• 오일 포집기 : 자동차 수리공장, 주유소, 세차장 등의 휘발유나 기름을 수면 위로 띄워 회수한다.
• 그리스 포집기 : 호텔, 레스토랑, 주방 등의 배수 중 지방분을 냉각·응고시켜 회수한다.
• 플라스터 포집기 : 치과병원, 외과병원 등의 배수계통에 설치하여 석고, 귀금속 등의 불용성 물질을 포집·회수한다.

53 다음 배관 부속 중 사용 목적이 서로 다른 것과 연결한 것은?

① 플러그 : 캡 ② 티 : 리듀서
③ 니플 : 소켓 ④ 유니언 : 플랜지

해설

관 이음쇠의 사용 목적에 따른 분류
• 관의 방향을 바꿀 때 : 엘보, 벤드
• 관을 도중에 분기할 때 : 티, 와이, 크로스
• 관경이 같은 관을 직선으로 연결할 때 : 소켓, 니플
• 관경이 다른 관을 직선으로 연결할 때 : 부싱, 리듀서
• 관 끝을 막을 때 : 캡, 플러그
• 관을 분해하거나 교체가 필요할 때 : 유니언, 플랜지

54 자동 2방향 밸브를 사용하는 냉온수 코일 배관법에서 바이패스관에 설치하기에 가장 적절한 밸브는?

① 게이트밸브 ② 체크밸브
③ 글로브밸브 ④ 감압밸브

해설

바이패스관은 냉온수 코일에 냉온수 공급을 중단하지 않고 자동 2방향 밸브를 분해 점검하기 위한 배관이다. 바이패스관에는 배관의 분해·조립을 위하여 유니언으로 접속하고 유량을 조절할 수 있는 글로브밸브를 설치한다.

55 도시가스 배관에서 중압은 얼마의 압력을 의미하는가?

① 0.1MPa 이상 1MPa 미만
② 1MPa 이상 3MPa 미만
③ 3MPa 이상 10MPa 미만
④ 10MPa 이상 100MPa 미만

해설

도시가스 공급 압력 구분
• 고압 : 1MPa 이상
• 중압 : 0.1MPa 이상 1MPa 미만
• 저압 : 0.1MPa 미만

56 냉동 배관 중 액관 시공 시 유의사항으로 틀린 것은?

① 매우 긴 입상 배관의 경우 압력이 증가하게 되므로 충분한 과냉각이 필요하다.
② 배관은 가능한 한 짧게 하여 냉매가 증발하는 것을 방지한다.
③ 가능한 한 직선적인 배관으로 하고, 곡관의 곡률 반경은 가능한 한 크게 한다.
④ 증발기가 응축기 또는 수액기보다 높은 위치에 설치되는 경우는 액을 충분히 과냉각시켜 액 냉매가 관내에서 증발하는 것을 방지하도록 한다.

해설
매우 긴 입상 배관의 경우 압력손실에 의해 압력이 감소하므로 충분한 과냉각이 필요하다.

57 강관을 재질상으로 분류한 것이 아닌 것은?

① 탄소강관
② 합금강관
③ 전기용접 강관
④ 스테인리스 강관

해설
- 재질에 따른 분류 : 탄소강 강관, 합금강 강관, 스테인리스 강관
- 제조방법에 따른 분류 : 전기저항용접 강관, 아크용접 강관, 단접관, 이음매 없는 관 등

58 단열시공 시 곡면부 시공에 적합하고 표면에 아스팔트 피복을 하면 −60℃ 정도까지 보랭되고 양모, 우모 등의 모(毛)를 이용한 피복재는?

① 실리카울
② 아스베스토
③ 섬유유리
④ 펠트

해설
④ 펠트 : 양모, 우모를 이용하여 펠트 모양으로 제조한 것으로 곡면부의 시공이 용이하고 표면에 아스팔트로 피복하면 −60℃까지 보랭된다.
② 아스베스토(석면) : 사용 중에 부서지거나 뭉그러지지 않아 진동이 심한 곳이나 400℃ 이하의 파이프, 탱크, 노벽에 사용된다.
③ 섬유유리(글라스울) : 용융유리를 압축공기 또는 증기를 분사시켜 섬유화시킨 것으로 보온재, 보온통, 보온판 등에 사용된다.

59 기수혼합 급탕기에서 증기를 물에 직접 분사시켜 가열하면 압력차로 인해 소음이 발생한다. 이러한 소음을 줄이기 위해 사용하는 설비는?

① 스팀 사일런서
② 응축수 트랩
③ 안전밸브
④ 가열 코일

해설
스팀 사일런서 : 기수혼합식 급탕기에서 증기로 인한 소음을 줄이기 위하여 사용하며, 저탕조에 증기를 직접 불어넣어 물을 가열하는 방식이다. 종류는 S형과 F형이 있다.

60 유체의 흐름을 한 방향으로만 흐르게 하고 반대 방향으로는 흐르지 못하게 하는 밸브의 도시기호는?

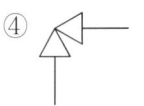

해설
체크밸브 : 역류 방지용 밸브
② 게이트밸브
③ 글로브밸브
④ 앵글밸브

제4과목 전기제어공학

61 서보전동기에 대한 설명으로 틀린 것은?

① 정·역 운전이 가능하다.
② 직류용은 없고 교류용만 있다.
③ 급가속 및 급감속이 용이하다.
④ 속응성이 대단히 높다.

해설
서보전동기는 직류용 및 교류용 모두 있으며 직류 서보전동기는 제어용으로 사용되며 교류 서보전동기는 큰 토크가 요구되지 않는 곳에 사용된다.

62 자동연소 제어에서 연료의 유량과 공기의 유량 관계가 일정한 비율로 유지되도록 제어하는 방식은?

① 비율제어
② 시퀀스 제어
③ 프로세스 제어
④ 프로그램 제어

해설
① 비율제어 : 목푯값이 다른 양과 일정한 비율관계를 가지고 변화하는 경우의 제어로서 보일러 자동연소장치에 사용된다.
② 시퀀스 제어 : 미리 정해진 순서에 따라 제어의 각 단계를 순차적으로 제어하는 것으로 커피자판기 등에 사용된다.
③ 프로세스 제어 : 온도, 압력, 유량, 액위, 농도, 습도 등 공업공정의 상태량을 제어한다.
④ 프로그램 제어 : 목푯값이 시간적으로 미리 정해진 대로 변화하고 제어량을 추종시키는 제어로서 열처리 노의 온도제어, 무인열차 운전에 사용된다.

63 저항 R에 100V의 전압을 인가하여 10A의 전류를 1분간 흘렸다면, 이때의 열량은 약 몇 kcal인가?

① 14.4
② 28.8
③ 60
④ 120

해설
$H = 0.24I^2Rt = 0.24IVt = 0.24 \times 10A \times 100V \times 60s$
$= 14,400cal = 14.4kcal$
여기서, H : 열량(kcal), I : 전류(A), R : 저항(R), t : 시간(s)

64 다음 블록선도의 특성방정식으로 옳은 것은?

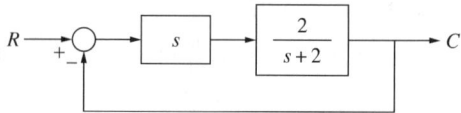

① $3s + 2 = 0$
② $\dfrac{s}{s+2} = 0$
③ $\dfrac{2s}{3s+2} = 0$
④ $2s = 0$

해설
• 전달함수 $G(s) = \dfrac{C}{R} = \dfrac{\text{패스 경로}}{1 - \text{피드백 경로}}$
• 패스 경로의 전달함수 : $s \cdot \dfrac{2}{s+2}$
• 피드백 경로 : 0

$G(s) = \dfrac{C}{R} = \dfrac{s \cdot \dfrac{2}{s+2}}{1 + s \cdot \dfrac{2}{s+2}} = \dfrac{\dfrac{2s}{s+2}}{\dfrac{s+2+2s}{s+2}} = \dfrac{\dfrac{2s}{s+2}}{\dfrac{3s+2}{s+2}}$

$= \dfrac{2s}{3s+2}$

※ 특성방정식은 전달함수의 분모가 0인 방정식을 말하므로 $3s + 2 = 0$이다.

65 직류기의 브러시에 탄소를 사용하는 이유는?

① 접촉저항이 크다.
② 접촉저항이 작다.
③ 고유저항이 동보다 작다.
④ 고유저항이 동보다 크다.

해설
브러시
• 정류자와 접촉하여 전기자 권선과 외부 회로를 연결하는 장치이다.
• 브러시 종류에는 탄소, 전기흑연, 금속흑연 브러시가 있다.
• 탄소 브러시는 접촉저항이 크기 때문에 직류기에 사용한다.

61 ② 62 ① 63 ① 64 ① 65 ①

66 제어계에서 제어량이 원하는 값을 갖도록 외부에서 주어지는 값은?

① 동작신호 ② 조작량
③ 목푯값 ④ 궤환량

해설
③ 목푯값 : 제어의 출력이 소정의 값을 만족하도록 목표를 세운 외부에서 주어진 값
① 동작신호 : 주피드백량과 기준입력을 비교하여 얻어진 편차량 신호를 말하는 것으로 조절부의 입력이 되는 신호다.
② 조작량 : 제어요소가 제어대상에 주는 양
④ 궤환량 : 궤환이란 출력신호의 일부를 입력측으로 되돌리는 것이며 궤환량은 동작신호를 얻기 위해 기준입력과 비교되는 양이다.

67 그림과 같은 평형 3상 회로에서 전력계의 지시가 100W일 때 3상 전력은 몇 W인가?(단, 부하의 역률은 100%로 한다)

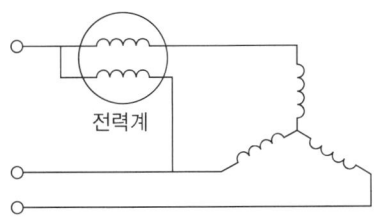

① $100\sqrt{2}$ ② $100\sqrt{3}$
③ 200 ④ 300

해설
공식
- 1전력계법 : $3P$
- 2전력계법 : $P_1 + P_2$
- 3전력계법 : $P_1 + P_2 + P_3$

위 문제는 2상의 선에 전력계를 설치하였으므로 2전력계법을 이용한다.
2전력계법 : $P_1 + P_2 = 100 + 100 = 200\text{W}$

68 그림과 같은 신호흐름선도의 선형방정식은?

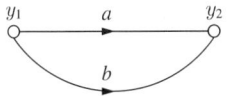

① $y_2 = (a+2b)y_1$ ② $y_2 = (a+b)y_1$
③ $y_2 = (2a+b)y_1$ ④ $y_2 = 2(a+b)y_1$

해설
- 전달함수 $G(s) = \dfrac{C}{R} = \dfrac{\text{패스 경로}}{1 - \text{피드백 경로}}$
- 패스 경로의 전달함수 : $a+b$
- 피드백 경로 : 0

$G(s) = \dfrac{C}{R} = \dfrac{y_2}{y_1} = \dfrac{a+b}{1-0}$

$y_2 = y_1(a+b)$

69 $R-L$ 직렬회로에 100V의 교류전압을 가했을 때 저항에 걸리는 전압이 80V였다면 인덕턴스에 걸리는 전압(V)은?

① 20 ② 40
③ 60 ④ 80

해설
- 교류전압 $V = \sqrt{V_R^2 + V_L^2}$
- 인덕턴스에 걸리는 전압
$V_L = \sqrt{V^2 - V_R^2} = \sqrt{(100\text{V})^2 - (80\text{V})^2} = 60\text{V}$

70 교류회로에서 역률은?

① 무효전력 / 피상전력
② 유효전력 / 피상전력
③ 무효전력 / 유효전력
④ 유효전력 / 무효전력

해설
- 역률($\cos\theta$) $= \dfrac{P}{P_a} = \dfrac{P}{VI} = \dfrac{\text{유효전력}}{\text{피상전력}}$
- 무효율($\sin\theta$) $= \dfrac{P_r}{P_a} = \dfrac{P_r}{VI} = \dfrac{\text{무효전력}}{\text{피상전력}}$

71 변압기 내부고장 검출용 보호계전기는?

① 차동계전기　② 과전류계전기
③ 역상계전기　④ 부족전압계전기

해설
차동계전기 : 변압기의 1차측과 2차측 전류의 차를 검출하여 그 차가 설정값 이상이 되면 동작되는 계전기로서 변압기의 내부고장 검출용에 사용되는 계전기이다.

72 제어시스템의 구성에서 서보전동기는 어디에 속하는가?

① 조절부　② 제어대상
③ 조작부　④ 검출부

해설
서보전동기 : 제어장치로부터 조작량을 입력받고 회전속도 및 회전자 각을 제어량으로 피드백하기 때문에 제어시스템의 제어대상에 속한다. 서보전동기는 서보기구에 응용되는 전동기로서 제어시스템의 조작부(조작기기)에 속한다.
※ 한국산업인력공단에서는 확정답안을 ②, ③번으로 발표하였으나 저자의 의견에 따라 ③번을 정답으로 처리하였음

73 $i = 2t^2 + 8t(\text{A})$로 표시되는 전류가 도선에 3초 동안 흘렀을 때 통과한 전체 전하량(C)은?

① 18　② 48
③ 54　④ 61

해설
전기량 $q = \int_{t_1}^{t_2} i\, dt$

$q = \int_{t_1}^{t_2}(2t^2 + 8t)dt = \left[\frac{2}{3}t^2 + \frac{8}{2}t^2\right]_0^3 = \frac{2}{3}(3^3) + 4(3^2)$
$= 54\text{C}$

74 적분시간이 3초이고 비례감도가 5인 PI 제어계의 전달함수는?

① $G(s) = \dfrac{10s + 5}{3s}$

② $G(s) = \dfrac{15s - 5}{3s}$

③ $G(s) = \dfrac{10s - 3}{3s}$

④ $G(s) = \dfrac{15s + 5}{3s}$

해설
비례적분(PI) 동작 수식을 시간의 함수로 표현
$C(s) : K_P\left(1 + \dfrac{1}{T_I s}\right) = 5\left(1 + \dfrac{1}{3s}\right) = \dfrac{15s + 5}{3s}$
여기서, K_P : 비례감도
　　　　T_I : 적분시간

75 서보기구의 제어량에 속하는 것은?

① 유량　② 압력
③ 밀도　④ 위치

해설
- 프로세스 제어 : 온도, 압력, 유량, 액위, 농도, 습도 등 공업공정의 상태량을 제어한다.
- 서보기구 : 물체의 위치, 방위, 각도 등의 상태량을 제어한다.
- 자동조정 : 전압, 주파수, 전류, 회전수, 토크 등의 상태량을 제어한다.

76 운동계의 각속도(ω)는 전기계의 무엇과 대응되는가?

① 저항
② 전류
③ 인덕턴스
④ 커패시턴스

해설
운동계와 전기계의 대응관계

운동계	전기계	운동계	전기계
토크	전압	관성 모멘트	인덕턴스
각속도	전류	스프링	콘덴서
마찰	저항		

77 정상편차를 제거하고 응답속도를 빠르게 하여 속응성과 정상 상태 응답특성을 개선하는 제어동작은?

① 비례 동작
② 비례적분 동작
③ 비례미분 동작
④ 비례적분미분 동작

해설
④ 비례적분미분 동작 : PI 동작과 PD 동작의 결점을 보완하기 위해 결합한 형태로 적분 동작에서 잔류편차를 제거하고, 미분 동작으로 응답을 신속히 하여 안정화시킨 동작
② 비례적분 동작 : 비례 동작에서 발생한 잔류편차를 제거하여 지상 보상요소에 대응되므로 정상특성을 개선한다.
③ 비례미분 동작 : 정상편차는 존재하나 진상 보상요소에 대응되므로 응답 속응성을 개선한다.

78 직류전동기의 속도 제어방법이 아닌 것은?

① 계자제어법
② 직렬저항법
③ 병렬저항법
④ 전압제어법

해설
직류전동기의 속도제어법
• 전압제어 : 전기자에 가해지는 단자전압을 변화시켜 속도를 제어하는 방법으로 광범위한 속도 제어가 가능하고 워드 레오나드 방식, 일그너 방식, 직·병렬 제어가 있다.
• 계자제어 : 계자조정기의 저항을 가감하여 자속을 변화시켜 속도를 제어하는 방법으로 정출력 가변속도의 용도에 적합하다.
• 저항제어 : 전기자회로에 직렬로 저항을 접속시켜 속도를 제어하는 방법이다.

79 그림과 같은 유접점 회로의 논리식은?

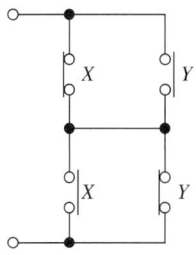

① $x\overline{y} + \overline{x}y$
② $(\overline{x} + \overline{y})(x + y)$
③ $\overline{x}y + \overline{x}\overline{y}$
④ $xy + \overline{x}\overline{y}$

해설
• AND 회로(직렬회로)의 논리식 : $X = A \cdot B$
• OR 회로(병렬회로)의 논리식 : $X = A + B$
• 두 병렬의 회로가 직렬로 연결된 상태 :
$(\overline{X} + Y)(X + \overline{Y}) = \overline{X}X + \overline{X}\overline{Y} + XY + Y\overline{Y} = XY + \overline{X}\overline{Y}$

80 피드백 제어계에서 제어요소에 대한 설명 중 옳은 것은?

① 목푯값에 비례하는 신호를 발생하는 요소이다.
② 조절부와 검출부로 구성되어 있다.
③ 동작신호를 조작량으로 변화시키는 요소이다.
④ 조절부와 비교부로 구성되어 있다.

해설
• 제어요소 : 동작신호를 조작량으로 변환시키는 요소로 조절부와 조작부로 구성된다.
• 조절부 : 동작신호를 만드는 부분으로 기준입력신호와 검출부의 신호를 합하여 제어계가 소요작용을 하는 데 필요한 신호를 만들어 조작부에 보내는 장치
• 조작부 : 조절부에서 받은 신호를 조작량으로 변환하여 제어대상에 보내는 장치

제1과목 공기조화

01 증기난방에 관한 설명으로 틀린 것은?

① 열매온도가 높아 방열기의 방열면적이 작아진다.
② 예열시간이 짧다.
③ 부하변동에 따른 방열량의 제어가 곤란하다.
④ 증기의 증발현열을 이용한다.

해설
증기난방
- 장점
  - 잠열을 이용하므로 열의 운반능력이 크다.
  - 예열시간이 짧고 증기 순환이 빠르다.
  - 설비비가 싸다.
  - 방열면적과 관경이 작아도 된다.
- 단점
  - 쾌감도가 나쁘다.
  - 스팀 소음(스팀해머)이 많이 난다.
  - 부하변동에 대하여 대응이 곤란하다.
  - 보일러 취급 시 기술자를 요구한다.

02 온풍난방의 특징에 대한 설명으로 틀린 것은?

① 예열부하가 거의 없으므로 가동시간이 아주 짧다.
② 취급이 간단하고 취급자격자를 필요로 하지 않는다.
③ 방열기나 배관 등의 시설이 필요 없으므로 설비비가 싸다.
④ 토출공기 온도가 높으므로 쾌적성이 좋다.

해설
온풍난방은 개별식과 중앙식으로 나뉘며 중앙식은 덕트를 이용한 온풍난방이고 개별식은 실내에 온풍기를 설치하여 실내공기를 직접 가열하는 방식이다.

온풍난방의 특징
- 예열시간이 필요 없고 송풍온도가 높아 덕트 관경이 작아진다.
- 신선한 공기를 공급할 수 있어 방열기나 배관 등의 시설이 필요 없으므로 설비비가 싸다.
- 시공이 간편하며 열효율이 높고 누수 동결 우려가 없다.
- 열매가 공기이므로 열용량이 작아 예열부하가 거의 없다.
- 실내 상하 온도차가 커서 실내온도 분포가 균등하지 않고 쾌적성이 떨어진다.

03 공조방식 중 변풍량 단일 덕트 방식에 대한 설명으로 틀린 것은?

① 운전비의 절약이 가능하다.
② 동시부하율을 고려하여 기기 용량을 결정하므로 설비용량을 적게 할 수 있다.
③ 시운전 시 각 토출구의 풍량 조정이 복잡하다.
④ 부하변동에 대하여 제어응답이 빠르기 때문에 거주성이 향상된다.

해설
변풍량 단일 덕트 방식(VAV 방식)은 실내의 부하변동에 따라 서모스탯에 의하여 전동 댐퍼를 작동시켜 송풍량을 조절하는 방식으로 시운전 시 토출구의 풍량 조정이 간단하다.
특징
- 각 실 또는 존(Zone)별 개별제어가 가능하다.
- 에너지 절약 효과가 크다.
- 대규모인 경우 정풍량 방식에 비하여 송풍량이 적어 실내 청정도가 불량해진다.
- 각종 풍량 제어설비로 설비비가 정풍량 방식에 비하여 비싸다.
- 송풍량이 적어 여과장치가 정풍량 방식에 비하여 불량하다.
- 장치가 복잡하여 유지관리가 어렵다.

정답 1 ④ 2 ④ 3 ③

04 풍량이 800m³인 공기를 건구온도 33℃, 습구온도 27℃(엔탈피(h_1)는 85.26kJ/kg)의 상태에서 건구온도 16℃, 상대습도 90%(엔탈피(h_2)는 42kJ/kg) 상태까지 냉각할 경우 필요한 냉각열량(kW)은?(단, 건공기의 비체적은 0.83m³/kg이다)

① 3.1　　② 5.4
③ 11.6　　④ 22.8

해설

비체적 $v = 0.83\text{m}^3/\text{kg}$, 입구 엔탈피 $h_1 = 85.26\text{kJ/kg}$, 출구 엔탈피 $h_2 = 42\text{kJ/kg}$

- 냉각열량(냉동능력) $Q = \dfrac{G_2}{v}(h_1 - h_2) = G_1(h_1 - h_2)$
- 냉각 순환량 $G_1 = \dfrac{Q}{h_1 - h_2}\text{kg/h}$
- 풍량(냉매 흡입량) $G_2 = G_1 \times v(\text{m}^3/\text{h})$

$$Q = \dfrac{800\dfrac{\text{m}^3}{\text{h}} \times \dfrac{1\text{h}}{3{,}600\text{s}}}{0.83\dfrac{\text{m}^3}{\text{kg}}} \times (85.26 - 42)\dfrac{\text{kJ}}{\text{kg}}$$

$= 11.58\text{kJ/s} = 11.58\text{kW}$

※ 1kJ/s = 1kW

---

05 겨울철 침입외기(틈새바람)에 의한 잠열부하(q_1, kJ/h)를 구하는 공식으로 옳은 것은?(단, Q는 극간풍량(m³/h), $\triangle t$는 실내·외 온도차(℃), $\triangle x$는 실내·외 절대습도차(kg/kg')이다)

① $1.212 \times Q \times \triangle t$
② $539 \times Q \times \triangle x$
③ $2{,}501 \times Q \times \triangle x$
④ $3{,}001.2 \times Q \times \triangle x$

해설

- 현열부하 $= (\rho Q)C\triangle t = (1.2Q) \times 1.01 \times \triangle t = 1.212 Q \triangle t$
- 잠열부하 $= (\rho Q)\gamma \triangle x = (1.2Q) \times 2{,}501 \times \triangle x$
　　　　　　$= 3{,}001.2 Q \triangle x$

여기서, 공기의 비열 $C = 1.01\text{kJ/kg}\cdot\text{K}$
　　　 공기의 밀도 $\rho = 1.2\text{kg/m}^3$
　　　 물의 증발잠열 $\gamma = 2{,}501\text{kJ/kg}$
　　　 $\triangle t = $ 실내·외 온도차
　　　 $\triangle x = $ 절대습도차

---

06 공기조화 부하의 종류 중 실내부하와 장치부하에 해당되지 않는 것은?

① 사무기기나 인체를 통해 실내에서 발생하는 열
② 유리 및 벽체를 통한 전도열
③ 급기덕트에서 실내로 유입되는 열
④ 외기로 실내 온·습도를 냉각시키는 열

해설

- 실내부하 : 유리 및 벽체를 통한 전도열, 침입외기(틈새바람)에 의한 열, 사무기기나 인체를 통해 실내에서 발생하는 열
- 장치부하 : 급기덕트에서 실내로 유입되는 열
- 외기부하 : 외기로 실내 온·습도를 냉각시키는 열

---

07 에어필터의 포집방법 중 무기질 섬유 공간을 공기가 통과할 때 충돌, 차단, 확산에 의해 큰 분진입자를 포집하는 필터는 무엇인가?

① 정전식 필터
② 여과식 필터
③ 점착식 필터
④ 흡착식 필터

해설

에어필터의 방식별 종류
- 정전식 필터 : 정전기에 의해 분진을 포집하는 필터이다.
- 여과식 필터 : 유리섬유, 합성수지섬유, 부직포, 스펀지 등을 사용하여 큰 분진입자를 포집하는 필터이다.
- 점착식 필터 : 기름에 담근 글라스 울, 금속 울 등에 분진을 충돌시켜 분진을 포집하는 필터이다.
- 흡착식 필터 : 흡착제를 사용하여 냄새나 유해가스를 제거하는 필터이다.

08 자연환기가 많이 일어나도 비교적 난방효율이 제일 좋은 것은?

① 대류난방 ② 증기난방
③ 온풍난방 ④ 복사난방

해설
복사난방 : 코일을 벽, 천장 등에 매입시켜 복사열을 내는 코일식과 반사판을 이용하여 직접 복사열을 만드는 패널식 두 가지가 있다.
- 장점
  - 실내온도 분포가 균등하여 쾌감도가 좋다.
  - 방을 개방 상태로 하여도 난방효과가 좋은 편이다.
  - 바닥 이용도가 높다.
  - 실온이 낮기 때문에 열손실이 적다.
  - 천장이 높은 실에서도 난방효과가 좋다.
- 단점
  - 열용량이 크기 때문에 예열시간이 길다.
  - 코일 매입 시공이 어려워 설비비가 고가이다.
  - 고장 시 발견이 어렵고 수리가 곤란하다.
  - 열손실을 막기 위해 단열층이 필요하다.
※ 난방효율이 좋은 순서 : 복사난방 > 온수난방 > 증기난방 > 온풍난방

09 열교환기 중 공조기 내부에 주로 설치되는 공기가 열기 또는 공기냉각기를 흐르는 냉·온수의 통로 수는 코일의 배열방식에 따라 나뉜다. 이 중 코일의 배열방식에 따른 종류가 아닌 것은?

① 풀서킷 ② 하프서킷
③ 더블서킷 ④ 플로서킷

해설
코일의 배열방식에 따라 풀서킷, 더블서킷, 하프서킷 코일이 있다.
- 더블서킷 코일 : 유량이 많아 코일 내 유속이 빠를 때 사용한다.
- 풀서킷 코일, 하프서킷 코일 : 유량이 적어 코일 내 유속이 작을 때 사용한다.

10 다음 가습기 방식 분류 중 기화식이 아닌 것은?

① 모세관식 가습기
② 회전식 가습기
③ 적하식 가습기
④ 원심식 가습기

해설
가습기 방식의 분류
- 수분무식(직접분사식) 가습기 : 공기 중에 직접 분무하는 방식(원심식, 초음파식, 분무식)
- 증기발생식 가습기 : 무균의 청정실이나 정밀한 습도제어가 요구되는 경우에 사용하는 방식(전열식, 전극식, 적외선식)
- 증기공급식 가습기 : 증기를 쉽게 얻을 수 있는 경우에 증기를 가습용으로 사용하는 방식으로 효율이 가장 좋음(과열증기식, 분무식)
- 증발식(기화식) 가습기 : 높은 습도를 요구하는 경우에 적당한 방식(회전식, 모세관식, 적하식)

11 각 실마다 전기스토브나 기름난로 등을 설치하여 난방하는 방식을 무엇이라고 하는가?

① 온돌난방 ② 중앙난방
③ 지역난방 ④ 개별난방

해설
개별난방은 전기스토브, 기름난로(온풍기) 등을 각 실에 설치하여 난방하는 방식이다.

12 송풍기 특성곡선에서 송풍기의 운전점은 어떤 곡선의 교차점을 의미하는가?

① 압력곡선과 저항곡선의 교차점
② 효율곡선과 압력곡선의 교차점
③ 축동력곡선과 효율곡선의 교차점
④ 저항곡선과 축동력곡선의 교차점

해설
송풍기의 특성곡선에서 송풍기의 운전점은 압력곡선과 저항곡선의 교차점이다.

14 송풍기 번호에 의한 송풍기 크기를 나타내는 식으로 옳은 것은?

① 원심송풍기 : $No(\ ) = \dfrac{회전날개지름mm}{100mm}$

  축류송풍기 : $No(\ ) = \dfrac{회전날개지름mm}{150mm}$

② 원심송풍기 : $No(\ ) = \dfrac{회전날개지름mm}{150mm}$

  축류송풍기 : $No(\ ) = \dfrac{회전날개지름mm}{100mm}$

③ 원심송풍기 : $No(\ ) = \dfrac{회전날개지름mm}{150mm}$

  축류송풍기 : $No(\ ) = \dfrac{회전날개지름mm}{150mm}$

④ 원심송풍기 : $No(\ ) = \dfrac{회전날개지름mm}{100mm}$

  축류송풍기 : $No(\ ) = \dfrac{회전날개지름mm}{100mm}$

해설
송풍기의 크기는 송풍기의 번호(No)로 나타낸다.
- 원심식 송풍기(No) = $\dfrac{회전날개(임펠러)직경(mm)}{150mm}$
- 축류식 송풍기(No) = $\dfrac{회전날개(임펠러)직경(mm)}{100mm}$

13 방열량이 5.25kW인 방열기에 공급해야 할 온수량(m³/h)은?(단, 방열기 입구온도는 80℃, 출구온도는 70℃이며, 물의 비열은 4.2kJ/kg·℃, 물의 밀도는 977.5kg/m³이다)

① 0.34 ② 0.46
③ 0.66 ④ 0.75

해설
- 냉동능력 $Q = G_1 C \Delta T (kJ/h)$
- 냉각 순환량 $G_1 = \dfrac{Q}{C \Delta T}(kg/h)$
- 냉매 순환량 $G_2 = \dfrac{G_1}{\rho}(m^3/h) = \dfrac{Q}{\rho C \Delta T}$

$= \dfrac{5.25\frac{kJ}{s} \times \frac{3{,}600s}{1h}}{977.5\frac{kg}{m^3} \times 4.2\frac{kJ}{kg \cdot ℃} \times (80-70)℃} = 0.46 m^3/h$

15 외기와 배기 사이에서 현열과 잠열을 동시에 회수하는 방식으로 외기도입량이 많고 운전시간이 긴 시설에서 효과가 큰 방식은?

① 전열교환기 방식   ② 히트파이프 방식
③ 콘덴서 리히트 방식   ④ 런어라운드 코일 방식

해설
전열교환기
- 회전식과 고정식 등이 있다.
- 현열과 잠열을 동시에 교환한다.
- 공기 대 공기 열교환기라고도 부르며 공조설비의 외기부하를 경감시키기 위하여 설치한다.
- 실내로부터 배기되는 공기와 도입외기 사이를 열교환하여 현열(온도차)과 잠열(수증기)을 동시에 회수하는 방식의 열교환기다.
- 배기측 공기의 전열을 급기측 공기에 회수시키는 기능을 가지는 열회수장치로 에너지 절약이 주목적이다.

정답 12 ① 13 ② 14 ② 15 ①

16 보일러를 안전하고 경제적으로 운전하기 위한 여러 가지 부속기기 중 급수관계 장치와 가장 거리가 먼 것은?

① 증기관 ② 급수펌프
③ 급수밸브 ④ 자동급수장치

해설
증기관은 송기장치와 관련 있다.
- 급수장치 : 급수펌프, 급수밸브, 자동급수장치, 보충수 탱크, 급수량계, 급수내관
- 송기장치 : 증기관, 비수방지관, 기수분리기, 증기밸브, 감압밸브, 증기 헤더, 증기 트랩

17 압력 10,000kPa, 온도 227℃인 공기의 밀도(kg/m³)는 얼마인가?(단, 공기의 기체상수는 287.04 J/kg·K이다)

① 57.3 ② 69.6
③ 73.2 ④ 82.9

해설
이상기체 상태방정식 $PV = mRT$

밀도 $\rho = \dfrac{m}{V} = \dfrac{P}{RT} = \dfrac{10,000 \times 10^3 \, \frac{N}{m^2}}{287.04 \, \frac{N \cdot m}{kg \cdot K} \times (227+273)K}$

$= 69.68 \, kg/m^3$

※ $1kPa = 10^3 N/m^2$
  $1J = 1N \cdot m$
  $t = (℃ + 273)K$

18 다음 공조방식 중 중앙 방식이 아닌 것은?

① 단일 덕트 방식
② 2중 덕트 방식
③ 팬코일 유닛 방식
④ 룸쿨러 방식

해설
중앙 방식이 아닌 개별 방식에는 패키지 방식, 룸쿨러 방식, 멀티 유닛 룸쿨러 방식이 있다.

분류	열원 방식	종류
중앙 방식	전공기 방식	정풍량 단일 덕트 방식, 2중 덕트 방식, 덕트 병용 패키지 방식, 각층 유닛 방식
	수공기 방식 (유닛 병용 방식)	덕트 병용 팬코일 유닛 방식, 유인 유닛 방식, 복사냉난방 방식
	전수 방식	팬코일 유닛 방식
개별 방식	냉매 방식	패키지 유닛 방식, 룸쿨러 방식, 멀티 유닛 룸쿨러 방식

19 엔탈피가 0kJ/kg인 공기는 어느 것인가?

① 0℃ 습공기
② 0℃ 건공기
③ 0℃ 포화공기
④ 32℃ 습공기

해설
- 습공기 엔탈피(kJ/kg) = 건공기 엔탈피(kJ/kg) + 절대습도 (x) × 수증기 엔탈피(kJ/kg)
- 건공기 엔탈피 $h_a = C_p T = 1.01 T$ (kJ/kg)
- 수증기 엔탈피 $h_w = x(\gamma + C_v T) = x(2,501 + 1.58 T)$ (kJ/kg)

  여기서, C_p : 건공기 비열(1.01kJ/kg·K)
  C_p : 수증기 비열(1.85kJ/kg·K)
  T : 습공기 온도
  γ : 0℃에서 수증기 증발잠열(2501kJ/kg·K)

※ 엔탈피(습공기)가 0kJ/kg이 되기 위한 조건은 건공기의 엔탈피 $h_a = C_p T = 1.01 T = 0$이 되어야 한다. 따라서 온도가 0℃인 건공기는 엔탈피가 0kJ/kg이다.

20 아래 습공기선도에서 습공기의 상태가 1지점에서 2지점을 거쳐 3지점으로 이동하였다. 이 습공기가 거친 과정은?(단, 1, 2회 엔탈피는 같다)

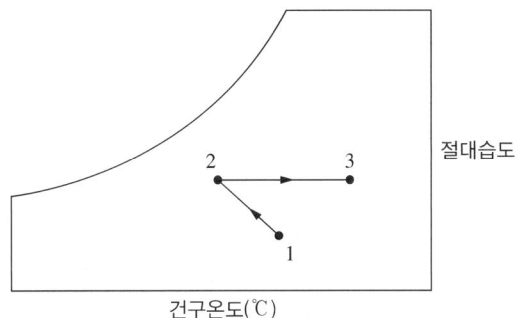

① 냉각감습-가열
② 냉각-제습제를 이용한 제습
③ 순환수 가습-가열
④ 온수감습-냉각

해설

습공기의 공기 상태변화
- 1 → 2 : 엔탈피가 같고 절대습도가 상승, 건구온도는 감소하므로 단열가습이다. 따라서 순환무 분무 가습에 해당한다.
- 2 → 3 : 절대습도가 일정하고 건구온도가 상승하므로 가열과정이다.
- 엔탈피선은 1 → 2의 기울기와 만나게 된다.

※ 습공기의 공기 상태변화에는 가열, 냉각, 가습, 감습, 냉각감습, 가열가습, 단열혼합 등이 있다.
  - 가열 : 건구온도 증가, 절대습도 일정, 상대습도 감소, 엔탈피 증가
  - 냉각 : 건구온도 감소, 절대습도 일정, 상대습도 증가, 엔탈피 감소
  - 가열가습 : 건구온도 증가, 절대습도 증가, 상대습도 증가, 엔탈피 증가
  - 냉각감습 : 건구온도 감소, 절대습도 감소, 상대습도 감소, 엔탈피 감소

제2과목 냉동공학

21 다음의 냉매가스를 단열압축하였을 때 온도 상승률이 가장 큰 것부터 순서대로 나열된 것은?(단, 냉매가스는 이상기체로 가정한다)

① 공기 > 암모니아 > 메틸클로라이드 > R-502
② 공기 > 메틸클로라이드 > 암모니아 > R-502
③ 공기 > R-502 > 메틸클로라이드 > 암모니아
④ R-502 > 공기 > 암모니아 > 메틸클로라이드

해설

냉매의 비열비(K)가 클수록 압축 후 토출가스 온도가 높아진다.
온도 상승률이 큰 순서 : 공기 > 암모니아 > 메틸클로라이드 > R-502

물질	비열비	물질	비열비
공기	1.4	암모니아	1.31
메틸클로라이드	1.2	R-502	1.133

22 몰리에르 선도상에서 압력이 증대함에 따라 포화액선과 건포화증기선이 만나는 일치점을 무엇이라 하는가?

① 한계점   ② 임계점
③ 상사점   ④ 비등점

해설

임계점
- 몰리에르 선도에서 압력을 증대시켜 포화액과 건조포화증기가 만나는 일치점이다.
- 압력이 증가할수록 잠열은 감소하는데 잠열이 0(Kcal/kg)이 되는 지점을 말한다.
- 포화액과 건포화증기가 서로 평형을 이루는 최고점의 온도와 압력을 임계온도와 임계압력이라고 한다.

23 냉동기의 압축기에서 일어나는 이상적인 압축과정은 어느 것인가?

① 등온변화
② 등압변화
③ 등엔탈피 변화
④ 등엔트로피 변화

해설
냉동기의 이상적인 압축과정 : 압축기에서 압축할 때 열의 출입이 없고 마찰 등에 의한 내부 열 발생이 없는 과정으로 단열압축과정이다. 단열압축과정은 등엔트로피 변화이고 압축 후 압력과 온도 및 엔탈피가 상승하고 비체적이 감소한다.

24 열에 대한 설명으로 틀린 것은?

① 냉동실이나 냉장실 벽체를 통해 실내로 들어오는 열은 감열과 잠열이다.
② 냉동실 출입문의 틈새로 공기가 갖고 들어오는 열은 감열과 잠열이다.
③ 하절기 냉장실에서 작업하는 인체의 발생열은 감열과 잠열이다.
④ 냉장실 내 백열등에서 발생하는 열은 감열이다.

해설
냉동실이나 냉장실 벽체를 통해 실내로 들어오는 열은 감열(현열)이다.

25 펠티에(Peltier) 효과를 이용한 냉동법은?

① 기체팽창 냉동법
② 열전 냉동법
③ 자기 냉동법
④ 2원 냉동법

해설
열전 냉동법 : 두 종류의 금속을 서로 접합하여 두 접점에 온도차를 두면 이에 비례하여 직류 전류가 발생한다. 이러한 현상을 제백 효과라고 하며 이와 반대로 두 금속에 전류를 흘려보내면 양 접점에 온도차가 생겨 열의 흡수 또는 발열이 일어나는데 이를 펠티에 효과라고 하며 열전효과라고 한다. 이를 이용한 냉동방법으로 열전 냉동법이 있다.

26 온도식 팽창밸브(Thermostatic Expansion Valve)에 있어서 과열도란 무엇인가?

① 팽창밸브 입구와 증발기 출구 사이의 냉매 온도차
② 팽창밸브 입구와 팽창밸브 출구 사이의 냉매 온도차
③ 흡입관 내의 냉매가스 온도와 증발기 내 포화온도와의 온도차
④ 압축기 토출가스와 증발기 내 증발가스의 온도차

해설
온도식 팽창밸브(TEV)의 과열도 : 증발기 출구(압축기 흡입관)의 냉매가스 온도 - 증발기 내의 포화온도 = 압축기의 흡입가스 온도 - 증발기 내의 증발온도

27 수랭 응축기를 사용하는 냉동장치에서 응축압력이 표준압력보다 높게 되는 원인으로 가장 거리가 먼 것은?

① 공기 또는 불응축 가스의 혼입
② 응축수 입구온도의 저하
③ 냉각수량의 부족
④ 응축기의 냉각관에 스케일이 부착

해설
수랭식 응축기 내에 불응축 가스가 발생하면 응축압력이 표준압력보다 높게 된다.
응축압력의 상승 원인
- 불응축 가스가 혼입되었을 경우
- 냉매가 과충전되었을 경우
- 응축기 냉각관에 물때, 유막, 스케일 등이 형성되었을 경우
- 수랭식의 경우 냉각수량이 부족하여 냉각수 온도가 상승했을 경우
- 공랭식의 경우 송풍량 부족 및 외기온도 상승 시

불응축 가스의 발생 원인
- 냉매와 윤활유를 충전할 때 공기 또는 수분이 혼입되었을 경우
- 응축기의 입구온도가 상승되었을 경우
- 냉각수 순환펌프의 불량으로 인하여 냉각수량이 부족한 경우
- 냉각관에 스케일이 부착되어 열전달이 불량한 경우
- 유분리기의 기능 불량으로 인하여 윤활유가 응축기에 혼입되었을 경우

28 흡수식 냉동기에 관한 설명으로 옳은 것은?

① 초저온용으로 사용된다.
② 비교적 소용량보다는 대용량에 적합하다.
③ 열교환기를 설치하여도 효율은 변함없다.
④ 물-LiBr식인 경우 물이 흡수제가 된다.

해설
흡수식 냉동기의 특징
- 냉매로 물을 사용하기 때문에 초저온으로 사용이 불가하며 공조용으로 사용된다.
- 흡수식 냉동기는 공기조화용의 대용량에 적합하다.
- 열교환기의 수를 많이 설치할수록 효율을 높일 수 있다. 따라서 열교환기가 한 개인 단중 효용 흡수식 냉동기보다 열교환기가 두 개인 2중 효용 흡수식 냉동기의 효율이 좋다.
- 물-LiBr식에서는 물이 냉매가 되고 LiBr(브롬화리튬)은 흡수제가 된다.
- 압축식 냉동기에 비해 소음과 진동이 적다.

29 증기압축식 냉동법(A)과 전자 냉동법(B)의 역할을 비교한 것으로 틀린 것은?

증기압축식 냉동법	전자 냉동법
(㉠) 응축기	(㉡) 고온측(발열) 접합부
(㉠) 증발기	(㉡) 저온측(흡열) 접합부

① ㉠ 압축기, ㉡ 소대자(P-N)
② ㉠ 압축기 모터, ㉡ 전원
③ ㉠ 냉매, ㉡ 전자
④ ㉠ 응축기, ㉡ 저온측 접합부

해설
펠티어 효과를 이용한 냉동기를 전자(열전기식) 냉동기라 하며 전자 냉동기는 n형 반도체에서 p형 반도체로 전류가 흐르는 접합부에서 흡열하고, p형 반도체에서 n형 반도체로 전류가 흐르는 접합부에서 발열한다.

30 가스엔진 구동형 열펌프(GHP) 시스템의 설명으로 틀린 것은?

① 압축기를 구동하는 데 전기에너지 대신 가스를 이용하는 내연기관을 이용한다.
② 하나의 실외기에 하나 또는 여러 개의 실내기가 장착된 형태로 이루어진다.
③ 구성요소로서 압축기를 제외한 엔진, 그리고 내·외부 열교환기 등으로 구성된다.
④ 연료로는 천연가스, 프로판 등이 이용될 수 있다.

해설
가스엔진 구동형 열펌프(GHP)의 특징
- 냉매 압축을 위한 압축기를 구동하는 데 전기에너지 대신 가스(천연가스, 프로판 등)를 이용하는 엔진으로 구동한다.
- 하나의 실외기에 하나 또는 여러 개의 실내기가 장착된 형태로 이루어진다.
- 구성요소로서 가스엔진을 이용한 압축기, 응축기, 증발기, 흡수기 등으로 구성된다.
- 엔진의 폐열을 회수하여 이용하기 때문에 효율이 뛰어나다.
- 부하에 대하여 엔진 회전수를 제어하기 위한 부분부하 특성이 우수하다.

정답 27 ② 28 ② 29 ④ 30 ③

31 다음 그림은 단효용 흡수식 냉동기에서 일어나는 과정을 나타낸 것이다. 각 과정에 대한 설명으로 틀린 것은?

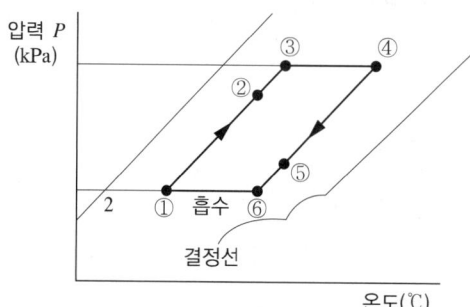

① ①→② 과정 : 재생기에서 돌아오는 고온 농용액과 열교환에 의한 희용액의 온도 상승
② ②→③ 과정 : 재생기 내에서의 가열에 의한 냉매 응축
③ ④→⑤ 과정 : 흡수기에서의 저온 희용액과 열교환기에 의한 농용액의 온도 강하
④ ⑤→⑥ 과정 : 흡수기에서 외부로부터의 냉각에 의한 농용액의 온도 강하

해설

단효용 흡수식 냉동기의 흡수사이클
• ⑥ → ① 과정 : 흡수기의 흡수작용
• ① → ② 과정 : 재생기에서 돌아오는 고온 농용액과 열교환에 의한 희용액의 온도 상승
• ② → ③ 과정 : 재생기 내에서 비등점에 이르기까지의 가열
• ③ → ④ 과정 : 재생기 내에서 용액을 농축
• ④ → ⑤ 과정 : 흡수기에서 저온 희용액과의 열교환에 의한 농용액의 온도 강하
• ⑤ → ⑥ 과정 : 흡수기 외부로부터 냉각에 의한 농용액의 온도 강하
※ 그림의 ⑥ → ①, ③ → ④는 각각 물(냉매)의 증발압력, 응축 압력하에서 정압변화를 나타낸다. 점 ①, ④의 온도는 각각 흡수기의 용액 출구온도, 재생기의 용액 출구온도를 나타낸다.

32 다음 중 냉동기의 종류와 원리의 연결로 틀린 것은?

① 증기압축식 – 냉매의 증발잠열
② 증기분사식 – 진공에 의한 물 냉각
③ 전자냉동법 – 전류 흐름에 의한 흡열작용
④ 흡수식 – 프레온 냉매의 증발잠열

해설

흡수식 냉동기
• 친화력을 갖는 두 물질(냉매와 흡수제)의 용해 및 유리작용을 이용한 화학적 압축방식을 이용한 방식이다.
• 증기압축 냉동기와 같이 냉매가스를 압축할 때 기계적인 압축기가 필요 없는 방식이다.

냉매	흡수제
물(H_2O)	LiBr
물(H_2O)	LiCl
암모니아(NH_3)	물(H_2O)

33 헬라이드 토치로 누설검사를 하는 냉매는?

① R-134a   ② R-717
③ R-744   ④ R-729

해설

헬라이드 토치는 프레온계 냉매의 누설을 검지하는 기기로 불꽃의 색깔로 누설 유무를 확인한다.
• 청색 : 누설이 없을 때
• 녹색 : 소량 누설 시
• 자색 : 다량 누설 시
• 꺼짐 : 과잉 누설 시

냉매의 종류
• R-134a : 프레온
• R-717 : 암모니아
• R-744 : 이산화탄소
• R-729 : 공기

34 냉동기 속 두 냉매가 아래 표의 조건으로 작동될 때 A 냉매를 이용한 압축기의 냉동능력이 Q_A, B 냉매를 이용한 압축기의 냉동능력이 Q_B인 경우 Q_A/Q_B의 비는?(단, 두 압축기의 피스톤 압출량은 동일하며, 체적효율도 75%로 동일하다)

	A	B
냉동효과(kJ/kg)	1,130	170
비체적(m³/kg)	0.509	0.077

① 1.5 ② 1.0
③ 0.8 ④ 0.5

해설

냉동능력 $Q = G \times q = \left(\dfrac{V}{v} \times \eta_v\right) \times q$

여기서, Q : 냉동능력(kJ/h), G : 냉매 순환량(kg/h),
q : 냉동효과(kJ/kg), V : 피스톤 압출량(m³/kg),
v : 비체적, η_v : 체적효율

$Q_A = \left(\dfrac{V}{0.509} \times 0.75\right) \times 1,130 = 1,665.03\,V$

$Q_B = \left(\dfrac{V}{0.077} \times 0.75\right) \times 170 = 1,655.84\,V$

$\dfrac{Q_A}{Q_B} = \dfrac{1,665.03\,V}{1,655.84\,V} = 1.0$

35 두께 3cm인 석면판의 한쪽 면 온도는 400℃, 다른 쪽 면 온도는 100℃일 때 이 판을 통해 일어나는 열전달량(W/m²)은?(단, 석면의 열전도율은 0.095 W/m·℃이다)

① 0.95 ② 95
③ 950   ④ 9,500

해설

열전달량 $Q = \dfrac{\lambda}{l} \times \Delta t = \dfrac{0.095\,\dfrac{W}{m \cdot ℃}}{0.03\,m} \times (400 - 100)℃$
$= 950\,W/m^2$

여기서, Q : 열전달량(W/m²), λ : 열전도율(W/m·℃),
l : 두께(m), Δt : 온도차(℃)

36 R-502를 사용하는 냉동장치의 몰리에르 선도가 다음과 같다. 이 장치의 실제 냉매 순환량은 167 kg/h이고 전동기 출력이 3.5kW일 때, 실제 성적계수는?

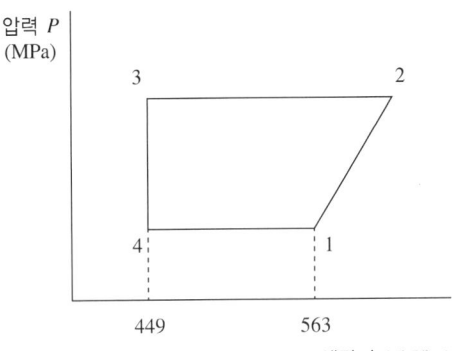

① 1.3 ② 1.4
③ 1.5 ④ 1.6

해설

$q = h_1 - h_4 = (563 - 449) = 114\,kJ/kg$

실제 성적계수 $COP = \dfrac{냉동능력}{압축기\ 실제\ 일량} = \dfrac{Q(G \times q)}{압축기\ 축동력}$

$= \dfrac{G \times q}{A_w} \times \eta_c(압축효율) \times \eta_m(기계효율)$

$= \dfrac{167\,\dfrac{kg}{h} \times \dfrac{h}{3,600s} \times 114\,\dfrac{kJ}{kg}}{3.5\,\dfrac{kJ}{s}} = 1.5$

여기서, G : 냉매 순환량(kg/h) = 단위시간당 증발기에서 순환하는 냉매량
q : 냉동효과(kJ/kg) = 증발기에서 냉매 1kg이 외부로부터 흡수할 수 있는 열량
A_w : 압축일의 열당량(kJ/kg) = 저압 냉매증기 1kg을 압축기에 흡입하여 응축압력까지 압축하는 일의 열당량
h_1 : 증발기 출구 엔탈피(kJ/kg)
h_4 : 증발기 입구 엔탈피(kJ/kg)

37 냉매 충전용 매니폴드로 구성하는 주요 밸브와 가장 거리가 먼 것은?

① 흡입밸브
② 자동용량제어 밸브
③ 펌프 연결 밸브
④ 바이패스 밸브

해설
매니폴드 게이지에 연결된 두 개의 수동밸브(고압, 저압)를 바이패스 밸브라고 부른다.

38 냉매와 배관 재료의 선택을 바르게 나타낸 것은?

① NH_3 : Cu 합금
② 크롤메틸 : Al 합금
③ R-21 : Mg을 함유한 Al합금
④ 이산화탄소 : Fe 합금

해설
냉매에 따라 사용 불가능한 배관 재료
- 암모니아(NH_3) : 동(Cu) 및 동(Cu)합금
- 크롤메틸 : 알루미늄(Al) 및 알루미늄(Al) 합금
- 프레온(R-21) : 2% 이상의 마그네슘(Mg)을 함유한 알루미늄(Al) 합금

39 2단 압축 사이클에서 증발압력이 계기압력으로 235kPa이고, 응축압력은 절대압력으로 1,225kPa일 때 최적의 중간 절대압력(kPa)은?(단, 대기압은 101kPa이다)

① 514.5
② 536.06
③ 641.56
④ 668.36

해설
증발압력의 계기압력을 절대압력으로 변환해서 계산한다(절대압력 = 대기압력 + 계기압력).
$P_e = 235 + 101 = 336kPa$
중간 절대압력 계산
$P_m = \sqrt{P_c \times P_e} = \sqrt{1,225 \times 336} = 641.56kPa$
여기서, P_m : 중간압력(kg/mm²abs)
P_c : 응축압력(kg/mm²abs)
P_e : 증발압력(kg/mm²abs)

40 30℃ 공기가 체적 1m³의 용기 내에 압력 600kPa인 상태로 들어 있을 때 용기 내의 공기 질량(kg)은?(단, 기체상수는 287J/kg·K이다)

① 5.9
② 6.9
③ 7.9
④ 4.9

해설
이상기체 상태방정식 $PV = mRT$
질량 $m = \dfrac{PV}{RT} = \dfrac{600 \times 10^3 \frac{N}{m^2} \times 1m^3}{287.04 \frac{N \cdot m}{kg \cdot K} \times (30+273)K} = 6.9kg$

※ $1kPa = 10^3 N/m^2$
$1J = 1N \cdot m$
$T = (℃+273)K$

제3과목 배관일반

41 증기난방 배관에서 증기 트랩을 사용하는 주된 목적은?

① 관내의 온도를 조절하기 위해서
② 관내의 압력을 조절하기 위해서
③ 배관의 신축을 흡수하기 위해서
④ 관내의 증기와 응축수를 분리하기 위해서

[해설]
증기 트랩 : 방열기의 환수관이나 증기 배관의 말단에 설치하여 관내의 증기와 응축수를 분리하여 응축수를 자동적으로 배출하는 장치로 수격작용 및 관내의 부식을 방지한다.

42 배수관 설치기준에 대한 내용으로 틀린 것은?

① 배수관의 최소 관경은 20mm 이상으로 한다.
② 지중에 매설하는 배수관의 관경은 50mm 이상이 좋다.
③ 배수관은 배수가 흐르는 방향으로 관경을 축소해서는 안 된다.
④ 기구배수관의 관경은 이것에 접속하는 위생기구의 트랩 구경 이상으로 한다.

[해설]
· 배수관의 최소 관경 : 32mm 이상
· 잡배수관(고형물을 포함)의 최소 관경 : 50mm 이상
· 매설 배수관의 관경 : 50mm 이상

43 배관 지름이 100cm이고 유량이 0.785m³/sec일 때, 이 파이프 내의 평균 유속(m/s)은 얼마인가?

① 1   ② 10
③ 100   ④ 1,000

[해설]
· 유량 $Q = AV = \dfrac{\pi d^2}{4} \times V$

· 평균 유속 $V = \dfrac{4Q}{\pi d^2} = \dfrac{4 \times 0.785 \dfrac{m^3}{s}}{\pi \times (1m)^2} = 1 m/sec$

여기서 배관 지름 $d = 100cm = 1m$이다.

44 냉매 배관 시공법에 관한 설명으로 틀린 것은?

① 압축기와 응축기가 동일 높이 또는 응축기가 아래에 있는 경우 배출관은 하향 구배로 한다.
② 증발기가 응축기보다 아래에 있을 때 냉매액이 증발기에 흘러내리는 것을 방지하기 위해 역 루프를 만들어 배관한다.
③ 증발기와 압축기가 같은 높이일 때는 흡입관을 수직으로 세운 다음 압축기를 향해 선단 상향 구배로 배관한다.
④ 액관 배관 시 증발기 입구에 전자밸브가 있을 때는 루프 이음을 할 필요가 없다.

[해설]
냉매 배관 시공 시 증발기와 압축기가 같은 높이일 때는 흡입관을 증발기 높이보다 150mm 이상 수직으로 세운 다음 압축기를 향해 선단 하향 구배로 배관한다.

45 증기 배관 내의 수격작용을 방지하기 위한 내용으로 가장 적당한 것은?

① 감압밸브를 설치한다.
② 가능한 배관에 굴곡부를 많이 둔다.
③ 가능한 배관의 관경을 크게 한다.
④ 배관 내 증기의 유속을 빠르게 한다.

[해설]
증기 배관 내의 수격작용 방지방법
· 증기 트랩을 설치한다.
· 가능한 한 배관에 굴곡부를 적게 둔다.
· 가능한 한 배관의 관경을 크게 한다.
· 관내 유속을 느리게 한다.
· 밸브의 개폐를 서서히 한다.
· 증기 배관의 온도를 철저히 한다.

[정답] 41 ④ 42 ① 43 ① 44 ③ 45 ③

46 냉동장치 배관도에서 다음과 같은 부속기기의 기호는 무엇을 나타내는가?

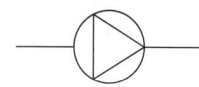

① 송풍기 ② 응축기
③ 펌프   ④ 체크밸브

해설

부속기기 표시방법

송풍기	▽ 또는 ⧖
펌프	─▷─

열교환기 표시방법

용기 없음	─WWW─ 또는 ⊠
용기 있음	─⎡WWW⎦─ 또는 ─WWW─

밸브 표시방법

체크밸브	─▷|─

47 캐비테이션 현상의 발생 원인으로 옳은 것은?

① 흡입양정이 작을 경우 발생한다.
② 액체의 온도가 낮을 경우 발생한다.
③ 날개차의 원주속도가 작을 경우 발생한다.
④ 날개차의 모양이 적당하지 않을 경우 발생한다.

해설

캐비테이션 현상의 발생 원인
• 흡입양정이 클 경우
• 액체의 온도가 높을 경우
• 날개차의 원주속도가 빠를 경우
• 날개차의 모양이 적당하지 않을 경우
• 흡입 배관의 관경이 작을 경우

48 옥상 급수탱크의 부속장치에 해당하는 것은?

① 압력 스위치   ② 압력계
③ 안전밸브   ④ 오버플로관

해설

• 옥상탱크 부속장치 : 급수관, 양수관, 오버플로관, 배수관, 플로트 스위치, 맨홀, 전극봉 스위치, 펌프 모터의 마그넷 스위치 배선 등
• 압력탱크 부속장치 : 압력 스위치, 압력계, 안전밸브, 급수관, 수면계, 배수밸브 등

49 온수온돌 난방의 바닥 매설 배관으로 가장 적합한 것은?

① 주철관   ② 강관
③ 동관   ④ PVC관

해설

온수온돌 난방 : 바닥에 매설 배관을 시공하고 온수를 공급하여 그 복사열로 난방하는 방식으로, 바닥 매설 배관은 가공성이 좋고 열전도율이 우수한 동관이 가장 적합하다.

50 다음 배관 도시기호 중 리듀서 표시는 무엇인가?

① ─▷   ② ─|||─
③ ─☐─ ④ ─⎡ ⎦─

해설

배관 도시기호

리듀서	─▷
오리피스	─|||─
신축 이음(슬리브형)	─⎡ ⎦─

정답 46 ③ 47 ④ 48 ④ 49 ③ 50 ①

51 천연고무보다 더 우수한 성질을 가지고 있으며 내유성, 내후성, 내산성, 내마모성 등이 뛰어난 고무류 패킹재는 무엇인가?

① 테플론 ② 석면
③ 네오프렌 ④ 합성수지

해설
- 네오프렌 : 합성고무의 일종으로 내유성, 내후성, 내산성, 내마모성 등이 뛰어나다.
- 천연고무 : 탄성 및 내마모성, 저온성이 우수하지만 내유성, 내열성, 내후성이 좋지 않다.

52 배관 지지 철물이 갖추어야 할 조건으로 가장 거리가 먼 것은?

① 충격과 진동에 견딜 수 있는 재료일 것
② 배관 시공에 있어서 구배 조정이 용이할 것
③ 보온 및 방로를 위한 재료일 것
④ 온도변화에 따른 관의 팽창과 신축을 흡수할 수 있을 것

해설
배관 지지 철물이 갖추어야 할 조건
- 진동과 충격에 견딜 수 있을 것
- 배관 시공에 있어서 구배 조정이 용이할 것
- 열팽창에 의한 관의 팽창과 신축을 흡수할 수 있을 것
- 배관계의 중량으로 인하여 처짐을 방지할 수 있을 것

53 냉매 배관 시 주의사항으로 틀린 것은?

① 배관은 가능한 한 간단하게 한다.
② 굽힘 반지름은 작게 한다.
③ 관통 개소 외에는 바닥에 매설하지 않아야 한다.
④ 배관에 응력이 생길 우려가 있을 경우에는 신축 이음으로 배관한다.

해설
냉매 배관 시 굽힘 반지름은 가능한 크게 하여 마찰손실을 최소화하도록 한다.

54 열전도율이 극히 낮고 경량이며 흡수성은 좋지 않으나 굽힘성이 풍부한 유기질 보온재는?

① 펠트 ② 코르크
③ 기포성 수지 ④ 규조토

해설
기포성 수지 : 합성수지 또는 고무질 재료를 사용하여 다공질로 만든 것으로 열전도율이 낮고 가벼우며 흡습성은 좋지 않으나 굽힘성이 뛰어나다. 부드럽고 불에 잘 타지 않기 때문에 보온, 보랭 재료로서 효과가 높다.
유기질 보온재의 종류 : 펠트, 텍스류, 코르크, 기포성 수지

55 배관의 온도변화에 의한 수축과 팽창을 흡수하기 위한 이음쇠로 적절하지 못한 것은?

① 벨로스 ② 플렉시블
③ U벤드 ④ 플랜지

해설
신축 이음 : 온수나 증기가 관내를 통과할 때 온도변화에 의한 관의 수축과 팽창을 흡수하기 위한 이음쇠로서 벨로스형, 플렉시블형, 루프형(U벤드), 슬리브형, 스위블형, 볼조인트 등이 있다.

56 개방식 팽창탱크 주변의 배관에서 팽창탱크의 수면 아래에 접속되는 관은?

① 팽창관 ② 통기관
③ 안전관 ④ 오버플로관

해설
개방식 팽창탱크에는 급수관, 안전관, 배기관, 오버플로관, 배수관, 팽창관을 설치한다. 팽창관은 보일러와 팽창탱크를 연결하는 관으로서 팽창탱크 하부에 설치한다.

57 이음쇠 중 방진, 방음의 역할을 하는 것은?

① 플렉시블형 이음쇠
② 슬리브형 이음쇠
③ 스위블형 이음쇠
④ 루프형 이음쇠

해설
플렉시블형 이음쇠 : 가요관(플렉시블관)의 양끝에 플랜지를 붙인 이음쇠이다. 압축기 및 펌프의 흡입 및 토출측에 설치하여 열팽창에 의한 신축을 흡수하고 배관에 전달되는 진동과 소음을 차단하여 장치의 변형 및 파손을 방지한다.

58 관 이음쇠의 종류에 따른 용도의 연결로 틀린 것은?

① 와이(Y) : 분기할 때
② 벤드 : 방향을 바꿀 때
③ 플러그 : 직선으로 이을 때
④ 유니언 : 분해, 수리, 교체가 필요할 때

해설
관 이음 재료의 용도
• 관의 방향을 바꿀 때 : 엘보, 벤드
• 관을 도중에 분기할 때 : 티, 와이, 크로스
• 관경이 같은 관을 직선으로 연결할 때 : 소켓, 니플
• 관경이 다른 관을 직선으로 연결할 때 : 부싱, 리듀서
• 관 끝을 막을 때 : 캡, 플러그
• 관을 분해하거나 교체가 필요할 때 : 유니언, 플랜지

59 배관 지지 금속 중 레스트레인트(Restraint)에 해당하지 않는 것은?

① 행거 ② 앵커
③ 스토퍼 ④ 가이드

해설
레스트레인트 : 관을 지지하며 열팽창에 의한 배관의 상하좌우 이동을 구속하고 제한하는 관 지지물로 종류로는 앵커, 스토퍼, 가이드가 있다.

60 정압기의 부속설비에서 가스 수요량이 급격히 증가하여 압력이 필요한 경우 쓰이는 장치는?

① 정압기 ② 가스미터
③ 부스터 ④ 가스필터

해설
③ 부스터(압송기) : 가스의 공급지역이 넓어 가스 수요량이 급격히 증가된 경우에는 압력이 낮아져 가스를 원활하게 공급할 수 없으므로 이때 공급 압력을 높여주는 장치이다.
① 정압기 : 도시가스를 고압에서 중압으로, 중압에서 저압으로 감압하여 사용기구에 맞는 적당한 압력으로 공급하기 위한 장치이다.
② 가스미터 : 소비자에게 공급되는 가스의 체적을 측량하는 계량기이다.
④ 가스필터 : 도시가스 공급 배관 내의 불순물(녹, 먼지, 흙)을 제거하는 장치이다.

제4과목 전기제어공학

61 대칭 3상 Y부하에서 부하전류가 20A이고 각 상의 임피던스가 $Z = 3 + j4(\Omega)$일 때 이 부하의 선간전압(V)은 약 얼마인가?

① 141
② 173
③ 220
④ 282

해설
- 임피던스 $Z = 3 + 4j \rightarrow Z = \sqrt{(3\Omega)^2 + (4\Omega)^2} = 5\Omega$
- 선간전압 $V_L = \sqrt{3}\,V_P = \sqrt{3}\,I_P Z$
  $\rightarrow \sqrt{3} \times 20A \times 5\Omega = 173.2V$

3상 Y결선에서 전압과 전류의 관계
- I_L(선간전류) = I_P(상전류)
- V_L(선간전압) = $\sqrt{3}\,V_P$(상전압) = $\sqrt{3}\,I_P Z$

62 인디셜 응답이 지수 함수적으로 증가하다가 결국 일정 값으로 되는 계는 무슨 요소인가?

① 미분요소
② 적분요소
③ 1차 지연요소
④ 2차 지연요소

해설
1차 지연요소 : 출력이 입력의 변화에 따라 어떤 일정한 값에 도달하는 데 시간의 지연이 있는 요소로 인디셜 응답이 지수 함수적으로 증가하다가 결국 일정한 값이 유지된다.
1차 지연요소 $G(s) = \dfrac{K}{T_s + 1}$ (s의 차수가 1인 경우 1차 지연요소, 2인 경우 2차 지연요소라고 나타낸다)

63 회전 중인 3상 유도전동기의 슬립이 1이 되면 전동기 속도는 어떻게 되는가?

① 불변이다.
② 정지한다.
③ 무부하 상태가 된다.
④ 동기속도와 같게 된다.

해설
유도전동기의 슬립($0 < s < 1$)
- $s = 0$: 무부하 시 동기속도로 회전한다.
- $s = 1$: 정지 상태

64 전동기 정역회로를 구성할 때 기기의 보호와 조작자의 안전을 위하여 필수적으로 구성되어야 하는 회로는?

① 인터로크 회로
② 플립플롭 회로
③ 정지우선 자기유지회로
④ 기동우선 자기유지회로

해설
인터로크 회로 : 두 개 이상의 회로에서 한 개의 회로만 동작시키고 나머지 회로는 동작될 수 없도록 기기 및 조작자의 안전을 위하여 기기의 동작을 금지하기 위한 회로이다. 3상 유도전동기에서 정회전과 역회전이 동시에 작동하면 주회로가 단락되어 위험한 상태가 되므로 정·역회전이 동시에 발생하지 않도록 반드시 인터로크 회로를 구성하여야 한다.

정답 61 ② 62 ③ 63 ② 64 ①

65 $R-L-C$ 직렬회로에 $t=0$에서 교류전압 $u = E_m \sin(\omega t + \theta)$(V)를 가할 때 이 회로의 응답유형은?(단, $R^2 - 4\dfrac{L}{C} > 0$이다)

① 완전진동 ② 비진동
③ 임계진동 ④ 감쇠진동

해설
$R-L-C$ 직렬회로의 응답 유형
② 비진동

$\left(\dfrac{R}{2L}\right)^2 - \dfrac{1}{LC} > 0$에서 $\left(\dfrac{R}{2L}\right)^2 \times 4L - \dfrac{1}{LC} \times 4L > 0$이다.

∴ $R^2 - \dfrac{4L}{LC} > 0$

③ 임계진동

$\left(\dfrac{R}{2L}\right)^2 - \dfrac{1}{LC} = 0$에서 $\left(\dfrac{R}{2L}\right)^2 \times 4L - \dfrac{1}{LC} \times 4L = 0$이다.

∴ $R^2 - \dfrac{4L}{LC} = 0$

④ 감쇠진동

$\left(\dfrac{R}{2L}\right)^2 - \dfrac{1}{LC} < 0$에서 $\left(\dfrac{R}{2L}\right)^2 \times 4L - \dfrac{1}{LC} \times 4L < 0$이다.

∴ $R^2 - \dfrac{4L}{LC} < 0$

66 단일 궤환 제어계의 개루프 전달함수가 $G(s) = \dfrac{2}{s+1}$일 때 압력 $r(t) = 5u(t)$에 대한 정상 상태 오차 e_{ss}는?

① 1/3 ② 2/3
③ 4/3 ④ 5/3

해설
$r(t) = 5u(t)$를 라플라스 변환하면 $R(s) = \displaystyle\int_0^\infty 5e^{-st}dt = \dfrac{5}{s}$

정상 상태 오차 e_{ss}

$e_{ss} = \lim_{s \to 0} \dfrac{s}{1 + G(s)} \cdot R(s) = \lim_{s \to 0} \dfrac{s}{1 + \dfrac{2}{s+1}} \times \dfrac{5}{s}$

$= \lim_{s \to 0} \dfrac{5}{\dfrac{s+1}{s+1} + \dfrac{2}{s+1}} = \lim_{s \to 0} \dfrac{5}{\dfrac{s+3}{s+1}} = \lim_{s \to 0} \dfrac{5s+5}{s+3} = \dfrac{5}{3}$

여기서 $r(t) = u(t) = 1$를 라플라스 변환 시 $R(s) = \dfrac{1}{s}$이다.

67 계전기를 이용한 시퀀스 제어에 관한 사항으로 옳지 않은 것은?

① 인터로크 회로 구성이 가능하다.
② 자기유지회로 구성이 가능하다.
③ 순차적으로 연산하는 직렬처리 방식이다.
④ 제어결과에 따라 조작이 자동적으로 이행된다.

해설
계전기를 이용한 시퀀스 제어는 여러 회로가 전기적인 신호에 의해 동시에 동작하는 병렬처리 방식이다.

68 제어량을 어떤 일정한 목푯값으로 유지하는 것을 목적으로 하는 제어는?

① 추종제어 ② 비율제어
③ 정치제어 ④ 프로그램 제어

해설
③ 정치제어 : 목푯값이 시간적으로 변화하지 않는 일정한 제어로서 프로세서 제어와 자동조정이 있다.
① 추종제어 : 목푯값이 시간에 따라서 변하며 목푯값에 정확히 추종하는 제어로서 서보기구 등이 속한다.
② 비율제어 : 목푯값이 다른 양과 일정한 비율관계를 갖는 상태량을 제어하는 것으로 보일러 자동연소장치 등이 속한다.
④ 프로그램 제어 : 목푯값이 시간적으로 미리 정해진 대로 변화하고 제어량을 추종시키는 제어로서 열처리 노의 온도제어, 무인열차 운전 등이 속한다.

69 도체의 전기저항에 대한 설명으로 틀린 것은?

① 같은 길이, 단면적에서도 온도가 상승하면 저항이 증가한다.
② 단면적에 반비례하고 길이에 비례한다.
③ 고유저항은 백금보다 구리가 크다.
④ 도체 반지름의 제곱에 반비례한다.

해설
고유저항은 백금보다 구리가 작다.
- 백금(Pt) : 10.5×10^{-2}
- 구리(Cu) : 1.69×10^{-2}

70 회로시험기(Multi Meter)로 직접 측정할 수 없는 것은?

① 저항　　② 교류전압
③ 직류전압　　④ 교류전력

해설
회로시험기는 저항, 교류전압, 직류전압, 직류전류를 측정하는 기기이다.

71 그림과 같은 단위계단함수를 옳게 나타낸 것은?

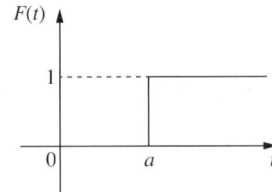

① $u(t)$　　② $u(t-a)$
③ $u(a-t)$　　④ $u(-a-t)$

해설
아래 첫 번째 계단함수는 0에서 출발하여 0이 1이 되는 함수로 $u(t)$가 된다.

72 어떤 회로에 220V의 교류전압을 인가했더니 4.4A의 전류가 흐르고 전압과 전류와의 위상차는 60°가 되었다. 이 회로의 저항성분(Ω)은?

① 10　　② 25
③ 50　　④ 75

해설
- 소비전력 $P = VI \cdot \cos\theta = 220V \times 4.4A \times \cos 60 = 484W$
- 저항성분 $Z = \dfrac{V}{I} = \dfrac{P}{I^2} \rightarrow \dfrac{484W}{(4.4A)^2} = 25\Omega$

73 기계적 변위를 제어량으로 해서 목푯값의 임의의 변화에 추종하도록 구성되어 있는 것은?

① 자동조정　　② 서보기구
③ 정치제어　　④ 프로세스 제어

해설
서보기구 : 목푯값의 임의의 변화에 항상 추종하도록 구성된 제어계로 레이더, 미사일 추적장치 등이 있다.
※ 서보기구는 기계적인 변위인 물체의 위치, 방향, 각도, 방위, 자세, 거리 등을 제어한다.

74 다음 회로에서 합성정전용량(μF)은?

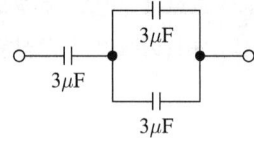

① 1.1 ② 2.0
③ 2.4 ④ 3.0

해설
- 병렬접속 콘덴서 합성정전용량
  $C = C_1 + C_2 \rightarrow C = 3\mu F + 3\mu F = 6\mu F$
- 직렬접속과 구해둔 병렬접속 콘덴서의 합성정전용량의 전체 합성정전용량
  $\dfrac{1}{C} = \dfrac{1}{C_1} + \dfrac{1}{C_2} \rightarrow \dfrac{1}{C} = \dfrac{1}{3} + \dfrac{1}{6} = \dfrac{3}{6} \rightarrow C = \dfrac{6}{3} = 2\mu F$

75 직류전동기의 속도 제어방법 중 광범위한 속도 제어가 가능하며 정토크 가변속도의 용도에 적합한 방법은?

① 계자제어
② 직렬저항제어
③ 병렬저항제어
④ 전압제어

해설
- 전압제어법 : 직류 가변전압 전원장치를 설치, 단자전압을 가감하여 속도를 제어하는 방법으로 워드 레오나드 방식과 일그너 방식이 있으며 광범위한 속도 제어가 가능한 방식이다.
- 직류전동기의 속도제어법 : 계자제어, 저항제어, 전압제어

76 서보전동기는 다음의 어디에 속하는가?

① 검출기
② 증폭기
③ 변환기
④ 조작기기

해설
서보전동기 : 제어장치로부터 조작량을 입력받고 회전속도 및 회전자 각을 제어량으로 피드백하기 때문에 제어시스템의 제어 대상에 속한다. 서보전동기는 서보기구에 응용되는 전동기로서 제어시스템의 조작부(조작기기)에 속한다.

77 기동 토크가 가장 큰 단상 유도전동기는?

① 분상 기동형
② 반발 기동형
③ 셰이딩 코일형
④ 콘덴서 기동형

해설
단상 유도전동기의 기동 토크 크기 : 반발 기동형 > 반발 유도형 > 콘덴서 기동형 > 분상 기동형 > 셰이딩 코일형

78 그림과 같은 회로에서 해당되는 램프의 식으로 옳은 것은?

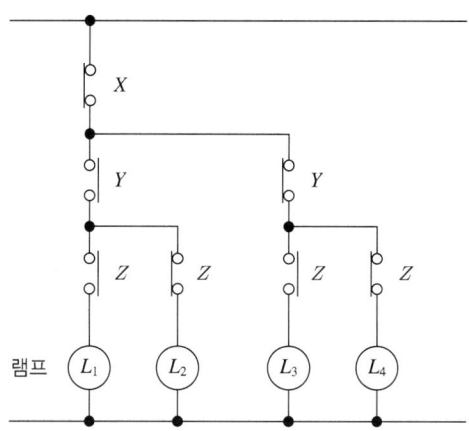

① $L_1 = \overline{X} \cdot Y \cdot Z$
② $L_2 = \overline{X} \cdot Y \cdot Z$
③ $L_3 = \overline{X} \cdot Y \cdot Z$
④ $L_4 = \overline{X} \cdot Y \cdot Z$

해설
입력신호가 열려 있는 경우 NO 접점이라 하고 닫혀 있는 경우 NC 접점(상단 바 표시)이라고 한다.
① $L_1 = \overline{X} \cdot Y \cdot Z$
② $L_2 = \overline{X} \cdot Y \cdot \overline{Z}$
③ $L_3 = \overline{X} \cdot \overline{Y} \cdot Z$
④ $L_4 = \overline{X} \cdot \overline{Y} \cdot \overline{Z}$

79 목푯값이 미리 정해진 변화량에 따라 제어량을 변화시키는 제어는?

① 정치제어
② 추종제어
③ 비율제어
④ 프로그램 제어

해설
④ 프로그램 제어 : 목푯값이 시간적으로 미리 정해진 대로 변화하고 제어량을 추종시키는 제어로서 열처리 노의 온도제어, 무인열차 운전 등이 속한다.
① 정치제어 : 목푯값이 시간적으로 변화하지 않는 일정한 제어로서 프로세서 제어와 자동조정이 있다.
② 추종제어 : 목푯값이 시간에 따라서 변하며 목푯값에 정확히 추종하는 제어로서 서보기구 등이 속한다.
③ 비율제어 : 목푯값이 다른 양과 일정한 비율관계를 갖는 상태량을 제어하는 것으로 보일러 자동연소장치 등이 속한다.

80 그림과 같은 블록선도와 등가인 것은?

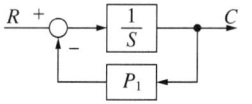

① $R \longrightarrow \boxed{\dfrac{S}{P_1}} \longrightarrow C$
② $R \longrightarrow \boxed{S+P_1} \longrightarrow C$
③ $R \longrightarrow \boxed{\dfrac{1}{S+P_1}} \longrightarrow C$
④ $R \longrightarrow \boxed{\dfrac{P_1}{S}} \longrightarrow C$

해설
전달함수 $G(s) = \dfrac{C}{R} = \dfrac{\text{패스 경로}}{1-\text{피드백 경로}}$

$G(s) = \dfrac{C}{R} = \dfrac{\dfrac{1}{S}}{1-\left(-P_1 \cdot \dfrac{1}{S}\right)} = \dfrac{\dfrac{1}{S}}{\dfrac{S+P_1}{S}} = \dfrac{S}{S(S+P_1)}$

$= \dfrac{1}{S+P_1}$

2020년 제3회 과년도 기출문제

제1과목 공기조화

01 덕트의 설계순서로 옳은 것은?

① 송풍량 결정 → 취출구 및 흡입구의 위치 결정 → 덕트 경로 결정 → 덕트 치수 결정
② 취출구 및 흡입구의 위치 결정 → 덕트 경로 결정 → 덕트 치수 결정 → 송풍량 결정
③ 송풍량 결정 → 취출구 및 흡입구의 위치 결정 → 덕트 치수 결정 → 덕트 경로 결정
④ 취출구 및 흡입구의 위치 결정 → 덕트 치수 결정 → 덕트 경로 결정 → 송풍량 결정

해설
덕트의 설계순서
송풍량 결정 → 취출구 및 흡입구의 위치 결정 → 흡입 및 취출구 한 개당 풍량 결정 → 덕트 경로 결정 → 댐퍼 등 부속기기의 부착 위치 결정 → 덕트 치수 결정 → 덕트계의 전체 저항 산출 → 송풍기 선정 → 덕트 시공 사양 결정

02 공조공간을 작업 공간과 비작업 공간으로 나누어 전체적으로는 기본적인 공조만 하고, 작업 공간에서는 개인의 취향에 맞도록 개별공조하는 방식은?

① 바닥 취출 공조방식
② 태스크 앰비언트 공조방식
③ 저온 공조방식
④ 축열 공조방식

해설
② 태스크 앰비언트 공조방식 : 공조공간을 작업 공간과 비작업 공간으로 나누어 전체적으로 기본적인 공조만 하고 작업 공간에서는 개인의 취향에 맞도록 개별제어하는 방식
① 바닥 취출 공조방식 : 기존의 전형적인 천장 공조방식과 달리 공조기에서 조화된 공기를 이중바닥 내의 체임버를 통해 각 실에 취출시키고 천장으로 흡입하는 방식
③ 저온 공조방식 : 인텔리전트 빌딩과 같이 냉방부하가 큰 건물이나 백화점과 같이 잠열부하가 큰 건물에서 송풍량과 덕트 크기를 크게 늘리지 않고자 할 때 적합한 방식
④ 축열 공조방식 : 값싼 심야전력으로 냉동기를 운전하여 빙축열 및 그 수축열을 축열조에 축적하고 피크부하 시 그 냉열을 공조용으로 사용하는 방식

03 다음의 공기선도상에 수분의 증가 없이 가열 또는 냉각되는 경우를 나타낸 것은?

①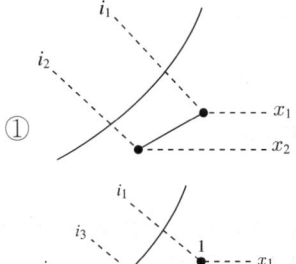

②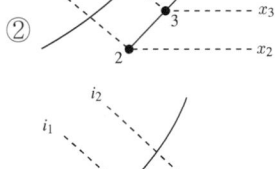

③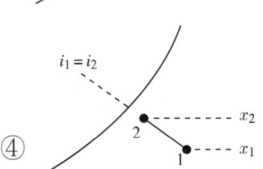

④ (그림)

해설
공기 상태변화
① 냉각감습 또는 가열가습 과정($t_1 > t_2$)
② 외기공기와 실내공기의 혼합 과정 : 1번 지점의 공기는 냉각감습, 2번 공기는 가열가습되어 혼합공기 3번이 생긴다.
③ 가열 또는 냉각 과정($t_1 < t_2$)
④ 단열가습 과정
여기서, i : 엔탈피, x : 절대습도

04 냉각 코일의 용량 결정방법으로 옳은 것은?

① 실내 취득열량 + 기기로부터의 취득열량 + 재열부하 + 외기부하
② 실내 취득열량 + 기기로부터의 취득열량 + 재열부하 + 냉수펌프 부하
③ 실내 취득열량 + 기기로부터의 취득열량 + 재열부하 + 배관부하
④ 실내 취득열량 + 기기로부터의 취득열량 + 재열부하 + 냉수펌프 및 배관부하

해설
• 냉각 코일의 용량 : 실내 취득열량 + 기기로부터의 취득열량 + 재열부하 + 외기부하
• 냉동기 용량 : 냉각 코일 + 배관 및 펌프 부하

05 외기의 온도가 -10℃이고 실내온도가 20℃이며 벽 면적이 25m²일 때 실내의 열손실량(kW)은? (단, 벽체의 열관류율 10W/m²·K, 방위계수는 북향으로 1.2이다)

① 7   ② 8
③ 9   ④ 10

해설
실내의 손실열량
$q_w = K \cdot A \cdot \Delta t \cdot R$
$= 10 \dfrac{\mathrm{W}}{\mathrm{m}^2 \cdot \mathrm{K}} \times 25\mathrm{m}^2 \times (293-263)\mathrm{K} \times 1.2$
$= 9,000\mathrm{W} = 9\mathrm{kW}$
여기서, K : 열관류율
　　　　A : 벽면적
　　　　Δt : 온도차(℃ + 273)K
　　　　R : 방위계수

06 다음과 같은 공기선도상의 상태에서 CF(Contact Factor)를 나타내고 있는 것은?

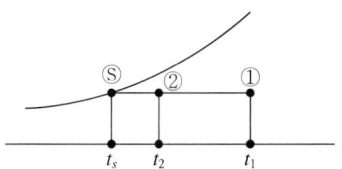

① $\dfrac{t_1 - t_2}{t_1 - t_s}$ ② $\dfrac{t_1 - t_2}{t_2 - t_s}$

③ $\dfrac{t_2 - t_s}{t_1 - t_s}$ ④ $\dfrac{t_2 - t_s}{t_1 - t_2}$

해설
바이패스 팩터(BF)와 콘택트 팩터(CF)
• 바이패스 팩터 BF $= \dfrac{t_2 - t_s}{t_1 - t_s}$
• 콘택트 팩터 CF $= \dfrac{t_1 - t_2}{t_1 - t_s}$

07 공기조화 부하 계산을 위한 고려사항으로 가장 거리가 먼 것은?

① 열원방식
② 실내 온·습도의 설정조건
③ 지붕 재료 및 치수
④ 실내 발열기구의 사용시간 및 발열량

해설
열원방식의 선정은 기본계획 단계이다.
부하 계산 시 필요한 사항
• 실내 온·습도의 선정조건
• 벽체의 재료 및 단열재의 종류
• 지붕의 재료 및 치수
• 실내 발열기구의 사용시간 및 발열량

08 흡수식 감습장치에 일반적으로 사용되는 액상 흡수제로 가장 적절한 것은?

① 트리에틸렌글리콜
② 실리카겔
③ 활성 알루미나
④ 탄산소다 수용액

해설
- 흡착식 감습장치 : 실리카겔, 활성 알루미나, 합성 제올라이트 등의 고체 흡수제를 사용한다.
- 흡수식 감습장치 : 염화리튬, 트리에틸렌글리콜 등의 액상 흡수제를 사용한다.

09 공기 중의 수증기 분압을 포화압력으로 하는 온도를 무엇이라 하는가?

① 건구온도
② 습구온도
③ 노점온도
④ 글로브(Globe) 온도

해설
- ③ 노점온도 : 대부분의 공기는 습공기로서 압력이 일정한 상태에서 습공기가 냉각될 때 또는 공기 온도가 일정한 상태에서 포화증기압 이상이 되었을 때 이슬이 생성되는 온도를 말한다.
- ① 건구온도 : 보통 온도계로 측정한 공기의 온도를 건구온도라 한다.
- ② 습구온도 : 젖은 헝겊으로 온도계 감온부를 싼 상태에서 측정한 온도로 습구온도가 높으면 대기 중 수분함유량이 많으므로 증발이 곤란하여 불쾌지수가 증가한다.
- ④ 글로브 온도 : 글로브 온도계로 측정한 온도로 주위 벽에서의 복사열을 측정한 온도

10 공기조화 설비와 가장 거리가 먼 것은?

① 냉각탑
② 보일러
③ 냉동기
④ 압력탱크

해설
공기조화 설비의 구성
- 열운반장치 : 송풍기, 펌프, 덕트, 배관 등
- 열원장치 : 보일러, 냉동기 등
- 공기조화기 : 필터, 냉각·가열 코일, 가습기 등
- 자동제어장치 : 온도조절기(서모스탯), 습도조절기

11 대류난방과 비교하여 복사난방의 특징으로 틀린 것은?

① 환기 시에는 열손실이 크다.
② 실의 높이에 따른 온도편차가 크지 않다.
③ 하자가 발생하였을 때 위치 확인이 곤란하다.
④ 열용량이 크므로 부하에 즉각적인 대응이 어렵다.

해설
복사난방의 특징
- 벽체의 복사열로 난방하기 때문에 쾌감도가 크다.
- 실내의 상·하 온도차가 작아 온도분포가 균등하다.
- 실내에 방열기를 설치하지 않으므로 바닥의 이용공간이 넓다.
- 건축물의 축열을 이용하기 때문에 천장고가 높은 실이나 방을 개방(환기)하여도 난방효과를 얻을 수 있다. 따라서 환기 시에는 열손실이 적다.
- 천장 또는 바닥에 관을 매설하므로 누설 발견 및 보수가 어렵고 설비비가 비싸다.

12 실내 압력은 정압 상태로 주로 작은 용적의 연소실 등과 같이 급기량을 확실하게 확보하기 어려운 장소에 적용하기에 가장 적합한 환기방식은?

① 압입 흡출 병용 환기
② 압입식 환기
③ 흡출식 환기
④ 풍력 환기

해설
환기방법
- 제1종 환기법(압입 흡출 병용식) : 강제급기 + 강제배기
- 제2종 환기법(압입식) : 강제급기 + 자연배기
- 제3종 환기법(흡출식) : 자연급기 + 강제배기
- 제4종 환기법(자연식) : 자연급기 + 자연배기

13 온풍난방에 관한 설명으로 틀린 것은?

① 예열부하가 거의 없으므로 기동시간이 아주 짧다.
② 온풍을 이용하므로 쾌감도가 좋다.
③ 보수·취급이 간단하여 취급에 자격이 필요하지 않다.
④ 설치면적이 적으며 설치장소도 제약을 받지 않는다.

해설
온풍난방은 열매가 공기이므로 실내 상·하 온도차가 커서 실내온도 분포가 좋지 않고 쾌적성이 나쁘다.

14 온수난방 방식의 분류에 해당되지 않는 것은?

① 복관식   ② 건식
③ 상향식   ④ 중력식

해설
온수난방의 분류
• 순환 방식 : 자연순환식(중력식), 강제순환식(펌프식)
• 온수 온도 : 고온수식, 보통온수식, 저온수식
• 배관 방식 : 단관식, 복관식, 역환수방식
• 공급 방식 : 상향식, 하향식

15 다음 취득열량 중 잠열이 포함되지 않는 것은?

① 인체의 발열
② 조명기구의 발열
③ 외기의 취득열
④ 증기 소독기의 발생열

해설
② 조명기구의 발열 : 현열
① 인체의 발열 : 현열 + 잠열
③ 외기의 취득열 : 현열 + 잠열
④ 증기 소독기의 발생열 : 현열 + 잠열

16 표면결로 발생 방지조건으로 틀린 것은?

① 실내측에 방습막을 부착한다.
② 다습한 외기를 도입하지 않는다.
③ 실내에서 발생되는 수증기량을 억제한다.
④ 공기와의 접촉면 온도를 노점온도 이하로 유지한다.

해설
표면결로 방지방법
• 실내측에 방습막(단열재)을 부착한다.
• 다습한 외기를 도입하지 않는다.
• 실내에서 발생되는 수증기량을 억제한다.
• 공기와의 접촉면 온도를 노점온도 이상으로 유지한다.
• 공기층이 밀폐된 2중 유리를 사용한다.

17 제습장치에 대한 설명으로 틀린 것은?

① 냉각식 제습장치는 처리 공기를 노점온도 이하로 냉각시켜 수증기를 응축시킨다.
② 일반 공조에서는 공조기에 냉각 코일을 채용하므로 별도의 제습장치가 없다.
③ 제습방법은 냉각식, 흡수식, 흡착식으로 구분된다.
④ 에어와셔 방식은 냉각식으로 소형이고 수처리가 편리하여 많이 채용된다.

해설
에어와셔 방식 : 체임버 내 다수의 노즐을 설치하여 다량의 물을 공기와 접촉시켜 공기를 가습하는 방식으로 냉각식에 비해 대형이고 수처리가 어렵다.

정답 13 ② 14 ② 15 ② 16 ④ 17 ④

18 난방설비에 관한 설명으로 옳은 것은?

① 온수난방은 온수의 현열과 잠열을 이용한 것이다.
② 온풍난방은 온풍의 현열과 잠열을 이용한 직접난방 방식이다.
③ 증기난방은 증기의 현열을 이용한 대류난방이다.
④ 복사난방은 열원에서 나오는 복사에너지를 이용한 것이다.

해설
④ 복사난방은 열원에서 나오는 복사에너지를 이용한 방식으로 건물의 축열을 이용한 난방 방식이다.
① 온수난방은 온수의 현열을 이용한 직접난방 방식이다.
② 온풍난방은 온풍의 현열을 이용한 간접난방 방식이다.
③ 증기난방은 증기의 잠열을 이용한 직접난방 방식의 대류난방이다.

19 축류 취출구의 종류가 아닌 것은?

① 노즐형
② 펑커루버형
③ 베인 격자형
④ 팬형

해설
- 복류 취출구 : 팬형, 아네모스탯형
- 축류형 취출구 : 노즐형, 펑커루버형, 베인 격자형(유니버설형), 다공판형, 슬롯형

20 겨울철 외기조건이 2℃(DB), 50%(RH), 실내조건이 19℃(DB), 50%(RH)이다. 외기와 실내공기를 1 : 3으로 혼합할 경우 혼합공기의 최종온도(℃)는?

① 5.3
② 10.3
③ 14.8
④ 17.3

해설
혼합공기온도 $t_m = \dfrac{G_1 t_1 + G_2 t_2}{G_1 + G_2} = \dfrac{(1 \times 2) + (3 \times 19)}{1 + 3}$
$= 14.75℃$

여기서, t_1 : 외기온도, t_2 : 실내온도, G_1 : 외기공기량, G_2 : 실내공기량

제2과목 냉동공학

21 표준 냉동사이클에 대한 설명으로 옳은 것은?

① 응축기에서 버리는 열량은 증발기에서 취하는 열량과 같다.
② 증기를 압축기에서 단열압축하면 압력과 온도가 높아진다.
③ 팽창밸브에서 팽창하는 냉매는 압력이 감소함과 동시에 열을 방출한다.
④ 증발기 내에서의 냉매 증발온도는 그 압력에 대한 포화온도보다 낮다.

해설
① 응축기에서 버리는 열량은 증발기에서 취하는 열량과 압축기에서 일한 열량의 합과 같다.
③ 팽창밸브에서 팽창하는 냉매는 압력이 감소함과 동시에 단열팽창 과정으로 엔탈피가 일정하다. 즉 팽창밸브를 통과하는 냉매는 열의 출입이 없다.
④ 증발기 내에서의 냉매 증발온도는 그 압력에 대한 포화온도와 같다.

22 콤파운드(Compound)형 압축기를 사용한 냉동방식에 대한 설명으로 옳은 것은?

① 증발기가 두 개 이상 있어서 각 증발기에 압축기를 연결하여 필요에 따라 다른 온도에서 냉매를 증발시킬 수 있는 방식이다.
② 냉매를 한 가지만 쓰지 않고 두 가지 이상을 써서 각 냉매에 압축기를 설치하여 낮은 온도를 얻을 수 있게 하는 방식이다.
③ 한쪽 냉동기의 증발기가 다른 쪽 냉동기의 응축기를 냉각시키도록 각각의 사이클에 독립된 압축기를 배열하는 방식이다.
④ 동일한 냉매에 대해 한 대의 압축기로 2단 압축을 하도록 하여 고압의 냉매를 사용, 냉동을 수행하는 방식이다.

해설
콤파운드 압축기 : 2단 압축 냉동장치에서 저단측 압축기와 고단측 압축기를 한 대의 압축기로 기통을 2단으로 나누어 사용한 것으로 설치면적, 중량 설비비 등의 절감을 위하여 사용하는 방식이다.

23 방열벽을 통해 실외에서 실내로 열이 전달될 때 실외측 열전달계수가 0.02093kW/m²·K, 실내측 열전달계수가 0.00814kW/m²·K, 방열벽 두께가 0.2m, 열전도도가 5.8×10^{-5}kW/m·K일 때, 총괄열전달계수(kW/m²·K)는?

① 1.54×10^{-3}
② 2.77×10^{-4}
③ 4.82×10^{-4}
④ 5.04×10^{-3}

해설
열관류율, 총괄열전달계수(K)

$$K = \frac{1}{\frac{1}{a_o} + \frac{l}{\lambda} + \frac{1}{a_i}} = \frac{1}{\frac{1}{0.02093} + \frac{0.2}{5.8 \times 10^{-5}} + \frac{1}{0.00814}}$$

$= 2.763 \times 10^{-4}$ kW/m² · K

여기서, a_o : 실외공기의 열전달률(계수)
a_i : 실내공기의 열전달률(계수)
l : 단열재의 두께
λ : 단열재의 열전도율

24 냉동효과에 관한 설명으로 옳은 것은?

① 냉동효과란 응축기에서 방출하는 열량을 의미한다.
② 냉동효과는 압축기의 출구 엔탈피와 증발기의 입구 엔탈피 차를 이용하여 구할 수 있다.
③ 냉동효과는 팽창밸브 직전의 냉매액 온도가 높을수록 크며, 또 증발기에서 나오는 냉매증기의 온도가 낮을수록 크다.
④ 냉매의 과냉각도를 증가시키면 냉동효과는 커진다.

해설
냉동효과(q)
• 냉동효과란 증발기에서 흡수하는 열량을 말한다.
  냉동효과 = 응축기 방열량 – 압축기 열량
• 증발기의 출구 엔탈피와 증발기의 입구 엔탈피의 차를 이용하여 구할 수 있다.
• 팽창밸브 직전의 냉매액 온도가 낮을수록 크고, 증발기의 포화압력에 해당하는 증발온도가 높을수록 크다.

25 조건을 참고하여 흡수식 냉동기의 성적계수는 얼마인가?

• 응축기 냉각열량 : 5.6kW
• 흡수기 냉각열량 : 7.0kW
• 재생기 가열량 : 5.8kW
• 증발기 냉동열량 : 6.7kW

① 0.88
② 1.16
③ 1.34
④ 1.52

해설
성적계수 $COP = \frac{Q_e}{A_w} = \frac{증발기\ 냉동열량}{재생기\ 가열량} = \frac{6.7}{5.8} = 1.16$

정답 22 ④ 23 ② 24 ④ 25 ②

26 다음 압축기의 종류 중 압축방식이 다른 것은?

① 원심식 압축기 ② 스크루 압축기
③ 스크롤 압축기 ④ 왕복동식 압축기

해설
- 용적식 압축기 : 왕복동식, 스크루, 회전식, 스크롤
- 원심식 압축기 : 터보

27 터보 압축기에서 속도에너지를 압력으로 변화시키는 역할을 하는 것은?

① 임펠러 ② 베인
③ 증속 기어 ④ 스크루

해설
터보(원심식) 압축기 : 원심식 압축기로 임펠러의 고속회전에 의한 원심력을 이용해 속도에너지를 압력에너지로 변환시키는 압축기

28 노즐에서 압력 1,764kPa, 온도 300℃인 증기를 마찰이 없는 이상적인 단열유동으로 압력 196kPa까지 팽창시킬 때 증기의 최종 속도(m/s)는?(단, 최초 속도는 매우 작아 무시하고 입출구의 높이는 같으며 단열 열낙차는 442.3kJ/kg로 한다)

① 912.1 ② 940.5
③ 946.5 ④ 963.3

해설
⟨조건⟩
최초 속도(V_1) : 무시
단열팽창 : 열량(q) = 0
입·출구의 같은 높이 : 위치에너지($Z_2 - Z_1$) = 0
외부 일(w_t) : 무시
단열 열낙차($\triangle h$) = 442.3kJ/kg

- 개방계에서 노즐의 정상유동에 대한 에너지방정식

$$h_1 + \frac{V_1^2}{2} + gZ_1 + q = h_2 + \frac{V_2^2}{2} + gZ_2 + w_t$$ 에서 위의 조건을 적용한다.

$$h_1 + \frac{V_1^2}{2} = h_2 + \frac{V_2^2}{2}$$ 에서

$$V_2 = \sqrt{V_1^2 + 2\triangle h} = \sqrt{2(442.3 \times 10^3) \text{J/kg}} = 940.5 \text{m/s}$$

29 압축기 직경이 100mm, 행정이 850mm, 회전수 2,000rpm, 기통 수 4일 때 피스톤 배출량(m³/h)은?

① 3,204.4 ② 3,316.2
③ 3,458.8 ④ 3,567.1

해설
피스톤 배출량 $Q = \frac{\pi D^2}{4} \times L \times N \times z \times 60$

$= \frac{\pi \times 0.1^2}{4} \text{m}^2 \times 0.85\text{m} \times 2,000\text{rpm} \times 4 \times 60$

$= 3,204.4 \text{m}^3/\text{h}$

여기서, D : 압축기 직경, L : 행정, N : 회전수, z : 기통 수

30 1RT(냉동톤)에 대한 설명으로 옳은 것은?

① 0℃ 물 1kg을 0℃ 얼음으로 만드는 데 24시간 동안 제거해야 할 열량
② 0℃ 물 1톤을 0℃ 얼음으로 만드는 데 24시간 동안 제거해야 할 열량
③ 0℃ 물 1kg을 0℃ 얼음으로 만드는 데 1시간 동안 제거해야 할 열량
④ 0℃ 물 1톤을 0℃ 얼음으로 만드는 데 1시간 동안 제거해야 할 열량

해설
한국 냉동톤(1RT = 3,320kcal/h) : 1냉동톤이란 0℃ 물 1톤을 0℃ 얼음으로 만드는 데 24시간 동안 제거해야 할 열량이다.

$$1RT = \frac{1,000\text{kg} \times 79.68 \frac{\text{kcal}}{\text{kg}}}{24\text{h}} = 3,320\text{kcal/h}$$

여기서, 0℃ 물의 증발잠열 : 79.68kcal/kg

26 ① 27 ① 28 ② 29 ① 30 ②

31 일반적으로 대용량의 공조용 냉동기에 사용되는 터보식 냉동기의 냉동부하 변화에 따른 용량 제어 방식으로 가장 거리가 먼 것은?

① 압축기 회전식 가감법
② 흡입 가이드 베인 조절법
③ 클리어런스 증대법
④ 흡입 댐퍼 조절법

32 피스톤 압출량이 500m³/h인 암모니아 압축기가 그림과 같은 조건으로 운전되고 있을 때 냉동능력(kW)은 얼마인가?(단, 체적효율은 0.68이다)

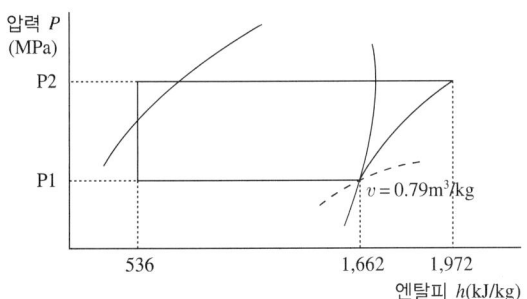

① 101.8
② 134.6
③ 158.4
④ 182.1

해설

- 냉매 순환량 $G = \dfrac{Q_e}{q} = \dfrac{V}{v} \times \eta_v = \dfrac{500\dfrac{\text{m}^3}{\text{h}} \times \dfrac{1\text{h}}{3,600\text{s}}}{0.79\dfrac{\text{m}^3}{\text{kg}}} \times 0.68$

  $= 0.1195 \text{kg/s}$

- 냉동능력 $Q_e = G \triangle h = 0.1195\dfrac{\text{kg}}{\text{s}} \times (1,662 - 536)\dfrac{\text{kJ}}{\text{kg}}$

  $= 134.6 \text{kJ/s} = 134.6 \text{kW}$

여기서, Q_e : 냉동능력(kJ/s)
G : 냉매 순환량(kg/s)
V : 피스톤 압출량(m³/s)
v : 비체적(m³/kg)
$\triangle h$: 증발기 입구 엔탈피 - 증발기 출구 엔탈피(kJ/kg)
η_v : 체적효율

33 증발온도가 저하되었을 때 감소되지 않는 것은? (단, 응축온도는 일정하다)

① 압축비
② 냉동능력
③ 성적계수
④ 냉동효과

해설

응축온도가 일정하고 증발온도가 감소된 경우
- 압축비가 상승하여 플래시 가스 발생
- 토출가스 온도가 상승
- 냉동능력(냉동효과)이 감소
- 압축기 소요동력이 증가
- 성적계수가 감소

34 표준 냉동사이클에서 냉매액이 팽창밸브를 지날 때 상태량의 값이 일정한 것은?

① 엔트로피
② 엔탈피
③ 내부에너지
④ 온도

해설

표준 냉동사이클 해석
- 압축기 : 단열압축(엔트로피 일정) 과정, 압력 상승, 온도 상승, 비체적 감소
- 응축기 : 압력 일정, 온도 저하, 비체적 저하, 엔탈피 저하
- 팽창밸브 : 단열팽창(엔탈피 일정) 과정, 압력 강하, 온도 저하, 비체적 상승
- 증발기 : 온도 일정, 압력 일정, 비체적 상승, 엔탈피 상승

정답 31 ③ 32 ② 33 ① 34 ②

35 실제기체가 이상기체의 상태식을 근사적으로 만족하는 경우는?

① 압력이 높고 온도가 낮을수록
② 압력이 높고 온도가 높을수록
③ 압력이 낮고 온도가 높을수록
④ 압력이 낮고 온도가 낮을수록

해설
실제기체가 이상기체에 가까워지는 조건
- 압력이 낮을수록
- 온도가 높을수록
- 비체적이 클수록
- 밀도가 작을수록
- 분자량이 작을수록

36 암모니아 냉동기에서 암모니아가 누설되는 곳에 페놀프탈레인 시험지를 대면 어떤 색으로 변하는가?

① 적색   ② 청색
③ 갈색   ④ 백색

해설
암모니아 냉동기의 냉매 누설검지법
- 냄새로 확인한다.
- 유황초나 염산을 누설 부위에 대면 흰 연기가 발생한다.
- 적색 리트머스 시험지를 물에 적시면 청색으로 변한다.
- 페놀프탈레인 시험지를 물에 적시면 적색으로 변한다.
- 네슬러 시약을 가했을 때 소량 누설 시 황색, 다량 누설 시 자색으로 변한다.

37 냉장고의 증발기에 서리가 생기면 나타나는 현상으로 옳은 것은?

① 압축비 감소
② 소요동력 감소
③ 증발압력 감소
④ 냉장고 내부온도 감소

해설
증발기 냉각관에 서리가 생기면 실내의 공기와 열교환이 제대로 이루어지지 않아 냉매액이 다 증발하지 못한다. 이는 액 냉매 상태로 넘어가 냉동장치의 성능 저하로 이어진다.
증발기에 서리가 발생하면 나타나는 현상
- 증발압력이 낮아져 압축비 증가
- 체적효율 저하, 압축기의 소요동력 증가
- 전열 불량으로 냉장실 내 온도 상승 및 액압축 발생
- 냉동능력 저하

38 냉매의 구비조건으로 틀린 것은?

① 동일한 냉동능력을 내는 경우에 소요동력이 적을 것
② 증발잠열이 크고 액체의 비열이 작을 것
③ 액상 및 기상의 점도는 낮고 열전도도는 높을 것
④ 임계온도가 낮고 응고온도는 높을 것

해설
냉매의 구비조건
- 대기압하에서 쉽게 증발 혹은 응축할 것
- 임계온도가 상온보다 높고 응고온도가 낮을 것
- 증기의 비열 및 증발잠열이 크고 액체의 비열이 작을 것
- 전기저항이 클 것
- 동일한 냉동능력을 가진 경우 소요동력이 작을 것
- 액상 및 기상의 점도는 낮고 열전도도는 높을 것

39 열 이동에 대한 설명으로 틀린 것은?

① 서로 접하고 있는 물질의 구성분자 사이에 정지 상태에서 에너지가 이동하는 현상을 열전도라 한다.
② 고온의 유체분자가 고체의 전열면까지 이동하여 열에너지를 전달하는 현상을 열대류라 한다.
③ 물체로부터 나오는 전자파 형태로 열이 전달되는 전열작용을 열복사라 한다.
④ 열관류율이 클수록 단열재로 적당하다.

해설

열관류율 $K = \dfrac{1}{\dfrac{1}{a_o} + \dfrac{l}{\lambda} + \dfrac{1}{a_i}}$ kcal/m² · h · ℃

여기서, a_o : 실외공기의 열전달률, a_i : 실내공기의 열전달률, l : 단열재의 두께, λ : 단열재의 열전도율
※ 단열재의 열전도율에 비례하고 단열재의 두께에 반비례한다. 따라서 열전도율이 클수록 열관류율이 크게 되어 열통과 열량이 크다. 즉 열관류율이 클수록 열이 잘 통과되므로 단열재로서는 부적당하다.

40 프레온계 냉동장치의 배관 재료로 가장 적당한 것은?

① 철 ② 강
③ 동 ④ 마그네슘

해설

프레온 냉매는 2% 이상의 마그네슘을 함유한 알루미늄 합금을 부식시킨다. 따라서 프레온계 냉동장치에 사용하는 배관 재료는 열전도율이 우수한 동관이 가장 적당하다.

제3과목 배관일반

41 주철관에 관한 설명으로 틀린 것은?

① 압축강도·인장강도가 크다.
② 내식성·내마모성이 우수하다.
③ 충격치, 휨강도가 작다.
④ 보통 급수관, 배수관, 통기관에 사용된다.

해설

주철관의 특징
• 압축강도가 크고 인장강도가 작으며 충격에 약하다.
• 내식성, 내마모성이 우수하다.
• 급수관, 배수관, 통기관, 지하 매설용 수도관으로 사용된다.

42 평면상의 변위뿐만 아니라 입체적인 변위까지도 안전하게 흡수하므로 어떤 형상의 신축에도 배관이 안전하며 증기, 물, 기름 등의 2.9MPa 압력과 220℃ 정도까지 사용할 수 있는 신축 이음쇠는?

① 스위블형 신축 이음쇠
② 슬리브형 신축 이음쇠
③ 볼조인트형 신축 이음쇠
④ 루프형 신축 이음쇠

해설

신축 이음쇠의 종류
• 슬리브형 : 관의 팽창과 수축은 본체 속을 슬라이드하는 슬리브 파이프에 의해 신축을 흡수하며 물, 0.8MPa 이하의 포화증기, 기름, 가스 배관에 사용된다.
• 벨로스형 : 파형 주름관에 의해 신축을 흡수하며 패킹 대신 벨로스로 관내 유체의 누설을 방지한다.
• 스위블형 : 두 개 이상의 엘보를 사용하여 이음부의 나사회전을 이용, 신축을 흡수하며 증기 또는 온수난방용 방열기 배관에 사용된다.
• 루프 이음쇠 : 관을 구부려 관 자체의 가요성을 이용하여 신축을 흡수하며 고압 증기관의 옥외 배관에 사용된다.
• 볼조인트형 : 볼조인트 신축 이음쇠와 오프셋 배관을 이용하여 관의 신축을 흡수하며 2.9MPa의 압력과 220℃ 정도까지 사용할 수 있다.

정답 39 ④ 40 ③ 41 ① 42 ③

43 냉매 배관 시공 시 유의사항으로 틀린 것은?

① 팽창밸브 부근에서의 배관 길이는 가능한 한 짧게 한다.
② 지나친 압력 강하를 방지한다.
③ 암모니아 배관의 관이음에 쓰이는 패킹 재료는 천연고무를 사용한다.
④ 두 개의 입상관 사용 시 트랩은 가능한 한 크게 한다.

해설
2중 입상관 사용 시 트랩은 가능한 한 작게 한다.

44 냉온수 배관을 시공할 때 고려해야 할 사항으로 옳은 것은?

① 열에 의한 온수의 체적팽창을 흡수하기 위해 신축 이음을 한다.
② 기기와 관의 부식을 방지하기 위해 물을 자주 교체한다.
③ 열에 의한 배관의 신축을 흡수하기 위해 팽창관을 설치한다.
④ 공기 체류 장소에는 공기빼기밸브를 설치한다.

해설
① 열에 의한 온수의 체적팽창을 막기 위해 팽창탱크를 설치한다.
② 기기와 관의 부식을 방지하기 위해 물을 자주 교체하면 물속의 칼슘마그네슘 등에 의해 스케일이 부착되고 관의 부식을 촉진시킨다.
③ 열에 의한 배관의 신축을 흡수하기 위해 신축 이음을 설치한다.

45 수액기를 나온 냉매액은 팽창밸브를 통해 교축되어 저온·저압의 증발기로 공급된다. 팽창밸브의 종류가 아닌 것은?

① 온도식
② 플로트식
③ 인젝터식
④ 압력자동식

해설
팽창밸브의 종류 : 모세관식, 온도자동식, 수동식, 정압식(압력자동식), 플로트식

46 펌프에서 물을 압송하고 있을 때 발생하는 수격작용을 방지하기 위한 방법으로 틀린 것은?

① 급격한 밸브 개폐는 피한다.
② 관내의 유속을 빠르게 한다.
③ 기구류 부근에 공기실을 설치한다.
④ 펌프에 플라이휠을 설치한다.

해설
수격작용을 방지하기 위한 방법
• 관경을 크게 하여 유속을 느리게 한다.
• 펌프에 플라이휠을 설치한다.
• 굴곡 배관을 피하고 직선 배관으로 시공한다.
• 공기실 및 수격방지기를 설치한다.
• 밸브는 송출구 가까이에 설치하고 급격히 개폐되는 밸브의 사용을 제한한다.
• 서지탱크를 설치한다.

47 냉매 배관 중 액관은 어느 부분인가?

① 압축기와 응축기까지의 배관
② 증발기와 압축기까지의 배관
③ 응축기와 수액기까지의 배관
④ 팽창밸브와 압축기까지의 배관

해설
냉매 배관
• 저압 액관 : 팽창밸브 직후에서 증발기 입구까지의 배관
• 고압 액관 : 응축기와 수액기(팽창밸브 직전)까지의 배관
• 흡입관 : 증발기 출구에서 압축기 흡입까지의 배관
• 토출관 : 압축기 토출에서 응축기 입구까지의 배관

48 가스 배관의 크기를 결정하는 요소로 가장 거리가 먼 것은?

① 관의 길이 ② 가스의 비중
③ 가스의 압력 ④ 가스기구의 종류

해설
저압가스 배관의 관 지름 $D = \left(\dfrac{Q^2 SL}{K^2 H} \right)^{\frac{1}{5}}$ cm

여기서, Q : 유량, S : 가스 비중, L : 가스관의 길이, K : 유량계수, H : 압력손실

49 다음의 배관 도시기호 중 유체의 종류와 기호의 연결로 틀린 것은?

① 공기 : A ② 수증기 : W
③ 가스 : G ④ 유류 : O

해설
유체의 종류 표시기호

유체명	기호	색상
공기	A	백색
가스	G	황색
유류	O	암황적색
수증기	S	암적색
물	W	청색

50 일반도시가스사업 가스공급시설 중 배관설비를 건축물에 고정 부착할 때, 배관의 호칭지름이 13mm 이상 33mm 미만인 경우 몇 m마다 고정장치를 설치해야 하는가?

① 1 ② 2
③ 3 ④ 5

해설
배관의 고정장치
• 배관의 호칭지름이 13mm 미만인 경우 : 1m마다
• 배관의 호칭지름이 13mm 이상 33mm 미만인 경우 : 2m마다
• 배관의 호칭지름이 33mm 이상인 경우 : 3m마다

51 다음 그림에서 ㉠과 ㉡의 명칭으로 바르게 설명된 것은?

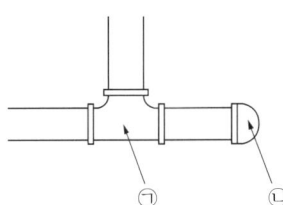

① ㉠ 크로스, ㉡ 트랩
② ㉠ 소켓, ㉡ 캡
③ ㉠ 90° Y티, ㉡ 트랩
④ ㉠ 티, ㉡ 캡

해설
㉠ 티 : 배관이 분기할 때 사용하는 이음쇠
㉡ 캡 : 관 끝을 막을 때 사용하는 이음쇠

정답 47 ③ 48 ④ 49 ② 50 ② 51 ④

52 급탕 배관에 관한 설명으로 설명으로 틀린 것은?

① 건물의 벽 관통 부분 배관에는 슬리브(Sleeve)를 끼운다.
② 공기빼기밸브를 설치한다.
③ 배관의 기울기는 중력순환식인 경우 보통 1/150으로 한다.
④ 직선 배관 시에는 강관인 경우 보통 60m마다 한 개의 신축 이음쇠를 설치한다.

해설
신축 이음쇠 설치간격
• 직선 배관 시에는 강관인 경우 보통 30m마다 한 개의 신축 이음쇠를 설치한다.
• 직선 배관 시에는 동관인 경우 보통 20m마다 한 개의 신축 이음쇠를 설치한다.

53 각개 통기방식에서 트랩 위어(Weir)로부터 통기관까지의 구배로 가장 적절한 것은?

① 1/25~1/50
② 1/50~1/100
③ 1/100~1/150
④ 1/150~1/200

해설
트랩 위어로부터 통기관까지의 구배는 1/50~1/100로 하고 평균 유속은 1.2m/s로 한다.

54 배수 트랩의 봉수 깊이로 가장 적당한 것은?

① 30~50mm
② 50~100mm
③ 100~150mm
④ 150~200mm

해설
배수 트랩의 봉수 깊이는 50~100mm 정도가 이상적이다.
• 봉수의 깊이가 50mm 이하인 경우 파괴되기가 쉽다.
• 봉수의 깊이가 100mm 이상이 되면 배수저항이 증가하여 트랩 내 이물질 및 침전물이 쌓이기 쉽다.

55 배관 길이 200m, 관경 100mm의 배관 내 20℃의 물을 80℃로 상승시킬 경우 배관의 신축량(mm)은?(단, 강관의 선팽창계수는 11.5×10^{-6}m/m·℃이다)

① 138
② 13.8
③ 104
④ 10.4

해설
신축량 $\Delta l = l \times \alpha \times \Delta t$
$= 200\text{m} \times \left(11.5 \times 10^{-6} \dfrac{\text{m}}{\text{m} \cdot ℃}\right) \times 60℃ = 0.138\text{m}$
$= 138\text{mm}$
여기서, Δl : 신축량(mm), l : 배관 길이(m),
α : 선팽창계수(m/m·℃), Δt : 온도차(℃)

56 공기가열기나 열교환기 등에서 다량의 응축수를 처리하는 경우에 가장 적합한 트랩은?

① 버킷 트랩
② 플로트 트랩
③ 온도조절식 트랩
④ 열역학적 트랩

해설
기계식 트랩
• 증기와 응축수의 비중차를 이용하여 응축수를 배출하는 방식이 있다.
• 플로트 트랩은 플로트의 부력에 의해 작동하며 저압, 중압의 공기가열기나 열교환기 등에 사용된다.
• 버킷 트랩은 버킷의 부력에 의해 작동하며 고압, 중압의 주증기관이나 대형 탱크의 히팅코일 등에 사용된다.

57 증기난방에서 환수주관을 보일러 수면보다 높은 위치에 설치하는 배관방식은?

① 습식환수관식
② 진공환수식
③ 강제순환식
④ 건식환수관식

해설
증기난방에서 환수관 배치방식
• 건식환수관식 : 보일러 표준 수위보다 높은 위치에 배관되고 응축수가 환수주관(주요한 관)의 하부를 따라 흐르는 방식
• 습식환수관식 : 보일러 표준 수위보다 낮은 위치에 배관되고 응축수가 항상 만수 상태로 흐르는 방식

58 배관이 바닥이나 벽을 관통할 때 설치하는 슬리브(Sleeve)에 관한 설명으로 틀린 것은?

① 슬리브의 구경은 관통 배관의 지름보다 충분히 크게 한다.
② 방수층을 관통할 때는 누수 방지를 위해 슬리브를 설치하지 않는다.
③ 슬리브를 설치하여 관을 교체하거나 수리할 때 용이하게 한다.
④ 슬리브를 설치하여 관의 신축에 대응할 수 있다.

해설
슬리브 설치 : 벽, 바닥, 지붕에 관통하는 배관에는 슬리브를 설치하고 방수층이나 물로 씻을 필요가 있는 바닥, 보, 내진벽 또는 외벽 등을 관통하는 부분은 각각 그곳에 알맞은 슬리브를 사용해야 한다.
• 방수층의 관통부 : 방수층에 잘 밀착하는 구조로 한다.
• 물 세척이 요구되는 바닥 관통부 : 슬리브는 강관을 사용하고 위쪽을 마감면으로부터 30mm 이상 올린다.
• 기둥, 내진벽 및 외벽 관통부 : 구조체의 강도에 지장이 없는 모양과 치수로 한다.

59 신축 이음쇠의 종류에 해당하지 않는 것은?

① 슬리브형
② 벨로스형
③ 루프형
④ 턱걸이형

해설
신축 이음쇠의 종류 : 슬리브형, 벨로스형, 스위블형, 루프 이음쇠, 볼조인트형

60 배관의 KS 도시기호 중 틀린 것은?

① 고압 배관용 탄소강관 : SPPH
② 보일러 및 열교환기용 탄소강관 : STBH
③ 기계구조용 탄소강관 : SPTW
④ 압력 배관용 탄소강관 : SPPS

해설
기계구조용 탄소강관 : STKM

제4과목 전기제어공학

61 어떤 회로에 10A의 전류를 흘리기 위해서 300W의 전력이 필요하다면 이 회로의 저항(Ω)은 얼마인가?

① 3 ② 10
③ 15 ④ 30

해설
저항 $R = \dfrac{V}{I} = \dfrac{P}{I^2} = \dfrac{300W}{(10A)^2} = 3\Omega$

62 목표치가 정해져 있으며 입·출력을 비교하여 신호 전달 경로가 반드시 폐루프를 이루고 있는 제어는?

① 조건제어 ② 시퀀스 제어
③ 피드백 제어 ④ 프로그램 제어

해설
피드백 제어(폐루프 회로) : 제어계의 출력값이 목푯값과 비교하여 일치하지 않을 경우 다시 출력값을 입력으로 피드백시켜 제어량과 목푯값이 일치할 때까지 오차를 줄여나가는 자동 제어방식을 말한다.

63 그림의 신호흐름선도에서 $C(s)/R(s)$의 값은?

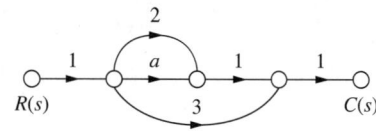

① $a+2$ ② $a+3$
③ $a+5$ ④ $a+6$

해설
• 패스 경로의 전달함수
$(1 \times a \times 1 \times 1) + (1 \times 2 \times 1 \times 1) + (1 \times 3 \times 1) = a + 5$
• 피드백 경로 : 0
• 전달함수 $G(s) = \dfrac{C}{R} = \dfrac{\text{패스 경로}}{1 - \text{피드백 경로}}$
$= \dfrac{a+5}{1-0} = a+5$

64 피드백 제어의 특성에 관한 설명으로 틀린 것은?

① 정확성이 증가한다.
② 대역폭이 증가한다.
③ 계의 특성변화에 대한 입력 대 출력비의 감도가 증가한다.
④ 구조가 비교적 복잡하고 오픈루프에 비해 설치비가 많이 든다.

해설
피드백 제어의 특징
• 정확성 및 대역폭이 증가한다.
• 계의 특성변화에 대한 입력 대 출력비 감도가 감소한다.
• 구조가 복잡하여 설비비가 고가이고 반드시 입력과 출력을 비교하는 장치가 필요하다.
• 발진을 일으키고 불안정한 상태로 되는 경향이 있다.

65 동작 틈새가 가장 많은 조절계는?

① 비례 동작
② 2위치 동작
③ 비례미분 동작
④ 비례적분 동작

해설
2위치 동작은 불연속 제어로서 제어량이 설정값에서 벗어나면 조작부를 닫아 운전을 정지시키고 반대로 조작부를 열어 운전을 기동시키는 On-off 제어이다. 2위치 동작은 사이클링 현상과 오프셋이 발생하므로 동작의 틈새가 가장 많다.

정답 61 ① 62 ③ 63 ③ 64 ③ 65 ②

66 $R-L-C$ 직렬회로에서 소비전력이 최대가 되는 조건은?

① $\omega L - \dfrac{1}{\omega C} = 1$ ② $\omega L + \dfrac{1}{\omega C} = 0$

③ $\omega L + \dfrac{1}{\omega C} = 1$ ④ $\omega L - \dfrac{1}{\omega C} = 0$

해설
유도성 리액턴스(X_L)와 용량성 리액턴스(X_c)가 같을 때 임피던스가 최소가 되어 전류가 최대가 되며 이때 소비전력이 최대가 된다.
$X_L = X_C \rightarrow \omega L = \dfrac{1}{\omega C} \rightarrow \omega L - \dfrac{1}{\omega C} = 0$
여기서, 유도성 리액턴스 : $X_L = \omega L = 2\pi f L(\Omega)$
　　　　용량성 리액턴스 : $X_L : \dfrac{1}{\omega C} = \dfrac{1}{2\pi f C}(\Omega)$

67 그림과 같은 유접점 회로의 논리식과 논리회로 명칭으로 옳은 것은?

① $X = A + B + C$, OR 회로
② $X = A \cdot B \cdot C$, AND 회로
③ $X = \overline{A \cdot B \cdot C}$, NOT 회로
④ $X = \overline{A + B + C}$, NOR 회로

해설
그림의 회로는 A, B, C 접점이 모두 열려 있는 상태(N, O)로 모두 동작해야 출력이 나오는 회로이다. 직렬회로는 AND 회로(논리곱)이며 논리식은 $X = A \cdot B \cdot C$이다.

68 접지 도체 P_1, P_2, P_3의 각 접지저항이 R_1, R_2, R_3이다. R_1의 접지저항(Ω)을 계산하는 식은? (단, $R_{12} = R_1 + R_2$, $R_{23} = R_2 + R_3$, $R_{31} = R_3 + R_1$이다)

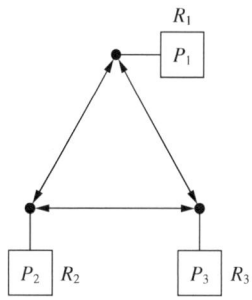

① $R_1 = 1/2(R_{12} + R_{31} + R_{23})$
② $R_1 = 1/2(R_{31} + R_{23} - R_{12})$
③ $R_1 = 1/2(R_{12} - R_{31} + R_{23})$
④ $R_1 = 1/2(R_{12} + R_{31} - R_{23})$

해설
콜라우시 브리지법에 의한 접지저항 측정
$R_{12} + R_{23} + R_{31} = (R_1 + R_2) + (R_2 + R_3) + (R_3 + R_1)$
$R_{12} + R_{23} + R_{31} = 2(R_1 + R_2 + R_3) = 2(R_1 + R_{23})$
$2R_1 + 2R_{23} = R_{12} + R_{23} + R_{31}$
$2R_1 = R_{12} - R_{23} + R_{31}$
$R_1 = \dfrac{1}{2}(R_{12} + R_{31} - R_{23})$

69 유도전동기의 고정손에 해당하지 않는 것은?

① 1차 권선의 저항손
② 철손
③ 베어링 마찰손
④ 풍손

해설
유도전동기의 손실
• 고정손 : 철손, 베어링 마찰손, 브러시 마찰손, 풍손
• 직접부하손 : 1차 권선의 저항손, 2차 회로의 저항손, 브러시의 전기손
• 표류부하손

70 목푯값이 미리 정해진 시간적 변화를 하는 경우 제어량을 그것에 추종시키기 위한 제어는?

① 프로그램 제어
② 정치제어
③ 추종제어
④ 비율제어

해설
① 프로그램 제어 : 목푯값이 시간적으로 미리 정해진 대로 변화하고 제어량을 추종시키는 제어로서 열처리 노의 온도제어, 무인열차 운전 등이 속한다.
② 정치제어 : 목푯값이 시간적으로 변화하지 않는 일정한 제어로서 프로세서 제어와 자동조정이 있다.
③ 추종제어 : 목푯값이 시간에 따라서 변하며 목푯값에 정확히 추종하는 제어로서 서보기구 등이 속한다.
④ 비율제어 : 목푯값이 다른 양과 일정한 비율관계를 갖는 상태량을 제어하는 것으로 보일러 자동연소장치 등이 속한다.

71 맥동 주파수가 가장 많고 맥동률이 가장 적은 정류방식은?

① 단상 반파정류
② 단상 브리지 정류회로
③ 3상 반파정류
④ 3상 전파정류

해설
정류회로의 맥동 주파수와 맥동률

정류회로	맥동 주파수	맥동률
단상 반파정류	60Hz	121%
단상 전파정류	120Hz	48%
3상 반파정류	180Hz	17%
3상 전파정류	360Hz	4%

72 다음 블록선도에서 전달함수 $C(s)/R(s)$는?

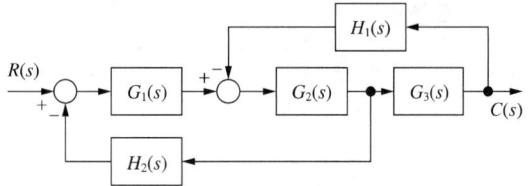

① $\dfrac{G_1(s)G_2(s)G_3(s)}{1+G_2(s)G_3(s)H_1(s)-G_1(s)G_2(s)H_2(s)}$

② $\dfrac{G_1(s)G_2(s)G_3(s)}{1+G_2(s)G_3(s)H_1(s)+G_1(s)G_2(s)H_2(s)}$

③ $\dfrac{G_1(s)G_2(s)G_3(s)H_1(s)}{1+G_2(s)G_3(s)H_1(s)+G_1(s)G_2(s)H_2(s)}$

④ $\dfrac{G_1(s)G_2(s)G_3(s)}{1+G_2(s)G_3(s)H_2(s)+G_1(s)G_2(s)H_1(s)}$

해설
- 전달함수 $G(s) = \dfrac{C}{R} = \dfrac{\text{패스 경로}}{1-\text{피드백 경로}}$
- 패스 경로의 전달함수 : $G_1 G_2 G_3$
- 첫 번째 피드백 경로 함수 : $-G_1 G_2 H_2$
- 두 번째 피드백 경로 함수 : $-G_2 G_3 H_1$

$G(s) = \dfrac{C}{R} = \dfrac{G_1 G_2 G_3}{1-(-G_1 G_2 H_2 - G_2 G_3 H_1)}$

$= \dfrac{G_1 G_2 G_3}{1+(G_1 G_2 H_2 + G_2 G_3 H_1)}$

73 다음 회로에서 합성정전용량(F)의 값은?

$C_1 \quad C_2$

① $C_0 = C_1 + C_2$

② $C_0 = C_1 - C_2$

③ $C_0 = \dfrac{C_1 + C_2}{C_1 C_2}$

④ $C_0 = \dfrac{C_1 C_2}{C_1 + C_2}$

해설
- 병렬접속 합성정전용량 $C = C_1 + C_2$ (F)
- 직렬접속 합성정전용량 $\dfrac{1}{C} = \dfrac{1}{C_1} + \dfrac{1}{C_2} = \dfrac{C_1 C_2}{C_1 + C_2}$ (F)

74 주파수 60Hz의 정현파 교류에서 위상차 $\pi/6$(rad)은 약 몇 초의 시간차인가?

① 1×10^{-3}
② 1.4×10^{-3}
③ 2×10^{-3}
④ 2.4×10^{-3}

해설
- 위상차 $\theta = \omega t = 2\pi f t$
- 시간 $t = \dfrac{\theta}{2\pi f} = \dfrac{\frac{\pi}{6}}{2\pi \times 60\text{Hz}} = 1.39 \times 10^{-3}\text{sec}$

75 블록선도에서 요소의 신호전달 특성을 무엇이라 하는가?

① 가합요소
② 전달요소
③ 동작요소
④ 인출요소

해설
블록선도 : 제어계의 구성요소를 블록으로 나타내고 신호의 흐름을 표시하는 선으로 연결한 것이다.
- 블록 : 입력과 출력 간의 신호전달 특성을 표시하는 전달요소를 사각형 블록으로 나타낸 것
- 가합점 : 신호의 부호에 따라서 가산을 행한다.
- 인출점 : 하나의 신호를 둘 이상의 계통으로 신호의 분기를 나타낸다.

76 오픈루프 전달함수 $G(s) = \dfrac{1}{s(s^2 + 5s + 6)}$ 인 단위궤환계에서 단위계단입력을 가하였을 때의 잔류편차는?

① 5/6
② 6/5
③ ∞
④ 0

해설
$r(t) = u(t)$를 라플라스 변환하면 $R(s) = \displaystyle\int_0^\infty e^{-st}dt = \dfrac{1}{s}$

정상 상태 오차 $e_{ss} = \displaystyle\lim_{s \to 0} \dfrac{s}{1 + G(s)} \cdot R(s)$

$= \displaystyle\lim_{s \to 0} \dfrac{s}{1 + \dfrac{1}{s(s^2 + 5s + 6)}} \times \dfrac{1}{s}$

$= \displaystyle\lim_{s \to 0} \dfrac{1}{\dfrac{s(s^2 + 5s + 6)}{s(s^2 + 5s + 6)} + \dfrac{1}{s(s^2 + 5s + 6)}}$

$= \displaystyle\lim_{s \to 0} \dfrac{1}{\dfrac{s(s^2 + 5s + 6) + 1}{s(s^2 + 5s + 6)}}$

$= \displaystyle\lim_{s \to 0} \dfrac{s(s^2 + 5s + 6)}{s(s^2 + 5s + 6) + 1} = 0$

정답 73 ④ 74 ② 75 ② 76 ④

77 다음 그림은 무엇을 나타낸 논리연산회로인가?

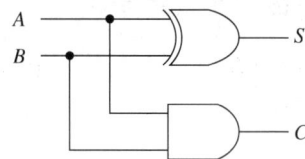

① Half-adder 회로
② Full-adder 회로
③ NAND 회로
④ Exclusive OR 회로

해설
반가산기(Half-adder 회로) : 두 개의 수를 더하여 합과 자리올림을 만드는 논리회로로서 두 개의 입력과 두 개의 출력이 있다.
진리표

피가수	가수	합	자리올림
A	B	S	C
0	0	0	0
0	1	1	0
1	0	1	0
1	1	0	1

※ 논리식 $S = \overline{A}B + A\overline{B}$, $C = AB$

78 권선형 3상 유도전동기에서 2차 저항을 변화시켜 속도를 제어하는 경우 최대 토크는 어떻게 되는가?
① 최대 토크가 생기는 점의 슬립에 비례한다.
② 최대 토크가 생기는 점의 슬립에 반비례한다.
③ 2차 저항에만 비례한다.
④ 항상 일정하다.

해설
권선형 3상 유도전동기의 2차 회로에 저항기를 접속시키는 이유
• 기동전류는 감소하나 기동 토크는 증가한다.
• 최대 토크는 변하지 않고 기동역률은 증가한다.

79 시스템의 전달함수 $T(s) = \dfrac{1{,}250}{s^2 + 50s + 1{,}250}$으로 표현되는 2차 제어시스템의 고유 주파수는 몇 rad/sec인가?
① 35.36　② 28.87
③ 25.62　④ 20.83

해설
2차 제어시스템의 전달함수 $T(s) = \dfrac{\omega_n^2}{s^2 + 2\delta\omega_n s + \omega_n^2}$
$\omega_n^2 = 1{,}250 \rightarrow \omega_n$(고유 주파수) $= \sqrt{1{,}250} = 35.36\,\text{rad/s}$
$2\delta\omega_n = 50 \rightarrow \delta$(제동비) $= \dfrac{50}{2\omega_n} = \dfrac{50}{2 \times 35.36} = 0.707$

80 계전기 접점의 아크를 소거할 목적으로 사용되는 소자는?
① 배리스터(Varistor)
② 버랙터 다이오드
③ 터널 다이오드
④ 서미스터

해설
배리스터 : 비직선적인 전압-전류특성을 갖는 2단자 반도체 소자로 주로 낙뢰전압 등의 이상전압, 전기접점의 불꽃을 소거하는 등 반도체 정류기, 트랜지스터 등의 회로를 서지전압으로부터 보호하는 데 사용된다.

2021년 제1회 과년도 기출복원문제

※ 2021년부터는 CBT(컴퓨터 기반 시험)로 진행되어 수험자의 기억에 의해 문제를 복원하였습니다. 실제 시행문제와 일부 상이할 수 있음을 알려드립니다.

제1과목 공기조화

01 공기의 감습방식으로 가장 거리가 먼 것은?
① 냉각방식
② 흡수방식
③ 흡착방식
④ 순환수분무방식

해설
감습방식의 종류 : 냉각방식, 흡수방식, 흡착방식, 압축방식

02 일반적인 취출구의 종류로 가장 거리가 먼 것은?
① 라이트-트로퍼(Light-troffer)형
② 아네모스탯(Annemostat)형
③ 머시룸(Mushroom)형
④ 웨이(Way)형

해설
머시룸형은 극장 등의 좌석 밑에 설치하는 흡입구이다.

03 공조방식 중 각층 유닛 방식에 관한 설명으로 틀린 것은?
① 송풍 덕트의 길이가 짧게 되고 설치가 용이하다.
② 사무실과 병원 등의 각층에 대하여 시간차 운전에 유리하다.
③ 각층 슬래브의 관통 덕트가 없으므로 방재상 유리하다.
④ 각층에 수배관을 설치하지 않으므로 누수의 염려가 없다.

해설
각층 유닛 방식은 중앙기계실에서 만들어진 냉수와 온수를 각층의 공조실에 설치한 공조기에 공급한다. 따라서 각층에는 수배관이 설치되어 있으므로 누수의 염려가 있다.

04 다음 공조방식 중에 전공기 방식에 속하는 것은?
① 패키지 유닛 방식
② 복사냉난방 방식
③ 팬코일 유닛 방식
④ 2중 덕트 방식

해설
중앙 공조방식과 개별 공조방식

분류	열원 방식	종류
중앙 방식	전공기 방식	정풍량 단일 덕트 방식, 2중 덕트 방식, 덕트 병용 패키지 방식, 각층 유닛 방식
	수공기 방식 (유닛 병용 방식)	덕트 병용 팬코일 유닛 방식, 유인 유닛 방식, 복사냉난방 방식
	전수 방식	팬코일 유닛 방식
개별 방식	냉매 방식	패키지 유닛 방식, 룸쿨러 방식, 멀티 유닛 룸쿨러 방식

정답 1 ④ 2 ③ 3 ④ 4 ④

05 수분량 변화가 없는 경우의 열수분비는?

① 0
② 1
③ -1
④ ∞

해설
열수분비 $U = \dfrac{h_2 - h_1}{x_2 - x_1}$

수분량의 변화가 없으므로 $x_2 - x_1 = 0$이다.

$U = \dfrac{h_2 - h_1}{0} = \infty$

06 원심식 송풍기의 종류로 가장 거리가 먼 것은?

① 리버스형 송풍기
② 프로펠러형 송풍기
③ 관류형 송풍기
④ 다익형 송풍기

해설
- 원심형 송풍기 : 다익형 송풍기, 터보형 송풍기, 리밋 로드형 송풍기, 익형 송풍기
- 축류형 송풍기 : 베인형 송풍기, 튜브형 송풍기, 프로펠러형 송풍기

07 취급이 간단하고 각층을 독립적으로 운전할 수 있어 에너지 절감효과가 크며 공사시간 및 공사비용이 적게 드는 방식은?

① 패키지 유닛 방식
② 복사냉난방 방식
③ 인덕션 유닛 방식
④ 2중 덕트 방식

해설
패키지 유닛 방식
- 개별 공조방식으로서 각층 또는 각실마다 유닛을 설치하므로 각층을 독립적으로 운전할 수 있다.
- 개별 제어가 가능하므로 에너지 절감효과가 크다.
- 소형 건축물에 공조기를 설치할 경우 공사기간과 공사비용이 적게 든다.

08 다음의 송풍기에 관한 설명 중 ( ) 안에 알맞은 내용은?

> 동일 송풍기에서 정압은 회전수 비의 (㉠)하고 소요동력은 회전수 비의 (㉡) 한다.

① ㉠ 2승에 비례, ㉡ 3승에 비례
② ㉠ 2승에 반비례, ㉡ 3승에 반비례
③ ㉠ 3승에 비례, ㉡ 2승에 비례
④ ㉠ 3승에 반비례, ㉡ 2승에 반비례

해설
송풍기 상사법칙
- 송풍량 $Q_2 = \left(\dfrac{N_2}{N_1}\right) Q_1$
- 정압 $P_2 = \left(\dfrac{N_2}{N_1}\right)^2 P_1$
- 소요동력 $L_2 = \left(\dfrac{N_2}{N_1}\right)^3 L_1$

09 송풍기에 관한 설명 중 틀린 것은?

① 송풍기 특성곡선에서 팬 전압은 토출구와 흡입구에서의 전압차를 말한다.
② 송풍기 특성곡선에서 송풍량을 증가시키면 전압과 정압은 산형(山形)을 이루면서 강하한다.
③ 다익형 송풍기는 풍량을 증가시키면 축동력은 감소한다.
④ 팬 동압은 팬 출구를 통하여 나가는 평균속도에 해당되는 속도압이다.

해설
다익형 송풍기에서 풍량을 증가시키면 축동력은 증가한다.

10 난방설비에 관한 설명으로 옳은 것은?

① 온수난방은 증기난방에 비해 예열시간이 길어서 충분한 난방감을 느끼는 데 시간이 걸린다.
② 증기난방은 실내 상·하 온도차가 적어 유리하다.
③ 복사난방은 급격한 외기온도의 변화에 대해 방열량 조절이 우수하다.
④ 온수난방의 주 이용열은 온수의 증발잠열이다.

해설
② 증기난방은 열매가 증기여서 열용량이 작아 잘 식으므로 실내 상·하 온도차가 크다.
③ 복사난방은 건축물의 축열을 이용하기 때문에 외기온도의 변화에 대해 방열량 조절이 어렵다.
④ 온수난방의 주 이용열은 온수의 현열이다.

11 난방기기에서 사용되는 방열기 중 강제대류형 방열기에 해당하는 것은?

① 유닛 히터
② 길드 방열기
③ 주철제 방열기
④ 베이스보드 방열기

해설
유닛 히터는 케이싱 내에 송풍기가 설치되어 있으므로 강제대류형 방열기이다.

12 31℃의 외기와 25℃의 환기를 1:2의 비율로 혼합하고 바이패스 팩터가 0.16인 코일로 냉각 제습할 때의 코일 출구온도는?(단, 코일의 표면온도는 14℃이다)

① 약 14℃
② 약 16℃
③ 약 27℃
④ 약 29℃

해설
• 혼합온도 $t_3 = \dfrac{G_1 t_1 + G_2 t_2}{G_1 + G_2} = \dfrac{1 \times 31 + 2 \times 25}{1 + 2} = 27℃$

• 바이패스 팩터 $BF = \dfrac{t_4 - t_s}{t_3 - t_s} \rightarrow 0.16 = \dfrac{t_4 - 14}{27 - 14}$

∴ 코일 출구온도 $t_4 = 16.1℃$

13 전열량에 대한 현열량의 변화의 비율로 나타내는 것은?

① 현열비
② 열수분비
③ 상대습도
④ 비교습도

해설
현열비(SHF) : 습공기의 전열량에 대한 현열량의 비이다.

$SHF = \dfrac{현열}{전열(현열 + 잠열)} = \dfrac{q_S}{q_T} = \dfrac{q_S}{q_S + q_L}$

14 증기난방 설비에서 일반적으로 사용 증기압이 어느 정도부터 고압식이라고 하는가?

① $0.01 kgf/cm^2$ 이상
② $0.35 kgf/cm^2$ 이상
③ $1 kgf/cm^2$ 이상
④ $10 kgf/cm^2$ 이상

해설
증기압력에 따른 분류
• 고압식 : 사용 증기압력이 $1 kgf/cm^2$ 이상인 방식
• 저압식 : 사용 증기압력이 $0.15~0.35 kgf/cm^2$인 방식

정답 10 ① 11 ① 12 ② 13 ① 14 ③

15 다음 그림과 같은 덕트에서 점 ㉠의 정압 $P_1 =$ 15mmAq, 속도 $V_1 = $ 10m/s일 때, 점 ㉡에서의 전압은?(단, ㉠ – ㉡ 구간의 전압손실은 2mmAq, 공기의 밀도는 1kg/m³로 한다)

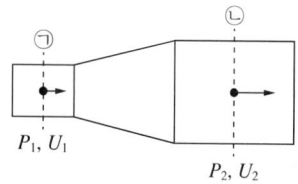

① 15.1mmAq ② 17.1mmAq
③ 18.1mmAq ④ 19.1mmAq

해설

- 전압 $P_t = P_s + P_v = P_s + \dfrac{\rho V^2}{2g}$ [mmAq]

- 점 ㉠의 전압 $P_{t1} = P_{s1} + P_{v1} = P_{s1} + \dfrac{\rho V_1^2}{2g}$
$$= 15 + \dfrac{1 \times 10^2}{2 \times 9.8} = 20.1 \text{mmAq}$$

- 점 ㉡의 전압 $P_{t2} = P_{t1} - \triangle P = 20.1 - 2 = 18.1 \text{mmAq}$

여기서, P_t : 전압, P_s : 정압, P_v : 동압, $\triangle P$: 전압손실, ρ : 공기밀도

16 바이패스 팩터에 관한 설명으로 옳은 것은?

① 흡입공기 중 온난공기의 비율이다.
② 송풍공기 중 습공기의 비율이다.
③ 신선한 공기와 순환공기의 밀도 비율이다.
④ 전공기에 대해 냉·온수 코일을 그대로 통과하는 공기의 비율이다.

해설

- 바이패스 팩터(BF) : 코일에 접촉하지 않고 통과하는 공기의 비율을 말하며 이것은 비효율과 같은 의미이다.
- 콘택트 팩터(CF = 1 – BF) : 코일과 접촉한 후의 공기 비율을 말하며 이것은 효율과 같은 의미이다.

17 현열 및 잠열에 관한 설명으로 옳은 것은?

① 여름철 인체로부터 발생하는 열은 현열뿐이다.
② 공기조화 덕트의 열손실은 현열과 잠열로 구성되어 있다.
③ 여름철 유리창을 통해 실내로 들어오는 열은 현열뿐이다.
④ 조명이나 실내기구에서 발생하는 열은 현열뿐이다.

해설

① 여름철 인체로부터 발생하는 열은 현열 + 잠열뿐이다.
② 공기조화 덕트의 열손실은 현열로 구성되어 있다.
④ 조명이나 실내기구에서 발생하는 열은 현열 + 잠열뿐이다.

18 건물의 11층에 위치한 북측 외벽을 통한 손실열량은?(단, 벽체면적 40m², 열관류율 0.43W/m²·℃, 실내온도 26℃, 외기온도 –5℃, 북측 방위계수 1.2, 복사에 의한 외기온도 보정 3℃이다)

① 약 495.36W
② 약 525.38W
③ 약 577.92W
④ 약 639.84W

해설

복사에 의한 외기온도 보정이 3℃이므로 외기온도는 –2℃로 보정한다.
외벽의 손실열량 $q = KA\triangle tR$
$$= 0.43 \dfrac{\text{W}}{\text{m}^2\text{℃}} \times 40\text{m}^2 \times (26-(-2))\text{℃} \times 1.2$$
$$= 577.92\text{W}$$

19 다음 가습방법 중 가습효율이 가장 높은 것은?

① 증발 가습
② 온수 분무 가습
③ 증기 분무 가습
④ 고압수 분무 가습

해설
증기 분무 가습은 응답성이 빠르고 가습효율이 100%이다.

20 열원방식의 분류 중 특수 열원방식으로 분류되지 않는 것은?

① 열회수 방식(전열 교환 방식)
② 흡수식 냉온수기 방식
③ 지역 냉난방 방식
④ 태양열 이용 방식

해설
일반적인 열원방식에는 흡수식 냉온수기 방식, 냉동기 방식, 보일러 방식 등이 있다.

제2과목 냉동공학

21 흡수식 냉동기에 사용되는 냉매와 흡수제의 연결이 잘못된 것은?

① 물(냉매) – 황산(흡수제)
② 암모니아(냉매) – 물(흡수제)
③ 물(냉매) – 가성소다(흡수제)
④ 염화에틸(냉매) – 취화리튬(흡수제)

해설
흡수식 냉동기의 냉매와 흡수제

냉매	흡수제
물	• 황산 • 취화리튬 • 염화리튬 • 수산화나트륨(가성소다)
암모니아	• 물 • 로단암모니아

※ 실용화되고 있는 냉매와 흡수제의 조합은 물-LiBr, 암모니아-물의 두 종류이다.

22 표준 냉동사이클에 대한 설명으로 옳은 것은?

① 응축기에서 버리는 열량은 증발기에서 취하는 열량과 같다.
② 증기를 압축기에서 단열압축하면 압력과 온도가 높아진다.
③ 팽창밸브에서 팽창하는 냉매는 압력이 감소함과 동시에 열을 방출한다.
④ 증발기 내에서의 냉매 증발온도는 그 압력에 대한 포화온도보다 낮다.

해설
① 응축기에서 버리는 열량은 증발기에서 취하는 열량과 압축기에서 발생하는 열량의 합과 같다.
③ 팽창밸브에서 팽창하는 냉매는 단열팽창 과정으로서 엔탈피 변화가 없고 압력과 온도는 낮아진다.
④ 증발기 내에서의 냉매 증발온도는 그 압력에 대한 포화온도와 같다.

[정답] 19 ③ 20 ② 21 ④ 22 ②

23 10냉동톤의 능력을 갖는 역카르노 사이클이 적용된 냉동기관의 고온부 온도가 25℃, 저온부 온도가 −20℃일 때, 이 냉동기를 운전하는 데 필요한 동력은?

① 1.8kW   ② 3.1kW
③ 6.9kW   ④ 9.4kW

해설

- 성적계수 $COP = \dfrac{Q_e}{A_w} = \dfrac{T_L}{T_H - T_L}$

  $= \dfrac{(-20+273)}{(25+273)-(-20+273)} = 5.62$

- 압축일량 $A_w = \dfrac{Q_e}{COP} = \dfrac{10 \times 3,320}{5.62} = 5,907.47\text{kcal/h}$

∴ $A_w = 5,907.47 \times \dfrac{1}{860} = 6.87\text{kW}$

※ 냉동톤 1RT = 3,320kcal/h
  동력 1kW = 860kcal/h

24 증발식 응축기의 구성요소로서 가장 거리가 먼 것은?

① 송풍기
② 응축용 핀 코일
③ 물분무 펌프 및 분배장치
④ 일리미네이터, 수공급장치

해설
응축용 핀 코일은 공랭식 응축기의 구성요소이다.

25 냉동장치의 증발압력이 너무 낮은 원인으로 가장 거리가 먼 것은?

① 수액기 및 응축기 내에 냉매가 충만해 있다.
② 팽창밸브가 너무 조여 있다.
③ 증발기의 풍량이 부족하다.
④ 여과기가 막혀 있다.

해설
수액기 및 응축기 내에 냉매가 충만해 있으면 응축압력이 높아지는 원인이 된다.

26 표준 냉동장치에서 단열팽창 과정의 온도와 엔탈피 변화로 옳은 것은?

① 온도 상승, 엔탈피 변화 없음
② 온도 상승, 엔탈피 높아짐
③ 온도 하강, 엔탈피 변화 없음
④ 온도 하강, 엔탈피 낮아짐

해설
표준 냉동장치에서 단열팽창 과정은 팽창밸브에서 일어나는 과정으로서 엔탈피 변화가 없고, 압력과 온도는 하강한다.

27 왕복동 압축기의 유압이 운전 중 저하되었을 경우에 대한 원인을 분류한 것으로 옳은 것을 모두 고른 것은?

㉠ 오일 스트레이너가 막혀 있다.
㉡ 유온이 너무 낮다.
㉢ 냉동유가 과충전되었다.
㉣ 크랭크실 내의 냉동유에 냉매가 너무 많이 섞여 있다.

① ㉠, ㉡   ② ㉢, ㉣
③ ㉠, ㉣   ④ ㉡, ㉢

해설
유압이 저하되는 원인
- 오일 스트레이너가 막혀 있는 경우
- 유온이 너무 높을 경우
- 냉동유가 부족할 경우
- 크랭크실 내의 냉동유에 냉매가 너무 많이 섞여 있는 경우
- 유압 조정밸브가 많이 열려 있는 경우
- 냉동유에 다량의 수분이 섞여 있는 경우

28 터보 압축기의 특징으로 틀린 것은?

① 부하가 감소하면 서징 현상이 일어난다.
② 압축되는 냉매증기 속에 기름방울이 함유되지 않는다.
③ 회전운동을 하므로 동적 균형을 잡기 좋다.
④ 모든 냉매에서 냉매 회수장치가 필요 없다.

해설
터보 압축기는 냉매 회수장치를 설치해야 한다.

29 냉동장치에서 흡입 배관이 너무 작아서 발생되는 현상으로 가장 거리가 먼 것은?

① 냉동능력 감소
② 흡입가스의 비체적 증가
③ 소비동력 증가
④ 토출가스 온도 강하

해설
흡입 배관이 너무 작으면 냉매 순환량이 작아져서 저압이 낮아지게 된다. 따라서 압축비 상승으로 인하여 압축 후의 토출가스 온도가 상승한다.

30 2단 압축 냉동장치에서 게이지 압력계의 지시계가 고압 15kgf/cm²g, 저압 100mmHg을 가리킬 때, 저단 압축기와 고단 압축기의 압축비는?(단, 저·고단의 압축비는 동일하다)

① 3.6 ② 3.8
③ 4.0 ④ 4.2

해설
- 고압의 절대압력 $P_H = 15 + 1.0332 = 16.0332 \text{ kgf/cm}^2 \text{abs}$
- 저압의 절대압력 $P_L = 760 - 100 = 660 \text{ mmHg abs}$

$$P_L = \frac{660}{760} \times 1.0332 = 0.8973 \text{ kgf/cm}^2 \text{abs}$$

- 중간압력
$$P_m = \sqrt{P_H \times P_L} = \sqrt{16.0332 \times 0.8973} = 3.793 \text{ kgf/cm}^2 \text{abs}$$

- 2단 압축 냉동장치의 압축비
$$\alpha = \frac{P_H}{P_m} = \frac{P_m}{P_L} = \frac{16.0332}{3.793} = \frac{3.793}{0.8973} = 4.23$$

31 냉동사이클이 다음과 같은 $T-S$ 선도로 표시되었다. $T-S$ 선도 4-5-1의 선에 관한 설명으로 옳은 것은?

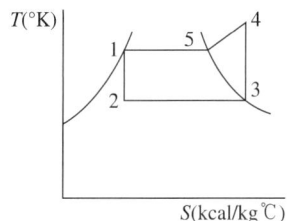

① 4-5-1은 등압선이고 응축과정이다.
② 4-5는 압축기 토출구에서 압력이 떨어지고 5-1은 교축과정이다.
③ 4-5는 불응축 가스가 존재할 때 나타나며 5-1만이 응축과정이다.
④ 4에서 5로 온도가 떨어진 것은 압축기에서 흡입가스의 영향을 받아서 열을 방출했기 때문이다.

해설
냉동사이클의 $T-S$ 선도
- 3-4 : 등엔트로피선으로 단열압축과정
- 4-5-1 : 응축과정으로 등압선
- 1-2 : 압력과 온도 강하되므로 팽창과정
- 2-3 : 등온선과 등압선이므로 증발과정

32 증발온도(압력) 하강의 경우 장치에 발생되는 현상으로 가장 거리가 먼 것은?

① 성적계수(COP) 감소
② 토출가스 온도 상승
③ 냉매 순환량 증가
④ 냉동효과 감소

해설
증발온도가 하강하면 냉매 순환량이 감소하게 된다.

33 냉동장치에서 윤활의 목적으로 가장 거리가 먼 것은?

① 마모 방지
② 기밀작용
③ 열의 축적
④ 마찰동력 손실 방지

해설
냉동장치에서 윤활의 목적
- 윤활작용으로 피스톤과 실린더의 마모를 방지한다.
- 기밀작용으로 냉매의 누설을 방지한다.
- 냉각작용으로 마찰열을 제거하여 기계효율을 증대시킨다.
- 방청작용으로 부식을 방지한다.

34 냉동사이클 중 $P-h$ 선도(압력-엔탈피 선도)로 계산할 수 없는 것은?

① 냉동능력
② 성적계수
③ 냉매 순환량
④ 마찰계수

해설
$P-h$ 선도를 작성하면 냉동능력, 성적계수, 냉매 순환량, 압축기 소요동력, 응축기 방열량, 압축비, 건조도, 플래시 가스 발생량을 계산할 수 있다.

35 냉동장치의 압축기 피스톤 압출량이 120m³/h, 압축기 소요동력이 1.1kW, 압축기 흡입가스의 비체적이 0.65m³/kg, 체적효율이 0.81일 때, 냉매 순환량은?

① 100kg/h
② 150kg/h
③ 200kg/h
④ 250kg/h

해설
냉매 순환량 $G = \dfrac{V}{v} \times \eta_v = \dfrac{120}{0.65} \times 0.81 = 149.5\,\text{kg/h}$

36 냉매에 대한 설명으로 틀린 것은?

① 응고점이 낮을 것
② 증발열과 열전도율이 클 것
③ R-500은 R-12와 R-152를 합한 공비 혼합냉매라 한다.
④ R-21은 화학식으로 $CHCl_2F$이고, $CClF_2-CClF_2$는 R-113이다.

해설
R-113은 $C_2Cl_3F_3$이다.

37 압축기의 체적효율에 대한 설명으로 옳은 것은?

① 이론적 피스톤 압출량을 압축기 흡입 직전의 상태로 환산한 흡입가스량으로 나눈 값이다.
② 체적효율은 압축비가 증가하면 감소한다.
③ 동일 냉매 이용 시 체적효율은 항상 동일하다.
④ 피스톤 격간이 클수록 체적효율은 증가한다.

해설
체적효율은 피스톤의 격간이 클수록, 압축비가 증가할수록 감소한다.

38 1단 압축 1단 팽창 냉동장치에서 흡입증기가 어느 상태일 때 성적계수가 제일 큰가?

① 습증기
② 과열증기
③ 과냉각액
④ 건포화증기

해설
- 성적계수에서 냉동효과가 클수록, 압축일량이 작을수록 성적계수는 커진다.
- 냉동효과는 압축기 흡입증기의 엔탈피 − 증발기 입구 엔탈피이므로 압축기 흡입증기의 엔탈피가 클수록 냉동효과가 커진다.
- 압축기 흡입증기가 과열증기일 때 냉동효과가 가장 크고 성적계수도 가장 크게 된다.

39 응축기에서 고온 냉매가스의 열이 제거되는 과정으로 가장 적합한 것은?

① 복사와 전도
② 승화와 증발
③ 복사와 기화
④ 대류와 전도

해설
응축기 내에서 고온의 냉매가스는 냉각수와 전도열과 대류열에 의해 응축 액화가 된다.

40 물 10kg을 0℃에서 70℃까지 가열하면 물의 엔트로피 증가는?(단, 물의 비열은 4.18kJ/kg · K이다)

① 4.14kJ/K
② 9.54kJ/K
③ 12.74kJ/K
④ 52.52kJ/K

해설
엔트로피 변화 $\Delta S = GC_p \ln \dfrac{T_2}{T_1}$

$= 10\text{kg} \times 4.18 \dfrac{\text{kJ}}{\text{kg} \cdot \text{K}} \times \ln\left(\dfrac{273+70}{273+0}\right)$

$= 9.541 \text{ kJ/K}$

제3과목 배관일반

41 10세대가 거주하는 아파트에서 필요한 하루의 급수량은?(단, 1세대 거주인원은 4명, 1일 1인당 사용수량은 100L로 한다)

① 3,000L   ② 4,000L
③ 5,000L   ④ 6,000L

해설
급수량 $Q_{day} = N \times q = 4 \times (100 \times 10) = 4,000 \text{L/day}$

42 다음 신축 이음 방법 중 고압증기의 옥외 배관에 적당한 것은?

① 슬리브 이음   ② 벨로스 이음
③ 루프형 이음   ④ 스위블 이음

해설
루프형 이음은 관을 구부려 관 자체의 가요성을 이용하여 신축을 흡수하는 이음으로서 고압증기의 옥외 배관에 사용된다.

43 증기보일러에서 환수방법을 진공 환수방법으로 할 때 설명이 옳은 것은?

① 증기주관은 선하향 구배로 설치한다.
② 환수관은 습식환수관을 사용한다.
③ 리프트 피팅의 1단 흡상고는 3m로 설치한다.
④ 리프트 피팅은 펌프 부근에 두 개 이상 설치한다.

해설
진공 환수방법의 특징
• 증기주관은 1/200~1/300의 선하향 구배로 설치한다.
• 환수관은 건식환수관을 사용한다.
• 리프트 피팅의 1단 흡상고는 1.5m로 설치한다.
• 리프트 피팅은 펌프 부근에 1개소만 설치한다.

44 증기난방 배관에서 고정 지지물의 고정방법에 관한 설명으로 틀린 것은?

① 신축 이음이 있을 때에는 배관의 양끝을 고정한다.
② 신축 이음이 없을 때에는 배관의 중앙부를 고정한다.
③ 주관의 분기관이 접속되었을 때에는 그 분기점을 고정한다.
④ 고정 지지물의 설치 위치는 시공상 큰 문제가 되지 않는다.

해설
증기난방 배관의 지지법
• 신축 이음이 있을 때에는 배관의 양끝을 고정한다.
• 신축 이음이 없을 때에는 배관의 중앙부를 고정한다.
• 주관의 분기관이 접속되었을 때에는 그 분기점을 고정한다.

45 가스 배관의 크기를 결정하는 요소로 가장 거리가 먼 것은?

① 관의 길이
② 가스의 비중
③ 가스의 압력
④ 가스기구의 종류

해설
가스유량 $Q = K\sqrt{\dfrac{D^5 H}{SL}}$ 에서 관의 지름 $D = \left(\dfrac{Q^2}{K^2} \times \dfrac{SL}{H}\right)^{\frac{1}{5}}$

여기서, Q : 가스유량, K : 유량계수, D : 관의 내경, H : 허용압력손실, S : 가스의 비중, L : 가스관의 길이

정답 41 ② 42 ③ 43 ① 44 ④ 45 ④

46 펌프의 흡입 배관 설치에 관한 설명으로 틀린 것은?
① 흡입관은 가급적 길이를 짧게 한다.
② 흡입관의 하중이 펌프에 직접 걸리지 않도록 한다.
③ 흡입관에는 펌프의 진동이나 관의 열팽창이 전달되지 않도록 신축 이음을 한다.
④ 흡입 수평관의 관경을 확대시키는 경우 동심 리듀서를 사용한다.

해설
펌프 흡입 수평관의 관경을 확대·축소시킬 때 공기가 고이는 것을 방지하기 위하여 편심 리듀서를 사용한다.

47 덕트 제작에 이용되는 심의 종류가 아닌 것은?
① 버튼펀치스냅 심
② 포켓펀치 심
③ 피츠버그 심
④ 그루브 심

해설
심 종류 : 버튼펀치스냅 심, 피츠버그 심, 그루브 심, 더블코너 심, 스탠딩 심

48 열역학적 트랩의 종류가 아닌 것은?
① 디스크형 트랩
② 오리피스형 트랩
③ 열동식 트랩
④ 바이패스형 트랩

해설
열동식 트랩은 온도조절식 트랩이다.

49 배수펌프의 용량은 일정한 배수량이 유입하는 경우 시간 평균 유입량의 몇 배로 하는 것이 적당한가?
① 1.2~1.5배
② 3.2~3.5배
③ 4.2~4.5배
④ 5.2~5.5배

해설
배수펌프의 용량은 시간 평균 유입량의 1.2~1.5배로 한다.

50 가스식 순간 탕비기의 자동연소장치 원리에 관한 설명으로 옳은 것은?
① 온도차에 의해서 타이머가 작동하여 가스를 내보낸다.
② 온도차에 의해서 다이어프램이 작동하여 가스를 내보낸다.
③ 수압차에 의해서 다이어프램이 작동하여 가스를 내보낸다.
④ 수압차에 의해서 타이머가 작동하여 가스를 내보낸다.

해설
가스식 순간 탕비기는 가열관에 물을 공급하고, 가열관 주위에서 연소하는 가스 불꽃에 의해 급탕하는 방식으로서 자동연소장치는 수압차에 의해 다이어프램이 작동하여 가스를 내보낸다.

정답 46 ④ 47 ② 48 ③ 49 ① 50 ③

51 관 이음 중 고체나 유체를 수송하는 배관, 밸브류, 펌프, 열교환기 등 각종 기기의 접속 및 관을 자주 해체 또는 교환할 필요가 있는 곳에 사용되는 것은?

① 용접 접합
② 플랜지 접합
③ 나사 접합
④ 플레어 접합

해설
플랜지 접합은 각종 기기의 접속 및 관을 자주 해체하거나 교환할 때 사용하는 접합방법이다.

52 동일 송풍기에서 임펠러의 지름을 두 배로 했을 경우 특성변화의 법칙에 대해 옳은 것은?

① 풍량은 송풍기 크기비의 2제곱에 비례한다.
② 압력은 송풍기 크기비의 3제곱에 비례한다.
③ 동력은 송풍기 크기비의 5제곱에 비례한다.
④ 회전수 변화에만 특성변화가 있다.

해설
송풍기의 상사법칙
- 풍량 $Q_2 = \left(\frac{N_2}{N_1}\right)Q_1$, $Q_2 = \left(\frac{D_2}{D_1}\right)^3 Q_1$
- 압력 $P_2 = \left(\frac{N_2}{N_1}\right)^2 P_1$, $P_2 = \left(\frac{D_2}{D_1}\right)^2 P_1$
- 동력 $L_2 = \left(\frac{N_2}{N_1}\right)^3 L_1$, $L_2 = \left(\frac{D_2}{D_1}\right)^5 L_1$

53 주 증기관의 관경 결정에 직접적인 관계가 없는 것은?

① 팽창탱크 체적
② 증기의 속도
③ 압력손실
④ 관의 길이

해설
팽창탱크는 온수난방에 설치하는 기기로서 물의 온도변화에 따른 체적팽창을 흡수하여 장치 내의 압력을 흡수하고, 장치의 파손을 방지하는 장치이다.

54 배관 작업 시 동관용 공구와 스테인리스 강관용 공구로 병용해서 사용할 수 있는 공구는?

① 익스팬더
② 튜브커터
③ 사이징 툴
④ 플레어링 툴 세트

해설
② 튜브커터 : 동관 또는 스테인리스 강관을 절단하는 데 사용하는 공구
① 익스팬더 : 동관 끝을 확관하는 데 사용하는 공구
③ 사이징 툴 : 동관의 끝부분을 원형으로 정형하는 데 사용하는 공구
④ 플레어링 툴 세트 : 동관 끝을 나팔 모양으로 만들어 압축 이음 시 사용하는 공구

55 통기설비의 통기방식에 해당하지 않는 것은?

① 루프 통기방식
② 각개 통기방식
③ 신정 통기방식
④ 사이펀 통기방식

해설
통기방식의 종류 : 루프 통기방식, 각개 통기방식, 신정 통기방식, 도피 통기방식, 결합 통기방식, 습윤 통기방식

56 펌프에서 물을 압송하고 있을 때 발생하는 수격작용을 방지하기 위한 방법으로 틀린 것은?

① 급격한 밸브 폐쇄는 피한다.
② 관내 유속을 빠르게 한다.
③ 기구류 부근에 공기실을 설치한다.
④ 펌프에 플라이 휠(Fly Wheel)을 설치한다.

해설
관내 유속을 빠르게 하면 수격작용이 발생하는 원인이 된다.

57 관의 보랭 시공의 주된 목적은?

① 물의 동결방지   ② 방열방지
③ 결로방지   ④ 인화방지

해설
관내에 흐르는 물의 온도가 주변 공기의 노점보다 낮을 경우 관 표면에 이슬이 맺히기 때문에 결로를 방지하기 위하여 보랭 시공을 해야 한다.

58 통기관 및 통기구에 관한 설명으로 틀린 것은?

① 외벽면을 관통하여 개구하는 통기관은 빗물막이를 충분히 한다.
② 건물의 돌출부 아래에 통기관의 말단을 개구해서는 안 된다.
③ 통기구는 원칙적으로 하향이 되도록 한다.
④ 지붕이나 옥상을 관통하는 통기관은 지붕면보다 50mm 이상 올려서 대기 중에 개구한다.

해설
지붕이나 옥상을 관통하는 통기관은 지붕면보다 150mm 이상 올려 대기 중에 개구한다.

59 배수관 트랩의 봉수 파괴 원인이 아닌 것은?

① 자기 사이펀 작용
② 모세관 작용
③ 봉수의 증발작용
④ 통기관 작용

해설
트랩의 봉수 파괴 원인 : 자기 사이펀 작용, 모세관 작용, 봉수의 증발작용, 흡출작용, 분출작용

60 도시가스 내 부취제의 액체 주입식 부취설비 방식이 아닌 것은?

① 펌프 주입 방식
② 적하 주입 방식
③ 위크식 주입 방식
④ 미터 연결 바이패스 방식

해설
부취설비
• 기체 주입식 부취설비 : 위크식 주입 방식, 바이패스 주입 방식
• 액체 주입식 부취설비 : 펌프 주입 방식, 적하 주입 방식, 미터 연결 바이패스 방식

제4과목 전기제어공학

61 $I_m \sin(\omega t + \theta)$의 전류와 $V_m \cos(\omega t - \phi)$인 전압 사이의 위상차는?

① $\theta - \phi$
② $(\phi - \theta)$
③ $\pi/2 - (\phi + \theta)$
④ $\pi/2 + (\phi - \theta)$

해설
- 순시전류 $i = I_m \sin(\omega t + \theta)$ → 전류의 위상 $\theta_1 = \omega t + \theta$
- 순시전압 $v = V_m \cos(\omega t - \phi) = V_m \sin\left(\omega t - \phi + \frac{\pi}{2}\right)$

  → 전압의 위상 $\theta_2 = \omega t - \phi + \frac{\pi}{2}$

- 위상차 $\theta_2 - \theta_1 = \left(\omega t - \phi + \frac{\pi}{2}\right) - (\omega t + \theta) = \frac{\pi}{2} - (\phi + \theta)$

해설

전달함수 $G(s) = \dfrac{1 + T_2 S}{1 + T_1 S}$ → $G(j\omega) = \dfrac{1 + j\omega T_2}{1 + j\omega T_1}$

$\omega = 0$일 때 $|G(j\omega)| = 1$

$\omega = \infty$일 때 $|G(j\omega)| = \dfrac{T_2}{T_1}$

$T_1 > T_2$에서 $|G(j\omega)| = \dfrac{T_2}{T_1} < 1$이고, 위상 각도는 −값을 갖는 벡터 궤적이다.

62 $T_1 > T_2 = 0$일 때, $G(s) = \dfrac{1 + T_2 S}{1 + T_1 S}$의 벡터 궤적은?

①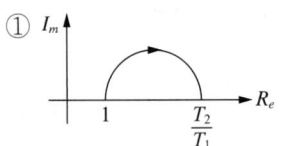

②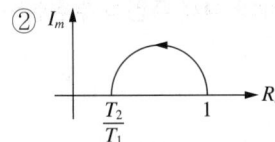

③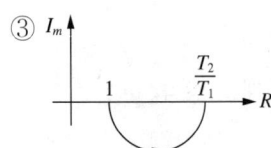

④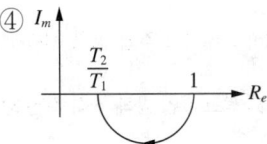

63 그림과 같이 콘덴서 3F와 2F가 직렬로 접속된 회로에 전압 20V를 가하였을 때 3F 콘덴서 단자의 전압 V_1은 몇 V인가?

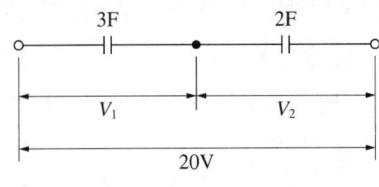

① 5
② 6
③ 7
④ 8

해설

3F 콘덴서에 걸리는 전압 $V_1 = \left(\dfrac{C_2}{C_1 + C_2}\right)V = \left(\dfrac{2}{3+2}\right) \times 20 = 8V$

정답 61 ③ 62 ④ 63 ④

64 기준권선과 제어권선의 두 고정자 권선이 있으며, 90° 위상차가 있는 2상 전압을 인가하여 회전자계를 만들어서 회전자를 회전시키는 전동기는?

① 동기전동기
② 직류전동기
③ 스텝전동기
④ AC 서보전동기

해설
① 동기전동기 : 영구자석을 회전자로 하고 회전자의 자극 가까이에 권선으로 만든 전자석을 가까이 하여 회전시키면 회전자는 이동하는 전자석에 흡인되어 회전하는 전동기이다.
② 직류전동기 : 자기장 중에 있는 코일에 정류자를 접속시키고 브러시를 통하여 직류전압을 가하면 직류전류가 흘러 코일은 플레밍의 왼손법칙에 따라 시계방향으로 회전하는 전동기이다.
③ 스텝전동기 : 펄스 파형의 전압에 의해 일정한 각도로 회전하는 전동기이다.

65 그림과 같은 파형의 평균값은 얼마인가?

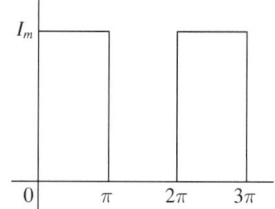

① $2I_m$
② I_m
③ $I_m/2$
④ $I_m/4$

해설
현 파형의 주기는 2π이므로 1주기의 면적을 구하면
$S_1 = I_m \times \pi$
평균전류와 2π로 이루어진 면적이 S_1과 동일해야 하므로
$I_m \times \pi = I_{av} \times 2\pi$
$I_{av} = \dfrac{I_m \pi}{2\pi} = \dfrac{I_m}{2}$

66 전기로의 온도를 1,000℃로 일정하게 유지시키기 위하여 열전도계의 지싯값을 보면서 전압조정기로 전기로에 대한 인가전압을 조절하는 장치가 있다. 이 경우 열전 온도계는 다음 중 어느 것에 해당하는가?

① 조작부   ② 검출부
③ 제어량   ④ 조작량

해설
• 제어대상 : 전기로
• 목푯값 : 1,000℃
• 제어량 : 온도
• 검출부 : 열전온도계

67 제어요소는 무엇으로 구성되어 있는가?

① 비교부
② 검출부
③ 조절부와 조작부
④ 비교부와 검출부

해설
제어요소는 동작신호를 조작량으로 변환하는 요소로서 조절부와 조작부로 이루어져 있다.

68 자체 판단능력이 없는 제어계는?

① 서보기구   ② 추치 제어계
③ 개회로 제어계   ④ 폐회로 제어계

해설
개회로 제어계란 시퀀스 제어로서 미리 정해진 순서에 따라 제어의 각 단계를 순차적으로 제어하는 방식이다. 따라서 자체 판단능력이 없다.

69 교류전류의 흐름을 방해하는 소자는 저항 이외에도 유도 코일, 콘덴서 등이 있다. 유도 코일과 콘덴서 등에 대한 교류전류의 흐름을 방해하는 저항력을 갖는 것을 무엇이라고 하는가?

① 리액턴스   ② 임피던스
③ 컨덕턴스   ④ 어드미턴스

해설
리액턴스는 교류전류의 흐름을 방해하는 저항력으로서 유도 코일의 저항력을 유도성 리액턴스, 콘덴서의 저항력을 용량성 리액턴스라고 한다.

70 목푯값이 시간적으로 임의로 변하는 경우의 제어로서 서보기구가 속하는 것은?

① 정치제어   ② 추종제어
③ 마이컴 제어   ④ 프로그램 제어

해설
추종제어 : 제어량에 의한 분류 중 서보기구에 해당하는 값을 제어(비행기 추적 레이더, 유도 미사일)
• 추치제어 : 출력의 변동을 조정하는 동시에 목푯값에 정확히 추종하도록 설계한 제어
• 프로그램 제어 : 목푯값이 미리 정해진 시간적 변화를 하는 경우 제어량을 변화시키는 제어로서 무인 운전시스템이 이에 해당(무인 엘리베이터, 무인 자판기, 무인열차)
• 비율제어 : 목푯값이 다른 양과 일정한 비율 관계로 변화하는 제어(보일러의 자동연소제어)

71 220V, 1kW의 전열기에서 전열선의 길이를 두 배로 늘리면 소비전력은 늘리기 전의 전력에 비해 몇 배로 변화하는가?

① 0.25   ② 0.5
③ 1.25   ④ 1.5

해설
$R = \rho \dfrac{l}{A}$ 에서 저항은 도체의 고유저항(ρ)과 도체의 길이(l)에 비례하고 도체의 단면적(A)에 반비례한다. 따라서 전열선의 길이를 두 배로 늘리면 저항은 두 배가 된다.
$R_2 = 2R_1$
소비전력 $P_1 = \dfrac{V^2}{R_1}$, $P_2 = \dfrac{V^2}{R_2} = \dfrac{V^2}{2R_1} = 0.5P_1$

72 PLC 제어의 특징으로 틀린 것은?

① 소형화가 가능하다.
② 유지보수가 용이하다.
③ 제어시스템의 확장이 용이하다.
④ 부품 간의 배선에 의해 로직이 결정된다.

해설
PLC 제어는 제어반 내에 릴레이, 타이머, 카운터 등의 기능을 IC, 트랜지스터 등의 반도체 소자로 대체시켜 기본적인 시퀀스 제어기능에 수치 연산기능을 추가하여 프로그램 제어가 가능하도록 한 제어장치로서 프로그램에 의해 로직이 결정된다.

73 3,300/200V, 10kVA인 단상 변압기의 2차를 단락하여 1차측에 300V를 가하니 2차에 120A가 흘렀다. 1차 정격전류(A) 및 이 변압기의 임피던스 전압(V)은 약 얼마인가?

① 1.5A, 200V
② 2.0A, 150V
③ 2.5A, 330V
④ 3.0A, 125V

해설

- 1차 정격전류 $I_n = \dfrac{P}{V_1} = \dfrac{10 \times 10^3 \text{VA}}{3,300\text{V}} = 3.03\text{A}$
- 2차 정격전류 $I_2 = \dfrac{10 \times 10^3 \text{VA}}{200\text{V}} = 50\text{A}$
- 비례식 $300\text{V} : 120\text{A} = V_2 : 50\text{A}$
  → 임피던스 전압 $V_2 = \dfrac{300 \times 50}{120} = 125\text{V}$

※ 임피던스 전압이란 2차측을 단락시켰을 때 2차 정격전류가 흐르면 1차측 전압이다.

74 제어기기에서 서보전동기는 어디에 속하는가?

① 검출기기
② 조작기기
③ 변환기기
④ 증폭기기

해설

서보전동기는 피드백 제어계의 조작기기(조작부)에 해당한다.

75 지시 전기계기의 정확성에 의한 분류가 아닌 것은?

① 0.2급
② 0.5급
③ 2.5급
④ 5급

해설

지시 전기계기의 등급

등급	허용오차	등급	허용오차
0.2급	±0.2%	0.5급	±0.5%
1.0급	±1.0%	1.5급	±1.5%
2.5급	±2.5%		

76 R, L, C 직렬회로에서 인가전압을 입력으로, 흐르는 전류를 출력으로 할 때 전달함수를 구하면?

① $R + LS + CS$
② $\dfrac{1}{R + LS + CS}$
③ $R + LS + \dfrac{1}{CS}$
④ $\dfrac{1}{R + LS + \dfrac{1}{CS}}$

해설

인가전압 $V(t) = Ri(t) + L\dfrac{d}{dt}i(t) + \dfrac{1}{C}\displaystyle\int_0^t i(t)dt$ 를 라플라스 변환한다.

$V(S) = RI(S) + LSI(S) + \dfrac{1}{CS}I(S)$

$V(S) = \left(R + LS + \dfrac{1}{CS}\right)I(s)$

전달함수 $G(S) = \dfrac{I(S)}{V(S)} = \dfrac{1}{R + LS + \dfrac{1}{CS}}$

77 그림과 같은 브리지 정류기는 어느 점에 교류입력을 연결해야 하는가?

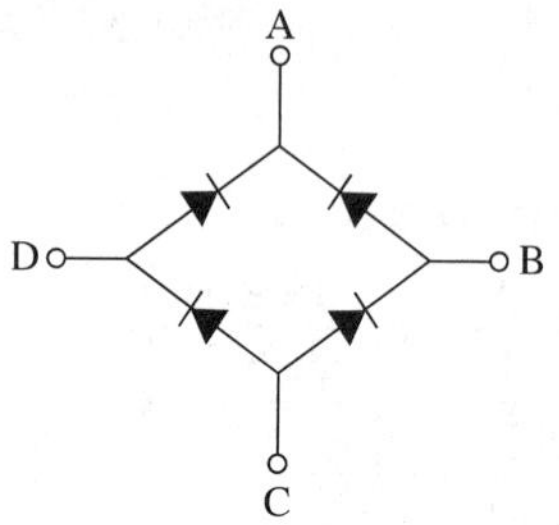

① B-D점　② B-C점
③ A-C점　④ A-B점

해설

- 교류입력 : B-D점 연결
- 직류입력 : A(+)-C(-)점 연결

78 피드백 제어계에서 반드시 있어야 할 장치는?

① 전동기 시한 제어장치
② 발진기로서의 동작장치
③ 응답속도를 느리게 하는 장치
④ 목푯값과 출력을 비교하는 장치

해설

피드백 제어는 검출부가 반드시 필요하므로 목푯값과 출력을 비교하는 장치가 필수이다.

79 주상변압기의 고압측에 몇 개의 탭을 두는 이유는?

① 선로의 전압을 조정하기 위하여
② 선로의 역률을 조정하기 위하여
③ 선로의 잔류전하를 방전시키기 위하여
④ 단자가 고장 났을 때를 대비하기 위하여

해설

주상변압기 : 교류 배전선로에 설치되어 전압을 조정하는 장치로 주 배전선의 고압을 사용처에 알맞은 저압으로 낮추기 위해 전주 위에 설치된다. 선로의 전압을 조정하기 위해 여러 개의 탭을 가지고 있다.

80 다음 특성방정식 중 계가 안정될 필요조건을 갖춘 것은?

① $S^3+9S^2+17S+14=0$
② $S^3-8S^2+13S-12=0$
③ $S^4+3S^2+12S+8=0$
④ $S^3+2S^2+4S-1=0$

해설

특수방정식의 안정조건 : $a_0S^3+a_1S^2+a_2S+a_3=0$
특성방정식의 계수가 어느 하나라도 없어서는 안 된다. 즉, 모든 계수가 존재해야 한다. 특성방정식의 모든 계수는 같은 부호를 갖는다.

77 ① 78 ④ 79 ① 80 ① 정답

2021년 제2회 과년도 기출복원문제

제1과목 공기조화

01 건구온도 10℃, 습구온도 3℃의 공기를 덕트 중 재열기로 건구온도 25℃까지 가열하고자 한다. 재열기를 통하는 공기량이 1,500m³/min인 경우 재열기에 필요한 열량은?(단, 공기의 비체적은 0.849 m³/kg이다)

① 191,025kJ/min   ② 28,017kJ/min
③ 8,200kJ/min   ④ 26,767kJ/min

해설

$q_S = GC\triangle t = (\rho Q)C\triangle t = \dfrac{Q}{v}C\triangle t$

$\rightarrow \dfrac{1,500\dfrac{\text{m}^3}{\text{min}}}{0.849\dfrac{\text{m}^3}{\text{kg}}} \times 1.01\dfrac{\text{kJ}}{\text{kg}\cdot\text{K}} \times (25-10)\text{K} = 26,766.8\text{kJ/min}$

여기서, C : 공기 비열(1.01kJ/kg·K)

02 공기조화 설비에 사용되는 냉각탑에 관한 설명으로 옳은 것은?

① 냉각탑의 어프로치는 냉각탑의 입구 수온과 그때의 외기 건구온도와의 차이이다.
② 강제통풍식 냉각탑의 어프로치는 일반적으로 약 5℃이다.
③ 냉각탑을 통과하는 공기량(kg/h)을 냉각탑의 냉각수량(kg/h)으로 나눈 값을 수공기비라 한다.
④ 냉각탑의 레인지는 냉각탑의 출구 공기온도와 입구 공기온도의 차이이다.

해설

① 냉각탑의 어프로치는 냉각탑의 냉각수 출구 수온과 그때의 외기 습구온도와의 차이이다.
③ 냉각탑의 냉각수량(kg/h)을 냉각탑을 통과하는 공기량(kg/h)으로 나눈 값을 수공기비라 한다.
④ 냉각탑의 레인지는 냉각탑의 입구 공기온도와 냉각수 출구 공기온도의 차이이다.

03 아래 그림은 공기조화기 내부에서의 공기의 변화를 나타낸 것이다. 이 중에서 냉각 코일에서 나타나는 상태변화는 공기선도상 어느 점을 나타내는가?

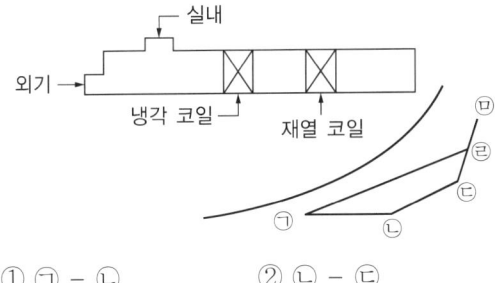

① ㉠ - ㉡   ② ㉡ - ㉢
③ ㉣ - ㉠   ④ ㉣ - ㉤

해설

- ㉠ - ㉡ : 재열 코일의 상태변화
- ㉡ - ㉢ : 실내공기의 상태변화
- ㉣ - ㉠ : 냉각 코일의 상태변화
- ㉣ - ㉤ : 외기도입부의 상태변화

정답 1 ④ 2 ② 3 ③

04 외기온도가 13℃(포화수증기압 12.83mmHg)이며 절대습도 0.008kg/kg′일 때의 상대습도 RH는? (단, 대기압은 760mmHg이다)

① 약 37% ② 약 46%
③ 약 75% ④ 약 82%

해설

습공기 수증기 분압(P_w)

$$x = 0.622 \frac{P_w}{P - P_w}$$

$$0.008 = 0.622 \times \frac{P_w}{760 - P_w}$$

$$\therefore P_w = 9.65 \text{mmHg}$$

여기서, x : 절대습도(kg/kg′)
P : 대기압($P_a + P_w$)(mmHg)
P_a : 건공기 분압(mmHg)

상대습도 $\phi = \dfrac{P_w}{P_s} \times 100 = \dfrac{9.65}{12.83} \times 100 = 75.21\%$

여기서, ϕ : 상대습도(%)
P_s : 포화습공기 수증기 분압(mmHg)
P_w : 습공기 수증기 분압(mmHg)

05 공기세정기에 관한 설명으로 틀린 것은?

① 공기세정기의 통과풍속은 일반적으로 약 2~3m/s이다.
② 공기세정기의 가습기는 노즐에서 물을 분무하여 공기에 충분히 접촉시켜 세정과 가습을 하는 것이다.
③ 공기세정기의 구조는 루버, 분무 노즐, 플러딩 노즐, 일리미네이터 등이 케이싱 속에 내장되어 있다.
④ 공기세정기의 분무 수압은 노즐 성능상 약 20~50kPa이다.

해설

공기세정기의 분무 수압은 노즐 성능상 약 140~250kPa이다.
공기세정기(에어와셔) : 공기 중에 온수, 냉수를 분무하여 1차 목적으로 냉각감습, 가열감습, 단열가습에 사용되고 2차 목적으로 공기를 세정하는 역할을 한다(주로 가습용).

06 다음 그림에 대한 설명으로 틀린 것은?

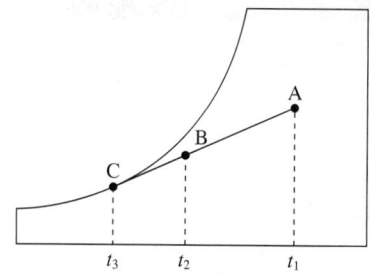

① $A \to B$는 냉각감습 과정이다.
② 바이패스 팩터(BF)는 $\dfrac{t_2 - t_3}{t_1 - t_3}$이다.
③ 코일의 열수가 증가하면 BF는 증가한다.
④ BF가 작으면 공기의 통과저항이 커져 송풍기 동력이 증대될 수 있다.

해설

코일의 열수가 증가하면 BF는 감소한다.
바이패스 팩터(BF)를 감소시키는 법
• 전열면적을 크게 한다.
• 통과 송풍량을 적게 한다.
• 냉수량을 많게 한다.
• 코일의 통과풍속을 작게 한다.
• 콘택트 팩터를 크게 한다.

07 상당 외기온도차를 구하기 위한 요소로 가장 거리가 먼 것은?

① 흡수율
② 표면 열전달률(W/m²·K)
③ 직달 일사량(W/m²)
④ 외기온도(K)

해설

상당 외기온도차 $t_e = \dfrac{a}{a_o} \times I + t_o$

여기서, a : 벽체 표면의 흡수율(%)
I : 벽체 표면이 받는 전일사량(W/m²)
a_o : 표면 열전달률(W/m²·K)
t_o : 외기온도(K)

※ 직달 일사량은 대기 중의 수증기나 작은 먼지에 흡수 및 산란되지 않고 태양으로부터 직접 지표면에 도달하는 일사량이다.

08 냉방 시 유리를 통한 일사 취득열량을 줄이기 위한 방법으로 틀린 것은?

① 유리창의 입사각을 작게 한다.
② 투과율을 적게 한다.
③ 반사율을 크게 한다.
④ 차폐계수를 적게 한다.

해설
물체면의 입사각이 클수록 반사각이 커지므로 유리창의 일사 투사율을 줄이려면 입사각이 커야 한다. 그러므로 일사 취득열량을 줄이기 위해서는 유리창의 입사각을 크게 해야 한다.

09 중앙식 공조방식이 아닌 것은?

① 정풍량 단일 덕트 방식
② 2관식 유인 유닛 방식
③ 각층 유닛 방식
④ 패키지 유닛 방식

해설
공기조화 방식의 분류

분류	열원 방식	종류
중앙 방식	전공기 방식	정풍량 단일 덕트 방식, 2중 덕트 방식, 덕트 병용 패키지 방식, 각층 유닛 방식
	수공기 방식 (유닛 병용 방식)	덕트 병용 팬코일 유닛 방식, 유인 유닛 방식, 복사냉난방 방식
	전수 방식	팬코일 유닛 방식
개별 방식	냉매 방식	패키지 유닛 방식, 룸쿨러 방식, 멀티 유닛 룸쿨러 방식

10 냉방부하 계산 시 상당 외기온도차를 이용하는 경우는?

① 유리창의 취득열량
② 내벽의 취득열량
③ 침입외기 취득열량
④ 외벽의 취득열량

해설
상당 외기온도차 : 일사를 받는 외벽, 지붕과 같은 곳의 통과 열량을 산출하기 위해 외기온도나 태양의 일사량을 고려하여 정한 온도로 상당 외기온도와 실내온도의 차를 말한다.

11 600rpm으로 운전되는 송풍기의 풍량이 400m³/min, 전압이 40mmAq, 소요동력이 4kW의 성능을 나타낸다. 이때 회전수를 700rpm으로 변화시키면 몇 kW의 소요동력이 필요한가?

① 5.44kW ② 6.35kW
③ 7.27kW ④ 8.47kW

해설
송풍기 상사법칙 $L_2 = \left(\dfrac{N_2}{N_1}\right)^3 L_1 = \left(\dfrac{700\,\mathrm{r\,pm}}{600\,\mathrm{r\,pm}}\right)^3 \times 4\mathrm{kW}$
$= 6.35\mathrm{kW}$

12 노즐형 취출구로서 취출구 방향을 좌우상하로 바꿀 수 있는 취출구는?

① 유니버설형 ② 펑커루버형
③ 팬(Pan)형   ④ T라인(T-line)형

해설
펑커루버형 : 취출구의 목 부분이 움직이며 상하좌우 방향 조절이 가능하고 풍량 조절이 용이하여 선박의 환기용, 주방 등에 널리 사용된다.

13 유효온도(ET ; Effective Temperature)의 요소에 해당하지 않는 것은?

① 온도
② 기류
③ 청정도
④ 습도

해설
유효온도 : 실내환경을 평가하는 척도로서 온도, 습도, 기류를 하나로 조합한 상태에서 상대습도 100%, 풍속 0일 때 느껴지는 온도감각이다.

14 건축물의 출입문으로부터 극간풍 영향을 방지하는 방법으로 가장 거리가 먼 것은?

① 회전문을 설치한다.
② 이중문을 충분한 간격으로 설치한다.
③ 출입문에 블라인드를 설치한다.
④ 에어커튼을 설치한다.

해설
극간풍이란 외기공기가 유리창이나 출입문의 틈새로부터 들어오는 바람이다. 블라인드는 햇빛을 차단하여 일사 열량을 막아주지만 극간풍과는 관련이 없다.
극간풍을 방지하는 방법
• 회전문을 설치한다.
• 이중문을 충분한 간격으로 설치한다.
• 이중문의 중간에 컨벡터를 설치한다.
• 에어커튼을 설치한다.
• 가압하여 외부보다 압력을 높게 유지한다.
• 건축의 기밀성을 유지한다.

15 공기조화의 분류에서 산업용 공기조화의 적용 범위에 해당하지 않는 것은?

① 실험실의 실험조건을 위한 공조
② 양조장에서 술의 숙성온도를 위한 공조
③ 반도체 공장에서 제품의 품질 향상을 위한 공조
④ 호텔에서 근무하는 근로자의 근무환경 개선을 위한 공조

해설
• 산업용 공기조화 : 생산과정에 있는 물질을 대상으로 하여 물질의 온도, 습도의 변화 및 유지와 환경의 청정화로 생산성 향상을 목적으로 한다(공장, 창고, 전산실, 컴퓨터실).
• 보건용 공기조화 : 쾌적한 주거환경을 유지하여 보건, 위생 및 근무환경을 향상시키기 위한 공기조화이다(학교, 사무실, 빌딩, 호텔 등).

16 대사량을 나타내는 단위로 쾌적 상태에서의 안정 시 대사량을 기준으로 하는 단위는?

① RMR
② clo
③ met
④ ET

해설
③ met : 인체활동 대사량
① RMR : 에너지대사율
② clo : 의복의 열전열성
④ ET : 유효온도

17 난방부하를 줄일 수 있는 요인이 아닌 것은?

① 극간풍에 의한 잠열
② 태양열에 의한 복사열
③ 인체의 발생열
④ 기계의 발생열

해설
극간풍의 경우 겨울철 차가운 외기가 들어오므로 손실열량으로 봐야 하고 이때 난방부하는 증가한다.

18 물 또는 온수를 직접 공기 중에 분사하는 방식의 수분무식 가습장치의 종류에 해당되지 않는 것은?

① 원심식   ② 초음파식
③ 분무식   ④ 가습팬식

해설
가습장치의 종류
- 수분무식 : 분무식, 원심식, 초음파식
- 증기분무식 : 전열식, 전극식, 적외선식, 과열증기식, 분무노즐식
- 증발식 : 에어와셔식, 적하식, 회전식, 모세관식

19 고속 덕트의 특징에 관한 설명으로 틀린 것은?

① 소음이 작다.
② 운전비가 증대한다.
③ 마찰에 의한 압력손실이 크다.
④ 장방형 대신에 스파이럴관이나 원형 덕트를 사용하는 경우가 많다.

해설
고속 덕트 풍속이 15m/s 이상으로 덕트 마찰저항이 크고 압력이 높으므로 소음이 크고 진동이 발생할 수 있다.

20 공기조화의 단일 덕트 정풍량 방식의 특징에 관한 설명으로 틀린 것은?

① 각실이나 존의 부하변동에 즉시 대응할 수 있다.
② 보수관리가 용이하다.
③ 외기 냉방이 가능하고 전열교환기 설치도 가능하다.
④ 고성능 필터 사용이 가능하다.

해설
단일 덕트 정풍량 방식은 덕트가 한 개이고 풍량이 일정한 방식이므로 각실이나 부하변동에 즉시 대응하기 어렵다.

[정답] 17 ① 18 ④ 19 ① 20 ①

제2과목 냉동공학

21 냉동효과에 대한 설명으로 옳은 것은?

① 증발기에서 단위 중량의 냉매가 흡수하는 열량
② 응축기에서 단위 중량의 냉매가 방출하는 열량
③ 압축일을 열량의 단위로 환산한 것
④ 압축기 출·입구 냉매의 엔탈피 차

해설
냉동효과는 냉매 1kg이 증발기에서 흡수하는 열량이다.

22 아래와 같이 운전되고 있는 냉동사이클의 성적계수는?

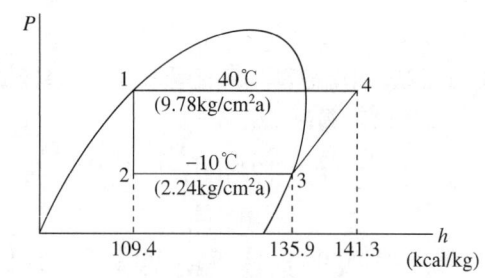

① 2.1
② 3.3
③ 4.9
④ 5.9

해설
성적계수 $COP = \dfrac{Q_e}{A_w} = \dfrac{135.9 - 109.4}{141.3 - 135.9} = 4.91$

23 헬라이드 토치는 프레온계 냉매의 누설검지기이다. 누설 시 식별방법은?

① 불꽃의 크기
② 연료의 소비량
③ 불꽃의 온도
④ 불꽃의 색깔

해설
헬라이드 토치는 프레온계 냉매의 누설을 검지하는 기기로서 불꽃의 색깔로 누설 유무를 확인한다.
• 청색 : 누설이 없을 때
• 녹색 : 소량 누설 시
• 자색 : 다량 누설 시
• 꺼짐 : 과잉 누설 시

24 냉동장치에서 사용되는 각종 제어동작에 대한 설명으로 틀린 것은?

① 2위치 동작은 스위치의 온, 오프 신호에 의한 동작이다.
② 3위치 동작은 상, 중, 하 신호에 따른 동작이다.
③ 비례 동작은 입력신호의 양에 대응하여 제어량을 구하는 것이다.
④ 다위치 동작은 여러 대의 피제어 기기를 단계적으로 운전 또는 정지시키기 위한 것이다.

해설
3위치 동작은 조작량이 세 가지 값으로 단계적으로 변화하는 제어동작을 말한다.

25 다음 열 및 열펌프에 관한 설명으로 옳은 것은?

① 일의 열당량은 $\dfrac{1\text{kcal}}{427\text{kgf}\cdot\text{m}}$ 이다. 이것은 427 kgf·m의 일이 열로 변할 때, 1kcal의 열량이 되는 것이다.

② 응축온도가 일정하고 증발온도가 내려가면 일반적으로 토출가스 온도가 높아지기 때문에 열펌프의 능력이 상승된다.

③ 비열 0.5kcal/kg·℃, 비중량 1.2kg/L의 액체 2L를 온도 1℃ 상승시키기 위해서는 2kcal의 열량을 필요로 한다.

④ 냉매에 대해서 열의 출입이 없는 과정을 등온압축이라 한다.

해설
② 응축온도가 일정하고 증발온도가 내려가면 일반적으로 토출가스 온도가 높아지기 때문에 열펌프의 능력이 감소된다.
③ 비열 0.5kcal/kg·℃, 비중량 1.2kg/L의 액체 2L를 온도 1℃ 상승시키기 위해서는 1.2kcal의 열량을 필요로 한다.
$Q = GC\Delta t = 2\text{L}\times 1.2\dfrac{\text{kg}}{\text{L}}\times 0.5\dfrac{\text{kcal}}{\text{kg}℃}\times 1℃ = 1.2\text{kcal}$
④ 냉매에 대해서 열의 출입이 없는 과정을 단열압축이라 한다.

26 냉동기유에 대한 냉매의 용해성이 가장 큰 것은? (단, 동일한 조건으로 가정한다)

① R-113   ② R-22
③ R-115   ④ R-717

해설
프레온 냉매 중에서 R-113, R-11, R-12, R-21은 오일과 잘 용해된다. R-717 냉매는 암모니아 냉매로서 오일과 분리된다.

27 냉동용 스크루 압축기에 대한 설명으로 틀린 것은?

① 왕복동식에 비해 체적효율과 단열효율이 높다.
② 스크루 압축기의 로터와 축은 일체식으로 되어 있고, 구동은 수로터에 의해 이루어진다.
③ 스크루 압축기의 로터 구성은 다양하나 일반적으로 사용되고 있는 것은 수로터 4개, 암로터 4개인 것이다.
④ 흡입, 압축, 토출 과정인 3행정으로 이루어진다.

해설
스크루 압축기의 로터 구성은 다양하나 일반적으로 사용되고 있는 치형 조합은 수로터 4개와 암로터 5~6개, 수로터 5개와 암로터 6~7개가 있다.

28 LNG(액화천연가스) 냉열 이용방법 중 직접이용방식에 속하지 않는 것은?

① 공기액화분리   ② 염소액화장치
③ 냉열발전   ④ 액체탄산가스 제조

해설
LNG(액화천연가스) 냉열 이용방법
• 공기액화분리
• 냉열발전
• 액체탄산가스 및 암모니아 제조
• 냉열창고

29 증발기의 분류 중 액체 냉각용 증발기로 가장 거리가 먼 것은?

① 탱크형 증발기
② 보데로형 증발기
③ 나관 코일식 증발기
④ 만액식 셸 앤 튜브식 증발기

해설
• 액체 냉각용 증발기 : 만액식 셸 앤 튜브식 증발기, 건식, 셸 앤 증발기, 셸 앤 코일형 증발기, 보데로 증발기, 탱크형 증발기 등
• 기체 냉각용 증발기 : 나관 코일식 증발기, 캐스케이드 증발기, 멀티피드 멀티석션 증발기, 핀튜브식 증발기 등

정답 25 ① 26 ① 27 ③ 28 ② 29 ③

30 헬라이드 토치를 이용한 누설검사로 적절하지 않은 냉매는?

① R-717　　② R-123
③ R-22　　　④ R-114

해설
헬라이드 토치는 프레온 냉매의 누설검사에 사용하는 장치로 R-717(암모니아) 냉매에는 사용이 불가하다.

---

31 냉수 코일의 설계에 있어서 코일 출구온도 10℃, 코일 입구온도 5℃, 전열부하 83,740kJ/h일 때, 코일 내 순환량(L/min)은 약 얼마인가?(단 물의 비열은 4.2kJ/kg·K이다)

① 55.5L/min　　② 66.5L/min
③ 78.5L/min　　④ 98.7L/min

해설
$Q_c = GC\Delta t$

$\to G = \dfrac{Q}{C\Delta t} = \dfrac{83,740\dfrac{kJ}{h}}{4.2\dfrac{kJ}{kg\cdot K}\times \{(10+273)-(5+273)\}K}$

$= 3,987.62 kg/h = 3,987.62 \dfrac{kg}{h}\times \dfrac{h}{60min}$

$= 66.46 kg/min = 66.46 L/min$

※ 물 1kg = 1L

---

32 기계적인 냉동방법 중 물을 냉매로 쓸 수 있는 냉동방식이 아닌 것은?

① 증기분사식　　② 공기압축식
③ 흡수식　　　　④ 진공식

해설
물을 냉매로 사용할 수 있는 냉동기 : 증기분사식, 흡수식, 진공식

---

33 저온유체 중에서 1기압에서 가장 낮은 비등점을 갖는 유체는 어느 것인가?

① 아르곤　　② 질소
③ 헬륨　　　④ 네온

해설
• 아르곤 : -186℃　　• 질소 : -196℃
• 헬륨 : -269℃　　　• 네온 : -246℃

---

34 어떤 냉동기로 1시간당 얼음 1톤을 제조하는 데 50 kW의 동력을 필요로 한다. 이때 사용하는 물의 온도는 10℃이며 얼음은 -10℃였다. 이 냉동기의 성적계수는?(단, 융해열은 335kJ/kg, 물의 비열은 4.2kJ/kg·K, 얼음의 비열은 2.09kJ/kg·K이다)

① 1.18　　② 1.9
③ 2.21　　④ 3.6

해설
10℃ 물 → 0℃ 물의 현열량

$q_S = GC\Delta t = 1,000\dfrac{kg}{h}\times 4.2\dfrac{kJ}{kg\cdot K}\times (10-0)K$

$= 42,000 kJ/h$

0℃ 물 → 0℃ 얼음의 잠열량

$q_L = G\gamma = 1,000\dfrac{kg}{h}\times 335\dfrac{kJ}{kg\cdot K} = 335,000 kJ/h$

0℃ 얼음 → -10℃ 얼음의 현열량

$q_S = GC\Delta t = 1,000\dfrac{kg}{h}\times 2.09\dfrac{kJ}{kg\cdot K}\times (0+10)K = 20,900 kJ/h$

냉각부하 총량 = 42,000 + 335,000 + 20,900 = 397,900 kJ/h

성적계수 $COP = \dfrac{Q}{A_w} = \dfrac{397,900\dfrac{kJ}{h}\times \dfrac{1kW\cdot h}{3,600kJ}}{50kW} = 2.21$

35 물 5kg을 0℃에서 80℃까지 가열하면 물의 엔트로피 증가는 약 얼마인가?(단, 물의 비열은 4.18kJ/kg·K이다)

① 26.31kJ/kg·K
② 13.75kJ/kg·K
③ 5.37kJ/kg·K
④ 1.17kJ/kg·K

해설
엔트로피 변화량
$$\triangle S = GC_p \ln \frac{T_2}{T_1}$$
$$= 5 \times 4.18 \frac{kJ}{kg \cdot k} \times \ln \frac{(80+273)K}{(0+273)K} = 5.37 kJ/K$$

36 팽창밸브를 통하여 증발기에 유입되는 냉매액의 엔탈피를 F, 증발기 출구 엔탈피를 A, 포화액의 엔탈피를 G라 할 때, 팽창밸브를 통과한 곳에서 증기로 된 냉매의 양의 계산식으로 옳은 것은?(단, P : 압력, h : 엔탈피를 나타낸다)

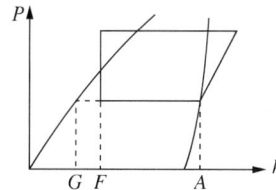

① $\frac{A-F}{A-G}$
② $\frac{A-F}{F-G}$
③ $\frac{F-G}{A-G}$
④ $\frac{F-G}{A-F}$

해설
건조도란 습포화증기에서 냉매 중에 포함된 냉매증기량의 정도를 표시한 것으로 건조도는 $\frac{F-G}{A-G}$ 이다.

37 냉동장치에서 고압측에 설치하는 장치가 아닌 것은?

① 수액기
② 팽창밸브
③ 드라이어
④ 액분리기

해설
액분리기는 증발기와 압축기 사이의 흡입관에 설치하며 액 압축을 방지하는 안전장치로 저압측에 설치하는 부속장치이다.

38 -20℃ 암모니아 포화액의 엔탈피가 75kcal/kg이며 동일 온도에서 건조포화증기의 엔탈피가 403kcal/kg이다. 이 냉매액이 팽창밸브를 통과하여 증발기에 유입될 때의 냉매의 엔탈피가 160kcal/kg이었다면 중량비로 약 몇 %가 액체 상태인가?

① 16%
② 26%
③ 74%
④ 84%

해설
• 건조도란 습포화증기에서 냉매 중에 포함된 냉매증기량의 정도를 표시한 것이다.
건조도 $x = \frac{h-h_f}{h_g-h_f}$ 에서 $x = \frac{160-75}{403-75} = 0.259 = 25.9\%$
• 습도란 습포화증기에서 냉매 중에 포함된 냉매 액체량의 정도를 표시한 것이다.
습도 $y = 1-x = 1-0.259 = 0.741 = 74.1\%$

39 암모니아를 냉매로 사용하는 냉동장치에서 응축압력의 상승 원인으로 가장 거리가 먼 것은?

① 냉매가 과냉각되었을 때
② 불응축 가스가 혼입되었을 때
③ 냉매가 과충전되었을 때
④ 응축기 냉각관에 물때 및 유막이 형성되었을 때

해설
응축압력의 상승 원인
- 불응축 가스가 혼입되었을 경우
- 냉매가 과충전되었을 경우
- 응축기 냉각관에 물때, 유막, 스케일 등이 형성되었을 경우
- 수랭식의 경우 냉각수량이 부족하여 냉각수 온도가 상승 시
- 공랭식의 경우 송풍량 부족 및 외기온도 상승 시

40 표준 냉동사이클에서 냉매가 팽창밸브를 통과하는 동안 변화되지 않는 것은?

① 냉매의 온도
② 냉매의 압력
③ 냉매의 엔탈피
④ 냉매의 엔트로피

해설
팽창밸브에서 냉매가 통과할 때 단면적이 아주 작은 오리피스 내를 통과하므로 단열팽창이 이루어진다. 따라서 단열 과정이므로 냉매의 엔탈피는 변화가 없고 압력과 온도는 낮아진다.

제3과목 배관일반

41 급탕 배관이 벽이나 바닥을 관통할 때 슬리브(Sleeve)를 설치하는 이유로 가장 적절한 것은?

① 배관의 진동을 건물 구조물에 전달되지 않도록 하기 위하여
② 배관의 중량을 건물 구조물에 지지하기 위하여
③ 관의 신축이 자유롭고 배관의 교체나 수리를 편리하게 하기 위하여
④ 배관의 마찰저항을 감소시켜 온수의 순환을 균일하게 하기 위하여

해설
배관이 벽이나 바닥을 관통할 때 신축을 흡수하고 수리를 용이하게 하기 위하여 슬리브를 설치한다.

42 냉동 설비에서 고온·고압의 냉매 기체가 흐르는 배관은?

① 증발기와 압축기 사이 배관
② 응축기와 수액기 사이 배관
③ 압축기와 응축기 사이 배관
④ 팽창밸브와 증발기 사이 배관

해설
③ 압축기와 응축기 사이 배관 : 고압가스관
① 증발기와 압축기 사이 배관 : 흡입관
④ 팽창밸브와 증발기 사이 배관 : 저압 배관

43 냉매 배관 시공 시 주의사항으로 틀린 것은?
① 온도변화에 의한 신축을 충분히 고려해야 한다.
② 배관 재료는 냉매 종류, 온도, 용도에 따라 선택한다.
③ 배관이 고온의 장소를 통과할 때에는 단열조치를 한다.
④ 수평 배관은 냉매가 흐르는 방향으로 상향 구배한다.

해설
수평 배관은 냉매가 흐르는 방향으로 1/200의 하향 구배를 한다.

44 급수방식 중 펌프 직송방식의 펌프 운전을 위한 검지방식이 아닌 것은?
① 압력검지식 ② 유량검지식
③ 수위검지식 ④ 저항검지식

해설
펌프 직송방식에서 펌프 운전을 위한 검지방식으로 압력검지식, 유량검지식, 수위검지식이 있다.

45 증기 관말 트랩 바이패스 설치 시 필요 없는 부속은?
① 엘보 ② 유니언
③ 글로브밸브 ④ 안전밸브

해설
안전밸브는 증기 보일러의 동체 상부, 감압밸브의 저압측, 증기 헤더의 상부에 설치하는 안전장치이다.

46 수격작용을 방지 또는 경감하는 방법이 아닌 것은?
① 유속을 낮춘다.
② 격막식 에어 체임버를 설치한다.
③ 토출밸브의 개폐시간을 짧게 한다.
④ 플라이휠을 달아 펌프 속도 변화를 완만하게 한다.

해설
수격작용을 방지하기 위하여 급격히 개폐되는 밸브의 사용을 제한하고, 토출밸브의 개폐시간을 천천히 한다.

47 액화천연가스의 지상 저장탱크에 대한 설명으로 틀린 것은?
① 지상 저장탱크는 금속 이중벽 탱크가 대표적이다.
② 내부탱크는 약 −162℃ 정도의 초저온에 견딜 수 있어야 한다.
③ 외부탱크는 일반적으로 연강으로 만들어진다.
④ 증발가스량이 지하 저장탱크보다 많고 저렴하며 안전하다.

해설
지하 저장탱크 : 지하 저장탱크가 지상식 저장탱크보다 저렴하며 가스 누출, 지진, 해일 등으로부터 안전하다. 단 증발가스량이 지상식보다 많다는 단점이 있다.

[정답] 43 ④ 44 ④ 45 ④ 46 ③ 47 ④

48 디스크 증기 트랩이라고도 하며 고압, 중압, 저압 등의 어느 곳에나 사용 가능한 증기 트랩은?
① 실로폰 트랩   ② 그리스 트랩
③ 충격식 트랩   ④ 버킷 트랩

해설
디스크 증기 트랩은 충격식 트랩으로서 실린더 속의 온도변화에 따라 연속적으로 밸브를 개폐하며 고압, 중압, 저압 등의 어느 곳에서나 사용이 가능하다.

49 급탕 주관의 배관 길이가 300m, 환탕 주관의 배관 길이가 50m일 때 강제순환식 온수 순환펌프의 전 양정은?
① 5m   ② 3m
③ 2m   ④ 1m

해설
순환펌프의 전 양정
$H = 0.01\left(\dfrac{L}{2} + l\right) \rightarrow H = 0.01\left(\dfrac{300}{2} + 50\right) = 2\text{m}$

50 간접배수관의 관경이 25A일 때 배수구 공간으로 최소 몇 mm가 적당한가?
① 50   ② 100
③ 150   ④ 200

해설
배수구 공간

간접배수관의 관경	배수구 공간
25A 이하	최소 50mm
30~50A	최소 100mm
65A 이상	최소 150mm

51 급탕설비에 대한 설명으로 틀린 것은?
① 순환방식은 중력식과 강제식이 있다.
② 배관의 구배는 중력순환식의 경우 1/150, 강제순환식의 경우 1/200 정도이다.
③ 신축 이음쇠의 설치는 강관은 20m, 동관은 30m마다 한 개씩 설치한다.
④ 급탕량은 사용 인원이나 사용 기구 수에 의해 구한다.

해설
신축 이음쇠의 설치는 강관은 30m마다, 동관은 20m마다 한 개씩 설치한다.

52 관의 종류에 따른 접합방법으로 틀린 것은?
① 강관 - 나사 접합
② 주철관 - 소켓 접합
③ 연관 - 플라스턴 접합
④ 콘크리트관 - 용접 접합

해설
콘크리트관 : 칼라 접합, 모르타르 접합

53 패널 난방(Panel Heating)은 열의 전달방법 중 주로 어느 것을 이용한 것인가?

① 전도　　② 대류
③ 복사　　④ 전파

해설
패널 난방은 복사난방으로서 바닥이나 천장에 매설 배관으로 시공하고 온수를 공급하여 벽체의 복사열로 난방하는 방식이다.

54 스케줄 번호(Schedule No.)를 바르게 나타낸 공식은?(단, P : 최고 사용압력(MPa), S : 배관허용응력(MPa))

① $1,000 \times \dfrac{P}{S}$　　② $1,000 \times \dfrac{S}{P}$

③ $1,000 \times \dfrac{S}{P^2}$　　④ $1,000 \times \dfrac{P}{S^2}$

해설
$\text{Sch} = 1,000 \left(\dfrac{P}{S}\right)$
여기서, P : 최고 사용압력(MPa), S : 배관허용응력(MPa)

55 기수 혼합 급탕기에서 증기를 물에 직접 분사시켜 가열하면 압력차로 인해 소음이 발생하는데, 이를 줄이기 위해 사용하는 설비는?

① 안전밸브
② 스팀 사일런서
③ 응축수 트랩
④ 가열 코일

해설
기수혼합식 급탕기는 소음이 발생하므로 스팀 사일런서(S형, F형)를 설치하여 소음을 줄인다.

56 펌프의 베이퍼록 현상에 대한 발생 요인이 아닌 것은?

① 흡입관 지름이 큰 경우
② 액 자체 또는 흡입 배관 외부의 온도가 상승할 경우
③ 펌프 냉각기가 작동하지 않거나 설치되지 않은 경우
④ 흡입 관로의 막힘, 스케일 부착 등에 의한 저항이 증가한 경우

해설
베이퍼록 : 저비점의 액체를 이송할 때 펌프 입구에서 액체가 기화되어 동요하는 현상이다. 베이퍼록 현상은 흡입관의 지름이 작거나 펌프의 설치 위치가 적당하지 않을 때 발생한다.

57 배관의 신축 이음 중 허용 길이가 커서 설치장소가 많이 필요하지만 고온, 고압 배관의 신축 흡수용으로 적합한 형식은?

① 루프(Loop)형
② 슬리브(Sleeve)형
③ 벨로스(Bellows)형
④ 스위블(Swivel)형

해설
루프형 신축 이음은 관을 구부려 관 자체의 가요성을 이용하여 신축을 흡수하는 이음으로서 설치장소가 많이 필요하고 고온·고압의 옥외 배관에 사용된다.

58 고온수 난방의 가압방법이 아닌 것은?

① 브리드인 가압방식
② 정수두 가압방식
③ 증기 가압방식
④ 펌프 가압방식

해설
고온수 난방의 가압방법 : 정수두 가압방식, 증기 가압방식, 펌프 가압방식, 질소가스 가압방식

59 냉각탑 주위 배관 시 유의사항으로 틀린 것은?

① 두 대 이상의 개방형 냉각탑을 병렬로 연결할 때 냉각탑의 수위를 동일하게 한다.
② 배수 및 오버플로관은 직접배수로 한다.
③ 냉각탑을 동절기에 운전할 때는 동결 방지를 고려한다.
④ 냉각수 출입구 측 배관은 방진 이음을 설치하여 냉각탑의 진동이 배관에 전달되지 않도록 한다.

해설
냉각탑의 배수관 및 오버플로관은 간접배수로 한다.

60 배수 수평관의 관경이 65mm일 때 최소 구배는?

① 1/10   ② 1/20
③ 1/50   ④ 1/100

해설

관경	최소구배
65mm 이하	1/50 이상
75~100mm	1/100 이상
125mm	1/150 이상
150mm 이상	1/200 이상

제4과목 전기제어공학

61 서보기구와 관계가 가장 깊은 것은?

① 정전압 장치
② A/D 변환기
③ 추적용 레이더
④ 가정용 보일러

해설
기계적인 변위를 제어량으로 해서 목푯값의 임의의 변화에 항상 추종되도록 하는 추종제어인 경우이다. 위치, 방향, 자세, 각도, 거리 등을 제어한다.

62 다음 블록선도의 전달함수의 극점과 영점은?

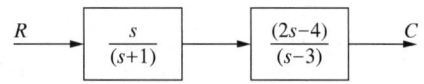

① 영점 0, 2, 극점 -1, 3
② 영점 1, -3, 극점 0, -2
③ 영점 0, -1, 극점 2, 3
④ 영점 0, -3, 극점 -1, 2

해설
• 영점 : 전달함수 분자의 근이 0이 되는 s의 값
• 극점 : 전달함수 분모의 근이 0이 되는 s의 값

$$G(s) = \frac{s(2s-4)}{(s+1)(s-3)}$$

분자 : $s(2s-4)=0$에서 영점은 0, 2이다.
분모 : $(s+1)(s-3)=0$에서 극점은 -1, 3이다.

63 제어기기의 대표적인 것으로는 검출기, 변환기, 증폭기, 조작기기를 들 수 있는데 서보모터는 어디에 속하는가?

① 검출기 ② 변환기
③ 증폭기 ④ 조작기기

해설
조작기기 : 서보모터, 펄스모터, 전자밸브, 전동밸브

64 프로세스 제어계의 제어량이 아닌 것은?

① 방위 ② 유량
③ 압력 ④ 밀도

해설
프로세스 제어 : 공정제어라고도 하며 제어량이 피드백 제어계로서 주로 정치제어인 경우이다. 온도, 압력, 유량, 액면, 습도, 밀도, 농도 등을 제어한다. 방위는 서보기구의 제어량이다.

65 시퀀스 제어에 관한 사항으로 옳은 것은?

① 조절기용이다.
② 입력과 출력의 비교장치가 필요하다.
③ 한시동작에 의해서만 제어되는 것이다.
④ 제어결과에 따라 조작이 자동적으로 이행된다.

해설
시퀀스 제어는 미리 정해진 순서에 따라 제어의 각 단계를 순차적으로 제어하는 방식으로서 제어결과에 따라 조작이 자동적으로 이행된다.

66 그림과 같은 회로망에서 전류를 계산하는 데 옳은 식은?

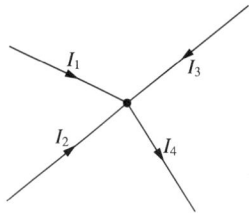

① $I_1 + I_2 = I_3 + I_4$
② $I_1 + I_3 = I_2 + I_4$
③ $I_1 + I_2 + I_3 + I_4 = 0$
④ $I_1 + I_2 + I_3 - I_4 = 0$

해설
키르히호프의 제1법칙에서 한 점에서 들어오는 전류의 합과 나가는 전류의 합은 같다.
$I_1 + I_2 + I_3 = I_4 \rightarrow I_1 + I_2 + I_3 - I_4 = 0$

67 제어요소가 제어대상에 주는 양은?

① 조작량
② 제어량
③ 기준입력
④ 동작신호

해설
조작량 : 제어장치 또는 제어요소가 제어대상에 가하는 제어신호로서 제어장치 또는 제어요소의 출력임과 동시에 제어대상의 입력신호이다.

68 직류 분권전동기의 용도에 적합하지 않은 것은?

① 압연기　　② 제지기
③ 송풍기　　④ 기중기

해설
- 분권전동기의 용도 : 공작기계, 선박용 펌프, 제철용 압연기, 권상기, 제지기
- 직권전동기의 용도 : 부하변동이 심한 전동차, 기중기, 크레인

69 16μF의 콘덴서 4개를 접속하여 얻을 수 있는 가장 작은 정전용량은 몇 μF인가?

① 2　　② 4
③ 8　　④ 16

해설
- 직렬 연결 시 합성정전용량
$$\frac{1}{C} = \frac{1}{16} + \frac{1}{16} + \frac{1}{16} + \frac{1}{16} = \frac{4}{16} = \frac{1}{4}$$
※ 합성정전용량 $C = 4\mu F$
- 병렬연결 시 합성정전용량 $C = 16 + 16 + 16 + 16 = 64\mu F$

70 100Ω의 전열선에 2A의 전류를 흘렸다면 소모되는 전력은 몇 W인가?

① 100　　② 200
③ 300　　④ 400

해설
전력 $P = IV = \dfrac{V^2}{R} = I^2 R \rightarrow P = 2^2 \times 100 = 400W$

71 60Hz, 6극인 교류발전기의 회전수는 몇 rpm인가?

① 1,200　　② 1,500
③ 1,800　　④ 3,600

해설
회전수 $N = \dfrac{120f}{P} = \dfrac{120 \times 60}{6} = 1,200 \text{rpm}$

72 평형 3상 Y결선의 상전압 V_P와 선간전압 V_L의 관계는?

① $V_L = 3 V_P$
② $V_L = \sqrt{3} V_P$
③ $V_L = 1/3 (V_P)$
④ $V_L = 1/\sqrt{3} (V_P)$

해설
평형 3상 △결선
- 선간전압 = 상전압 → $V_L = V_P$
- 선간전류 = 상전압 × $\sqrt{3}$ → $I_L = \sqrt{3} I_P$

평형 3상 Y결선
- 선간전압 = 상전압 × $\sqrt{3}$ → $V_L = \sqrt{3} V_P$
- 선간전류 = 상전압 → $I_L = I_P$

73 그림과 같은 시퀀스 제어회로가 나타내는 것은? (단, A와 B는 푸시버튼 스위치, R은 전자접촉기, L은 램프이다)

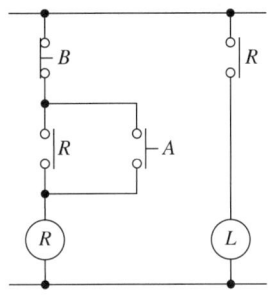

① 인터로크 ② 자기유지
③ 지연논리 ④ NAND 논리

해설
푸시버튼 스위치 A를 누르면 전자접촉기 R이 동작되고, 전자접촉기 R의 보조접점 $R-a$이 닫혀 푸시버튼 스위치 A를 떼더라도 전자계전기 R은 계속 동작된다. 이것을 자기유지회로라 한다.

74 최대 눈금 1,000V, 내부저항 10kΩ인 전압계로 그림과 같이 전압을 측정하였다. 전압계의 지시가 200V일 때 전압 E는 몇 V인가?

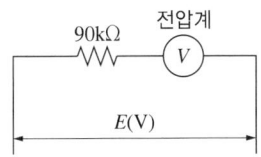

① 800 ② 1,000
③ 1,800 ④ 2,000

해설
배율기 $\dfrac{E_m}{E} = \dfrac{R+R_m}{R}$

$\rightarrow E_m = E \times \dfrac{R+R_m}{R} = 200 \times \dfrac{10+90}{10} = 2{,}000\text{V}$

75 그림과 같은 회로는?

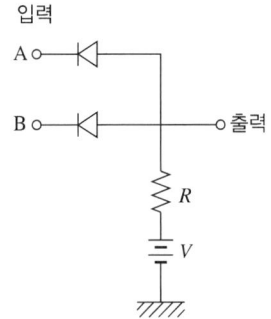

① OR 회로 ② AND 회로
③ NOR 회로 ④ NAND 회로

해설
AND 회로란 두 개의 입력신호가 동시에 작동될 때에만 출력신호가 1이 되는 논리로서 직렬회로이다.

76 그림의 신호흐름선도에서 C/R의 값은?

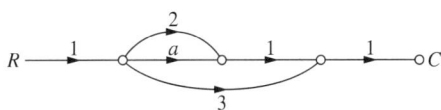

① $a+2$ ② $a+3$
③ $a+5$ ④ $a+6$

해설
- 패스 경로의 전달함수
  $(1 \times a \times 1 \times 1) + (1 \times 2 \times 1 \times 1) + (1 \times 3 \times 1) = a+5$
- 피드백 경로 : 0
- 전달함수 $G(s) = \dfrac{C}{R} = \dfrac{\text{패스 경로}}{1-\text{피드백 경로}}$

  $= \dfrac{a+5}{1-0} = a+5$

정답 73 ② 74 ④ 75 ② 76 ③

77 교류의 실횻값에 관한 설명 중 틀린 것은?

① 교류의 최댓값은 실횻값의 $\sqrt{2}$ 배이다.
② 전류나 전압의 한 주기의 평균치가 실횻값이다.
③ 상용전원이 220V라는 것은 실횻값을 의미한다.
④ 실횻값 100V인 교류와 직류 100V로 같은 전등을 점등하면 그 밝기는 같다.

해설
전류나 전압의 한 주기의 평균치가 평균값이다. 어떤 저항에 순시전류인 교류를 흘릴 때 그 교류와 열작용을 나타내는 직류값으로 표현되는 교류의 값이다. 가정에서 사용하는 전압 220V는 실횻값이다.

78 변압기의 병렬운전에서 필요하지 않는 조건은?

① 극성이 같을 것
② 출력이 같을 것
③ 권수비가 같을 것
④ 1차, 2차 정격전압이 같을 것

해설
변압기의 병렬운전 조건
• 극성이 같을 것
• 권수비가 같을 것
• 1차, 2차의 정격전압이 같을 것
• 내부저항과 누설 리액턴스의 비가 같을 것
• %임피던스 강하가 같을 것

79 $\frac{dm(t)}{dt} = K_i e(t)$는 어떤 조절기의 출력(조작신호) $m(t)$과 동작신호 $e(t)$ 사이의 관계를 나타낸 것이다. 이 조절기의 제어동작은?(단, K_i는 상수이다)

① D 동작
② I 동작
③ P-I 동작
④ P-D 동작

해설
미분동작(D 제어) : 오차가 커지는 것을 미연에 방지하는 제어
$G(s) = T_d s$
여기서, $G(s)$: 전달함수, T_d : 미분시간

80 2진수 $0010111101011001_{(2)}$을 16진수로 변환하면?

① 3F59
② 2G6A
③ 2F59
④ 3G6A

해설
2진수를 4자리로 묶어서 10진수로 변환한 후 16진수로 변환한다.

10진수	2진수	16진수	10진수	2진수	16진수
0	0000	0	8	1000	8
1	0001	1	9	1001	9
2	0010	2	10	1010	A
3	0011	3	11	1011	B
4	0100	4	12	1100	C
5	0101	5	13	1101	D
6	0110	6	14	1110	E
7	0111	7	15	1111	F

0010 / 1111 / 0101 / $1001_{(2)}$
$0010_{(2)} = 1 \times 2^1 = 2_{(10)} \to 2_{(16)}$
$1111_{(2)} = 1 \times 2^3 + 1 \times 2^2 + 1 \times 2^1 + 1 \times 2^0 = 15_{(10)} \to F_{(16)}$
$0101_{(2)} = 1 \times 2^2 + 1 \times 2^0 = 5_{(10)} \to 5_{(16)}$
$1001_{(2)} = 1 \times 2^3 + 1 \times 2^0 = 9_{(10)} \to 9_{(16)}$
0010 / 1111 / 0101 / $1001_{(2)}$
2진수를 16진수로 변환하면 2F59이다.

2021년 제3회 과년도 기출복원문제

제1과목 공기조화

01 재열기를 통과한 공기의 상태량 중 변화되지 않는 것은?
① 절대습도
② 건구온도
③ 상대습도
④ 엔탈피

해설
재열기를 통과한 공기의 상태
- 절대습도는 변하지 않는다.
- 상대습도는 낮아진다.
- 건구온도, 비체적, 엔탈피는 증가한다.

02 실내로 침입하는 극간풍량을 구하는 방법이 아닌 것은?
① 환기 횟수에 의한 방법
② 창문의 틈새 길이법
③ 창 면적으로 구하는 법
④ 실내외 온도차에 의한 방법

해설
극간풍량을 구하는 방법 : 환기 횟수법, 크랙법, 창 면적법

03 난방부하 계산 시 측정 온도에 대한 설명으로 틀린 것은?
① 외기온도 : 기상대의 통계에 의한 그 지방의 매일 최저온도의 평균값보다 다소 높은 온도
② 실내온도 : 바닥 위 1m의 높이에서 외벽으로부터 1m 이내 지점의 온도
③ 지중온도 : 지하실 난방부하 계산에서 지표면 10m 아래까지의 온도
④ 천장 높이에 따른 온도 : 천장의 높이가 3m 이상이 되면 직접난방법에 의해서 난방할 때 방의 윗부분과 밑면과의 평균온도

해설
실내온도는 바닥 위 1.5m의 높이에서 벽체로부터 1m 이내 지점에서 측정한다.

04 온수 배관의 시공 시 주의사항으로 옳은 것은?
① 각 방열기에는 필요시에만 공기배출기를 부착한다.
② 배관 최저부에는 배수밸브를 설치하며 하향 구배로 설치한다.
③ 팽창관에는 안전을 위해 반드시 밸브를 설치한다.
④ 배관 도중에 관 지름을 바꿀 때에는 편심 이음쇠를 사용하지 않는다.

해설
① 각 방열기에는 반드시 공기배출기를 부착한다.
③ 팽창관에는 안전을 위해 밸브를 설치하면 안 된다.
④ 배관 도중에 관 지름을 바꿀 때에는 편심 이음쇠를 사용한다.

정답 1 ① 2 ④ 3 ② 4 ②

05 주철제 방열기의 표준 방열량에 대한 증기 응축수량은?(단, 증기의 증발잠열은 2,256kJ/kg이다)

① 0.89kg/h·m²   ② 1.05kg/h·m²
③ 1.20kg/h·m²   ④ 6.41kg/h·m²

해설

증기난방의 표준방열량이 756W/m²이므로

응축수량 $G = \dfrac{표준방열량}{증발잠열}$

$$= \dfrac{0.756\dfrac{kJ}{s \cdot m^2} \times \dfrac{3,600s}{h}}{2,256\dfrac{kJ}{kg}} = 1.2 \text{kg/h} \cdot \text{m}^2$$

※ 756W = 0.756kW = 0.756kJ/s

06 밀봉된 용기와 윅(Wick) 구조체 및 증기공간에 의하여 구성되며 길이 방향으로는 증발부, 응축부, 단열부로 구분되는데 한쪽을 가열하면 작동 유체는 증발하면서 잠열을 흡수하고 증발된 증기는 저온으로 이동하여 응축되면서 열교환하는 기기의 명칭은?

① 전열교환기
② 플레이트형 열교환기
③ 히트파이프
④ 히트펌프

해설

① 전열교환기 : 배기되는 공기와 도입외기 사이에 공기를 열교환시키는 공기 대 공기 열교환기이다.
② 플레이트형 열교환기 : 스테인리스강에 파형으로 압출한 평판을 수십 매 겹쳐서 볼트로 조인 구조이다.
④ 히트펌프 : 압축기로부터 토출된 고온·고압의 증기냉매는 응축기에서 액화된다. 이때 고온의 증기냉매와 물 또는 공기와 열교환시켜 그 열을 난방열로 채택한다.

07 냉방부하 중 현열만 발생하는 것은?

① 외기부하   ② 조명부하
③ 인체발생부하 ④ 틈새바람부하

해설

조명부하는 기기로부터 발생하는 열량으로 현열만 부하한다.

구분	부하 발생 요인	부하 형태	
		현열	잠열
실내 취득열량	벽체로부터의 취득열량	○	
	유리로부터의 취득열량 / 일사에 의한 취득열량(복사열량)	○	
	유리로부터의 취득열량 / 전도 대류에 의한 취득열량(전도열량)	○	
	극간풍에 의한 열량	○	○
	인체발생부하	○	○
	기구발생부하	○	○
기기(장치)로부터의 취득열량	송풍기에 의한 취득열량	○	
	덕트로부터의 취득열량	○	
재열부하	재열기 가열량	○	
외기부하	외기도입으로 인한 취득열량	○	○

08 공기조화에서 사용되는 용어에 대한 단위, 정의를 나타낸 것으로 틀린 것은?

절대습도	단위	kg/kg(DA)
	정의	건조한 공기 1kg 속에 포함되어 있는 습한 공기 중의 수증기량
수증기 분압	단위	Pa
	정의	습공기 중의 수증기 분압
상대습도	단위	%
	정의	절대습도(x)와 동일 온도에서의 포화공기 절대습도(X_s)와의 비
노점온도	단위	℃
	정의	습한 공기를 냉각시켜 포화 상태로 될 때의 온도

① 절대습도   ② 수증기 분압
③ 상대습도   ④ 노점온도

해설

상대습도란 습공기의 수증기 분압과 동일 온도에 있어서 포화공기의 수증기 분압과 비로서 단위는 %이다.

09 멀티 존 유닛 공조방식에 대한 설명으로 옳은 것은?

① 이중 덕트 방식의 덕트 공간을 천장 속에 확보할 수 없는 경우 적합하다.
② 멀티 존 방식은 비교적 존 수가 대규모인 건물에 적합하다.
③ 각 실의 부하변동이 심해도 각 실에 대한 송풍량의 균형을 쉽게 맞춘다.
④ 냉풍과 온풍의 혼합 시 댐퍼의 조정은 실내 압력에 의해 제어한다.

해설
이중 덕트 방식은 냉풍과 온풍을 공급하기 위하여 두 개의 덕트를 설치해야 한다. 따라서 덕트를 설치하기 위해 천장 속에 덕트 공간을 확보해야 한다.

10 온수순환량이 560kg/h인 난방설비에서 방열기의 입구온도가 80℃, 출구온도가 72℃라고 하면 이때 실내에 발산하는 현열량은?(단, 물의 비열은 4.2 kJ/kg·K로 한다)

① 45,220kJ/h
② 14,250kJ/h
③ 18,816kJ/h
④ 28,440kJ/h

해설
현열량 $q_S = GC\Delta t$
$= 560 \dfrac{\text{kg}}{\text{h}} \times 4.2 \dfrac{\text{kJ}}{\text{kg}\cdot\text{K}} \times \{(273+80)-(273+72)\}\text{K}$
$= 18,816\text{kJ/h}$

11 아래 조건과 같은 병행류형 냉각 코일의 대수평균 온도차는?

공기온도	입구	32℃
	출구	18℃
냉수 코일 온도	입구	10℃
	출구	15℃

① 8.74℃
② 9.54℃
③ 12.33℃
④ 13.10℃

해설
대수평균온도차 $\text{LMTD} = \dfrac{\Delta T_1 - \Delta T_2}{\ln\dfrac{\Delta T_1}{\Delta T_2}}$

$\Delta T_1 = (32-10)℃ = 22℃$
$\Delta T_2 = (18-15)℃ = 3℃$
$\text{LMTD} = \dfrac{22-3}{\ln\dfrac{22}{3}} = 9.54℃$

12 팬코일 유닛 방식의 배관방법에 따른 특징에 관한 설명으로 틀린 것은?

① 3관식에서는 손실열량이 타 방식에 비하여 거의 없다.
② 2관식에서는 냉난방의 동시운전이 불가능하다.
③ 4관식은 혼합손실은 없으나 배관의 양이 증가하여 공사비 등이 증가한다.
④ 4관식은 동시에 냉난방운전이 가능하다.

해설
3관식 공급관 두 개(온수관, 냉수관)와 환수관 한 개를 갖는 방식으로서 환수관에서 냉수와 온수가 혼합되기 때문에 열손실이 발생하며 타 방식에 비해 손실열량이 크다.

13 난방설비에 관한 설명으로 옳은 것은?

① 온수난방은 온수의 현열과 잠열을 이용한 것이다.
② 온풍난방은 온풍의 현열과 잠열을 이용한 것이다.
③ 증기난방은 증기의 현열을 이용한 대류난방이다.
④ 복사난방은 열원에서 나오는 복사에너지를 이용한 것이다.

해설
① 온수난방은 온수의 현열을 이용한 것이다.
② 온풍난방은 온풍의 현열을 이용한 것이다.
③ 증기난방은 증기의 잠열을 이용한 대류난방이다.

14 콜드 드래프트(Cold Draft)의 원인으로 틀린 것은?

① 인체 주위의 공기 온도가 너무 낮을 때
② 인체 주위의 기류 속도가 작을 때
③ 주위 벽면의 온도가 낮을 때
④ 주위 공기의 습도가 낮을 때

해설
콜드 드래프트의 원인
• 인체 주위의 공기 온도가 너무 낮을 때
• 기류의 속도가 클 때
• 습도가 낮을 때
• 주위 벽면의 온도가 낮을 때
• 동절기 창문의 극간풍이 많을 때

15 기계환기 중 송풍기와 배풍기를 이용하며 대규모 보일러실, 변전실 등에 적용하는 환기법은?

① 1종 환기 ② 2종 환기
③ 3종 환기 ④ 4종 환기

해설
환기방법
• 제1종 환기법(압입 흡출 병용식) : 강제급기 + 강제배기
• 제2종 환기법(압입식) : 강제급기 + 자연배기
• 제3종 환기법(흡출식) : 자연급기 + 강제배기
• 제4종 환기법(자연식) : 자연급기 + 자연배기

16 유인 유닛(IDU) 방식에 대한 설명으로 틀린 것은?

① 각 유닛마다 제어가 가능하므로 개별실 제어가 가능하다.
② 송풍량이 많아서 외기 냉방효과가 크다.
③ 냉각, 가열을 동시에 하는 경우 혼합손실이 발생한다.
④ 유인 유닛에는 동력 배선이 필요 없다.

해설
유인 유닛 방식은 수공기 방식으로서 전공기 방식에 비해 송풍량이 작아서 외기 냉방효과가 적다.

17 매 시간마다 50톤의 석탄을 연소시켜 압력 80 kgf/cm², 온도 500°C의 증기 320톤을 발생시키는 보일러의 효율은?(단, 급수 엔탈피는 120.25 kJ/kg, 발생 증기 엔탈피 812.6kJ/kg, 석탄의 저위발열량은 5,500kJ/kg이다)

① 78% ② 81%
③ 88% ④ 92%

해설
보일러의 효율
$$\eta = \frac{Q}{G_f \cdot H} \times 100\%$$
$$= \frac{G(h_2 - h_1)}{G_f \cdot H} \times 100\%$$
$$= \frac{320,000\frac{\text{kg}}{\text{h}} \times (812.6 - 120.25)\frac{\text{kJ}}{\text{kg}}}{50,000\frac{\text{kg}}{\text{h}} \times 5,500\frac{\text{kJ}}{\text{kg}}} \times 100\% = 80.56\%$$

여기서, η : 보일러 효율, Q : 정격출력(kJ/h),
G : 급탕량(kg/h), H : 연료의 발열량(kJ/kg),
G_f : 연료 소모량(kg/h)

※ 1톤 = 1,000kg

18 습공기선도에서 상태점 A의 노점온도를 읽는 방법으로 옳은 것은?

① 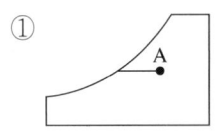 ②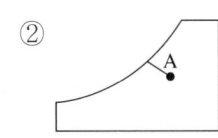

③ 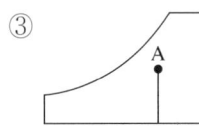 ④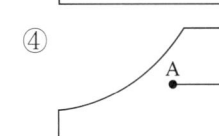

해설
① 노점온도 : 공기 중 수분이 응축하기 시작하는 온도로 습공기선도상 A의 상태점에서 왼쪽으로 수평선을 그었을 때 상대습도 100%인 포화선과의 교점을 말한다.
② 습구온도
③ 건구온도
④ 절대습도

19 온풍난방의 특징으로 틀린 것은?
① 실내 온도분포가 좋지 않아 쾌적성이 떨어진다.
② 보수, 취급이 간단하고 취급에 자격자를 필요로 하지 않는다.
③ 설치면적이 적어서 설치장소에 제한이 없다.
④ 열용량이 크므로 착화 즉시 난방이 어렵다.

해설
온풍난방의 열매는 공기이므로 열용량이 작아 착화 즉시 난방이 이루어진다.

20 실내에 존재하는 습공기의 전열량에 대한 현열량의 비율을 나타낸 것은?
① 바이패스 팩터 ② 열수분비
③ 현열비 ④ 잠열비

해설
현열비(SHF) : 습공기의 전열량에 대한 현열량의 비
$$SHF = \frac{\text{현열}}{\text{전열(현열 + 잠열)}} = \frac{q_S}{q_T} = \frac{q_S}{q_S + q_L}$$

제2과목 냉동공학

21 압축기에서 축마력이 400kW이고 도시마력은 350kW일 때 기계효율은?
① 75.5% ② 79.5%
③ 83.5% ④ 87.5%

해설
기계효율 $\eta_m = \frac{L_a}{L} \times 100\% = \frac{350}{400} \times 100\% = 87.5\%$

22 절대압력 20bar의 가스 10L가 일정한 온도 10℃에서 절대압력 1bar까지 팽창할 때의 출입한 열량은?(단, 가스는 이상기체로 간주한다)
① 55kJ ② 60kJ
③ 65kJ ④ 70kJ

해설
$P_1 = 20\text{bar} = 2{,}000\text{kPa}$
$V_1 = 10\text{L} = 0.01\text{m}^3$
$P_2 = 1\text{bar} = 100\text{kPa}$
$Q = P_1 V_1 \ln\frac{P_1}{P_2} = (2{,}000 \times 0.01)\ln\frac{2{,}000}{100} = 60\text{kJ}$

23 역카르노 사이클에서 고열원을 T_H, 저열원을 T_L이라 할 때 성능계수를 나타내는 식으로 옳은 것은?

① $\dfrac{T_H}{T_H - T_L}$ ② $\dfrac{T_L}{T_H - T_L}$

③ $\dfrac{T_H - T_L}{T_H}$ ④ $\dfrac{T_H - T_L}{T_L}$

해설

역카르노 사이클의 성능계수 $COP_C = \dfrac{T_L}{T_H - T_L}$

24 냉매가 암모니아일 경우는 주로 소형, 프레온일 경우에는 대용량까지 광범위하게 사용되는 응축기로 전열에 양호하고, 설치면적이 적어도 되나 냉각관이 부식되기 쉬운 응축기는?

① 이중관식 응축기
② 입형 셸 앤 튜브식 응축기
③ 횡형 셸 앤 튜브식 응축기
④ 7통로식 횡형 셸 앤식 응축기

해설

① 이중관식 응축기 : 이중관으로 형성된 열교환기로서 주로 소형 냉동기에 사용된다.
② 입형 셸 앤 튜브식 응축기 : 동체를 수직으로 세우고 동체 내에 다수의 냉각관을 설치한 것으로 주로 암모니아 냉동기에 사용된다.
④ 7통로식 횡형 셸 앤식 응축기 : 동체 안에 7개의 냉각관이 설치되어 있는 것으로 암모니아 냉동기에 사용하며 한 조로는 대용량에 사용할 수 없다.

25 냉매액이 팽창밸브를 지날 때 냉매의 온도, 압력, 엔탈피의 상태변화를 순서대로 올바르게 나타낸 것은?

① 일정, 감소, 일정
② 일정, 감소, 감소
③ 감소, 일정, 일정
④ 감소, 감소, 일정

해설

증기압축식 냉동기의 냉매 상태

장치명	온도	압력	엔탈피
압축기	상승	상승	상승
응축기	감소	일정	감소
팽창밸브	감소	감소	일정
증발기	일정	일정	상승

26 자연계에 어떠한 변화도 남기지 않고 일정 온도의 열을 계속해서 일로 변환시킬 수 있는 기관은 존재하지 않는다를 의미하는 열역학 법칙은?

① 열역학 제0법칙
② 열역학 제1법칙
③ 열역학 제2법칙
④ 열역학 제3법칙

해설

③ 열역학 제2법칙 : 자연계에 어떠한 변화도 남기지 않고 일정 온도의 어느 열원의 열을 계속 받아 일로 변환시키는 기관은 존재하지 않는다.
① 열역학 제0법칙 : 온도가 서로 다른 물체를 접촉시키면 높은 온도를 지닌 물체의 온도는 내려가고 낮은 온도의 물체는 온도가 올라가서 두 물체의 온도차가 없게 되어 열평형이 이루어지는 현상이다.
② 열역학 제1법칙 : 기계적인 일은 열로 변할 수 있고 반대로 열도 기계적 일로 변환이 가능하다는 법칙

27 다음 냉동기의 $T-S$ 선도 중 습압축 사이클에 해당되는 것은?

①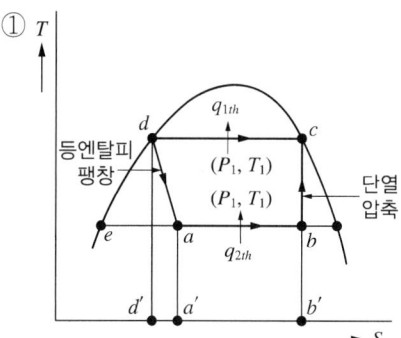

②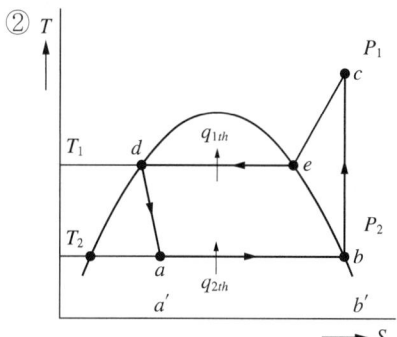

③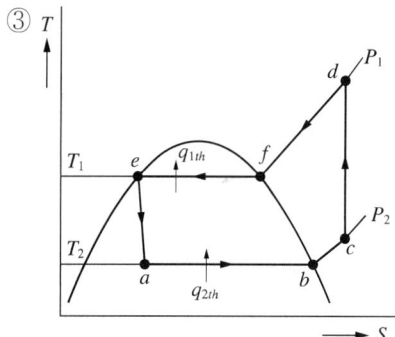

④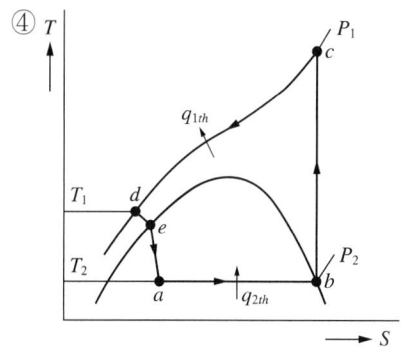

해설
① b점이 압축기 흡입가스의 상태를 나타내며 b점이 습증기 상태이므로 습압축 사이클이다.
② b점이 압축기 흡입가스의 상태를 나타내며 b점이 건조포화증기 상태이므로 건조포화압축 사이클이다.
③ c점이 압축기 흡입가스의 상태를 나타내며 c점이 과열증기 상태이므로 과열압축 사이클이다.
④ b점이 압축기 흡입가스의 상태를 나타내며 b점이 건조포화증기 상태이므로 건조포화압축 사이클이다.

28 압축기의 클리어런스가 클 때 나타나는 현상으로 가장 거리가 먼 것은?

① 냉동능력이 감소한다.
② 체적효율이 저하한다.
③ 토출가스 온도가 낮아진다.
④ 윤활유가 열화 및 탄화된다.

해설
압축기의 클리어런스가 크면 압축 후의 토출가스 온도가 높아진다.

29 냉동장치의 냉매 액관 일부에서 발생한 플래시 가스가 냉동장치에 미치는 영향으로 옳은 것은?

① 냉매의 일부가 증발하면서 냉동유를 압축기로 재순환시켜 윤활이 잘 된다.
② 압축기에 흡입되는 가스에 액체가 혼입되어서 흡입 체적효율을 상승시킨다.
③ 팽창밸브를 통과하는 냉매의 일부가 기체이므로 냉매의 순환량이 적어져 냉동능력을 감소시킨다.
④ 냉매의 증발이 왕성해짐으로써 냉동능력을 증가시킨다.

해설
플래시 가스란 증발기가 아닌 곳에서 증발이 일어난 가스로 플래시 가스가 발생하면 냉매 순환량이 적어져 냉동능력이 감소하고 냉동기의 성능이 저하된다.

30 왕복동 압축기에서 −30~−70℃ 정도의 저온을 얻기 위해서는 2단 압축 방식을 채용한다. 그 이유로 틀린 것은?

① 토출가스의 온도를 높이기 위하여
② 윤활유의 온도 상승을 피하기 위하여
③ 압축기의 효율 저하를 막기 위하여
④ 성적계수를 높이기 위하여

해설
1단 압축 방식에서 −30℃의 증발온도를 얻으려면 압축비가 상승하여 냉동기 성능이 저하하므로 2단 압축을 채택한다. 따라서 2단 압축을 채택하면 압축 후의 토출가스 온도를 낮출 수 있다.

31 팽창밸브 직후 냉매의 건조도가 0.2이다. 이 냉매의 증발열이 1,884kJ/kg이라 할 때 냉동효과(kJ/kg)는 얼마인가?

① 376.8　　② 452
③ 1,507.2　　④ 2,546

해설
• 건조도 = $\dfrac{\text{플래시 가스 열량}}{\text{증발잠열}}$ → $0.2 = \dfrac{\text{플래시 가스 열량}}{1,884\text{kJ/kg}}$
∴ 플래시 가스 열량 = 376.8kJ/kg
• 냉동효과 = 증발잠열 − 플래시 가스 열량
= 1,884 − 376.8 = 1,507.2kJ/kg

32 상태 A에서 B로 가역 단열변화를 할 때 상태변화로 옳은 것은?(단, S : 엔트로피, h : 엔탈피, T : 온도, P : 압력이다)

① $\triangle S = 0$　　② $\triangle h = 0$
③ $\triangle T = 0$　　④ $\triangle P = 0$

해설
$\triangle S = 0$: 가역 단열변화, $\triangle h = 0$: 비가역 단열변화(등엔탈피 변화), $\triangle T = 0$: 등온변화, $\triangle P = 0$: 등압변화

33 스크롤 압축기에 관한 설명으로 틀린 것은?

① 인벌류트 치형의 두 개의 맞물린 스크롤 부품이 선회운동을 하면서 압축하는 용적형 압축기이다.
② 토크 변동이 적고 압축요소의 미끄럼 속도가 늦다.
③ 용량 제어방식으로 슬라이드 밸브 방식, 리프트 밸브 방식 등이 있다.
④ 고정 스크롤, 선회 스크롤, 자전방지 커플링, 크랭크 축 등으로 구성되어 있다.

해설
스크롤 압축기의 용량 제어방식에는 인버터에 의한 회전수 제어와 흡입 및 토출구의 개도 조절에 의한 제어가 있다.

34 고온가스에 의한 제상 시 고온가스의 흐름을 제어하기 위해 사용되는 것으로 가장 적절한 것은?

① 모세관　　② 전자밸브
③ 체크밸브　④ 자동팽창밸브

해설
고온가스로 제상할 경우 제상시간이 되면 타이머에 연결된 전자밸브가 열려 유분리기와 응축기 사이의 고온가스를 증발기에 유입시켜 제상한다.

35 냉동장치의 운전 중에 저압이 낮아질 때 일어나는 현상이 아닌 것은?

① 흡입가스 과열 및 압축비 증대
② 증발온도 저하 및 냉동능력 증대
③ 흡입가스의 비체적 증가
④ 성적계수 저하 및 냉매 순환량 감소

36 다음 냉동기의 안전장치와 가장 거리가 먼 것은?

① 가용전
② 안전밸브
③ 핫 가스장치
④ 고·저압 차단스위치

해설
핫 가스장치는 공기 냉각용 증발기에서 발생한 적상을 제거하는 제상장치이다.

37 응축기에 대한 설명으로 틀린 것은?

① 응축기는 압축기에서 토출한 고온가스를 냉각시킨다.
② 냉매는 응축기에서 냉각수에 의하여 냉각되어 압력이 상승한다.
③ 응축기에는 불응축 가스가 잔류하는 경우가 있다.
④ 응축기 냉각관의 수측에 스케일이 부착되는 경우가 있다.

해설
응축기 내에서 냉매가스는 냉각수와 열전달되어 응축 액화가 이루어진다. 이때 냉매가스는 압력변화가 없고 온도가 낮아진다.

38 냉동장치의 부속기기에 관한 설명으로 옳은 것은?

① 드라이어 필터는 프레온 냉동장치의 흡입 배관에 설치해 흡입증기 중의 수분과 찌꺼기를 제거한다.
② 수액기의 크기는 장치 내의 냉매 순환량만으로 결정한다.
③ 운전 중 수액기의 액면계에 기포가 발생하는 경우는 다량의 불응축 가스가 들어 있기 때문이다.
④ 프레온 냉매의 수분 용해도는 작으므로 액 배관 중에 건조기를 부착하면 수분 제거에 효과가 있다.

해설
① 드라이어 필터는 프레온 냉동장치의 고압 배관(응축기와 팽창밸브 사이의 배관)에 설치해 냉매액 중의 수분과 찌꺼기를 제거한다.
② 수액기의 크기는 암모니아 냉매일 경우 냉매 충전량의 1/2을 회수할 수 있는 크기로 하고, 프레온 냉매일 경우 냉매 충전량의 전량을 회수할 수 있는 크기로 한다.
③ 운전 중 수액기의 액면계에 기포가 발생하는 경우는 냉매가 들어 있기 때문이다.

정답　34 ②　35 ②　36 ③　37 ②　38 ④

39 일반적으로 냉동운송설비 중 냉동자동차를 냉각장치 및 냉각방법에 따라 분류할 때 그 종류로 가장 거리가 먼 것은?

① 기계식 냉동차
② 액체질소식 냉동차
③ 헬륨냉동식 냉동차
④ 축랭식 냉동차

해설
냉동자동차의 종류 : 기계식 냉동차, 액체질소식 냉동차, 축랭식 냉동차, 다온도대식 냉동차

40 비열에 관한 설명으로 옳은 것은?

① 비열이 큰 물질일수록 빨리 식거나 빨리 더워진다.
② 비열의 단위는 kJ/kg이다.
③ 비열이란 어떤 물질 1kg을 1℃ 높이는 데 필요한 열량을 말한다.
④ 비열비는 정압비열/정적비열로 표시되며 그 값은 R-22가 암모니아 가스보다 크다.

해설
① 비열이 큰 물질일수록 천천히 식거나 천천히 더워진다.
② 비열의 단위는 kJ/kg·K 또는 kcal/kg·℃이다.
④ 비열비는 정압비열/정적비열로 표시되며 그 값은 R-22(비열비 1.184)가 암모니아 가스(1.31)보다 작다.

제3과목 배관일반

41 배수설비에 대한 설명으로 옳은 것은?

① 소규모 건물에서의 빗물 수직관을 통기관으로 사용 가능하다.
② 회로 통기방식에서 통기되는 기구의 수는 9개 이상으로 한다.
③ 배수관에 트랩의 봉수를 보호하기 위해 통기관을 설치한다.
④ 배수 트랩의 봉수 깊이는 5~10mm 정도가 이상적이다.

해설
① 빗물 수직관은 통기관, 오수 배수 수직관과 겸용하거나 이들 배관에 연결하면 안 된다.
② 회로 통기방식에서 통기되는 기구의 수는 8개 이내로 한다.
④ 배수 트랩의 봉수 깊이는 50~100mm 정도가 이상적이다.

42 고가탱크 급수방식의 특징에 관한 설명으로 틀린 것은?

① 항상 일정한 수압으로 급수할 수 있다.
② 수압의 과대 등에 따른 밸브류 등 배관 부속품의 파손이 적다.
③ 취급이 비교적 간단하고 고장이 적다.
④ 탱크는 기밀 제작이므로 값이 싸진다.

해설
고가탱크 급수방식은 옥상에 고가탱크를 설치하여 급수하는 방식으로서 고가탱크는 기밀 제작하므로 값이 비싸진다.

정답 39 ③ 40 ③ 41 ③ 42 ④

43 급탕 배관 시공 시 고려할 사항이 아닌 것은?
① 배관 구배
② 관의 신축
③ 배관 재료의 선택
④ 청소구의 설치장소

해설
청소구의 설치장소는 배수 배관 시공 시 고려해야 할 사항이다.

44 통기관의 종류가 아닌 것은?
① 각개 통기관
② 루프 통기관
③ 신정 통기관
④ 분해 통기관

해설
통기관의 종류 : 각개 통기관, 루프(회로) 통기관, 신정 통기관, 도피 통기관, 결합 통기관, 습윤 통기관, 공용 통기관이 있다.

45 증기난방의 단관 중력환수식 배관에서 증기와 응축수가 동일한 방향으로 흐르는 순류관의 구배로 적당한 것은?
① 1/50~1/100
② 1/100~1/200
③ 1/150~1/250
④ 1/200~1/300

해설
단관 중력환수식 증기난방의 배관 구배
• 순류관일 경우 : 1/100~1/200
• 역류관일 경우 : 1/50~1/100

46 무기질 보온재가 아닌 것은?
① 암면
② 펠트
③ 규조토
④ 탄산마그네슘

해설
• 유기질 보온재 : 펠트, 코르크, 기포성 수지
• 무기질 보온재 : 탄산마그네슘, 석면, 암면, 규조토, 유리섬유, 규산칼슘

47 네오프렌 패킹을 사용하기에 가장 부적절한 배관은?
① 15℃의 배수 배관
② 60℃의 급수 배관
③ 100℃의 급탕 배관
④ 180℃의 증기 배관

해설
네오프렌 패킹의 사용 온도범위는 -46~120℃이므로 120℃ 이하의 모든 배관에 사용한다. 따라서 180℃의 증기 배관에는 사용할 수 없다.

정답 43 ④ 44 ④ 45 ② 46 ② 47 ④

48 암모니아 냉동설비의 배관으로 사용하기에 가장 부적절한 배관은?

① 이음매 없는 동관
② 저온 배관용 강관
③ 배관용 탄소강 강관
④ 배관용 스테인리스 강관

해설
암모니아 냉매는 동 및 동합금을 부식시키므로 강관을 사용한다.

49 도시가스 입상관에 설치하는 밸브는 바닥으로부터 몇 m 범위에 설치해야 하는가?(단, 보호 상자에 설치하는 경우는 제외한다)

① 0.5m 이상 1m 이내
② 1m 이상 1.5m 이내
③ 1.6m 이상 2m 이내
④ 2m 이상 2.5m 이내

해설
도시가스 입상관의 밸브는 바닥으로부터 1.6~2m에 설치해야 한다.

50 유체를 일정 방향으로만 흐르게 하고 역류하는 것을 방지하기 위해 설치하는 밸브는?

① 3방 밸브
② 안전밸브
③ 게이트밸브
④ 체크밸브

해설
체크밸브는 유체를 한쪽 방향으로만 흐르게 하는 역류 방지용 밸브로 스윙형, 리프트형, 스모렌스키형, 틸팅 디스크형, 듀얼 플레이트형이 있다.

51 강관 접합법으로 틀린 것은?

① 나사 접합
② 플랜지 접합
③ 압축 접합
④ 용접 접합

해설
압축 접합(플레어 접합)은 동관을 접합하는 방법으로 동관 끝부분을 나팔 모양으로 넓혀 플레어 볼트와 너트로 고정시키는 접합방법이다.

52 압력탱크식 급수방법에서 압력탱크 설계요소로 가장 거리가 먼 것은?

① 필요 압력
② 탱크의 용적
③ 펌프의 양수량
④ 펌프의 운전방법

해설
압력탱크 설계요소 : 필요 압력, 탱크의 용적, 펌프의 양수량, 펌프의 전양

53 압축공기 배관 시공 시 일반적인 주의사항으로 틀린 것은?

① 공기 공급 배관에는 필요한 개소에 드레인용 밸브를 장착한다.
② 주관에서 분기관을 취출할 때에는 관의 하단에 연결하여 이물질 등을 제거한다.
③ 용접 개소를 가급적 적게 하고 라인의 중간중간에 여과기를 장착하여 공기 중에 섞인 먼지 등을 제거한다.
④ 주관 및 분기관의 관 끝에는 과잉 압력을 제거하기 위한 불어내기용 게이트밸브를 설치한다.

해설
주관에서 분기관을 취출할 때에는 관의 상부 또는 수평 위치에 연결하고, 절대로 주관의 하단에 연결하지 않는다.

54 캐비테이션 현상의 발생 조건으로 옳은 것은?

① 흡입양정이 작을 경우 발생한다.
② 액체의 온도가 낮을 경우 발생한다.
③ 날개차의 원주속도가 작을 경우 발생한다.
④ 날개차의 모양이 적당하지 않을 경우 발생한다.

해설
캐비테이션 현상의 발생 원인
- 흡입양정이 클 경우
- 액체의 온도가 높을 경우
- 날개차의 원주속도가 빠를 경우
- 날개차의 모양이 적당하지 않을 경우
- 흡입 배관의 관경이 작을 경우

55 건물의 시간당 최대 예상 급탕량이 2,000kg/h일 때, 도시가스를 사용하는 급탕용 보일러에서 필요한 가스 소모량은?(단, 급탕온도 60℃, 급수온도 20℃, 도시가스 발열량 15,000kcal/kg, 보일러 효율 95%이며, 열손실 및 예열부하는 무시한다)

① 5.6kg/h
② 6.6kg/h
③ 7.6kg/h
④ 8.6kg/h

해설
보일러의 효율 $\eta = \dfrac{Q}{G_f \cdot H} \times 100\% = \dfrac{G \cdot C \cdot \Delta t}{G_f \cdot H} \times 100\%$

$0.95 = \dfrac{2,000\dfrac{kg}{h} \times 1\dfrac{kcal}{kg \cdot ℃} \times (60-20)℃}{G_f \times 15,000\dfrac{kcal}{kg}}$

∴ $G_f = 5.61 kg/h$

여기서, η : 보일러 효율, Q : 정격출력(kcal/h),
G : 급탕량(kg/h), H : 연료의 발열량(kcal/kg),
G_f : 가스 소모량(kg/h)

56 냉동장치의 안전장치 중 압축기로의 흡입압력이 소정의 압력 이상이 되었을 경우 과부하에 의한 압축기용 전동기의 위험을 방지하기 위하여 설치하는 밸브는?

① 흡입압력 조정밸브
② 증발압력 조정밸브
③ 정압식 자동팽창밸브
④ 저압측 플로트밸브

해설
② 증발압력 조정밸브 : 증발기와 압축기 사이의 흡입관에 설치하여 증발압력이 일정 압력 이하가 되는 것을 방지한다.
③ 정압식 자동팽창밸브 : 증발압력에 의해 작동되는 팽창밸브로 증발압력이 상승되면 밸브가 닫히고 증발압력이 낮아지면 밸브가 열린다.
④ 저압측 플로트밸브 : 저압측에 설치하여 증발기 내의 액면을 일정하게 유지시켜 주는 팽창밸브이다.

정답 53 ② 54 ④ 55 ① 56 ①

57 두 가지 종류의 물질을 혼합하면 단독으로 사용할 때보다 더 낮은 융해온도를 얻을 수 있는 혼합제를 무엇이라고 하는가?

① 부취제 ② 기한제
③ 브라인 ④ 에멀션

해설
② 기한제 : 두 종류의 물질을 적당히 혼합하면 단독으로 사용할 때보다 더 낮은 온도를 얻을 수 있는데 냉동에는 주로 얼음과 염화나트륨을 혼합하여 사용한다.
① 부취제 : 도시가스에 향료를 넣어 쉽게 냄새로 확인할 수 있도록 첨가하는 화학제이다.
③ 브라인 : 2차 냉매로서 온도변화에 의한 현열 상태로 열을 운반하는 동작 유체이다.
④ 에멀션 : 암모니아 냉매와 수분이 혼입되면 암모니아수가 형성되고 이것이 오일과 접촉하게 되면 오일이 우윳빛같이 탁해지는 현상이다.

58 증기난방 설비에 있어서 응축수 탱크에 모인 응축수를 펌프로 보일러에 환수시키는 환수방법은?

① 중력환수식 ② 기계환수식
③ 진공환수식 ④ 지역환수식

해설
증기난방설비 응축수 환수방식
• 중력환수식 : 응축수 자체의 중력에 의한 환수방식
• 기계환수식 : 방열기에서 응축수 탱크까지는 중력환수, 탱크에서 보일러까지는 펌프를 이용하는 강제순환방식
• 진공환수식 : 방열기의 설치장소에 제한을 받지 않는 환수방식으로 증기와 응축수를 진공펌프로 흡입 순환시키는 방식

59 다음 도면 표시기호는 어떤 방식인가?

① 5쪽짜리의 횡형 벽걸이 방열기
② 5쪽짜리의 종형 벽걸이 방열기
③ 20쪽짜리의 길드 방열기
④ 20쪽짜리의 대류 방열기

해설
벽걸이 방열기 : 횡형(W-H), 종형(W-V)
※ 도면은 5절수(섹션수)인 횡형(W-H) 벽걸이 방열기이고, 유입 관경과 유출 관경은 각 20A이다.

60 동일 조건에서 열전도율이 가장 큰 관은?

① 알루미늄관
② 강관
③ 동관
④ 연관

해설
동관은 열전도율이 우수하여 열교환기용 관이나 급탕관으로 사용된다.

제4과목 전기제어공학

61 공업공정의 제어량을 제어하는 것은?

① 비율제어
② 정치제어
③ 프로세스 제어
④ 프로그램 제어

해설
③ 프로세스 제어 : 온도, 압력, 유량, 액위, 농도, 습도 등 공업공정의 상태량을 제어한다.
① 비율제어 : 목푯값이 다른 양과 일정한 비율관계를 가지고 변화하는 경우의 제어로서 보일러 자동연소장치에 사용된다.
② 정치제어 : 목푯값이 시간적으로 변화하지 않는 일정한 제어로서 프로세서 제어와 자동조정이 있다.
④ 프로그램 제어 : 목푯값이 시간적으로 미리 정해진 대로 변화하고 제어량을 추종시키는 제어로서 열처리 노의 온도제어, 무인열차 운전에 사용된다.

62 출력의 변동을 조정하는 동시에 목푯값에 정확히 추종하도록 설계한 제어계는?

① 추치제어
② 안정제어
③ 타력제어
④ 프로세서 제어

해설
추치제어란 임의로 변하는 목푯값을 추종하는 제어로서 서보기구이다.

63 시퀀스 제어에 관한 설명 중 틀린 것은?

① 조합 논리회로도 사용된다.
② 시간 지연요소도 사용된다.
③ 유접점 계전기만 사용된다.
④ 제어결과에 따라 조작이 자동적으로 이행된다.

해설
시퀀스 제어는 유접점 계전기, 무접점 계전기 모두 사용된다.
• 무접점 계전기 : 릴레이, 타이머, 전자접촉기
• 유접점 계전기 : 트랜지스터, 다이오드 등의 반도체 스위칭 소자

64 60Hz, 6극 3상 유도전동기의 전부하에 있어서의 회전수가 1,164rpm이다. 슬립은 약 몇 %인가?

① 2
② 3
③ 5
④ 7

해설
• 동기속도 $N = \dfrac{120f}{P} = \dfrac{120 \times 60}{6} = 1,200 \text{rpm}$
• 슬립 $s = 1 - \dfrac{N}{N_s} = 1 - \dfrac{1,164}{1,200} = 0.03 = 3\%$

65 입력으로 단위계단함수 $u(t)$를 가했을 때 출력이 그림과 같은 동작은?

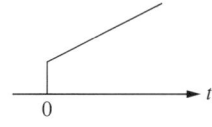

① P 동작
② PD 동작
③ PI 동작
④ 2위치 동작

해설
비례적분 동작(PI 제어) : 비례 동작(수평선)과 적분 동작(기울기선)이 결합된 제어기로서 적분 동작의 특성을 지니고 있으며 정상특성이 개선되어 잔류편차와 사이클링이 없을 뿐만 아니라 지상 보상요소를 지니고 있다.

$G(s) = K\left(1 + \dfrac{1}{T_i s}\right)$

여기서, $G(s)$: 전달함수, T_i : 적분시간, K : 비례감도

66 50Hz에서 회전하고 있는 2극 유도전동기의 출력이 20kW일 때 전동기의 토크는 약 몇 N·m인가?

① 48　　② 53
③ 64　　④ 84

해설

- 각속도 $\omega = 2\pi f = \dfrac{2\pi}{T}\,\text{rad/sec}$
- 회전수 $N = \dfrac{120f}{P}\,\text{rpm} \rightarrow \omega = \dfrac{2\pi}{60} \times \dfrac{120f}{P}\,\text{rad/s}$

여기서, P : 극수

- 토크 $T = \dfrac{P_w}{\omega} = \dfrac{P_w}{\dfrac{2\pi}{60} \times \dfrac{120f}{P}} = \dfrac{20 \times 10^3 \left(\dfrac{\text{N}\cdot\text{m}}{\text{s}}\right)}{\dfrac{2\pi}{60} \times \dfrac{120 \times 50}{2}\left(\dfrac{\text{rad}}{\text{s}}\right)}$

　　　$= 63.7\,\text{N}\cdot\text{m}$

67 운동계의 각속도(ω)는 전기계의 무엇과 대응되는가?

① 저항　　② 전류
③ 인덕턴스　　④ 커패시턴스

해설

운동계	전기계
토크	전압
각속도	전류
회전마찰계수	저항
각변위	전하량

68 반지름 1.5mm, 길이가 2km인 도체의 저항이 32Ω이다. 이 도체가 지름이 6mm, 길이가 500m로 변할 경우 저항은 몇 Ω이 되는가?

① 1　　② 2
③ 3　　④ 4

해설

저항 $R = \rho\dfrac{l}{A} = \rho\dfrac{l}{\pi r^2}$

고유저항 $\rho = \dfrac{\pi r^2 R}{l} = \dfrac{\pi(1.5 \times 10^{-3}\text{m})^2 \times 32\Omega}{2{,}000\text{m}}$

　　　　　$= 1.13 \times 10^{-7}\,\Omega\cdot\text{m}$

∴ 저항 $R = \rho\dfrac{l}{A} = \rho\dfrac{l}{\dfrac{\pi}{4}d^2}$

　　　$= 1.13 \times 10^{-7}\,\Omega\cdot\text{m} \times \dfrac{500\text{m}}{\dfrac{\pi}{4}(6 \times 10^{-3}\text{m})^2}$

　　　$= 1.998\,\Omega$

69 그림의 선도 중 가장 임계 안정한 것은?

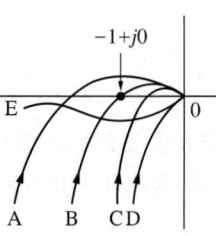

① A　　② B
③ C　　④ D

해설

② B : 임계 안정한 계
① A : 불안정한 계
③ C : 안정한 계
④ D : 가장 안전한 계

정답　66 ③　67 ②　68 ②　69 ②

70 8Ω, 12Ω, 20Ω, 30Ω의 4개 저항을 병렬로 접속할 때 합성저항은 약 몇 Ω인가?

① 2.0
② 2.35
③ 3.43
④ 3.8

해설
병렬접속 시 합성저항
$$R = \frac{1}{\frac{1}{R_1}+\frac{1}{R_2}+\frac{1}{R_3}+\frac{1}{R_4}} = \frac{1}{\frac{1}{8}+\frac{1}{12}+\frac{1}{20}+\frac{1}{30}} = 3.43\,\Omega$$

71 연료의 유량과 공기의 유량과의 관계 비율을 연소에 적합하게 유지하고자 하는 제어는?

① 비율제어
② 시퀀스 제어
③ 프로세스 제어
④ 프로그램 제어

해설
① 비율제어 : 목푯값이 다른 양과 일정한 비율관계를 가지고 변화하는 경우의 제어로서 보일러 자동연소장치에 사용된다.
② 시퀀스 제어 : 미리 정해진 순서에 따라 제어의 각 단계를 순차적으로 제어하는 것으로 커피자판기 등에 사용된다.
③ 프로세스 제어 : 온도, 압력, 유량, 액위, 농도, 습도 등 공업공정의 상태량을 제어한다.
④ 프로그램 제어 : 목푯값이 시간적으로 미리 정해진 대로 변화하고 제어량을 추종시키는 제어로서 열처리 노의 온도제어, 무인열차 운전에 사용된다.

72 그림과 같은 Y결선 회로와 등가인 △결선 회로의 Z_{ab}, Z_{bc}, Z_{ca} 값은?

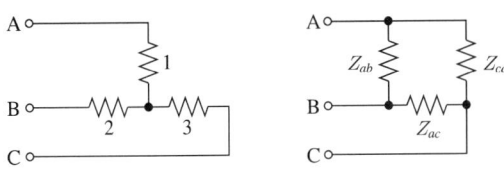

① $Z_{ab} = \frac{11}{3}$, $Z_{bc} = 11$, $Z_{ca} = \frac{11}{2}$
② $Z_{ab} = \frac{7}{3}$, $Z_{bc} = 7$, $Z_{ca} = \frac{7}{2}$
③ $Z_{ab} = 11$, $Z_{bc} = \frac{11}{2}$, $Z_{ca} = \frac{11}{3}$
④ $Z_{ab} = 7$, $Z_{bc} = \frac{7}{2}$, $Z_{ca} = \frac{7}{3}$

해설
Y결선을 △결선으로 변환할 경우 임피던스
$$Z_{ab} = \frac{Z_aZ_b + Z_bZ_c + Z_cZ_a}{Z_c} = \frac{1\times 2 + 2\times 3 + 3\times 1}{3} = \frac{11}{3}$$
$$Z_{bc} = \frac{Z_aZ_b + Z_bZ_c + Z_cZ_a}{Z_a} = \frac{1\times 2 + 2\times 3 + 3\times 1}{1} = 11$$
$$Z_{ca} = \frac{Z_aZ_b + Z_bZ_c + Z_cZ_a}{Z_b} = \frac{1\times 2 + 2\times 3 + 3\times 1}{2} = \frac{11}{2}$$

73 회전 중인 3상 유도전동기의 슬립이 1이 되면 전동기 속도는 어떻게 되는가?

① 불변이다.
② 정지한다.
③ 무구속 속도가 된다.
④ 동기속도와 같게 된다.

해설
유도전동기의 슬립(0 < s < 1)
• $s = 0$: 무부하 시 동기속도로 회전한다.
• $s = 1$: 정지 상태

74 그림과 같은 시스템의 등가 합성전달함수는?

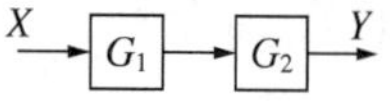

$X \rightarrow \boxed{G_1} \rightarrow \boxed{G_2} \rightarrow Y$

① $G_1 + G_2$ ② G_1/G_2
③ $G_1 - G_2$ ④ $G_1 \cdot G_2$

해설

- 전달함수 $G(s) = \dfrac{C}{R} = \dfrac{패스\ 경로}{1 - 피드백\ 경로}$
- 패스 경로의 전달함수 : $G_1 G_2$
- 피드백 경로 함수 : 0

$G(s) = \dfrac{C}{R} = \dfrac{G_1 G_2}{1 - 0} = G_1 G_2$

75 단위 피드백계에서 $C/R = 1$, 즉 입력과 출력이 같다면 전향전달함수 $|G|$의 값은?

① $|G| = 1$ ② $|G| = 0$
③ $|G| = \infty$ ④ $|G| = \sqrt{2}$

해설

전달함수 $G(s) = \dfrac{C}{R} = 1 = \dfrac{G}{1+G} \rightarrow \dfrac{1}{\dfrac{1}{G}+1} = 1$이므로

$\dfrac{1}{G} = 0 \rightarrow G = \infty$이다. $\rightarrow |G| = \infty$가 된다.

76 논리함수 $X = A + AB$를 간단히 하면?

① $X = A$ ② $X = B$
③ $X = A \cdot B$ ④ $X = A + B$

해설

$Z = A + AB = A(1+B) = A \cdot 1 = A$

77 정현파 전파 정류전압의 평균값이 119V이면 최댓값은 약 몇 V인가?

① 119   ② 187
③ 238   ④ 357

해설

최댓값 $V_m = \sqrt{2}\,V = \dfrac{\pi}{2}V_a = \dfrac{\pi}{2} \times 119 = 186.9V$

78 전기력선의 기본 성질에 관한 설명으로 틀린 것은?

① 전기력선의 밀도는 전계의 세기와 같다.
② 전기력선의 방향은 그 점의 전계의 방향과 일치한다.
③ 전기력선은 전위가 높은 점에서 낮은 점으로 향한다.
④ 전기력선은 부전하에서 시작하여 정전하에서 그친다.

해설

전기력선은 정전하에서 시작하여 부전하에서 끝나며 도중에 서로 교차하거나 소멸되지 않는다.

79 다음의 ㉠, ㉡에 들어갈 내용으로 옳은 것은?

> 근궤적은 $G(s)H(s)$의 (㉠)에서 출발하여 (㉡)에서 종착한다.

① ㉠ 영점, ㉡ 극점
② ㉠ 극점, ㉡ 영점
③ ㉠ 분지점, ㉡ 극점
④ ㉠ 극점, ㉡ 분지점

해설
- 영점 : 전달함수 분자의 근이 0이 되는 s의 값
- 극점 : 전달함수 분모의 근이 0이 되는 s의 값

80 무효전력을 나타내는 단위는?

① VA
② W
③ Var
④ Wh

해설
① 피상전력 $P_a = IV = \sqrt{P^2 + P_r^2}$
  $= \sqrt{유효전력^2 + 무효전력^2}$ (VA)
② 유효(소비)전력 $P = IV\cos\theta$ (W)
③ 무효전력 $P_r = IV\sin\theta$ (Var)

2022년 제1회 과년도 기출복원문제

※ 2022년부터 출제기준이 변경됨에 따라(과목수 변경, 4과목 → 3과목) 2022년 제1회 기출복원문제부터 새 출제기준에 맞추어 60문항으로 구성하였습니다.

제1과목 공기조화 설비

01 여과기를 여과작용에 의해 분류할 때 해당되는 것이 아닌 것은?

① 충돌 점착식
② 자동 재생식
③ 건성 여과식
④ 활성탄 흡착식

해설

여과작용에 의한 분류 : 충돌 점착식, 건성 여과식, 활성탄 흡착식, 정전식

02 풍량 600m³/min, 정압 60Pa, 회전수 500rpm의 특성을 갖는 송풍기의 회전수가 600rpm으로 증가하였을 때 동력은?(단, 정압효율은 50%이다)

① 약 1.21kW
② 약 1.82kW
③ 약 2.07kW
④ 약 2.45kW

해설

• 송풍기의 소요동력

$$L_1 = \frac{Q \times P_t}{60 \times 1,000 \times \eta_f} = \frac{600 \times 60}{60 \times 1,000 \times 0.5} = 1.2\text{kW}$$

여기서, P_t : 송풍기 전압(정압 + 동압)(Pa)
Q : 공기량(m³/min)
η_f : 송풍기 전압효율

• 송풍기의 상사법칙

동력 $L_2 = \left(\frac{N_2}{N_1}\right)^3 L_1 = \left(\frac{600}{500}\right)^3 \times 1.2 = 2.07\text{kW}$

03 통과풍량이 350m³/min일 때 표준 유닛형 에어필터의 수는 약 몇 개인가?(단, 통과풍속은 1.5m/s, 통과면적은 0.5m², 유효면적은 85%이다)

① 4개
② 6개
③ 8개
④ 10개

해설

에어필터 수 $n = \dfrac{350\dfrac{\text{m}^3}{\text{min}} \times \dfrac{\text{min}}{60\text{s}}}{0.5\text{m}^2 \times 1.5\dfrac{\text{m}}{\text{s}} \times 0.85} = 9.2 ≒ 10$개

04 가스난방에 있어서 총손실열량이 300,000kcal/h, 가스의 발열량이 6,000kcal/m³, 가스소요량이 70 m³/h일 때 가스 스토브의 효율은?

① 약 71%
② 약 80%
③ 약 85%
④ 약 90%

해설

효율 $\eta = \dfrac{\text{손실열량}}{\text{가스소요량} \times \text{가스발열량}} \times 100\%$

$= \dfrac{300,000\dfrac{\text{kcal}}{\text{h}}}{70\dfrac{\text{m}^3}{\text{h}} \times 6,000\dfrac{\text{kcal}}{\text{m}^3}} \times 100\%$

$= 71.4\%$

정답 1 ② 2 ③ 3 ④ 4 ①

05 제습장치에 대한 설명으로 틀린 것은?

① 냉각식 제습장치는 처리공기를 노점온도 이하로 냉각시켜 수증기를 응축시킨다.
② 일반 공조에서는 공조기에 냉각 코일을 채용하므로 별도의 제습장치가 없다.
③ 제습방법은 냉각식, 압축식, 흡수식, 흡착식이 있으나 대부분 냉각식을 사용한다.
④ 에어와셔 방식은 냉각식으로 소형이고 수처리가 편리하여 많이 채용된다.

해설
에어와셔(공기세정기) 방식은 아주 작은 물방울을 공기 중에 분무시켜 공기를 냉각하거나 감습 또는 가습을 하는 장치로서 냉각식에 비해 대형이고 수처리가 어렵다.

06 온수보일러의 상당방열면적이 110m²일 때 환산증발량은?

① 약 91.8kg/h
② 약 112.2kg/h
③ 약 132.6kg/h
④ 약 153.0kg/h

해설
상당방열면적 $EDR = \dfrac{G_e \times 2,257}{3,600 \times 0.523} = \dfrac{발열(kW)}{0.523}$

→ 환산증발량 $G_e = \dfrac{110\text{m}^2 \times \dfrac{3,600\text{s}}{\text{h}} \times 0.523 \dfrac{\text{kW}}{\text{m}^2}}{2,257 \dfrac{\text{kJ}}{\text{kg}}}$

$= 91.8\text{kg/h}$

여기서, 온수난방 : 523W/m²(450kcal/h),
잠열량 : 2,257kJ/kg

07 지하상가의 공조방식 결정 시 고려해야 할 내용으로 틀린 것은?

① 취기를 발하는 점포는 확산되지 않도록 한다.
② 각 점포마다 어느 정도의 온도 조절을 할 수 있게 한다.
③ 음식점에서는 배기가 필요하므로 풍량 밸런스를 고려하여 채용한다.
④ 공공지하보도 부분과 점포 부분은 동일 계통으로 한다.

해설
공공지하보도란 지하에 보행인의 통행, 휴식 등의 편의를 위하여 설치된 시설이며, 점포는 지하도 상가로서 공조방식을 결정할 경우 각각 독립된 계통으로 결정해야 한다.

08 각 실마다 전기스토브나 기름난로 등을 설치하여 난방을 하는 방식은?

① 온돌난방 ② 중앙난방
③ 지역난방 ④ 개별난방

해설
개별 방식은 전기스토브, 기름난로 등을 각 실에 설치하여 난방하는 방식이다.

09 공기조화 부하의 종류 중 실내부하와 장치부하에 해당되지 않는 것은?

① 사무기기나 인체를 통해 실내에서 발생하는 열
② 외부의 고온 기류가 실내로 들어오는 열
③ 덕트에서의 손실열
④ 펌프 동력에서의 취득열

해설
일사, 조명기구, 장비, 외벽은 실내부하이고 송풍기, 덕트는 장치부하이다.

정답 5 ④ 6 ① 7 ④ 8 ④ 9 ④

10 엔탈피 13.1kJ/kg인 300m³/h의 공기를 엔탈피 9kJ/kg의 공기로 냉각시킬 때 제거 열량은?(단, 공기의 밀도는 1.2kg/m³이다)

① 1,476kJ/h ② 1,538kJ/h
③ 1,879kJ/h ④ 1,984kJ/h

해설

냉각열량 $Q_e = \rho Q \Delta h = 1.2\frac{\text{kg}}{\text{m}^3} \times 300\frac{\text{m}^3}{\text{h}} \times (13.1-9)\frac{\text{kJ}}{\text{kg}}$
$= 1,476 \text{kJ/h}$

11 공조기 내에 흐르는 냉·온수 코일의 유량이 많아서 코일 내에 유속이 너무 클 때 적절한 코일은?

① 풀서킷 코일(Full Circuit Coil)
② 더블서킷 코일(Double Circuit Coil)
③ 하프서킷 코일(Half Circuit Coil)
④ 슬로서킷 코일(Slow Circuit Coil)

해설

더블서킷 코일은 코일 내에 흐르는 유량이 많거나 유속이 너무 클 때 사용한다.

12 에어와셔에서 분무하는 냉수의 온도가 공기의 노점 온도보다 높을 경우 공기의 온도와 절대습도의 변화는?

① 온도는 올라가고 절대습도는 증가한다.
② 온도는 올라가고 절대습도는 감소한다.
③ 온도는 내려가고 절대습도는 증가한다.
④ 온도는 내려가고 절대습도는 감소한다.

해설

에어와셔로 공기 중에 물을 분무하면 공기의 온도는 점점 내려가고 절대습도는 증가한다.

13 가습방식에 따른 방식 중 수분무식에 해당하는 것은?

① 회전식 ② 원심식
③ 모세관식 ④ 적하식

해설

증발식 가습장치 : 회전식, 모세관식, 적하식

14 공조장치의 공기 여과기에서 에어필터 효율의 측정법이 아닌 것은?

① 중량법 ② 변색도법(비색법)
③ 집진법 ④ DOP법

해설

에어필터의 효율 측정방법
- 중량법 : 에어필터의 상류측과 하류측의 분진 중량을 측정하는 방법
- 비색법 : 필터 상류 및 하류의 분진을 각각 여과지로 채집하여 광투과량이 같도록 상·하류에 통과되는 공기량을 조절하여 계산식을 이용해 효율을 구하는 방법
- 계수법(DOP) : 광산란식 입자계수기(0.3μm DOP)를 사용하여 필터의 상류 및 하류의 미립자에 의한 산란광에서 그 입경과 개수를 계측하는 방법으로 고성능(HEPA) 필터의 효율을 측정한다.

15 보일러의 종류 중 원통 보일러의 분류에 해당되지 않는 것은?

① 폐열 보일러 ② 입형 보일러
③ 노통 보일러 ④ 연관 보일러

해설
특수 보일러 : 폐열 보일러, 간접가열 보일러, 특수액체 보일러

16 다음 수증기의 분압 표시로 옳은 것은?(단, P_w : 습공기 중의 수증기 분압, P_s : 동일 온도의 포화증기 분압, ϕ : 상대습도)

① $P_w = \phi - P_s$ ② $P_w = \phi P_s$
③ $P_w = \dfrac{\phi}{P_s}$ ④ $P_w = \phi + P_s$

해설
$\phi = \dfrac{P_w}{P_s} \times 100$
여기서, ϕ : 상대습도(%)
P_s : 포화습공기 수증기 분압(mmHg)
P_w : 공기 수증기 분압(mmHg)

17 축류 취출구로서 노즐을 분기 덕트에 접속하여 급기를 취출하는 방식으로 구조가 간단하며 도달거리가 긴 것은?

① 펑커루버 ② 아네모스탯형
③ 노즐형 ④ 팬형

해설
축류 취출구에는 노즐형, 펑커루버형, 베인 격자형, 다공판형, 슬롯형이 있으며 노즐형은 구조가 간단하고 도달거리가 긴 특징을 가진다.

18 중앙에 냉동기를 설치하는 방식과 비교하여 덕트 병용 패키지 공조방식에 대한 설명으로 틀린 것은?

① 기계실 공간이 적게 필요하다.
② 운전에 필요한 전문 기술자가 필요 없다.
③ 설치비가 중앙식에 비해 적게 든다.
④ 실내 설치 시 급기를 위한 덕트 샤프트가 필요하다.

해설
유닛을 실내에 설치할 경우 급기를 위한 덕트 샤프트가 필요 없다.

19 전공기 방식의 특징에 관한 설명으로 틀린 것은?

① 송풍량이 충분하므로 실내공기의 오염이 적다.
② 리턴 팬을 설치하면 외기 냉방이 가능하다.
③ 중앙집중식이므로 운전, 보수관리를 집중화할 수 있다.
④ 큰 부하의 실에 대해서도 덕트가 작게 되어 설치 공간이 적다.

해설
전공기 방식은 열원이 공기이므로 수방식에 비해 덕트가 크게 되어 설치공간이 크다.

20 난방부하 계산 시 침입외기에 의한 열손실로 가장 거리가 먼 것은?

① 현열에 의한 열손실
② 잠열에 의한 열손실
③ 크롤 공간(Crawl Space)의 열손실
④ 굴뚝효과에 의한 열손실

해설
크롤 공간은 천장 속이나 마루 밑의 배선 또는 배관 등을 위한 좁은 공간으로서 실내온도와 크롤 공간의 온도차는 0℃로 가정하며 크롤 공간의 열손실은 무시한다.

정답 15 ① 16 ② 17 ③ 18 ④ 19 ④ 20 ③

제2과목 냉동냉장 설비

21 흡수식 냉동기의 특징에 대한 설명으로 틀린 것은?

① 부분부하에 대한 대응성이 좋다.
② 용량 제어의 범위가 넓어 폭넓은 용량 제어가 가능하다.
③ 초기운전 시 정격 성능을 발휘할 때까지 도달 속도가 느리다.
④ 압축식 냉동기에 비해 소음과 진동이 크다.

해설
흡수식 냉동기는 압축기가 없기 때문에 압축식 냉동기에 비해 소음과 진동이 적다.

22 감온식 팽창밸브의 작동에 영향을 미치는 것으로만 짝지어진 것은?

① 증발기의 압력, 스프링 압력, 흡입관의 압력
② 증발기의 압력, 응축기의 압력, 감온통의 압력
③ 스프링 압력, 흡입관의 압력, 압축기 토출 압력
④ 증발기의 압력, 스프링 압력, 감온통의 압력

해설
감온식 팽창밸브는 증발기의 압력, 스프링 압력, 감온통의 가스 압력에 의해 작동된다.

23 프레온 냉동기의 제어장치 중 가용전(Fusible Plug)은 주로 어디에 설치하는가?

① 열교환기   ② 증발기
③ 수액기   ④ 팽창밸브

해설
- 가용전 설치위치 : 응축기 상부, 수액기 상부
- 가용전(Fusible Plug) : 응축기나 수액기 상부에 설치하는 안전장치로 토출가스 온도의 영향을 받지 않는 곳에 설치한다. 냉동설비의 화재 발생 시 가용전 내의 용융합금이 녹아 사고를 미연에 방지한다.

24 어느 냉동기가 0.2kW의 동력을 소모하여 시간당 5,050kJ의 열을 저열원에서 제거한다면 이 냉동기의 성적계수는 약 얼마인가?

① 7   ② 8
③ 9   ④ 10

해설

성적계수 $COP_C = \dfrac{Q_e}{A_w} = \dfrac{5,050\dfrac{\text{kJ}}{\text{h}} \times \dfrac{1\text{kW} \cdot \text{h}}{3,600\text{kJ}}}{0.2\text{kW}} = 7$

25 물 10kg을 0℃로부터 70℃까지 가열하면 엔트로피의 증가는 얼마인가?(단, 물의 비열은 4.18kJ/kg·K이다)

① 2.18kJ/K   ② 9.54kJ/K
③ 10.32kJ/K   ④ 5.18kJ/K

해설
엔트로피 변화
$\Delta S = GC \ln \dfrac{T_2}{T_1} = 10\text{kg} \times 4.18 \dfrac{\text{kJ}}{\text{kg} \cdot \text{K}} \times \ln \dfrac{(70+273)\text{K}}{(0+273)\text{K}} = 9.54$

26 표준 냉동사이클이 적용된 냉동기에 관한 설명으로 옳은 것은?

① 압축기 입구의 냉매 엔탈피는 출구의 냉매 엔탈피는 같다.
② 압축비가 커지면 압축기 출구의 냉매가스 토출온도는 상승한다.
③ 압축비가 커지면 체적효율은 증가한다.
④ 팽창밸브 입구에서 냉매의 과냉각도가 증가하면 냉동능력은 감소한다.

해설
① 압축기 입구의 냉매 엔탈피는 출구의 냉매 엔탈피보다 작다.
③ 압축비가 커지면 체적효율은 감소한다.
④ 팽창밸브 입구에서 냉매의 과냉각도가 증가하면 냉동능력은 증가한다.

27 냉동기의 성적계수가 6.84일 때 증발온도가 −13℃이다. 응축온도는?

① 약 15℃   ② 약 20℃
③ 약 25℃   ④ 약 30℃

해설
성적계수
$$COP_C = \frac{T_L}{T_H - T_L}$$
$$6.84 = \frac{\{273+(-13)\}K}{T_H - \{273+(-13)\}K}$$
∴ 응축온도 $T_H = 298K = 298 - 273 = 25℃$

28 원심식 압축기의 특징이 아닌 것은?

① 체적식 압축기이다.
② 저압의 냉매를 사용하고 취급이 쉽다.
③ 대용량에 적합하다.
④ 서징현상이 발생할 수 있다.

29 전자식 팽창밸브에 관한 설명으로 틀린 것은?

① 응축압력의 변화에 따른 영향을 직접적으로 받지 않는다.
② 온도식 팽창밸브에 비해 초기투자비용이 비싸고 내구성이 떨어진다.
③ 일반적으로 슈퍼마켓, 쇼케이스 등과 같이 운전시간이 길고 부하변동이 비교적 큰 경우 사용하기 적합하다.
④ 전자식 팽창밸브는 응축기의 냉매 유량을 전자제어장치에 의해 조절하는 밸브이다.

해설
전자식 팽창밸브는 증발기 출구의 과열도를 일정하게 유지하도록 냉매량을 조절한다.

30 냉동사이클에서 등엔탈피 과정이 이루어지는 곳은?

① 압축기   ② 증발기
③ 수액기   ④ 팽창밸브

해설
④ 팽창밸브 : 등엔탈피 과정
① 압축기 : 등엔트로피 과정
② 증발기 : 등온·등압 과정

정답 26 ② 27 ③ 28 ① 29 ④ 30 ④

31 팽창밸브를 너무 닫았을 때 일어나는 현상이 아닌 것은?

① 증발압력이 높아지고 증발기 온도가 상승한다.
② 압축기의 흡입가스가 과열된다.
③ 능력당 소요동력이 증가한다.
④ 압축기의 토출가스 온도가 높아진다.

해설
팽창밸브를 너무 열었을 때 증발압력이 저하되고 이로 인해 증발기 온도가 하강한다.

32 열펌프(Heat Pump)의 성적계수를 높이기 위한 방법으로 적당하지 않은 것은?

① 응축온도를 높인다.
② 증발온도를 높인다.
③ 응축온도와 증발온도와의 차를 줄인다.
④ 압축기 소요동력을 감소시킨다.

해설
열펌프의 성적계수는 응축온도와 증발온도와의 차를 줄이면 상승하게 된다. 따라서 성적계수를 높이기 위하여 응축온도를 낮춘다.

33 브라인에 대한 설명으로 옳은 것은?

① 브라인 중에 용해하고 있는 산소량이 증가하면 부식이 심해진다.
② 구비조건으로 응고점은 높아야 한다.
③ 유기질 브라인은 무기질에 비해 부식성이 크다.
④ 염화칼슘 용액, 식염수, 프로필렌글리콜은 무기질 브라인이다.

해설
② 브라인은 응고점이 낮아야 한다.
③ 유기질 브라인은 무기질에 비해 부식성이 적다.
④ 프로필렌글리콜은 유기질 브라인이다.

34 응축온도는 일정한데 증발온도가 저하되었을 때 감소하지 않는 것은?

① 압축비
② 냉동능력
③ 성적계수
④ 냉동효과

35 밀폐형 압축기에 대한 설명으로 옳은 것은?

① 회전수 변경이 불가능하다.
② 외부와 관통으로 누설이 발생한다.
③ 전동기 이외의 구동원으로 작동이 가능하다.
④ 구동방법에 따라 직결 구동과 벨트 구동방법으로 구분한다.

해설
밀폐형 압축기는 압축기와 전동기가 용접에 의해 완전히 밀폐된 용기 내에 들어 있으며, 냉매의 입·출입관과 전기단자만 노출되어 있는 구조로서 회전수 변경은 불가능하다.

정답 31 ① 32 ① 33 ① 34 ① 35 ①

36 축열장치에서 축열재가 갖추어야 할 조건으로 가장 거리가 먼 것은?

① 열의 저장은 쉬워야 하나 열의 방출은 어려워야 한다.
② 취급하기 쉽고 가격이 저렴해야 한다.
③ 화학적으로 안정해야 한다.
④ 단위체적당 축열량이 많아야 한다.

해설
축열재는 열의 출입(저장 및 방출)이 용이해야 한다.

37 방열벽의 열전도도가 0.02W/m·K이고 두께가 10cm인 방열벽의 열통과율은?(단, 외벽·내벽에서의 열전달률은 각각 20W/m²·K, 8W/m²·K이다)

① 약 0.493kcal/m²·h·℃
② 약 0.393kcal/m²·h·℃
③ 약 0.293kcal/m²·h·℃
④ 약 0.193kcal/m²·h·℃

해설
열관류율, 열통과율 $K = \dfrac{1}{\dfrac{1}{a_o}+\dfrac{l_1}{\lambda_1}+\dfrac{l_1}{\lambda_1}+\cdots+\dfrac{1}{a_i}}$

$= \dfrac{1}{\dfrac{1}{20}+\dfrac{0.1}{0.02}+\dfrac{1}{8}}$

$= 0.1932 W/m^2 \cdot K$

여기서, a_o : 실외공기의 열전달률(W/m²·K)
a_i : 실내공기의 열전달률(W/m²·K)
l : 단열재의 두께(m)
λ : 단열재의 열전도율(W/m·K)

38 압축기의 체적효율에 대한 설명으로 틀린 것은?

① 압축기의 압축비가 클수록 커진다.
② 틈새가 작을수록 커진다.
③ 실제로 압축기에 흡입되는 냉매증기의 체적과 피스톤이 배출한 체적과의 비를 나타낸다.
④ 비열비 값이 적을수록 적게 든다.

해설
체적효율은 압축비가 클수록 작아진다.

39 냉동장치 내의 불응축 가스에 관한 설명으로 옳은 것은?

① 불응축 가스가 많아지면 응축압력이 높아지고 냉동능력은 감소한다.
② 불응축 가스는 응축기에 잔류하므로 압축기의 토출가스 온도에는 영향이 없다.
③ 장치에 윤활유를 보충할 때 공기가 흡입되어도 윤활유에 용해되므로 불응축 가스는 생기지 않는다.
④ 불응축 가스가 장치 내에 침입해도 냉매와 혼합되므로 응축압력은 불변한다.

해설
② 불응축 가스는 응축기에 잔류하므로 압축기의 토출가스 온도는 높아진다.
③ 장치에 윤활유를 보충할 때 공기가 흡입되면 수분으로 인하여 불응축 가스가 발생한다.
④ 불응축 가스가 장치 내에 침입하면 응축압력이 상승하게 되고 전열이 불량하게 된다.

40 다음 증발기의 종류 중 전열효과가 가장 좋은 것은?(단, 동일 용량의 증발기로 가정한다)

① 플레이트형 증발기   ② 팬코일식 증발기
③ 나관 코일식 증발기   ④ 셸 튜브식 증발기

해설
수랭식(셸 튜브식) 증발기는 공랭식(플레이트형, 팬코일식, 나관 코일식) 증발기보다 전열효과가 우수하다.

정답 36 ① 37 ④ 38 ① 39 ① 40 ④

제3과목 공조냉동 설치·운영

41 이음쇠 중 방진, 방음의 역할을 하는 것은?

① 플렉시블형 이음쇠
② 슬리브형 이음쇠
③ 스위블형 이음쇠
④ 루프형 이음쇠

해설
플렉시블형 이음쇠는 펌프의 입구와 출구측에 설치하여 펌프에서 발생하는 진동과 소음이 배관계에 전달되는 것을 방지한다.

42 각 장치의 설치 및 특징에 대한 설명으로 틀린 것은?

① 슬루스밸브는 유량 조절용보다는 개폐용(On-off용)에 주로 사용된다.
② 슬루스밸브는 일명 게이트밸브라고도 한다.
③ 스트레이너는 배관 속 먼지, 흙, 모래 등을 제거하기 위한 부속품이다.
④ 스트레이너는 밸브 뒤에 설치한다.

해설
스트레이너는 배관 속 먼지, 흙, 모래 등을 제거하기 위한 여과기로서 밸브 앞에 설치한다.

43 주철관의 이음방법이 아닌 것은?

① 소켓 이음(Socket Joint)
② 플레어 이음(Flare Joint)
③ 플랜지 이음(Flange Joint)
④ 노허브 이음(No-hub Joint)

해설
플레어 이음 : 동관 이음

44 비중이 약 2.7로서 열 및 전기전도율이 좋으며 가볍고 전연성이 풍부하여 가공성이 좋고 순도가 높다. 내식성이 우수하여 건축재료 등에 주로 사용되는 관은?

① 주석관
② 강관
③ 비닐관
④ 알루미늄관

해설
알루미늄관의 비중은 2.7이고, 전연성이 풍부하다. 열 및 전기전도율이 좋으며 내식성이 우수하다.

45 급탕 배관 시공 시 배관 구배로 가장 적당한 것은?

① 강제순환식 : 1/100, 중력순환식 : 1/50
② 강제순환식 : 1/50, 중력순환식 : 1/100
③ 강제순환식 : 1/100, 중력순환식 : 1/100
④ 강제순환식 : 1/200, 중력순환식 : 1/150

해설
배관 구배는 강제순환식일 경우 1/200, 중력순환식일 경우 1/150로 한다.

46 중앙식 급탕방법의 장점으로 옳은 것은?

① 배관 길이가 짧아 열손실이 적다.
② 탕비장치가 대규모이므로 열효율이 좋다.
③ 건물 완성 후에도 급탕 개소의 증설이 비교적 쉽다.
④ 설비규모가 적기 때문에 초기설비비가 적게 든다.

해설
중앙식 급탕방법
- 배관 길이가 길기 때문에 열손실이 크다.
- 탕비장치가 대규모이므로 열효율이 좋다.
- 건물 완성 후에는 급탕 개소의 증설이 어렵다.
- 설비규모가 크기 때문에 초기설비비가 비싸다.

47 진공환수식 난방법에서 탱크 내 진공도가 필요 이상으로 높아지면 밸브를 열어 탱크 내에 공기를 넣는 안전밸브의 역할을 담당하는 기기는?

① 버큠 브레이커(Vacuum Breaker)
② 스팀 사일런서(Steam Silencer)
③ 리프트 피팅(Lift Fitting)
④ 냉각 레그(Cooling Leg)

해설
버큠 브레이커는 탱크 내의 진공도가 필요 이상으로 높게 되면 펌프에 과부하가 걸리므로 밸브를 열어 탱크 내에 공기를 넣는 안전밸브의 역할을 하는 기기이다.

48 강판제 케이싱 속에 열전도성이 우수한 핀(Fin)을 붙여 대류작용만으로 열을 이동시켜 난방하는 방열기는?

① 컨벡터
② 길드 방열기
③ 주형 방열기
④ 벽걸이 방열기

해설
컨벡터는 강판제 케이스 속에 핀튜브를 넣은 대류 방열기이다.

49 슬리브형 신축 이음쇠의 특징이 아닌 것은?

① 신축 흡수량이 크며, 신축으로 인한 응력이 생기지 않는다.
② 설치공간이 루프형에 비해 크다.
③ 곡선 배관 부분이 있는 경우 비틀림이 생겨 파손의 원인이 된다.
④ 장시간 사용 시 패킹의 마모로 인해 누설될 우려가 있다.

해설
슬리브형 신축 이음쇠는 루프형보다 설치면적이 작다.

50 배관 지름이 100cm이고 유량이 0.785m³/sec일 때, 이 파이프 내의 평균 유속(m/s)은 얼마인가?

① 1
② 10
③ 100
④ 1000

해설
- 유량 $Q = AV = \left(\dfrac{\pi}{4} \times d^2\right)V$

- 평균 유속 $V = \dfrac{4Q}{\pi d^2} = \dfrac{4 \times 0.785 \dfrac{m^3}{sec}}{\pi \times (1m)^2} = 1 m/sec$

여기서 배관 지름 $d = 100 cm = 1m$이다.

51 100V의 기전력으로 100J의 일을 할 때 전기량은 몇 C인가?

① 0.1 ② 1
③ 10 ④ 100

해설
전압 $V = \dfrac{W}{Q} \rightarrow Q = \dfrac{W}{V} = \dfrac{100J}{100V} = 1C$

52 파형률이 가장 큰 것은?

① 구형파 ② 삼각파
③ 정현파 ④ 포물선파

해설
파형률 = $\dfrac{\text{실횻값}}{\text{평균값}}$

- 구형파 : 1
- 삼각파 : 1.15
- 정현파 : 1.11

53 $R-L-C$ 직렬회로에서 전류가 최대로 되는 조건은?

① $\omega L = \omega C$ ② $\dfrac{\omega^2 L}{R} = \dfrac{1}{\omega CR}$
③ $\omega LC = 1$ ④ $\omega L = \dfrac{1}{\omega C}$

해설
$R-L-C$ 직렬회로에서 유도성 리액턴스와 용량성 리액턴스가 같을 때 전류가 최대가 된다.
- 유도성 리액턴스 $X_L = \omega L$
- 용량성 리액턴스 $X_C = \dfrac{1}{\omega C}$

54 배리스터의 주된 용도는?

① 서지전압에 대한 회로 보호용
② 온도 측정용
③ 출력전류 조절용
④ 전압 증폭용

해설
배리스터는 비직선적인 전압과 전류의 특성을 갖는 2단자 반도체 소자로서 서지전압에 대한 회로 보호용으로 사용된다.

55 동작신호를 조작량으로 변환하는 요소로서 조절부와 조작부로 이루어진 요소는?

① 기준입력 요소
② 동작신호 요소
③ 제어 요소
④ 피드백 요소

해설
제어요소는 동작신호를 조작량으로 변환하는 요소로서 조절부와 조작부로 이루어져 있다.

56 목푯값이 시간에 대하여 변화하지 않는 제어로 정전압장치나 일정 속도 제어 등에 해당하는 제어는?

① 프로그램 제어
② 추종제어
③ 정치제어
④ 비율제어

해설
③ 정치제어 : 목푯값이 시간적으로 변화하지 않는 일정한 제어로서 프로세서 제어와 자동조정이 있다.
① 프로그램 제어 : 목푯값이 시간적으로 미리 정해진 대로 변화하고 제어량을 추종시키는 제어로서 열처리 노의 온도제어, 무인열차 운전 등이 속한다.
② 추종제어 : 목푯값이 시간에 따라서 변하며 목푯값에 정확히 추종하는 제어로서 서보기구 등이 속한다.
④ 비율제어 : 목푯값이 다른 양과 일정한 비율관계를 갖는 상태량을 제어하는 것으로 보일러 자동연소장치 등이 속한다.

57 그림의 신호흐름선도에서 C/R의 값은?

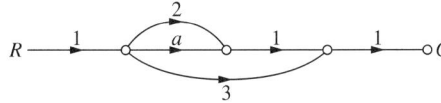

① $a+2$
② $a+3$
③ $a+5$
④ $a+6$

해설
- 패스 경로의 전달함수
  $(1 \times a \times 1 \times 1) + (1 \times 2 \times 1 \times 1) + (1 \times 3 \times 1) = a+5$
- 피드백 경로 : 0
- 전달함수 $G(s) = \dfrac{C}{R} = \dfrac{\text{패스 경로}}{1 - \text{피드백 경로}}$
  $= \dfrac{a+5}{1-0} = a+5$

58 변압기의 정격용량은 2차 출력단자에서 얻어지는 어떤 전력으로 표시하는가?

① 피상전력
② 유효전력
③ 무효전력
④ 최대전력

해설
변압기의 정격용량은 피상전력(kVA)으로 표시한다.

59 L_{sh}는 어떤 기능인가?

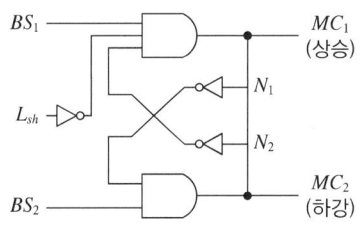

① 인터로크
② 상승정지(상부에서)
③ 기동입력
④ 하강정지(하부에서)

해설
$MC_1 = BS_1 \cdot \overline{L_{sh}} \cdot \overline{MC_2}$ 에서 BS_1을 ON하면 MC_1이 여자되어 호이스트가 상승된다.
이때 L_{sh}를 누르면 MC_1이 소자되어 상승하는 호이스트가 정지한다.

60 100V, 10A, 전기자저항 1Ω, 회전수 1,800rpm인 직류전동기의 역기전력은 몇 V인가?

① 80
② 90
③ 100
④ 110

해설
역기전력 $E_c = V - I_a R_a = 100\text{V} - 10\text{A} \cdot 1\Omega = 90\text{V}$

2022년 제2회 과년도 기출복원문제

제1과목 공기조화 설비

01 극간풍의 풍량을 계산하는 방법으로 틀린 것은?
① 환기 횟수에 의한 방법
② 극간 길이에 의한 방법
③ 창 면적에 의한 방법
④ 재실 인원수에 의한 방법

해설
극간풍량을 계산하는 방법 : 환기 횟수법, 극간 길이법, 창 면적법

02 환기와 배연에 관한 설명으로 틀린 것은?
① 환기란 실내의 공기를 차거나 따뜻하게 만들기 위한 것이다.
② 환기는 급기 또는 배기를 통하여 이루어진다.
③ 환기는 자연적인 방법, 기계적인 방법이 있다.
④ 배연설비란 화재 초기에 발생하는 연기를 제거하기 위한 설비이다.

해설
환기란 실내에서 발생한 열, 탄산가스, 수증기, 냄새를 제거하기 위하여 신선한 외기공기를 실내로 공급하여 공기를 정화시키는 것이다.

03 공기조화 방식 분류 중 전공기 방식이 아닌 것은?
① 멀티존 유닛 방식
② 변풍량 재열식
③ 유인 유닛 방식
④ 정풍량식

04 다음 분류 중 천장 취출방식이 아닌 것은?
① 아네모스탯형
② 브리즈 라인형
③ 팬형
④ 유니버설형

해설
유니버설형은 벽 취출구 방식이다.

05 다음 중 엔탈피의 단위는?
① kcal/kg · ℃
② kcal/kg
③ kcal/m² · h · ℃
④ kcal/m · h · ℃

해설
엔탈피란 액체나 기체가 갖는 단위질량(kg)당 열에너지(kcal)로서 공학단위는 kcal/kg, SI단위는 kJ/kg이다.

1 ④ 2 ① 3 ③ 4 ④ 5 ②

06 다음의 표시된 벽체의 열관류율은?(단, 내표면의 열전달률 a_i = 8W/m²K, 외표면의 열전도율 a_o = 20W/m²K, 벽돌의 열전도율 λ_a = 0.5W/mK, 단열재의 열전도율 λ_b = 0.03W/mK, 모르타르의 열전도율 λ_c = 0.62W/mK이다)

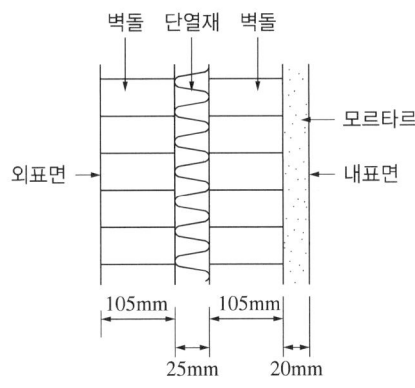

① 0.685W/m² · K ② 0.778W/m² · K
③ 0.813W/m² · K ④ 1.460W/m² · K

해설

$$K = \cfrac{1}{\cfrac{1}{a_o} + \cfrac{l_1}{\lambda_1} + \cfrac{l_1}{\lambda_1} + \cdots + \cfrac{1}{a_i}}$$

$$= \cfrac{1}{\cfrac{1}{20} + \cfrac{0.105}{0.5} + \cfrac{0.025}{0.03} + \cfrac{0.105}{0.5} + \cfrac{0.02}{0.62} + \cfrac{1}{8}}$$

$= 0.6847\text{W/m}^2 \cdot \text{K}$

여기서, a_o : 실외공기의 열전달률(W/m² · K)
 a_i : 실내공기의 열전달률(W/m² · K)
 l : 단열재의 두께(m)
 λ : 단열재의 열전도율(W/m · K)

07 현열부하에만 영향을 주는 것은?

① 건구온도 ② 절대습도
③ 비체적   ④ 상대습도

해설
현열부하는 온도변화에 대한 열량이다.
$q_S = GC\Delta t (\text{kJ/h})$
여기서, G : 공기량, C : 비열, ΔZt : 건구온도차

08 전열량의 변화와 절대습도 변화의 비율을 무엇이라고 하는가?

① 현열비 ② 포화비
③ 열수분비 ④ 절대비

해설
열수분비 $U = \dfrac{h_2 - h_1}{x_2 - x_1}$

절대습도의 변화 $x_2 - x_1$에 따른 전열량 $h_2 - h_1$의 비율

09 유인 유닛 공조방식에 대한 설명으로 옳은 것은?

① 실내환경 변화에 대응이 어렵다.
② 덕트 공간이 비교적 크다.
③ 각 실의 제어가 어렵다.
④ 회전 부분이 없어 동력(전기) 배선이 필요 없다.

해설
유인 유닛 공조방식
• 실내에 유닛이 설치되므로 실내환경 변화에 대응하기 쉽고 각실의 제어가 용이하다.
• 1차 공기를 고속 덕트에 의해 급기하므로 덕트 공간이 작아진다.
• 각실에 설치한 유닛에는 송풍기가 없고 노즐만 설치되어 있으므로 전기 배선이 필요 없다.

10 습공기선도상에서 확인할 수 있는 사항이 아닌 것은?

① 노점온도 ② 습공기의 엔탈피
③ 효과온도 ④ 수증기 분압

해설
습공기선도 구성요소
- 건구온도 : 일반 온도계로 측정한 온도
- 습구온도 : 감온부를 물에 적신 헝겊으로 적셔 증발할 때 잠열에 의한 냉각온도
- 노점온도 : 일정한 수분을 함유한 습공기의 온도를 낮추면 어떤 온도에서 포화 상태가 되는 온도
- 상대습도 : 공기 중의 수분량을 포화증기량에 대한 비율로 표시한 값
- 절대습도 : 건공기 1kg 중에 함유된 수증기 중량
- 엔탈피 : 건공기와 수증기의 전열량을 말한다.
- 비체적 : 공기 1kg의 체적
- 현열비 : 어느 실내의 취득열량 중 현열의 전열에 대한 비
- 수증기 분압 : 습공기 중의 수증기 분압(kPa)으로 습도를 나타낸다.
- 열수분비 : 공기 중의 증가 수분량에 대한 증가 열량의 비를 열수분비라 한다.

11 공기조화의 냉수 코일을 설계하고자 할 때의 설명으로 틀린 것은?

① 코일을 통과하는 물의 속도는 1m/s 정도가 되도록 한다.
② 코일 출입구의 수온차는 대개 5~10℃ 정도가 되도록 한다.
③ 공기와 물의 흐름은 병류(평행류)로 하는 것이 대수평균온도차가 크게 된다.
④ 코일의 모양은 효율을 고려하여 가능한 한 정방형으로 한다.

해설
공기와 물의 흐름은 대향류로 하는 것이 대수평균온도차가 크게 된다.

12 전공기식 공기조화에 관한 설명으로 틀린 것은?

① 덕트가 소형으로 되므로 스페이스가 작게 된다.
② 송풍량이 충분하므로 실내공기의 오염이 적다.
③ 중앙집중식이므로 운전, 보수관리를 집중화할 수 있다.
④ 병원의 수술실과 같이 높은 공기의 청정도를 요구하는 곳에 적합하다.

해설
전공기식 공기조화는 열원이 공기이므로 덕트 치수가 크게 된다. 따라서 덕트 스페이스가 크게 된다.

13 펌프를 작동원리에 따라 분류할 때 왕복펌프에 해당되지 않는 것은?

① 피스톤 펌프 ② 베인 펌프
③ 다이어프램 펌프 ④ 플런저 펌프

해설
- 왕복펌프 : 피스톤 펌프, 다이어프램 펌프, 플런저 펌프
- 회전펌프 : 베인 펌프, 기어 펌프

14 다음과 같은 사무실에서 방열기 설치위치로 가장 적당한 것은?

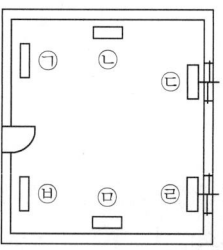

① ㉠, ㉡ ② ㉡, ㉢
③ ㉢, ㉣ ④ ㉣, ㉥

해설
방열기는 외기와 접하는 창문 아래에 설치하므로 ㉢, ㉣ 구역에 설치한다.

15 덕트의 설계법을 순서대로 나열한 것 중 가장 바르게 연결한 것은?

① 송풍량 결정 – 덕트 경로 결정 – 덕트 치수 결정 – 취출구 및 흡입구 위치 결정 – 송풍기 선정 – 설계도 작성

② 송풍량 결정 – 취출구 및 흡입구 위치 결정 – 덕트 경로 설정 – 덕트 치수 결정 – 송풍기 선정 – 설계도 작성

③ 덕트 치수 결정 – 송풍량 결정 – 덕트 경로 결정 – 취출구 및 흡입구 위치 결정 – 송풍기 선정 – 설계도 작성

④ 덕트 치수 결정 – 덕트 경로 결정 – 취출구 및 흡입구 위치 결정 – 송풍량 결정 – 송풍기 선정 – 설계도 작성

해설
송풍량 결정 – 취출구 및 흡입구의 수량 및 위치 결정 – 덕트 경로 설정 – 덕트 치수 결정 – 송풍기 선정 – 설계도 작성

16 공조용 가습장치 중 수분무식에 해당하지 않는 것은?

① 원심식　　② 초음파식
③ 분무식　　④ 적하식

해설
증발 시 가습장치 : 적하식, 회전식, 모세관식

17 다음의 습공기선도상에서 E–F는 무엇을 나타내는 것인가?

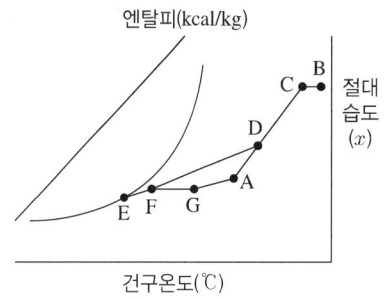

① 가습
② 재열
③ CF(Contact Factor)
④ BF(By-pass Factor)

해설
재열 : F–G
· CF(Contact Factor) : D–F
· BF(By-pass Factor) : E–F

18 덕트의 직관부를 통해 공기가 흐를 때 발생하는 마찰저항에 대한 설명 중 틀린 것은?

① 관의 마찰저항계수에 비례한다.
② 덕트의 지름에 반비례한다.
③ 공기의 평균속도의 제곱에 비례한다.
④ 중력 가속도의 2배에 비례한다.

해설
중력 가속도의 2배에 비례한다.
마찰손실 $h = \lambda \times \dfrac{l}{d} \times \dfrac{v^2}{2g}$

여기서, λ : 마찰저항계수, l : 관의 길이(m), d : 관경(m), v : 유속(m/s), g : 중력가속도(m³/s)

19 다음 장치도 및 $t-x$ 선도와 같이 공기를 혼합하여 냉각, 재열한 후 실내로 보낸다. 외기부하를 나타내는 식은?(단, 혼합공기량은 G(kg/h)이다)

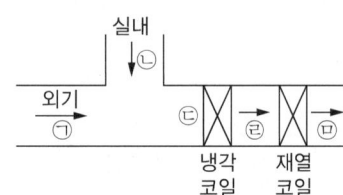

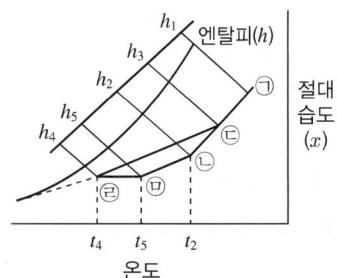

① $q = G(h_3 - h_4)$
② $q = G(h_1 - h_3)$
③ $q = G(h_5 - h_4)$
④ $q = G(h_3 - h_2)$

해설
- 냉각 코일 용량 : $q = G(h_3 - h_4)$
- 외기부하 : $q = G(h_3 - h_2)$
- 재열부하 : $q = G(h_5 - h_4)$

20 습공기를 냉각하게 되면 공기의 상태가 변화한다. 이때 증가하는 상태값은?

① 건구온도 ② 습구온도
③ 상대습도 ④ 엔탈피

해설
습공기를 냉각하게 되면 건구온도, 습구온도, 엔탈피가 감소하고 상대습도가 증가한다.

제2과목 냉동냉장 설비

21 이상기체를 체적이 일정한 상태에서 가열하면 온도와 압력은 어떻게 변하는가?

① 온도가 상승하고 압력도 높아진다.
② 온도는 상승하고 압력은 낮아진다.
③ 온도는 저하하고 압력은 높아진다.
④ 온도가 저하하고 압력도 낮아진다.

해설
보일과 샤를의 법칙 $\dfrac{P_1 V_1}{T_1} = \dfrac{P_2 V_2}{T_2}$ 에서 체적이 일정한 상태에서는 압력과 온도는 비례한다. 따라서 온도가 상승하면 압력도 높아진다.

22 그림과 같은 이론 냉동사이클이 적용된 냉동장치의 성적계수는?(단, 압축기의 압축효율 80%, 기계효율 85%로 한다)

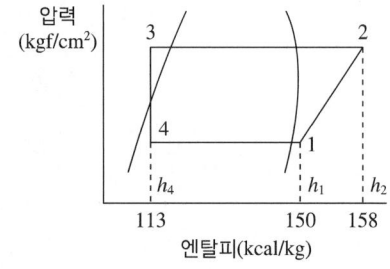

① 2.4 ② 3.1
③ 4.4 ④ 5.1

해설
- 냉동능력 $Q_e = G(h_1 - h_4) = G(150 - 113) = 37G$
- 압축일량 $A_w = \dfrac{G(h_2 - h_1)}{\eta_c \times \eta_m} = \dfrac{G(158 - 150)}{0.8 \times 0.85} = 11.76G$
- 성적계수 $COP = \dfrac{Q_e}{A_w} = \dfrac{37G}{11.76G} = 3.146$

23 단열재의 선택요건에 해당되지 않는 것은?

① 열전도가 크고 방습성이 클 것
② 수축변형이 적을 것
③ 흡수성이 없을 것
④ 내압강도가 클 것

해설
단열재는 열을 차단하는 재료로서 열전도가 작아야 한다.

24 팽창밸브로 모세관을 사용하는 냉동장치에 관한 설명 중 틀린 것은?

① 교축 정도가 일정하므로 증발부하변동에 따라 유량 조절이 불가능하다.
② 밀폐형으로 제작되는 소형 냉동장치에 적합하다.
③ 내경이 크거나 길이가 짧을수록 유체저항의 감소로 냉동능력은 증가한다.
④ 감압 정도가 크면 냉매 순환량이 적어 냉동능력을 감소시킨다.

해설
모세관의 내경이 크거나 길이가 짧을수록 압력강하는 작지만 증발기에 들어가는 냉매량이 많아 증발기에서 냉매가 완전하게 증발되지 않아 전열이 불량하게 된다. 따라서 전열 불량으로 냉동능력이 감소한다.

25 밀폐계에서 10kg의 공기가 팽창 중 400kJ의 열을 받아서 150kJ의 내부에너지가 증가하였다. 이 과정에서 계가 한 일(kJ)은?

① 15   ② 40
③ 550   ④ 250

해설
밀폐계에서의 열량($dQ = dU + W$)
$W = dQ - dU = 400 - 150 = 250\,kJ$

26 수랭식 응축기에 대한 설명 중 옳은 것은?

① 냉각수량이 일정한 경우 냉각수 입구온도가 높을수록 응축기 내의 냉매는 액화하기 쉽다.
② 종류에는 입형 셸 튜브식, 7통로식, 지수식 응축기 등이 있다.
③ 이중관식 응축기는 냉매증기와 냉각수를 평행류로 함으로써 냉각수량이 많이 필요하다.
④ 냉각수의 증발잠열을 이용해 냉매가스를 냉각한다.

해설
① 냉각수량이 일정한 경우 냉각수 입구온도가 낮을수록 응축기 내의 냉매는 액화하기 쉽다.
③ 이중관식 응축기는 냉매증기와 냉각수를 대향류로 한다.
④ 냉각수의 현열을 이용해 냉매가스를 응축 및 냉각한다.

27 프레온 냉동장치에서 유분리기를 설치하는 경우가 아닌 것은?

① 만액식 증발기를 사용하는 장치의 경우
② 증발온도가 높은 냉동장치의 경우
③ 토출가스 배관이 긴 경우
④ 토출가스에 다량의 오일이 섞여나가는 경우

해설
프레온 냉동장치에서 유분리기를 설치하는 경우
• 만액식 증발기를 사용하는 장치의 경우
• 증발온도가 낮은 저온 냉동장치의 경우
• 토출가스 배관이 긴 경우
• 토출가스에 다량의 오일이 섞여나가는 경우

[정답] 23 ① 24 ③ 25 ④ 26 ② 27 ②

28 2원 냉동사이클에서 중간 열교환기인 캐스케이드 열교환기의 구성은 무엇으로 이루어져 있는가?

① 저온측 냉동기의 응축기와 고온측 냉동기의 증발기
② 저온측 냉동기의 증발기와 고온측 냉동기의 응축기
③ 저온측 냉동기의 응축기와 고온측 냉동기의 응축기
④ 저온측 냉동기의 증발기와 고온측 냉동기의 증발기

해설
캐스케이드 열교환기는 저온측 냉동기의 응축기와 고온측 냉동기의 증발기로 조합한 열교환기이다.

29 프레온계 냉동장치의 배관 재료로 가장 적당한 것은?

① 철   ② 강
③ 동   ④ 마그네슘

해설
프레온 냉매는 마그네슘 2%를 함유한 알루미늄 합금을 부식시키며, 프레온 냉동장치의 배관 재료로는 열전도율이 우수한 동관을 사용한다.

30 카르노 사이클의 기관에서 20℃와 300℃ 사이에서 작동하는 열기관의 열효율은?

① 약 42%   ② 약 49%
③ 약 52%   ④ 약 58%

해설
열효율 $\eta = \dfrac{T_H - T_L}{T_H} = \dfrac{(273+300)\text{K} - (273+20)\text{K}}{(273+300)\text{K}}$
$= 0.489 = 48.9\%$

31 열에 대한 설명으로 옳은 것은?

① 온도는 변화하지 않고 물질의 상태를 변화시키는 열은 잠열이다.
② 냉동에 주로 이용되는 것은 현열이다.
③ 잠열은 온도계로 측정할 수 있다.
④ 고체를 기체로 직접 변화시키는 데 필요한 승화열은 감열이다.

해설
② 냉동에서는 냉매의 증발잠열을 이용한다.
③ 상태는 변화하지 않고 온도변화에 필요한 열을 현열(감열)이라고 하며, 온도계로 측정할 수 있다.
④ 승화열은 고체를 기체로 직접 변화시키는 데 필요한 열로서 잠열이다.

32 몰리에르 선도에 대한 설명 중 틀린 것은?

① 과열구역에서 등엔탈피선은 등온선과 거의 직교한다.
② 습증기 구역에서 등온선과 등압선은 평행하다.
③ 습증기 구역에서만 등건조도선이 존재한다.
④ 등비체적선은 과열 증기구역에서도 존재한다.

해설
과열구역에서 등온선은 아래로 향하는 곡선이며 등엔탈피선은 수직선으로 되어 있어 직교하지 않는다.

28 ① 29 ③ 30 ② 31 ① 32 ①

33 만액식 증발기의 특징으로 가장 거리가 먼 것은?

① 전열작용이 건식보다 나쁘다.
② 증발기 내에 액을 가득 채우기 위해 액면 제어 장치가 필요하다.
③ 액과 증기를 분리시키기 위해 액분리기를 설치한다.
④ 증발기 내에 오일이 고일 염려가 있으므로 프레온의 경우 유회수장치가 필요하다.

해설
만액식 증발기는 액이 75%이고, 건식 증발기는 액이 25%이므로 건식 증발기보다 만액식 증발기의 전열이 더 양호하다.

34 냉동효과가 1,088kJ/kg인 냉동사이클에서 1냉동톤당 압축기 흡입증기의 체적(m^3/h)은?(단, 압축기 입구의 비체적은 0.5087m^3/kg이고 1냉동톤은 3.9kW이다)

① 약 5.5m^3/h   ② 약 6.5m^3/h
③ 약 0.258m^3/h   ④ 약 0.002m^3/h

해설
$G = \dfrac{Q}{q} = \dfrac{V}{v} \times \eta_v$

여기서, G : 냉매 순환량(kg/h), Q : 열량(kJ/h)
  q : 냉동효과(kJ/kg)
  V : 압축기 흡입증기 체적량(m^3/h)
  v : 비체적(m^3/kg), η_v : 체적효율

$V = \dfrac{Q}{q} \times v = \dfrac{3.9 \dfrac{kJ}{s} \times \dfrac{3,600 s}{h}}{1,088 \dfrac{kJ}{kg}} \times 0.5087 \dfrac{m^3}{kg} = 6.5 m^3/h$

※ 체적효율(η_v)에 대한 조건이 없으므로 생략한다.
  1RT = 3.9kW = 3.9kJ/s

35 건식 증발기의 종류에 해당되지 않는 것은?

① 셸 코일식 냉각기
② 핀 코일식 냉각기
③ 보데로 냉각기
④ 플레이트 냉각기

해설
보데로 냉각기 : 물 또는 우유를 냉각하는 증발기로 암모니아는 만액식 증발기, 프레온은 반만액식 증발기로 사용된다.
① 셸 코일식 냉각기 : 음료수를 냉각하는 액체 냉각용 증발기이며, 건식 증발기로 사용된다. 셸 상부에 브라인 입구관이 있고 셸 하부에 브라인 출구관이 있는 구조이다.

36 12kW 펌프의 회전수가 800rpm, 토출량 1.5m^3/min인 경우 펌프의 토출량을 1.8m^3/min으로 하기 위하여 회전수(rpm)를 얼마로 변화하면 되는가?

① 850rpm   ② 960rpm
③ 1,025rpm   ④ 1,365rpm

해설
펌프의 상사법칙
$Q_2 = \left(\dfrac{N_2}{N_1}\right) Q_1$

∴ 회전수 $N_2 = \left(\dfrac{Q_2}{Q_1}\right) N_1 = \dfrac{1.8}{1.5} \times 800 = 960 rpm$

37 액체나 기체가 갖는 모든 에너지를 열량의 단위로 나타낸 것을 무엇이라고 하는가?

① 엔탈피   ② 외부에너지
③ 엔트로피   ④ 내부에너지

해설
엔탈피란 액체 또는 기체가 갖는 단위질량당의 열에너지로서 공학단위는 kcal/kg, SI단위는 kJ/kg이다.

38 방열량이 5.25kW인 방열기에 공급해야 할 온수량(m³/h)은?(단 방열기 입구온도는 80℃, 출구온도는 70℃이며 물의 비열은 4.2kJ/kg·K, 물의 밀도는 977.5kg/m³이다)

① 약 0.3m³/h ② 약 0.39m³/h
③ 약 0.46m³/h ④ 약 0.53m³/h

해설
냉매 순환량(G)

$$G = \frac{Q_e}{C\Delta t}$$

$$= \frac{5.25\frac{kJ}{s} \times \frac{3,600s}{h}}{977.5\frac{kg}{m^3} \times 4.2\frac{kJ}{kg \cdot K} \times \{(273+80)-(273+70)\}K}$$

$$= 0.46 m^3/h$$

※ 1kW = 1kJ/s

39 간접 냉각 냉동장치에 사용하는 2차 냉매인 브라인이 갖추어야 할 성질로 틀린 것은?

① 열전달 특성이 좋아야 한다.
② 부식성이 없어야 한다.
③ 비등점이 높고 응고점이 낮아야 한다.
④ 점성이 커야 한다.

해설
브라인은 냉동장치 내를 순환하면서 유동저항이 작아야 하므로 점성이 작아야 한다.

40 암모니아 냉매의 특성이 아닌 것은?

① 수분을 함유한 암모니아는 구리와 그 합금을 부식시킨다.
② 대규모 냉동장치에 널리 사용되고 있다.
③ 물과 윤활유에 잘 용해된다.
④ 독성이 강하고 강한 자극성을 가지고 있다.

해설
암모니아 냉매는 물과 잘 용해되고 오일과 잘 용해되지 않는다.

제3과목 공조냉동 설치·운영

41 다음의 경질염화비닐관에 대한 설명 중 틀린 것은?

① 전기절연성이 좋으므로 전기부식 작용이 없다.
② 금속관에 비해 차음효과가 크다.
③ 열전도율이 동관보다 크다.
④ 극저온 및 고온 배관에 부적당하다.

해설
동관은 경질염화비닐관보다 열전도율이 크기 때문에 열교환기용 관으로 가장 많이 사용한다.

42 건축설비의 급수 배관에서 기울기에 대한 설명으로 틀린 것은?

① 급수관의 모든 기울기는 1/250을 표준으로 한다.
② 배관 기울기는 관의 수리 및 기타 필요시 관내의 물을 완전히 퇴수시킬 수 있도록 시공하여야 한다.
③ 배관 기울기는 관내에 흐르는 유체의 유속과 관련이 없다.
④ 옥상탱크의 수평 주관은 내림 기울기를 한다.

해설
관내 유체의 흐름을 원활하게 하기 위하여 배관에 기울기를 준다.

43 급탕 배관에서 안전을 위해 설치하는 팽창관의 위치는 어느 곳인가?

① 급탕관과 반탕관 사이
② 순환펌프와 가열장치 사이
③ 반탕관과 순환펌프 사이
④ 가열장치와 고가탱크 사이

해설
급탕 배관에서 가열장치(보일러)와 고가탱크 사이에는 급탕 배관의 안전을 위하여 팽창관을 설치한다.

44 일반적으로 루프형 신축 이음의 굽힘 반경은 사용 관경의 몇 배 이상으로 하는가?

① 1배
② 3배
③ 4배
④ 6배

해설
루프형 신축 이음의 굽힙 반경은 사용하는 관경의 6배 이상으로 한다.

45 고압 증기난방에서 환수관이 트랩장치보다 높은 곳에 배관되었을 때 버킷 트랩이 응축수를 리프팅하는 높이는 증기 파이프와 환수관의 압력차 1kg/cm²에 대하여 얼마로 하는가?

① 2m 이하
② 5m 이하
③ 8m 이하
④ 11m 이하

해설
버킷 트랩의 입상 높이는 증기관과 환수관의 압력차 1kg/cm²에 대하여 5m 이하로 한다.

46 기수혼합식 급탕기를 사용하여 물을 가열할 때 열효율은?

① 100%
② 90%
③ 80%
④ 70%

해설
기수혼합식 급탕기는 저탕조 내의 냉수에 1~4kgf/cm² 정도의 증기를 직접 불어넣어 가열하는 방식으로 열효율이 100%이다.

47 밸브의 일반적인 기능으로 가장 거리가 먼 것은?

① 관내 유량 조절 기능
② 관내 유체의 유동 방향 전환 기능
③ 관내 유체의 온도 조절 기능
④ 관내 유체의 유동 개폐 기능

해설
밸브의 기능
• 관내 유량 조절 기능
• 관내 유체의 유동 방향 전환 기능
• 관내 유체의 유동 개폐 기능

정답 43 ④ 44 ④ 45 ② 46 ① 47 ③

48 고가 탱크식 급수설비에서 급수경로를 바르게 나타낸 것은?

① 수도 본관 → 저수조 → 옥상탱크 → 양수관 → 급수관
② 수도 본관 → 저수조 → 양수관 → 옥상탱크 → 급수관
③ 저수조 → 옥상탱크 → 수도 본관 → 양수관 → 급수관
④ 저수조 → 옥상탱크 → 양수관 → 수도 본관 → 급수관

해설
고가 탱크식 급수설비에서 급수경로 : 수도 본관 → 저수조 → 양수관 → 옥상탱크 → 급수관→ 수전

49 전력량 1kWh는 몇 kcal의 열량을 낼 수 있는가?

① 4.3   ② 8.6
③ 430   ④ 860

해설
1kW = 860kcal/h이므로 전력량 1kWh = 860kcal이다.

50 탄성이 크고 엷은 산이나 알칼리에는 침해되지 않으나 열이나 기름에 약하며 급수, 배수, 공기 등의 배관에 쓰이는 패킹은?

① 고무 패킹   ② 금속 패킹
③ 글랜드 패킹   ④ 액상 합성수지

해설
고무 패킹
• 탄성이 크고 흡수성은 없다.
• 산, 알칼리에는 침식되지 않고 열이나 기름에 약하다.
• 급수, 배수, 공기 배관에 사용한다.

51 온수난방과 비교하여 증기난방 방식의 특징이 아닌 것은?

① 예열시간이 짧다.
② 배관 부식 우려가 적다.
③ 용량 제어가 어렵다.
④ 동파 우려가 크다.

해설
증기난방은 온도가 높으므로 공급관과 환수관의 온도차가 크다. 따라서 배관의 부식 우려가 크다.

52 절연저항을 측정하는 데 사용되는 것은?

① 후크온 미터
② 회로시험기
③ 메거
④ 휘트스톤 브리지

해설
절연저항계를 메거라고 하며 옥내 배선이나 스위치 및 콘센트 등의 절연저항을 측정할 경우에는 모든 스위치를 열어 무부하 상태에서 측정한다.

정답 48 ② 49 ④ 50 ① 51 ② 52 ③

53 출력이 입력에 전혀 영향을 주지 못하는 제어는?

① 프로그램 제어
② 피드백 제어
③ 시퀀스 제어
④ 폐회로 제어

해설
시퀀스 제어는 미리 정해진 순서에 따라 제어의 각 단계를 순차적으로 제어하는 방식이다. 출력은 입력에 영향을 주지 못하므로 자체 판단능력이 없다.

54 제어계의 특성방정식이 $s^2 + as + b = 0$일 때 안정조건은?

① a > 0, b > 0
② a = 0, b < 0
③ a < 0, b < 0
④ a > 0, b < 0

해설
특수방정식의 안정조건 : $a_0 s^3 + a_1 s^2 + a_2 s + a_3 = 0$
특성방정식의 계수가 어느 하나라도 없어서는 안 된다. 즉, 모든 계수가 존재해야 한다. 특성방정식의 모든 계수는 같은 부호를 갖는다.

55 그림과 같은 회로에 해당하는 램프의 식으로 옳은 것은?

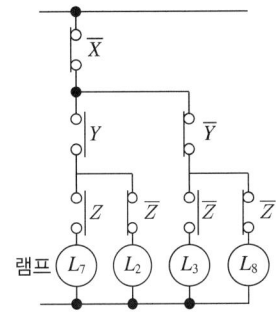

① $L_7 = \overline{X} \cdot Y \cdot Z$
② $L_2 = \overline{X} \cdot Y \cdot Z$
③ $L_3 = \overline{X} \cdot Y \cdot Z$
④ $L_8 = \overline{X} \cdot Y \cdot Z$

해설
$L_7 = \overline{X} \cdot Y \cdot Z$
$L_2 = \overline{X} \cdot Y \cdot \overline{Z}$
$L_3 = \overline{X} \cdot \overline{Y} \cdot Z$
$L_8 = \overline{X} \cdot \overline{Y} \cdot \overline{Z}$

56 PI 제어 동작은 프로세스 제어계의 정상특성 개선에 흔히 사용된다. 이것에 대응하는 보상요소는?

① 동상 보상요소
② 지상 보상요소
③ 진상 보상요소
④ 지상 및 진상 보상요소

해설
비례적분 동작(PI 제어) : 비례 동작(수평선)과 적분 동작(기울기선)이 결합된 제어기로 적분 동작의 특성을 지니고 있으며 정상특성이 개선되어 잔류편차와 사이클링이 없을 뿐만 아니라 지상 보상요소를 지니고 있다.

$G(s) = K\left(1 + \dfrac{1}{T_i s}\right)$

여기서, $G(s)$: 전달함수, T_i : 적분시간, K : 비례감도

57 출력의 변동을 조정하는 동시에 목푯값에 정확히 추종하도록 설계한 제어계는?

① 추치제어
② 프로세스 제어
③ 자동조정
④ 정치제어

해설
추치제어는 목푯값이 시간에 따라서 변하며 목푯값에 정확히 추종하는 제어이다.

58 100V, 60Hz의 교류전압을 어느 콘덴서에 가하니 2A의 전류가 흘렀다. 이 콘덴서의 정전용량은 약 몇 μF인가?

① 26.5 ② 36
③ 53   ④ 63.6

해설
- 용량성 리액턴스 $X_c = \dfrac{1}{2\pi f C} = \dfrac{V}{I}$
- 정전용량 $C = \dfrac{I}{2\pi f V} = \dfrac{2A}{2\pi \times 60Hz \times 100V} = 5.31 \times 10^{-5}F$
  $= 53.1 \mu F$

59 유도전동기에서 동기속도는 3,600rpm이고 회전수는 3,420rpm이다. 이때의 슬립은 몇 %인가?

① 2 ② 3
③ 4 ④ 5

해설
회전수 $N = (1-s)N_s$
∴ 슬립 $s = 1 - \dfrac{N}{N_s} = 1 - \dfrac{3,420}{3,600} = 0.05 = 5\%$

60 피드백 제어의 전달함수가 $\dfrac{3}{s+2}$ 일 때 $\lim\limits_{t \to 0} f(t) = \lim\limits_{s \to \infty} s\dfrac{3}{s+2}$ 의 값을 구하면?

① 0   ② 3
③ 3/2 ④ ∞

해설
$\lim\limits_{s \to \infty} \dfrac{3}{s+2} = \lim\limits_{s \to \infty} \dfrac{3}{1 + \dfrac{2}{s}} = 3$

정답 57 ① 58 ③ 59 ④ 60 ②

2022년 제3회 과년도 기출복원문제

제1과목 공기조화 설비

01 기화식(증발식) 가습장치의 종류로 옳은 것은?

① 원심식, 초음파식, 분무식
② 전열식, 전극식, 적외선식
③ 과열증기식, 분무식, 원심식
④ 회전식, 모세관식, 적하식

해설
가습장치의 종류
- 수분무식 : 분무식, 원심식, 초음파식
- 증기분무식 : 전열식, 전극식, 적외선식, 과열증기식, 분무노즐식
- 증발식 : 에어와셔식, 적하식, 회전식, 모세관식

02 덕트 병용 팬코일 유닛(Fan Coil Unit) 방식의 특징이 아닌 것은?

① 열부하가 큰 실에 대해서도 열부하의 대부분을 수배관으로 처리할 수 있으므로 덕트 치수가 적게 된다.
② 각 실 부하변동을 용이하게 처리할 수 있다.
③ 각 유닛의 수동제어가 가능하다.
④ 청정구역에 많이 사용된다.

해설
덕트 병용 팬코일 유닛 방식은 실내에 유닛을 직접 설치하여 실내공기를 재순환시키므로 청정구역에 사용할 수 없다.

03 중앙식(전공기) 공기조화 방식의 특징에 관한 설명으로 틀린 것은?

① 중앙집중식이므로 운전, 보수관리를 집중화할 수 있다.
② 대형 건물에 적합하며 외기 냉방이 가능하다.
③ 덕트가 대형이고 개별식에 비해 설치공간이 크다.
④ 송풍 동력이 적고 겨울철 가습하기가 어렵다.

해설
전공기 방식(공기만 공급)
- 송풍 동력이 커서 타 방식에 비하여 열반송 동력(펌프 동력)이 가장 크다.
- 리턴 팬을 설치하면 외기 냉방이 가능하다.
- 겨울철에 가습이 용이하다.
- 열매체가 공기이므로 실내에 누수 우려가 없다.
- 송풍량이 충분하므로 실내공기의 오염이 적다.

정답 1 ④ 2 ④ 3 ④

04 온수난방에 대한 설명으로 옳지 않은 것은?

① 온수난방의 주 이용열은 잠열이다.
② 열용량이 커서 예열시간이 길다.
③ 증기난방에 비해 비교적 높은 쾌감도를 얻을 수 있다.
④ 온수의 온도에 따라 저온수식과 고온수식으로 분류한다.

해설

온수난방의 특징
- 장점
  - 온도 조절이 용이하다.
  - 증기난방에 비해 쾌감도가 좋다.
  - 열용량이 커서 동결 우려가 적다.
  - 취급이 용이하며 안전하다.
  - 화상의 위험이 적다.
- 단점
  - 열용량이 커서 예열시간이 길다.
  - 수두에 제한을 받는다.
  - 방열면적과 관 지름이 크다.
  - 설비비가 비싸다.

05 겨울철 침입외기(틈새바람)에 의한 잠열부하(kcal/h)는?(단, Q는 극간풍량(m^3/h)이며, t_o, t_r은 각각 실외, 실내 온도(℃), x_o, x_r는 각각 실외, 실내 절대습도(kg/kg')이다)

① $1.212Q(t_o - t_r)$ ② $1.212Q(x_o - x_r)$
③ $3,001.2Q(t_o - t_r)$ ④ $3,001.2Q(x_o - x_r)$

해설

극간풍(틈새바람)에 의한 손실량
- 현열부하 $= (\rho Q)C\Delta t = (1.2Q) \times 1.01 \times \Delta t$
  $= 1.212Q(t_o - t_r)$
- 잠열부하 $= (\rho Q)\gamma\Delta x = (1.2Q) \times 2,501 \times \Delta x$
  $= 3,001.2Q(x_o - x_r)$

여기서, 공기의 밀도 $\rho = 1.2$kg/m^3
물의 증발잠열 $\gamma = 2,501$kJ/kg
Δt = 실내외 온도차
Δx = 절대습도 차
공기비열 $C = 1.01$kJ/kg·K

06 가열 코일을 흐르는 증기의 온도를 t_s, 가열 코일 입구 공기온도를 t_1, 출구 공기온도를 t_2라고 할 때 산술평균온도식으로 옳은 것은?

① $t_s - \dfrac{t_1 + t_2}{2}$

② $t_2 - t_1$

③ $t_1 + t_2$

④ $\dfrac{(t_s - t_1) + (t_s - t_2)}{\ln \dfrac{t_s - t_1}{t_s - t_2}}$

해설

산술평균온도차 $\Delta t_m = t_s - \dfrac{t_1 + t_2}{2}$

07 송풍기 특성곡선에서 송풍기의 운전점에 대한 설명으로 옳은 것은?

① 압력곡선과 저항곡선의 교차점
② 효율곡선과 압력곡선의 교차점
③ 축동력곡선과 효율곡선의 교차점
④ 저항곡선과 축동력곡선의 교차점

해설

송풍기의 특성곡선에서 송풍기의 운전점은 압력곡선과 저항곡선의 교차점이다.

08 콜드 드래프트(Cold Draft) 현상이 가중되는 원인으로 가장 거리가 먼 것은?

① 인체 주위의 공기온도가 너무 낮을 때
② 인체 주위의 기류속도가 작을 때
③ 주위 공기의 습도가 낮을 때
④ 주위 벽면의 온도가 낮을 때

해설
콜드 드래프트의 원인
• 인체 주위의 공기온도가 너무 낮을 때
• 기류의 속도가 클 때
• 습도가 낮을 때
• 주위 벽면의 온도가 낮을 때
• 동절기 창문의 극간풍이 많을 때

09 냉방부하 종류 중 현열로만 이루어진 부하는?

① 조명에서의 발생 열
② 인체에서의 발생 열
③ 문틈에서의 틈새 바람
④ 실내기구에서의 발생 열

해설
조명(장치)으로부터의 열은 현열로 이루어져 있다.

| 구분 | 부하 발생 요인 | 부하 형태 | |
		현열	잠열
실내 취득열량	벽체로부터의 취득열량	○	
	유리로부터의 취득열량: 일사에 의한 취득열량(복사열량)	○	
	유리로부터의 취득열량: 전도 대류에 의한 취득열량(전도열량)	○	
	극간풍에 의한 열량	○	○
	인체발생부하	○	○
	기구발생부하	○	○
기기(장치)로부터의 취득열량	송풍기에 의한 취득열량	○	
	덕트로부터의 취득열량	○	
재열부하	재열기 가열량	○	
외기부하	외기도입으로 인한 취득열량	○	○

10 필터의 모양은 패널형, 지그재그형, 바이패스형 등이 있으며 유해가스나 냄새를 제거할 수 있는 것은?

① 건식 여과기
② 점성식 여과기
③ 전자식 여과기
④ 활성탄 여과기

해설
활성탄 여과기는 공기 중의 유해가스나 냄새를 제거한다.

11 덕트의 분기점에서 풍량을 조절하기 위하여 설치하는 댐퍼는 어느 것인가?

① 방화 댐퍼
② 스플릿 댐퍼
③ 볼륨 댐퍼
④ 터닝 베인

해설
스플릿 댐퍼는 덕트의 분기점에 설치하여 풍량을 분배하거나 조절한다.

12 천장형으로서 취출 기류의 확산성이 가장 큰 취출구는?

① 펑커루버
② 아네모스탯
③ 에어커튼
④ 고정날개 그릴

해설
아네모스탯 취출구는 원형 또는 각형의 구조로 되어 있으며, 확산반경이 크고 도달거리가 짧아 천장 취출구로 가장 많이 사용한다.

정답 8 ② 9 ① 10 ④ 11 ② 12 ②

13 실내 냉난방부하 계산에 관한 내용으로 설명이 부적당한 것은?

① 열부하 구성요소 중 실내부하는 유리면 부하, 구조체 부하, 틈새바람 부하, 내부 칸막이 부하 및 실내발열 부하로 구성된다.
② 열부하 계산의 목적은 실내 부하의 상태, 덕트나 배관의 크기 등을 구하기 위한 기초가 된다.
③ 최대 난방부하란 실내에서 발생되는 부하가 1일 중 가장 크게 되는 시각의 부하로서 저녁에 발생한다.
④ 냉방부하란 쾌적한 실내환경을 유지하기 위하여 여름철 실내공기를 냉각, 감습시켜 제거하여야 할 열량을 의미한다.

해설
최대 난방부하는 공조설비의 용량을 결정하기 위하여 연중 가장 추운날로 가정된 설계용 외기조건을 이용하여 계산된 부하이다.

14 지하철 터널 환기의 열부하에 대한 종류로 가장 거리가 먼 것은?

① 열차 주행에 의한 발열
② 열차 제동 발생 열량
③ 보조기기에 의한 발열
④ 열차 냉방기에 의한 발열

해설
지하철 터널 환기의 열부하
• 열차 주행에 의한 발열
• 보조기기에 의한 발열
• 열차 냉방기에 의한 발열
• 터널 벽체를 통한 지중열

15 실내온도가 25℃이고 실내 절대습도가 0.0165kg/kg의 조건에서 틈새바람에 의한 침입외기량이 200L/s일 때 현열부하와 잠열부하는?(단, 실외온도 35℃, 실외절대습도 0.0321kg/kg, 공기의 비열 1.01kJ/kg·K, 물의 증발잠열 2,501kJ/kg이다)

① 현열부하 2.42kW, 잠열부하 7.803kW
② 현열부하 2.42kW, 잠열부하 9.364kW
③ 현열부하 2.825kW, 잠열부하 10.144kW
④ 현열부하 2.825kW, 잠열부하 10.924kW

해설
• 현열부하
$q_S = (\rho Q) C \Delta t = (1.2Q) \times 1.01 \times \Delta t$
$= 1.212 Q \Delta t$
$= 1.212 \dfrac{\text{kJ}}{\text{m}^3 \cdot \text{K}} \times 0.2 \dfrac{\text{m}^3}{\text{s}} \times \{(273+35) - (273+25)\text{K}\}$
$= 2.424 \text{kJ/s} = 2.424 \text{kW}$

• 잠열부하
$q_L = (\rho Q) \gamma \Delta x = (1.2Q) \times 2,501 \times \Delta x$
$= 3,001.2 Q \Delta x$
$= 3,001.2 \dfrac{\text{kJ}}{\text{m}^3} \times 0.2 \dfrac{\text{m}^3}{\text{s}} \times (0.0321 - 0.0165) \dfrac{\text{kg}}{\text{kg}}$
$= 9.364 \text{kJ/s} = 9.364 \text{kW}$

여기서, C : 공기의 비열, ρ : 공기의 밀도
γ : 물의 증발잠열, Δt : 실내외 온도차
Δx : 절대습도차
※ 1kJ/s = 1kW, 1L/s = 1×10⁻³m³/s

16 다음 그림의 방열기 도시기호 중 'W-H'가 나타내는 의미는?

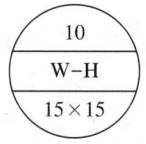

① 방열기 쪽수
② 방열기 높이
③ 방열기 종류(형식)
④ 연결배관의 종류

해설
벽걸이 방열기 : 횡형(W-H), 종형(W-V)
※ 도면은 10절수(섹션 수)인 횡형(W-H) 벽걸이 방열기이고, 유입 관경과 유출 관경은 각 15A이다.

17 가변풍량(VAV) 방식에 관한 설명으로 틀린 것은?

① 각 방의 온도를 개별적으로 제어할 수 있다.
② 연간 송풍 동력이 정풍량 방식보다 적다.
③ 부하의 증가에 대해서 유연성이 있다.
④ 동시부하율을 고려하여 용량을 결정하기 때문에 설비용량이 크다.

해설
가변풍량(VAV)은 동시부하율을 고려하여 기기의 용량을 결정하기 때문에 설비용량을 작게 할 수 있다.

18 라인형 취출구의 종류가 아닌 것은?

① 캄라인형
② 다공판형
③ 펑커루버형
④ 슬롯형

해설
라인형 취출구는 종횡비가 큰 취출구로서 캄라인형, 다공판형, 슬롯형, 브리즈 라인형 등이 있다.

19 덕트의 치수 결정법에 대한 설명으로 옳은 것은?

① 등속법은 각 구간마다 압력손실이 같다.
② 등마찰손실법에서 풍량이 10,000m³/h 이상이 되면 정압재취득법으로 하기도 한다.
③ 정압재취득법은 취출구 직전의 정압이 대략 일정한 값으로 된다.
④ 등마찰손실법에서 각 구간마다 압력손실을 같게 해서는 안 된다.

해설
③ 정압재취득법 : 주 덕트에서 말단 또는 분기부로 갈수록 풍속이 감소한다. 이때 동압의 차만큼 정압이 상승하는데, 이것을 덕트의 압력손실에 재이용하는 방법
① 등속법 : 덕트 내의 풍속을 일정하게 유지할 수 있도록 덕트 치수를 결정하는 방법
④ 등마찰손실법 : 단위길이당 마찰손실이 일정하게 되도록 덕트 치수를 결정하는 방법

20 90℃ 고온수 25kg을 100℃의 건조화포액으로 가열하는 데 필요한 열량(kJ)은?(단 물의 비열은 4.2kJ/kg · K이다)

① 1,050
② 525
③ 250
④ 40

해설
가열량 $Q = GC\Delta t$
$= 25\text{kg} \times 4.2\dfrac{\text{kJ}}{\text{kg}\cdot\text{K}} \times \{(273+100)-(273+90)\}\text{K}$
$= 1,050\text{kJ}$

제2과목 냉동냉장 설비

21 냉동장치 내의 불응축 가스가 혼입되었을 때 냉동장치의 운전에 미치는 영향으로 가장 거리가 먼 것은?

① 열교환 작용을 방해하므로 응축압력이 낮게 된다.
② 냉동능력이 감소한다.
③ 소비전력이 증가한다.
④ 실린더가 과열되고 윤활유가 열화 및 탄화된다.

해설
응축기 내에 불응축 가스가 혼입되면 전열이 불량하게 되어 응축압력이 상승하게 된다.

22 플래시 가스(Flash Gas)는 무엇을 말하는가?

① 냉매 조절 오리피스를 통과할 때 즉시 증발하여 기화하는 냉매이다.
② 압축기로부터 응축기에 새로 들어오는 냉매이다.
③ 증발기에서 증발하여 기화하는 새로운 냉매이다.
④ 압축기에서 응축기에 들어오자마자 응축하는 냉매이다.

해설
플래시 가스 : 냉동장치에서 증발기로 유입되기 전 팽창밸브에서 교축현상으로 인하여 일부의 냉매가 증발기로 흡입되기 전에 증발하여 잉여증기로 남게 된다. 이를 플래시 가스라고 한다.

23 몰리에르 선도상에서 건조도(x)에 관한 설명으로 옳은 것은?

① 몰리에르 선도의 포화액선상 건조도는 1이다.
② 액체 70%, 증기 30%인 냉매의 건조도는 0.7이다.
③ 건조도는 습포화증기 구역 내에서만 존재한다.
④ 건조도라 함은 과열증기 중 증기에 대한 포화액체의 양을 말한다.

해설
등건조도선(x) : 포화액선과 포화증기선 사이를 10등분하여 표시한 선이다. 포화액의 건조도는 0이며 건조포화증기의 건조도는 1이다. 액체 70%, 증기 30%인 냉매의 건조도는 0.7이다.

24 액분리기(Accumulator)에서 분리된 냉매의 처리방법이 아닌 것은?

① 가열시켜 액을 증발 후 응축기로 순환시키는 방법
② 증발기로 재순환시키는 방법
③ 가열시켜 액을 증발 후 압축기로 순환시키는 방법
④ 고압측 수액기로 회수하는 방법

해설
액분리기에서 분리된 냉매의 처리방법
- 액분리기에서 증발시켜 증발기로 재순환시키는 방법
- 냉매액을 가열시켜 증발시킨 후 압축기로 순환시키는 방법
- 액회수장치에 의해 고압측 수액기로 회수하는 방법

25 팽창밸브 개도가 냉동부하에 비하여 너무 작을 때 일어나는 현상으로 가장 거리가 먼 것은?

① 토출가스 온도 상승
② 압축기 소비동력 감소
③ 냉매 순환량 감소
④ 압축기 실린더 과열

해설
팽창밸브의 개도가 냉동부하에 비해서 너무 작을 경우 증발압력이 저하되어 압축비가 상승하게 되고 압축기 소요동력이 증가한다.

26 압축기 기동 시 윤활유가 심한 기포현상을 보일 때 주된 원인은?

① 냉동능력이 부족하다.
② 수분이 다량 침투했다.
③ 응축기의 냉각수가 부족하다.
④ 냉매가 윤활유에 다량 녹아 있다.

해설
오일 포밍 현상 : 냉매에 윤활유가 다량 용해되어 있어서 압축기 재기동 시 크랭크 케이스의 압력이 낮아져 냉매와 오일이 분리되면서 윤활유에 심한 기포현상이 보인다.

27 응축기의 냉각방법에 따른 분류로 가장 거리가 먼 것은?

① 공랭식
② 노냉식
③ 증발식
④ 수랭식

해설
응축기의 냉각방법에 따른 분류 : 공랭식, 증발식, 수랭식

28 어떤 냉동장치에서 응축기용 냉각수 유량이 7,000 kg/h이고 응축기 입구 및 출구온도가 각각 15℃와 28℃였다. 압축기로 공급한 동력이 5.4×10^4 kJ/h 이라면 이 냉동기의 냉동능력은?(단, 냉각수의 비열은 4.185kJ/kg·K이다)

① 2.27×10^5 kJ/h
② 3.27×10^5 kJ/h
③ 4.67×10^5 kJ/h
④ 5.67×10^5 kJ/h

해설
응축기 입구온도 $t_1 = 15℃ = 15 + 273 = 288K$
응축기 출구온도 $t_2 = 28℃ = 28 + 273 = 301K$
- 응축기 발열량 $Q_c = GC\Delta t$
  $= 7,000 \dfrac{kg}{h} \times 4.185 \dfrac{kJ}{kg \cdot K} \times (301-288)K$
  $= 380,835 kJ/h$
- 압축일량 $A_w = 5.4 \times 10^4 kJ/h$
- 냉동능력 $Q_e = Q_c - A_w = 380,835 - (5.4 \times 10^4)$
  $= 3.27 \times 10^5 kJ/h$

29 다음과 같은 성질을 갖는 냉매는 어느 것인가?

- 증기의 밀도가 크기 때문에 증발기관의 길이는 짧아야 한다.
- 물을 함유하면 Al 및 Mg 합금을 침식하고 전기저항이 크다.
- 천연고무는 침식되지만 합성고무는 침식되지 않는다.
- 응고점(약 -158℃)이 극히 낮다.

① NH_3
② R-12
③ R-21
④ H_2

해설
프레온 냉매
- 비독성이며 악취가 없고 불연성이다.
- 수분과 분리되므로 장치 내에 드라이어를 설치한다.
- 전기적인 절연내력이 크다(밀폐형 냉동기 사용).
- 800℃의 고열에 접촉시키면 맹독성 가스인 포스겐($COCl_2$)을 발생시킨다.
- 마그네슘(Mg) 및 마그네슘을 2% 이상 함유하고 있는 Al 합금을 부식시킨다.
- 허용 최고 토출가스 온도가 낮아 윤활유 탄화의 우려가 거의 없다.
- 전열이 불량하므로 Fin을 부착한다.

30 왕복동식과 비교하여 스크롤 압축기의 특징으로 틀린 것은?

① 흡입밸브나 토출밸브가 있어 압축효율이 낮다.
② 토크 변동이 적다.
③ 압축실 사이의 작동가스 누설이 적다.
④ 부품 수가 적고 고효율 저소음, 저진동, 고신뢰성을 기대할 수 있다.

해설
스크롤 압축기는 흡입밸브와 토출밸브가 없어 압축효율이 왕복동식에 비해 10~15% 정도 크다.

정답 26 ④ 27 ② 28 ② 29 ② 30 ①

31 어떤 냉동기로 1시간당 얼음 1톤을 제조하는 데 50kW의 동력을 필요로 한다. 이때 사용하는 물의 온도는 10℃이며 얼음은 -10℃였다. 이 냉동기의 성적계수는?(단, 융해열은 335kJ/kg이고 물의 비열은 4.2kJ/kg·K, 얼음의 비열은 2.09kJ/kg·K이다)

① 2.0
② 2.2
③ 3.0
④ 5.0

해설
냉동능력
10℃ 물 → 0℃ 물 → 0℃ 얼음 → -10℃ 얼음의 변화 과정에서 생기는 열량(㉠+㉡+㉢)을 더한다.

㉠ 현열 $q_S = GC\Delta t$
$= \left(1{,}000\frac{\text{kg}}{\text{h}} \times \frac{1\text{h}}{3{,}600\text{s}}\right) \times 4.2\frac{\text{kJ}}{\text{kg}\cdot\text{K}} \times (283-273)\text{K}$
$= 11.67\text{kJ/s} = 11.67\text{kW}$

㉡ 잠열 $q_L = G \times \gamma = \left(1{,}000\frac{\text{kg}}{\text{h}} \times \frac{1\text{h}}{3{,}600\text{s}}\right) \times 335\frac{\text{kJ}}{\text{kg}}$
$= 93.05\text{kJ/s} = 93.05\text{kW}$

㉢ 현열 $q_S = GC\Delta t$
$= \left(1{,}000\frac{\text{kg}}{\text{h}} \times \frac{1\text{h}}{3{,}600\text{s}}\right) \times 2.09\frac{\text{kJ}}{\text{kg}\cdot\text{K}} \times (273-263)\text{K}$
$= 5.81\text{kJ/s} = 5.81\text{kW}$

냉동능력 $Q = 11.64 + 93.05 + 5.81 = 110.5\text{kW}$
성적계수
$\text{COP} = \frac{Q}{A_w} = \frac{110.5\text{kW}}{50\text{kW}} = 2.21$

32 이상기체를 정압하에서 가열하면 체적과 온도의 변화는 어떻게 되는가?

① 체적 증가, 온도 상승
② 체적 일정, 온도 일정
③ 체적 증가, 온도 일정
④ 체적 일정, 온도 상승

해설
압력이 일정하므로 샤를의 법칙을 적용하면 $\frac{V_1}{T_1} = \frac{V_2}{T_2}$ 이다.
따라서 $\frac{T_2}{T_1} = \frac{V_2}{V_1}$ 에서 온도와 체적은 비례하므로 정압하에서 가열하면 온도가 상승하고 체적은 증가한다.

33 다음의 몰리에르 선도는 어떤 냉동장치를 나타낸 것인가?

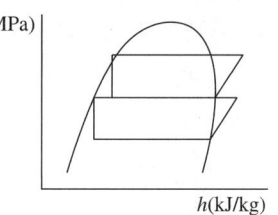

① 1단 압축 1단 팽창 냉동시스템
② 1단 압축 2단 팽창 냉동시스템
③ 2단 압축 1단 팽창 냉동시스템
④ 2단 압축 2단 팽창 냉동시스템

해설
2단 압축 2단 팽창 냉동시스템 : 응축기에서 액화한 고압의 냉매를 제1팽창밸브를 거쳐서 전부 중간냉각기로 보내어 중간압력까지 압력을 저하시키고, 다시 중간냉각기에서 분리된 포화액을 제2팽창밸브를 지나 증발압력까지 감압하여 증발기로 보내는 방식이다.

34 냉동사이클에서 응축온도를 일정하게 하고 증발온도를 상승시키면 어떤 결과가 나타나는가?

① 냉동효과 증가
② 압축비 증가
③ 압축일량 증가
④ 토출가스 온도 증가

해설
응축온도를 일정하게 하고 증발온도를 상승시키면 압축비가 감소하여 토출가스 온도가 저하, 압축일량이 감소, 냉동효과가 증가한다.

35 30℃의 공기가 체적 1m³의 용기에 게이지 압력 50kPa의 상태로 들어 있다. 용기 내에 있는 공기의 무게는?(단, 공기의 기체상수는 0.287kJ/kg·K 이다)

① 약 1.37kg ② 약 1.74kg
③ 약 2.69kg ④ 약 2.98kg

해설
절대압력 = 대기압력 + 게이지(계기)압력
$P = 101.3 + 50 = 151.3\text{kPa}$
이상기체 상태방정식 : $PV = mRT$
$\therefore$ 무게 $m = \dfrac{PV}{RT} = \dfrac{151.3\dfrac{\text{kJ}}{\text{m}^2}\times 1\text{m}^3}{0.287\dfrac{\text{kJ}}{\text{kg}\cdot\text{K}}\times(273+30)\text{K}} = 1.74\text{kg}$

※ $1\text{kPa} = 1\text{kJ/m}^3$

36 몰리에르 선도상에서 압력이 증대함에 따라 포화 액선과 건조포화증기선이 만나는 일치점을 무엇이 라고 하는가?

① 한계점 ② 임계점
③ 상사점 ④ 비등점

해설
임계점 : 몰리에르 선도상에서 압력이 상승함에 따라 건조포화 증기선과 포화액선이 만나 일치하는 점으로 이 점의 온도를 임계온도, 압력을 임계압력이라 한다.

37 증발식 응축기에 관한 설명으로 틀린 것은?

① 수랭식 응축기와 공랭식 응축기의 작용을 혼합한 형이다.
② 외형과 설치면적이 작으며 값이 비싸다.
③ 겨울철에는 공랭식으로 사용할 수 있으며 연간운 전에 특히 우수하다.
④ 냉매가 흐르는 관에 노즐로부터 물을 분무시키고 송풍기로 공기를 보낸다.

해설
증발식 응축기는 응축기와 냉각탑을 조합한 구조이므로 외형과 설치면적이 크다.

38 브라인의 구비조건으로 틀린 것은?

① 상 변화가 잘 일어나서는 안 된다.
② 응고점이 낮아야 한다.
③ 비열이 작아야 한다.
④ 열전도율이 커야 한다.

해설
브라인은 현열로 피냉각 물체의 열을 흡수하여 냉동하는 작동 유체로서 비열이 커야 한다.

39 다음의 압력-엔탈피 선도를 이용한 압축냉동 사이 클의 성적계수는?

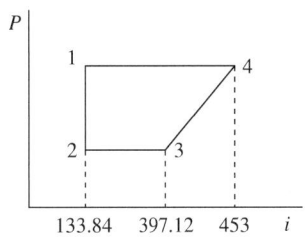

① 2.36 ② 4.71
③ 9.42 ④ 18.84

해설
성적계수 $\text{COP} = \dfrac{i_3 - i_2}{i_4 - i_3} = \dfrac{397.12 - 133.84}{453 - 397.12} = 4.71$

40 증발기에서 나오는 냉매가스의 과열도를 일정하게 유지하기 위해 설치하는 밸브는?

① 모세관
② 플로트형 밸브
③ 정압식 팽창밸브
④ 온도식 자동팽창밸브

해설
온도식 자동팽창밸브는 증발기 출구에 설치한 감온통에서 온도 를 감지하여 증발기 출구의 과열도를 일정하게 유지시킨다.

제3과목 공조냉동 설치·운영

41 열팽창에 의한 배관의 신축이 방열기에 미치지 않도록 하기 위하여 방열기 주위의 배관은 다음의 어느 방법으로 하는 것이 좋은가?

① 슬리브형 신축 이음
② 신축 곡관 이음
③ 스위블 이음
④ 벨로스형 신축 이음

[해설]
스위블 신축 이음은 두 개 이상의 엘보를 연결하여 나사의 회전력을 이용하는 신축 이음으로 방열기 주위 배관에 사용한다.

42 급수 배관을 시공할 때 일반적인 사항을 설명한 것 중 틀린 것은?

① 급수관에서 상향 급수는 선단 상향 구배로 한다.
② 급수관에서 하향 급수는 선단 하향 구배로 하며, 부득이한 경우에는 수평으로 유지한다.
③ 급수관 최하부에 배수 밸브를 장치하면 공기빼기를 장치할 필요가 없다.
④ 수격작용 방지를 위해 수전 부근에 공기실을 설치한다.

[해설]
배수 밸브와 관계없이 배관의 최상부 또는 공기가 정체될 우려가 있는 산형 배관에는 공기빼기밸브를 설치해야 한다.

43 100A 강관을 B호칭으로 표시하면 얼마인가?

① 4B　　② 10B
③ 16B　　④ 20B

[해설]
1inch = 25.4mm이다. 따라서 100A = 100mm이므로
$\frac{100}{25.4} = 3.94 = 4B$이다.

44 주철관의 특징에 대한 설명으로 틀린 것은?

① 충격에 강하고 내구성이 크다.
② 내식성, 내열성이 있다.
③ 다른 배관재에 비하여 열팽창계수가 작다.
④ 소음을 흡수하는 성질이 있으므로 옥내배수용으로 적합하다.

[해설]
주철관은 충격에 약하고 다른 배관 재료에 비하여 열팽창계수가 작다.

45 유속이 2.4m/s, 유량이 15,000L/h일 때 관경을 구하면 몇 mm인가?

① 42　　② 47
③ 51　　④ 53

[해설]
$Q = 15,000\frac{L}{h} \times \frac{h}{3,600s} = 4.167 L/s$
$= 4.167 \times 10^{-3} m^3/s$

관경 $d = \sqrt{\frac{4Q}{\pi V}} = \sqrt{\frac{4 \times (4.167 \times 10^{-3})\frac{m^3}{s}}{\pi \times 2.4 \frac{m}{s}}}$
$= 0.047m = 47mm$

※ $1L = 10^{-3} m^3$

46 진공환수식 증기난방법에 관한 설명으로 옳은 것은?

① 다른 방식에 비해 관 지름이 커진다.
② 주로 중·소규모 난방에 많이 사용된다.
③ 환수관 내 유속의 감소로 응축수 배출이 느리다.
④ 환수관의 진공도는 100~250mmHg 정도로 한다.

[해설]
① 다른 방식에 비해 관 지름이 작아진다.
② 증기의 순환이 빨라 대규모 건축물에 많이 사용된다.
③ 진공펌프를 사용하므로 환수관 내 유속이 감소해도 응축수 배출이 느려지지 않는다.

정답 41 ③　42 ③　43 ①　44 ①　45 ②　46 ④

47 송풍기의 토출측과 흡입측에 설치하여 송풍기의 진동이 덕트나 장치에 전달되는 것을 방지하기 위한 접속법은?

① 크로스커넥션(Cross Connection)
② 캔버스커넥션(Canvas Connection)
③ 서브스테이션(Sub Station)
④ 하트포드(Hartford) 접속법

해설
캔버스커넥션은 송풍기에서 발생하는 진동이 덕트나 장치에 전달되는 것을 방지하기 위하여 송풍기와 덕트 사이에 설치한다.

48 개방식 팽창탱크 주위의 관에 해당되지 않는 것은?

① 압축공기 공급관
② 배기관
③ 오버플로관
④ 안전관

해설
개방식 팽창탱크의 주위 배관은 급수관, 안전관, 통기관, 오버플로관, 배수관, 팽창관으로 구성되어 있다.

49 수직관 가까이에 기구가 설치되어 있을 때 수직관 위로부터 일시에 다량의 물이 흐르게 되면 그 수직관과 수평관의 연결관에 순간적으로 진공이 생기면서 봉수가 파괴되는 현상은?

① 자기 사이펀 작용
② 모세관 작용
③ 분출작용
④ 흡출작용

해설
① 자기 사이펀 작용 : 배수가 만수 상태로 트랩을 통과할 때 강한 사이펀 작용이 발생하여 물이 흡인되어 트랩의 봉수가 파괴되는 현상이다.
② 모세관 작용 : 트랩의 봉수부와 수직관 사이에 머리카락이나 실이 걸려 모세관 현상에 의해 봉수가 파괴되는 현상이다.
③ 분출작용 : 배수의 수평 지관 또는 수직 배관에서 일시에 다량의 물이 배수될 때 피스톤 작용을 일으켜 봉수가 실내로 분출되는 현상이다.

50 배관 재료 선정 시 고려해야 할 사항으로 가장 거리가 먼 것은?

① 관 속을 흐르는 유체의 화학적 성질
② 관 속을 흐르는 유체의 온도
③ 관의 이음방법
④ 관의 압축성

해설
배관 재료 선정 시 고려해야 할 사항
• 관의 진동 및 충격 또는 외압, 내압에 견딜 수 있는가를 고려
• 관 속을 흐르는 유체의 온도 및 화학적 성질을 고려
• 관의 이음방법을 고려

51 서보기구에서의 제어량은?

① 유량
② 위치
③ 주파수
④ 전압

해설
서보기구 : 목푯값의 임의의 변화에 항상 추종하도록 구성된 제어계로 레이더, 미사일 추적장치 등이 있다. 서보기구는 기계적인 변위인 물체의 위치, 방향, 각도, 방위, 자세, 거리 등을 제어한다.

52 유도전동기에서 인가전압은 일정하고 주파수가 수% 감소할 때 발생되는 현상으로 틀린 것은?

① 동기속도가 감소한다.
② 철손이 약간 증가한다.
③ 누설 리액턴스가 증가한다.
④ 역률이 나빠진다.

해설
①, ④ 주파수가 감소하면 동기속도가 감소하고 역률이 나빠진다.
② 주파수가 감소하면 자속은 증가하고 자속이 증가하면 철손이 증가한다.

53 부하 1상의 임피던스가 $60+j80\Omega$ 인 △결선의 3상 회로에 100V의 전압을 가할 때 선전류는 몇 A인가?

① 1
② $\sqrt{3}$
③ 3
④ $1/\sqrt{3}$

해설
- 임피던스 $Z = R + jX_L = 60 + j80$
  → $Z = \sqrt{60^2 + 80^2} = 100\Omega$
- 상전류 $I_p = \dfrac{V}{Z} = \dfrac{100}{100} = 1A$
- 선전류 $I_l = \sqrt{3}\,I_p = \sqrt{3} \times 1 = \sqrt{3}\,A$

54 압력을 변위로 변환시키는 장치로 알맞은 것은?

① 노즐플래퍼
② 다이어프램
③ 전자석
④ 차동변압기

해설
② 다이어프램 : 압력을 변위로 변환
① 노즐플래퍼 : 변위를 압력으로 변환
③ 전자석 : 전압을 변위로 변환
④ 차동변압기 : 변위를 전압으로 변환

55 온도보상용으로 사용되는 것은?

① 다이오드
② 다이액
③ 서미스터
④ SCR

해설
서미스터는 온도가 상승하면 저항값이 현저하게 작아지는 특성을 이용하여 온도보상용으로 사용된다.

56 그림과 같은 회로의 출력단 X의 진리값으로 옳은 것은?(단, L은 Low, H는 High이다)

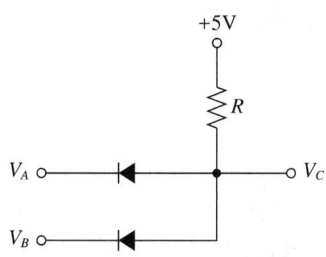

① L, L, L, H
② L, H, H, H
③ L, L, H, H
④ H, L, L, H

해설
AND 회로

입력		출력
A	B	X
L	L	L
H	L	L
L	H	L
H	H	H

정답 52 ③ 53 ② 54 ② 55 ③ 56 ①

57 궤환제어계에서 제어요소란?

① 조작부와 검출부
② 조절부와 검출부
③ 목푯값에 비례하는 신호 발생
④ 동작신호를 조작량으로 변화

해설
제어요소는 동작신호를 조작량으로 변환시키는 요소로서 조절부와 조작부로 구성되어 있다.

58 피드백 제어계의 특징으로 옳은 것은?

① 정확성이 떨어진다.
② 감대폭이 감소한다.
③ 계의 특성변화에 대한 입력 대 출력비의 감도가 감소한다.
④ 발진이 전혀 없고 항상 안정한 상태로 되어 가는 경향이 있다.

해설
피드백 제어계의 특징
• 입력과 출력을 비교하는 장치가 반드시 있어야 한다.
• 정확성이 증가한다.
• 계의 특성변화에 대한 입력 대 출력비의 감도가 감소한다.
• 감대폭이 증가한다.
• 발진을 일으키고 불안정한 상태로 되는 경향이 있다.

59 어떤 대상물의 현재 상태를 사람이 원하는 상태로 조절하는 것을 무엇이라 하는가?

① 제어량　　② 제어대상
③ 제어　　　④ 물질량

해설
③ 제어 : 기기의 현재 상태를 사람이 원하는 상태로 조작하는 것을 말한다.
① 제어량 : 제어대상에서 제어된 출력량이다.
② 제어대상 : 기계, 프로세스이며 제어하고자 하는 대상이다.

60 권수 50회이고 자기 인덕턴스가 0.5mH인 코일에 전류 50A를 흘리면 자속은 몇 Wb인가?

① 5×10^{-3}　　② 5×10^{-4}
③ 2.5×10^{-2}　④ 2.5×10^{-3}

해설
• 자기 인덕턴스 $L = N\dfrac{\Delta\phi}{\Delta I}$ 에서

• 자속변화 $\Delta\phi = \dfrac{L\Delta I}{N} = \dfrac{(0.5 \times 10^{-3}) \times 50}{50}$
$= 5 \times 10^{-4}$ Wb

정답　57 ④　58 ③　59 ③　60 ②

2023년 제1회 과년도 기출복원문제

제1과목 공기조화 설비

01 우리나라에서 오전 중에 냉방부하가 최대가 되는 존(Zone)은 어느 방향인가?

① 동쪽 방향 ② 서쪽 방향
③ 남쪽 방향 ④ 북쪽 방향

해설
오전 중에 냉방부하가 최대가 되는 방향은 태양의 일사량이 가장 많은 동쪽이다.

02 환기방식 중 송풍기를 이용하여 실내에 공기를 공급하고, 배기구나 건축물의 틈새를 통하여 자연적으로 배기하는 방법은?

① 제1종 환기 ② 제2종 환기
③ 제3종 환기 ④ 제4종 환기

해설
환기의 종류
- 제1종 환기방식
  - 급기팬과 배기팬을 사용하여 환기한다(강제급기 + 강제배기).
  - 보일러실, 변전실 등
  - 실내압은 임의로 조정 가능하다.
- 제2종 환기방식
  - 급기팬만 설치하고 배기구를 사용한다(강제급기 + 자연배기).
  - 소규모 변전실, 창고
  - 실내압은 정압 상태이다.
- 제3종 환기방식
  - 급기구를 사용하고 배기팬을 설치한다(자연급기 + 강제배기).
  - 화장실, 조리장
  - 실내압은 부압 상태이다.
- 제4종 환기방식
  - 급기구와 배기구를 사용한다(자연급기 + 자연배기).
  - 실내압은 부압 상태이다.

03 냉수 코일의 설계에 있어서 코일 출구온도 10℃, 코일 입구온도 5℃, 전열부하 83,740kJ/h일 때 코일 내 순환수량(L/min)은 약 얼마인가?(단, 물의 비열은 4.2kJ/kg·K이다)

① 55.5L/min ② 66.5L/min
③ 78.5L/min ④ 98.7L/min

해설
- 전열부하 $Q = GC(t_2 - t_1)$
- 순환수량 $G = \dfrac{Q}{C(t_2 - t_1)}$

$$= \dfrac{83,740 \dfrac{kJ}{h} \times \dfrac{1h}{60min}}{4.2 \dfrac{kJ}{kg \cdot K} \times \{(273+10)-(273+5)\}K}$$

$= 66.46 kg/min = 66.46 L/min$

※ 물 1L = 1kg

04 공기조화 부하 계산을 할 때 고려하지 않아도 되는 것은?

① 열원방식
② 실내 온·습도의 설정조건
③ 지붕 재료 및 치수
④ 실내 발열기구의 사용시간 및 발열량

해설
부하 계산 시 고려해야 할 사항 : 실내 온·습도의 설정조건, 지붕 및 벽체의 재료와 치수, 실내 발열기구의 사용시간 및 발열량, 단열재의 종류

1 ① 2 ② 3 ② 4 ① 정답

05 냉수 또는 온수 코일의 용량 제어를 2방 밸브로 하는 경우 물배관 계통의 특성 중 옳은 것은?

① 코일 내의 수량은 변하나 배관 내의 유량은 부하변동에 관계없이 정유량(定流量)이다.
② 부하변동에 따라 펌프의 대수 제어가 가능하다.
③ 차압제어밸브가 필요 없으므로 펌프의 양정을 낮게 할 수 있다.
④ 코일 내의 수량이 변하지 않으므로 전열효과가 크다.

해설
용량 제어를 2방향 밸브로 하는 경우 부하변동에 따라 펌프의 대수 제어가 가능하다.

06 인체에 작용하는 실내 온열환경 4대 요소가 아닌 것은?

① 청정도　　② 습도
③ 기류속도　　④ 공기온도

해설
실내 온열환경의 4대 요소 : 습도, 기류속도, 공기온도, 평균복사온도

07 바이패스 팩터에 관한 설명으로 옳지 않은 것은?

① 바이패스 팩터는 공기조화기를 공기가 통과할 경우 공기의 일부가 변화를 받지 않고 원 상태로 지나쳐갈 때 이 공기량과 전체 통과 공기량에 대한 비율을 나타낸 것이다.
② 공기조화기를 통과하는 풍속이 감소하면 바이패스 팩터는 감소한다.
③ 공기조화기의 코일열수 및 코일 표면적이 적을 때 바이패스 팩터는 증가한다.
④ 공기조화기의 이용 가능한 전열 표면적이 감소하면 바이패스 팩터는 감소한다.

해설
바이패스 팩터(BF) : 일에 접촉하지 않고 통과하는 공기의 비율을 말하며 이것은 비효율과 같은 의미이다. 공기조화기의 이용 가능한 전열 표면적이 감소하면 바이패스 팩터는 증가한다.

08 공기세정기에 관한 설명으로 옳지 않은 것은?

① 공기세정기의 통과풍속은 일반적으로 2~3m/s 이다.
② 공기세정기의 가습기는 노즐에서 물을 분무하여 공기에 충분히 접촉시켜 세정과 가습을 하는 것이다.
③ 공기세정기의 구조는 루버, 분무 노즐, 플러딩 노즐, 일리미네이터 등이 케이싱 속에 내장되어 있다.
④ 공기세정기의 분무 수압은 노즐 성능상 20~50 kPa이다.

해설
공기세정기의 분무 수압 : 98~196kPa

09 염화리튬, 트리에틸렌글리콜 등의 액체를 사용하여 감습하는 장치는?

① 냉각 감습장치
② 압축 감습장치
③ 흡수식 감습장치
④ 세정식 감습장치

해설
감습방법
• 냉각 감습장치 : 냉각 코일 또는 공기세정기를 사용
• 압축 감습장치 : 공기를 압축하여 수분을 응축 제거하는 방법
• 흡수식 감습장치 : 염화리튬, 트리에틸렌글리콜 등의 액체 흡수제를 사용
• 흡착식 감습장치 : 실리카겔, 활성 알루미나 등의 고체 흡착제를 사용

정답　5 ②　6 ①　7 ④　8 ④　9 ③

10 증기난방에 관한 설명으로 옳지 않은 것은?

① 열매온도가 높아 방열면적이 작아진다.
② 예열시간이 짧다.
③ 부하변동에 따른 방열량의 제어가 곤란하다.
④ 증기의 증발현열을 이용한다.

해설
증기난방은 증기의 증발잠열을 이용한다.
증기난방
- 장점
  - 잠열을 이용하므로 열의 운반능력이 크다.
  - 예열시간이 짧고 증기순환이 빠르다.
  - 설비비가 비싸다.
  - 방열면적과 관경이 작아도 된다.
- 단점
  - 쾌감도가 나쁘다.
  - 스팀 소음(스팀 해머)이 많이 난다.
  - 부하변동에 대응이 곤란하다.
  - 보일러 취급 시 기술자가 필요하다.

11 공기조화 방식의 분류 중 수공기 방식이 아닌 것은?

① 유인 유닛 방식
② 덕트 병용 팬코일 유닛 방식
③ 복사냉난방 방식(패널에어 방식)
④ 멀티존 유닛 방식

해설
공기조화 방식의 분류

분류	열원 방식	종류
중앙 방식	전공기 방식	정풍량 단일 덕트 방식, 2중 덕트 방식, 덕트 병용 패키지 방식, 각층 유닛 방식
	수공기 방식 (유닛 병용 방식)	덕트 병용 팬코일 유닛 방식(FCU), 유인 유닛 방식, 복사 냉난방 방식
	전수 방식	팬코일 유닛 방식(FCU)
개별 방식	냉매 방식	패키지 방식, 룸쿨러 방식, 멀티 유닛 룸쿨러 방식

12 도서관의 체적이 630m³이고 공기가 1시간에 29회 비율로 틈새바람에 의해 자연환기될 때 풍량(m³/min)은 약 얼마인가?

① 295　　② 305
③ 444　　④ 572

해설
극간풍량 $Q = nV = 29 \times 630 = 18,270 m^3/h$
　　　　　$= 304.5 m^3/min$

13 다음 그림은 송풍기의 특성곡선이다. 점선으로 표시된 곡선 B는 무엇을 나타내는가?

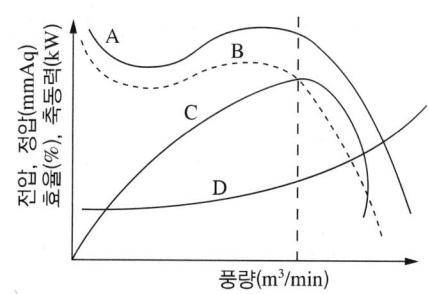

① 축동력　　② 효율
③ 전압　　　④ 정압

해설
A : 전압, B : 정압, C : 효율, D : 축동력

14 덕트 설계 시 고려하지 않아도 되는 사항은?

① 덕트로부터의 소음
② 덕트로부터의 열손실
③ 공기의 흐름에 따른 마찰저항
④ 덕트 내를 흐르는 공기의 엔탈피

해설
덕트 설계 시 덕트로부터의 소음, 열손실, 마찰저항을 고려해야 하며 덕트 내 흐르는 공기 엔탈피는 산출할 수 없으므로 덕트에서의 취득부하는 실내취득부하를 가산하여 산출한다.

15 실내의 기류분포에 관한 설명으로 옳은 것은?
① 소비되는 열량이 많아져서 추위를 느끼게 되는 현상 또는 인체에 불쾌한 냉감을 느끼게 되는 것을 유효 드래프트라고 한다.
② 실내의 각 점에 대한 EDT를 구하고, 전체 점수에 대한 쾌적한 점수의 비율을 T/L비라고 한다.
③ 일반사무실 취출구의 허용 풍속은 1.5~2.5m/s 이다.
④ 1차 공기와 전공기의 비를 유인비라 한다.

해설
유인비 = $\dfrac{\text{전공기}}{\text{1차 공기}}$ = $\dfrac{\text{1차 공기} + \text{2차 공기}}{\text{1차 공기}}$

16 증기-물 또는 물-물 열교환기의 종류에 해당되지 않는 것은?
① 원통다관형 열교환기
② 전열교환기
③ 판형 열교환기
④ 스파이럴형 열교환기

해설
전열교환기는 배기공기와 도입외기 사이에 공기를 열교환시키는 공기 대 공기 열교환기이다.

17 공기 중의 수증기 분압을 포화압력으로 하는 온도를 무엇이라 하는가?
① 건구온도
② 습구온도
③ 노점온도
④ 글로브(Globe) 온도

해설
노점온도는 수증기 분압을 포화압력으로 하는 온도로서 공기 중 수증기가 응축되어 이슬이 맺히기 시작하는 온도이다.

18 보일러의 출력표시에서 난방부하와 급탕부하를 합한 용량으로 표시되는 것은?
① 과부하출력
② 정격출력
③ 정미출력
④ 상용출력

해설
③ 정미출력 : 난방부하 + 급탕부하
② 정격출력 : 난방부하 + 급탕부하 + 배관손실부하 + 예열부하
④ 상용출력 : 난방부하 + 급탕부하 + 배관손실부하

19 온수배관 시공 시 주의할 사항으로 옳은 것은?
① 각 방열기에는 필요시에만 공기배출기를 부착한다.
② 배관 최저부에는 배수밸브를 설치하며, 하향 구배로 설치한다.
③ 팽창관에는 안전을 위해 반드시 밸브를 설치한다.
④ 배관 도중에 관 지름을 바꿀 때에는 편심 이음쇠를 사용하지 않는다.

해설
① 방열기의 상부에는 공기빼기밸브를 부착한다.
③ 팽창관에는 절대로 밸브를 설치하면 안 된다.
④ 배관 도중에 관 지름을 바꿀 때에는 편심 이음쇠를 사용한다.

20 습공기선도상에 나타나 있는 것이 아닌 것은?
① 상대습도
② 건구온도
③ 절대습도
④ 포화도

해설
습공기선도 구성요소
- 건구온도 : 일반 온도계로 측정한 온도
- 습구온도 : 감온부를 물에 적신 헝겊으로 적셔 증발할 때 잠열에 의한 냉각온도
- 노점온도 : 일정한 수분을 함유한 습공기의 온도를 낮추면 어떤 온도에서 포화 상태가 되는 온도
- 상대습도 : 공기 중의 수분량을 포화증기량에 대한 비율로 표시한 값
- 절대습도 : 건공기 1kg 중에 함유된 수증기 중량
- 엔탈피 : 건공기와 수증기의 전열량을 말한다.

정답 15 ④ 16 ② 17 ③ 18 ③ 19 ② 20 ④

제2과목 냉동냉장 설비

21 냉동장치의 안전장치 중 압축기로의 흡입압력이 소정의 압력 이상이 되었을 경우 과부하에 의한 압축기용 전동기의 위험을 방지하기 위하여 설치하는 기기는?

① 증발압력 조정밸브(EPR)
② 흡입압력 조정밸브(SPR)
③ 고압 스위치
④ 저압 스위치

해설
② 흡입압력 조정밸브(SPR) : 흡입압력이 일정 압력 이상이 되었을 때 과부하에 의한 압축기용 전동기 소손을 방지한다.
① 증발압력 조정밸브(EPR) : 증발압력이 일정 압력 이하가 되는 것을 방지한다.
③ 고압 스위치 : 고압이 일정 압력 이상이 되면 압축기용 전동기 전원을 차단시킨다.
④ 저압 스위치 : 저압이 일정 압력 이하가 되면 전기적 접점이 떨어져 압축기용 전동기 전원을 차단시킨다.

22 열원에 따른 열펌프의 종류가 아닌 것은?

① 물-공기 열펌프
② 태양열 이용 열펌프
③ 현열 이용 열펌프
④ 지중열 이용 열펌프

해설
열펌프의 열원에는 물-공기, 태양열, 지중열, 지하수, 해수 등을 이용한다.

23 팽창밸브 입구에서 410kcal/kg의 엔탈피를 갖고 있는 냉매가 팽창밸브를 통과하여 압력이 내려가고 포화액과 포화증기의 혼합물, 즉 습증기가 되었다. 습증기 중 포화액의 유량이 7kg/min일 때 전 유출 냉매의 유량은 약 얼마인가?(단, 팽창밸브를 지난 후 포화액의 엔탈피는 54kcal/kg, 건포화증기의 엔탈피는 500kcal/kg이다)

① 30.3kg/min
② 32.4kg/min
③ 34.7kg/min
④ 36.5kg/min

해설
- 건조도 $x = \dfrac{410-54}{500-54} = 0.798$
- 습도 $y = 1-x = 1-0.798 = 0.202$
- 포화증기의 유량 $G_g = \dfrac{0.798}{0.202} \times 7\dfrac{\text{kg}}{\text{min}} = 27.65\text{kg/min}$
- 습증기의 총유량 $G = G_f + G_g = 7 + 27.65 = 34.65\text{kg/min}$

24 유량 100L/min를 15℃에서 10℃까지 냉각시키는 데 필요한 냉동효과가 125kJ/kg일 경우 냉매 순환량은 얼마인가?(물의 비열은 4.18kJ/kg·K이다)

① 18.5kJ/h
② 1,003kJ/h
③ 1,560kJ/h
④ 125,000kJ/h

해설
$Q = G_w C \Delta t = G_r q$ 에서
$100\dfrac{\text{kg}}{\text{min}} \times 60\dfrac{\text{min}}{\text{h}} \times 4.18\dfrac{\text{kJ}}{\text{kg}\cdot\text{K}} \times (15-10)\text{K} = G_r \times 125\dfrac{\text{kJ}}{\text{kg}}$
$G_r = 1,003.2\text{kg/h}$

25 C.A 냉장고(Controlled Atmosphere Storage Room)의 용도로 가장 적당한 것은?

① 가정용 냉장고로 쓰인다.
② 제빙용으로 주로 쓰인다.
③ 청과물 저장에 쓰인다.
④ 공조용으로 철도, 항공에 주로 쓰인다.

해설
C.A 냉장고는 청과물을 저장하기 위한 냉장고로서 산소농도를 3~5% 감소시키고 탄산가스를 3~5% 증가시켜 냉장보관한다.

26 압축기 직경이 100mm, 행정이 850mm, 회전수가 2,000rpm, 기통 수가 4일 때 피스톤 배출량은?

① $3,204\text{m}^3/\text{h}$
② $3,316\text{m}^3/\text{h}$
③ $3,458\text{m}^3/\text{h}$
④ $3,567\text{m}^3/\text{h}$

해설

$$Q = \frac{\pi D^2}{4} L \cdot N \cdot Z \cdot 60 = \frac{\pi \times 0.1^2}{4} \times 0.85 \times 2,000 \times 4 \times 60$$
$$= 3,204.4\text{m}^3/\text{h}$$

여기서, D : 실린더 지름(m), L : 피스톤 행정(m),
N : 분당 회전수(rpm), Z : 기통 수

27 냉매와 화학분자식이 옳게 짝지어진 것은?

① R-500 → $CCl_2F_4 + CH_2CHF_2$
② R-502 → $CHClF_2 + CClF_2CF_3$
③ R-22 → CCl_2F_2
④ R-717 → NH_4

해설

① R-500 → $CCl_2F_2 + C_2H_4F_2$
③ R-22 → $CHClF_2$
④ R-717 → NH_3

28 2원 냉동장치의 저온측 냉매로 적합하지 않은 것은?

① R-22
② R-14
③ R-13
④ 에틸렌

해설

2원 냉동기의 저온측 냉매는 비등점이 낮은 냉매인 R-13, R-14, 메탄, 프로판 등이 사용되며 고온측 냉매는 비등점이 높고 응축압력이 낮은 냉매인 R-11, R-12, R-22를 사용한다.

29 냉매가 구비해야 할 이상적인 물리적 성질로 틀린 것은?

① 임계온도가 높고 응고온도가 낮을 것
② 같은 냉동능력에 대하여 소요동력이 적을 것
③ 전기절연성이 낮을 것
④ 저온에서도 대기압 이상의 압력으로 증발하고 상온에서 비교적 저압으로 액화할 것

해설

냉매는 전기적 절연내력이 크고 절연물질을 침식시키지 않아야 한다.

30 2단 압축 2단 팽창 냉동장치에서 중간냉각기가 하는 역할이 아닌 것은?

① 저단 압축기의 토출가스 과열도를 낮춘다.
② 고압 냉매액을 과냉시켜 냉동효과를 증대시킨다.
③ 저단 토출가스를 재압축하여 압축비를 증대시킨다.
④ 흡입가스 중의 액을 분리하여 리퀴드백을 방지한다.

해설

중간냉각기의 기능
- 저단 압축기의 토출가스 과열도를 낮춘다.
- 고압 냉매액을 과냉시켜 냉동효과를 증대시킨다.
- 고단 압축기의 흡입가스 중 액을 분리하여 리퀴드백을 방지한다.

31 다음 냉매 중 아황산가스에 접했을 때 흰 연기를 내는 가스는?

① 프레온 12
② 크롤메틸
③ R-410A
④ 암모니아

해설
암모니아 냉매 누설 시 아황산가스와 접했을 때 흰 연기가 발생한다.

32 교축작용과 관계가 적은 것은?

① 등엔탈피 변화
② 팽창밸브에서의 변화
③ 엔트로피의 증가
④ 등적변화

해설
교축과정은 팽창밸브에서의 과정으로서 냉매가 팽창밸브를 통과하면 등엔탈피 변화이고 압력과 온도가 낮아지며 체적이 증가한다.

33 10℃와 85℃ 사이의 물을 열원으로 역카르노 사이클로 작동되는 냉동기(ε_C)와 히트펌프(ε_H)의 성적계수는 각각 얼마인가?

① $\varepsilon_C = 1.00$, $\varepsilon_H = 2.00$
② $\varepsilon_C = 2.12$, $\varepsilon_H = 3.12$
③ $\varepsilon_C = 2.93$, $\varepsilon_H = 3.93$
④ $\varepsilon_C = 3.78$, $\varepsilon_H = 4.78$

해설
- 냉동기 성적계수 $\varepsilon_C = \dfrac{T_L}{T_H - T_L} = \dfrac{273+10}{(273+85)-(273+10)}$
  $= 3.78$
- 히트펌프 성적계수 $\varepsilon_H = \varepsilon_C + 1 = 3.78 + 1 = 4.78$

34 팽창밸브가 과도하게 닫혔을 때 생기는 현상이 아닌 것은?

① 증발기의 성능 저하
② 흡입가스의 과열
③ 냉동능력 증가
④ 토출가스의 온도 상승

해설
팽창밸브가 과도하게 닫혔을 때 생기는 현상
- 압축비 상승으로 토출가스 온도가 상승
- 증발기의 냉매공급량이 적어 흡입가스가 과열
- 증발기의 성능이 저하되어 냉동능력이 감소
- 냉동기 성적계수가 저하

35 공랭식 응축기에 있어서 냉매가 응축하는 온도는 어떻게 결정하는가?

① 대기의 온도보다 30℃(54°F) 높게 잡는다.
② 대기의 온도보다 19℃(35°F) 높게 잡는다.
③ 대기의 온도보다 10℃(18°F) 높게 잡는다.
④ 증발기 속의 냉매증기를 과열도에 따라 높인 온도로 잡는다.

해설
공랭식 응축기의 응축온도는 외기온도보다 15~20℃ 정도 높게 잡는다.

36 흡수식 냉동기에 대한 설명 중 옳은 것은?

① H_2O + LiBr계에서는 응축측에서 비체적이 커지므로 대용량은 공랭식화가 곤란하다.
② 압축기는 없으나 발생기 등에서 사용되는 전력량은 압축식 냉동기보다 많다.
③ H_2O + LiBr계나 H_2O + NH_3계에서는 흡수제가 H_2O이다.
④ 공기조화용으로 많이 사용되나, H_2O + LiBr계는 0℃ 이하의 저온을 얻을 수 있다.

해설
② 흡수식 냉동기는 발생기에서 가스의 연소열을 이용하므로 사용되는 전력량은 압축식 냉동기보다 적다.
③ 냉매가 물(H_2O)인 경우 흡수제는 브롬화리튬(LiBr)이고 냉매가 암모니아(NH_3)이면 흡수제가 H_2O이다.
④ 냉매가 물인 경우 0℃ 이하의 저온을 얻을 수 없다.

37 온도식 팽창밸브에서 흐르는 냉매의 유량에 영향을 미치는 요인이 아닌 것은?

① 오리피스 구경의 크기
② 고·저압측 간의 압력차
③ 고압측 액상 냉매의 냉매온도
④ 감온통의 크기

해설
온도식 팽창밸브에서 흐르는 냉매의 유량에 미치는 요인
• 오리피스 구경의 크기 : 구경이 크면 난조현상이 발생하고 구경이 작으면 냉매량이 작아 과열도가 높아지거나 냉매가 부족하게 된다.
• 고·저압측 간의 압력차 : 압력차가 크면 냉동능력이 감소하고 압력차가 작으면 냉동능력이 증가한다.
• 고압측 액상 냉매의 냉매온도 : 고압측 액상 냉매의 온도가 높으면 플래시 가스량이 증가하게 되어 냉동능력이 감소한다.

38 암모니아 냉동장치에 대한 설명 중 옳은 것은?

① 압축비가 증가하면 체적효율도 증가한다.
② 표준 냉동사이클로 운전할 경우 R-12에 비해 토출가스의 온도가 낮다.
③ 기밀시험에 산소가스를 이용하는 것은 폭발 가능성이 없기 때문이다.
④ 증발압력 조정밸브를 설치하는 것은 냉매의 증발압력을 일정 이상으로 유지하기 위해서다.

해설
① 압축비가 증가하면 체적효율도 감소한다.
② 표준 냉동사이클로 운전할 경우 R-12에 비해 토출가스의 온도가 높다.
③ 기밀시험 시 암모니아는 가연성 가스이므로 조연성 가스인 산소가스를 사용할 수 없다.

39 할로겐 원소에 해당되지 않는 것은?

① 불소(F)
② 수소(H)
③ 염소(Cl)
④ 브롬(Br)

해설
할로겐 원소 : 불소(F), 염소(Cl), 브롬(Br), 아이오딘(I)

40 다음 열역학적 설명으로 옳지 않은 것은?

① 물체의 순간(현재) 상태에만 관계하는 양을 상태량이라 하며 열량과 일 등은 상태량이다.
② 평형을 유지하면서 조용히 상태변화가 일어나는 과정은 준 정적변화이며 가역변화라고 할 수 있다.
③ 내부에너지는 그 물질의 분자가 임의 온도하에서 갖는 역학적 에너지의 총합이라고 할 수 있다.
④ 온도는 내부에너지에 비례하여 증가한다.

해설
열과 일은 열역학적 상태량이 아니라 경로에 따라 변하는 경로함수이다.

정답 36 ① 37 ④ 38 ④ 39 ② 40 ①

제3과목 공조냉동 설치·운영

41 흄(Hume)관이라고도 하는 관은?
① 주철관
② 경질염화비닐관
③ 폴리에틸렌관
④ 원심력 철근콘크리트관

해설
흄관 : 원심력 철근콘크리트관

42 가스배관의 기밀시험 방법에 관한 설명으로 옳은 것은?
① 질소 등의 불활성 가스를 사용하여 시험한다.
② 수압(水壓)시험을 한다.
③ 매설 후 산소를 사용하여 시험한다.
④ 배관의 부식에 의하여 시험한다.

해설
기밀시험은 가스배관의 기밀 성능을 확인하기 위하여 가스압으로 실시하며 건조공기 또는 불활성 가스인 질소를 사용한다.

43 열팽창에 의한 배관의 신축이 방열기에 영향을 주지 않도록 방열기 주위 배관에 일반적으로 설치하는 신축 이음쇠는?
① 신축 곡관
② 스위블 조인트
③ 슬리브형 신축 이음
④ 벨로스형 신축 이음

해설
스위블 조인트 : 두 개 이상의 엘보를 사용하여 이음부의 나사회전을 이용, 신축을 흡수하는 이음으로 방열기 주위 배관에 설치한다.

44 관의 결합방식 표시방법 중 용접식 기호로 옳은 것은?

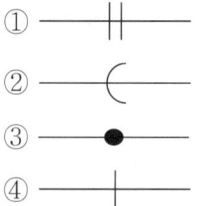

해설
③ 용접 이음
① 플랜지 이음
② 턱걸이 이음
④ 나사 이음

45 급탕 배관에 대한 설명으로 옳지 않은 것은?
① 공기빼기밸브를 설치한다.
② 벽 관통 시 슬리브를 넣어서 신축을 자유롭게 한다.
③ 관의 부식을 고려하여 노출배관하는 것이 좋다.
④ 배관의 신축은 고려하지 않아도 좋다.

해설
급탕 배관은 고온의 온수로 인하여 배관의 신축을 흡수하기 위하여 반드시 신축 이음을 설치해야 한다.

46 냉각탑을 사용하는 경우의 일반적인 냉각수 온도 조절방법이 아닌 것은?

① 전동 2way 밸브를 사용하는 방법
② 전동 혼합 3way 밸브를 사용하는 방법
③ 전동 분류 4way 밸브를 사용하는 방법
④ 냉각탑 송풍기를 On-off 제어하는 방법

해설
냉각수 온도 조절방법
- 전동 2way 밸브를 사용하는 방법
- 전동 혼합 3way 밸브를 사용하는 방법
- 냉각탑 송풍기를 On-off 제어하는 방법

47 3세주형 주철제 방열기 3-600을 설치할 때 사용증기의 온도 120℃, 실내공기 온도 20℃, 난방부하 10,000W를 필요로 하면 설치할 방열기의 소요 쪽수는 얼마인가?(단, 방열계수 7.9W/m²·K, 1쪽당 방열면적 0.13m²이다)

① 88쪽
② 98쪽
③ 108쪽
④ 118쪽

해설
- 방열기 1쪽당 방열량
$Q = KA(t_s - t_r)$
$= 7.9 \dfrac{W}{m^2 \cdot K} \times 0.13 m^2 \times (120-20)K = 102.7W$
- 난방부하 10,000W에서 방열기 쪽수
$n = \dfrac{10,000}{102.7} = 97.4 ≒ 98쪽$
여기서, K : 열관류율(W/m²·K), A : 전열면적(m²),
Δt : 온도차(K)

48 트랩의 봉수 유실 원인이 아닌 것은?

① 증발작용
② 모세관 작용
③ 사이펀 작용
④ 배수작용

해설
봉수가 유실되는 원인에는 증발작용, 모세관 작용, 자기 사이펀 작용, 흡출작용, 분출작용이 있다.

49 컴퓨터실의 공조방식 중 바닥 아래 송풍방식(프리액세스 취출방식)의 특징이 아닌 것은?

① 컴퓨터에 일정 온도의 공기 공급이 용이하다.
② 급기의 청정도가 천장 취출방식보다 높다.
③ 바닥온도가 낮아지고 불쾌감을 느끼는 경우가 있다.
④ 온·습도 조건이 국소적으로 불만족한 경우가 있다.

해설
바닥 아래 송풍방식은 프리액세스 하부 공간에 급기덕트가 설치되어 있으며 재실자가 활동하는 주거영역 내에는 온·습도 조건이 양호하다.

50 연단에 아마인유를 배합한 것으로 녹스는 것을 방지하기 위하여 사용되며 도료의 막이 굳어서 풍화에 대해 강하고 다른 착색도료의 밑칠용으로 널리 사용되는 것은?

① 알루미늄 도료
② 광명단 도료
③ 합성수지 도료
④ 산화철 도료

해설
광명단 도료는 연단을 아마인유와 배합한 것으로 녹스는 것을 방지하기 위한 페인트 밑칠용으로 사용된다.

51 그림과 같은 논리회로의 출력 Y는?

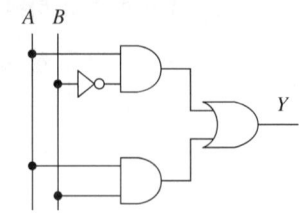

① $Y = AB + A\overline{B}$
② $Y = \overline{A}B + AB$
③ $Y = \overline{A}B + A\overline{B}$
④ $Y = \overline{A}\,\overline{B} + A\overline{B}$

해설
• AND 회로 논리식 $Y = A \cdot B$
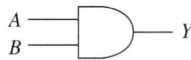
• OR 회로 논리식 $Y = A + B$

• NOT 회로 논리식 $Y = \overline{A}$
A ─▷○─ Y

52 PC에 의한 계측에 있어 센서에서 측정한 데이터를 PC에 전달하기 위해 필요한 필수적인 요소는?

① A/D 변환기　　② D/A 변환기
③ RAM　　　　　④ ROM

해설
A/D 변환기는 센서에서 측정한 전류, 전압 등의 아날로그 데이터를 컴퓨터에서 읽을 수 있도록 디지털 데이터로 변환하는 기구이다.

53 그림과 같이 실린더의 한쪽으로 단위시간에 유입하는 유체의 유량을 $x(t)$라 하고 피스톤의 움직임을 $y(t)$로 한다. 시간이 경과한 후의 전달함수를 구하면 어떤 요소가 되는가?

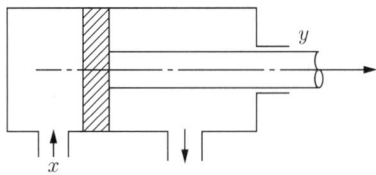

① 비례요소　　② 미분요소
③ 적분요소　　④ 미적분요소

해설
실린더 내에 유체를 일정한 압력으로 유입시키면 그 유량에 따라 피스톤이 이동하는 것으로 시간이 경과한 후의 전달함수는 적분요소이다.

54 그림과 같은 회로는 어떤 논리회로인가?

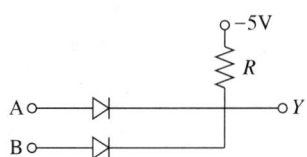

① AND 회로　　② OR 회로
③ NOT 회로　　④ NOR 회로

55 전달함수를 정의할 때의 조건으로 옳은 것은?

① 모든 초깃값을 고려한다.
② 모든 초깃값을 0으로 한다.
③ 입력신호만을 고려한다.
④ 주파수 특성만을 고려한다.

해설
전달함수란 모든 초깃값을 0으로 했을 때 출력신호의 라플라스 변환과 입력신호의 라플라스 변환의 비이다.

56 동기화 제어변압기로 사용되는 것은?

① 싱크로 변압기
② 앰플리다인
③ 차동변압기
④ 리졸버

해설
싱크로 변압기는 각도 및 전압 변환기로서 제어변압기, 각도의 차이를 전압으로 변환하는 차동송신기, 고정자와 회전에 의해 주어진 전압의 차이에 비례한 출력 토크를 발생하는 차동수신기 등이 있다.

57 120Ω의 저항 4개를 접속하여 가장 작은 저항값을 얻기 위한 회로 접속법은 어느 것인가?

① 직렬접속
② 병렬접속
③ 직병렬접속
④ 병직렬접속

해설
저항값을 가장 작게 하는 방법은 저항을 병렬로 접속한다.
병렬접속 시 합성저항 $R_t = \dfrac{R}{n} = \dfrac{120}{4} = 30\,\Omega$

58 $F(s) = \dfrac{3s+10}{s^3+2s^2+5s}$ 일 때의 최종치는?

① 0
② 1
③ 2
④ 8

해설
$\lim\limits_{s \to 0} sF(s) = \lim\limits_{s \to 0} s \cdot \dfrac{3s+10}{s^3+2s^2+5s} = \dfrac{10}{5} = 2$

59 역률 80%인 부하의 유효전력이 80kW이면 무효전력은 몇 kVar인가?

① 40
② 60
③ 80
④ 100

해설
- 무효율 $\sin\theta = \sqrt{1-\cos\theta^2} \to \sin\theta = \sqrt{1-0.8^2} = 0.6$
- 피상전력 $P_a = \dfrac{P}{\cos\theta} \to P_a = \dfrac{80}{0.8} = 100\text{kVA}$
- 무효전력 $P_r = P_a \sin\theta \to P_r = 100 \times 0.6 = 60\text{kVar}$

60 변압기를 스코트(Scott) 결선할 때 이용률은 몇 %인가?

① 57.7
② 86.6
③ 100
④ 173

해설
이용률 $a = \dfrac{V\text{결선의 출력}}{2\text{대의 정격용량}} = \dfrac{\sqrt{3}\,EI}{2EI} \times 100\% = 86.6\%$

정답 56 ① 57 ② 58 ③ 59 ② 60 ②

2023년 제2회 과년도 기출복원문제

제1과목 공기조화 설비

01 겨울철 중간기에 건물 내에 난방을 필요로 하는 부분이 생길 때 발열을 효과적으로 회수해서 난방용으로 이용하는 방법을 열회수 방식이라고 한다. 다음 중 열회수 방법이 아닌 것은?

① 고온공기를 직접 난방 부분으로 송풍하는 방식
② 런 어라운드(Run Around) 방식
③ 열펌프 방식
④ 축열조 방식

해설
축열조 방식은 심야전력으로 냉동기를 운전하여 축열조에 빙축열과 수축열을 저장하였다가 피크부하일 때 냉열을 이용하는 시스템으로 하절기 전력피크를 방지하기 위하여 사용한다.

02 직접난방부하 계산에서 고려하지 않는 부하는 어느 것인가?

① 외기도입에 의한 열손실
② 벽체를 통한 열손실
③ 유리창을 통한 열손실
④ 틈새바람에 의한 열손실

해설
직접난방 : 증기, 온수난방 등으로 방열기에 열매를 공급하여 실내공기를 직접 가열하여 난방(온도 조절 가능, 습도 조절 불가능)한다. 따라서 틈새바람의 자연대류에 의해 난방이 이루어지므로 부하 계산 시 외기도입에 의한 열손실을 고려하지 않는다.

03 겨울철 침입외기(틈새바람)에 의한 잠열부하(kJ/h)는?(단, Q는 극간풍량(m³/h)이며, t_o, t_r은 각각 외기, 실내온도(℃), X_o, X_r은 각각 실외, 실내의 절대습도(kg/kg′)이다)

① $q_L = 539 Q(X_o - X_r)$
② $q_L = 717 Q(X_o - X_r)$
③ $q_L = 1.212 Q(X_o - X_r)$
④ $q_L = 3,001.2 Q(X_o - X_r)$

해설
현열부하와 잠열부하
$q_S = GC\Delta t = (\rho Q)C\Delta t = (1.2Q) \times 1.01 \times \Delta t = 1.212Q\Delta t$
$q_L = \gamma G\Delta x = (\rho Q)\gamma\Delta x = (1.2Q) \times 2,501 \times \Delta x = 3,001.2Q\Delta x$
여기서, C : 공기의 비열(1.01kJ/kg·K)
ρ : 공기의 밀도(1.2kg/m³)
γ : 물의 증발잠열(2,501kJ/kg)
Δt : 외기와 실내의 온도차(℃)
Δx : 실내와 실외의 절대습도차(kg/kg′)
G : 틈새바람의 중량유량(kg/h)
Q : 틈새바람의 체적유량(m³/h)

04 가습기의 종류에서 증기취출식에 대한 특징이 아닌 것은?

① 공기를 오염시키지 않는다.
② 응답성이 나빠 정밀한 습도제어가 불가능하다.
③ 공기온도를 저하시키지 않는다.
④ 가습량을 용이하게 제어할 수 있다.

해설
증기취출식 가습기는 공기 중에 직접 증기를 분무하여 가습하므로 응답성이 빠르고 가습효율이 100%이다.

1 ④ 2 ① 3 ④ 4 ② **정답**

05 습공기의 성질에 관한 설명 중 틀린 것은?

① 단열가습하면 절대습도와 습구온도가 높아진다.
② 건구온도가 높을수록 포화 수증기량이 많다.
③ 동일한 상대습도에서 건구온도가 증가할수록 절대습도 또한 증가한다.
④ 동일한 건구온도에서 절대습도가 증가할수록 상대습도 또한 증가한다.

> **해설**
> 습공기를 단열가습하면 절대습도는 높아지고 습구온도는 변화가 없다.

06 난방부하 계산 시 온도 측정방법에 대한 설명 중 틀린 것은?

① 외기온도 : 기상대의 통계에 의한 그 지방의 매일 최저온도의 평균값보다 다소 높은 온도
② 실내온도 : 바닥 위 1m 높이에서 외벽으로부터 1m 이내 지점의 온도
③ 지중온도 : 지하실 난방부하의 계산에서 지표면 10m 아래까지의 온도
④ 천장 높이에 따른 온도 : 천장의 높이가 3m 이상이 되면 직접난방법에 의해서 난방할 때 방의 윗부분과 밑면과의 평균온도

> **해설**
> 실내온도 측정은 바닥 위 1.5m 높이에서 벽체로부터 1m 떨어진 지점의 호흡선에서 측정한다.

07 시간당 5,000m³의 공기가 지름 70cm의 원형 덕트 내를 흐를 때 풍속은 약 얼마인가?

① 1.4m/s   ② 2.6m/s
③ 3.6m/s   ④ 7.1m/s

> **해설**
> • 풍량 $Q = AV = \dfrac{\pi d^2}{4}V$
> • 풍속 $V = \dfrac{4Q}{\pi d^2} = \dfrac{4 \times \dfrac{5,000\text{m}^3}{3,600\text{s}}}{\pi \times (0.7\text{m})^2} = 3.61\text{m/s}$

08 송풍기의 특성에 풍량이 증가하면 정압(靜壓)은 어떻게 되는가?

① 증가한다.
② 감소한다.
③ 변함없이 일정하다.
④ 감소하다가 일정해진다.

> **해설**
> 전압은 동압과 정압의 합이다. 따라서 풍량이 증가하면 풍속이 빨라져 동압이 증가하게 되며 이때 정압은 감소한다.

09 온수난방의 특징으로 옳지 않은 것은?

① 증기난방보다 상하 온도차가 적고 쾌감도가 크다.
② 온도 조절이 용이하고 취급이 간단하다.
③ 예열시간이 짧다.
④ 보일러 정지 후에도 여열에 의해 실내난방이 어느 정도 지속된다.

> **해설**
> 온수난방은 열원이 물이기 때문에 열용량이 커서 예열시간이 길다.

10 밀봉된 용기와 위크(Wick) 구조체 및 증기공간에 의하여 구성되며 길이 방향으로는 증발부, 응축부, 단열부로 구분되는데 한쪽을 가열하면 작동유체는 증발하면서 잠열을 흡수하고 증발된 증기는 저온으로 이동하여 응축되면서 열교환하는 기기의 명칭은?

① 전열 교환기
② 플레이트형 열교환기
③ 히트파이프
④ 히트펌프

해설
히트파이프는 밀봉된 용기, 위크의 구조체, 작동유체로 구성되어 있으며 배열을 회수하기 위한 열교환기이다.

11 흡수식 냉동기에서 흡수기의 설치위치는 어디인가?

① 발생기와 팽창밸브 사이
② 응축기와 증발기 사이
③ 팽창밸브와 증발기 사이
④ 증발기와 발생기 사이

해설
• 흡수기의 설치위치 : 증발기와 발생기 사이
• 발생기의 설치위치 : 흡수기와 응축기 사이

12 다음은 단일 덕트 방식에 대한 것이다. 틀린 것은?

① 단일 덕트 정풍량 방식은 개별제어에 적합하다.
② 중앙기계실에 설치한 공기조화기에서 조화한 공기를 주 덕트를 통해 각 실내로 분배한다.
③ 단일 덕트 정풍량 방식에서는 재열을 필요로 할 때도 있다.
④ 단일 덕트 방식에서는 큰 덕트 스페이스를 필요로 한다.

해설
중앙기계실에 설치된 공조기에서 외기와 환기를 혼합하여 가열, 냉각, 가습, 감습하여 급기덕트를 통하여 실내로 급기하는 방식으로서 각 실의 부하변동에 따른 온도차가 커서 개별제어가 불가능하다.

13 지하철에 적용할 기계환기 방식의 기능으로 틀린 것은?

① 피스톤 효과로 유발된 열차풍으로 환기효과를 높인다.
② 터널 내 고온의 공기를 외부로 배출한다.
③ 터널 내 잔류 열을 배출하고 신선한 외기를 도입하여 토양의 발열효과를 상승시킨다.
④ 화재 시 배연기능을 달성한다.

해설
지하철에 적용하는 기계식 환기는 터널 내의 고온 공기를 외부로 배출함과 동시에 화재 시 배연의 기능을 가지고 있으며, 신선한 외기를 도입하여 지하철 내 토양의 열 축적을 방지한다.

14 덕트 설계방법 중 공기분배계통의 에어밸런싱(Air Balancing)을 유지하는 데 가장 적합한 방법은?

① 등속법 ② 정압법
③ 개량정압법 ④ 정압재취득법

해설
덕트 설계법
- 등마찰손실법 : 단위길이당 마찰손실이 일정하게 되도록 덕트 치수를 결정하는 방법
- 정압재취득법 : 주 덕트에서 말단 또는 분기부로 갈수록 풍속이 감소한다. 이때 동압의 차만큼 정압이 상승하는데, 이것을 덕트의 압력손실에 재이용하는 방법
- 등속법 : 덕트 내의 풍속을 일정하게 유지할 수 있도록 덕트 치수를 결정하는 방법

15 에어필터 입구의 분진농도가 0.35mg/m³, 출구의 분진농도가 0.14mg/m³일 때 에어필터의 여과효율은?

① 33% ② 40%
③ 60% ④ 66%

해설
여과효율 $\eta_{AF} = \left\{1 - \dfrac{C_2(출구)}{C_1(입구)}\right\} \times 100\%$

$= \left\{1 - \left(\dfrac{0.14}{0.35}\right)\right\} \times 100\%$

$= 60\%$

16 공기조화기 부하를 바르게 나타낸 것은?

① 실내부하 + 외기부하 + 덕트 통과 열부하 + 송풍기 부하
② 실내부하 + 외기부하 + 덕트 통과 열부하 + 배관 통과 열부하
③ 실내부하 + 외기부하 + 송풍기 부하 + 펌프부하
④ 실내부하 + 외기부하 + 재열부하 + 냉동기 부하

해설
- 공기조화기 부하 : 실내부하 + 외기부하 + 덕트 통과 열부하 + 송풍기 부하
- 냉동기 부하 : 공기조화기 부하 + 펌프 및 배관 통과 열부하

17 중앙집중식 공조방식과 비교하여 덕트 병용 패키지 공조방식의 특징이 아닌 것은?

① 기계실 공간이 적다.
② 고장이 적고 수명이 길다.
③ 설비비가 저렴하다.
④ 운전에 전문기술자가 필요 없다.

해설
덕트 병용 패키지 방식은 공조기 내에 냉동기가 내장되어 있는 시스템으로 중앙집중식 공조방식보다 운전이 빈번하게 이루어지므로 고장이 많고 수명이 짧다.

18 급수온도 10℃이고 증기압력 14kg/cm², 온도 240℃인 과열증기(비엔탈피 693.8kcal/kg)를 1시간에 10,000kg 발생하는 증기보일러가 있다. 이 보일러의 상당증발량은 얼마인가?(단, 급수의 비엔탈피는 10kcal/kg이다)

① 10,479kg/h ② 11,580kg/h
③ 12,691kg/h ④ 13,702kg/h

해설
상당증발량
$G_e = \dfrac{G_a(h_2 - h_1)}{538.8} = \dfrac{10,000(693.8 - 10)}{538.8} = 12,691 \text{kg/h}$

19 다음 부하 중 냉각 코일의 용량을 산정하는 데 포함되지 않는 것은?

① 실내 취득열량
② 도입외기 부하
③ 송풍기 축동력에 의한 열부하
④ 펌프 및 배관으로부터의 부하

해설
펌프 및 배관으로부터의 부하는 냉동기 용량을 산정하는 부하이다.

20 다음 난방에 이용되는 주형 방열기의 종류가 아닌 것은?

① 2주형 ② 2세주형
③ 3주형 ④ 3세주형

해설
주형 방열기는 2주형, 3주형, 3세주형, 5세주형이 있다.

제2과목 냉동냉장 설비

21 압력 18kg/cm², 온도 300℃인 증기를 마찰이 없는 이상적인 단열유동으로 압력 2kg/cm²까지 팽창시킬 때 증기의 최종속도는 약 얼마인가?(단, 최초 속도는 매우 작으므로 무시한다. 또한 단열 열낙차는 2,000kJ/kg로 한다)

① 4,000m/s ② 2,000m/s
③ 20m/s ④ 200m/s

해설
• 정상류 일반에너지식(단열유동, 노즐)

$$Q_{12} = W_t + \frac{\dot{m}(V_2^2 - V_1^2)}{2} + \dot{m}(h_2 - h_1) + \dot{m}g(z_2 - z_1)$$에서

$Q_{12} = 0$, $z_2 = z_1$, $\frac{(V_2^2 - V_1^2)}{2} = h_1 - h_2$가 된다.

• 최종속도 $V_2 = \sqrt{2\Delta h} = \sqrt{2 \times 2,000 \frac{kJ}{kg}}$

$$= \sqrt{2 \times 2,000 \times 10^3 \frac{N \cdot m}{kg}}$$

$$= \sqrt{2^2 \times 10^6 \frac{kg \cdot m^2}{kg \cdot s^2}}$$

$$= 2,000 m/s$$

22 일반적으로 초저온 냉동장치(Super Chilling Unit)로 적당하지 않은 냉동장치는 어느 것인가?

① 다단압축식(Multi-stage)
② 다원압축식(Multi-stage Cascade)
③ 2원압축식(Cascade System)
④ 단단압축식(Single-stage)

해설
초저온 냉동장치는 -50℃ 이하를 얻기 위해 채택한다. 하지만 단단압축식 냉동장치로 -30℃ 증발온도를 얻으려면 압축비가 상승하게 되어 냉동능력 및 냉동기 성적계수가 낮아져 초저온 냉동장치로 채택할 수 없다.

23 작동물질로 H₂O-LiBr을 사용하는 흡수식 냉동사이클에 관한 설명 중 틀린 것은?

① 열교환기는 흡수기와 발생기 사이에 설치한다.
② 발생기에서는 냉매 LiBr이 증발한다.
③ 흡수기의 압력은 저압이며 발생기는 고압이다.
④ 응축기 내에서는 수증기가 응축된다.

해설
발생기에서는 냉매(물)와 흡수제(LiBr)의 비등점을 이용하여 분리한다. 가스의 연소열을 이용하여 물은 증발하여 응축기로, LiBr은 열교환기를 통하여 흡수기로 들어간다.

24 감온 팽창밸브에 대한 설명 중 옳은 것은?

① 팽창밸브의 감온부는 냉각되는 물체의 온도를 감지한다.
② 강관에 감온통을 사용할 때는 부식 및 열전도율의 불량을 막기 위해 알루미늄 칠을 한다.
③ 암모니아 냉동장치에 수분이 있으면 냉매에서 수분이 분리되어 팽창밸브를 폐쇄시킨다.
④ R-12를 사용하는 냉동장치에 R-22용 팽창밸브를 사용할 수 있다.

해설
① 팽창밸브의 감온부는 증발기 출구 흡입관 수평부에 설치하여 냉매의 과열도를 감지한다.
③ 암모니아 냉매는 수분을 만나면 용해가 된다.
④ 팽창밸브는 냉매마다 사양이 다르기 때문에 R-12에 사용하는 냉동장치에 R-22용 팽창밸브를 사용할 수 없다.

25 몰리에르 선도상에서 압력이 증대함에 따라 포화액선과 건조포화증기선이 만나는 일치점을 무엇이라 하는가?

① 한계점   ② 임계점
③ 상사점   ④ 비등점

해설
임계점은 포화액선과 건조포화증기선이 만나는 일치점으로 포화액과 건조포화증기가 서로 평형을 이루는 점이다.

26 1냉동톤을 바르게 설명한 것은?

① 1시간에 0℃의 물 1톤을 냉동하여 0℃의 얼음으로 만들 때의 열량
② 1일에 4℃의 물 1톤을 냉동하여 0℃의 얼음으로 만들 때의 열량
③ 1시간에 4℃의 물 1톤을 냉동하여 0℃의 얼음으로 만들 때의 열량
④ 1일에 0℃의 물 1톤을 냉동하여 0℃의 얼음으로 만들 때의 열량

해설
$$1RT = \frac{1,000 \times 333.6}{24} = 13,900 \text{kJ/h} = \frac{13,900}{3,600} \text{kJ/s}$$
$$= 3.86 \text{kJ/s} = 3.86 \text{kW}$$

27 다음 냉매 중 구리도금 현상이 일어나지 않는 것은?

① CO_2 ② CCl_3F
③ R-12   ④ R-22

해설
구리도금 현상은 동이 오일 및 수분에 용해되어 금속 표면에 부착되는 현상으로 프레온 냉매 취급 시 발생한다.
프레온 냉매 : R-11(CCl_3F), R-12(CCl_2F_2), R-22($CHClF_2$)

28 압축기의 흡입밸브 및 송출밸브에서 가스 누출이 있을 경우 일어나는 현상은?

① 압축일이 감소한다.
② 체적효율이 감소한다.
③ 가스의 압력이 상승한다.
④ 가스의 온도가 하강한다.

29 단면 확대 노즐 내를 건포화증기가 단열적으로 흐르는 동안 엔탈피가 20kJ/kg만큼 감소하였다. 이 때 노즐 출구의 속도는 약 얼마인가?(단, 입구의 속도는 무시한다)

① 20m/s   ② 400m/s
③ 2,000m/s   ④ 200m/s

해설
- 정상류 일반에너지식(단열유동, 노즐)
$Q_{12} = W_t + \frac{\dot{m}(V_2^2 - V_1^2)}{2} + \dot{m}(h_2 - h_1) + \dot{m}g(z_2 - z_1)$ 에서
$W_t = 0$, $Q_{12} = 0$, $z_2 = z_1$, $\frac{(V_2^2 - V_1^2)}{2} = h_1 - h_2$ 가 된다.

- 최종속도 $V_2 = \sqrt{2\Delta h} = \sqrt{2 \times 20 \frac{kJ}{kg}}$
$= \sqrt{2 \times 20 \times 10^3 \frac{N \cdot m}{kg}}$
$= \sqrt{2^2 \times 10^4 \frac{kg \cdot m^2}{kg \cdot s^2}}$
$= 200 m/s$

30 엔트로피에 관한 설명 중 틀린 것은?

① 엔트로피는 자연현상의 비가역성을 나타내는 척도가 된다.
② 엔트로피를 구할 때 적분경로는 반드시 가역변화여야 한다.
③ 열기관이 가역 사이클이면 엔트로피는 일정하다.
④ 열기관이 비가역 사이클이면 엔트로피는 감소한다.

31 다음 냉매 중 독성이 큰 것부터 나열된 것은?

| ㉠ 아황산가스(SO$_2$) | ㉡ 탄산가스(CO$_2$) |
| ㉢ R-12(CCl$_2$F$_2$) | ㉣ 암모니아(NH$_3$) |

① ㉣ - ㉡ - ㉠ - ㉢
② ㉣ - ㉠ - ㉡ - ㉢
③ ㉠ - ㉣ - ㉡ - ㉢
④ ㉠ - ㉡ - ㉣ - ㉢

해설
독성이 큰 순서 : 아황산가스 > 암모니아 > 탄산가스 > R-12

32 냉동장치의 증발기 냉각능력이 4,500kW, 증발관의 열통과율이 700kW/m^2·K, 유체의 입·출구 평균온도와 냉매의 증발온도와의 차이가 6℃인 증발기의 전열면적은 약 얼마인가?

① 1.07m^2 ② 3.07m^2
③ 5.18m^2 ④ 7.18m^2

해설
- 냉각능력 $Q_c = KA\Delta t_m$
- 전열면적 $A = \frac{Q_e}{K\Delta t_m} = \frac{4,500}{700 \times 6} = 1.071 m^2$

여기서, K : 열관류율(kW/m^2·K), A : 전열면적(m^2), Δt_m : 평균온도차(℃)

33 감열(Sensible Heat)에 대해 설명한 것으로 옳은 것은?

① 물질이 상태변화 없이 온도가 변화할 때 필요한 열
② 물질이 상태, 압력, 온도 모두 변화할 때 필요한 열
③ 물질이 압력은 변화하고 상태가 변하지 않을 때 필요한 열
④ 물질이 온도만 변하고 압력이 변화하지 않을 때 필요한 열

해설
- 감열(현열) : 물질이 상태변화 없이 온도가 변화할 때 필요한 열
- 잠열 : 물질이 온도변화 없이 상태가 변화할 때 필요한 열

34 증발기에 서리가 생기면 나타나는 현상은?

① 압축비 감소
② 소요동력 감소
③ 증발압력 감소
④ 냉장고 내부온도 감소

해설
전열이 불량해지고 냉장고 내부온도가 상승한다.

35 프레온 냉동기의 냉동능력이 18,900kW이고, 성적계수가 4, 압축일량이 45kJ/kg일 때 냉매 순환량은 얼마인가?

① 96kg/s
② 105kg/s
③ 108kg/s
④ 116kg/s

해설
- 성적계수 $COP = \dfrac{Q_e}{A_w}$

  → 압축기 소요동력 $A_w = \dfrac{Q_e}{COP} = \dfrac{18,900}{4} = 4,725 \text{kW}$

- 냉매 순환량 $G = \dfrac{A_w}{\Delta h} = \dfrac{4,725 \dfrac{\text{kJ}}{\text{s}}}{45 \dfrac{\text{kJ}}{\text{kg}}} = 105 \text{kg/s}$

※ 1kW = 1kJ/s

36 다음 설명 중 옳은 것은?

① 암모니아 냉동장치에서는 토출가스 온도가 높기 때문에 윤활유의 변질이 일어나기 쉽다.
② 프레온 냉동장치에서 사이트글라스는 응축기 전에 설치한다.
③ 액순환식 냉동장치에서 액펌프는 저압수액기 액면보다 높게 설치해야 한다.
④ 액관 중에 플래시 가스가 발생하면 냉매의 증발온도가 낮아지고 압축기 흡입 증기 과열도는 작아진다.

해설
② 프레온 냉동장치에서 사이트글라스는 응축기와 팽창밸브 사이에 설치한다.
③ 액순환식 냉동장치에서 액펌프는 저압수액기 액면보다 1.2m 낮게 설치해야 한다.
④ 플래시 가스가 발생하면 압축기 흡입증기의 과열도가 크게 되어 압축 후의 토출가스 온도가 상승하게 된다.

37 냉매에 관한 설명 중 틀린 것은?

① 초저온 냉매로는 프레온 13과 프레온 14가 적합하다.
② 암모니아액은 R-12보다 무겁다.
③ R-12의 분자식은 CCl_2F_2이다.
④ 흡수식 냉동기의 냉매로는 물이 적합하다.

해설
암모니아액의 비중은 0.595, R-12의 비중은 1.29이므로 R-12가 더 무겁다.

38 압축기 및 응축기에서 과도한 온도 상승을 방지하기 위한 대책으로 부적당한 것은?

① 압력 차단스위치를 설치한다.
② 온도조절기를 사용한다.
③ 규정된 냉매량보다 적은 냉매를 충진한다.
④ 많은 냉각수를 보낸다.

해설
냉동장치에서 규정된 냉매량보다 적은 냉매를 충진할 경우 증발압력이 낮아져 압축기에서 흡입가스의 과열도가 크게 된다. 따라서 과열압축으로 인하여 압축 후 토출가스 온도가 높게 된다.

39 지열을 이용하는 열펌프의 종류에 해당되지 않는 것은?

① 지하수 이용 열펌프
② 폐수 이용 열펌프
③ 지표수 이용 열펌프
④ 지중열 이용 열펌프

해설
열펌프의 열원에는 물-공기, 태양열, 지중열, 지하수, 해수 등을 이용한다.

40 다음 응축기에 대한 설명 중 옳은 것은?

① 증발식 응축기는 주로 물의 증발에 의해 냉각되는 것이다.
② 횡형 응축기의 관내 유속은 5m/sec가 표준이다.
③ 공랭식 응축기는 공기의 잠열로 냉각된다.
④ 입형 암모니아 응축기는 운전 중에 냉각관의 소제를 할 수 없으므로 불편하다.

해설
② 횡형 응축기의 관내 유속은 1~1.5m/sec 정도이다.
③ 공랭식 응축기는 공기의 현열로 냉각된다.
④ 입형 응축기는 운전 중에 냉각관의 소제를 할 수 있다.

제3과목 공조냉동 설치·운영

41 내식성 및 내마모성이 우수하여 지하매설용 수도관으로 적당한 것은?

① 주철관   ② 알루미늄관
③ 황동관   ④ 강관

해설
주철관은 내식성 및 내마모성이 우수하여 지하매설용 배관으로 사용한다.

42 급탕 사용량이 4,000L/h인 급탕설비 배관에서 급탕주관의 관경으로 적합한 것은?(단, 유속은 0.9 m/s이고 순환탕량은 약 2.5배이다)

① 40mm   ② 50mm
③ 65mm   ④ 80mm

해설
- 유량 $Q = AV = \dfrac{\pi d^2}{4} V$에서
- 관경 $d = \sqrt{\dfrac{4Q}{\pi V}} = \sqrt{\dfrac{4 \times \dfrac{4\text{m}^3}{3,600\text{s}} \times 2.5}{\pi \times 0.9\text{m/s}}} = 0.063\text{m}$
  $= 63\text{mm} = 약\ 65\text{mm}$

여기서, $1\text{m}^3 = 1,000\text{L}$

정답 38 ③ 39 ② 40 ① 41 ① 42 ③

43 강관의 이음방법이 아닌 것은?

① 나사이음   ② 용접이음
③ 플랜지이음   ④ 코터이음

해설
강관의 이음방법 : 나사이음, 용접이음, 플랜지이음

44 보온재의 구비조건 중 틀린 것은?

① 열전도율이 클 것
② 불연성일 것
③ 내식성 및 내열성이 있을 것
④ 비중이 적고 흡습성이 적을 것

해설
보온재의 구비조건
- 열전달률이 작을 것
- 물리적 · 화학적 강도가 클 것
- 흡수성이 적고 가공이 용이할 것
- 불연성일 것
- 사용온도에 있어서 내구성이 있고 변질되지 않을 것
- 부피 · 비중이 작을 것

45 2단 압축기의 중간냉각기 종류가 아닌 것은?

① 액냉각형 중간냉각기
② 흡수형 중간냉각기
③ 플래시형 중간냉각기
④ 직접팽창형 중간냉각기

해설
중간냉각기 종류
- 플래시형 : 2단 압축 2단 팽창
- 액냉각형 : 2단 압축 1단 팽창
- 직접팽창형 : 2단 압축 1단 팽창

46 각종 배수관에 사용되는 재료로 적합하지 않은 것은?

① 오수 옥내배관 : 경질염화비닐관
② 잡배수 옥외배관 : 경질염화비닐관
③ 우수배수 옥외배관 : 원심력 철근 콘크리트관
④ 통기 옥내배관 : 원심력 철근 콘크리트관

해설
원심력 철근 콘크리트관은 옥외배수관으로 사용된다.

47 관경 50A 동관(L-type)의 관 지지간격에서 수평 주관인 경우 행거 지름(mm)과 지지간격(m)으로 적당한 것은?

① 지름 : 9mm, 간격 : 1.0m 이내
② 지름 : 9mm, 간격 : 1.5m 이내
③ 지름 : 9mm, 간격 : 2.0m 이내
④ 지름 : 13mm, 간격 : 2.5m 이내

해설
동관의 행거설치 기준
- 행거 지름

동관의 관경	행거 지름
15~80A	9mm
100A	12mm

- 수평주관의 지지간격

동관의 관경	지지간격
20A 이하	1.0m
25~40A	1.5m
50A	2.0m
65~100A	2.5m
125A 이상	3.0m

정답 43 ④ 44 ① 45 ② 46 ④ 47 ③

48 하수관 또는 오수탱크로부터 유해가스가 옥내로 침입하는 것을 방지하는 장치는?

① 통기관　　② 볼탭
③ 체크밸브　④ 트랩

해설
배수트랩은 하수관이나 오수탱크에서 발생한 유해가스가 옥내로 침입하는 것을 방지하기 위해 설치한다.

49 개방형 팽창탱크의 부속기기가 아닌 것은?

① 안전밸브　② 배기관
③ 팽창관　　④ 안전관

해설
개방형 팽창탱크 부속기기 : 급수관, 안전관, 통기관, 배수관, 오버플로관, 팽창관

50 급수설비에서 물이 오염되기 쉬운 배관은?

① 상향식 배관
② 하향식 배관
③ 크로스커넥션(Cross Connection) 배관
④ 조닝(Zoning) 배관

해설
급수설비에서 음용수 배관과 음용수 이외의 배관이 접속되는 경우 배출된 물이 역류하여 음용수가 오염되므로 가능한 한 크로스커넥션 배관을 피해야 한다.

51 정현파 전압 $v = 50\sin\left(628t - \dfrac{\pi}{6}\right)$ V인 파형의 주파수는 얼마인가?

① 30　　② 50
③ 60　　④ 100

해설
- 순싯값(순시전압) $v = V_m \sin(\omega t - \theta)$
- 최댓값(최대전압) $V_m = 50\text{V}$
- 각속도 $\omega = 2\pi f = 628\,\text{rad/s} \rightarrow f = \dfrac{\omega}{2\pi} = \dfrac{628}{2\pi} = 99.9\,\text{Hz}$

52 역률 80%인 부하에 전압과 전류의 실횻값이 각각 100V, 5A라고 할 때 무효전력(Var)은?

① 100　　② 200
③ 300　　④ 400

해설
- 무효율 $\sin\theta = \sqrt{1-\cos\theta^2} \rightarrow \sin\theta = \sqrt{1-0.8^2} = 0.6$
- 무효전력 $P_r = VI\sin\theta \rightarrow P_r = 100 \times 5 \times 0.6 = 300\,\text{Var}$

53 옴의 법칙에서 전류의 세기는 무엇에 비례하는가?

① 저항　　　　　② 동선의 길이
③ 동선의 고유저항　④ 전압

해설
옴의 법칙($V = IR$) : 전류의 세기는 전압에 비례하고 저항에 반비례한다.

48 ④　49 ①　50 ③　51 ④　52 ③　53 ④

54 시퀀스 제어를 명령처리 기능에 따라 분류할 때 속하지 않는 것은?

① 순서제어 ② 시한제어
③ 병렬제어 ④ 조건제어

해설
시퀀스 제어의 명령처리에 따라 시한제어, 순서제어, 조건제어가 있다.

55 피드백 제어에서 반드시 필요한 장치는?

① 안정도를 향상시키는 장치
② 응답속도를 개선시키는 장치
③ 구동장치
④ 입력과 출력을 비교하는 장치

해설
피드백 제어는 입력과 출력을 비교하는 장치, 즉 검출부가 반드시 있어야 한다.

56 그림에서 V_s는 몇 V인가?

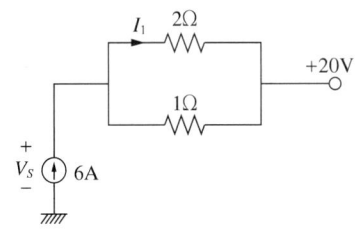

① 8 ② 16
③ 24 ④ 32

해설
- 병렬 합성저항 $R = \dfrac{R_1 R_2}{R_1 + R_2} = \dfrac{2 \times 1}{2+1} = \dfrac{2}{3}\,\Omega$
- 전압 $V_s = IR + V \rightarrow V_s = 6 \times \dfrac{2}{3} + 20 = 24\text{V}$

57 다음의 논리식 중 다른 값을 나타내는 논리식은?

① $\overline{X}Y + XY$
② $(Y + X + \overline{X})Y$
③ $X(\overline{Y} + X + Y)$
④ $XY + Y$

해설
③ $X(\overline{Y} + X + Y) = X(1+X) = X \cdot 1 = X$
① $\overline{X}Y + XY = (\overline{X} + X)Y = 1 \cdot Y = Y$
② $(Y + X + \overline{X})Y = (Y+1)Y = 1 \cdot Y = Y$
④ $XY + Y = (X+1)Y = 1 \cdot Y = Y$

58 AC 서보전동기의 전달함수는 어떻게 취급하는가?

① 미분요소와 1차 요소의 직렬결합으로 취급한다.
② 적분요소와 2차 요소의 직렬결합으로 취급한다.
③ 미분요소와 2차 요소의 피드백 접속으로 취급한다.
④ 적분요소와 1차 요소의 피드백 접속으로 취급한다.

해설
AC 서보전동기는 정밀한 톱니파형을 얻고자 적분요소를 취하고 $R-L-C$ 회로로 구성되어 있으므로 2차 요소의 직렬결합으로 취급한다.

정답 54 ③ 55 ④ 56 ③ 57 ③ 58 ②

59 그림의 계전기 접점회로를 논리회로로 변화시킬 때 점선 안(C, D, E)에 사용되지 않는 소자는?

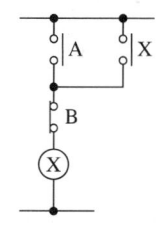

① AND ② OR
③ NOT ④ NOR

해설
- C : OR 회로(병렬)
- D : NOT 회로
- E : AND 회로(직렬)

60 회전자의 슬립 S로 회전하고 있을 때 고정자 및 회전자의 실효 권수비를 α라 하면 고정자 기전력 E_1과 회전자 기전력 E_2와의 비는 어떻게 표현되는가?

① α/S ② $S\alpha$
③ $(1-S)\alpha$ ④ $\alpha/1-S$

해설
- 회전자가 정지하고 있을 때 전압비 $\dfrac{E_1}{E_2}=a$
- 회전자가 슬립 S로 회전하고 있을 때 전압비 $\dfrac{E_1}{E_2}=\dfrac{\alpha}{S}$

2023년 제3회 과년도 기출복원문제

제1과목 공기조화 설비

01 다음은 난방부하에 대한 설명이다. ( )에 적당한 용어로 옳은 것은?

> 겨울철에는 실내를 일정한 온도 및 습도를 유지하여야 한다. 이때 실내에서 손실된 (㉮)이나 (㉯)을 보충하여야 하며, 이때의 난방부하는 냉방부하 계산보다 (㉰)하게 된다.

① ㉮ 수분, ㉯ 공기, ㉰ 간단
② ㉮ 열량, ㉯ 공기, ㉰ 복잡
③ ㉮ 수분, ㉯ 열량, ㉰ 복잡
④ ㉮ 열량, ㉯ 수분, ㉰ 간단

해설
난방부하는 실내에서 손실된 열량과 실내공기의 가열에 의한 수분을 보충하여야 하며 실내에서 발생하는 부하는 부하 계산 시 고려하지 않으므로 냉방부하 계산보다 간단하게 된다.

02 냉방부하의 경감방법으로 틀린 것은?

① 건물의 단열 강화로 열전도에 의한 열의 침입을 방지한다.
② 건물의 외피면적에 대한 창면적비를 적게 하여 일사 등창을 통한 열의 침입을 최소화한다.
③ 실내조명은 되도록 밝게 하여 시원한 감을 느끼게 한다.
④ 건물은 되도록 기밀을 유지하고 사람 출입이 많은 주 출입구는 회전문을 채용한다.

해설
실내조명을 밝게 하려면 조명의 용량 또는 조명의 수를 늘려야 한다. 따라서 조명에서 발생하는 열이 많아지므로 냉방부하가 커진다.

03 에어 핸들링 유닛(Air Handling Unit)의 구성요소가 아닌 것은?

① 공기여과기
② 송풍기
③ 공기세정기
④ 압축기

해설
에어 핸들링 유닛은 공기여과기, 냉·온수 코일, 공기세정기, 송풍기로 구성되어 있다.

04 건공기 중에 포함되어 있는 수증기의 중량으로 습도를 표시한 것은?

① 비교습도
② 포화도
③ 상대습도
④ 절대습도

해설
④ 절대습도 : 건조공기 1kg 속에 존재하는 수증기 중량
② 포화도 : 비교습도라 하며 포화 습공기 절대습도(x_s)에 대한 동일 온도의 습공기 절대습도(x)와의 비
③ 상대습도 : 대기 중에 최대 수분을 포함할 수 있는 공기를 포화공기라 하며 포화공기가 가지는 수분량에 대한 같은 온도에서 습공기가 가지는 수분량과의 비로 공기를 가열하면 상대습도는 낮아지고 냉각하면 높아진다.

정답 1 ④ 2 ③ 3 ④ 4 ④

05 공기여과기의 성능을 표시하는 용어 중 가장 거리가 먼 것은?
① 제거효율 ② 압력손실
③ 집진용량 ④ 소재의 종류

해설
공기여과기의 성능표시는 분진 제거효율, 필터 전·후의 압력손실, 집진용량, 공기의 면속도이다.

06 온도 t℃의 다량의 물(또는 얼음)과 어떤 상태의 습윤공기가 단열된 용기 속에 있다. 습윤공기 속에 물이 증발하면서 소요되는 열량과 공기로부터 물에 부여되는 열량이 같아지면서 열적 평형을 이루게 되는 이때의 온도를 무엇이라 하는가?
① 열역학적 온도 ② 단열포화온도
③ 건구온도 ④ 유효온도

해설
단열포화온도는 단열용기 속에서 공기와 물이 접촉할 때 물이 증발하는 열과 공기가 물에 부여하는 열이 열적 평형을 이룰 때 물의 온도와 동일한 온도의 포화공기가 되는 온도이다.

07 외기의 온도가 −10℃이고 실내온도가 20℃이며 벽 면적이 25m²일 때, 실내의 열손실량은?(단, 벽체의 열관류율은 10W/m²·K, 방위계수는 북향으로 1.2이다)
① 7kW ② 8kW
③ 9kW ④ 10kW

해설
$q_w = K \cdot A \cdot \triangle t \cdot k = 10 \times 25 \times (20-(-10)) \times 1.2$
$= 9,000W = 9kW$
여기서, K : 열관류율(W/m²·K), A : 전열 면적(m²),
$\triangle t$: 온도차(K)

08 패널복사난방에 관한 설명 중 옳은 것은?
① 천장고가 낮고 외기 침입이 없을 때만 난방효과를 얻을 수 있다.
② 실내온도 분포가 균등하고 쾌감도가 높다.
③ 증발잠열(기화열)을 이용하므로 열의 운반능력이 크다.
④ 대류난방에 비해 방열면적이 적다.

해설
패널복사난방의 특징
• 천장고가 높고 외기 침입이 있어도 난방효과를 얻을 수 있다.
• 실내온도 분포가 균등하고 쾌감도가 높다.
• 온수의 현열을 이용하므로 열의 운반능력이 크다.
• 건물의 축열을 이용하므로 대류난방에 비하여 방열면적이 크다.
• 급격한 외기온도의 변화에 대한 발열량 조절, 즉 온도 조절이 어렵다.
• 배관을 매설하므로 설비비가 많이 들고 보수 및 수리가 어렵다.

09 온수난방과 비교한 증기난방 방식의 장점으로 가장 거리가 먼 것은?
① 방열면적이 작다.
② 설비비가 저렴하다.
③ 방열량 조절이 용이하다.
④ 예열시간이 짧다.

해설
증기난방은 열용량이 작아 잘 식기 때문에 방열량 조절이 어렵다.

10 화력발전설비에서 생산된 전력을 이용함과 동시에 전력을 생성하는 과정에서 발생되는 배기열을 냉난방 및 급탕 등에 이용하는 방식이며, 전력과 열을 함께 공급하는 에너지절약형 발전방식으로 에너지 종합효율이 높고 수요지 부근에 설치할 수 있는 열원 방식은?

① 흡수식 냉온수 방식
② 지역 냉난방 방식
③ 열회수 방식
④ 열병합발전(Co-generation) 방식

해설
열병합발전 방식은 전력과 함께 열을 생산하는 시스템으로 열은 급탕 및 난방용으로 사용된다.

11 다음 복사난방에 관한 설명 중 옳은 것은?

① 고온식 복사난방은 강판제 패널 표면의 온도를 100℃ 이상으로 유지하는 방법이다.
② 파이프 코일의 매설 깊이는 균등한 온도분포를 위해 코일 외경의 3배 정도로 한다.
③ 온수의 공급 및 환수 온도차는 가열면의 균일한 온도분포를 위해 10℃ 이상으로 한다.
④ 방이 개방 상태에서도 난방효과가 있으나 동일 방열량에 대해 손실량이 비교적 크다.

해설
② 파이프 코일의 매설 깊이는 균등한 온도분포를 위해 코일 외경의 1.5~2배 정도로 한다.
③ 온수의 공급 및 환수 온도차는 가열면의 균일한 온도분포를 위해 6~8℃ 이상으로 한다.
④ 방이 개방 상태에서도 난방효과가 있으며 건물의 축열을 이용하므로 손실열량이 작다.

12 에너지 손실이 가장 큰 공조방식은?

① 2중 덕트 방식
② 각층 유닛 방식
③ 팬코일 유닛 방식
④ 유인 유닛 방식

해설
2중 덕트 방식은 각층이나 각실에 설치한 혼합상자에서 냉풍과 온풍을 혼합하면서 혼합 열손실이 발생하므로 에너지 손실이 가장 큰 공조방식이다.

13 26℃인 공기 200kg과 32℃인 공기 300kg을 혼합하면 최종온도는?

① 28.0℃   ② 28.4℃
③ 29.0℃   ④ 29.6℃

해설
혼합온도 $t_3 = \dfrac{G_1 t_1 + G_2 t_2}{G_1 + G_2} = \dfrac{200 \times 26 + 300 \times 32}{200 + 300} = 29.6℃$

14 지역난방에 관한 설명으로 틀린 것은?

① 열매체로 온수 사용 시 일반적으로 100℃ 이상의 고온수를 사용한다.
② 어떤 일정 지역 내 한 장소에 보일러실을 설치하여 증기 또는 온수를 공급하여 난방하는 방식이다.
③ 열매체로 온수 사용 시 지형의 고차가 있어도 순환펌프에 의하여 순환된다.
④ 열매체로 증기 사용 시 게이지 압력으로 15~30 MPa의 증기를 사용한다.

해설
열매체로 증기를 사용할 경우 일반적으로 사용압력이 0.1~1.5 MPa 정도이다.

정답 10 ④ 11 ① 12 ① 13 ④ 14 ④

15 냉방 시 공조기의 송풍량을 산출하는 데 가장 밀접한 부하는?

① 재열부하
② 외기부하
③ 펌프·배관부하
④ 실내취득열량

해설

송출량 산출 $Q = \dfrac{q_{FS}}{0.288 \triangle t}$

q_{FS} : 실내취득현열량, $\triangle t$: 실내외 온도차

16 송풍기에 대한 설명 중 틀린 것은?

① 원심팬 송풍기는 다익팬, 리밋로드팬, 후향팬, 익형팬으로 분류된다.
② 블로어 송풍기는 원심 블로어, 사류 블로어, 축류 블로어로 분류된다.
③ 후향팬은 날개의 출구 각도를 회전과 역방향으로 향하게 한 것으로 다익팬보다 높은 압력 상승과 효율을 필요로 하는 경우에 사용한다.
④ 축류 송풍기는 저압에서 작은 풍량을 얻고자 할 때 사용하며 원심식에 비해 풍량이 작고 소음도 작다.

해설

축류 송풍기는 저압에서 큰 풍량을 얻고자 할 때 사용하며 원심식에 비해 송풍량이 많다.

17 스테인리스 강판(두께 1.8~4.0mm)을 와류형으로 감아 그 끝단을 용접으로 밀봉하고 파이프 플랜지 이외에는 개스킷을 사용하지 않으며 주로 물-물에 주로 사용되는 열교환기는?

① 스파이럴형
② 원통 다관식
③ 플레이트형
④ 관형

해설

① 스파이럴형 : 스테인리스 강판을 와류형으로 감아서 용접하고 두 가지 유체가 흐르도록 출입구를 붙인 구조이다.
② 원통 다관식 : 동체 내에 다수의 관을 설치한 구조이다.
③ 플레이트형 : 스테인리스 강판을 파형으로 압출한 평판을 수십 매 겹쳐 볼트로 조인 구조이다.

18 8,000W의 열을 발산하는 기계실의 온도를 외기 냉방하여 26℃로 유지하기 위한 외기도입량은? (단, 밀도 1.2kg/m³, 공기 정압비열 1.01kJ/kg·℃, 외기온도 11℃이다)

① 약 600.06m³/h
② 약 1,584.16m³/h
③ 약 1,851.85m³/h
④ 약 2,160.22m³/h

해설

$q_{FS} = GC\triangle t = (\rho Q)C\triangle t = (1.2Q) \times 1.01 \times \triangle t = 1.212 Q \triangle t$

외기도입량 $Q = \dfrac{q_{FS}}{1.212 \triangle t}$

$= \dfrac{8\,\dfrac{\text{kJ}}{\text{s}} \times 3{,}600\,\dfrac{\text{s}}{\text{h}}}{1.212\,\dfrac{\text{kJ}}{\text{m}^3 \cdot \text{℃}} \times (26-11)\text{℃}}$

$= 1{,}584.16\,\text{m}^3/\text{h}$

19 공기를 가열하는 데 사용하는 공기 가열 코일의 종류로 가장 거리가 먼 것은?

① 증기(蒸氣) 코일
② 온수(溫水) 코일
③ 전열(電熱) 코일
④ 증발(蒸發) 코일

[해설]
공기 가열 코일에는 증기 코일, 온수 코일, 전열 코일이 있다.

20 보일러 종류에 따른 특성을 설명한 것 중 틀린 것은?

① 주철제 보일러는 분해, 조립이 용이하다.
② 노통 연관 보일러는 수질관리가 용이하다.
③ 수관 보일러는 예열시간이 짧고 효율이 좋다.
④ 관류 보일러는 보유수량이 많고 설치면적이 크다.

[해설]
관류 보일러는 드럼이 없고 긴 관으로만 구성되어 있는 수관식 보일러로 보유수량이 적고 설치면적이 작다.

제2과목 냉동냉장 설비

21 다음과 같은 대향류 열교환기의 대수평균온도차는?(단, $t_1 : 40℃$, $t_2 : 10℃$, $t_{w1} : 4℃$, $t_{w2} : 8℃$ 이다)

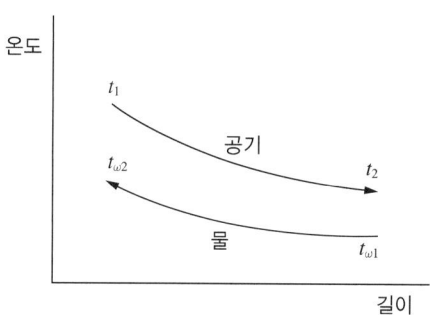

① 약 11.3℃
② 약 13.5℃
③ 약 15.5℃
④ 약 19.5℃

[해설]
$$\text{LMTD} = \frac{\Delta t_1 - \Delta t_2}{\ln\left(\frac{\Delta t_1}{\Delta t_2}\right)} = \frac{(40-8)-(10-4)}{\ln\left(\frac{40-8}{10-4}\right)} = 15.53℃$$

여기서, Δt_1 : 공기 입구측에서 공기와 물의 온도차
Δt_2 : 공기 출구측에서 공기와 물의 온도차

22 다음과 같은 냉동기의 이론적인 성적계수는?

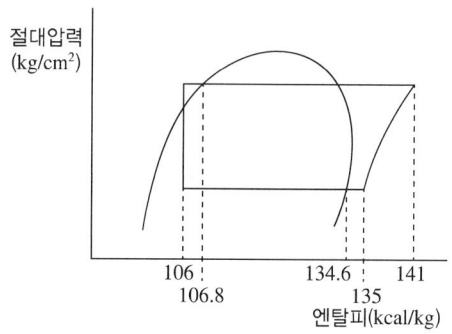

① 4.8
② 5.8
③ 6.5
④ 8.9

[해설]
$$\text{COP}_C = \frac{Q_e}{A_w} = \frac{Q_e}{Q_c - Q_e} = \frac{h_a - h_f}{h_b - h_a} = \frac{135-106}{141-135} = 4.83$$

23 나선모양의 관으로 냉매증기를 통과시키고 이 나선관을 원형 또는 구형의 수조에 넣어 냉매를 응축시키는 방법을 이용한 응축기는?

① 대기식 응축기(Atmospheric Condenser)
② 지수식 응축기(Submerged Coil Condenser)
③ 증발식 응축기(Evaporative Condenser)
④ 공랭식 응축기(Air Cooled Condenser)

해설
① 대기식 응축기 : 수평관을 상하로 6~16단 겹쳐 양단을 리턴 벤드로 직렬 연결하여 배관 내에 냉매증기를 흐르게 하고 냉각수를 최상단에 설치한 냉각수통으로부터 수평관에 균일하게 흐르도록 한 응축기
③ 증발식 응축기 : 응축기의 냉각매체로 물과 공기를 사용하며 물은 하부 수조에서 펌핑되어 살수 헤드를 통해 냉매관 위로 살포한다. 공기는 상부에 설치된 송풍기에 의해 응축기 하부에서 유입되어 냉매관을 거쳐 상부로 배출하도록 한 구조
④ 공랭식 응축기 : 고온의 냉매증기와 공기가 열교환하는 것으로 튜브 내에는 냉매가 흐르고 송풍기에 의해 응축기로 외기가 유입되도록 한 구조

24 브라인의 금속에 대한 특징으로 틀린 것은?

① 암모니아 브라인 중에 누설하면 알칼리성이 대단히 강해져 국부적인 부식이 발생한다.
② 유기질 브라인은 일반적으로 부식성이 강하나 무기질 브라인은 부식성이 적다.
③ 브라인 중에 산소량이 증가하면 부식량이 증가하므로 가능한 한 공기가 접촉하지 않도록 한다.
④ 방청제를 사용하며, 방청제로는 다이크로뮴산 나트륨을 사용한다.

해설
브라인은 금속에 대한 부식성이 유기질 브라인보다 무기질 브라인이 더 크다.

25 냉동기에 사용하는 윤활유의 구비조건으로 틀린 것은?

① 불순물이 함유되어 있지 않을 것
② 전기 절연내력이 클 것
③ 응고점이 낮을 것
④ 인화점이 낮을 것

해설
윤활유는 인화점이 높아야 한다.

26 무기질 브라인이 아닌 것은?

① 식염수
② 염화마그네슘
③ 염화칼슘
④ 에틸렌글리콜

해설
• 흡착식 감습장치 : 실리카겔, 활성 알루미나, 애드솔, 제올라이트 등의 고체 흡착제를 사용한 감습방법
• 흡수식 감습 : 염화리튬, 트리에틸렌글리콜 등의 액체 흡수제를 사용하므로 가열원이 있어야 한다.

27 흡수식 냉동기에 사용하는 흡수제에 요구되는 조건으로 가장 거리가 먼 것은?

① 용액의 증발압력이 높을 것
② 농도의 변화에 의한 증기압의 변화가 적을 것
③ 재생에 많은 열량을 필요로 하지 않을 것
④ 점도가 낮을 것

해설
흡수제 용액은 증발압력이 낮아야 한다.

28 이상적 냉동사이클에서 어떤 응축온도로 작동 시 성능계수가 가장 높은가?(단, 증발온도는 일정하다)

① 20℃   ② 25℃
③ 30℃   ④ 35℃

해설
$COP = \dfrac{T_L}{T_H - T_L}$ 에서 증발온도(T_L)가 일정하므로 응축온도(T_H)가 낮을수록 분모의 온도차가 작아 성능계수가 높아진다.

29 왕복동식 압축기와 비교하여 터보 압축기의 특징으로 가장 거리가 먼 것은?

① 고압의 냉매를 사용하므로 취급이 다소 어렵다.
② 회전운동을 하므로 동적 균형을 잡기 좋다.
③ 흡입밸브, 토출밸브 등의 마찰부분이 없으므로 고장이 적다.
④ 마모에 의한 손상이 적어 성능 저하가 없고 구조가 간단하다.

해설
터보 압축기는 밀도가 적은 저압냉매를 사용하므로 취급이 간단하다.

30 냉동기 속 두 냉매가 아래 표의 조건으로 작동될 때, A 냉매를 이용한 압축기의 냉동능력이 R_A, B 냉매를 이용한 압축기의 냉동능력이 R_B인 경우 R_A/R_B의 비는?(단, 두 압축기의 피스톤 압출량은 동일하며 체적효율도 75%로 동일하다)

구 분	A	B
냉동효과(kcal/kg)	269.03	40.34
비체적(m³/kg)	0.509	0.077

① 1.5   ② 1.0
③ 0.8   ④ 0.5

해설
피스톤 압출량 V는 동일하고 1m³/h로 가정한다.
냉매 순환량
- $G = \dfrac{V}{v}\eta_v\,(\text{kg/h})$
- R_A의 냉매 순환량 $G_A = \dfrac{1}{0.509} \times 0.75 = 1.473\,\text{kg/h}$
- R_B의 냉매 순환량 $G_B = \dfrac{1}{0.077} \times 0.75 = 9.74\,\text{kg/h}$
- 냉동능력 $R = G \cdot q_e$ 에서
  냉동능력비 $\dfrac{R_A}{R_B} = \dfrac{1.473 \times 269.03}{9.74 \times 40.34} = 1.01$

여기서, V : 피스톤 토출량(냉매흡입량)(m³/h)
v : 비체적(m³/kg)
η_v : 압축기 체적효율

31 축열장치의 장점으로 거리가 먼 것은?

① 수처리가 필요 없고 단열공사비 감소
② 용량 감소 등으로 부속설비를 축소 가능
③ 수전설비 축소로 기본전력비 감소
④ 부하변동이 큰 경우에도 안정적인 열공급 가능

해설
축열장치에는 빙축열과 수축열이 있으며, 축열조는 열손실을 방지하기 위하여 단열재로 시공해야 해서 시공비가 비싸고, 축열조에 사용하는 물은 불순물이 함유되어 있을 경우 전열을 방해하므로 반드시 수처리를 해야 한다.

정답 28 ① 29 ① 30 ② 31 ①

32 냉동장치의 운전 중 압축기의 토출압력이 높아지는 원인으로 가장 거리가 먼 것은?

① 장치 내에 냉매를 과잉 충전하였다.
② 응축기의 냉각수가 과다하다.
③ 공기 등의 불응축 가스가 응축기에 고여 있다.
④ 냉각관이 유막이나 물때 등으로 오염되어 있다.

해설
토출압력이 높아지는 원인
- 냉동장치 내에 냉매를 과잉 충전하였을 때
- 응축기의 냉각수가 부족할 때
- 불응축 가스가 응축기 내에 고여 있을 때
- 냉각관이 유막이나 물때 등으로 오염되어 있을 때

33 유량 100L/min의 물을 15℃에서 9℃로 냉각하는 수냉각기가 있다. 이 냉동장치의 냉동효과가 40 kJ/kg일 경우 냉매 순환량은?(단, 물의 비열은 1kJ/kg·K로 한다)

① 700kg/h ② 800kg/h
③ 900kg/h ④ 1,000kg/h

해설
- 냉동능력 $Q_e = GC\Delta t = G \cdot q_e$
- 냉매 순환량

$$G = \frac{GC\Delta t}{q_e}$$

$$= \frac{\left(100\frac{\text{kg}}{\text{min}} \times \frac{60\text{min}}{\text{h}}\right) \times 1\frac{\text{kJ}}{\text{kg}\cdot\text{K}} \times (15-9)\text{K}}{40\text{kJ/kg}}$$

$$= 900\text{kg/h}$$

34 핀 튜브관을 사용한 공랭식 응축관의 자연대류식 수평, 수직 및 강제대류식 전열계수를 비교했을 때 옳은 것은?

① 자연대류 수평형 > 자연대류 수직형 > 강제대류식
② 자연대류 수직형 > 자연대류 수평형 > 강제대류식
③ 강제대류식 > 자연대류 수평형 > 자연대류 수직형
④ 자연대류 수평형 > 강제대류식 > 자연대류 수직형

해설
강제대류식 > 자연대류 수평형 > 자연대류 수직형

35 증발온도와 압축기 흡입가스의 온도차를 적정 값으로 유지하는 것은?

① 온도조절식 팽창밸브
② 수동식 팽창밸브
③ 플로트 타입 팽창밸브
④ 정압식 자동 팽창밸브

해설
온도조절식 팽창밸브는 감온통을 증발기 출구 흡입관상에 설치하여 증발기 출구의 과열도에 의해 작동된다.

36 온도식 팽창밸브(TEV)의 작동과 관계없는 압력은?

① 증발기 압력   ② 스프링의 압력
③ 감온통의 압력 ④ 응축압력

해설
온도식 팽창밸브(TEV)의 작동압력은 증발기 압력, 스프링의 압력, 감온통의 압력이다.

37 냉동부하가 50냉동톤인 냉동기의 압축기 출구 엔탈피가 457kJ/kg, 증발기 출구 엔탈피가 369kJ/kg, 증발기 입구 엔탈피가 128kJ/kg일 때 냉매 순환량은?(단, 1냉동톤 = 13,900kJ/h이다)

① 약 2,883kg/h ② 약 5,040kg/h
③ 약 6,882kg/h ④ 약 1,780kg/h

해설
냉동부하 $Q_e = G \cdot q_e$ 에서

$$G = \frac{Q_e}{q_e} = \frac{50 \times 13,900 \frac{\text{kJ}}{\text{h}}}{(369 - 128)\frac{\text{kJ}}{\text{kg}}} = 2,883.8 \text{kg/h}$$

38 다음 그림은 어떤 사이클인가?(단, P = 압력, h = 엔탈피, T = 온도, S = 엔트로피이다)

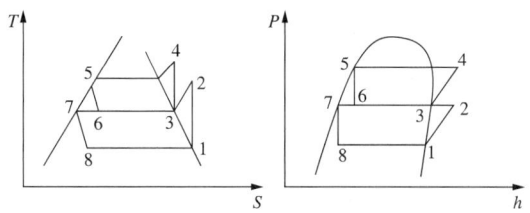

① 2단 압축 1단 팽창 사이클
② 2단 압축 2단 팽창 사이클
③ 1단 압축 1단 팽창 사이클
④ 1단 압축 2단 팽창 사이클

해설
몰리에르 선도에서 압축이 2단, 팽창이 2단으로 이루어져 있으므로 2단 압축 2단 팽창 사이클이다.

39 냉동장치의 액관 중 발생하는 플래시 가스의 발생 원인으로 가장 거리가 먼 것은?

① 액관의 입상 높이가 매우 작을 때
② 냉매 순환량에 비하여 액관의 관경이 너무 작을 때
③ 배관에 설치된 스트레이너, 필터 등이 막혀 있을 때
④ 액관이 직사광선에 노출될 때

해설
냉동장치에서 플래시 가스의 발생 원인
• 냉매 순환량에 비하여 액관의 직경이 작을 때
• 증발기와 응축기 사이의 액관의 입상 높이가 매우 클 때
• 여과기(스트레이너)나 필터 등이 막혀 있을 때
• 액관 냉매액의 과냉도가 작을 때

40 암모니아 냉동기에서 냉매가 누설되고 있는 장소에 적색 리트머스 시험지를 대면 어떤 색으로 변하는가?

① 황색   ② 다갈색
③ 청색   ④ 홍색

해설
암모니아 냉동기의 냉매 누설검지법
• 냄새로 확인한다.
• 유황초나 염산을 누설 부위에 대면 흰 연기가 발생한다.
• 적색 리트머스 시험지를 물에 적시면 청색으로 변한다.
• 페놀프탈레인 시험지를 물에 적시면 적색으로 변한다.
• 네슬러 시약을 가했을 때 소량 누설 시 황색, 다량 누설 시 자색으로 변한다.

제3과목 공조냉동 설치·운영

41 밸브의 종류 중 콕(Cock)에 관한 설명으로 틀린 것은?

① 콕의 종류에는 대표적으로 글랜드 콕과 메인 콕이 있다.
② 0~90° 회전시켜 유량 조절이 가능하다.
③ 유체저항이 크며 개폐 시 힘이 드는 단점이 있다.
④ 콕은 흐르는 방향을 2방향, 3방향, 4방향으로 바꿀 수 있는 분배 밸브로 적합하다.

해설
콕은 개폐가 빠르고 유체의 저항이 작으며 개폐에 큰 힘이 들지 않는다.

42 바이패스관을 설치하는 장소로 적절하지 않은 곳은?

① 증기배관　　② 감압밸브
③ 온도조절밸브　　④ 인젝터

해설
인젝터는 보일러에서 증기의 분사압력을 이용한 비동력 급수 보조장치로서 바이패스관을 설치하지 않는다.

43 온수난방에서 역귀환 방식을 채택하는 주된 이유는?

① 순환펌프를 설치하기 위해
② 배관의 길이를 축소하기 위해
③ 연소실과 발생소음을 줄이기 위해
④ 건물 내 각 실의 온도를 균일하게 하기 위해

해설
역귀환 방식은 공급관과 환수관의 왕복 배관 길이를 같게 시공한다. 따라서 각 실의 유량을 균등하게 분배하여 각 실의 온도를 균일하게 한다.

44 냉매 배관 시 주의사항으로 틀린 것은?

① 배관의 굽힘 반지름은 크게 한다.
② 불응축 가스가 잘 침입되어야 한다.
③ 냉매에 의한 관의 부식이 없어야 한다.
④ 냉매압력에 충분히 견디는 강도를 가져야 한다.

해설
시공 시 불응축 가스가 잘 침입하지 않도록 시공해야 한다. 불응축 가스가 발생하면 고압이 상승하여 냉동기 성능이 저하한다.

45 대·소변기를 제외한 세면기, 싱크대, 욕조 등에서 나오는 배수는?

① 오수　　② 우수
③ 잡배수　　④ 특수배수

해설
잡배수 : 세면기, 수세기, 욕실 등
① 오수 : 대·소변기, 비데 등
② 우수 : 빗물로서 건물의 지붕이나 발코니 등
④ 특수배수 : 병원균과 화학약품이 함유되어 있는 병원, 실험실 등

정답 41 ③ 42 ④ 43 ④ 44 ② 45 ③

46 옥상탱크식 급수방식의 배관 계통 순서로 옳은 것은?

① 저수탱크 → 양수펌프 → 옥상탱크 → 양수관 → 급수관 → 수도꼭지
② 저수탱크 → 양수관 → 양수펌프 → 급수관 → 옥상탱크 → 수도꼭지
③ 저수탱크 → 양수관 → 급수관 → 양수펌프 → 옥상탱크 → 수도꼭지
④ 저수탱크 → 양수펌프 → 양수관 → 옥상탱크 → 급수관 → 수도꼭지

해설
옥상탱크의 급수방식 : 저수탱크 → 양수펌프 → 양수관 → 옥상탱크 → 급수관 → 수도꼭지

47 다음과 같이 압축기와 응축기가 동일한 높이에 있을 때 배관 방법으로 가장 적합한 것은?

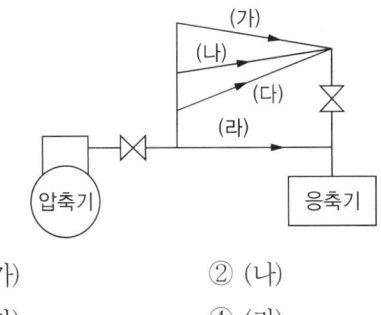

① (가)   ② (나)
③ (다)   ④ (라)

해설
압축기와 응축기가 동일 높이에 있을 때 압축기에서 2.5m 이하 입상 배관으로 하고 응축기 쪽으로 하향 구배를 한다.

48 경질염화비닐관의 특징 중 틀린 것은?

① 내열성이 좋다.
② 전기절연성이 크다.
③ 가공이 용이하다.
④ 열팽창률이 크다.

해설
경질염화비닐관은 내열성이 약하여 급탕관이나 증기관으로 사용할 수 없다.

49 공기조화 설비에서 증기 코일에 관한 설명으로 틀린 것은?

① 코일의 전면 풍속은 3~5m/s로 선정한다.
② 같은 능력의 온수 코일에 비하여 열수를 작게 할 수 있다.
③ 응축수의 배제를 위하여 배관에 약 1/150~1/200 정도의 순구배를 붙인다.
④ 일반적인 증기의 압력은 0.1~2kgf/cm² 정도로 한다.

해설
응축수를 처리하기 위하여 배관에 약 1/50~1/100 정도의 순구배를 붙인다.

50 관 트랩의 종류로 가장 거리가 먼 것은?

① S 트랩   ② P 트랩
③ U 트랩   ④ V 트랩

해설
관 트랩의 종류 : S 트랩, P 트랩, U 트랩

정답 46 ④ 47 ① 48 ① 49 ③ 50 ④

51 개루프 제어계(Open-loop Control System)에 속하는 것은?

① 전등점멸시스템
② 배의 조타장치
③ 추적시스템
④ 에어컨디셔너시스템

[해설]
개루프 제어는 미리 정해진 순서에 따라 제어의 각 단계를 순차적으로 제어하는 방식으로서 시퀀스 제어이며, 전등점멸시스템에 적용된다.

52 유도전동기의 1차 접속을 △에서 Y로 바꾸면 기동 시의 1차 전류는 어떻게 변화하는가?

① $\frac{1}{3}$로 감소
② $\frac{1}{\sqrt{3}}$로 감소
③ $\sqrt{3}$배로 증가
④ 3배로 증가

[해설]
△ → Y일 때 $R_Y = \frac{1}{3}R_\triangle$이다.

53 제어방식에서 기억과 판단기구 및 검출기를 가진 제어방식은?

① 순서 프로그램 제어
② 피드백 제어
③ 조건제어
④ 시한제어

[해설]
피드백 제어(폐루프 회로) : 제어계의 출력값이 목푯값과 비교하여 일치하지 않을 경우 다시 출력값을 입력으로 피드백시켜 제어량과 목푯값이 일치할 때까지 오차를 줄여나가는 자동제어 방식을 말한다.

54 플레밍의 왼손법칙에서 둘째손가락(검지)이 가리키는 것은?

① 힘의 방향
② 자계 방향
③ 전류 방향
④ 전압 방향

[해설]
플레밍의 왼손법칙
• 엄지손가락 : 힘의 방향
• 검지손가락 : 자계 방향
• 중지손가락 : 전류 방향

55 특성방정식 $s^2 + 2s + 2 = 0$을 갖는 2차계에서의 감쇠율 δ(Damping Ratio)는?

① $\sqrt{2}$
② $\frac{1}{\sqrt{2}}$
③ $\frac{1}{2}$
④ 2

[해설]
특성방정식 $s^2 + 2\delta\omega_n s + \omega_n^2 = 0$
$\omega_n^2 = 2$에서 고유진동수 $\omega_n = \sqrt{2}$
$2\delta\omega_n = 2s$에서 감쇠율 $\delta = \frac{1}{\omega_n} = \frac{1}{\sqrt{2}}$

56 3상 유도전동기의 회전 방향을 바꾸려고 할 때 옳은 방법은?

① 전원 3선 중 2선의 접속을 바꾼다.
② 기동보상기를 사용한다.
③ 전원 주파수를 변환한다.
④ 전동기의 극수를 변환한다.

해설
전원 3선 중 2선의 접속을 바꾸면 회전 방향이 반대로 된다.

57 그림과 같은 블록선도가 의미하는 요소는?

$R(s) \to \boxed{\dfrac{K}{1+sT}} \to C(s)$

① 1차 지연요소
② 2차 지연요소
③ 비례요소
④ 미분요소

해설
1차 지연요소란 출력이 입력의 변화에 따라 어떤 일정한 값에 도달하는 데 시간의 늦음이 있는 요소이다.
전달함수 $G(s) = \dfrac{K}{1+sT}$

58 그림은 일반적인 반파정류회로이다. 변압기 2차 전압의 실횻값을 E(V)라 할 때 직류전류의 평균값은?(단, 변류기의 전압강하는 무시한다)

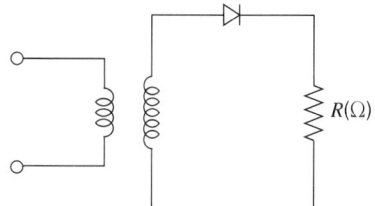

① $\dfrac{E}{R}$
② $\dfrac{E}{2R}$
③ $\dfrac{2E}{\pi R}$
④ $\dfrac{\sqrt{2}\,E}{\pi R}$

해설
• 전압의 평균값 $E_d = \dfrac{\sqrt{2}}{\pi} E(\text{V})$
• 직류전류의 평균값 $I_d = \dfrac{E_d}{R} = \dfrac{\sqrt{2}}{\pi} \times \dfrac{E}{R}(\text{A})$

59 PLC(Programmable Logic Controller)를 사용하더라도 대용량 전동기의 구동을 위해서 필수적으로 사용하여야 하는 기기는?

① 타이머
② 릴레이
③ 카운터
④ 전자개폐기

해설
PLC 제어반 내에는 릴레이, 타이머, 카운터 등의 기능이 있지만 전동기를 구동하기 위해서는 전자개폐기를 사용해야 한다.

60 직류 발전기의 철심을 규소강판으로 성층하여 사용하는 이유로 가장 알맞은 것은?

① 브러시에서의 불꽃 방지 및 정류 개선
② 와류손과 히스테리시스손의 감소
③ 전기자 반작용의 감소
④ 기계적으로 튼튼함

해설
전기자의 와류손과 히스테리시스손을 적게 하기 위하여 철심을 규소강판으로 성층한다.

2024년 제1회 과년도 기출복원문제

제1과목 공기조화 설비

01 다음 중 냉난방 과정을 설계할 때 주로 사용되는 습공기선도는?(단, h는 엔탈피, x는 절대습도, t는 건구온도, s는 엔트로피, p는 압력이다)

① $h-x$ 선도
② $t-s$ 선도
③ $t-h$ 선도
④ $p-h$ 선도

해설
$h-x$ 선도는 절대습도(x)를 횡축에, 엔탈피(h)를 사축으로 하며 엔탈피, 절대습도, 건구온도, 상대습도, 수증기 분압, 습구온도, 비체적 등의 상댓값이 기입되어 있으며 현열비, 열수분비도 나타내고 있어서 냉난방 과정을 설계할 때 주로 사용된다.

02 냉각수 출입구 온도차를 5℃, 냉각수의 처리 열량을 16,380kJ/h로 하면 냉각수량(L/min)은?(단, 냉각수의 비열은 4.2kJ/kg·℃로 한다)

① 10
② 13
③ 18
④ 20

해설
냉각수량(G)

$$G = \frac{Q}{C\Delta t} = \frac{16{,}380\,\frac{\text{kJ}}{\text{h}} \times \frac{1\text{h}}{60\text{min}}}{4.2\,\frac{\text{kJ}}{\text{kg}\cdot\text{℃}} \times 5\text{℃}} = 13\text{kg/min} = 13\text{L/min}$$

※ 물 1kg = 1L

03 난방부하 계산에서 손실부하에 해당되지 않는 것은?

① 외벽, 유리창, 지붕에서의 부하
② 조명기구, 재실자의 부하
③ 틈새바람에 의한 부하
④ 내벽, 바닥에서의 부하

해설
난방부하 계산 시 태양의 일사열량 및 실내에서 발생하는 부하(조명기구나 재실자 부하)는 일반적으로 고려하지 않는다.

04 냉난방부하에 관한 설명으로 옳은 것은?

① 외기온도와 실내설정온도의 차가 클수록 냉난방도일은 작아진다.
② 실내의 잠열부하에 대한 현열부하의 비를 현열비라고 한다.
③ 난방부하 계산 시 실내에서 발생하는 열부하는 일반적으로 고려하지 않는다.
④ 냉방부하 계산 시 틈새바람에 대한 부하는 무시하여도 된다.

해설
① 냉난방도일은 건물의 연간 에너지소비량을 예측하는 간단한 방법으로서 외기온도와 실내설정온도의 차가 클수록 냉난방도일은 커진다.
② 실내의 현열부하에 대한 전부하(현열부하 + 잠열부하의 합)의 비를 현열비라고 한다.
④ 냉방부하 계산 시 틈새바람에 대한 부하는 무시하면 안 된다.

정답 1 ① 2 ② 3 ② 4 ③

05 복사냉난방 방식에 관한 설명으로 틀린 것은?
① 실내 수배관이 필요하며 결로의 우려가 있다.
② 실내에 방열기를 설치하지 않으므로 바닥이나 벽면을 유용하게 이용할 수 있다.
③ 조명이나 일사가 많은 방에 효과적이며 천장이 낮은 경우에만 적용된다.
④ 건물의 구조체가 파이프를 설치하여 여름에는 냉수, 겨울에는 온수로 냉·난방을 하는 방식이다.

해설
복사냉난방 방식은 건물의 축열을 이용하므로 천장이 높은 실의 경우 실내 상하 온도차를 줄일 수 있어 효과적이다.

06 냉각수는 배관 내를 통하게 하고 배관 외부에 물을 살수하여 살수된 물의 증발에 의해 배관 내 냉각수를 냉각시키는 방식으로 대기오염이 심한 곳 등에서 많이 적용되는 냉각탑은?
① 밀폐식 냉각탑
② 대기식 냉각탑
③ 자연통풍식 냉각탑
④ 강제통풍식 냉각탑

해설
냉각탑의 열전달에 의한 분류
• 밀폐식 냉각탑 : 냉각탑에 설치된 열교환기에 흐르는 살포수에서 간접적으로 냉각하고 이 살포수를 공기로 냉각시키는 방식
• 개방식 냉각탑 : 공기와 직접 접촉하여 온도가 높아진 냉각수를 냉각시키는 방식

07 공기 냉각 코일에 대한 설명으로 틀린 것은?
① 소형 코일에는 일반적으로 외경 9~13mm 정도의 동관 또는 강관의 외측에 동 또는 알루미늄제의 핀을 붙인다.
② 코일의 관내에는 물 또는 증기, 냉매 등의 열매가 통하고 외측에는 공기를 통과시켜서 열매와 공기를 열교환시킨다.
③ 핀의 형상은 관의 외부에 얇은 리본 모양의 금속판을 일정한 간격으로 감아 붙인 것을 에로핀형이라 한다.
④ 에로핀 중 감아 붙인 핀이 주름진 것을 평판핀, 주름이 없는 평면상의 것을 파형핀이라 한다.

해설
에로핀 중 감아 붙인 핀이 주름진 것을 링클핀, 주름이 없는 평면상의 것을 나선형핀이라 한다.

08 다음 공기조화에 관한 설명으로 틀린 것은?
① 공기조화란 온도, 습도조정, 청정도, 실내기류 등 항목을 만족시키는 처리과정이다.
② 반도체산업, 전산실 등은 산업용 공조에 해당된다.
③ 보건용 공조는 재실자에게 쾌적한 환경을 만드는 것을 목적으로 한다.
④ 공조장치에 여유를 두어 여름에 실내·외 온도차를 크게 할수록 좋다.

해설
여름철에는 실내·외 온도차를 작게 하여 재실자가 열충격을 받지 않도록 하고, 실내·외 온도차가 크면 공조장치의 운전시간이 길어져 효율이 낮아진다.

09 32W 형광등 20개를 조명용으로 사용하는 사무실이 있다. 이때 조명기구로부터의 취득열량은 약 얼마인가?(단, 안정기의 부하는 20%로 한다)

① 550W   ② 640W
③ 660W   ④ 768W

[해설]
형광등에서 발생하는 취득열량
$q_E = P \times n \times 1.2 = 32W \times 20 \times 1.2 = 768W$

10 HEPA 필터에 적합한 효율 측정법은?

① 중량법   ② 비색법
③ 보간법   ④ 계수법

[해설]
DOP(계수법) : 광산란식 입자계수기(0.3μm DOP)를 사용하여 필터의 상류 및 하류의 미립자에 의한 산란광에서 그 입경과 개수를 계측하는 방법으로서 고성능(HEPA) 필터의 효율을 측정한다.

11 직교류형 및 대향류형 냉각탑에 관한 설명으로 틀린 것은?

① 직교류형은 물과 공기 흐름이 직각으로 교차한다.
② 직교류형은 냉각탑의 충진재 표면적이 크다.
③ 대향류형 냉각탑의 효율이 직교류형보다 나쁘다.
④ 대향류형은 물과 공기 흐름이 서로 반대이다.

[해설]
대향류형 냉각탑은 냉각수와 공기의 흐름 방향이 반대로 흐르기 때문에 직교류형 냉각탑보다 전열이 양호하므로 효율이 높다.

12 그림과 같은 단면을 가진 덕트에서 정압, 동압, 전압의 변화를 나타낸 것으로 옳은 것은?(단, 덕트의 길이는 일정한 것으로 한다)

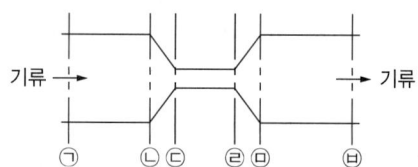

①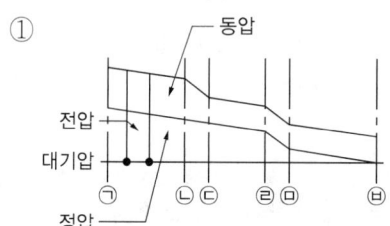

②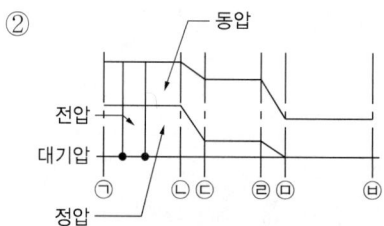

③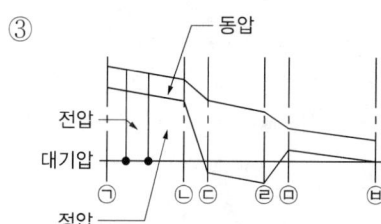

④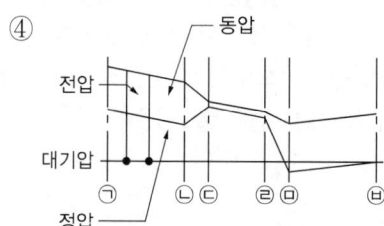

[해설]
- ⓛ → ⓒ : 덕트의 단면적이 줄어들면서 기류의 속도가 증가되어 정압이 점차 감소한다.
- ⓒ → ⓔ : 덕트의 단면적이 일정하므로 마찰저항으로 인한 동압 감소와 정압의 점차적인 감소가 부압을 형성한다.
- ⓔ → ⓜ : 덕트의 단면적이 돌연 확대되면서 기류의 속도가 작아져 동압이 감소하고 정압이 부압에서 대기압보다 높아진다.
- ⓜ → ⓗ : 평형 덕트에서 마찰저항으로 인하여 동압이 점차 감소하고 정압도 동압만큼 감소하여 대기압으로 된다.

13 온수난방 방식의 분류에 해당되지 않는 것은?

① 복관식　　　② 건식
③ 상향식　　　④ 중력식

[해설]
온수난방의 분류
- 순환방식 : 자연순환식(중력식), 강제순환식(펌프식)
- 온수온도 : 고온수식(밀폐식), 보통온수식, 저온수식(개방식)
- 배관방식 : 단관식, 복관식, 역환수방식
- 공급방식 : 상향식, 하향식

14 수관식 보일러의 특징에 관한 설명으로 틀린 것은?

① 드럼이 작아 구조상 고압 대용량에 적합하다.
② 구조가 복잡하여 보수·청소가 곤란하다.
③ 예열시간이 짧고 효율이 좋다.
④ 보유수량이 커서 파열 시 피해가 크다.

[해설]
수관식 보일러는 작은 드럼과 다수의 수관으로 구성된 보일러로서 보유수량이 작아 파열 시 피해가 적다.

15 공기를 가열하는 데 사용하는 공기 가열 코일이 아닌 것은?

① 증기 코일　　　② 온수 코일
③ 전기히터 코일　④ 증발 코일

[해설]
- 공기 가열 코일의 종류 : 증기 코일, 온수 코일, 전열(전기히터) 코일
- 공기 냉각 코일의 종류 : 냉수 코일, 냉매 코일(증발 코일, 직접팽창식 코일)

16 공기조화 방식 중 중앙식 전공기 방식의 특징에 관한 설명으로 틀린 것은?

① 실내공기의 오염이 적다.
② 외기 냉방이 가능하다.
③ 개별제어가 용이하다.
④ 대형의 공조기계실을 필요로 한다.

[해설]
대표적인 중앙식 전공기 방식은 단일 덕트 정풍량 방식이다. 따라서 단일 덕트 정풍량 방식은 풍량을 일정하게 유지하고 실내의 부하변동에 대하여 토출공기의 온도를 변화시켜 공조를 실시하므로 개별제어에 부적합하다.

17 통과 풍량이 350m³/min일 때 표준 유닛형 에어필터의 수는?(단, 통과풍속은 1.5m/s, 통과면적은 0.5m²이며, 유효면적은 80%이다)

① 5개　　　② 6개
③ 8개　　　④ 10개

[해설]
에어필터의 수 $n = \dfrac{Q}{A \times V \times a} = \dfrac{350\,\dfrac{m^3}{min} \times \dfrac{1\,min}{60\,s}}{0.5m^2 \times 1.5\,\dfrac{m}{s} \times 0.8}$

$= 9.7 ≒ 10$

18 냉각 코일로 공기를 냉각하는 경우에 코일 표면온도가 공기의 노점온도보다 높으면 공기 중의 수분량 변화는?

① 변화가 없다.　　② 증가한다.
③ 감소한다.　　　④ 불규칙적이다.

[해설]
냉각 코일로 공기를 냉각하는 경우
- 코일 표면온도가 공기의 노점온도보다 높으면 냉각과정만 일어나므로 공기 중의 수분량 변화는 없다.
- 코일 표면온도가 공기의 노점온도보다 낮으면 냉각감습과정이 일어나므로 공기 중의 수분량 변화는 감소한다.

[정답] 13 ② 14 ④ 15 ④ 16 ③ 17 ④ 18 ①

19 습공기의 수증기 분압과 동일한 온도에서 포화공기의 수증기 분압과의 비율을 무엇이라 하는가?

① 절대습도   ② 상대습도
③ 열수분비   ④ 비교습도

해설
① 절대습도 : 건조공기 1kg을 함유하고 있는 습공기 속의 수증기 중량
③ 열수분비 : 수분량(절대습도)의 변화에 따른 전열량의 비
④ 비교습도 : 습공기의 절대습도와 동일 온도에 있어서 포화공기의 절대습도와의 비

20 어느 실내에 설치된 온수 방열기의 방열면적이 10m²EDR일 때의 방열량(W)은?

① 4,500   ② 6,500
③ 7,558   ④ 5,233

해설
상당방열면적(EDR)

$$EDR = \frac{방열기의\ 전방열량}{표준방열량} = \frac{방열기의\ 전방열량}{450 kcal/m^2 \cdot h} = 10m^2$$

∴ 방열기의 전방열량 = $10m^2 \times 450 \frac{kcal}{m^2 \cdot h}$ = 4,500kcal/h

kcal/h를 W로 단위변환

$(4,500 \times 4.186)\frac{kJ}{h} \times \frac{1h}{3,600s}$ = 5.233kJ/s = 5.233kW
= 5,233W

※ 온수난방 표준방열량 = 450kcal/m² · h
 1kcal = 4.186kJ

제2과목 냉동냉장 설비

21 암모니아 냉동장치에서 팽창밸브 직전의 엔탈피가 128kcal/kg, 압축기 입구의 냉매가스 엔탈피가 397kcal/kg이다. 이 냉동장치의 냉동능력이 12냉동톤일 때 냉매 순환량은?(단, 1냉동톤은 3,320 kcal/h이다)

① 3,320kg/h   ② 3,328kg/h
③ 269kg/h   ④ 148kg/h

해설
냉매 순환량(G)

$$G = \frac{Q_e}{q} = \frac{Q_e}{\Delta h} = \frac{12 \times 3,320 kcal/h}{(397-128)kcal/kg} = 148.1\,kg/h$$

22 절대압력 20bar의 가스 10L가 일정한 온도 10℃에서 절대압력 1bar까지 팽창할 때의 출입한 열량은?(단, 가스는 이상기체로 간주한다)

① 55kJ   ② 60kJ
③ 65kJ   ④ 70kJ

해설
$P_1 = 20\mathrm{bar} = 2,000\mathrm{kPa}$
$V_1 = 10\mathrm{L} = 0.01\mathrm{m}^3$
$P_2 = 1\mathrm{bar} = 100\mathrm{kPa}$

$$Q = P_1 V_1 \ln\frac{P_1}{P_2} = (2,000 \times 0.01)\ln\frac{2,000}{100} = 60\,kJ$$

23 브라인의 구비조건으로 틀린 것은?

① 비열이 크고 동결온도가 낮을 것
② 점성이 클 것
③ 열전도율이 클 것
④ 불연성이며 불활성일 것

해설
브라인의 구비조건
• 열용량(비열)이 클 것
• 점도가 작을 것
• 열전도율이 클 것
• 불연성이 불활성일 것
• 인화점이 높고 응고점이 낮을 것
• 가격이 싸고 구입이 용이할 것
• 냉매 누설 시 냉장품 손실이 적을 것

24 교축작용과 관계없는 것은?

① 등엔탈피 변화
② 팽창밸브에서의 변화
③ 엔트로피의 증가
④ 등적 변화

해설
교축작용은 단면적이 아주 작은 오리피스 내를 유체가 통과하여 단열팽창하는 과정이다. 이때 압력과 온도는 감소하고 엔탈피는 일정한 상태가 되며 엔트로피는 증가하거나 감소하는 방향으로 간다.

25 1,925kJ/h의 석탄을 연소하여 10,550kg/h의 증기를 발생시키는 보일러의 효율은?(단, 석탄의 저위 발열량은 25,271kJ/kg, 발생증기의 엔탈피는 3,717kJ/kg, 급수엔탈피는 221kJ/kg으로 한다)

① 45.8% ② 64.6%
③ 70.5% ④ 75.8%

해설
보일러 효율 $\eta = \dfrac{G(h_2 - h_1)}{G_f \times H_l} \times 100$

$= \dfrac{10,550\dfrac{\text{kg}}{\text{h}}(3,717-221)\dfrac{\text{kJ}}{\text{kg}}}{1,925\dfrac{\text{kg}}{\text{h}} \times 25,271\dfrac{\text{kJ}}{\text{kg}}} \times 100 = 75.8\%$

여기서, η : 보일러 효율
G : 급탕량(kg/h)
H : 연료의 저위 발열량(kJ/kg)
G_f : 연료 소모량(kg/h)

26 두께가 3cm인 석면판의 한쪽 온도는 400℃, 다른 쪽 면의 온도는 100℃일 때, 이 판을 통해 일어나는 열전달량(W/m²)은?(단 석면의 열전도율은 0.095 W/m·℃이다)

① 0.95 ② 95
③ 950 ④ 9,500

해설
열전달량 $Q = \dfrac{\lambda}{l} \times \Delta t = \dfrac{0.095\dfrac{\text{W}}{\text{m}^2 \cdot \text{℃}}}{0.03\text{m}} \times (400-100)\text{℃}$

$= 950\text{W/m}^2$

여기서, Q : 열전달량(W/m²)
λ : 열전도율(W/m·℃)
l : 두께(m)
Δt : 온도차(℃)

정답 23 ② 24 ④ 25 ④ 26 ③

27 카르노 사이클과 관련 없는 상태 변화는?

① 등온팽창　　② 등온압축
③ 단열압축　　④ 등적팽창

해설
카르노 사이클 : 등온과정 2개와 단열과정 2개로 구성되어 있으며 이상적인 열기관 사이클이다. 카르노 사이클의 가역과정은 등온팽창-단열팽창-등온압축-단열압축으로 구성되어 있다.

28 액봉 발생의 우려가 있는 부분에 설치하는 안전장치가 아닌 것은?

① 가용전　　② 파열판
③ 안전밸브　　④ 압력도피장치

해설
액봉이란 주위의 온도가 상승함에 따라 냉매액이 체적팽창하여 이상고압이 발생하는 현상이다. 액봉이 발생하는 곳에는 압력을 도피할 수 있는 안전장치인 파열판, 안전밸브, 압력도피장치를 설치해야 한다.

29 유량 100L/min의 물을 15℃에서 9℃로 냉각하는 수냉각기가 있다. 이 냉동장치의 냉동효과가 168 kJ/kg일 경우 냉매 순환량(kg/h)은?(단, 물의 비열은 4.2kJ/kg·K로 한다)

① 700　　② 800
③ 900　　④ 1,000

해설
- 냉동능력
$Q = GC\Delta t$
$Q = \left(100\dfrac{\text{kg}}{\text{min}} \times \dfrac{60\text{min}}{\text{h}}\right) \times 4.2\dfrac{\text{kJ}}{\text{kg}\cdot\text{K}} = (15-9)\text{K}$
$= 151,200 \text{kJ/h}$

- 냉매 순환량
$Q = G \times q$ 에서 $G = \dfrac{Q}{q} = 151,200\dfrac{\frac{\text{kJ}}{\text{h}}}{168\frac{\text{kJ}}{\text{kg}}} = 900\text{kJ/h}$

여기서, Q : 냉동능력(kJ/h)
　　　　G : 냉매 순환량(kg/h) 또는 냉각수량(kg/h)
　　　　q : 냉동효과(kJ/kg)

30 진공계의 지시가 45cmHg일 때 절대압력(kgf/cm²·abs)은?

① 0.0421　　② 0.42
③ 4.21　　④ 42.1

해설
- 대기압 1atm = 76cmHg = 1.0332kgf/cm²
- 진공압력 $P_v = \dfrac{45\text{cmHg}}{76\text{cmHg}} \times 1.0332\text{kgf/cm}^2 = 0.61\text{kgf/cm}^2$
- 절대압력 = 대기압 - 진공압력 = $P - P_v$
$P_a = (1.0332 - 0.61)\text{kgf/cm}^2\cdot\text{abs} = 0.4232\text{kgf/cm}^2\cdot\text{abs}$

정답 27 ④　28 ①　29 ③　30 ②

31 냉동사이클에서 증발온도는 일정하고 응축온도가 올라가면 일어나는 현상이 아닌 것은?

① 압축기 토출가스 온도 상승
② 압축기 체적효율 저하
③ COP(성적계수) 증가
④ 냉동능력(효과) 감소

해설
응축온도(압력) 상승 시 장치에 미치는 영향
• 압축기 토출가스 온도 상승
• 압축기 체적효율 감소
• 성적계수 감소
• 냉동능력(효과) 감소
• 윤활유 열화 탄화
• 소요동력 증대

32 균압관의 설치 위치는?

① 응축기 상부 – 수액기 상부
② 응축기 하부 – 팽창변 입구
③ 증발기 상부 – 압축기 출구
④ 액분리기 하부 – 수액기 상부

해설
균압관 : 응축기 상부와 수액기 상부 사이에 설치하여 응축기와 수액기 내부 압력을 균일하게 하여 순환이 원활하게 하는 관으로 충분한 크기의 균압관을 사용해야 한다.

33 증기압축식 이론 냉동사이클에서 엔트로피가 감소하고 있는 과정은?

① 팽창과정
② 응축과정
③ 압축과정
④ 증발과정

해설
증기압축식 이론 냉동사이클 과정
• 압축과정 : 단열압축(엔트로피 일정) 과정, 압력 상승, 온도 상승, 비체적 감소
• 응축과정 : 압력 일정, 온도 저하, 비체적 저하, 엔탈피 저하, 엔트로피 감소
• 팽창과정 : 단열팽창(엔탈피 일정) 과정, 압력 강하, 온도 저하, 비체적 상승
• 증발과정 : 온도 일정, 압력 일정, 비체적 상승, 엔탈피 상승

34 영화관을 냉방하는 데 360,000kcal/h의 열을 제거해야 한다. 소요동력을 냉동톤당 1PS로 가정하면 이 압축기를 구동하는 데 약 몇 kW의 전동기가 필요한가?

① 79.8
② 69.8
③ 59.8
④ 49.8

해설
• 냉동능력(Q_e)

$$Q_e = \frac{360,000\text{kcal/h} \times 1\text{RT}}{3,320\text{kcal/h}} = 108.43\text{RT}$$

여기서 냉동톤 1RT = 3,320kcal/h, 국제마력 1PS = 75kgf·m/s, 국제동력 1kW = 102kgf·m/s이다. 국제마력과 국제동력을 단위 환산하면 다음과 같다.

$$1\text{PS} = 75\text{kgf·m/s} \times \frac{1\text{kW}}{102\text{kgf·m/s}} = 0.7353\text{kW}$$

• 소요동력(A_w)
소요동력은 냉동톤당 1PS로 가정하므로
소요동력 A_w = 108.43PS이고 kW 단위로 환산한다.
$A_w = 108.43 \times 0.7353\text{kW} = 79.73\text{kW}$

35 플래시 가스(Flash Gas)의 발생 원인으로 가장 거리가 먼 것은?

① 관경이 큰 경우
② 수액기에 직사광선이 비쳤을 경우
③ 스트레이너가 막혔을 경우
④ 액관이 현저하게 입상했을 경우

해설
냉동장치의 플래시 가스 발생 원인
• 냉매 순환량에 비하여 액관의 관경이 작을 때
• 증발기와 응축기 사이의 액관의 입상 높이가 매우 클 때
• 여과기(스트레이너)나 필터 등이 막혀 있을 때
• 액관 냉매액의 과냉도가 작을 때

정답 31 ③ 32 ① 33 ② 34 ① 35 ①

36 냉각수 출입구 온도차를 5℃, 냉각수의 처리 열량을 16,380kJ/h로 하면 냉각수량(L/min)은?(단, 냉각수의 비열은 4.2kJ/kg·K이다)

① 10
② 13
③ 18
④ 20

해설

냉각수량 $G = \dfrac{Q}{C\Delta t} = \dfrac{16,380\,\frac{kJ}{h}}{4.2\,\frac{kJ}{kg\cdot K} \times 5K} = 780 kg/h$

시(h)를 분(min)으로 변환

$G = 780\,\dfrac{kg}{h} \times \dfrac{h}{60min} = 13 kg/min = 13 L/min$

※ 물 1kg = 1L

37 압축기의 흡입밸브 및 송출밸브에서 가스 누출이 있을 경우 일어나는 현상은?

① 압축일이 감소
② 체적효율이 감소
③ 가스의 압력이 상승
④ 성적계수가 증가

해설

압축기 밸브에서 가스 누출이 있을 경우 냉동기에 일어나는 현상
• 압축일이 증가한다.
• 체적효율 및 압축효율이 감소한다.
• 가스의 압력이 저하된다.
• 성적계수가 감소한다.

38 온도식 팽창밸브에서 흐르는 냉매의 유량에 영향을 미치는 요인이 아닌 것은?

① 오리피스 구경의 크기
② 고·저압측 간의 압력차
③ 고압측 액상 냉매의 냉매온도
④ 감온통의 크기

해설

온도식 팽창밸브에서 흐르는 냉매의 유량에 미치는 요인
• 오리피스 구경의 크기 : 구경이 크면 난조현상이 발생하고 구경이 작으면 냉매량이 작아 과열도가 높아지거나 냉매가 부족하게 된다.
• 고·저압측 간의 압력차 : 압력차가 크면 냉동능력이 감소하고 압력차가 작으면 냉동능력이 증가한다.
• 고압측 액상 냉매의 냉매온도 : 고압측 액상 냉매의 온도가 높으면 플래시 가스량이 증가하게 되어 냉동능력이 감소한다.

39 정압식 팽창밸브는 무엇에 의하여 작동하는가?

① 응축압력
② 증발기의 냉매 과냉도
③ 응축온도
④ 증발압력

해설

정압식 팽창밸브 : 증발압력을 항상 일정하게 유지하는 팽창밸브이다.

40 할로겐 원소에 해당되지 않는 것은?

① 불소(F)
② 수소(H)
③ 염소(Cl)
④ 브롬(Br)

해설

할로겐 원소 : 불소(F), 염소(Cl), 브롬(Br), 아이오딘(I)

제3과목 공조냉동 설치·운영

41 도시가스를 공급하는 배관의 종류가 아닌 것은?

① 공급관　② 본관
③ 내관　④ 주관

해설
도시가스의 공급 배관은 본관, 공급관, 사용자 공급관, 내관 등이 있다.

42 냉매 배관 중 토출 측 배관 시공에 관한 설명으로 틀린 것은?

① 응축기가 압축기보다 높은 곳에 있을 때 2.5m보다 높으면 트랩장치를 한다.
② 수직관이 너무 높으면 2m마다 트랩을 1개씩 설치한다.
③ 토출관의 합류는 Y이음으로 한다.
④ 수평관은 모두 끝 내림 구배로 배관한다.

해설
토출관의 입상 배관이 너무 높아 10m 이상일 경우 10m마다 중간 트랩을 설치한다.

43 하나의 장치에서 4방밸브를 조작하여 냉·난방 어느 쪽도 사용할 수 있는 공기조화용 펌프는?

① 열펌프　② 냉각펌프
③ 원심펌프　④ 왕복펌프

해설
열펌프
- 냉방 시 : 압축기로부터 토출된 고온과 고압의 냉매증기는 4방밸브를 통하여 응축기로 들어가 외기와 열교환시켜 액화된다. 이때 액화된 냉매액은 팽창밸브를 통과하여 저온과 고압의 냉매액이 되고 증발기에서 실내공기와 열교환시켜 증발 잠열에 의해 냉방의 목적을 달성한다.
- 난방 시 : 압축기로부터 토출된 고온과 고압의 냉매증기는 4방밸브를 통하여 응축기로 들어가 실내에 고온의 열을 방출하여 난방의 목적을 달성한다. 이때 응축된 냉매액은 팽창밸브를 통과하여 증발기에서 외기와 열교환시킨다.

44 나사용 패킹으로 냉매 배관에 많이 사용되며 빨리 굳는 성질을 가진 것은?

① 일산화연　② 페인트
③ 석면각형 패킹　④ 아마존 패킹

해설
일산화연은 나사용 패킹으로서 페인트에 소량의 일산화연을 혼합하여 사용하며 냉매 배관에 사용된다.

45 증기난방 설비의 수평 배관에서 관경을 바꿀 때 사용하는 이음쇠로 가장 적합한 것은?

① 편심 리듀서　② 동심 리듀서
③ 유니언　④ 소켓

해설
수평 배관에서 관경을 바꿀 때 공기가 고이는 것을 방지하기 위하여 편심 리듀서로 이음한다.

정답　41 ④　42 ②　43 ①　44 ①　45 ①

46 공기여과기의 분진 포집 원리에 의해 분류한 집진 형식에 해당되지 않는 것은?

① 정전식　　② 여과식
③ 가스식　　④ 충돌 점착식

해설
공기여과기의 분진 포집 원리에 의한 분류 : 정전식, 여과식, 충돌 점착식, 흡착식

47 도시가스 배관의 나사 이음부와 전기계량기 및 전기개폐기의 거리로 옳은 것은?

① 10cm 이상　　② 30cm 이상
③ 60cm 이상　　④ 80cm 이상

해설
도시가스 배관의 나사 이음부와 전기계량기 및 전기개폐기는 60cm 이상 유지하여야 한다.

48 배수계통에 설치된 통기관의 역할과 거리가 먼 것은?

① 사이펀 작용에 의한 트랩의 봉수 유실을 방지한다.
② 배수관 내를 대기압과 같게 하여 배수 흐름을 원활히 한다.
③ 배수관 내로 신선한 공기를 유통시켜 관내를 청결히 한다.
④ 하수관이나 배수관으로부터 유해가스의 옥내 유입을 방지한다.

해설
배수 트랩은 하수관이나 배수관으로부터 유해가스가 옥내에 유입되는 것을 방지한다.

49 배수 배관의 시공상 주의사항으로 틀린 것은?

① 배수를 가능한 한 빨리 옥외 하수관으로 유출할 수 있을 것
② 옥외 하수관에서 유해가스가 건물 안으로 침입하는 것을 방지할 수 있을 것
③ 배수관 및 통기관은 내구성이 풍부하고 물이 새지 않도록 접합을 완벽히 할 것
④ 한랭지일 경우 동결 방지를 위해 배수관은 반드시 피복을 하며 통기관은 그대로 둘 것

해설
한랭지일 경우 동결 방지를 위해 배수관은 동결심도 이하로 매설한다.

50 호칭지름 25A인 강관을 R150으로 90℃ 굽힐 경우 곡선부의 길이는 약 몇 mm인가?(단, π는 3.14)

① 118mm　　② 236mm
③ 354mm　　④ 547mm

해설
곡관부 길이 : $L = 2\pi R \times \dfrac{\theta}{360°} = 2 \times 3.14 \times 150 \times \dfrac{90°}{360°} ≒ 236$

51 자동제어계의 구성 중 기준입력과 궤환신호의 차를 계산해서 제어계가 보다 안정된 동작을 하도록 필요한 신호를 만들어 내는 부분은?

① 목표설정부   ② 조절부
③ 조작부   ④ 검출부

해설
제어요소
- 조절부 : 제어계가 동작하도록 동작신호를 만들어 조작부에 보내는 부분이다.
- 조작부 : 조절부에서 받은 신호를 조작량으로 변화하여 제어대상에 작용하게 하는 부분이다.

53 다음 블록선도의 입력 R에 5를 대입하면 C의 값은 얼마인가?

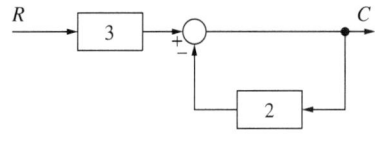

① 2   ② 3
③ 4   ④ 5

해설
블록선도의 전달함수 $C = 3R - 2C$ 에서 $3C = 3R$
입력 $R = 5$ 이므로 출력 $C = 5$

54 교류에서 실횻값과 최댓값의 관계는?

① 실횻값 = $\dfrac{최댓값}{\sqrt{2}}$

② 실횻값 = $\dfrac{최댓값}{\sqrt{3}}$

③ 실횻값 = $\dfrac{최댓값}{2}$

④ 실횻값 = $\dfrac{최댓값}{3}$

해설
최댓값 = $\sqrt{2}$ × 실횻값에서 실횻값 = $\dfrac{최댓값}{\sqrt{2}}$

52 유도전동기의 고정손에 해당하지 않는 것은?

① 1차 권선의 저항손
② 철손
③ 베어링 마찰손
④ 풍손

해설
유도전동기의 고정손에는 철손, 베어링 마찰손, 풍손, 브러시 마찰손이 있다.

55 $V = 100 \angle 60°$(V), $I = 20 \angle 30°$(A)일 때 유효전력은 약 몇 W인가?

① 1,000   ② 1,414
③ 1,732   ④ 2,000

해설
전력 $P_a = IV = 100\angle 60° \times 20 - \angle 30° = 2,000\angle 30°$
$= 2,000\cos 30° + j2,000\sin 30° = 1,732 + j1,000$
유효전력 $P = 1,732\text{W}$, 무효전력 $P_r = 1,000\text{Var}$

56 축전지의 용량을 나타내는 단위는?

① Ah   ② VA
③ W   ④ V

57 그림과 같은 회로의 전달함수는?

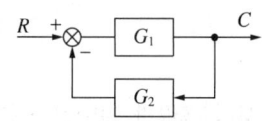

① $\dfrac{G_1}{1+G_1G_2}$ ② $\dfrac{G_2}{1+G_1G_2}$

③ $\dfrac{G_1}{1-G_1G_2}$ ④ $\dfrac{G_2}{1-G_1G_2}$

해설
블록선도의 전달함수
$C = RG_1 - CG_1G_2$ 에서 $C + CG_1G_2 = RG_1$
- 전달함수 $\dfrac{C}{R} = \dfrac{G_1}{1+G_1G_2}$

58 전류에 의해 생기는 자속은 반드시 폐회로를 이루며, 자속이 전류와 쇄교하는 수를 자속 쇄교수라 한다. 자속 쇄교수의 단위에 해당하는 것은?

① Wb   ② AT
③ WbT   ④ H

해설
자속 쇄교수의 단위 : WbT(Webber-turn)

59 유도전동기의 1차 전압변화에 의한 속도 제어 시 SCR을 사용하여 변화시키는 것은?

① 주파수   ② 토크
③ 위상각   ④ 전류

해설
워드 레오나드 속도제어 방식은 사이리스터(SCR)를 사용하여 위상각 제어에 의해 속도를 제어한다.

60 제어기기의 대표적인 것으로는 검출기, 변환기, 증폭기, 조작기기를 들 수 있는데 서보모터는 어디에 속하는가?

① 검출기   ② 변환기
③ 증폭기   ④ 조작기기

해설
조작기기 : 서보모터

2024년 제2회 과년도 기출복원문제

제1과목 공기조화 설비

01 온수난방의 특징에 대한 설명으로 틀린 것은?

① 증기난방보다 상하 온도차가 적고 쾌감도가 크다.
② 온도 조절이 용이하고 취급이 증기보일러보다 간단하다.
③ 예열시간이 짧다.
④ 보일러 정지 후에도 실내난방은 여열에 의해 어느 정도 지속된다.

해설
온수난방의 특징
• 장점
 - 온도 조절이 용이하다.
 - 증기난방에 비해 쾌감도가 좋다.
 - 열용량이 커서 동결 우려가 적다.
 - 취급이 용이하며 안전하다.
 - 화상의 위험이 적다.
• 단점
 - 열용량이 커서 예열시간이 길다.
 - 수두에 제한을 받는다.
 - 방열면적과 관 지름이 크다.
 - 설비비가 비싸다.

02 냉방 시의 공기조화 과정을 나타낸 것이다. 그림과 같은 조건일 경우 냉각 코일의 바이패스 팩터는? (단, ① 실내공기의 상태점, ② 외기의 상태점, ③ 혼합공기의 상태점, ④ 취출공기의 상태점, ⑤ 코일의 장치 노점온도이다)

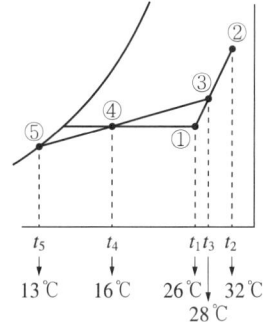

① 0.15
② 0.20
③ 0.25
④ 0.30

해설
바이패스 팩터(BF)

$$BF = \frac{\text{코일출구온도} - \text{코일표면온도}}{\text{혼합공기온도} - \text{코일표면온도}} = \frac{t_4 - t_5}{t_3 - t_5}$$

$$= \frac{(16-13)℃}{(28-13)℃} = 0.2$$

03 유인 유닛 방식의 특징으로 틀린 것은?

① 개별제어가 가능하다.
② 중앙공조기는 1차 공기만 처리하므로 규모를 줄일 수 있다.
③ 유닛에는 동력배선이 필요하지 않다.
④ 송풍량이 적어서 외기 냉방효과가 크다.

해설
유인 유닛 방식은 수공기 방식이므로 전공기 방식에 비해 송풍량이 적어서 외기 냉방효과가 작다.

정답 1 ③ 2 ② 3 ④

04 공기의 상태를 표시하는 용어와 단위의 연결로 틀린 것은?

① 절대습도 : kg/kg
② 상대습도 : %
③ 엔탈피 : kcal/m³ · ℃
④ 수증기 분압 : mmHg

해설
엔탈피 : h(kcal/kg 또는 kJ/kg)

05 전공기 방식에 의한 공기조화의 특징에 관한 설명으로 틀린 것은?

① 실내공기의 오염이 적다.
② 계절에 따라 외기 냉방이 가능하다.
③ 수배관이 없기 때문에 물에 의한 장치 부식 및 누수의 염려가 없다.
④ 덕트가 소형이라 설치공간이 줄어든다.

해설
전공기 방식은 송풍량이 많으므로 덕트가 대형이고 덕트 설치 공간이 크다.

06 여름철을 제외한 계절에 냉각탑을 가동하면 냉각탑 출구에서 흰색 연기가 나오는 현상이 발생할 때가 있다. 이 현상을 무엇이라고 하는가?

① 스모그(Smog) 현상
② 백연(白煙) 현상
③ 굴뚝(Stack Effect) 현상
④ 분무(噴霧) 현상

해설
① 스모그 현상 : 연기나 배기가스가 안개처럼 보이는 현상
③ 굴뚝 현상 : 건축물의 내·외부에서 발생하는 온도차에 의해 공기가 유동하는 현상
④ 분무 현상 : 영상을 형성하는 물질이 부유가스에 의해 정전기적 영상장으로 운반되는 현상

07 단일 덕트 방식에 대한 설명으로 틀린 것은?

① 단일 덕트 정풍량 방식은 개별제어에 적합하다.
② 중앙기계실에 설치한 공기조화기에서 조화한 공기를 주 덕트를 통해 각 실내로 분배한다.
③ 단일 덕트 정풍량 방식에서는 재열을 필요로 할 때도 있다.
④ 단일 덕트 방식에서는 큰 덕트 스페이스를 필요로 한다.

해설
단일 덕트 정풍량 방식은 부하변동에 관계없이 일정한 풍량을 유지하는 방식으로 각 실의 부하변동에 대응하기 어려워 개별제어가 부적합하다.

08 팬코일 유닛에 대한 설명으로 옳은 것은?

① 고속 덕트로 들어온 1차 공기를 노즐에 분출시킴으로써 주위의 공기를 유인하여 팬코일로 송풍하는 공기조화기이다.
② 송풍기, 냉온수 코일, 에어필터 등을 케이싱 내에 수납한 소형의 실내용 공기조화기이다.
③ 송풍기, 냉동기, 냉온수 코일 등을 기내에 조립한 공기조화기이다.
④ 송풍기, 냉동기, 냉온수 코일, 에어필터 등을 케이싱 내에 수납한 소형의 실내용 공기조화기이다.

해설
• 팬코일 유닛 : 송풍기, 냉온수 코일, 에어필터 등을 케이싱 내에 수납한 소형의 실내용 공기조화기이다.
• 유인 유닛 : 고속 덕트로 들어온 1차 공기를 노즐에 분출시킴으로써 주위의 실내공기(2차 공기)를 유인하여 혼합 취출시키는 공기조화장치이다.

정답 4 ③ 5 ④ 6 ② 7 ① 8 ②

09 8,000W의 열을 발산하는 기계실의 온도를 외기 냉방하여 26℃로 유지하기 위한 외기도입량은? (단, 밀도 1.2kg/m³, 공기 정압비열 1.01kJ/kg·℃, 외기온도 11℃이다)

① 약 600.06m³/h
② 약 1,584.16m³/h
③ 약 1,851.85m³/h
④ 약 2,160.22m³/h

해설

$$q = \frac{Q}{1.2 \times 1.01 \times \Delta t}$$

$$= \frac{8\frac{kJ}{s} \times 3{,}600\frac{s}{h}}{1.2\frac{kg}{m^3} \times 1.01\frac{kJ}{kg \cdot ℃} \times (26-11)℃}$$

$$= 1{,}584.16 m^3/h$$

11 다수의 전열판을 겹쳐 놓고 볼트로 연결시킨 것으로 판과 판 사이를 유체가 지그재그로 흐르면서 열교환이 이루어지는 것으로 열교환 능력이 매우 높아 필요 설치면적이 적고 전열관의 증감으로 기기 용량의 변동이 용이한 열교환기는?

① 플레이트형 열교환기
② 스파이럴형 열교환기
③ 원통다관형 열교환기
④ 회전형 전열교환기

해설

② 스파이럴형 열교환기 : 스테인리스 강판을 이중나선형으로 감아서 용접하고 두 가지의 유체가 흐르도록 출입구를 붙인 구조이다.
③ 원통다관형 열교환기 : 동체 내에 다수의 관을 설치한 구조로서 증기-물의 경우 동체 내에 증기를 흐르게 하고, 관 내에 물을 통과시켜 열교환한다.
④ 회전형 전열교환기 : 배기되는 공기와 도입외기 사이에 공기를 열교환시키는 공기 대 공기 열교환기로서 회전형은 흡습성이 있는 허니콤 형상의 로터를 회전시켜 로터의 상반부에는 외기가 통하고, 하반부에는 실내 배기를 통하게 한다.

10 배관 계통에서 유량이 다르더라도 단위길이당 마찰손실이 일정하도록 관경을 정하는 방법은?

① 균등법
② 정압재취득법
③ 등마찰손실법
④ 등속법

해설

덕트 설계법
- 등마찰손실법 : 단위길이당 마찰손실이 일정하게 되도록 덕트 치수를 결정하는 방법
- 정압재취득법 : 주 덕트에서 말단 또는 분기부로 갈수록 풍속이 감소한다. 이때 동압의 차만큼 정압이 상승하는데, 이것을 덕트의 압력손실에 재이용하는 방법
- 등속법 : 덕트 내의 풍속을 일정하게 유지할 수 있도록 덕트 치수를 결정하는 방법

12 공기조화장치의 열운반장치가 아닌 것은?

① 펌프
② 송풍기
③ 덕트
④ 보일러

해설

- 열운반장치 : 송풍기, 덕트, 펌프, 배관 등
- 열원장치 : 냉동기, 보일러, 흡수식 냉온수기, 열펌프 등

13 축열시스템의 특징에 관한 설명으로 옳은 것은?

① 피크 컷(Peak Cut)에 의해 열원장치의 용량이 증가한다.
② 부분부하 운전에 쉽게 대응하기가 곤란하다.
③ 도시의 전력수급상태 개선에 공헌한다.
④ 야간운전에 따른 관리 인건비가 절약된다.

해설
축열시스템의 특징
• 피크 컷에 의해 열원장치의 용량을 작게 할 수 있다.
• 부분부하 운전에 쉽게 대응한다.
• 도시의 전력수급상태 개선에 공헌한다.
• 심야전력 사용으로 야간운전에 따른 관리 인건비가 증가한다.
• 축열조를 설치하므로 설치비 및 기계실 면적이 크게 된다.

14 바이패스 팩터에 관한 설명으로 틀린 것은?

① 공기가 공기조화기를 통과할 경우, 공기의 일부가 변화를 받지 않고 원상태로 지나쳐갈 때 이 공기량과 전체 통과 공기량에 대한 비율을 나타낸 것이다.
② 공기조화기를 통과하는 풍속이 감소하면 바이패스 팩터는 감소한다.
③ 공기조화기의 코일 열수 및 코일 표면적이 작을 때 바이패스 팩터는 증가한다.
④ 공기조화기의 이용 가능한 전열 표면적이 감소하면 바이패스 팩터는 감소한다.

해설
공기조화기의 이용 가능한 전열 표면적이 감소하면 전열량의 감소로 인해 바이패스 팩터는 증가한다.
바이패스 팩터(BF) : 공기가 코일을 통과할 때 코일과 접촉하여 전열하지 못하고 지나가는 공기의 비율이다.

15 10kg의 쇳덩어리를 20℃에서 80℃까지 가열하는 데 필요한 열량은?(단, 쇳덩어리의 비열은 0.61 kJ/kg·℃이다)

① 27kcal   ② 87kcal
③ 366kcal ④ 600kcal

해설
$Q = GC\Delta t = 10\text{kg} \times 0.61 \dfrac{\text{kJ}}{\text{kg} \cdot \text{K}} \times (80-20)\text{K} = 366\text{kJ}$

1kcal = 4.18kJ이므로 $\dfrac{366}{4.18} = 87.55\text{kcal}$

16 염화리튬, 트리에틸렌글리콜 등의 액체를 사용하여 감습하는 장치는?

① 냉각 감습장치
② 압축 감습장치
③ 흡수식 감습장치
④ 세정식 감습장치

해설
흡수식 감습장치 : 염화리튬, 트리에틸렌글리콜과 같은 액체 흡수제를 사용하며 재생장치를 이용해 흡착된 수분을 증발, 제거시키고 흡수제는 재생되어 연속운전이 가능한 방식으로 대용량에 많이 사용된다.

17 수관식 보일러에 관한 설명으로 틀린 것은?

① 보일러의 전열면적이 넓어 증발량이 많다.
② 고압에 적합하다.
③ 비교적 자유롭게 전열면적을 넓힐 수 있다.
④ 구조가 간단하여 내부 청소가 용이하다.

해설
수관식 보일러는 작은 드럼과 다수의 수관으로 구성된 보일러로 구조가 복잡하여 청소, 검사, 수리가 불편하다.

18 실내 취득 현열량 3,000kW, 잠열량 1,000kW, 장치 내 취득열량이 550kW이다. 실내 온도를 25℃로 냉방하고자 할 때, 필요한 송풍량은 약 얼마인가? (단, 취출구 온도차는 10℃이다)

① $105.6 \text{m}^3/\text{s}$ ② $150.8 \text{m}^3/\text{s}$
③ $295.8 \text{m}^3/\text{s}$ ④ $346.6 \text{m}^3/\text{s}$

해설
실내 취득 현열량 $q_S = 3,000 + 550 = 3,550 \text{kW} = 3,550 \text{kJ/s}$
현열량 공식 $q_S = \rho Q C \Delta t = 1.2 \times Q \times 1 \times \Delta t$
여기서, ρ : 밀도(kg/m³)
   Q : 송풍량(m³/s)
   C : 공기비열(kJ/kg·℃)

$$Q = \frac{3,550 \frac{\text{kJ}}{\text{s}}}{1.2 \frac{\text{kg}}{\text{m}^3} \times 1 \frac{\text{kJ}}{\text{kg} \cdot \text{K}} \times 10\text{K}} = 295.83 \text{m}^3/\text{s}$$

19 흡수식 냉동기에서 흡수기의 설치 위치는?

① 발생기와 팽창밸브 사이
② 응축기와 증발기 사이
③ 팽창밸브와 증발기 사이
④ 증발기와 발생기 사이

해설
흡수식 냉동기에서 흡수기는 증발기와 발생기 사이에 설치한다.

20 실내 온도분포가 균일하여 쾌감도가 좋으며 화상의 염려가 없고 방을 개방하여도 난방효과가 있는 난방 방식은?

① 증기난방   ② 온풍난방
③ 복사난방   ④ 대류난방

해설
복사난방
• 고온식 복사난방은 강판제 패널에 관을 설치하고 150~200℃의 온수 또는 증기를 공급하여 패널의 가열 표면온도를 100℃ 이상으로 유지한다.
• 파이프 코일의 매설 깊이는 균등한 온도분포를 위해 코일 외경의 1.5~2배 정도로 한다.
• 온수의 공급 및 환수 온도차는 가열면의 균일한 온도분포를 위해 5~6℃ 내외로 한다.
• 방이 개방상태에서도 난방효과가 있고 건물의 축열을 이용하므로 열손실이 적다.

제2과목 냉동냉장 설비

21 증발식 응축기의 특징에 관한 설명으로 틀린 것은?

① 물의 소비량이 비교적 적다.
② 냉각수의 사용량이 매우 크다.
③ 송풍기의 동력이 필요하다.
④ 순환펌프의 동력이 필요하다.

해설
증발식 응축기는 냉각수가 부족한 곳에 사용되며 물의 증발잠열을 이용하여 냉매가스를 응축시키므로 냉각수의 소비량이 작다.

22 응축기의 냉매 응축온도가 30℃, 냉각수의 입구 수온이 25℃, 출구 수온이 28℃일 때 대수평균온도차(LMTD)는?

① 2.27℃   ② 3.27℃
③ 4.27℃   ④ 5.27℃

해설

대수평균온도차 $LMTD = \dfrac{\Delta T_1 - \Delta T_2}{\ln \dfrac{\Delta T_1}{\Delta T_2}}$

$\Delta T_1 = (30-25)℃ = 5℃$
$\Delta T_2 = (30-28)℃ = 2℃$
$LMTD = \dfrac{5-2}{\ln \dfrac{5}{2}} = 3.27℃$

여기서, ΔT_1 : 응축기와 냉각수 온도차 중 고온
       ΔT_2 : 응축기와 냉각수 온도차 중 저온

23 무기질 브라인 중에 동결점이 제일 낮은 것은?

① $CaCl_2$ ② $MgCl_2$
③ $NaCl$ ④ H_2O

해설
- 염화칼슘($CaCl_2$) : 공정점 -55℃
- 염화마그네슘($MgCl_2$) : 공정점 -33.6℃
- 염화나트륨($NaCl$) : 공정점 -21.2℃
- 물(H_2O) : 어는점 0℃

24 어느 재료의 열통과율이 0.35W/m²·K, 외기와 벽면과의 열전달률이 20W/m²·K, 내부공기와 벽면과의 열전달률이 5.4W/m²·K이고 재료의 두께가 187.5mm일 때 이 재료의 열전도도는?

① 0.032W/m·K
② 0.056W/m·K
③ 0.067W/m·K
④ 0.072W/m·K

해설

- 열관류율, 열통과율 $K = \dfrac{1}{\dfrac{1}{a_o}+\dfrac{l}{\lambda}+\dfrac{1}{a_i}}(kcal/m^2 \cdot h \cdot ℃)$

에서 열전도도(λ)를 구한다.
여기서, a_o : 외벽의 열전달률(계수)
       a_i : 내벽의 열전달률(계수)
       l : 단열재의 두께
       λ : 단열재의 열전도율

- 열전도도(λ)

$\lambda = \dfrac{l}{\dfrac{1}{K}-\dfrac{1}{\alpha_o}-\dfrac{1}{\alpha_i}} = \dfrac{0.1875}{\dfrac{1}{0.35}-\dfrac{1}{20}-\dfrac{1}{5.4}} = 0.072W/m \cdot K$

25 열의 일당량은?

① 860kg·m/kcal
② 1/860kg·m/kcal
③ 427kg·m/kcal
④ 1/427kg·m/kcal

해설
- 일의 열당량 = $\frac{1}{427}$ kcal/kg·m
- 열의 일당량 = 427kg·m/kcal

26 팽창밸브 종류 중 모세관의 특징 대한 설명으로 옳은 것은?

① 증발기 내 압력에 따라 밸브의 개도가 자동적으로 조정된다.
② 냉동부하에 따른 냉매의 유량조절이 쉽다.
③ 압축기를 가동할 때 기동동력이 적게 소요된다.
④ 냉동부하가 큰 경우 증발기 출구 과열도가 낮게 된다.

해설
모세관 특징
- 증발기 부하가 작은 가정용 냉장고, 소형 에어컨 등에 사용되므로 압축기를 기동할 때 기동동력이 적게 소요된다.
- 냉동부하에 따른 냉매의 유량조절이 안 되지만 응축기와 증발기 사이의 압축비를 일정하게 유지시켜 준다.
- 모세관 입구에는 수분의 동결과 이물질로 인하여 관이 막히지 않도록 드라이어와 스트레이너를 설치해야 한다.

27 냉동장치의 저압차단스위치(LPS)에 관한 설명으로 옳은 것은?

① 유압이 저하되었을 때 압축기를 정지시킨다.
② 토출압력이 저하되었을 때 압축기를 정지시킨다.
③ 장치 내 압력이 일정 압력 이상이 되면 압력을 저하시켜 장치를 보호한다.
④ 흡입압력이 저하되었을 때 압축기를 정지시킨다.

해설
저압차단스위치(LPS) : 흡입압력(저압)이 일정 압력 이하가 되면 전기적 접점이 떨어져 압축기 전원을 차단하여 압축기를 정지시킨다.

28 다음 그림은 역카르노 사이클을 절대온도(T)와 엔트로피(S) 선도로 나타내었다. 면적(1-2-2′-1′)이 나타내는 것은?

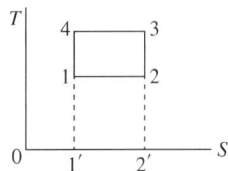

① 저열원으로부터 받는 열량
② 고열원에 방출하는 열량
③ 냉동기에 공급된 열량
④ 고·저열원으로부터 나가는 열량

해설
T-S 선도의 면적
- 면적 1-2-2′-1′ : 저열원으로부터 받는 열량
- 면적 1-2-3-4 : 냉동기에 공급된 열량
- 면적 1′-2′-3-4 : 고열원에 방출하는 열량

29 압축냉동 사이클에서 엔트로피가 감소하고 있는 과정은?

① 증발과정
② 압축과정
③ 응축과정
④ 팽창과정

해설
증기압축식 이론 냉동사이클 과정
- 압축과정 : 단열압축(엔트로피 일정) 과정, 압력 상승, 온도 상승, 비체적 감소
- 응축과정 : 압력 일정, 온도 저하, 비체적 저하, 엔탈피 저하, 엔트로피 감소
- 팽창과정 : 단열팽창(엔탈피 일정) 과정, 압력 강하, 온도 저하, 비체적 상승
- 증발과정 : 온도 일정, 압력 일정, 비체적 상승, 엔탈피 상승

30 스크루 압축기의 특징에 관한 설명으로 틀린 것은?

① 경부하 운전 시 비교적 동력 소모가 적다.
② 크랭크 샤프트, 피스톤링, 커넥팅 로드 등의 마모 부분이 없어 고장이 적다.
③ 소형에 비교적 큰 냉동능력을 발휘할 수 있다.
④ 왕복동식에서 필요한 흡입밸브와 토출밸브를 사용하지 않는다.

해설
스크루 압축기 : 수로터와 암로터가 서로 맞물려 고속으로 역회전하면서 축방향으로 가스를 흡입하여 압축하는 방식으로서 두 개의 로터가 고속으로 회전하므로 경부하 운전 시 동력 소모가 크다.

31 흡수식 냉동기에 관한 설명으로 옳은 것은?

① 초저온용으로 사용된다.
② 비교적 소용량보다는 대용량에 적합하다.
③ 열교환기를 설치하여도 효율은 변함없다.
④ 물-LiBr식에서는 물이 흡수제가 된다.

해설
흡수식 냉동기의 특징
- 물-LiBr식에서는 물이 냉매이고 LiBr(브롬화리튬)은 흡수제이다.
- 냉매로 물을 사용하기 때문에 초저온용으로 사용할 수 없다.
- 열교환기의 수가 많을수록 효율은 상승한다. 따라서 열교환기가 한 개인 단중 효용 흡수식 냉동기보다 열교환기가 두 개인 2중 효용 흡수식 냉동기의 효율이 좋다.
- 흡수식 냉동기는 공기조화용의 대용량에 적합하다.

32 내부균압형 자동팽창밸브에 작용하는 힘이 아닌 것은?

① 스프링 압력
② 감온통 내부압력
③ 냉매의 응축압력
④ 증발기에 유입되는 냉매의 증발압력

해설
내부균압형 자동팽창밸브의 작동원리
- 조절나사의 스프링 압력
- 증발기 출구 과열도에 따른 감온통 내부압력
- 증발기에 유입되는 냉매의 증발압력

33 압축기의 압축방식에 의한 분류 중 용적형 압축기가 아닌 것은?

① 왕복동식 압축기
② 스크루식 압축기
③ 회전식 압축기
④ 원심식 압축기

해설
- 용적형 압축기 : 왕복동식 압축기, 스크루식 압축기, 회전식 압축기, 스크롤식 압축기
- 터보형 압축기 : 원심식 압축기

34 할라이드 토치로 누설을 탐지할 때 누설이 있는 곳에서는 토치의 불꽃색깔이 어떻게 변화되는가?

① 흑색　　② 파란색
③ 노란색　　④ 녹색

해설
할라이드 토치는 프레온계 냉매의 누설을 검지하는 기기로서 불꽃의 색깔로 누설 유무를 확인한다.
• 청색 : 누설이 없을 때
• 녹색 : 소량 누설 시
• 자색 : 다량 누설 시
• 꺼짐 : 과잉 누설 시

35 입형 셸 앤 튜브식 응축기에 관한 설명으로 옳은 것은?

① 설치면적이 큰 데 비해 응축 용량이 적다.
② 냉각수 소비량이 비교적 적고 설치장소가 부족한 경우에 설치한다.
③ 냉각수의 배분이 불균등하고 유량을 많이 함유하므로 과부하를 처리할 수 없다.
④ 전열이 양호하며 냉각관 청소가 용이하다.

해설
입형 셸 앤 튜브식 응축기의 특징
• 설치면적이 작고 설비비가 저렴하다.
• 수랭식이므로 냉각수 소비량이 많고 옥외 설치가 가능하다.
• 과부하 처리는 양호하나 과냉각이 잘 안 된다.
• 전열이 양호하고 운전 중에도 냉각관 청소가 가능하다.

36 팽창밸브 직후 냉매의 건도가 0.2이다. 이 냉매의 증발열이 1,884kJ/kg이라 할 때 냉동효과(kJ/kg)는 얼마인가?

① 376.8　　② 1,324.6
③ 1,507.2　　④ 1,804.3

해설
• 건조도(x) = $\dfrac{\text{플래시가스 열량}}{\text{증발잠열}}$
• 플래시 가스 열량 = 0.2 × 1,884 = 376.8kJ/kg
• 냉동효과(q) = 증발잠열 − 플래시 가스 열량
　　　　　　 = 1,884 − 376.8
　　　　　　 = 1,507.2kJ/kg

37 열펌프 장치의 응축온도가 35℃, 증발온도가 −5℃일 때 성적계수는?

① 3.5　　② 4.8
③ 5.5　　④ 7.7

해설
성적계수(COP)
$COP = \dfrac{T_H}{T_H - T_L} = \dfrac{(273+35)\text{K}}{(273+35)\text{K} - \{273+(-5)\}\text{K}} = 7.7$

38 냉동장치에서 펌프다운의 목적으로 가장 거리가 먼 것은?

① 냉동장치의 저압측을 수리하기 위하여
② 기동 시 액해머 방지 및 경부하 기동을 위하여
③ 프레온 냉동장치에서 오일포밍(Oil Foaming)을 방지하기 위하여
④ 저장고 내 급격한 온도저하를 위하여

해설
펌프다운 : 냉동장치를 장시간 정지할 경우 냉매의 누설을 방지하기 위해 저압측의 냉매를 전부 수액기로 회수하는 작업이다. 냉동장치의 저압측을 수리하거나 재기동 시 액해머 및 경부하 기동을 위하여 실시한다.

정답　34 ④　35 ④　36 ③　37 ④　38 ④

39 냉매와 화학분자식이 바르게 짝지어진 것은?

① R-500 → $CCl_2F_4 + CH_2CHF_2$
② R-502 → $CHClF_2 + CClF_2CF_3$
③ R-22 → CCl_2F_2
④ R-717 → NH_4

해설
① R-500 → R12 + R152 → $CCl_2F_2 + C_2H_4F_2$
③ R-22 → $CHClF_2$
④ R-717 → NH_3

40 열역학 제2법칙을 바르게 설명한 것은?

① 열은 에너지의 하나로서 일을 열로 변화하거나 또는 열을 일로 변환시킬 수 있다.
② 온도계의 원리를 제공한다.
③ 절대 0도에서의 엔트로피값을 제공한다.
④ 열은 스스로 고온물체로부터 저온물체로 이동되나 그 과정은 비가역이다.

해설
① 열은 에너지의 하나로서 일을 열로 변화하거나 또는 열을 일로 변환시킬 수 있다(열역학 제1법칙).
② 온도계의 원리를 제공한다(열역학 제0법칙).
③ 절대 0℃에서의 엔트로피값을 제공한다(열역학 제3법칙)
열역학 제2법칙
- 열은 스스로 고온의 물체에서 저온으로 이동하며, 그 과정은 비가역 상태이다.
- 일은 쉽게 열로 변화되지만 열은 일로 변할 때 그보다 더 낮은 저온체를 필요로 한다.
- 어떤 기관이든 100% 효율을 가지는 기관은 지구상에 존재하지 않는다.

제3과목 공조냉동 설치·운영

41 스테인리스관의 특성이 아닌 것은?

① 내식성이 좋다.
② 저온 충격성이 크다.
③ 용접식, 몰코식 등 특수시공법으로 시공이 간단하다.
④ 강관에 비해 기계적 성질이 나쁘다.

해설
스테인리스 강관은 내식성과 내열성이 우수하며 강관에 비해 기계적 성질이 우수하다.

42 관경이 다른 강관을 직선으로 연결할 때 사용되는 배관 부속품은?

① 티
② 리듀서
③ 소켓
④ 니플

해설
- 관경이 다른 관을 직선으로 연결할 때 : 리듀서
- 관경이 같은 관을 직선으로 연결할 때 : 소켓, 니플
- 관을 도중에 분기할 때 : 티

43 폴리부틸렌관 이음(Polybutylene Pipe Joint)에 대한 설명으로 틀린 것은?

① 강한 충격, 강도 등에 대한 저항성이 크다.
② 온돌난방, 급수위생, 농업원예배관 등에 사용된다.
③ 가볍고 화학작용에 대한 우수한 내식성을 가지고 있다.
④ 에어컨 파이프의 사용 가능 온도는 10~70℃로 내한성과 내열성이 약하다.

해설
에어컨 파이프의 사용 가능 온도는 -20~100℃로 내한성 및 내열성이 우수하다.

44 트랩 중에서 응축수를 밀어 올릴 수 있어 환수관을 트랩보다도 위쪽에 배관할 수 있는 것은?

① 버킷 트랩　　② 열동식 트랩
③ 충동증기 트랩　　④ 플로트 트랩

해설
버킷 트랩은 버킷의 부력에 의해 작동되며 고압 증기난방에서 환수관이 트랩보다 높은 곳에 배관되었을 때 응축수를 밀어 올려 환수시킨다.

45 350℃ 이하의 온도에서 사용되는 관으로 압력 10~100kgf/cm² 범위에 있는 보일러 증기관, 수압관, 유압관 등의 압력 배관에 사용되는 관은?

① 배관용 탄소 강관
② 압력 배관용 탄소 강관
③ 고압 배관용 탄소 강관
④ 고온 배관용 탄소 강관

해설
고압 배관용 탄소 강관
• 사용온도 : 350℃ 이하
• 사용압력 : 100kgf/cm² 이상

46 압축기의 진동이 배관에 전해지는 것을 방지하기 위해 압축기 근처에 설치하는 것은?

① 팽창밸브
② 리듀싱
③ 플렉시블 조인트
④ 엘보

해설
압축기 흡입측과 토출측에 플렉시블 조인트를 설치하여 압축기에서 발생한 진동이 배관계에 전달되지 않도록 한다.

47 가스관으로 많이 사용하는 일반적인 관의 종류는?

① 주철관　　② 주석관
③ 연관　　　④ 강관

해설
가스관의 시공은 노출배관을 원칙으로 하며 강관을 많이 사용한다.

48 압력탱크식 급수법에 대한 특징으로 틀린 것은?
① 압력탱크의 제작비가 비싸다.
② 고양정의 펌프를 필요로 하므로 설비비가 많이 든다.
③ 대규모의 경우에도 공기압축기를 설치할 필요가 없다.
④ 취급이 비교적 어려우며 고장이 많다.

해설
압력탱크식 급수법은 공기압축기의 압축공기로 압력탱크 내에 있는 물에 압력을 가하여 각 실의 수전에 급수를 공급한다. 따라서 압력탱크 및 공기압축기를 설치해야 하므로 설비비가 비싸다.

49 급탕 배관 시공 시 현장 사정상 그림과 같이 배관을 시공하게 되었다. 이때 그림의 Ⓐ부에 부착해야 할 밸브는?

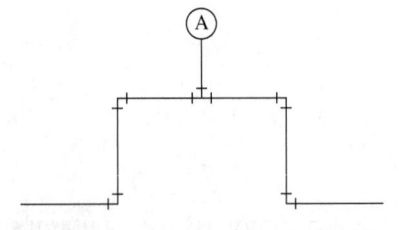

① 앵글밸브   ② 안전밸브
③ 공기빼기밸브   ④ 체크밸브

해설
급탕 배관 시공 시 배관의 최상부나 ㄷ자형 배관에는 공기가 체류할 우려가 있으므로 공기를 배출하기 위하여 공기빼기밸브를 설치한다.

50 급수 본관 내에서 적절한 유속은 몇 m/s 이내인가?
① 0.5   ② 2
③ 4   ④ 6

해설
급수 본관 내에서 유속을 2~2.5m/s 이내가 되도록 하여 수격 작용을 방지한다.

51 발전기의 유기기전력 방향과 관계가 있는 법칙은?
① 플레밍의 왼손법칙
② 플레밍의 오른손법칙
③ 패러데이의 법칙
④ 암체어의 법칙

해설
• 플레밍의 오른손법칙 : 발전기의 유기기전력 방향을 결정
• 플레밍의 왼손법칙 : 전자기력의 방향을 결정하는 법칙으로서 전동기의 회전 방향을 결정

52 PLC(Programmable Logic Controller)를 설치할 때 옳지 않은 방법은?
① 설치장소의 환경을 충분히 파악하여 온도, 습도, 진동, 충격 등에 주의하여야 한다.
② 배선공사 시 동력선과 신호케이블은 평행시키지 않도록 한다.
③ 접지공사는 제1종 접지공사로 하고 다른 기기와 공용접지가 바람직하다.
④ 잡음(Noise) 대책의 일환으로 제어반의 배선은 실드케이블을 사용한다.

해설
PLC를 설치할 때 접지는 제3종 접지공사로 한다.

53
스트레인 게이지(Strain Gauge) 센서는 무엇의 변화량을 측정하는 것인가?

① 마이크로파 ② 정전용량
③ 인덕턴스 ④ 저항

해설
스트레인 게이지는 저항선을 이용하여 전기적 저항값의 변화량을 측정한다.

54
그림과 같은 블록선도의 전달함수는?

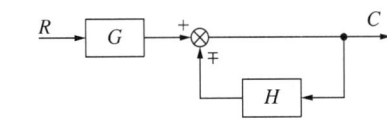

① $\dfrac{1}{1 \pm GH}$ ② $\dfrac{G}{1 \pm GH}$
③ $\dfrac{G}{1 \pm H}$ ④ $\dfrac{1}{1 \pm H}$

해설
$C = RG \mp CH$
$(1 \pm H)C = RG$
전달함수 $\dfrac{C}{R} = \dfrac{G}{1 \pm H}$

55
정자계와 정전계의 대응 관계를 표시하였다. 잘못 연관된 것은?

① 자속 - 전속
② 자계 - 전계
③ 자기력선 - 전기력선
④ 투자율 - 도전율

해설
투자율 - 유전율

56
3상 4선식 불평형부하의 경우, 단상전력계로 전력을 측정하고자 할 때 몇 대의 단상전력계가 필요한가?

① 2 ② 3
③ 4 ④ 5

해설
3상 교류를 측정하기 위하여 단상전력계 3대를 접속하여 측정한다.

57
변압기는 어떤 작용을 이용한 전기기기인가?

① 정전유도작용
② 전자유도작용
③ 전류의 발열작용
④ 전류의 화학작용

해설
변압기는 전자유도작용에 의해 1차측 코일에 교류전압을 가하면 권수에 비례하여 2차측 코일에 유도기전력이 발생한다.

정답 53 ④ 54 ③ 55 ④ 56 ② 57 ②

58 다음 중 제어계에 가장 많이 이용되는 전자요소는?

① 증폭기
② 변조기
③ 주파수 변환기
④ 가산기

해설
증폭기는 작은 신호를 큰 신호로 만드는 전자요소로서 자동제어계의 전기적 요소(회전증폭기, 자기증폭기)로 많이 사용되고 있다.

59 다음 그림은 무엇을 나타낸 논리연산 회로인가?

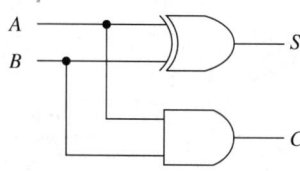

① HALF-ADDER 회로
② FULL_ADDER 회로
③ NAND 회로
④ EXCLUSIVE OR 회로

해설
HALF-ADDER(반가산기) 회로 : 피가수 A와 가수 B를 더한 합과 자리 올림을 만드는 논리회로로서 2개의 입력과 2개의 출력이 있다.
논리식 $S = \overline{A}B + A\overline{B}$, $C = A \cdot B$

60 그림과 같이 1차측에 직류 10V를 가했을 때 변압기 2차측에 걸리는 전압 V_2는 몇 V인가?(단, 변압기는 이상적이며 n_1 = 100회, n_2 = 500회이다)

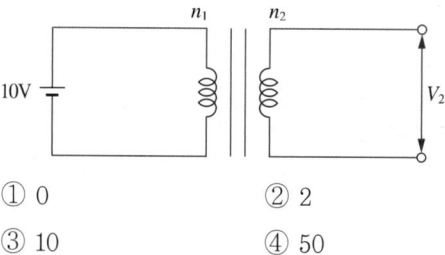

① 0
② 2
③ 10
④ 50

해설
1차측에 직류 10V를 가했을 때 2차측에 걸리는 전압은 0V이다.
1차측에 교류 10V를 가했을 때 권수비가 5이므로 2차측에 걸리는 전압은 50V이다.

2024년 제3회 과년도 기출복원문제

제1과목 공기조화 설비

01 바닥 면적이 좁고 층고가 높은 경우에 적합한 공조기(AHU)의 형식은?

① 수직형　　② 수평형
③ 복합형　　④ 멀티존형

해설
- 수직형 : 공조기를 수직으로 배치한 형태로 공조실의 면적이 좁고 층고가 높은 경우 사용한다.
- 수평형 : 공조기를 수평으로 배치한 형태로 공조실의 면적이 충분하고 층고가 낮은 경우 사용한다.

02 저속 덕트에 비해 고속 덕트의 장점이 아닌 것은?

① 동력비가 적다.
② 덕트 설치공간이 적어도 된다.
③ 덕트 재료를 절약할 수 있다.
④ 원격지 송풍에 적당하다.

해설
고속 덕트 방식은 고속으로 인하여 소음이 크고 운전비(동력비)가 증대한다.

03 결로현상에 관한 설명으로 틀린 것은?

① 건축 구조물을 사이에 두고 양쪽에 수증기의 압력차가 생기면 수증기는 구조물을 통하여 흐르며 포화온도, 포화압력 이하가 되면 응결하여 발생된다.
② 결로는 습공기의 온도가 노점온도까지 강하하면 공기 중의 수증기가 응결하여 발생된다.
③ 응결이 발생하면 수증기의 압력이 상승한다.
④ 결로를 방지하기 위하여 방습막을 사용한다.

해설
응결이 발생되면 수증기의 압력이 저하한다.

04 패널복사 난방에 관한 설명으로 옳은 것은?

① 천장고가 낮은 외기 침입이 없을 때만 난방효과를 얻을 수 있다.
② 실내온도 분포가 균등하고 쾌감도가 높다.
③ 증발잠열(기화열)을 이용하므로 열의 운반능력이 크다.
④ 대류난방에 비해 방열면적이 적다.

해설
패널복사 난방의 특징
- 천장고가 높고 외기 침입이 있어도 난방효과를 얻을 수 있다.
- 실내온도 분포가 균등하고 쾌감도가 높다.
- 온수의 현열을 이용하므로 열의 운반능력이 크다.
- 건물의 축열을 이용하므로 대류난방에 비하여 방열면적이 크다.
- 급격한 외기온도의 변화에 대한 발열량 조절, 즉 온도 조절이 어렵다.
- 배관을 매설하므로 설비비가 많이 들고 보수 및 수리가 어렵다.

정답　1 ①　2 ①　3 ③　4 ②

05 실내의 거의 모든 부분에서 오염가스가 발생하는 경우 실 전체의 기류분포를 계획하여 실내에서 발생하는 오염물질을 완전히 희석하고 확산시킨 다음에 배기를 행하는 환기방식은?

① 자연환기 ② 제3종 환기
③ 국부환기 ④ 전반환기

해설
- 전반환기 : 실내의 거의 모든 부분에서 오염가스가 발생되는 경우 실 전체의 기류분포를 계획하여 실내에서 발생하는 오염물질을 완전히 희석하고 확산시킨 다음에 배기를 행한다.
- 국부환기 : 주방이나 공장 등의 오염원 근처에 후드를 설치하여 주위로 확산되기 전에 배기를 행한다.

06 공기설비의 열회수장치인 전열교환기는 주로 무엇을 경감시키기 위한 장치인가?

① 실내부하 ② 외기부하
③ 조명부하 ④ 송풍기 부하

해설
전열교환기는 배기되는 공기와 도입외기 사이에 공기를 열교환시키는 공기 대 공기 교환기로서 외기부하를 경감시키기 위하여 설치한다.

07 공기조화 방식에서 변풍량 유닛 방식(VAV Unit)을 풍량 제어방식에 따라 구분할 때, 공조기에서 오는 1차 공기의 분출에 의해 실내공기인 2차 공기를 취출하는 방식은 어느 것인가?

① 바이패스형 ② 유인형
③ 슬롯형 ④ 교축형

해설
변풍량 유닛 방식의 종류
- 유인형 : 공조기에서 오는 1차 공기의 분출에 의해 실내공기인 2차 공기를 실내에 취출하는 방식이다.
- 바이패스형 : 송풍공기 중 취출구를 통해 실내에 취출하고, 남은 공기를 천장 내를 통하여 환기덕트로 되돌려 보내는 방식이다.
- 슬롯형 : 부하의 감소에 따라 교축기구에 의해 풍량을 조절하여 실내로 취출하는 방식이다.

08 보일러 동체 내부의 중앙 하부에 파형 노통이 길이 방향으로 장착되며 이 노통의 하부 좌우에 연관들을 갖춘 보일러는?

① 노통 보일러
② 노통연관 보일러
③ 연관 보일러
④ 수관 보일러

해설
② 노통연관 보일러 : 보일러 동체의 수부에 다수의 연관을 동체 축에 평행하게 설치하여 연관 내에 연소가스를 흐르게 한 보일러
① 노통 보일러 : 보일러 동체 내에 노통을 설치한 내분식 보일러
③ 연관 보일러 : 보일러 동체에 노통(파형)과 연관을 조합하여 설치한 내분식 보일러
④ 수관 보일러 : 작은 드럼과 다수의 수관으로 구성된 보일러

09 물·공기 No = $\dfrac{\text{임펠러의 직경(mm)}}{100mm}$ 방식의 공조방식으로서 중앙기계실의 열원설비로부터 냉수 또는 온수를 각 실에 있는 유닛에 공급하여 냉난방하는 공조방식은?

① 바닥취출 공조방식
② 재열방식
③ 팬코일 방식
④ 패키지 유닛 방식

해설
팬코일 유닛 방식 : 전수방식으로서 중앙기계실에 설치된 냉동기로부터 냉수, 보일러로부터 온수를 실내에 설치된 팬코일 유닛(송풍기, 냉온수 코일, 에어필터 등을 케이싱 내에 수납한 소형의 실내용 공기조화기)에 공급하여 실내공기와 강제적으로 열교환시켜 냉난방하는 방식이다.

10 공조용으로 사용되는 냉동기의 종류로 가장 거리가 먼 것은?

① 원심식 냉동기 ② 자흡식 냉동기
③ 왕복동식 냉동기 ④ 흡수식 냉동기

해설
공조용으로 사용되는 냉동기 종류 : 원심식, 왕복동식, 흡수식, 스크루식, 회전식

11 다익형 송풍기의 송풍기 크기(No)에 대한 설명으로 옳은 것은?

① 임펠러의 직경(mm)을 60(mm)으로 나눈 값이다.
② 임펠러의 직경(mm)을 100(mm)으로 나눈 값이다.
③ 임펠러의 직경(mm)을 120(mm)으로 나눈 값이다.
④ 임펠러의 직경(mm)을 150(mm)으로 나눈 값이다.

해설
• 다익형(원심형) 송풍기의 크기 No = $\dfrac{\text{임펠러의 직경(mm)}}{150\text{mm}}$

• 축류형 송풍기의 크기 No = $\dfrac{\text{임펠러의 직경(mm)}}{100\text{mm}}$

12 두께 150mm, 면적 10m²인 콘크리트 내벽의 외부온도가 30℃, 내부온도가 20℃일 때 8시간 동안 전달되는 열량(kJ)은?(단, 콘크리트 내벽의 열전도율은 1.5W/m·K이다)

① 1,350 ② 8,350
③ 13,200 ④ 28,800

해설
열량 $Q = \dfrac{\lambda}{l} \times A \times \Delta t = \dfrac{1.5\dfrac{\text{W}}{\text{m·K}}}{0.15\text{m}} \times 10\text{m}^2 \times (30-20)\text{K}$

$= 1,000\text{W} = 1\text{kW} = 1\text{kJ/s}$

8시간 동안 전달되는 열량 : $8\text{h} \times 1\dfrac{\text{kJ}}{\text{s}} \times \dfrac{3,600\text{s}}{1\text{h}} = 28,800\text{kJ}$

여기서, Q : 열전달량(W/m²)
λ : 열전도율(W/m·K)
l : 두께(m)
Δt : 온도차(K)

13 1,925kg/h의 석탄을 연소하여 10,550kg/h의 증기를 발생시키는 보일러의 효율은?(단, 석탄의 저위발열량은 25,271kJ/kg, 발생증기의 엔탈피는 3,717kJ/kg, 급수 엔탈피는 221kJ/kg으로 한다)

① 45.8% ② 64.6%
③ 70.5% ④ 75.8%

해설
보일러 효율 $\eta = \dfrac{G(h_2 - h_1)}{G_f \times H_l} \times 100$

$= \dfrac{10,550\dfrac{\text{kg}}{\text{h}}(3,717-221)\dfrac{\text{kJ}}{\text{kg}}}{1,925\dfrac{\text{kg}}{\text{h}} \times 25,271\dfrac{\text{kJ}}{\text{kg}}} \times 100 = 75.8\%$

여기서, G : 증기량
G_f : 사용 연료량
h_1 : 급수 엔탈피
h_2 : 발생증기 엔탈피
H_l : 연료의 저위발열량

14 냉방부하에서 현열만이 취득되는 것은?

① 재열부하
② 인체부하
③ 외기부하
④ 극간풍부하

해설
• 재열부하 : 현열
• 인체부하 : 현열 + 잠열
• 외기부하 : 현열 + 잠열
• 극간풍부하 : 현열 + 잠열

정답 10 ② 11 ④ 12 ④ 13 ④ 14 ①

15 냉수 코일의 설계법으로 틀린 것은?

① 공기 흐름과 냉수 흐름의 방향을 평행류로 하고 대수평균온도차를 작게 한다.
② 코일의 열수는 일반 공기 냉각용에는 4~8열(列)이 많이 사용된다.
③ 냉수 속도는 일반적으로 1m/s 전후로 한다.
④ 코일의 설치는 관이 수평으로 놓이게 한다.

해설
냉수 코일 설계방법
• 공기 흐름과 냉수 흐름의 방향을 대향류(역류)로 할 것
• 공기와 물의 대수평균온도차(LMTD)를 크게 할 것
• 냉수 속도는 일반적으로 1m/s 전후로 할 것
• 코일의 통과풍속은 2~3m/s 정도로 할 것
• 냉수의 입·출구 온도차를 5℃ 전후로 할 것
• 코일은 수평으로 설치할 것

16 가습장치의 가습방식 중 수분무식이 아닌 것은?

① 원심식 ② 초음파식
③ 분무식 ④ 전열식

해설
가습장치의 종류
• 수분무식 : 분무식, 원심식, 초음파식
• 증기분무식 : 전열식, 전극식, 적외선식, 과열증기식, 분무노즐식
• 증발식 : 에어와셔식, 적하식, 회전식, 모세관식

17 일반적으로 난방부하의 발생 요인으로 가장 거리가 먼 것은?

① 일사부하 ② 외기부하
③ 기기손실부하 ④ 실내손실부하

해설
일사부하, 인체부하, 조명부하, 기구부하 등은 열을 발생시켜 난방부하를 경감시켜주므로 난방부하의 요인에 해당하지 않는다.

18 보일러의 종류에 따른 특징을 설명한 것으로 틀린 것은?

① 주철제 보일러는 분해, 조립이 용이하다.
② 노통연관 보일러는 수질관리가 용이하다.
③ 수관 보일러는 예열시간이 짧고 효율이 좋다.
④ 관류 보일러는 보유수량이 많고 설치면적이 크다.

해설
관류 보일러는 드럼 없이 관만으로 구성되어 있는 수관식 보일러로 보유수량이 작고 설치면적이 작다.

19 겨울철 침입외기(틈새바람)에 의한 잠열부하(kcal/h)는?(단, Q는 극간풍량(m^3/h)이며, t_o, t_r은 각각 실외, 실내온도(℃), x_o, x_r는 각각 실외, 실내 절대습도(kg/kg′)이다)

① $q_L = 539 Q(x_o - x_r)$
② $q_L = 717 Q(x_o - x_r)$
③ $q_L = 1.212 Q(x_o - x_r)$
④ $q_L = 3,001.2 Q(x_o - x_r)$

해설
현열부하와 잠열부하
$q_S = GC\Delta t = (\rho Q)C\Delta t = (1.2Q) \times 1.01 \times \Delta t = 1.212Q\Delta t$
$q_L = \gamma G\Delta x = (\rho Q)\gamma\Delta x = (1.2Q) \times 2,501 \times \Delta x = 3,001.2Q\Delta x$
여기서, C : 공기의 비열(1.01kJ/kg·K)
ρ : 공기의 밀도(1.2kg/m^3)
γ : 물의 증발잠열(2,501kJ/kg)
Δt : 외기와 실내의 온도차(℃)
Δx : 실내와 실외의 절대습도차(kg/kg′)
G : 틈새바람의 중량유량(kg/h)
Q : 틈새바람의 체적유량(m^3/h)
겨울철이므로 실내온도, 실내절대습도가 높다고 봐야 한다. 식의 결과를 보면 마이너스값이 산출되며 이것은 손실부하를 나타낸다.

20 시로코팬의 회전속도가 N_1에서 N_2로 변화하였을 때 송풍기의 송풍량, 전압, 소요동력의 변화값은?

구 분	451rpm(N_1)	632rpm(N_2)
송풍량(m³/min)	199	㉠
전압(Pa)	320	㉡
소요동력(kW)	1.5	㉢

① ㉠ 278.9 ㉡ 628.4 ㉢ 4.1
② ㉠ 278.9 ㉡ 357.8 ㉢ 3.8
③ ㉠ 628.9 ㉡ 402.8 ㉢ 3.8
④ ㉠ 357.8 ㉡ 628.4 ㉢ 4.1

해설
송풍기 상사법칙

- 송풍량 $Q_2 = \left(\dfrac{N_2}{N_1}\right) Q_1 = \left(\dfrac{632\text{rpm}}{451\text{rpm}}\right) \times 199\text{m}^3/\text{min}$
  $= 278.9\text{m}^3/\text{min}$

- 전압 $P_2 = \left(\dfrac{N_2}{N_1}\right)^2 P_1 = \left(\dfrac{632\text{rpm}}{451\text{rpm}}\right)^2 \times 320\text{Pa} = 628.4\text{Pa}$

- 소요동력 $L_2 = \left(\dfrac{N_2}{N_1}\right)^3 L_1 = \left(\dfrac{632\text{rpm}}{451\text{rpm}}\right)^3 \times 1.5\text{kW} = 4.13\text{kW}$

제2과목 냉동냉장 설비

21 방열벽을 통해 실외에서 실내로 열이 전달될 때 실외측 열전달계수가 0.02093kW/m²·K, 실내측 열전달계수가 0.00814kW/m²·K, 방열벽 두께가 0.2m, 열전도도가 5.8×10^{-5}kW/m·K일 때, 총괄열전달계수(kW/m²·K)는?

① 4.54×10^{-3}
② 2.77×10^{-4}
③ 4.82×10^{-4}
④ 5.04×10^{-3}

해설
- 열관류율, 열통과율(K)

$K = \dfrac{1}{\dfrac{1}{a_o} + \dfrac{l}{\lambda} + \dfrac{1}{a_i}}$ (kW/m²·K)에서 열전도도(λ)를 구한다.

여기서, a_o : 외벽의 열전달률(계수)
a_i : 내벽의 열전달률(계수)
l : 단열재의 두께
λ : 단열재의 열전도율

- 열전도도(λ)

$\lambda = \dfrac{1}{\dfrac{1}{0.02093} + \dfrac{0.2}{5.8 \times 10^{-5}} + \dfrac{1}{0.00814}} = 2.763 \times 10^{-4}$

22 축열장치에서 축열재가 갖추어야 할 조건으로 가장 거리가 먼 것은?

① 열의 저장은 쉬워야 하나 열의 방출은 어려워야 한다.
② 취급하기 쉽고 가격이 저렴해야 한다.
③ 화학적으로 안정해야 한다.
④ 단위체적당 축열량이 많아야 한다.

해설
축열재의 구비조건
- 열의 출입이 용이할 것(저장 및 방출이 쉬워야 한다)
- 취급이 용이하고 가격이 저렴할 것
- 단위체적당 축열량이 클 것
- 화학적으로 안정할 것
- 독성, 폭발성 및 부식성이 없을 것

정답 20 ① 21 ② 22 ①

23 엔탈피가 0kJ/kg인 공기는 어느 것인가?

① 0℃ 건공기
② 0℃ 습공기
③ 0℃ 포화공기
④ 32℃ 습공기

해설
- 건공기 엔탈피 $h_a = 1.01t \text{(kJ/kg)}$
- 수증기 엔탈피 $h_w = x(2,501 + 1.85t)\text{(kJ/kg)}$

위 공식에 따라 엔탈피 값이 0이기 위해서는 건구온도 t가 0℃이거나 절대습도 x가 0kg/kg′여야 한다.

24 냉각탑의 용량 제어방법이 아닌 것은?

① 슬라이드 밸브 조작 방법
② 수량변화 방법
③ 공기 유량변화 방법
④ 분할운전 방법

해설
냉각탑의 냉각수 용량 제어방법
- 냉각수량을 변화시키는 방법
- 공기유량을 변화시키는 방법
- 분할운전을 하는 방법

25 다음 중 무기질 브라인이 아닌 것은?

① 염화나트륨
② 염화마그네슘
③ 염화칼슘
④ 에틸렌글리콜

해설
- 흡착식 감습장치 : 실리카겔, 활성 알루미나, 애드솔, 제올라이트 등의 고체 흡착제를 사용한 감습방법
- 흡수식 감습 : 염화리튬, 트리에틸렌글리콜 등의 액체 흡수제를 사용하므로 가열원이 있어야 한다.

26 증발식 응축기에 관한 설명으로 옳은 것은?

① 증발식 응축기는 많은 냉각수를 필요로 한다.
② 송풍기, 순환펌프가 설치되지 않아 구조가 간단하다.
③ 대기온도는 동일하지만 습도가 높을 때는 응축압력이 높아진다.
④ 증발식 응축기의 냉각수 보급량은 물의 증발량과는 큰 관계가 없다.

해설
증발식 응축기의 특징
- 물의 증발잠열을 이용하여 냉매를 응축시키는 것으로 냉각수가 부족한 곳에 사용한다.
- 송풍기와 순환펌프가 설치되므로 구조가 복잡하다.
- 냉각수의 보급수량은 비산수량, 증발수량, 냉각수의 농축을 방지하기 위하여 순환수량의 5% 정도로 한다.
- 송풍기의 송풍량이 적을수록 외기의 습구온도가 높을수록 응축압력이 높다.

27 저온장치 중 얇은 금속판에 브라인이나 냉매를 통하게 하여 금속판의 외면에 식품을 부착시켜 동결하는 장치는?

① 반송풍 동결장치
② 접촉식 동결장치
③ 송풍 동결장치
④ 터널식 공기 동결장치

해설
② 접촉식 동결장치 : 얇은 금속판에 브라인이나 냉매를 통하게 하여 금속판의 외면에 식품을 부착시켜 동결하는 장치
③ 송풍 동결장치 : 냉각된 공기를 높은 속도로 송풍하여 동결시키는 장치
④ 터널식 공기 동결장치 : 방열된 터널형의 동결실에 공기냉각기로 냉각된 공기를 송풍하여 동결시키는 장치

정답 23 ① 24 ① 25 ④ 26 ③ 27 ②

28 이상 냉동사이클에서 응축기 온도가 40℃, 증발기 온도가 −10℃이면 성적계수는?

① 3.26 ② 4.26
③ 5.26 ④ 6.26

해설

성적계수 $COP = \dfrac{Q_c}{A_w} = \dfrac{T_L}{T_H - T_L}$
$= \dfrac{(-10+273)}{(40+273)-(-10+273)} = 5.26$

29 다음 h-x(엔탈피-농도) 선도에서 흡수식 냉동기 사이클을 나타낸 것으로 옳은 것은?

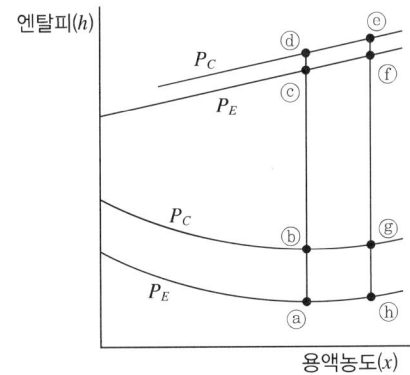

① ⓒ - ⓓ - ⓔ - ⓕ - ⓒ
② ⓑ - ⓒ - ⓕ - ⓖ - ⓑ
③ ⓐ - ⓑ - ⓖ - ⓗ - ⓐ
④ ⓐ - ⓓ - ⓔ - ⓗ - ⓐ

해설

흡수식 냉동사이클 : ⓐ-ⓑ-ⓖ-ⓗ-ⓐ이다.
ⓗ-ⓐ는 증발압력으로서 냉매를 흡수하는 과정이고 ⓑ-ⓖ는 응축압력으로서 냉매를 재생하는 과정을 나타내고 있다.

30 진공압력 300mmHg를 절대압력으로 환산하면 약 얼마인가?(단, 대기압은 101.3kPa이다)

① 48.7kPa ② 55.4kPa
③ 61.3kPa ④ 70.6kPa

해설

• 대기압 1atm = 760mmHg = 101.3kPa
• 절대압력 = 대기압 − 진공압력 = $P - P_v$
  = (760 − 300)mmHg = 460mmHg
• 절대압력 Pa = $\dfrac{460\text{mmHg}}{760\text{mmHg}} \times 101.3\text{kPa} = 61.31\text{kPa}$

31 브라인의 구비조건으로 틀린 것은?

① 열용량이 크고 전열이 좋을 것
② 점성이 클 것
③ 빙점이 낮을 것
④ 부식성이 없을 것

해설

브라인의 구비조건
• 열용량(비열)이 클 것
• 점도가 작을 것
• 열전도율이 클 것
• 불연성이고 불활성일 것
• 인화점이 높고 응고점이 낮을 것
• 가격이 싸고 구입이 용이할 것
• 냉매 누설 시 냉장품 손실이 적을 것

32 냉동효과가 1,088kJ/kg인 냉동사이클에서 1냉동톤당 압축기 흡입증기의 체적(m³/h)은?(단, 압축기 입구의 비체적은 0.5087m³/kg이고, 1냉동톤은 3.9kW이다)

① 0.002 ② 0.258
③ 6.6   ④ 15.5

해설

$G = \dfrac{Q}{q} = \dfrac{V}{v} \times \eta_v$

여기서, Q : 열량(kJ/h)
q : 냉동효과(kJ/kg)
G : 냉매 순환량(kg/h)
V : 압축기 흡입증기 체적(m³/h)
η_v : 체적효율
v : 비체적(m³/kg)

$V = \dfrac{Q}{q} \times v = \dfrac{1 \times 3.9 \dfrac{\text{kJ}}{\text{s}} \times 3{,}600 \dfrac{\text{s}}{\text{h}}}{1{,}088 \dfrac{\text{kJ}}{\text{kg}}} \times 0.5087 \dfrac{\text{m}^3}{\text{kg}}$

$= 6.56 \text{m}^3/\text{h}$

※ 1kW = 1kJ/s

33 이론 냉동사이클을 기반으로 한 냉동장치의 작동에 관한 설명으로 옳은 것은?

① 냉동능력을 크게 하려면 압축비를 높게 운전하여야 한다.
② 팽창밸브 통과 전후의 냉매 엔탈피는 변하지 않는다.
③ 냉동장치의 성적계수 향상을 위해 압축비를 높게 운전하여야 한다.
④ 대형 냉동장치의 암모니아 냉매는 수분이 있어도 아연을 침식시키지 않는다.

해설
① 냉동능력을 크게 하려면 압축비를 낮게 운전하여야 한다.
③ 냉동장치의 성적계수 향상을 위해 압축비를 낮게 운전하여야 한다.
④ 대형 냉동장치의 암모니아 냉매는 수분이 있으면 동 및 동합금, 아연을 침식시킨다.

34 냉동사이클에서 증발온도가 일정하고 압축기 흡입가스의 상태가 건포화증기일 때, 응축온도를 상승시키는 경우 나타나는 현상이 아닌 것은?

① 토출압력 상승
② 압축비 상승
③ 냉동효과 감소
④ 압축일량 감소

해설
응축온도(압력) 상승 시 나타나는 현상
• 압축비 증가
• 토출가스 온도 상승
• 압축일량 증가
• 체적효율 감소
• 냉동효과 감소
• 성적계수 감소

35 실제기체가 이상기체의 상태식을 근사적으로 만족하는 경우는?

① 압력이 높고 온도가 낮을수록
② 압력이 높고 온도가 높을수록
③ 압력이 낮고 온도가 높을수록
④ 압력이 낮고 온도가 낮을수록

해설
실제기체가 이상기체에 가까워지는 조건
• 압력이 낮을수록
• 온도가 높을수록
• 분자량이 작을수록
• 비체적이 클수록

36 $p-h$(압력-엔탈피) 선도에서 포화증기선상의 건조도는 얼마인가?

① 2   ② 1
③ 0.5   ④ 0

해설
• 포화액선상의 건조도 $x = 0$
• 습포화증기 상태의 건조도 $0 < x < 1$
• 포화증기선상의 건조도 $x = 1$

37 냉동장치의 $p-i$(압력-엔탈피) 선도에서 성적계수를 구하는 식으로 옳은 것은?

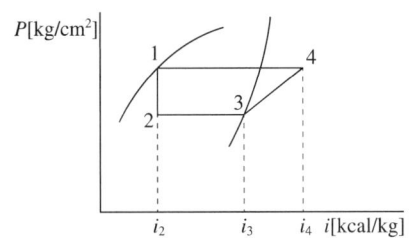

① $COP = \dfrac{i_4 - i_3}{i_3 - i_2}$

② $COP = \dfrac{i_3 - i_2}{i_4 - i_2}$

③ $COP = \dfrac{i_3 - i_2}{i_4 - i_3}$

④ $COP = \dfrac{i_4 - i_2}{i_3 - i_2}$

해설

$COP = \dfrac{q(냉동효과)}{A_w(압축일)} = \dfrac{i_3 - i_2}{i_4 - i_3}$

38 암모니아 냉동장치에서 팽창밸브 직전의 냉매액 온도가 20℃이고 압축기 직전 냉매가스 온도가 -15℃의 건포화증기이며, 냉매 1kg당 냉동량은 270kcal이다. 필요한 냉동능력이 14RT일 때 냉매 순환량은?(단, 1RT는 3,320kcal/h이다)

① 123kg/h   ② 172kg/h
③ 185kg/h   ④ 212kg/h

해설

냉매 순환량(G)

$G = \dfrac{Q_e}{q} = \dfrac{Q_e}{\Delta h} = \dfrac{14RT}{\Delta h} = \dfrac{14 \times 3,320}{270} = 172.15 \text{ kg/h}$

39 2원 냉동사이클의 특징이 아닌 것은?

① 일반적으로 저온측과 고온측에 서로 다른 냉매를 사용한다.
② 초저온의 온도를 얻고자 할 때 이용하는 냉동사이클이다.
③ 보통 저온측 냉매로는 임계점이 높은 냉매를 사용하며 고온측에는 임계점이 낮은 냉매를 사용한다.
④ 중간 열교환기는 저온측에서는 응축기 역할을 하며 고온측에서는 증발기 역할을 수행한다.

해설

2원 냉동기의 저온측 냉매는 비등점이 낮은 냉매인 R-13, R-14, 메탄, 프로판 등이 사용되며 고온측 냉매는 비등점이 높고 응축압력이 낮은 냉매인 R-11, R-12, R-22를 사용한다.

40 수랭식 응축기를 사용하는 냉동장치에서 응축압력이 표준압력보다 높게 되는 원인으로 가장 거리가 먼 것은?

① 공기 또는 불응축 가스의 혼입
② 응축수 입구온도의 저하
③ 냉각수량의 부족
④ 응축기의 냉각관에 스케일이 부착

해설

응축압력의 상승 원인
• 불응축 가스가 혼입되었을 경우
• 냉매가 과충전되었을 경우
• 응축기 냉각관에 물때, 유막, 스케일 등이 형성되었을 경우
• 수랭식의 경우 냉각수량이 부족하여 냉각수 온도가 상승 시
• 공랭식의 경우 송풍량 부족 및 외기온도 상승 시

정답 37 ③ 38 ② 39 ③ 40 ②

제3과목 공조냉동 설치·운영

41 급탕 배관 시공 시 고려사항으로 틀린 것은?

① 자동공기빼기밸브는 계통의 가장 낮은 위치에 설치한다.
② 복귀탕의 역류 방지를 위해 설치하는 체크밸브는 탕의 저항을 적게 하기 위해 2개 이상 설치하지 않는다.
③ 배관의 구배는 중력순환식의 경우 1/150 정도로 해준다.
④ 하향 공급식은 급탕관, 복귀관 모두 선하향 배관 구배로 한다.

해설
공기빼기밸브는 급탕 배관의 최상부 또는 공기가 정체할 우려가 있는 ㄷ자형 배관에 설치한다.

42 중앙식 급탕방식의 장점으로 가장 거리가 먼 것은?

① 기구의 동시 이용률을 고려하여 가열장치의 총용량을 적게 할 수 있다.
② 기계실 등에 다른 설비 기계와 함께 가열장치 등이 설치되기 때문에 관리가 용이하다.
③ 배관에 의해 필요 개소에 어디든지 급탕할 수 있다.
④ 설비규모가 작기 때문에 초기설비비가 적게 든다.

해설
중앙식 급탕방식은 급탕설비가 대규모이므로 초기 설비비가 비싸다.

43 급수방식 중 수도 직결방식의 특징으로 틀린 것은?

① 위생적이고 유지관리 측면에서 가장 바람직하다.
② 저수조가 있으므로 단수 시에도 급수할 수 있다.
③ 수도 본관의 영향을 그대로 받아 수압 변화가 심하다.
④ 고층으로 급수가 어렵다.

해설
수도 직결방식은 수도 본관으로부터 급수관을 직접 분기하여 건물 내 수전에 급수하는 방식으로, 저수조가 없어 단수 시 즉시 급수가 중단된다.

44 증기난방 방식 중 대규모 난방에 많이 사용하고 방열기의 설치위치에 제한을 받지 않으며 응축수 환수가 가장 빠른 방식은?

① 진공환수식
② 기계환수식
③ 중력환수식
④ 자연환수식

해설
진공환수식은 저압 증기환수관이 펌프 흡입구보다 낮은 위치에 있을 때 환수관 말단에 진공펌프를 설치하여 강제적으로 응축수를 환수하는 방식으로 응축수 환수가 빨라 대규모 건축물에 채택한다.

45 급탕 배관 계통에서 배관 중 총 손실열량이 15,000 kcal/h이고, 급탕온도가 70℃, 환수온도가 60℃일 때 순환수량(kg/min)은?

① 약 1,000kg/min
② 약 50kg/min
③ 약 100kg/min
④ 약 25kg/min

해설

손실유량 $q = GC(t_2 - t_1)$에서,

순환수량 $G = \dfrac{q}{C(t_2 - t_1)} = \dfrac{15,000}{1 \times (70-60)}$

$= 1,500 \dfrac{\text{kg}}{\text{h}} \times \dfrac{\text{h}}{60\text{min}} = 25\text{kg/min}$

46 지역난방 방식 중 온수난방의 특징으로 가장 거리가 먼 것은?

① 보일러 취급은 간단하며, 어느 정도 큰 보일러라도 취급 주임자가 필요 없다.
② 관 부식은 증기난방보다 적고 수명이 길다.
③ 장치의 열용량이 작으므로 예열시간이 짧다.
④ 온수 때문에 보일러의 연소를 정지해도 예열이 있어 실온이 급변하지 않는다.

해설

온수난방은 열매가 물이기 때문에 열용량이 커서 예열시간이 길다.

47 펌프의 설치 및 배관상의 주의를 설명한 것 중 틀린 것은?

① 펌프는 기초 볼트를 사용하여 기초 콘크리트 위에 설치, 고정한다.
② 펌프와 모터의 축 중심을 일직선상에 정확하게 일치시키고 볼트로 조인다.
③ 펌프와 설치위치를 되도록 높여 흡입양정을 크게 한다.
④ 흡입구는 수면 위에서부터 관경의 2배 이상 물속으로 들어가게 한다.

해설

펌프의 캐비테이션을 방지하기 위하여 펌프의 설치위치를 되도록 낮추어 흡입양정을 작게 한다.

48 대구경 강관의 보수 및 점검을 위해 분해, 결함을 쉽게 할 수 있도록 사용되는 연결방법은?

① 나사 접합
② 플랜지 접합
③ 용접 접합
④ 슬리브 접합

해설

강관의 보수 및 점검을 위해 쉽게 분해·결합할 수 있도록 소구경일 경우 유니언, 대구경일 경우 플랜지 접합으로 한다.

49 배관 신축이음의 종류로 가장 거리가 먼 것은?

① 빅토릭 조인트 신축 이음
② 슬리브 신축 이음
③ 스위블 신축 이음
④ 루프형 벤드 신축 이음

해설

신축 이음의 종류 : 슬리브형, 스위블형, 루프형, 벨로스형

정답 45 ④ 46 ③ 47 ③ 48 ② 49 ①

50 펌프의 캐비테이션(Cavitation) 발생 원인으로 가장 거리가 먼 것은?

① 흡입양정이 클 경우
② 날개차의 원주속도가 클 경우
③ 액체의 온도가 낮을 경우
④ 날개차의 모양이 적당하지 않을 경우

해설
액체의 온도가 높을 경우 캐비테이션이 발생한다.

51 다음 중 파형률을 바르게 나타낸 것은?

① $\dfrac{실횻값}{평균값}$ ② $\dfrac{최댓값}{평균값}$

③ $\dfrac{최댓값}{실횻값}$ ④ $\dfrac{실횻값}{최댓값}$

해설
• 파형률 $= \dfrac{실횻값}{평균값}$
• 파고율 $= \dfrac{최댓값}{실횻값}$

52 다음 중 지시계측기의 구성요소가 아닌 것은?

① 구동장치 ② 제어장치
③ 제동장치 ④ 유도장치

해설
지시계측기는 구동장치, 제어장치, 제동장치, 지침과 눈금으로 구성되어 있다.

53 5Ω의 저항 5개를 직렬로 연결하면 병렬로 연결했을 때보다 몇 배가 되는가?

① 10 ② 25
③ 50 ④ 75

해설
직렬로 연결 시 합성저항 $R_1 = nr = 5 \times 5 = 25\Omega$
병렬로 연결 시 합성저항 $R_2 = \dfrac{r}{n} = \dfrac{5}{5} = 1\Omega$
저항비 $\dfrac{R_1}{R_2} = \dfrac{25}{1} = 25$배

54 프로세스 제어(Process Control)에 속하지 않는 것은?

① 온도 ② 압력
③ 유량 ④ 자세

해설
프로세스 제어 : 공정제어라고도 하며 제어량이 피드백 제어계로서 주로 정치제어인 경우이다. 온도, 압력, 유량, 액면, 습도, 밀도, 농도 등을 제어한다.

55 서보 전동기에 대한 설명으로 틀린 것은?

① 정·역 운전이 가능하다.
② 직류용은 없고 교류용만 있다.
③ 급가속 및 급감속이 용이하다.
④ 속응성이 대단히 높다.

해설
서보 전동기는 직류 서보 전동기와 교류 서보 전동기가 있다.

56 제어부의 제어동작 중 연속동작이 아닌 것은?

① P 동작
② On-off 동작
③ PI 동작
④ PID 동작

해설
불연속동작 : 2위치 동작, On-off 동작, 다위치 동작

57 다음 블록선도의 출력이 4가 되기 위해서는 압력은 얼마여야 하는가?

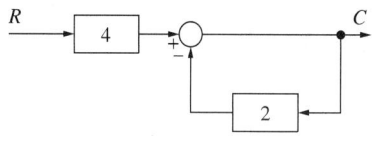

① 2
② 3
③ 4
④ 5

해설
출력 $C = 4R - 2C$에서 $3C = 4R$
입력 $R = \dfrac{3}{4}C = \dfrac{3}{4} \times 4 = 3$

58 A-D 컨버터의 변환방식이 아닌 것은?

① 병렬형
② 순차 비교형
③ 델타 시그마형
④ 바이너리형

해설
A-D 컨버터는 아날로그 신호를 디지털 신호로 변환하는 장치로서 병렬 비교형, 순차 비교형, 델타 시그마형, 파이프라인형이 있다.

정답 55 ② 56 ② 57 ② 58 ④

59 그림과 같은 유접점 회로의 논리식은?

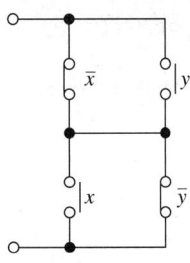

① $x\overline{y}+x\overline{y}$ ② $(\overline{x}+\overline{y})(x+y)$
③ $x+y$ ④ $xy+\overline{xy}$

해설
- AND 회로(직렬회로)의 논리식 : $X=A \cdot B$
- OR 회로(병렬회로)의 논리식 : $X=A+B$
- 두 병렬의 회로가 직렬로 연결된 상태 : $(\overline{X}+Y)(X+\overline{Y})$
  $=\overline{X}X+\overline{X}\,\overline{Y}+XY+Y\overline{Y}=XY+\overline{X}\,\overline{Y}$

60 그림과 같은 회로에서 저항 R_2에 흐르는 전류 I_2 [A]는?

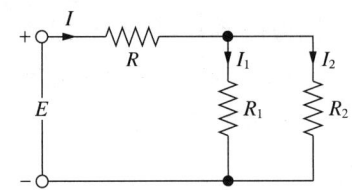

① $\dfrac{I \cdot (R_1+R_2)}{R_1}$

② $\dfrac{I \cdot (R_1+R_2)}{R_2}$

③ $\dfrac{I \cdot R_2}{R_1+R_2}$

④ $\dfrac{I \cdot R_1}{R_1+R_2}$

해설
병렬회로의 합성저항 $R=\dfrac{R_1R_2}{R_1+R_2}$

병렬회로에 걸리는 전압은 일정하므로
$V=V_1=V_2$, $IR=IR_1=IR_2$이다.
저항 R_2에 걸리는 전압 $V=V_2$에서 $IR=I_2R_2$이다.

$\dfrac{R_1R_2}{R_1+R_2}I=I_2R_2$

전류 $I_2=\dfrac{R_1}{R_1+R_2}I$

2025년 제1회 최근 기출복원문제

제1과목 공기조화 설비

01 통과풍량이 320m³/min일 때 표준 유닛형 에어필터(통과풍속 1.4m/s, 통과면적 0.30m²)의 수는 약 몇 개인가?(단, 유효면적은 80%이다)

① 13개 ② 14개
③ 15개 ④ 16개

해설

에어필터 수 $= \dfrac{Q}{A \times V \times a}$

$= \dfrac{320\dfrac{\text{m}^3}{\text{min}} \times \dfrac{\text{min}}{60\text{s}}}{0.3\text{m}^2 \times 1.4\dfrac{\text{m}}{60\text{s}} \times 0.8} = 15.87 ≒ 16$개

02 다음 중 낮은 실온에서도 균등한 쾌적감을 얻을 수 있는 난방 방식은?

① 복사난방 ② 대류난방
③ 증기난방 ④ 온풍로난방

해설

복사난방 : 바닥과 천장에 매설된 배관을 통해 복사열로 난방을 하는 방식이다. 실내 상하 온도차가 작아서 실온이 균등하고, 쾌감도가 가장 우수하다.

03 다음 습공기선도에서 외기부하를 나타내고 있는 것은?

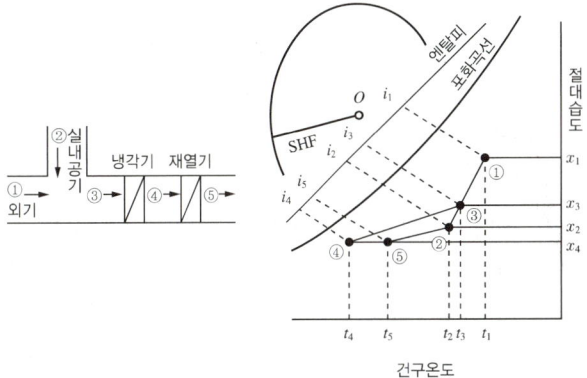

① $G(i_3 - i_4)$ ② $G(i_5 - i_4)$
③ $G(i_3 - i_2)$ ④ $G(i_2 - i_5)$

해설

습공기선도의 냉방사이클
- 외기부하 : $G(i_3 - i_2)$
- 실내부하 : $G(i_2 - i_5)$
- 냉각부하 : $G(i_3 - i_4)$
- 재열부하 : $G(i_5 - i_4)$

04 다음 중 현열로만 이루어진 냉방부하는?

① 조명에서의 발생열
② 인체에서의 발생열
③ 문틈에서의 틈새바람
④ 실내기구에서의 발생열

해설

① 조명에서의 발생열 : 현열
② 인체에서의 발생열 : 현열 + 잠열
③ 문틈에서의 틈새바람 : 현열 + 잠열
④ 실내기구에서의 발생열 : 현열 + 잠열

정답 1 ④ 2 ① 3 ③ 4 ①

05 HEPA 필터에 적합한 효율 측정법은?

① Weight법 ② NBS법
③ Dust Spot법 ④ DOP법

해설
HEPA 필터 : DOP법에 의해 효율을 측정하는 방법이다. 공기의 먼지농도를 광산란식 입자계수기에 의하여 먼지 개수를 측정한다.

06 실내온도 25℃, 실내 절대습도 0.0165kg/kg의 조건에서 틈새바람에 의한 침입외기량이 200L/s일 때 현열부하와 잠열부하는?(단, 실외온도 35℃, 실외 절대습도 0.0321kg/kg, 공기의 비열 1.01kJ/kg·K, 물의 증발잠열 2,501kJ/kg이다)

① 현열부하 2.424kW, 잠열부하 7.803kW
② 현열부하 2.424kW, 잠열부하 9.364kW
③ 현열부하 2.828kW, 잠열부하 7.803kW
④ 현열부하 2.828kW, 잠열부하 9.364kW

해설
• 현열부하
$Q_S = (\rho Q)C\Delta t = (1.2Q) \times 1.01 \times \Delta t$
$= 1.212 Q\Delta t$
$= 1.212 \frac{kJ}{m^3 \cdot K} \times 0.2 \frac{m^3}{s} \times (35-25)K$
$= 2.424 kJ/s = 2.424 kW$

• 잠열부하
$Q_L = (\rho Q)\gamma \Delta x = (1.2Q) \times 2,501 \times \Delta x$
$= 3,001.2 Q\Delta x$
$= 3,001.2 \frac{kJ}{m^3} \times 0.2 \frac{m^3}{s} \times (0.0321 - 0.0165) \frac{kg}{kg}$
$= 9.364 kJ/s = 9.364 kW$

여기서, C : 공기의 비열
ρ : 공기의 밀도
γ : 물의 증발잠열
Δt : 실내외 온도차
Δx : 절대습도차

※ 200L = 0.2m³/s
1kJ/s = 1kW

07 다음 그림의 방열기 도시기호 중 'W-H'가 나타내는 의미는?

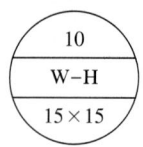

① 방열기 쪽수
② 방열기 높이
③ 방열기 종류(형식)
④ 연결배관의 종류

해설
방열기 도시기호
• 10 : 쪽수
• W-H : 방열기 종류(벽걸이 방열기 횡형)
• 15×15 : 유입관경×유출관경

08 열동식 트랩에 대한 설명 중 옳은 것은?

① 방열기에 생긴 응축수를 증기와 분리하여 보일러에 환수시킨다.
② 방열기 내에 머무르는 공기만 분리하여 제거한다.
③ 열역학적 트랩의 일종이다.
④ 방열기에서 발생하는 응축수는 분리하여 방열기에 오랫동안 머무르게 하고 증기를 배출한다.

해설
열동식 트랩은 방열기 내의 응축수를 증기와 분리하여 보일러에 환수시키는 온도조절식 트랩이다.

09 공기조화를 위한 사무실의 외기온도가 −10℃, 실내온도가 22℃일 때 면적 20m²을 통하여 손실되는 열량은?(단, 구조체의 열관류율은 2.1kW/m²·℃이다)

① 41kW   ② 504kW
③ 820kW   ④ 1,344kW

해설
손실열량
$q = KA\Delta t$
$= 2.1 \dfrac{kW}{m^2 \cdot ℃} \times 20m^2 \times (22-(-10))℃$
$= 1,344kW$

10 공기조화 설비방식의 일반 열원방식 중 2중효용흡수식 냉동기와 보일러를 사용하여 구성되는 공조방식의 관련된 장치가 아닌 것은?

① 열교환기, 흡수기, 입형보일러
② 응축기, 증발기, 관류보일러
③ 재생기, 응축기, 노통연관보일러
④ 응축기, 압축기, 수관보일러

해설
2중효용흡수식 냉동기는 압축기가 없는 대신 흡수기, 재생기, 보일러, 열교환기, 응축기, 증발기로 구성되어 있다.

11 공기조화방식의 분류 중 전공기 방식에 해당되지 않는 것은?

① 팬코일 유닛방식
② 정풍량 단일덕트방식
③ 2중덕트방식
④ 변풍량 단일덕트방식

해설
공기조화방식의 분류

분류	열원방식	종류
중앙방식	전공기 방식	정풍량 단일덕트방식, 2중덕트방식, 덕트병용 패키지방식, 각층 유닛방식
	수공기 방식 (유닛 병용 방식)	덕트병용 팬코일 유닛방식, 유인 유닛방식, 복사냉난방방식
	전수방식	팬코일 유닛방식
개별방식	냉매방식	패키지 유닛방식, 룸쿨러 방식, 멀티 유닛 룸쿨러 방식

12 습공기의 상태를 나타내는 요소에 대한 설명 중 옳은 것은?

① 상대습도는 공기 중에 포함된 수분의 양을 계산하는 데 사용한다.
② 수증기 분압에서 습공기가 가진 압력(보통 대기압)은 그 혼합성분인 건공기와 수증기가 가진 분압의 합과 같다.
③ 습구온도는 주위 공기가 포화증기에 가까우면 건구온도와의 차는 커진다.
④ 엔탈피는 0℃ 건공기의 값을 593kcal/kg으로 기준하여 사용한다.

해설
① 상대습도는 습공기의 수증기 분압과 동일 온도에 있어서 포화공기의 수증기 분압과의 비다.
③ 주위 공기가 포화증기에 가까우면 건구온도와 습구온도의 차가 작아진다. 따라서 포화공기는 상대습도 100%인 공기로서 건구온도와 습구온도가 같다.
④ 0℃ 건조공기의 엔탈피는 0kcal/kg이다.

정답 9 ④ 10 ④ 11 ① 12 ②

13 구조체에서의 손실부하 계산 시 내벽이나 중간층 바닥의 손실부하를 구하고자 할 때 적용하는 온도차를 구하는 공식은?(단, t_r : 실내온도, t_o : 실외온도)

① $\Delta t = t_r - \dfrac{t_r - t_o}{2}$

② $\Delta t = t_r + \dfrac{t_r - t_o}{2}$

③ $\Delta t = \dfrac{t_r + t_o}{2}$

④ $\Delta t = t_r - \dfrac{t_r + t_o}{2}$

해설
실내 · 실외온도의 평균
$t_i = \dfrac{t_r + t_o}{2}$

14 인텔리전트 빌딩과 같이 냉방부하가 큰 건물이나 백화점과 같이 잠열부하가 큰 건물에서 송풍량과 덕트 크기를 크게 늘리지 않고자 할 때 사용하는 공조방식은?

① 바닥취출 공조방식
② 저온공조방식
③ 팬코일 유닛방식
④ 재열코일방식

15 열교환기를 구조에 따라 분류하였을 때 판형 열교환기에 해당하지 않는 것은?

① 플레이트식 열교환기
② 케틀형 열교환기
③ 플레이트핀식 열교환기
④ 스파이럴형 열교환기

해설
케틀형 열교환기는 원통다관식 열교환기이다.

16 직교류형 냉각탑에 대한 설명으로 옳지 않은 것은?

① 물과 공기의 흐름이 직각으로 교차한다.
② 냉각탑 설치면적은 크고, 높이는 낮다.
③ 대향류형에 비해 효율이 좋다.
④ 냉각탑 중심부로 갈수록 온도가 높아진다.

해설
대향류형 냉각탑은 공기를 아래에서 위로 흐르게 하므로 직교류형 냉각탑보다 효율이 높다.

17 기화식(증발식) 가습장치의 종류로 옳은 것은?

① 원심식, 초음파식, 분무식
② 전열식, 전극식, 적외선식
③ 과열증기식, 분무식, 원심식
④ 회전식, 모세관식, 적하식

해설
가습장치
- 기화식 : 회전식, 모세관식, 적하식
- 수분무식 : 원심식, 초음파식, 분무식

18 증기난방의 장점으로 옳지 않은 것은?

① 열의 운반능력이 크고, 예열시간이 짧다.
② 한랭지에서 동결이 잘 일어나지 않는다.
③ 환수관의 내부부식이 지연되어 강관의 수명이 길다.
④ 온수난방에 비하여 방열기의 방열면적이 작다.

해설
증기난방은 환수관 내에 응축수가 있으며, 증기와 응축수의 온도차가 크기 때문에 부식이 발생하므로 강관의 수명이 짧아진다.

19 공기세정기의 구조에서 앞부분에 세정실이 있고, 물방울의 유출을 방지하기 위해 뒷부분에 설치하는 것은?

① 배수관
② 유닛 히트
③ 유량조절밸브
④ 일리미네이터

해설
공기세정기는 루버, 분무노즐, 플러딩 노즐, 일리미네이터로 구성되어 있다. 일리미네이터는 물방울이 유출되는 것을 방지하는 부속품이다.

20 A 상태에서 B 상태로 가는 냉방과정에서 현열비는?

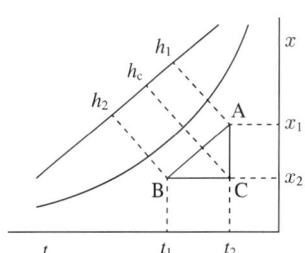

① $\dfrac{h_1 - h_2}{t_1 - t_2}$
② $\dfrac{h_1 - h_c}{h_1 - h_2}$
③ $\dfrac{x_1 - x_2}{t_1 - t_2}$
④ $\dfrac{h_c - h_2}{h_1 - h_2}$

해설
현열비
$$\dfrac{\text{현열}}{\text{전열(현열 + 잠열)}} = \dfrac{q_S}{q_T} = \dfrac{q_S}{q_S + q_L} = \dfrac{h_c - h_2}{h_1 - h_2}$$

제2과목 냉동냉장 설비

21 다음 조건을 갖는 수랭식 응축기의 전열면적은?

- 응축기 입구의 냉매가스 엔탈피 : 450kJ/kg
- 응축기 출구의 냉매액의 엔탈피 : 150kJ/kg
- 냉매순환량 : 100kg/h
- 응축온도 : 40℃
- 냉각수의 평균온도 : 33℃
- 응축기의 열관류율 : 800kJ/m²·h·℃

① 3.86m² ② 4.56m²
③ 5.36m² ④ 6.76m²

해설

- 응축기 방열량
$Q_c = G\Delta h$
$= 100\dfrac{\text{kg}}{\text{h}} \times (450-150)\dfrac{\text{kJ}}{\text{kg}} = 30,000\text{kJ/h}$

- 전열면적
$A = \dfrac{Q_c}{K\Delta t} = \dfrac{30,000\dfrac{\text{kJ}}{\text{h}}}{800\dfrac{\text{kJ}}{\text{m}^2 \cdot \text{h} \cdot \text{℃}} \times (40-33)\text{℃}}$
$= 5.357\text{m}^2$

22 다음 조건을 갖는 흡수식 냉동기의 성적계수는?

- 응축기 냉각열량 : 20,000kJ/h
- 흡수기 냉각열량 : 25,000kJ/h
- 재생기 가열량 : 21,000kJ/h
- 증발기 냉동열량 : 24,000kJ/h

① 0.88 ② 1.14
③ 1.34 ④ 1.52

해설

흡수식 냉동기의 성적계수는 압축기의 열량 대신 재생기(발생기)의 열량을 대입하여 구한다.

$\text{COP} = \dfrac{Q_e}{A_w} = \dfrac{24,000\dfrac{\text{kJ}}{\text{h}}}{21,000\dfrac{\text{kJ}}{\text{h}}} = 1.14$

23 흡수식 냉동기의 구성품 중 왕복동 냉동기의 압축기와 같은 역할을 하는 것은?

① 발생기 ② 증발기
③ 응축기 ④ 순환펌프

해설

흡수식 냉동기는 압축기가 없으며, 흡수기와 발생기가 압축기 역할을 한다.

24 냉동장치의 액분리기에 대한 설명으로 옳은 것은?

① 장치를 순환하고 남는 여분의 냉매를 저장하기 위해 설치하는 용기이다.
② 흡입관 중의 가스와 액의 혼합물로부터 액을 분리한다.
③ 암모니아 냉동장치에는 사용하지 않는다.
④ 팽창밸브와 증발기 사이에 설치하여 냉각효율을 상승시킨다.

해설

액분리기
- 암모니아 만액식 증발기 또는 부하변동이 심한 냉동장치에서 압축기로 흡입되는 냉매가스 중의 냉매액을 분리시켜 액압축을 방지한다.
- 증발기와 압축기 흡입측 배관 사이에 설치한다.
- 기동 시 증발기 내의 액이 교란되는 것을 방지한다.
- 냉동부하의 변동이 심한 장치에 사용한다.
- 냉매액이 압축기로 유입되는 것을 방지하기 위해 설치한다.

25 이상기체를 정압하에서 가열할 시 체적과 온도의 변화로 옳은 것은?

① 체적 증가, 온도 상승
② 체적 일정, 온도 일정
③ 체적 증가, 온도 일정
④ 체적 일정, 온도 상승

해설
샤를의 법칙에서 압력이 일정할 경우 온도와 체적은 비례한다. 따라서 이상기체를 가열하면 온도가 상승하고 체적이 증가한다.

26 온도식 팽창밸브의 과열도에 대한 설명으로 옳은 것은?

① 고압측 압력이 높아 액냉매의 온도가 충분히 낮아지지 못할 때, 정상상태와의 온도 차이이다.
② 팽창밸브가 장시간 작동하여 밸브시트가 가열되어 오동작할 때, 정상상태와의 온도 차이이다.
③ 흡입관 내의 냉매가스온도와 증발기 내의 포화온도의 차이이다.
④ 압축기 및 증발기 내의 온도보다 1℃ 정도 높게 설정된 온도와의 차이이다.

해설
과열도 = 압축기의 냉매 흡입가스온도 - 증발기 내의 포화온도

27 10kW의 모터를 1시간 동안 작동시켜 어떤 물체를 정지시켰다. 이때 사용된 에너지는 모두 마찰열로 되어 $t = 20℃$의 주위에 전달되었다면 질량당 엔트로피의 증가는 몇 kcal/kg·K인가?

① 29.4 ② 39.4
③ 49.4 ④ 59.4

해설
$$ds = \frac{\delta Q}{T} = \frac{10\text{kWh}}{1\text{kg} \times (273+20)\text{K}} = \frac{10\frac{\text{kJ}}{\text{s}} \times 3,600\text{s}}{1\text{kg} \times (273+20)\text{K}}$$
$$= 122.86\text{kJ/kg} \cdot \text{K} = 122.86 \times 0.239 = 29.4\text{kcal/kg} \cdot \text{K}$$

※ 10kW = 10kJ/s
　1kJ = 0.239kcal

28 다음 중 암모니아 냉동기에서 유분리기의 설치 위치로 옳은 것은?

① 압축기와 응축기 사이
② 응축기와 팽창밸브 사이
③ 증발기와 압축기 사이
④ 팽창밸브와 증발기 사이

해설
유분리기 설치 위치
• 암모니아(NH_3) 냉동기 : 압축기와 응축기 사이의 3/4 지점에 설치한다.
• 프레온 냉동기 : 압축기와 응축기 사이의 1/4 지점에 설치한다.

정답 25 ① 26 ③ 27 ① 28 ①

29 압축기의 용량제어방법 중 왕복동 압축기와 관계 없는 것은?

① 바이패스법
② 회전수 가감법
③ 흡입베인 조절법
④ 클리어런스 증가법

해설
터보냉동기의 용량제어법
• 가이드베인 조절법
• 냉각수량 조절법
• 흡입 및 토출 댐퍼 조정법

30 프레온 냉동장치에 수분이 혼입됐을 때 일어나는 현상은?

① 수분과 반응하는 양이 매우 적어 뚜렷한 현상이 나타나지 않는다.
② 수분이 혼입되면 황산이 생성된다.
③ 고온부의 냉동장치에 동 부착(도금)현상이 나타난다.
④ 유탁액 현상을 일으킨다.

해설
동 부착(도금)현상 : 수분 혼입으로 인한 냉동장치의 고온부 금속 표면에 구리막이 형성되는 현상으로, 장치에 손상을 줄 수 있다.

31 다음 조건을 갖는 냉동기의 냉동능력은?

- 응축기 냉각수 입구 절대온도 : 291K
- 응축기 냉각수 출구 절대온도 : 296K
- 응축기 냉각수 수량 : 1,500L/min
- 압축기 주전동기 축마력 : 80PS
- 1RT = 13,900kJ/h

① 12.2RT ② 17.47RT
③ 150RT   ④ 241.2RT

해설
응축기의 방열량
$Q_c = GC\Delta t$
$= \left(1{,}500\dfrac{\text{kg}}{\text{min}} \times \dfrac{60\text{min}}{\text{h}}\right) \times 1.01\dfrac{\text{kJ}}{\text{kg}\cdot\text{K}} \times (296-291)\text{K}$
$= 454{,}500\text{kJ/h}$

여기서, G : 냉각수 수량
C : 공기의 비열
Δt : 냉각수 온도차

※ 물 1L = 1kg

압축기의 열량
$A_w = 80 \times 0.735 = 58.8\text{kW} = 58.8\text{kJ/s}$

초(s)를 시(h)로 변환
$58.8\dfrac{\text{kJ}}{\text{s}} \times \dfrac{3{,}600\text{s}}{\text{h}} = 211{,}680\text{kJ/h}$

※ 1PS = 0.735kW

증발기의 흡수열량
$Q_e = Q_c - A_w = 454{,}500 - 211{,}680 = 242{,}820\text{kJ/h}$

RT로 단위변환(1RT = 13,900kJ/h)
$Q_e = \dfrac{242{,}820}{13{,}900} = 17.47\text{RT}$

※ 냉동능력 : 단위 시간 내에 증발기가 제거할 수 있는 열량이다. 냉동톤의 열량은 흡수열량이다.

32 온도식 자동팽창밸브 감온통의 냉매 충전방법으로 옳지 않은 것은?

① 액 충전식 ② 벨로스 충전식
③ 가스 충전식 ④ 크로스 충전식

해설
감온통의 냉매 충전방법
- 액 충전식
- 가스 충전식
- 크로스 충전식

33 액체냉매를 가열하면 증기가 되고, 더 가열하면 과열증기가 된다. 단위열량을 공급할 때 온도 상승이 가장 큰 것은?

① 과냉액체 ② 습증기
③ 과열증기 ④ 포화증기

해설
동일한 포화압력에서 냉매의 상태변화는 과냉각액 → 포화액 → 습포화증기 → 건조포화증기 → 과열증기 순으로 변한다. 따라서, 과열증기는 건조포화증기가 가열되어 포화온도 이상으로 온도가 상승한 상태이다.

34 흡수식 냉동기에 대한 설명 중 옳은 것은?

① 초저온용으로 사용된다.
② 비교적 소용량보다는 대용량에 적합하다.
③ 열교환기를 설치하여도 효율은 변함없다.
④ 물 – LiBr식에서는 물이 흡수제가 된다.

해설
① 냉매로 물을 사용하기 때문에 0℃ 이하로 낮출 수 없으므로 초저온용으로 사용할 수 없다.
③ 열교환기를 설치하면 발생기에서의 가열량이 작아지므로 흡수식 냉동기의 효율이 커진다.
④ 물 – LiBr식에서는 물이 냉매이고, LiBr(브롬화리튬)을 흡수제로 사용한다.

35 자동제어의 목적으로 옳지 않은 것은?

① 냉동장치 운전상태의 안정을 도모한다.
② 냉동장치의 안전을 유지한다.
③ 경제적인 운전을 꾀한다.
④ 냉동장치의 냉매 소비를 절감한다.

해설
냉동장치의 경제적인 운전을 유지하여 운전상태의 안정과 안전을 도모하기 위하여 자동제어를 한다.

정답 32 ② 33 ③ 34 ② 35 ④

36 다음 중 냉매의 구비조건으로 옳지 않은 것은?

① 전기저항이 커야 한다.
② 불활성이고 부식성이 없어야 한다.
③ 가급적 응축압력이 낮아야 한다.
④ 증기의 비체적이 커야 한다.

해설
냉매는 비체적이 작아야 한다.

37 프레온 냉동장치에서 압축기 흡입배관과 응축기 출구배관을 접촉시켜 열교환할 때, 냉동기에 미치는 영향으로 옳은 것은?

① 압축기 소요동력이 증가한다.
② 냉동효과가 증가한다.
③ 액백(Liquid Back)이 일어난다.
④ 성적계수가 감소한다.

해설
열교환기 설치 시 냉동기에 미치는 영향
- 플래시가스 발생량이 감소되어 냉동효과가 증가한다.
- 압축기 흡입가스를 가열시켜 액백을 방지하고, 압축기 소요동력이 감소한다.
- 냉동기 성적계수가 증가한다.

38 염화나트륨 브라인의 공정점은?

① $-55℃$ ② $-42℃$
③ $-36℃$ ④ $-21℃$

해설
브라인 공정점
- 염화칼슘($CaCl_2$) : $-55℃$
- 염화마그네슘($MgCl_2$) : $-33.6℃$
- 염화나트륨($NaCl$) : $-21.2℃$

39 주위 압력이 750mmHg인 냉동기의 저압게이지가 100mmHgv를 나타내었다. 절대압력의 크기는?

① $0.5 kgf/cm^2$ ② $0.73 kgf/cm^2$
③ $0.88 kgf/cm^2$ ④ $0.96 kgf/cm^2$

해설
- 대기압 $= \dfrac{750}{760} \times 1.0332 = 1.0196 kgf/cm^2$
- 진공압력 $= \dfrac{100}{760} \times 1.0332 = 0.1359 kgf/cm^2$
- 절대압력 = 대기압 - 진공압력 = $1.0196 - 0.1359$
  $= 0.8837 kgf/cm^2$

40 암모니아 냉동기의 증발온도는 -20℃, 응축온도는 35℃일 때 이론 성적계수(㉠)와 실제 성적계수(㉡)의 값은?(단, 팽창밸브 직전의 액온도는 32℃, 흡입가스는 건포화증기이고, 체적효율은 0.65, 압축효율은 0.8, 기계효율은 0.9로 한다)

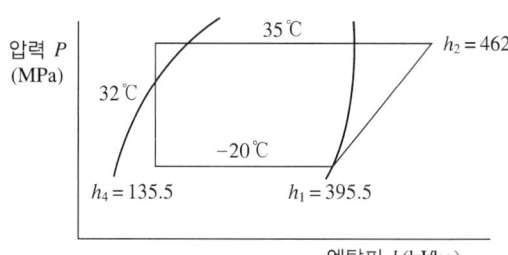

① ㉠ 0.5, ㉡ 3.8
② ㉠ 3.5, ㉡ 2.5
③ ㉠ 3.9, ㉡ 2.8
④ ㉠ 4.3, ㉡ 2.8

해설

- 이론 성적계수 $COP_1 = \dfrac{h_1 - h_4}{h_2 - h_1} = \dfrac{395.5 - 135.5}{462 - 395.5} = 3.91$
- 실제 성적계수 $COP_2 = COP_1 \times \eta_c \times \eta_m$
  $= 3.91 \times 0.8 \times 0.9 = 2.82$

제3과목 공조냉동 설치·운영

41 다음 그림과 같은 증기난방 배관의 방식은?

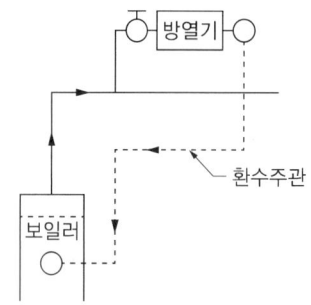

① 진공환수방식, 습식환수방식
② 중력환수방식, 건식환수방식
③ 중력환수방식, 습식환수방식
④ 진공환수방식, 건식환수방식

해설

환수주관과 보일러 사이에 펌프가 없으므로 중력환수방식이며, 환수주관이 보일러 수면보다 높아 건식환수방식이다.

42 개별식 급탕방식에 대한 설명 중 옳지 않은 것은?

① 배관설비 거리가 짧고, 열손실이 작다.
② 급탕 장소가 많은 경우 시설비가 저렴하다.
③ 수시로 급탕하여 사용할 수 있다.
④ 건물의 완성 후에도 급탕 장소의 증설이 쉽다.

해설

개별식 급탕방식

- 주택이나 이용소 등 소규모 건축물에 급탕기를 설치하여 간단히 온수를 얻을 수 있다.
- 순간온수기, 저탕형 탕비기, 기수 혼합식이 있다.
- 배관의 열손실이 작다.
- 급탕 장소가 적을 경우 시설비가 저렴하다.
- 가열기의 열효율이 낮다.

43 LP가스의 주성분으로 옳은 것은?

① 프로판(C_3H_8), 부틸렌(C_4H_8)
② 프로판(C_3H_8), 부탄(C_4H_{10})
③ 프로필렌(C_3H_6), 부틸렌(C_4H_8)
④ 프로필렌(C_3H_6), 부탄(C_4H_{10})

해설
LP가스(액화석유가스) : 프로판(C_3H_8)과 부탄(C_4H_{10})을 주성분으로 한 가스를 상온에서 압축하여 액체 상태로 만든 연료이다. 석유의 정제 또는 가솔린 제조 시 얻을 수 있다.

44 냉온수 헤더에 설치하는 부속품이 아닌 것은?

① 압력계
② 드레인관
③ 트랩장치
④ 급수관

해설
트랩장치는 방열기의 환수관이나 증기 배관의 말단에 설치한다.

45 난방 배관에서 리프트 피팅을 사용하는 응축수 환수방식은?

① 중력환수식
② 기계환수식
③ 진공환수식
④ 상향환수식

해설
진공환수식 증기난방
• 환수주관의 말단이나 보일러 앞에 진공펌프를 설치하여 응축수를 환수시키는 방식이다.
• 환수주관보다 높은 위치에 진공펌프가 있거나 방열기보다 높은 곳에 환수주관을 배관하는 경우 리프트 피팅을 사용한다.

46 증기난방 배관에서 증기트랩을 사용하는 목적은?

① 관 내의 온도를 조절하기 위해서이다.
② 관 내의 압력을 조절하기 위해서이다.
③ 배관의 신축을 흡수하기 위해서이다.
④ 증기와 응축수를 분리하기 위해서이다.

해설
증기트랩 : 관 내 증기와 응축수를 분리하여 환수관으로 배출시키는 장치이다. 수격작용 및 배관의 부식을 방지한다.

47 보온재의 구비조건으로 옳지 않은 것은?
① 열전달률이 커야 한다.
② 물리적, 화학적 강도가 커야 한다.
③ 흡수성이 작고, 가공성이 커야 한다.
④ 불연성이어야 한다.

해설
보온재의 구비조건
- 열전달률이 작아야 한다.
- 물리적, 화학적 강도가 커야 한다.
- 흡수성이 작고, 가공이 용이해야 한다.
- 불연성이어야 한다.
- 사용온도에 있어서 내구성이 있고, 변질되지 않아야 한다.
- 부피와 비중이 작아야 한다.

48 공기조화 배관설비에서 냉수코일을 통과하는 일반적인 설계 풍속은?
① 2~3m/s   ② 5~6m/s
③ 8~9m/s   ④ 10~11m/s

해설
냉수코일을 통과하는 풍속은 2~3m/s가 경제적이다.

49 배수 배관에 대한 설명 중 옳지 않은 것은?
① 배수 수평주관과 배수 수평분기관의 분기점에는 청소구를 설치해야 한다.
② 배수 관경의 결정방법은 기구 배수 부하 단위나 정상 유량을 사용하는 2가지 방법이 있다.
③ 배수 관경이 100A 이하일 때는 청소구의 크기를 배수관경과 같게 한다.
④ 배수 수직관의 관경은 수평분기관의 최소관경 이하로 한다.

해설
배수 수직관의 관경은 이에 연결하는 배수 수평지관의 최대관경 이상으로 한다.

50 배관의 행거용 지지철물을 달아매기 위해 천장에 매입하는 철물은?
① 턴버클   ② 가이드
③ 스토퍼   ④ 인서트

해설
① 턴버클 : 지지용 로프 등을 잡아당기거나 늦출 때 사용하는 연결부품이다.
② 가이드 : 배관이 응력을 받아 휘어지는 것을 방지하고 배관의 굽힘 장소나 신축이음 부분에 설치하여 관의 회전을 방지하는 장치이다.
③ 스토퍼 : 배관의 일정 방향 이동과 회전만 구속하고 다른 방향은 자유롭게 이동하도록 고정하는 장치이다.

51 다음 그림과 같은 블록선도와 등가인 것은?

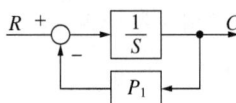

① $R \longrightarrow \boxed{\dfrac{S}{P_1}} \longrightarrow C$

② $R \longrightarrow \boxed{S+P_1} \longrightarrow C$

③ $R \longrightarrow \boxed{\dfrac{1}{S+P_1}} \longrightarrow C$

④ $R \longrightarrow \boxed{\dfrac{P_1}{S}} \longrightarrow C$

해설

전달함수 $G(s) = \dfrac{C}{R} = \dfrac{\text{패스 경로}}{1 - \text{피드백 경로}}$

패스 경로의 전달함수 : $\dfrac{1}{S}$

피드백 경로의 함수 : $-P \cdot \dfrac{1}{S}$

$G(s) = \dfrac{C}{R} = \dfrac{\dfrac{1}{S}}{1 - \left(-P_1 \cdot \dfrac{1}{S}\right)} = \dfrac{S}{S(S+P_1)} = \dfrac{1}{S+P_1}$

52 프로세스 제어나 자동조정 등 목푯값이 시간에 대하여 변화하지 않는 제어는?

① 추종제어 ② 비율제어
③ 정치제어 ④ 프로그램 제어

해설

① 추종제어 : 목푯값이 시간에 따라서 변하며 목푯값에 정확히 추종하는 제어이다. 서보기구 등이 있다.
② 비율제어 : 목푯값이 다른 양과 일정한 비율관계를 갖는 상태량을 제어한다. 보일러 자동연소장치 등이 있다.
④ 프로그램 제어 : 목푯값이 시간적으로 미리 정해진 대로 변화하고 제어량을 추종시키는 제어이다. 열처리 노의 온도제어, 무인열차운전 등이 있다.

53 50Ω의 저항 4개를 이용하여 가장 큰 합성저항을 얻으면 몇 Ω인가?

① 75 ② 150
③ 200 ④ 400

해설

저항의 합성저항 계산
- 직렬로 연결할 경우
  $R = nr \rightarrow R = 4\text{개} \times 50\Omega = 200\Omega$
- 병렬로 연결할 경우
  $R = \dfrac{r}{n} \rightarrow R = \dfrac{50\Omega}{4\text{개}} = 12.5\Omega$

54 임피던스 강하가 4%인 어느 변압기가 운전 중 단락되었을 때, 단락전류는 정격전류의 몇 배인가?

① 10 ② 20
③ 25 ④ 30

해설

임피던스 강하율

$Z = \dfrac{I_N}{I_S} \times 100\% \rightarrow I_S = \dfrac{I_N}{Z} \times 100\%$

$\therefore \dfrac{I_N}{4\%} \times 100\% = 25 I_N$

여기서, Z : 임피던스
I_S : 단락전류
I_N : 정격전류

55. 특정방정식 $G(s) = \dfrac{S^2 + 2S + 1}{S^2 + S - 6}$의 근은?

① -1
② -3, 2
③ -1, -3
④ -1, -3, 2

해설
특성방정식의 근은 전달함수의 분모가 0이 되어야 한다.
$S^2 + S - 6 = 0 \rightarrow (S-2)(S+3) = 0$
∴ $S = 2$, $S = -3$

56. 교류에서 실횻값과 최댓값의 관계는?

① 실횻값 = $\dfrac{최댓값}{\sqrt{2}}$

② 실횻값 = $\dfrac{최댓값}{\sqrt{3}}$

③ 실횻값 = $\dfrac{최댓값}{2}$

④ 실횻값 = $\dfrac{최댓값}{3}$

해설
최댓값 = $\sqrt{2}$ × 실횻값
∴ 실횻값 = $\dfrac{최댓값}{\sqrt{2}}$

57. 배리스터(Varistor)에 대한 설명 중 옳은 것은?

① 비직선적인 전압과 전류의 특성을 갖는 2단자 반도체 소자이다.
② 비직선적인 전압과 전류의 특성을 갖는 3단자 반도체 소자이다.
③ 비직선적인 전압과 전류의 특성을 갖는 4단자 반도체 소자이다.
④ 비직선적인 전압과 전류의 특성을 갖는 리액턴스 소자이다.

해설
배리스터 : 높은 전압이 걸리면 저항이 낮아지는 2단자 반도체 소자로, 비직선적인 전압과 전류의 특성을 갖는다.

58. 잔류편차(Off-set)가 발생하는 제어는?

① 미분제어
② 적분제어
③ 비례제어
④ 비례적분미분제어

해설
비례제어 : 검출값 편차의 크기에 비례하여 조작부를 제어한다. 사이클링 현상은 방지할 수 있지만, 정상 잔류편차가 발생한다.

정답 55 ② 56 ① 57 ① 58 ③

59 다음 그림과 같이 피측정 단자에 결선하여 전압계로 e(V)라는 전압을 얻었을 때, 피측정 단자의 절연저항은 몇 MΩ인가?(단, R_m : 전압계 내부저항(Ω), V : 시험전압(V)이다)

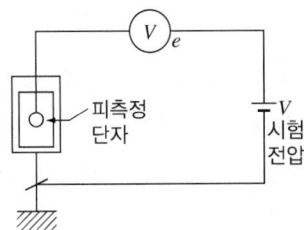

① $R_m(eV-1) \times 10^{-6}$
② $R_m\left(\dfrac{e}{V}-1\right) \times 10^{-6}$
③ $R_m\left(\dfrac{V}{e}-1\right) \times 10^{-6}$
④ $R_m(V-e) \times 10^{-6}$

해설
전압계 전류를 구하는 공식
$$\dfrac{R_m}{R_m+R}V=e$$
피측정 단자의 절연저항 R을 구하면
$$\dfrac{V}{R_m+R}=\dfrac{e}{R_m} \to \dfrac{V}{e}=\dfrac{R_m+R}{R_m} \to \dfrac{V}{e}=1+\dfrac{R}{R_m} \to$$
$$\dfrac{V}{e}-1=\dfrac{R}{R_m}$$
$$\therefore R=R_m\left(\dfrac{V}{e}-1\right)[\Omega]$$
$$R=R_m\left(\dfrac{V}{e}-1\right) \times 10^{-6}\,[\text{M}\Omega]$$

60 다음 중 직류발전기 전기자 반작용의 영향으로 옳지 않은 것은?
① 절연내력의 저하
② 자속의 크기 감소
③ 유기기전력의 감소
④ 자기중성축의 이동

해설
직류발전기의 전기자 반작용의 영향
• 자기중성축을 이동시킨다.
• 주자속의 크기를 감소시켜 유도기전력을 감소시킨다.
• 코일이 자극의 중성축에 있을 때도 전압을 유도시켜 브러시 사이에 불꽃이 발생한다.

2025년 제2회 최근 기출복원문제

제1과목 공기조화 설비

01 난방부하는 어떤 기기의 용량을 결정하는 데 기초가 되는가?
① 공조장치의 공기냉각기
② 공조장치의 공기가열기
③ 공조장치의 수액기
④ 열원설비의 냉각탑

해설
공기가열기의 용량 결정 : 공기가열기의 용량을 난방부하라고 하며, 송풍기 용량(실내·덕트·송풍기 손실부하)과 외기부하로 구성된다.

02 가스난방 실의 종손실열량이 200,000kcal/h, 가스의 발열량이 5,000kcal/m³, 가스소요량이 60m³/h일 때 가스스토브의 효율은?
① 67% ② 80%
③ 85% ④ 90%

해설
가스스토브의 효율
$$\eta = \frac{q}{G_f \times H} \times 100\%$$
$$= \frac{200,000\frac{\text{kcal}}{\text{h}}}{60\frac{\text{m}^3}{\text{h}} \times 5,000\frac{\text{kcal}}{\text{m}^3}} \times 100\% = 66.7\%$$

03 냉동장치의 냉동능력이 3RT이고, 압축기의 소요동력이 3.7kW일 때 응축기에서 제거하는 열량은?
① 8.8kW ② 15.28kW
③ 21.5kW ④ 30.15kW

해설
냉동기의 냉동능력(1RT = 3.86kW)
$Q_e = 3 \times 3.86\text{kW} = 11.58\text{kW}$
응축기의 발열량
$Q_c = Q_e + A_w = 11.58 + 3.7 = 15.28\text{kW}$
여기서, A_w : 압축기의 소요동력
※ 냉동기의 냉동능력(Q_e)은 증발기의 흡열량으로 주변 온도를 감소시키고, 응축기의 발열량(Q_c)은 주변 온도를 증가시킨다. $Q_c - Q_e = A_w$ 이므로 발열량 – 흡열량 = 동력으로 암기한다.

04 공기조화방식의 열매체에 의한 분류 중 냉매방식의 특징으로 옳지 않은 것은?
① 유닛에 냉동기를 내장하므로 사용시간에만 냉동기가 작동하여 에너지 절약되고, 잔업 시의 운전 등 국소적인 운전이 자유롭다.
② 온도조절기를 내장하고 있어 개별제어가 가능하다.
③ 대형 공조실이 필요하다.
④ 취급이 간단하고, 대형도 쉽게 운전할 수 있다.

해설
냉매방식은 개별방식으로서 유닛에 냉동기가 내장되어 있으며, 실내에 유닛을 설치하므로 대형 공조실이 필요없다.

정답 1 ② 2 ① 3 ② 4 ③

05 다음 습공기선도에서 현재의 상태를 A라고 할 때 건구온도, 습구온도, 노점온도, 절대습도, 엔탈피를 그림의 각 점과 대응시킨 것으로 옳은 것은?

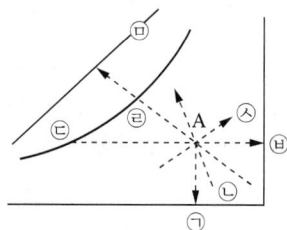

① ㄹ, ㄷ, ㄱ, ㅂ, ㅁ
② ㄷ, ㄱ, ㄹ, ㅅ, ㄴ
③ ㄱ, ㄹ, ㄷ, ㅂ, ㅁ
④ ㄴ, ㄷ, ㄱ, ㅅ, ㅁ

해설
습공기선도의 구성요소
- 건구온도(㉠) : 일반 온도계로 측정한 온도이다.
- 비체적(㉡) : 공기 1kg의 체적이다.
- 노점온도(㉢) : 일정한 수분을 함유한 습공기의 온도를 낮추면 어떤 온도에서 포화상태가 되는 온도이다.
- 습구온도(㉣) : 감온부를 물에 적신 헝겊으로 적셔 증발할 때 잠열에 의한 냉각온도이다.
- 엔탈피(㉤) : 건공기와 수증기의 전열량이다.
- 절대습도(㉥) : 건공기 1kg 중에 함유된 수증기 중량이다.
- 상대습도(㉦) : 공기 중의 수분량을 포화증기량에 대한 비율로 표시한 값이다.

06 다음 중 축류식 취출구로 옳은 것은?
① 팬형
② 펑커루버형
③ 머시룸형
④ 아네모스탯형

해설
- 축류 취출구 : 노즐형, 펑커루버형, 베인 격자형(유니버설형), 다공판형, 슬롯형
- 복류 취출구 : 팬형, 아네모스탯형
- 흡입구 : 머시룸형

07 공조시스템에서 실내 배기와 환기용 외기를 열교환하여 에너지를 절약하는 설비로, 설비비는 증가하나 외기의 최대부하를 감소시켜 보일러나 냉동기의 용량을 감소시키는 열교환기의 형식은?
① 증기 - 물 열교환기
② 공기 - 공기 열교환기
③ 히트파이프
④ 이코노마이저

해설
전열교환기는 실내에서 배기되는 공기와 환기용 외기를 열교환시키는 공기 - 공기 열교환기로서 외기의 환기부하를 감소시켜 보일러나 냉동기의 용량을 줄일 수 있다. 중앙공조시스템에서의 에너지 회수방식으로 많이 사용된다.

08 다음 중 냉각탑에 주로 사용하는 축류식 송풍기는?
① 리밋로드형 송풍기
② 프로펠러형 송풍기
③ 크로스 플로우형 송풍기
④ 다익형 송풍기

09 클린룸 등급을 나타내는 방법으로, 미국연방규격에 따라 1fit³의 체적 내 불순 미립자의 수를 Class 등급으로 표시한다. Class 100은 입경이 얼마인 불순 미립자의 수를 100으로 제한한다는 의미인가?

① $0.1\mu m$ ② $0.2\mu m$
③ $0.3\mu m$ ④ $0.5\mu m$

해설
클린룸의 규격 1Class는 공기 1fit³당 $0.5\mu m$ 크기의 입자수로 표시한다.

10 증기트랩에 대한 설명으로 옳지 않은 것은?
① 바이메탈트랩은 내부에 열팽창계수가 다른 두 개의 금속이 접합된 바이메탈로 구성된다. 워터해머에 안전하고, 과열증기에 사용할 수 있다.
② 벨로스트랩은 금속제의 벨로스 속에 휘발성 액체가 봉입되어 있어 주위에 증기가 있으면 팽창되며, 증기가 응축되면 온도에 의해 수축하는 원리를 이용한 트랩이다.
③ 플로트트랩은 응축수의 온도차를 이용하여 플로트가 상하로 움직이며 밸브를 개폐한다.
④ 버킷트랩은 응축수의 부력을 이용하여 밸브를 개폐한다. 상향식과 하향식이 있다.

해설
플로트트랩 : 기계식 트랩으로서 플로트의 부력에 의해 작동된다. 저압 및 증압의 공기가열기나 열교환기에 사용한다.

11 실내의 모든 부분에서 오염가스가 발생되는 경우 실 전체의 기류분포를 계획하여 실내에서 발생하는 오염물질을 완전히 희석하고 확산시킨 후 배기하는 환기방식은?

① 자연 환기 ② 제3종 환기
③ 국부 환기 ④ 전반 환기

해설
• 전반 환기 : 실 전체에 오염물질이 확산되어 있는 경우, 실 전체의 기류분포를 계획하여 실내에서 발생하는 오염물질을 완전히 희석하고 확산시킨 후 배기하는 방식이다.
• 국소 환기 : 주방 등의 오염물질이 발생하는 근처에 후드를 설치하여 실 주위로 확산되기 전에 배기하는 방식이다.

12 다음 중 축열시스템에 대한 설명으로 옳은 것은?
① 피크 컷(Peak Cut)에 의해 열원장치의 용량이 증가한다.
② 부분부하 운전에 대응하기 곤란하다.
③ 도시의 전력 수급상태 개선에 공헌한다.
④ 야간 운전에 따른 관리 인건비가 절약된다.

해설
축열시스템의 특징
• 피크 타임 시 냉동기 및 열원기기의 용량을 작게 할 수 있다.
• 부분부하 운전에 쉽게 대응한다.
• 하절기 전력 피크를 방지하기 위하여 심야전력으로 냉동기를 운전하여 빙축열 또는 수축열을 생산하며, 야간 운전 및 유지보수에 인력이 필요하다.

정답 9 ④ 10 ③ 11 ④ 12 ③

13 흡착식 감습장치에 사용하는 고체 흡착제는?

① 실리카겔
② 염화리튬
③ 트리에틸렌글리콜
④ 드라이아이스

해설
흡착식 감습장치 : 실리카겔, 활성 알루미나 등의 고체 흡착제를 사용하며, 재생용 가열장치가 필요하다.

14 다음 중 보일러의 용량을 결정하는 정격출력을 나타내는 것은?

① 정격출력 = 난방부하 + 급탕부하
② 정격출력 = 난방부하 + 급탕부하 + 배관손실부하
③ 정격출력 = 난방부하 + 급탕부하 + 예열부하
④ 정격출력 = 난방부하 + 급탕부하 + 배관손실부하 + 예열부하

해설
- 정미출력 : 난방부하 + 급탕부하
- 상용출력 : 난방부하 + 급탕부하 + 배관손실부하
- 정격출력 : 난방부하 + 급탕부하 + 배관손실부하 + 예열부하

15 흡수식 냉동기의 특징으로 옳지 않은 것은?

① 기기 내부가 진공에 가까우므로 파열의 위험이 작다.
② 기기의 구성 중 회전하는 요소가 많아 소음 및 진동이 많다.
③ 흡수식 냉온수기 한 대로 냉방과 난방을 겸용할 수 있다.
④ 예랭시간이 길어 냉방용 냉수의 공급이 지연된다.

해설
흡수식 냉동기는 압축기가 없으므로 소음 및 진동이 작다.

16 다음 그림은 냉각코일의 선도 변화를 나타낸 것이다. ㉠ : 입구공기, ㉡ : 출구공기, ㉢ : 포화공기일 때 노점온도와 바이패스 팩터 구간은?

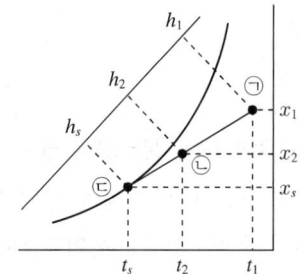

① 노점온도 : t_s, 바이패스 팩터 : $\dfrac{h_2 - h_s}{h_1 - h_s}$

② 노점온도 : t_s, 바이패스 팩터 : $\dfrac{t_1 - t_2}{t_1 - t_s}$

③ 노점온도 : t_2, 바이패스 팩터 : $\dfrac{t_1 - t_2}{t_2 - t_s}$

④ 노점온도 : t_2, 바이패스 팩터 : $\dfrac{h_2 - h_s}{h_1 - h_2}$

해설
- 노점온도 : t_s
- 바이패스 팩터 : $\dfrac{h_2 - h_s}{h_1 - h_s} = \dfrac{t_2 - t_s}{t_1 - t_s}$

17 다익형 송풍기의 경우 송풍기의 크기(No.)에 대한 설명으로 옳은 것은?(단, 직경의 단위는 mm이다)

① 임펠러의 직경을 60mm으로 나눈 숫자이다.
② 임펠러의 직경을 100mm으로 나눈 숫자이다.
③ 임펠러의 직경을 120mm으로 나눈 숫자이다.
④ 임펠러의 직경을 150mm으로 나눈 숫자이다.

해설

- 다익형(원심형) 송풍기의 크기 No. = $\dfrac{\text{임펠러의 직경}}{150\text{mm}}$
- 축류형 송풍기의 크기 No. = $\dfrac{\text{임펠러의 직경}}{100\text{mm}}$

18 건구온도 5℃, 습구온도 3℃의 공기를 덕트 중에 재열기로 건구온도가 20℃로 되기까지 가열할 때, 재열기를 통하는 공기량이 1,000m³/h인 경우 재열기에 필요한 열량은?(단, 공기의 비체적은 0.849 m³/kg이다)

① 254,417kJ/h   ② 15,000kJ/h
③ 8,200kJ/h   ④ 17,844kJ/h

해설

재열부하

$q = GC\Delta t = (\rho Q)C\Delta t = \dfrac{Q}{v}C\Delta t$

$q = \dfrac{1,000\,\frac{m^3}{h}}{0.849\,\frac{m^3}{kg}} \times 1.01\,\dfrac{kJ}{kg \cdot K} \times ((273+20)-(273+5))K$

$= 17,844.5\,kJ/h$

19 공조방식에 대한 설명으로 옳지 않은 것은?

① 전공기방식은 높은 청정도와 정압을 요구하는 병원 수술실, 극장 등에 많이 사용된다.
② 수공기방식은 부하가 큰 방에서 덕트의 치수를 작게 할 수 있다.
③ 개별식은 유닛을 분산시켜 개별제어와 외기냉방에 효과적이다.
④ 전수방식은 유닛에 물을 공급하여 실내공기를 가열·냉각하는 방식으로 극간풍이 많은 곳에 유리하다.

해설

개별식은 실내에 유닛을 직접 설치하므로 개별제어가 용이하지만, 중간기에 외기냉방이 불가능하다.

20 공기조화의 분류에서 산업용 공기조화의 적용 범위로 옳지 않은 것은?

① 반도체 공장에서 제품의 품질 향상을 위한 공조
② 실험실의 실험조건을 위한 공조
③ 양조장에서 술의 숙성온도를 위한 공조
④ 호텔에서 근무하는 근로자의 근무환경 개선을 위한 공조

해설

보건용 공기조화는 근로자의 근무환경을 위해 실시하는 공조방식으로서 호텔, 사무실 등에 적용한다.

정답 17 ④ 18 ④ 19 ③ 20 ④

제2과목 냉동냉장 설비

21 냉매가 구비해야 할 성질로 옳지 않은 것은?

① 임계온도가 상온보다 높아야 한다.
② 증발잠열이 커야 한다.
③ 윤활유에 대한 용해도가 클수록 좋다.
④ 전열이 양호해야 한다.

[해설]
냉매에 윤활유가 용해되어 있으면 전열이 불량하게 되어 냉동기의 성능이 저하한다. 따라서 윤활유에 대한 용해도가 작을수록 좋다.

22 다음 중 염화칼슘 브라인의 공정점은?

① -15℃ ② -21℃
③ -33.6℃ ④ -55℃

[해설]
브라인 공정점
• 염화칼슘($CaCl_2$) : -55℃
• 염화마그네슘($MgCl_2$) : -33.6℃
• 염화나트륨(NaCl) : -21.2℃

23 원심 압축기의 용량 조정법에 대한 설명으로 옳지 않은 것은?

① 회전수의 변화
② 안내익의 경사도 변화
③ 냉매의 유량 조절
④ 흡입구의 댐퍼 조정

[해설]
원심식 압축기의 용량 조정법
• 회전수를 변화한다.
• 바이패스를 조절한다.
• 안내익의 경사도를 변화한다.
• 냉각수량을 조절한다.
• 흡입 및 토출 댐퍼를 조정한다.

24 다음 중 브라인의 중화제 혼합비율은?

① 염화칼슘 100L당 중크롬산소다 100g, 가성소다 23g
② 염화칼슘 100L당 중크롬산소다 100g, 가성소다 43g
③ 염화칼슘 100L당 중크롬산소다 160g, 가성소다 23g
④ 염화칼슘 100L당 중크롬산소다 160g, 가성소다 43g

[해설]
염화칼슘 수용액의 부식방지제 첨가 : 브라인 1L에 대하여 중크롬산소다 1.6g씩 첨가하고, 중크롬산소다 100g마다 가성소다 27g씩 첨가해야 한다.
100g : 27g = 160g : x
$$\therefore x = \frac{27 \times 160}{100} = 43.2g$$

25 깊이 5m인 밀폐 탱크에 물이 5m 차 있다. 수면에는 3kgf/cm²의 증기압이 작용하고 있을 때 탱크 밑면에 작용하는 압력은?

① $35 \times 10^5 \text{kgf/cm}^2$
② $3.5 \times 10^4 \text{kgf/cm}^2$
③ 3.5kgf/cm^2
④ 35kgf/cm^2

해설
압력 $P = P_s + \gamma H$
$= 3\dfrac{\text{kgf}}{\text{cm}^2} + 1,000\dfrac{\text{kgf}}{\text{m}^3} \times 5\text{m}$
$= 3\dfrac{\text{kgf}}{\text{cm}^2} + \left(1,000\dfrac{\text{kgf}}{\text{m}^3} \times \dfrac{\text{m}^3}{10^6 \text{cm}^3}\right) \times 500\text{cm}$
$= 3.5 \text{kgf/cm}^2$
여기서, γ : 물의 단위중량(1,000kgf/m³)

26 냉동장치의 운전 특성과 냉매 및 냉동유의 성질에 대한 설명 중 옳은 것은?

① 냉동능력을 크게 하려면 압축비를 높게 운전한다.
② 팽창밸브 통과 전후의 냉매 엔탈피는 변하지 않는다.
③ 암모니아 압축기용 냉동유는 암모니아보다 가볍다.
④ 암모니아는 수분이 있어도 아연을 침식시키지 않는다.

해설
① 압축비가 크면 플래시가스 발생량이 증가하므로 냉동능력이 작아진다.
③ 냉동유는 암모니아 냉매보다 무겁다.
④ 암모니아 냉매는 동 및 동합금을 부식시키고, 수분이 혼입되면 장치의 부식이 촉진된다.

27 냉동장치에서 펌프다운을 하는 목적으로 옳지 않은 것은?

① 장치의 저압측을 수리하기 위해서이다.
② 장시간 정지 시 저압측으로부터 냉매 누설을 방지하기 위해서이다.
③ 응축기나 수액기를 수리하기 위해서이다.
④ 기동 시 액해머를 방지하고, 경부하 기동을 위해서이다.

해설
냉동장치의 펌프다운 : 냉동장치를 장시간 정지 시 저압측의 냉매 누설을 방지하기 위해 저압측의 냉매를 수액기로 회수하는 작업이다. 저압측을 수리하거나 기동 시 액해머 및 경부하 기동을 위해 실시한다.

28 증기압축식 이론 냉동사이클에서 엔트로피가 감소하는 과정은?

① 팽창과정   ② 응축과정
③ 압축과정   ④ 증발과정

해설
증기압축식 이론 냉동사이클 과정
• 압축과정 : 엔트로피 일정, 압력 상승, 온도 상승, 비체적 감소
• 응축과정 : 압력 일정, 온도 저하, 비체적 저하, 엔탈피 저하, 엔트로피 감소
• 팽창과정 : 엔탈피 일정, 압력 강하, 온도 저하, 비체적 상승
• 증발과정 : 온도 일정, 압력 일정, 비체적 상승, 엔탈피 상승

정답 25 ③ 26 ② 27 ③ 28 ②

29 다음 중 냉동장치 내 불응축가스에 대한 설명으로 옳은 것은?

① 불응축가스가 많아지면 응축압력이 높아지고, 냉동능력은 감소한다.
② 불응축가스는 응축기에 잔류하므로 압축기의 토출가스 온도에는 영향이 없다.
③ 장치에 윤활유를 보충할 때에 공기가 흡입되어도 윤활유에 용해되므로 불응축가스는 생기지 않는다.
④ 불응축가스가 장치 내에 침입해도 냉매와 혼합되므로 응축압력은 불변한다.

해설
② 불응축가스는 응축기에 잔류하므로 압축기의 토출가스 온도를 증가시킨다.
③ 장치에 윤활유를 보충할 때에 공기가 흡입되어 불응축가스가 되며 응축기 내부 전열을 방해하여 응축능력을 감소시킨다.
④ 불응축가스가 장치 내에 침입하면 응축압력이 증가하고 압축비를 상승시켜 토출가스 온도 상승, 윤활유 탄화열화, 냉동능력 감소 등 악영향을 끼친다.

30 냉동장치 운전 중 주의해야 할 사항으로 옳지 않은 것은?

① 액을 흡입하지 않도록 주의한다.
② 압력계 및 전류계 지시를 점검한다.
③ 이상음 및 진동 유무를 점검한다.
④ 오일의 오염 및 냉각수 통수상태를 점검한다.

해설
윤활유의 오염상태와 냉각수의 통수상태는 운전 전에 점검한다.

31 응축부하 계산법으로 옳지 않은 것은?

① 냉매순환량×응축기 입·출구 엔탈피차
② 냉각수량×냉각수 비열×응축기 냉각수 입출구 온도차
③ 냉매순환량×냉동효과
④ 증발부하+압축일량

해설
③은 증발기 부하(냉동능력)를 나타내며 냉동효과는 증발기 입·출구 엔탈피 차이이다.
① $Q_c = G \Delta h$
② $Q_c = GC \Delta t$
④ $Q_c = Q_e + A_w$

32 증발기 내의 압력을 일정하게 유지할 목적으로 사용되는 팽창밸브는?

① 온도작동식 팽창밸브
② 유량제어 팽창밸브
③ 응축압력제어 팽창밸브
④ 유압제어 팽창밸브

해설
온도작동식 팽창밸브 : 증발기 출구에 감온통을 설치하고 감온통에서 감지한 과열도에 의해 냉매량을 조절한다. 따라서 증발기 내의 냉매량과 증발압력을 일정하게 유지시킨다.

33 다음 조건으로 운전되는 수랭 응축기가 있다. 냉매와 냉각수의 평균 온도차는?

- 냉각수 입구온도 : 16℃
- 냉각수량 : 200L/min
- 냉각수 출구온도 : 24℃
- 응축기 냉각면적 : 20m³
- 응축기 열 통과율 : 3,349.6kJ/m²·h·℃

① 4℃   ② 5℃
③ 6℃   ④ 7℃

해설
응축기 방열량
$Q_c = KA\Delta t_m = GC\Delta t$
평균 온도차
$\Delta t_m = \dfrac{GC\Delta t}{KA}$

$= \dfrac{\left(200\dfrac{\text{kg}}{\text{min}} \times \dfrac{60\text{min}}{\text{h}}\right) \times 4.186\dfrac{\text{kJ}}{\text{kg}\cdot℃} \times (24-16)℃}{3,349.6\dfrac{\text{kJ}}{\text{m}^2 \cdot \text{h} \cdot ℃} \times 20\text{m}^2} = 6℃$

※ 물 1L = 1kg
 C는 생략되어 있으므로 1kcal/kg·℃로 한다(1kcal = 4.186kJ).

34 냉동장치를 자동운전하기 위하여 사용되는 자동제어방법 중 정해진 제어동작의 순서에 따라 진행되는 제어방법은?

① 시퀀스제어   ② 피드백제어
③ 2위치제어   ④ 미분제어

해설
시퀀스제어 : 미리 정해진 순서에 따라 제어의 각 단계를 순차적으로 제어하는 방식이다.

35 다음 브라인 순환식 빙축열시스템의 개략도에서 (A) 기기의 명칭과 (B) 매체의 명칭은?

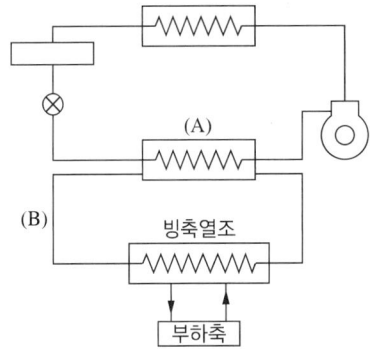

① (A) 증발기, (B) 냉매
② (A) 축냉기, (B) 냉매
③ (A) 증발기, (B) 브라인
④ (A) 증발기, (B) 냉수

해설
브라인 순환식 빙축열시스템
- 위쪽 그림에서 냉매는 압축기 → 응축기 → 팽창밸브 → 증발기(A) → 압축기 순으로 흐른다.
- 아래쪽 그림에서 브라인(B)이 흐르며 증발기에서 열교환된 브라인은 온도가 낮아져 빙축열조로 들어간다.

36 온도가 500℃인 고온 열원과 20℃의 저온 대기 사이에서 가역사이클을 형성하는 열기관이 운전할 경우 사이클의 열효율은?

① 0.53   ② 0.62
③ 0.74   ④ 0.81

해설
열효율
$\eta = \dfrac{T_H - T_L}{T_H}$

$= \dfrac{(273+500)-(273+20)}{273+500} = 0.62$

37 5kg의 산소가 체적 2m³에서 4m³로 변화하였다. 이 변화가 일정 압력하에서 이루어졌을 때 엔트로피의 변화는?(단, 산소는 완전가스로 보고, C_p = 1.0kJ/kg·K로 한다)

① 0.33kJ/K
② 1.67kJ/K
③ 3.46kJ/K
④ 5.16kJ/K

해설
엔트로피 변화
$ds = GC_p \ln \dfrac{v_2}{v_1}$
$= 5\text{kg} \times 1 \dfrac{\text{kJ}}{\text{kg}\cdot\text{K}} \times \ln \dfrac{4}{2} = 3.46\text{kJ/K}$

38 압축기 과열의 원인으로 옳지 않은 것은?

① 증발기의 부하가 감소할 때 가열한다.
② 윤활유가 부족할 때 가열한다.
③ 압축비가 증대할 때 가열한다.
④ 냉매량이 부족할 때 가열한다.

해설
증발기의 부하가 감소할 경우 압축기의 운전시간이 짧게 되어 압축기가 과열되지 않는다.

39 다음 중 상태변화에 대한 설명으로 옳은 것은?

① 단열변화에서 엔트로피는 증가한다.
② 등적변화에서 가해진 열량은 엔탈피 증가에 사용된다.
③ 등압변화에서 가해진 열량은 엔탈피 증가에 사용된다.
④ 등온변화에서 절대일은 0이다.

해설
① 단열변화는 열의 출입이 없고 마찰 등의 내부열 발생이 없는 변화로, 엔트로피는 일정하다.
② 등적변화에서 가해진 열량은 내부에너지 증가에 사용된다.
④ 등온변화에서 절대일은 외부에서 가해진 열량과 같으므로 0보다 크다.

40 CA(Controlled Atmosphere) 냉장고에 청과물 저장 시 좋은 저장성을 얻기 위하여 냉장고 내의 산소를 탄산가스로 치환할 때의 비율은?

① 3~5%
② 5~8%
③ 8~10%
④ 10~12%

해설
CA 냉장고 : 산소농도를 3~5% 감소시키고, 탄산가스를 3~5% 증가시켜 청과물을 저장하는 냉장고이다.

제3과목 공조냉동 설치 · 운영

41 다음 중 방열기 주변의 신축이음은?

① 스위블 이음   ② 미끄럼 신축이음
③ 루프형 이음   ④ 벨로스식 이음

해설
스위블 이음 : 2개 이상의 엘보를 사용하여 이음부의 나사 회전을 이용하여 신축을 흡수한다. 온수난방 및 증기난방에서 방열기 주변 배관에 사용된다.

42 다음 중 동관이음 방법으로 옳지 않은 것은?

① 빅토릭 이음   ② 플레어 이음
③ 용접이음   ④ 납땜이음

해설
빅토릭 이음 : 주철관의 이음방법으로, U자형의 고무링과 주철제 칼라로 눌러 이음하는 방법이다.

43 하나의 장치에서 4방밸브를 조작하여 냉난방 어느 쪽도 사용할 수 있는 공기조화용 펌프는?

① 열펌프   ② 냉각펌프
③ 원심펌프   ④ 왕복펌프

해설
공기열원 열펌프 : 냉방운전 시의 응축기는 난방운전 시의 증발기가 되므로 냉매의 흐름 방향을 전환하기 위하여 4방밸브를 설치한다. 따라서 하나의 장치에서 4방밸브로 냉매의 흐름을 제어하여 냉난방을 실시한다.

44 급수펌프 설치 시 주의사항으로 옳지 않은 것은?

① 펌프는 기초 볼트를 사용하여 기초 콘크리트 위에 설치 고정한다.
② 풋밸브는 동수위면보다 흡입관경의 2배 이상 물속에 들어가게 한다.
③ 토출측 수평관은 상향구배로 배관한다.
④ 흡입양정은 되도록 길게 한다.

해설
펌프의 설치 위치를 되도록 낮게 하여 흡입양정을 작게 한다.

45 배수 및 통기설비에서 배수 배관의 청소구 설치를 필요로 하는 곳으로 가장 거리가 먼 것은?

① 배수 수직관의 제일 밑부분 또는 그 근처에 설치
② 배수 수평주관과 배수 수평분기관의 분기점에 설치
③ 100A 이상의 길이가 긴 배수관의 끝 지점에 설치
④ 배수관이 45° 이상의 각도로 방향을 전환하는 곳에 설치

해설
길이가 긴 수평배수관의 경우 배수관 중간에 청소구를 설치한다. 이때 관경이 100mm 이하일때는 15m마다, 관경이 100mm 이상일때는 30m마다 설치한다.

46 강관의 두께를 나타내는 스케줄 번호(Sch No.)에 대한 설명으로 옳지 않은 것은?(단, 사용압력은 P(kg/cm²), 허용응력은 S(kg/mm²)이다)

① 노멀 스케줄 번호는 10, 20, 30, 40, 60, 80, 100, 120, 140, 160(10종류)까지로 되어 있다.
② 허용응력은 인장강도를 안전율로 나눈 값이다.
③ 미터계열 스케줄 번호 관계식은 $10 \times \dfrac{S}{P}$ 이다.
④ 스케줄 번호(Sch No.)는 유체의 사용압력과 그 상태에 있어서 재료의 허용응력과 비(比)에 의해서 관 두께의 체계를 표시한 것이다.

해설
스케줄 번호 Sch No. = $10 \times \dfrac{P}{S}$

47 다음 그림과 같이 압축기와 응축기가 동일한 높이에 있을 때 배관하는 방법은?

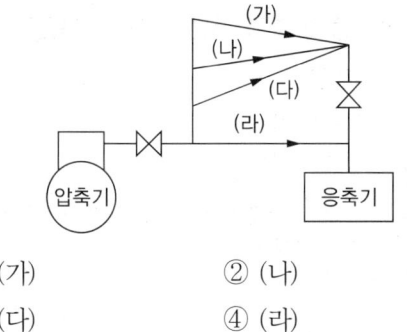

① (가) ② (나)
③ (다) ④ (라)

해설
압축기와 응축기가 동일한 높이에 설치될 경우 압축기에서 2.5m 이하 입상배관으로 하고, (가)와 같이 토출관은 응축기 방향으로 하향구배로 배관한다.

48 체크밸브에 대한 설명으로 옳은 것은?

① 스윙형, 리프트형, 풋형 등이 있다.
② 리프트형은 배관의 수직부에 한하여 사용한다.
③ 스윙형은 수평 배관에만 사용한다.
④ 유량조절용으로 적합하다.

해설
체크밸브
• 유체를 한쪽 방향으로만 흐르게 하는 역류방지용 밸브이다.
• 체크밸브 종류에는 리프트형, 스윙형, 풋형 등이 있다.
• 스윙형 체크밸브는 수직 배관과 수평 배관에 모두 사용한다.
• 리프트형 체크밸브는 수평 배관에만 사용한다.

49 단열용 보온재를 선택할 때 고려해야 할 사항으로 옳지 않은 것은?

① 단위 체적에 대한 가격이 저렴해야 한다.
② 공사 현장 상황에 대한 적응성이 커야 한다.
③ 불연성으로 화재 시 유독가스를 발생하지 않아야 한다.
④ 물리적, 화학적 강도가 작아야 한다.

해설
보온재의 구비조건
- 열전달률이 작아야 한다.
- 물리적, 화학적 강도가 커야 한다.
- 흡수성이 작고, 가공이 용이해야 한다.
- 불연성이어야 한다.
- 사용온도에 있어서 내구성이 있고, 변질되지 않아야 한다.
- 부피·비중이 작아야 한다.

50 배수 배관의 시공 상 주의사항으로 옳지 않은 것은?

① 배수를 가능한 빨리 옥외 하수관으로 유출할 수 있어야 한다.
② 옥외 하수관에서 유해가스가 건물 내부로 침입하지 않도록 한다.
③ 배수관 및 통기관은 내구성이 풍부하고 물이 새지 않도록 접합을 완벽히 해야 한다.
④ 한랭지일 경우 동결 방지를 위해 배수관은 반드시 피복하며, 통기관은 그대로 두어야 한다.

해설
배수 배관 시공 시 일반적으로 통기관은 보온 피복을 하지 않지만, 한랭지에서는 배수관, 통기관 모두 동결되지 않도록 보온 피복을 해야 한다.

51 압력을 감지하는 데 가장 많이 사용되는 것은?

① 전위차계   ② 마이크로폰
③ 스트레인게이지   ④ 회전자기부호기

해설
스트레인게이지 : 물체가 인장, 압축 등으로 변형될 때 물체에 부착시켜 변형을 측정하는 측정기이다. 합금선은 인장 방향의 변형을 받으면 길이가 증가하여 단면적이 감소되어 전기저항이 증가하며, 그 증가분을 측정한다.

52 다음의 정류회로 중 리플전압이 가장 작은 회로는?(단, 저항부하를 사용하였을 경우이다)

① 3상 반파 정류회로
② 3상 전파 정류회로
③ 단상 반파 정류회로
④ 단상 전파 정류회로

해설
① 3상 반파 정류회로 : $r = 0.183$
② 3상 전파 정류회로 : $r = 0.042$
③ 단상 반파 정류회로 : $r = 1.21$
④ 단상 전파 정류회로 : $r = 0.482$
※ 리플전압 = 맥동률 × 직류전압으로 맥동률이 작을수록 리플전압이 작다.

53 조절부와 조작부로 구성된 피드백 제어의 구성요소의 명칭은?

① 입력부　　② 제어장치
③ 제어요소　　④ 제어대상

해설
제어요소 : 동작신호를 조작량으로 변환하는 요소로서 조절부와 조작부로 구성되어 있다.

54 3상 유도전동기의 회전 방향을 바꾸려고 할 때 옳은 방법은?

① 기동보상기를 사용한다.
② 전원주파수를 변환한다.
③ 전동기의 극수를 변환한다.
④ 전원 3선 중 2선의 접속을 바꾼다.

해설
3상 유도전동기의 역회전은 3상 유도전동기의 전원 3선 중 2선의 접속을 바꾸면 반대 방향으로 회전한다.

55 그림과 같이 접지저항을 측정하였을 때 R_1의 접지저항(Ω)을 계산하는 식은?(단, $R_{12} = R_1 + R_2$, $R_{23} = R_2 + R_3$, $R_{31} = R_3 + R_1$이다)

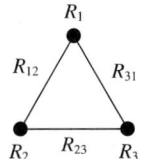

① $R_1 = \dfrac{1}{2}(R_{12} + R_{31} + R_{23})$

② $R_1 = \dfrac{1}{2}(R_{31} + R_{23} - R_{12})$

③ $R_1 = \dfrac{1}{2}(R_{12} - R_{31} + R_{23})$

④ $R_1 = \dfrac{1}{2}(R_{12} + R_{31} - R_{23})$

해설
접지저항의 측정(3점법)
- $R_{12} = R_1 + R_2$
- $R_{23} = R_2 + R_3$
- $R_{31} = R_3 + R_1$

R_{12}와 R_{31}을 더한다.
$R_{12} + R_{31} = 2R_1 + R_2 + R_3 = 2R_1 + R_{23}$
$2R_1 = R_{12} + R_{31} - R_{23}$
$\therefore R_1 = \dfrac{1}{2}(R_{12} + R_{31} - R_{23})$

56 그림 (a)의 병렬로 연결된 저항회로에서 전류 I와 I_1의 관계를 그림 (b)의 블록선도로 나타낼 때 A에 들어갈 전달함수는?

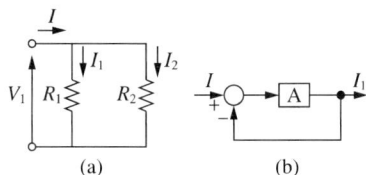

① $\dfrac{R_1}{R_2}$ ② $\dfrac{R_2}{R_1}$

③ $\dfrac{1}{R_1 R_2}$ ④ $\dfrac{1}{R_1 + R_2}$

해설

병렬에서 연결된 저항회로는 전압이 일정하므로
$V = V_1 = V_2$, $R = \dfrac{R_1 R_2}{R_1 + R_2}$ 이다.

전압 $V = V_1$, 전류 $IR = I_1 R_1$

$I \dfrac{R_1 R_2}{R_1 + R_2} = I_1 R_1$

각 저항에 걸리는 전류

$I_1 = \dfrac{R_2}{R_1 + R_2} I$, $I_2 = \dfrac{R_1}{R_1 + R_2} I$

블록선도의 전달함수

$G(s) = \dfrac{I_1}{I} = \dfrac{A}{1 + A}$

I_1의 값을 이용하여 A를 구하면

$I_1 = \dfrac{R_2}{R_1 + R_2} I = \dfrac{A}{1 + A} I \rightarrow \dfrac{R_2}{R_1 + R_2} = \dfrac{A}{1 + A}$

$R_2(1 + A) = A(R_1 + R_2) \rightarrow R_2 + AR_2 = AR_1 + AR_2$

$R_2 = AR_1$

$\therefore A = \dfrac{R_2}{R_1}$

57 전달함수 $G(s) = \dfrac{10}{3 + 2s}$ 을 갖는 계에 $\omega = 2\text{rad/sec}$인 정현파를 줄 때의 이득은?

① 2dB ② 3dB
③ 4dB ④ 6dB

해설

전달함수 $G(s) = \dfrac{10}{3 + 2s}$

$\rightarrow G(j\omega) = \left| G(s) = \dfrac{10}{3 + j2\omega} \right|_{\omega = 2}$

$= \dfrac{10}{3 + j(2 \times 2)} = \dfrac{10}{3 + j4}$

이득 $g = 20\log\left(\dfrac{10}{3 + j4}\right)$

$= 20\log\left(\dfrac{10}{\sqrt{3^2 + 4^2}}\right) = 6.02\text{dB}$

58 $v = 141\sin\left(377 - \dfrac{\pi}{6}\right)$V인 전압의 주파수는?

① 50Hz ② 60Hz
③ 100Hz ④ 377Hz

해설

- 순시전압 $v = V_m \sin(\omega t + \theta) = V_m \sin(2\pi f t + \theta)$
- 각속도 $w = 2\pi f = 377$

$\therefore f = \dfrac{377}{2\pi} = 60\text{Hz}$

59 다음 그림과 같은 블록선도가 의미하는 요소는?

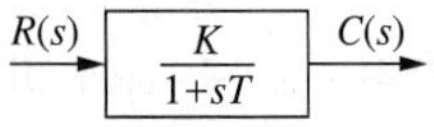

$$R(s) \rightarrow \boxed{\dfrac{K}{1+sT}} \rightarrow C(s)$$

① 1차 지연요소
② 2차 지연요소
③ 비례요소
④ 미분요소

해설
1차 지연요소란 출력이 입력의 변화에 따라 어떤 일정한 값에 도달하는 데 시간의 늦음이 있는 요소이다.
전달함수 $G(s) = \dfrac{K}{1+sT}$

60 자동제어계의 구성 중 기준입력과 궤환신호와의 차를 계산해서 제어시스템에 필요한 신호를 만들어 내는 부분은?

① 조절부   ② 조작부
③ 검출부   ④ 목표설정부

해설
제어대상 : 제어하고자 하는 대상으로, 장치의 전체 또는 일부분이다.
• 조절부 : 동작신호를 만드는 부분으로, 기준입력신호와 검출부의 신호를 합하여 제어계가 소요작용을 하는 데 필요한 신호를 만들어 조작부에 보내는 장치이다.
• 조작부 : 조절부에서 받은 신호를 조작량으로 변환하여 제어대상에 보내는 장치이다.

2025년 제3회 최근 기출복원문제

제1과목 공기조화 설비

01 복사냉난방방식에 대한 설명으로 옳지 않은 것은?
① 비교적 쾌감도가 높다.
② 패널 표면온도가 실내 노점온도보다 높으면 결로가 발생한다.
③ 배관 매설을 위한 시설비가 많이 들며, 보수 및 수리가 어렵다.
④ 방열기가 필요 없으므로 바닥면의 이용도가 높다.

해설
패널의 표면온도가 실내공기의 노점온도보다 낮으면 습공기가 패널의 표면에 이슬이 맺혀 결로가 발생한다.

02 실내에 존재하는 습공기의 전열량에 대한 현열량의 비율을 나타낸 것은?
① 현열비(SHF)　② 잠열비
③ 바이패스비(BF)　④ 열수분비(U)

해설
현열비(SHF) : 습공기의 전열량에 대한 현열량의 비이다.
$$SHF = \frac{\text{현열}}{\text{전열(현열 + 잠열)}} = \frac{q_S}{q_T} = \frac{q_S}{q_S + q_L}$$

03 대기의 절대습도가 일정할 때 하루 동안의 상대습도 변화는?
① 절대습도가 일정하므로 상대습도의 변화는 없다.
② 낮에는 상대습도가 높아지고, 밤에는 상대습도가 낮아진다.
③ 낮에는 상대습도가 낮아지고, 밤에는 상대습도가 높아진다.
④ 낮에 상대습도가 정해지면 하루 종일 그 상태로 일정하게 된다.

해설
낮에 대기의 온도가 상승하여 상대습도가 낮아지고, 밤에는 대기의 온도가 낮아져 상대습도가 높아진다.

04 냉각수는 배관 내로 흐르게 하고, 배관 외부에 물을 살수하여 그 증발로 배관 내 냉각수를 냉각시키는 방식으로, 대기오염이 심한 곳에 많이 적용되는 냉각탑 방식은?
① 밀폐식 냉각탑
② 대기식 냉각탑
③ 자연통풍식 냉각탑
④ 강제통풍식 냉각탑

해설
냉각탑의 열전달에 의한 분류
• 밀폐식 냉각탑 : 냉각탑에 설치된 열교환기에 흐르는 살포수에서 간접적으로 냉각하고, 이 살포수를 공기로 냉각시키는 방식이다.
• 개방식 냉각탑 : 공기와 직접 접촉하여 온도가 높아진 냉각수를 냉각시키는 방식이다.

정답 1 ② 2 ① 3 ③ 4 ①

05 유인유닛(IDU)방식에 대한 설명 중 옳지 않은 것은?

① 각 유닛마다 제어가 가능하므로 개별실 제어가 가능하다.
② 송풍량이 많아서 외기냉방효과가 크다.
③ 냉각과 가열을 동시에 하는 경우 혼합손실이 발생한다.
④ 유인유닛에는 통릭배선이 필요 없다.

> **해설**
> 유인유닛방식은 수공기 방식이므로 전공기 방식에 비해 송풍량이 적어서 외기냉방의 효과가 작다.

06 다음 중 덕트계 부속품의 기능을 설명한 것으로 옳지 않은 것은?

① 댐퍼 : 풍량을 조정하거나 덕트를 폐쇄하기 위해 설치한다.
② 플렉시블 커플링 : 송풍기와 덕트를 접속할 때 사용하며 진동이 전달되는 것을 방지한다.
③ 취출구 : 덕트로부터 공기를 실내로 공급한다.
④ 후드 : 실내로 광범위하게 공기를 공급한다.

07 공기 중의 냄새나 아황산가스 등의 유해가스를 제거하는 필터는?

① 활성탄 필터
② HEPA 필터
③ 전기 집진기
④ 롤 필터

08 다수의 전열판을 겹쳐 놓고 볼트로 연결시킨 것으로, 판과 판 사이를 유체가 지그재그로 흐르면서 열교환이 이루어진다. 열교환 능력이 매우 높아 설치면적이 작고, 전열판의 공감으로 기기 용량의 변동이 용이한 열교환기는?

① 플레이트형 열교환기
② 스파이럴 열교환기
③ 원통다관형 열교환기
④ 회전형 전열교환기

> **해설**
> 플레이트형 열교환기 : 스테인리스 강판을 파형으로 압출하여 수십 매 겹쳐 놓고 볼트로 연결한 것이다. 판과 판 사이에 유체가 지그재그로 흘러 열교환한다.

09 다음 그림과 같은 병행류형 냉각코일의 대수평균 온도차는?

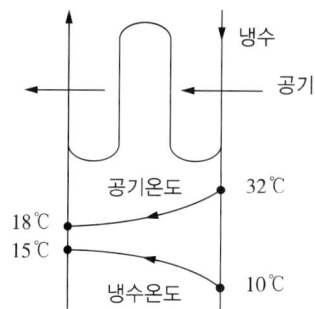

① 8.74℃ ② 9.54℃
③ 12.33℃ ④ 13.10℃

해설
대수평균온도차(LMTD)

$$\text{LMTD} = \frac{\Delta T_1 - \Delta T_2}{\ln \frac{\Delta T_1}{\Delta T_2}}$$

$\Delta T_1 = (32-10)℃ = 22℃$
$\Delta T_2 = (18-15)℃ = 3℃$

$$\text{LMTD} = \frac{22-3}{\ln \frac{22}{3}} = 9.54℃$$

여기서 ΔT_1 : 공기와 냉각수 온도차 중 고온
ΔT_2 : 공기와 냉각수 온도차 중 저온

10 기류 및 주위 벽면에서의 복사열은 무시하고, 온도와 습도만으로 쾌적도를 나타내는 지표는?

① 쾌적건강지표 ② 불쾌지수
③ 유효온도지수 ④ 청정지표

해설
불쾌지수(DI) : 온도와 습도만으로 나타내는 지수로, 불쾌감을 느끼는 정도를 나타낸다. 기온이 높고 습도가 높을수록 불쾌지수는 높아진다.
DI = 0.72(건구온도 + 습구온도) + 40.6

11 다음 중 온수난방 장치로 옳지 않은 것은?

① 팽창탱크 ② 보일러
③ 버킷트랩 ④ 공기배기밸브

해설
버킷트랩은 버킷의 부력에 의해 작동하며 고압, 중압의 주증기관이나 대형 탱크의 히팅코일 등에 사용되므로 온수난방과는 관계가 없다.

12 상당방열면적(EDR)에 대한 설명으로 옳은 것은?

① 표준상태의 방열기의 전 방열량을 연료 연소에 따른 방열면적으로 나눈 값이다.
② 표준상태의 방열기의 전 방열량을 보일러 수관의 방열면적으로 나눈 값이다.
③ 표준상태의 방열기의 전 방열량을 표준 방열량으로 나눈 값이다.
④ 표준상태의 방열기의 전 방열량을 실내 벽체에서 방열되는 면적으로 나눈 값이다.

해설
상당방열면적(EDR)

$$\text{EDR} = \frac{\text{방열기의 전방열량}}{\text{표준방열량}}$$

13 냉방부하의 종류 중 현열만 존재하는 것은?

① 외기를 실내 온습도로 냉각, 감습시키는 열량
② 유리를 통과하는 전도열
③ 문틈에서의 틈새바람
④ 인체에서의 발생열

해설
벽체의 전도열량, 유리창의 전도열량 및 일사열량은 현열만 존재한다.

14 배관 계통에서 유량은 다르더라도 단위길이당 마찰손실이 일정하게 되도록 관경을 정하는 방법은?

① 균등법
② 균압법
③ 등마찰손실법
④ 등속법

해설
덕트설계법
- 등마찰손실법 : 단위길이당 마찰손실이 일정하게 되도록 덕트 치수를 결정하는 방법이다.
- 정압재취득법 : 주덕트에서 말단 또는 분기부로 갈수록 풍속이 감소한다. 이때 동압의 차만큼 정압이 상승하는 현상을 덕트의 압력손실에 재이용하는 방법이다.
- 등속법 : 덕트 내의 풍속을 일정하게 유지할 수 있도록 덕트치수를 결정하는 방법이다.

15 기기 1대로 동시에 냉난방을 해결할 수 있는 장치로, 도시가스를 직접 연소시켜 사용할 수 있고 압축기를 사용하지 않는 열원방식은?

① 흡수식 냉온수기 방식
② GHP 설비방식
③ 빙축열 설비방식
④ 전동냉동기 + 보일러 방식

해설
흡수식 냉온수기의 특징
- 도시가스를 연료로 사용하기 때문에 하절기 전력 피크를 방지한다.
- 압축기가 없으며 흡수기, 재생기, 응축기, 증발기로 구성되어 있다.
- 기기 1대로 동시에 냉난방을 할 수 있다.

16 다음 중 공조용으로 사용되는 냉동기가 아닌 것은?

① 원심식 냉동기
② 자흡식 냉동기
③ 왕복동식 냉동기
④ 흡수식 냉동기

해설
공조냉동기에는 증기압축식(원심식, 왕복동식, 스크루식, 회전식)과 흡수식 냉동기가 있다.

17 외기온도 −5℃, 실내온도 20℃, 벽면적 20m²인 실내의 열손실량은?(단, 벽체의 열관류율 8W/m²·℃, 벽체 두께 20cm, 방위계수는 1.2이다)

① 4,800W
② 4,000W
③ 3,200W
④ 2,400W

해설
외벽을 통한 손실열량
$Q = K \cdot A \cdot \Delta t \cdot R$
$= 8\dfrac{W}{m^2 \cdot ℃} \times 20m^2 \times (20-(-5))℃ \times 1.2$
$= 4,800W$
여기서, K : 열관류율
A : 벽면적
Δt : 온도차
R : 방위계수

14 ③ 15 ① 16 ② 17 ①

18 다음 중 실내취득 냉방부하로 옳지 않은 것은?

① 재열부하
② 벽체의 축열부하
③ 극간풍에 의한 부하
④ 유리창의 복사열에 의한 부하

해설
실내취득부하에는 벽체 및 유리창의 전도부하, 벽체의 축열부하, 유리창의 복사열부하, 극간풍부하, 인체의 발생부하, 조명부하가 있다.

19 송풍기의 특성을 나타내는 요소가 아닌 것은?

① 압력
② 축동력
③ 재질
④ 풍량

해설
송풍기의 성능곡선은 가로축에 풍량, 세로축에 전압, 정압, 축동력, 효율을 도시하여 성능을 표시한다.

20 공기량(풍량) 400kg/h, 절대습도 x_1 = 0.007kg/kg′인 공기를 x_2 = 0.013kg/kg′까지 가습하는 경우 가습에 필요한 공급수량은?

① 2.0kg/h
② 2.4kg/h
③ 2.8kg/h
④ 3.2kg/h

해설
$L = G(x_2 - x_1) = 400(0.013 - 0.007) = 2.4$kg/h
여기서, L : 가습증기량(공급수량)
　　　　G : 공기량

제2과목 냉동냉장 설비

21 감압장치에 대한 설명 중 옳지 않은 것은?

① 감압장치에는 교축밸브를 사용하는데 냉동기에서는 이것을 팽창밸브라고 한다.
② 플로트밸브식 팽창밸브를 정압식 팽창밸브라고 한다.
③ 자동식 팽창밸브는 증발기 내의 압력을 항상 일정하게 유지해 준다.
④ 온도조절식 팽창밸브는 주로 직접팽창식 증발기에 사용되며, 종류는 내부 균압관형과 외부 균압관형이 있다.

해설
정압식 자동팽창밸브는 증발압력에 의해 작동되어 증발압력을 일정하게 유지해 주는 밸브이다. 플로트밸브식 팽창밸브는 플로트실의 액면에 의해 밸브가 작동되며, 고압측 플로트밸브와 저압측 플로트밸브가 있다.

22 핫가스에 의한 제상 시 핫가스의 흐름을 제어하는 것은?

① 모세관
② 자동팽창밸브
③ 전자밸브
④ 사방밸브(4-Way밸브)

해설
핫가스 제상은 타이머를 사용하여 제상시간을 설정하고, 설정시간에 도달하면 제상용 전자밸브가 열려 핫가스(압축기와 응축기 사이의 가스)가 증발기에 흐르도록 한다.

정답 18 ① 19 ③ 20 ② 21 ② 22 ③

23 할로겐 탄화수소계 냉매의 누설을 탐지하는 방법으로 옳은 것은?

① 유황을 묻힌 심지를 이용한다.
② 헬라이드 토치를 이용한다.
③ 네슬러시약을 이용한다.
④ 페놀프탈레인 시험지를 이용한다.

해설
암모니아 냉매의 누설 탐지법
- 냄새로 확인한다.
- 유황초나 염산을 누설 부위에 대면 흰 연기가 발생한다.
- 적색 리트머스 시험지를 물에 적시면 청색으로 변한다.
- 페놀프탈레인 시험지를 물에 적시면 적색으로 변한다.
- 네슬러 시약을 가했을 때 소량 누설 시 황색, 다량 누설 시 자색으로 변한다.

24 왕복동 압축기에서 -70 ~ -30℃ 정도의 저온을 얻기 위해서 2단 압축방식을 채용하는 이유로 옳지 않은 것은?

① 토출가스의 온도를 높이기 위해서이다.
② 윤활유의 온도 상승을 피하기 위해서이다.
③ 압축기의 효율 저하를 막기 위해서이다.
④ 성적계수를 높이기 위해서이다.

해설
1단 압축방식에서 -30℃의 증발온도를 얻으려면 압축비가 상승하여 냉동기 성능이 저하하므로 토출가스의 온도를 낮출 수 있는 2단 압축을 사용한다.

25 냉동장치의 저압차단스위치(LPS)에 대한 설명으로 옳은 것은?

① 유압이 저하했을 때 압축기를 정지시킨다.
② 토출압력이 저하했을 때 압축기를 정지시킨다.
③ 장치 내 압력이 일정 압력 이상이 되면 압력을 저하시켜 장치를 보호한다.
④ 흡입압력이 저하했을 때 압축기를 정지시킨다.

해설
저압차단스위치는 흡입압력(저압)이 정상압력보다 낮아지면 전기적 접점이 떨어져 압축기용 전동기 전원을 차단하여 압축기를 정지시킨다.

26 증발압력조정밸브(EPR)에 대한 설명 중 옳지 않은 것은?

① 냉수 브라인 냉각 시 동결 방지용으로 설치한다.
② 증발기 내의 압력을 일정 압력 이하가 되지 않게 한다.
③ 증발기 출구 밸브 입구측의 압력에 의해 작동한다.
④ 한 대의 압축기로 증발온도가 다른 두 대 이상의 증발기 사용 시 저온측 증발기에 설치한다.

해설
증발압력조정밸브는 한 대의 압축기로 증발온도가 다른 두 대 이상의 증발기를 사용할 경우 고온측 증발기에 증발압력조정밸브를 설치하고, 저온측 증발기에는 체크밸브를 설치한다.

27 내부에너지에 대한 설명 중 옳지 않은 것은?

① 계(系)의 총에너지에서 기계적 에너지를 뺀 나머지를 내부에너지라 한다.
② 내부에너지 변화가 없다면 가열량은 일로 변환된다.
③ 온도의 변화가 없으면 내부에너지의 변화도 없다.
④ 내부에너지는 물체가 갖고 있는 열에너지이다.

해설
완전 기체에서 내부에너지는 온도만의 함수이다. 온도 변화가 없으면 내부에너지 변화도 없으나, 물질이 외부에서 열을 흡수하면 물질이 갖는 내부에너지는 증가한다.

28 유량 100L/min 물을 15℃에서 10℃로 냉각하는 수냉각기가 있다. 이 냉동장치의 냉동효과가 125 kJ/kg일 경우의 냉매순환량은?(단, 물의 비열은 4.18kJ/kg · k이다)

① 16.7kg/h   ② 1,000kg/h
③ 450kg/h   ④ 960kg/h

해설
냉동능력
$Q_e = GC\Delta t$
$= \left(100\dfrac{kg}{min} \times \dfrac{60min}{h}\right) \times 4.18\dfrac{kJ}{kg \cdot K} \times (288-283)K$
$= 125,400 kJ/h$
※ 물 1L = 1kg

냉매순환량 $G = \dfrac{Q_e}{q_e} = \dfrac{125,400\dfrac{kJ}{h}}{125\dfrac{kJ}{kg}} = 1,003.2 kg/h$

29 30℃의 원수 5ton을 3시간에 2℃까지 냉각하는 수냉각장치의 냉동능력은?

① 8RT   ② 11RT
③ 14RT ④ 26RT

해설
냉동능력(Q_e)
$Q_e = GC\Delta t = \dfrac{5,000kg}{3h} \times 4.18\dfrac{kJ}{kg \cdot ℃} \times (30-2)℃$
$= 195,067 kJ/h$
※ C는 생략되어 있으므로 4.18kJ로 한다.
1RT = 13,900kJ/h이므로
냉동능력 = $\dfrac{195,067 kJ/h}{13,900 kJ/h}$ = 14.03RT

30 물 5kg을 0℃에서 80℃까지 가열할 때 물의 엔트로피 증가는 얼마인가?(단, 물의 비열은 4.18 kJ/kg · k이다)

① 1.17kJ/k   ② 5.37kJ/k
③ 13.75kJ/k ④ 26.31kJ/k

해설
엔트로피 변화
$ds = GC \ln \dfrac{T_2}{T_1}$
$= 5kg \times 4.18\dfrac{kJ}{kg \cdot K} \times \ln\left(\dfrac{80+273}{0+273}\right)K = 5.37 kJ/K$

31 흡수식 냉동기에서 냉매와 흡수용액을 분리하는 기기는?

① 발생기   ② 흡수기
③ 증발기   ④ 응축기

해설
발생기 : 흡수기에서 묽은 용액을 유입하여 가열장치로 흡수용액과 냉매를 가열하고 분리하여 진한 농도의 용액으로 만드는 장치이다.

32 흡수식 냉동기에서 재생기에서의 열량을 Q_G, 응축기에서의 열량을 Q_C, 증발기에서의 열량을 Q_E, 흡수기에서의 열량을 Q_A라고 할 때 전체의 열평형식은?

① $Q_G = Q_E + Q_C + Q_A$
② $Q_G + Q_C = Q_E + Q_A$
③ $Q_G + Q_A = Q_C + Q_E$
④ $Q_G + Q_E = Q_C + Q_A$

33 어떤 변화의 가역성과 비가역성을 구분할 때 사용하는 열역학 법칙은?

① 제0법칙　② 제1법칙
③ 제2법칙　④ 제3법칙

해설
열역학 제2법칙
- 열은 스스로 고온의 물체에서 저온으로 이동하며, 그 과정은 비가역 상태이다.
- 일은 쉽게 열로 변화되지만 열은 일로 변할 때 그보다 더 낮은 저온체를 필요로 한다.
- 어떤 기관이든 100% 효율을 가지는 기관은 지구상에 존재하지 않는다.

34 부압작용에 의하여 진공을 만들어 냉동작용을 하는 것은?

① 증기분사 냉동기　② 왕복동 냉동기
③ 스크류 냉동기　④ 공기압축 냉동기

해설
증기분사식 냉동장치 : 이젝터와 같은 노즐을 사용하며, 이 노즐을 통해 증기를 고속 분사시키면서 주위의 가스를 빨아들여 진공시킨다. 이때 증발기 내의 물 또는 식염수가 저압 아래에서 증발함으로써 그 증발잠열에 의해 냉매(물)가 냉각되고 이를 이용해 냉동하는 방식이다.

35 냉동 관련 용어의 설명 중 옳지 않은 것은?

① 제빙톤 : 25℃의 원수 1톤을 24시간 동안 -9℃의 얼음으로 만들 때 제거되는 열량을 냉동능력으로 표시한 것이다.
② 동결점 : 물질 내에 존재하는 수분이 얼기 시작하는 온도이다.
③ 냉동톤 : 0℃의 물 1톤을 24시간 동안에 -10℃의 얼음으로 만드는 데 필요한 냉동능력으로 1RT = 2,520kcal/h이다.
④ 결빙시간 : 얼음을 얼리는 데 소요되는 시간은 얼음 두께의 제곱에 비례하고, 브라인의 온도에는 반비례한다.

해설
냉동톤(1RT = 3,320kcal/h) : 1냉동톤이란 0℃ 물 1톤을 0℃ 얼음으로 만드는 데 24시간 동안 제거해야 할 열량이다.

36 냉매가스를 단열압축하면 온도가 상승한다. 다음 가스를 같은 조건에서 단열압축할 때 온도 상승률이 가장 큰 것은?

① 공기　② R-12
③ R-22　④ NH₃

해설
비열비가 큰 물질일수록 단열압축 후의 토출가스 온도가 가장 높다.

물질	비열비	물질	비열비
공기	1.4	R-12	1.136
R-22	1.184	암모니아(NH₃)	1.31

37 액 흡입으로 인해 발생하는 압축기의 소손을 방지하기 위한 부속장치는?

① 저압차단스위치
② 고압차단스위치
③ 어큐뮬레이터
④ 유압보호스위치

해설
액분리기(Accumulator)
- 암모니아 만액식 증발기 또는 부하변동이 심한 냉동장치에서 압축기로 흡입되는 냉매가스 중의 냉매액을 분리시켜 액압축을 방지하는 장치이다.
- 증발기와 압축기 흡입측 배관 사이에 설치한다.
- 기동 시 증발기 내의 액이 교란되는 것을 방지한다.
- 냉동부하의 변동이 심한 장치에 사용한다.
- 냉매액이 압축기로 유입되는 것을 방지하기 위해 사용한다.

38 역카르노 사이클로 작동되는 냉동기에서 성능계수(COP)가 가장 큰 응축온도(t_c) 및 증발온도(t_e)로 옳은 것은?

① t_c = 20℃, t_e = -10℃
② t_c = 30℃, t_e = 0℃
③ t_c = 30℃, t_e = -10℃
④ t_c = 20℃, t_e = -20℃

해설
성능계수 COP = $\dfrac{t_e}{t_c - t_e}$

① COP = $\dfrac{273-10}{(273+20)-(273-10)}$ = 8.77

② COP = $\dfrac{273+0}{(273+30)-(273+0)}$ = 9.1

③ COP = $\dfrac{273-10}{(273+30)-(273-10)}$ = 6.58

④ COP = $\dfrac{273-20}{(273+20)-(273-20)}$ = 6.33

39 냉동장치에서 일반적으로 가스퍼저(Gas Purger)를 설치할 경우의 설치 위치로 옳은 것은?

① 수액기와 팽창밸브의 액관
② 응축기와 수액기의 액관
③ 응축기와 수액기의 균압관
④ 응축기 직전의 토출관

해설
불응축가스는 응축기 상부, 수액기 상부에 모이므로 퍼저장치를 응축기와 수액기를 연결하는 균압관에 설치한다.

40 냉동식품의 생산공장에 많이 설치되는 동결장치로 설치면적이 작고, 출입구의 레이아웃을 비교적 자유롭게 하여 생산공정의 연속화, 라인화에 쉽게 연결할 수 있는 방식은?

① 스파이럴식 동결장치
② 송풍 동결장치
③ 공기 동결장치
④ 액체질소 동결장치

해설
② 송풍 동결장치 : 선반 위나 천장에 냉각코일을 설치하여 송풍기에 의해 강제적으로 공기를 유동시켜 피냉각물을 동결하는 장치이다.
③ 공기 동결장치 : 선반 위나 천장에 냉각코일을 설치하여 자연적으로 공기를 유동시켜 피냉각물을 동결하는 장치이다.
④ 액체질소 동결장치 : 냉동실 내부에 통과하는 컨베이어에 직접 액화질소를 피냉각물에 분무하여 동결하는 장치이다.

정답 37 ③ 38 ② 39 ③ 40 ①

제3과목 공조냉동 설치·운영

41 가스미터 부착 시 유의사항으로 옳지 않은 것은?

① 온도, 습도가 급변하는 장소는 피한다.
② 부식성의 약품이나 가스가 미터기에 닿지 않도록 한다.
③ 인접 전기설비와는 충분한 거리를 유지한다.
④ 가능하면 미관상 건물의 주요 구조부를 관통한다.

해설
건물의 주요 구조부(내력벽, 기둥, 보 등)를 관통하여 설치할 경우 검사, 수리 등이 어렵기 때문에 가급적 관통하지 않는다.

42 급탕배관 시공 시 고려사항으로 옳지 않은 것은?

① 배관 구배
② 배관 재료의 선택
③ 관의 신축과 영향
④ 관 내 유체의 물리적 성질

해설
관 내 유체의 물리적 성질은 배관재료 선정 시 고려해야 할 사항이다.

43 냉매 배관 중 고압 액관은 어느 부분인가?

① 압축기와 응축기까지의 배관
② 증발기와 압축기까지의 배관
③ 응축기와 수액기까지의 배관
④ 팽창밸브와 압축기까지의 배관

해설
- 흡입관 : 증발기와 압축기까지의 배관이다.
- 토출관 : 압축기와 응축기까지의 배관이다.
- 고압 액관 : 응축기와 수액기(팽창밸브)까지의 배관이다.
- 저압 액관 : 팽창밸브와 증발기까지의 배관이다.

44 배수트랩의 종류에 해당하는 것은?

① 드럼트랩
② 버킷트랩
③ 벨로스트랩
④ 디스크트랩

해설
- 배수트랩 : 관트랩(S트랩, P트랩, U트랩), 박스트랩(드럼트랩, 벨트랩, 그리스트랩, 가솔린트랩)
- 증기트랩 : 버킷트랩, 벨로스트랩, 디스크트랩

45 증기가열코일이 있는 저탕조의 하부에 부착하는 배관 또는 부속품이 아닌 것은?

① 배수관
② 급수관
③ 증기환수관
④ 버너

해설
버너는 연소장치에 설치하는 부속품이다.

46 냉온수 배관에 대한 설명으로 옳은 것은?

① 배관이 보, 천장, 바닥을 관통하는 개소에는 플렉시블 이음을 한다.
② 수평관의 공기체류부에는 슬리브를 설치한다.
③ 팽창관(도피관)에는 슬루스 밸브를 설치한다.
④ 주관이 굽힘부에는 엘보 대신 벤트(곡관)를 사용한다.

해설
① 배관이 보, 천장, 바닥을 관통하는 개소에는 슬리브를 설치한다.
② 수평관의 공기체류부에는 공기빼기밸브(에어벤트)를 설치한다.
③ 팽창관(도피관)에는 밸브를 설치해서는 안 된다.

정답 41 ④ 42 ④ 43 ③ 44 ① 45 ④ 46 ④

47 다음 중 대구경 강관의 보수 및 점검을 위해 분해, 결합을 쉽게 할 수 있도록 사용되는 연결방법은?

① 나사 접합 ② 플랜지 접합
③ 용접 접합 ④ 슬리브 접합

해설
강관의 보수 및 점검을 위해 분해, 결합을 쉽게 할 수 있도록 소구경일 경우 유니언, 대구경일 경우 플랜지 접합으로 한다.

48 다음 중 파이프 내 흐르는 유체가 '물'일 때 표시하는 기호는?

① A ② O
③ S ④ W

해설
유체의 종류에 따른 도시기호

유체의 종류	기호	유체의 종류	기호
공기	A	수증기	S
유류	O	물	W

49 냉동장치의 토출 배관 시공 시 유의사항으로 옳지 않은 것은?

① 관의 합류는 T이음보다 Y이음으로 한다.
② 압축기 정지 중에도 관 내에 응축된 냉매가 압축기로 역류하지 않도록 한다.
③ 압축기에서 입상된 토출관의 수평 부분은 응축기 쪽으로 상향구배를 한다.
④ 여러 대의 압축기를 병렬 운전할 때는 가스의 충돌로 인한 진동이 없게 한다.

해설
압축기에서 입상된 토출관의 수평 부분은 응축기쪽으로 하향구배를 한다.

50 다음 중 가스공급설비와 관련이 없는 것은?

① 가스홀더 ② 압송기
③ 정적기 ④ 정압기

해설
가스공급설비
• 가스홀더 : 가스 공급량을 확보하여 공급의 안전성을 확보하기 위한 압력저장탱크이다.
• 압송기 : 도시가스 수요가 증가함으로써 가스압력이 부족하게 될 때 사용한다.
• 정압기 : 도시가스의 압력을 사용처에 맞게 낮추어 허용압력으로 유지한다.

정답 47 ② 48 ④ 49 ③ 50 ③

51 어떤 회로의 전압이 V(V), 전류가 I(A), 저항이 $R(\Omega)$일 때, 저항이 10% 감소할 시 전류는 처음 전류의 몇 배가 되는가?

① 1.11배
② 1.41배
③ 1.73배
④ 2.82배

해설

- 처음 전류 $I_1 = \dfrac{V}{R_1}$, R_2가 처음 저항에서 10% 감소하므로 $R_2 = 0.9R_1$ 이다.
- 최종 전류 $I_2 = \dfrac{V}{R_2} = \dfrac{V}{0.9} \times \dfrac{V}{R_1} = 1.11 I_1$

52 3상 유도전동기의 출력이 5마력, 전압 220V, 효율 80%, 역률 90%일 때 전동기에 흐르는 전류는?

① 11.6A
② 13.6A
③ 15.6A
④ 17.6A

해설

3상 유도기 출력 $P = \sqrt{3}\, VI \cos\theta\, \eta$

3상 전류 $I = \dfrac{P}{\sqrt{3}\, V\eta\cos\theta} = \dfrac{5 \times 746\text{W}}{\sqrt{3} \times 220\text{V} \times 0.8 \times 0.9} = 13.6\text{A}$

※ 마력 표기 시 1HP = 746W와 1PS = 735W가 있는데 1HP가 정답값에 근접한다.

53 추종제어에 해당하지 않는 제어량은?

① 유량
② 방위
③ 위치
④ 자세

해설

추종제어 : 목푯값이 시간에 따라서 변하며, 목푯값에 정확히 추종하는 제어로서 서보기구 등이 속한다.
※ 서보기구는 기계적인 변위인 물체의 위치, 방향, 각도, 방위, 자세, 거리 등을 제어한다.

54 시퀀스 제어에 대한 설명으로 옳지 않은 것은?

① 시간지연요소가 사용된다.
② 논리회로가 조합 사용된다.
③ 기계적 계전기 접점이 사용된다.
④ 전체 시스템에 연결된 접점이 동시에 동작한다.

해설

시퀀스 제어 : 미리 정해진 순서에 따라 제어의 각 단계를 순차적으로 제어하는 방식이다. 전체 시스템에 연결된 접점이 동시에 동작되지 않고 순차적으로 동작된다.

55 다음 중 잔류편차가 존재하는 제어계는?

① 적분제어계
② 비례제어계
③ 비례적분제어계
④ 비례적분미분제어계

해설

비례제어계
- 검출값 편차의 크기에 비례하여 조작부를 제어한다.
- 사이클링 현상을 방지할 수 있지만 정상잔류편차가 발생한다.

56 전기력선의 성질로 옳지 않은 것은?

① 전기력선은 서로 교차한다.
② 양전하에서 나와 음전하로 끝나는 연속곡선이다.
③ 전기력선상의 접선은 그 점에 있어서 전계의 방향이다.
④ 단위 전계강도 1V/m인 점에 있어서 전기력선 밀도를 1개/m²라 한다.

해설

전기력선은 등전위면에 직교하고, 서로 교차하거나 소멸하지 않는다.

57 다음 그림에서 단위 피드백 제어계의 입력을 $R(s)$, 출력을 $C(s)$라 할 때 전달함수의 표현식은?

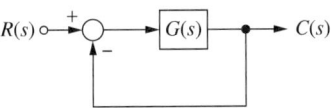

① $\dfrac{G(s)}{1+R(s)}$ ② $\dfrac{G(s)}{1+G(s)}$

③ $\dfrac{C(s)}{1+G(s)}$ ④ $\dfrac{R(s)C(s)}{1+R(s)}$

해설

전달함수 $G(s) = \dfrac{C}{R} = \dfrac{\text{패스 경로}}{1 - \text{피드백 경로}}$

$G(s) = \dfrac{C}{R} = \dfrac{G(s)}{1+G(s)}$

58 다음 블록선도의 입력과 출력이 성립하기 위한 A의 값은?

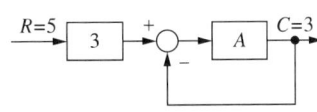

① 3   ② 4
③ 1/3   ④ 1/4

해설

전달함수 $G(s) = \dfrac{C}{R} = \dfrac{\text{패스 경로}}{1 - \text{피드백 경로}}$

$G(s) = \dfrac{C}{R} = \dfrac{3A}{1+A} = \dfrac{3}{5}$

$3(1+A) = 15A$

$\therefore A = \dfrac{1}{4}$

59 피드백 제어계에서 제어요소에 대한 설명으로 옳은 것은?

① 목푯값에 비례하는 기준, 입력신호를 발생하는 요소이다.
② 기준입력과 주궤환 신호의 차로 제어동작을 일으키는 요소이다.
③ 제어를 하기 위해 제어대상에 부착시켜 놓은 장치이다.
④ 조작부와 조절부로 구성되어 동작신호를 조작량으로 변환하는 요소이다.

해설

제어요소 : 동작신호를 조작량으로 변환하는 요소로, 조절부와 조작부로 구성되어 있다.
※ 동작신호 : 기준입력과 주피드백 신호와의 편차이다. 제어동작이 발생한다.

60 계측기를 선택할 경우 고려해야 할 사항으로 옳지 않은 것은?

① 정확성   ② 신속성
③ 신뢰성   ④ 배율성

해설

계측기를 선택할 경우의 고려사항 : 정확성, 신속성, 신뢰성, 안정도, 내구성, 측정대상 및 범위, 경제성 등을 고려한다.

참 / 고 / 문 / 헌

- 조성안, 한영동, 이승원, 공조냉동기계 산업기사 5주 완성, 한솔아카데미

- 강진규, 2022 공조냉동기계기능사 실전필기, 구민사

- 허판효, Win-Q 공조냉동기계기능사 필기 단기합격, 시대고시기획

- 국가직무능력표준 공식홈페이지(NCS) 냉동공조설비

Win-Q 공조냉동기계산업기사 필기

개정1판1쇄 발행	2026년 01월 05일 (인쇄 2025년 09월 29일)
초 판 발 행	2025년 01월 10일 (인쇄 2024년 09월 06일)
발 행 인	박영일
책 임 편 집	이해욱
편 저	안준기
편 집 진 행	윤진영, 천명근
표지디자인	권은경, 길전홍선
편집디자인	정경일, 조준영
발 행 처	(주)시대고시기획
출 판 등 록	제10-1521호
주 소	서울시 마포구 큰우물로 75 [도화동 538 성지 B/D] 9F
전 화	1600-3600
팩 스	02-701-8823
홈 페 이 지	www.sdedu.co.kr
I S B N	979-11-434-0032-1(13550)
정 가	27,000원

※ 저자와의 협의에 의해 인지를 생략합니다.
※ 이 책은 저작권법의 보호를 받는 저작물이므로 동영상 제작 및 무단전재와 배포를 금합니다.
※ 잘못된 책은 구입하신 서점에서 바꾸어 드립니다.

기능사 / 기사·산업기사 / 기능장 / 기술사

단기합격을 위한 완전 학습서

Win-Q
윙크시리즈
WIN QUALIFICATION

Win-Q
승강기기능사
필기+실기

Win-Q
전기기능사
필기

Win-Q
피복아크용접기능사
필기

Win-Q
컴퓨터응용선반·밀링기능사
필기

Win-Q
설비보전기능사
필기+실기

Win-Q
자동화설비기능사
필기

Win-Q
전산응용기계제도기능사
필기

Win-Q
화학분석기능사
필기+실기

자격증 취득에 승리할 수 있도록 Win-Q시리즈가 완벽하게 준비하였습니다.

Win-Q
위험물기능사
필기

Win-Q
환경기능사
필기+실기

Win-Q
화훼장식기능사
필기

Win-Q
원예기능사
필기+실기

Win-Q
공조냉동기계산업기사
필기

Win-Q
화학분석기사
필기

Win-Q
위험물산업기사
필기

Win-Q
소방설비기사[전기편]
필기

Win-Q
설비보전산업기사
필기+실기

Win-Q
가스산업기사
필기

Win-Q
에너지관리기사
필기

Win-Q
실내건축산업기사
필기

※ 도서의 이미지 및 구성은 변경될 수 있습니다.